산업집적의 경제지리학

산업집적의
경제지리학

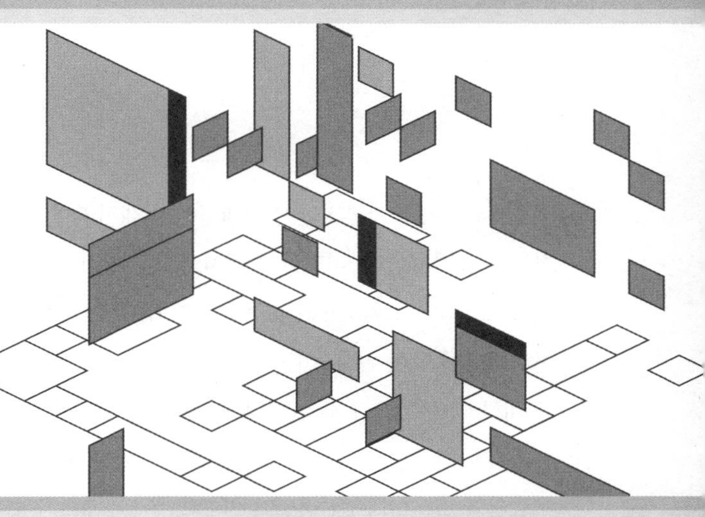

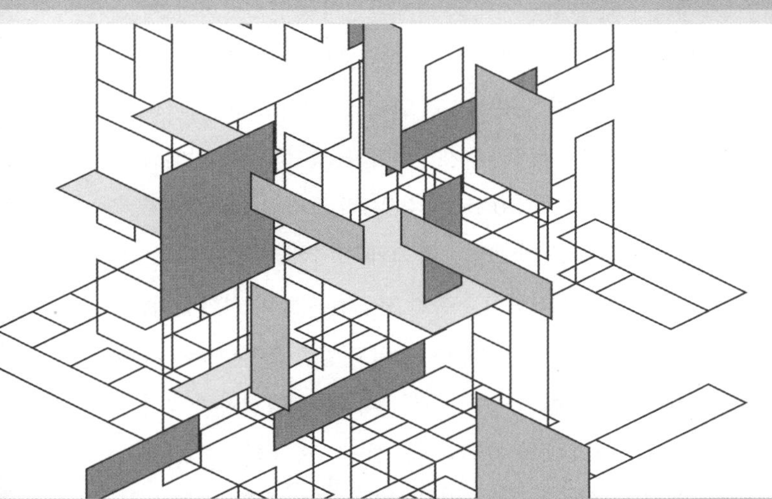

이철우 지음

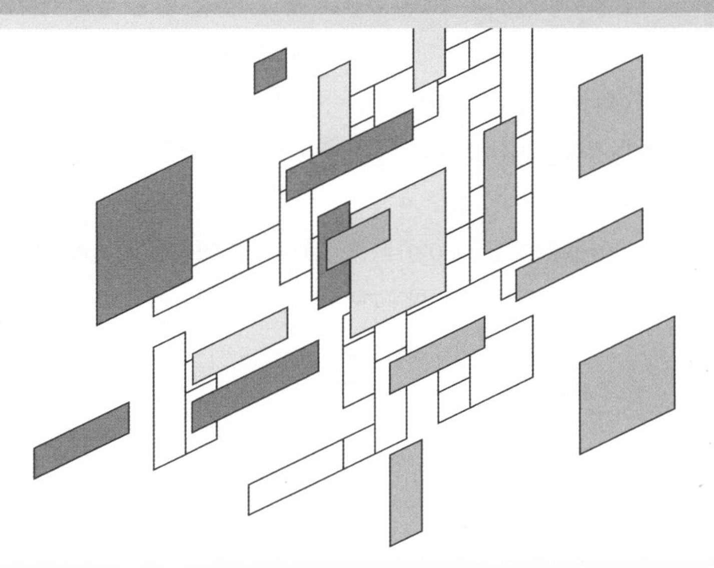

푸른길

책을 펴내면서

경제지리학의 기본적인 연구대상은 경제지역이다. 경제지역은 내·외적 동인에 의해 끊임없이 변화하는 유기체이며, 이러한 경제지역의 전형적인 존재양식이 바로 산업집적지이다. 산업집적은 19세기 말 이후 마셜(Marshall), 베버(Weber)를 비롯해서 많은 경제학자와 경제지리학자들의 중요한 연구대상이 되어 왔다. 이들의 핵심 주제는 집적의 요인과 산업집적지의 형성 및 변화, 즉 존립기반에 대한 이해라고 할 수 있다. 특히 1980년대 이후 새로운 정보통신기술의 발달과 이에 기초한 첨단산업이 발달하면서 경제의 세계화와 지식기반경제라는 경제 패러다임의 전환으로 경제공간은 역동적으로 변화하였다. 그 변화과정에서 경제체제의 주체로서의 '지역'과 경제발전의 동인으로서의 '지식의 창출과 확산'에 주목함으로써 산업집적지에 대한 연구는 새로운 국면을 맞이하게 되었다. 1980년대 후반 이후 스콧(Scott, 1988)과 스토퍼(Storper, 1997)를 중심으로 한 소위 캘리포니아학파와 카마니(Camagni, 1991)를 비롯한 그레미(GREMI)학파 등 서구의 경제지리학자들은 '새로운 산업집적'에 대해 적극적으로 연구하였다. 그뿐만 아니라 크루그먼(Krugman, 1991)과 포터(Porter, 1998)와 같은 경제 및 경영학자들도 산업집적에 대한 논의의 폭을 확대하는 데 크게 기여하였다.

우리나라에서도 2003년에 출범한 참여정부가 추진한 '지역혁신을 통한 자립형 지방화 실현'을 위한 '지역혁신체계 구축 및 클러스터 정책'을 계기로 경제지리학자뿐만 아니라 다양한 분야의 전문가들이 산업집적에 관한 논의에 적극적으로 참여해 왔다. 이들의 연구 성과는 지역경제발전정책에 적용되거나 활용되고 있다. 이를 계기로 종래 경제지리학의 핵심 연구주제인 산업집적이 다양한 학문영역에서 새롭게 주목을 받게 되었고, 학계는 물론 정책입안자와 심지어 일반 대중들에게도 영향을 미쳐 경제지리학의 대중화에 크게 기여하였다. 그러나 기존 연구들은 그 이론적 토대와 경험적 연구의 초점이 매우 다양함에도 불구하고 엄밀한 이론적 논의가 부족한 채 전형적인 산업집적지에 대한 경험적 사례 분석과 이를 기반으로 한 정책적 대안 제시에 지나치게 치중하였다는 비판을 받고 있다.

한편 필자는 1980년대 중반부터 산업집적지에 관해 연구해 왔다. 학문연구란 변화하는 실체를 이해하려는 지적 탐구과정이다. 산업집적지 역시 역동적으로 변화하는 경제적 과정(economic process)의 공간적 실체이다. 그럼에도 불구하고 종래에는 정태적 관점에서 특정 산업집적지에 대해 수송비, 노동비 등의 요소비용과 전문화, 분업 등 경제적 요소를 중심으로 분석하였다. 그러나 21세기에 접어들면서 진화경제지리학을 중심으로 산업집적지는 끊임없이 진화한다는 인식이 널리 확산되기 시작하면서 종래의 정태적 연구에서 동태적 연구로의 패러다임 전환과 다양한 학문 분야에서 산업집적과 관련된 수많은 개념과 이론 그리고 분석 틀이 제시되었다. 그러나 이러한 개념이나 이론들은 치밀한 비판적 논의를 거쳐 정제되지 않은 채 경험적 사례 연구의 분석 도구로 사용되어 왔다. 그 결과 연구자들 간의 컨센서스를 도출하기가 어려울 뿐만 아니라 연구결과에 대한 신뢰성도 떨어질 수밖에 없다. 더욱이 정책 친화성이 강화되면서 이론의 논리적 명료성과 분석의 정치성(精緻性)이 점차 떨어지는 문제점이 노정되었다. 그럼에도 불구하고 최근에는 산업집적지의 구성 주체 간의 네트워크와 사회적 자본 등 사회·문화적 요인과 혁신과 지식창출 등 제도적 기반의 중요성을 강조하는 공통성이 두드러지게 나타나고 있다.

이 책의 이론적 접근방법은 산업집적지 연구의 새로운 패러다임을 수용하여, 보편적 법칙을 지나치게 강조하는 신고전적 접근방법 대신에 제도주의 경제지리학적 접근방법에 뿌리를 두고 있다. 신고전경제학은 시장 자체를 주어진 것으로 보며, 특정 시장이 특정 장소에서 특정 규범·규제·사고의 관습, 즉 제도에 따라 실제 어떻게 작동하고 조직되는가를 다루지 않는다. 반면에 제도주의 접근은 모든 경제활동에 작용하는 정부, 노동조합, NGO뿐만 아니라 특정 장소의 공식적·비공식적·정치적 관례와 사회적 관습을 포괄하는 비경제적 제도의 역할을 명시적으로 인정한다. 왜냐하면 경제과정은 경제적 요인과 비경제적 요인이 상호통합되어 작동하기 때문에, 서로 공생적 관계를 이해해야 하기 때문이다. 제도주의 경제지리학은 시장, 제도 그리고 기술의 상호작용과 그 상호작용을 차별화(differentiation), 진화(evolution)와 뿌리내림(embeddedness)의 맥락에서 이해하고자 한다. 즉 '실제 행위에 대한 이해와 특정 맥락의 시간에 따른 진화의 양상'을 강조함으로써 제도에 기반한 연구방법을 추구한다.

따라서 이 책은 첫째, 제도주의 경제지리학의 관점에서 기존 연구의 한계점과 연구과제를 찾아내고, 둘째, 이에 대한 경험적 사례 연구를 통해 개념을 포함한 기존 이론을 발전시키며, 셋째, 사례 연구를 위한 분석 틀의 개선과 관련 정책의 이론적 근거를 제고하는 데 기여하고자 하였다. 따라서 책의 구성도 크게 제1부 이론적 논의(8개 장)와 제2부 경험적 사례 연구(10개 장)로 구분하였고, 제목 또한 『산업집적의 경제지리학』으로 하였다. 그리고 이론적 논의는 특정 이론 그 자체에 대한 비판적 논의라기보다는 산업집적지라는 실체를 제대로 파악하기 위한 분석 틀의 정립을 목적으로 한 내용이 중심이다. 물론 제대로 된 이론적 논의는 기존의 이론에 대한 비판적 고찰을 통해 그 한계점과 연구과제를 밝히고, 구체적 사례 연구를 통해 기존 이론을 보완함으로써 개선하거나 새로운 이론을 제시하여야 할 것이다. 그러나 이 책에서는 거기까지는 도달하지 못하였다. 이 점에 대해서는 스스로 반성함과 더불어 아쉬울 뿐만 아니라 안타깝기도 하다. 그러나 권위 있는 기존 이론과 사례 연구에 대한 비판적 논의를 통해 나름대로의 새로운 과제를 찾고 새로운 분석 틀과 방법을 정립하여, 이를 사례 분석에 적용하려고 최선을 다하였다. 이에 대한 평가는 순전히 독자 여러분의 몫이다. 기탄없는 비판을 기대한다. 그리고 부족하지만 다양한 분야에서 산업집적에 관한 이론과 경험적 연구에 있어 경제지리학, 특히 제도주의 경제지리학적 연구가 실질적으로 기여할 수 있는 계기가 된다면 더없이 행복할 것 같다.

이 책은 필자 혼자만의 업적이 아니다. 지난 1992년 이후 경북대학교 경제지리학 연구실에서 같이 연구해 온 수많은 제자들과 공동연구자의 도움이 없었다면 이 책은 출판될 수 없었을 것이다. 함께 노력해 준 이들 모두에게 진심으로 감사의 뜻을 전하고자 한다. 그리고 어려운 시장 여건에도 불구하고 선뜻 출판을 맡아 준 푸른길의 김선기 사장님과 편집과 교정 과정에서 세심하게 작업을 해 준 유자영 선생께도 감사드린다.

마지막으로 경제지리학적 관점에서의 산업집적지 연구성과가 정부정책, 공공기관, 민간기업, NGO 그리고 소비자의 활동에 실질적으로 기여함으로써 경제지리학, 나아가서 지리학의 사회적 인지도와 지리학 전공자에 대한 수요 증대에 조금이나마 기여하는 데 도움이 되기를 감히 기대해 본다.

2020년 초여름

경북대학교 복현언덕 연구실에서

이 철 우

차례

제2부 경험적 사례 연구

제1부
이론적 논의

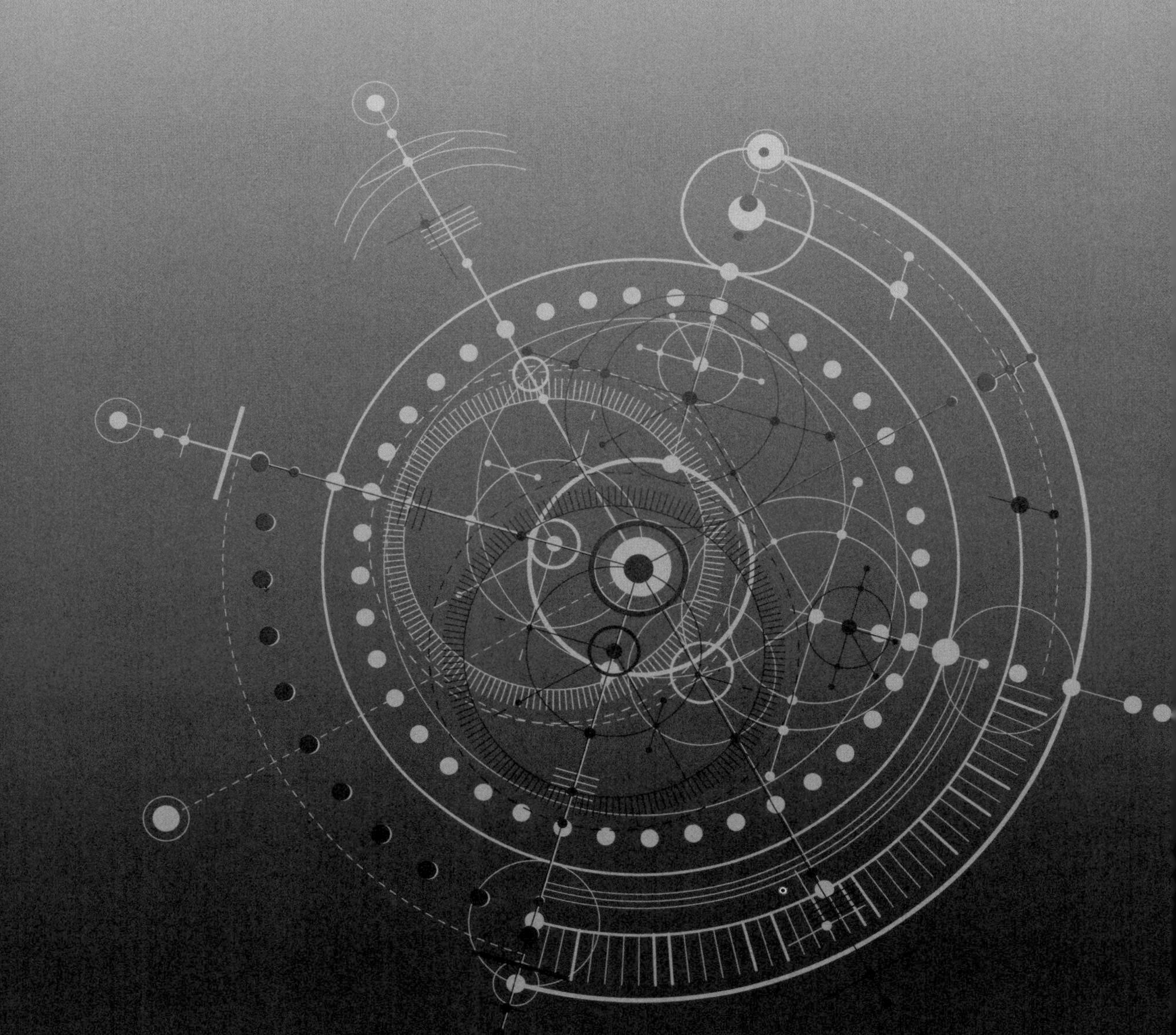

• 제1장 •

산업환경의 변화와 산업정책 패러다임

1. 세계화 시대의 지역의 역할과 의의

오늘날 경제의 세계화는 기술혁신 및 고도 정보화를 수반하면서 기업·지역·국가 간 경쟁을 가속화시키고 있다. 이러한 세계화의 흐름 속에서 중요한 변화는 중앙정부의 역할이 과거에 비해 축소되고, 지역의 역할과 중소기업이 새롭게 부각됨과 동시에 지역이 경제활동의 핵심 단위로 등장하고 있다는 것이다.

이와 같이 지역의 역할이 중시되는 것은 지역이 세계 경쟁의 단위가 되었다는 것뿐만 아니라, 산업환경이 유연적 생산체제, 지식기반경제(knowledge based economics)로 변화함으로써 지역의 의미와 기능이 종래와는 달라졌기 때문이다.

유연적 생산체제하에서는 기업들이 조직의 수직적·수평적 해체와 타 조직과의 연계를 강화시키게 된다. 분업과 네트워크화로 복잡하고 전문화된 투입요소들을 결합하기 위한 관리와 조정 과정이 더욱 복잡해짐에 따라 거래비용도 증대한다. 그 결과 기업은 낮은 거래비용으로 협력적인 생산 네트워크를 형성할 수 있는 환경을 중심으로 공간적 집적을 하게 된다. 이러한 집적을 통해 지역의 외부경제를 최대한 활용할 수 있다. 특히 유연적 생산체제의 성공적 정착을 위해서는 기업뿐만 아니라 지방정부를 포함한 지역 내 공식·비공식 조직과 제도들 간의 긴밀한 협조적 관계, 문화적 동질성 역시 요구되기 때문에 지역의 제도적·문화적 요인의 중요성이 새롭게 강조되고 있다.

또한 지식기반경제 사회로의 전환이라는 산업환경의 변화는 지역 단위의 경제활동을 촉진시키는 반면, 지역산업의 지속적인 경쟁력 확보와 혁신을 요구하고 있다. 룬드발(Lundvall, 1992)은 지식기반경제에서 기업의 혁신활동은 고객, 기업 간, 기업과 연구소 간 다양한 상호학습과정을 통해 이루어지며, 이러한 상호학습은 사회적 맥락에 의존하므로 지역이 가진 지리적·문화적·제도적 근접성은 혁신과 상호학습에 점점 더 중요한 역할을 한다고 주장하였다. 즉 지식기반경제 사회에서의 기업·산업 경쟁력은 얼마나 신속하고 안정적으로 혁신을 창출하느냐에 달려 있다. 이를 위해서는 지속적으로 연구·개발할 수 있는 학습경제(learning economy)가 중요해진다. 최근의 혁신이론에서는 경제 주체들을 조정(coordination)하고 학습(learning)시킬 수 있는 관습, 습관, 비공식적 규칙들, 다시 말해 '시장에서는 거래될 수 없는 상호의존성(untraded interdependence)'이라고 일컬어지는 요소들의 중요성이 강조되고 있다.

유연적 생산체제의 확산과 지식기반경제로의 진전으로 '지역'은 종전의 단순한 물리적·지리적 공간이 아니라 유연화의 실현 장으로, 혁신을 촉진하는 사회적·제도적 환경으로 인식되면서 지역의 역할이 주목받게 되었다.

세계화와 동시에 진행되는 지역화, 그리고 국가의 역할 축소는 지방정부의 자율성을 증대시키고 지역의 특수성을 강조한다는 측면에서 지역의 입장에서 볼 때 분명히 긍정적인 면을 가지고 있다. 즉 지역의 특수성과 고유성의 강조로 문화적 다양성을 지닌 지역공동체를 형성할 가능성이, 지방정부의 자율성 증대로 민주적인 의사결정이 정착할 수 있는 가능성이 확대될 수 있다.

세계화 과정에서 노동, 자원 등의 물리적 생산요소에 대한 접근성의 증대로, 이에 기초한 비교우위의 중요성은 약화된 반면에 지역의 경쟁우위는 기술혁신의 능력에 의존하게 되었다.

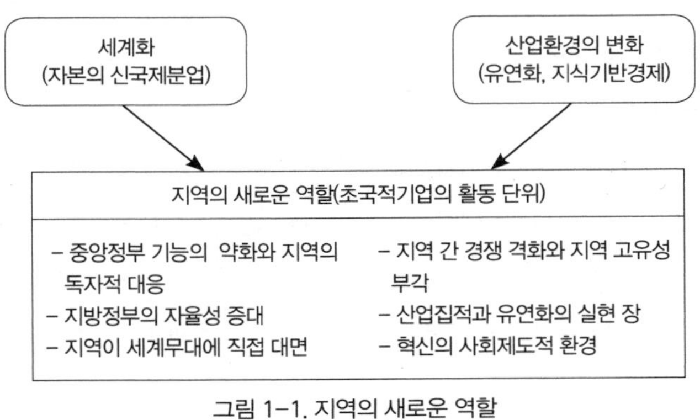

그림 1-1. 지역의 새로운 역할

출처: 박경 외, 1998을 참고로 필자 작성.

2. 지식기반사회의 산업집적

지식기반사회란 지식이 산업경쟁력의 핵심 요소가 되는 사회로, 기업의 역동적인 경쟁력을 결정하는 기술혁신이 급속하게 이루어지는 '혁신의 시대'이기도 하다. 기술의 개념도 "실제적·이론적 지식, 노하우, 절차, 경험 및 물적인 장비의 집합"(Dosi, 1984)으로 그 범위가 확대되었다. 기술혁신도 신기술의 창출뿐만 아니라 새로운 기술과 지식을 습득하고, 소화하고, 사용하고, 변화시키고, 창조하는 과정(박경 외, 2000)으로 인식되고 있다. 따라서 대기업이나 연구소의 R&D 투자만으로 기술혁신이 이루어지는 것이 아니라, 산업현장의 생산자와 연구소 연구원 간의 상호 의견 교환 그리고 소비자와 기업 간의 상호학습을 통해 창출된다는 점이 강조되고 있다. 바꾸어 말하면 대기업이나 연구기관만이 기술혁신을 주도하는 것이 아니라, 현장의 지식을 바로 응용하고 소비자와 직접 연결되는 중소기업도 혁신의 주도적인 역할을 할 수 있다는 것이다. 그러나 중소기업에 유리한 환경이 도래하였다고 해서 중소기업이 모두 성공할 수 있는 것은 아니다. 중소기업이 성공하기 위해서는 신뢰에 기초한 긴밀한 분업관계를 이루면서 기술혁신의 네트워크 형성을 통한 경쟁과 협력으로 규모, 자본, 정보력 등에 있어 취약점을 극복하여야 한다. 대표적인 예로는 실리콘밸리, 독일의 바덴뷔르템베르크, 제3이탈리아 산업지구 등을 들 수 있다. 이러한 지역들은 중소기업들이 각각의 분야에 전문화하고, 사회적 분업관계에 기초하여 지역 전체로서 규모 및 범위의 경제를 달성하고 있다. 구체적으로 지리적 근접성, 전문화에 기초한 기업 간 협력, 가격보다는 혁신에 기반을 둔 경쟁, 기업 간 및 고용주와 숙련노동자 간의 신뢰관계를 조장하는 사회문화적 환경, 활발한 동업자/숙련기술자/상공회의소 등의 자발적 조직과 지방정부라는 지역환경을 통해 중소기업의 약점을 극복하였다.

중소기업의 발전에서 지역의 역할에 대한 논의는 과거 거래비용 절감이라는 경제적 측면에서 '지역'이 어떻게 기업의 기술혁신과 학습을 강화하는가에 초점이 맞추어지고 있다. 이러한 논의의 핵심은 기업의 혁신능력이 혁신 주체들 간의 정보와 지식의 네트워크 구축역량과 상호학습의 역량, 즉 제도적 환경의 성격에 좌우된다는 것이다.

따라서 유연적이고 전문화된 중소기업 집적지의 발달이 새로운 산업체제의 대안으로, 그리고 혁신과 상호학습을 강조하는 지역혁신체계(Regional Innovation System, RIS)론 또는 학습지역론은 지식기반사회의 대안적 지역발전 모델로 제시되고 있다. 오늘날 지역의 역할과 기능에 대한 강조는 경쟁력에 있어 지식과 혁신의 의미가 집중적인 조명을 받게 된 것과 맥을 같이한다.

결국 지식기반경제 사회의 경제공간 조직 특성은 '분산화된 집적'으로 집약된다. 그러나 폐쇄적 산업집적지는 동종의 상품, 동일 생산과정의 기업 간에 치열한 경쟁과 클러스터 내의 네트워크의 강화만으로는 기술발전의 정체(lock-in) 현상이 나타날 수 있고, 세계화 과정에서 '발전의 고립된 섬'으로 남을 수 있기 때문에 국지적 네트워크의 강화와 동시에 비국지적 개방 네트워크도 구축되어야 한다.

3. 혁신과 학습의 제도적 기반으로서의 지역

경제지리학에서 지역과 혁신을 관련시킨 논의는 별로 오래지 않다. 1980년대에 새로 등장한 산업지구론은 이전의 논의와 달리 지역을 단순히 물리적 공간요소로 보지 않고 지역의 사회문화적 동질성이 물리적 거래비용 및 신뢰를 통한 관계적 거래비용을 절감시킨다는 점에서 지역이 가진 문화적 맥락을 새롭게 인식하는 계기가 되었다(Asheim, 1996). 그러나 카마니의 지적처럼 이들의 이론도 여전히 정태적·경제적 거래비용이라는 측면과 관련하여 지역의 역할에 주목한 점에서 혁신과는 거리가 있다(Camagni, 1991).

지식기반사회의 도래와 학습경제의 중요성은 혁신과 관련한 지역의 역할을 새롭게 조명하는 계기가 되었다. 앞에서 살펴본 바와 같이 그동안 여러 연구자들은 혁신과정에 있어 노하우, 제품에 대한 신개념, 숙련 등과 같은 암묵적 지식(tacit knowledge)이 극히 중요한 역할을 한다는 것을 지적하고 있다. 이러한 암묵적 지식은 개인적이고 소통적인 상호작용을 통해서만 교환, 이해, 적용되기 때문에, 암묵적 지식이 경제 내에서 발현되고 소통되는 양식은 사회적 맥락에 의존한다는 것이다. 따라서 혁신과 학습에 있어 영역성(territoriality)이 점점 더 중요한 의미를 가지게 된다(Lundvall and Johnson, 1994). 실리콘밸리에 정보통신 기업이 집적하는 것은 세르지오 꽁띠(Conti, 1998)가 지적하듯이 암묵적이고 맥락적인 지식이 지역 내에서만 유통되고 축적되기 때문이라고 설명할 수 있다.

그러나 암묵적 지식과 학습의 영역적·사회적 맥락이 중요하다고 해서 그 사회적·공간적 영역을 반드시 '지역'이라고만 할 수 있는가? 암묵적 지식의 중요성을 가장 강조하는 룬드발은 지역뿐만 아니라 국가 역시 그 영역으로 넣고 있다. 그렇다면 지역 연구자들은 국가보다도 지역이 암묵적 지식의 유통과 학습에 유리한 환경을 제공하는 요소가 무엇이라고 보는가?

첫째는 지역의 문화적 근접성을 들 수 있다. 동태적인 학습이 사회·문화적인 맥락에 의존한다면 이는 국가보다는 보다 좁은 대면적 관계가 가능한, '제한적·사회적 영역'인 지역에서 나타나기 쉽다. 또한 지역의 대면관계, 공통의 정체감, 소속감 등 문화적 근접성은 상호협력과 지식의 유통을 촉진하는 역할을 한다. 실리콘밸리, 제3이탈리아, 독일의 바덴뷔르템베르크는 이러한 '관계적 자산'

(Storper, 1997)이 발달한 대표적인 지역이다. 아민과 스리프트(Amin and Thrift, 1994)는 이것을 '제도적 밀집(institutional thickness)' 혹은 '제도적 뿌리내림(institutional embeddedness)'이라 말한다. 아민은 지역의 제도적 밀집의 구축에 기여하는 요소로서, ① 토착화된 매개기관이나 제도가 다양하게 발달해 있을 것, ② 이 기관이나 제도 간에 긴밀한 협력의 유기적 관계가 형성되어 있을 것, ③ 협력을 고취하고 기회주의적 행동을 통제할 수 있는 지역 고유의 '사회적 환경'을 구성하는 규칙(rules), 관행(convention), 제휴(coalition) 패턴과 지배·통제 구조가 발달해 있을 것, ④ 공통의 집단에 소속감, 정체성이 있을 것을 들고 있다. 이와 같이 지역 연구자들은 특히 제도적·문화적 측면을 강조한다.

둘째는 산업의 지리적 집적이다. 집적의 이점은 이미 오래전에 마셜이 강조한 바 있고, 최근에는 포터(Porter, 1990)나 크루그만(Krugman, 1991) 등이 강조하는 것으로서, 지역에 산업이 집적하면 전문 인력의 공동 이용, 관련 지원산업의 발달, 지식정보 교류의 촉진을 통해 외부효과와 수확체증을 가져온다는 것이다. 이 과정에서 집적은 더욱 전문화·특화되어 가고, 외부 자본도 이러한 전문성을 이용하기 위해 지역에 유입되면 집적은 더욱 강화된다.

셋째는 혁신과 학습에 있어 지역 내 매개기관(상공회의소, 업계협회, 기술혁신센터 등) 및 지방정부의 역할이다. 쿡과 모건(Cooke and Morgan, 1998)은 기업에 실제 필요한 응용기술은 지역에 뿌리를 둔 연구기관이 제공하는 것이 보다 효율적이며, 특히 혁신의 변화가 빠를수록, 또한 중소기업일수록 필요한 각종 지원은 해당 기업의 사정에 정통한 지방정부나 관련 지원기관이 하는 것이 훨씬 효과적이라고 한다. 더욱이 국민국가의 주권이 점차 약화되어 가는 가운데 지역정부의 지역산업 활성화와 혁신의 촉진에 대한 역할은 점점 더 커져 가고 있는 것도 지역의 중요성을 새롭게 인식시키는 계기가 되고 있다.

이와 같이 지역의 지리적·문화적·제도적 근접성은 혁신에 유리한 환경을 제공하는 사회적 기반이 된다고 할 수 있다. 그렇지만 지역이 혁신에 중요한 역할을 한다고 해서 국가보다 더 중요하다고 할 수 있는가? 굳이 설명을 붙이지 않더라도 많은 나라에서 여전히 국가는 혁신에 있어 중요한 역할을 한다는 것을 직관적으로 알 수 있다. 그러나 대부분의 지역 연구가들은 지역의 장점을 강조하는 과정에서 혼란에 빠져 있는 것으로 보인다. 하신크(Hassink, 1999)는 혁신환경으로서의 지역에 관한 이론을 플로리다(Florida, 1995)의 학습지역(Learning Region)으로 대표되는 '자본주의 구조 변환적 관점'에 기초한 것과 지역혁신체계로 대표되는 '지역개발적 관점' 그리고 '기업주의적 관점'에 기초한 것으로 구분하였다. 전자는 대량생산에서 지식기반 자본주의로의 변화, 즉 포디즘에서 포스트포디즘 사회로 변화하는 가운데 지식이 가장 근본적인 자원이고 학습이 가장 중요한 과정이 됨으로써 지식기반경제의 공간적 결과가 바로 지역화이고 학습지역이라는 것이다. 그러나 지역혁신체계에서는 그렇게 보지 않는다. 오히려 쿡과 모건(Cooke and Morgan, 1998)은 다국적기업의 네트워크가 세계적으로 발전하고 있으며, 지역은 세계적 경쟁에 직면하여 지역 간, 지역과 국가 간, 더 나아가서 유럽연합과 같은 초국가 간 기구의 지원이 필요하다고 주장하였다. 그들에 따르면, 이러한 지역적 조건은 영국이나 미국에서는 약한 반면에 일본이나 독일, 스칸디나비아에서는 강하며, 그 결과 후자는 전자보다 새로운 장비나 기술의 확산이 빠르다는 것이다. 더욱이 지역이 언제나 사회·문화적 신뢰기반을 가진 것은 아니다. 학습에 유리한 환경을 가진, 소위 뿌리내린 '학습지역'은 극히 일부에 지나지 않고, 대부분의 지역은 약한 신뢰문화를 가지고 있다(Cooke et al., 1998). 따라서 이들의 관심은 어떻게 역동성이 약한 지역을 강한 지역으로 만드는가에 있다. 이러한 점에서 지역혁신체계론은 국가보다 지역이 중요하기 때문에 지역의 혁신체계가 중요하다고 보기보다는, 지역이 발전하기 위해서는 지역혁신의 체제적인 개선이 필요하다고 보는 '지역개발정책론'의 관점을 강조하고 있다고 할 수 있다. 다만 이들도 지역을 중시하기는 하나, 이는 기업의 혁신력을 높이기 위해서는 지역적인 차원의 혁신전략이 국가적인 혁신전략 못지않게 중요하다고 보기 때문이다.

최근 지역발전 이론도 이러한 동향을 반영하여 클러스터에서 혁신과 학습을 강조하는 방향으로 빠르게 전환하고 있다. 신산업공간(Scott, 1988), 혁신지구(Camagni, 1991), 학습지역(Morgan, 1997), 지역혁신체계(Cooke et al., 1998) 등은 각기 이름은 다르지만 모두 지역발전의 기반으로서 지속적인 혁신과 학습능력을 강조하고 있다.

4. 산업의 융합화와 지역산업생태계의 핵심 주제

혁신적 산업집적지로 규정되는 클러스터는 지난 20여 년 동안 지역산업정책의 핵심적 화두가 되어 왔다. 기존의 클러스터 정책은 경제의 세계화로 인한 글로벌 가치사슬 체계에 효과적으로 편입하고, 지식의 창출, 활용, 확산체계를 구축하는 데 유효한 분석 틀과 정책대안을 제시하였다. 그런데 이러한 클러스터 정책에서는 지역산업의 발전과 뿌리내림을 위한 사업들을 주로 공공부문이 주도하였다. 그 결과 이들 사업에 민간부문의 참여를 적극적으로 이끌어 낼 동인을 제시하지 못하였다. 더욱이 글로벌 허브를 지향한다는 거대한 정책목표를 달성할 만한 지역의 산업자산과 역량이 충분한 클러스터도 매우 한정적이었다. 클러스터 정책이 지역에 뿌리내리기 위해서는 제도적 이식(transplantation)과정이 필요하다(Mahoney and Thelen, 2010). 이를 위해서는 먼저 기존 제도적 요소와의 타협에 의한 층화(layering), 기존 제도의 새로운 목표를 위한 전환(conversion), 기존 제도와의 경쟁과 협력과정인 경합(drift), 마지막으로 새로운 제도와 아이디어가 기존 제도를 해체하는 대체(displacement)라는 상당한 기간에 걸친 매우 어렵고도 험난한 과정이 요구된다(남기범, 2016). 그럼에도 불구하고 새로운 제도가 집합적 행동과정을 거쳐 기존 제도와의 충돌을 극복하여 지역에 뿌리내리기까지의 제도화 과정을 도외시하고, 단순한 이식과정으로만 파악하였다. 또한 클러스터 정책은 지역혁신체계와 학습지역의 구축으로 제도적 밀집에 기반한 지식과 혁신의 창출과 확산이 지역의 경쟁우위의 근원이 되는 지역의 내생적 발전론에 근거해야 한다. 그럼에도 불구하고 실제로는 외생적 발전론(exogenous school)에 기초하여 자본, 노동력, 지식의 이전과 글로벌 상품사슬이나 가치사슬의 구축에 초점을 맞추어 추진되어 왔다. 결국 새로운 제도의 지역적 뿌리내림을 지향했던 클러스터 정책은 물리적 이식에도 불구하고 제도적 변화를 수반하기에는 그리 성공적이지 못했다.

한편 그동안 글로벌 경제의 반복적인 위기와 산업특화도시의 급격한 쇠퇴 그리고 산업의 융합화 등으로 산업공간과 산업생태계(industrial ecosystem)가 변화하고 있다. 현대 산업공간과 산업생태계 변화의 화두는 '공유–소통–협업–융합–창조'이고, 그 목표는 기존의 산업기능이 일자리를 창출하는 형태(people follow jobs)에서 인재가 산업을 창출하는 형태(jobs follow people)로의 이전을 통한 지역경제의 재편에 두고 있다.

따라서 최근에는 기존의 클러스터에 기반한 지역산업정책에 대한 반성과 그 대안으로 지역산업의 재생과 장소기반형 지역산업정책에 대한 요구가 커지고 있다(Foray, 2015; Thissen et al., 2013). 장소기반형 지역산업정책의 핵심 주제는 지역산업생태계, 스마트전문화 전략 그리고 혁신지구(innovation districts)이다.

먼저, 지역산업생태계란 일정 지역 범위의 산업생태계로서, 중핵업종 중심의 가치사슬 구조를 근간으로 기업 간 연계구조와 혁신 자원 및 활동이 유기적으로 결합하고 경제 권역 내의 전후방 연관산업, 지역경제 전반, 산업 인프라, 문화, 제도 등과 연계 및 확산 메커니즘을 통해 상호작용하는 동태적 진화 발전 시스템(김영수, 2012)으로 규정된다. 이는 지역산업의 지속가능한 발전과 지역의 다양한 산업관계 자원의 선순환적 주기를 확보하여 지역자원의 연계발전과 동태적 발전 잠재력을 확인하고, 지역에서 약한 가치사슬의 고리를 찾아 정책적 대안을 찾기 위한 이론적 토대로 간주된다. 이러한 지역산업생태계는 생태계의 본질적 특성상 동태적 진화과정을 중시한다는 점에서 클러스터와 차별성을 갖는다.

둘째, 스마트전문화 전략은 유럽이 경제적 경쟁력을 회복하고 글로벌 리더로 자리 잡기 위한 전략으로, 지역의 성장전략을 지원하고 사업기회뿐만 아니라 안정적인 산업기반을 제공하고자 한다. 이 전략은 기존의 클러스터 산업정책의 한계를 극복하기 위해, 연구개발과 혁신에 강점이 있거나 성장할 수 있는 지역 특유의 산업 분야에 대해 잠재력을 발견하고 산업적 전환을 이루어 나가는 기업가적 발견의 과정(entrepreneurial process of discovery)을 강조한다(Foray, 2015). 즉 스마트전문화 전략은 단순한 특화가 아니라 지역의 핵심 우위에 기반한 산업 다각화 전략의 일환이다. 또한 빠른 기술변화, 기술융합 등을 고려할 때 한 부문에 특화하는 것이 아니라 다양한 부문을 포괄하는 새로운 비교우위의 탐색을 통해 지역의 신성장동력산업을 창출하고자 한다.

셋째, 최신의 융합산업은 기업뿐만이 아니라 산업변화와 관련되어 있는 다양한 주체들, 주민, 노동자, 시민사회, 공공부문 등이 공진화(coevolution)할 수 있는 지역산업생태계를 필요로 한다. 이에 따라 기존의 산업단지와는 달리 산업공간과 생활공간이 상호 유리되지 않는 지역산업생태계로서 혁신지구(innovation districts)가 주목받고 있다. 혁신지구는 지역사회를 구성하고 지역의 생활과 문화의 중심이 되며, 기술과 사회적 자본 축적의 기반으로 지역발전의 핵심적 역할을 수행하는 영역적 개념이다. 따라서 혁신지구는 지역의 기업가정신의 원천이 된다. 이뿐만 아니라 금융 등 생산자서비스 활동과의 연계를 통해 지역의 경제활동의 중심이 되어 글로벌한 산업연계와 비시장적 교환의 장소로서 지역을 세계와 연결하는 허브 역할을 수행함으로써 기술혁신, 디자인, 관리시스템, 신상품의 개발, 노동력의 유연성과 창조성, 상품유통 등의 외부효과를 통해 도시경제의 핵심 역할을 담당하는 목적으로 기획된다(남기범, 2016).

이상에서 살펴본 바와 같이, 오늘날의 탈산업화와 산업재구조화, 세계화와 경제자원의 집중, 경제활동의 새로운 수요에 대한 대응, 상품 순환주기의 축소 등으로 인해 지역산업정책의 재편과 이를 통한 지역경쟁력 강화의 필요성은 더욱 커지고 있다. 이를 위해서는 도시·지역의 삶의 환경 개선과 경제회복을 통해 사회적 배제를 축소시키고 쇠퇴한 지역산업을 재생시키면서 사회·경제적 통합(social economy)을 강화할 수 있는 장소기반형 지역산업정책이 요구된다. 물론 장소기반형 지역산업정책은 상당히 복잡하고 긴 시간과 많은 비용이 수반되지만, 반드시 성공할 수 있다는 보장도 없다. 그럼에도 불구하고 많은 지역산업정책 전문가들은 기존의 '선택과 집중'으로 인한 지역특화 산업정책의 문제를 해결하기 위해서는 연관산업 다양화를 통한 지역의 융복합화 산업정책과 더불어 연구개발과 생산과정의 통합을 통한 장소기반형 지역산업정책의 필요성을 주장하고 있다(Thissen et al., 2013).

• 참고문헌 •

김영수, 2012, "우리나라 클러스터 정책의 특징과 지역산업생태계론으로의 진화 필요성", 지역연구, 28(4), 23–43.

남기범, 2016, "'선택과 집중'의 종언: 포스트클러스터 지역산업정책의 논거와 방향", 한국경제지리학회지, 19(4), 764–781.

박경 · 강용찬 · 강현수 · 박진도 · 이철우, 1998, "세계화와 지역의 새로운 역할", 목원대학교 사회과학연구소, 1–33.

박경 · 박진도 · 강용찬, 2000, "지역혁신 능력과 지역혁신체제", 공간과 사회, 13, 12–45.

세르지오 꽁띠, 1998, "세계화와 지방화", 박삼옥 외 편, 경제 구조조정과 산업공간의 변화, 한울.

Amin, A. and Thrift, N., 1994, Living in the global, in Amin, A. and Thrift, N.(eds.), *Globalization, Institutions and Regional Development in Europe*, Oxford University Press, Oxford.

Asheim, B., 1996, Industrial districts as 'learning regions': a condition for prosperity?, *European Planning Studies*, 4, 379-400.

Camagni, R., 1991, *Innovation Networks Spatial Perspective*, Belhaven Press, London.

Cooke, P. and Morgan, K., 1998, *The Associational Economy: Firms Regions and Innovation*, Oxford University Press, Oxford.

Cooke, P., Uranga, M. and Etxebarria, G., 1998, Regional systems of innovation: an evolutionary perspective, *Environment and Planning A*, 30, 1563-1584.

Dosi, G., 1984, *Technical Change And Industrial Performance*, Macmillan, London.

Florida, R., 1995, Towards the learning region, *Futures*, 27, 527-536.

Foray, D., 2015, *Smart Specialisation: Opportunities and Challenges for Regional Innovation Policy*, Routledge, Oxford.

Hassink, R., 1999, What does the learning region mean for economic geography, 지역연구, 15(1), 93-116.

Krugman, 1991, *Geography and Trade*, Leuven University Press, Leuven.

Lundvall, B. Á., 1992, *National Innovation Systems: Towards a Theory of Innovation and Interactive Learning*, Pinter, London.

Lundvall, B. Á. and Johnson, B., 1994, The Learning Economy, *Journal of Industry Studies*, 1(2), 23-42.

Mahoney, J. and Thelen, K., 2010, *Explaining Institutional Change: Ambiguity, Agency, and Power*, Cambridge University Press, Cambridge.

Morgan, K., 1997, The regional animateur: taking stock of the Welsh Development Agency, *Regional and Federal Studies*, 7, 70-94.

Porter, M., 1990, *The Competitive Advantage of Nations*, The Free Press, New York.

Scott, A. J., 1988, *New Industrial Spaces*, Pion, London.

Storper, M., 1997, *The Regional World: Territorial Development in a Global Economy*, Guilford Press, New York.

Thissen, M., Van Oort, F., Diodato, D. and Ruijs, A., 2013, *Regional Competitiveness and Smart Specialization in Europe: Place-based Development in International Economic Networks*, Edward Elgar Publishing, Cheltenham.

제2장

산업집적지 관련 이론에 대한 비판적 논의

1. 머리말

산업입지나 산업집적 관련 이론은 과거부터 경제지리학의 주요한 관심사였으나, 산업자본주의에서 지식기반경제로의 전환이 이루어지고 경제의 세계화가 광범위하게 진행되고 있는 오늘날에는 학문적 차원뿐만 아니라 정책적 차원에서도 그 중요성이 크게 부각되고 있다. 이를 반영하듯 마커슨(Markusen, 2003)이 지적한 것처럼, 경제지리학에서 동태적 경제지리 현상을 설명하기 위한 새로운 용어와 이론들이 쏟아져 나오고 있다. 그러나 그 개념들이 명확하게 정의되지 않은 채 사용되기 때문에 연구자들 간의 컨센서스를 찾기 어려울 뿐만 아니라 연구결과의 신뢰성에도 부정적인 영향을 미치고 있다.

특히 1990년대 후반부터 우리나라뿐만 아니라 전 세계적으로도 큰 관심을 끌고 있는 개념인 '클러스터'는 경제지리학이 전통적으로 초점을 두었던 산업집적 연구에 대한 새로운 주목을 불러일으켰다. 이에 학계는 물론 정책입안자와 심지어 일반 대중들에게도 영향을 미쳐 경제지리학의 대중화에 크게 기여하였다. 하지만 클러스터 관련 개념이나 이론들이 정책 친화성을 띠게 되면서 용어와 개념의 정치성(精緻性)과 이론의 논리적 명료성이 점차 흐려지는 경향도 강해지고 있다(Martin and Sunley, 2003; Benneworth and Henry, 2006).

이에 본 장에서는 경제지리학의 가장 오랜 관심사이면서도 최근 들어 지식기반경제로의 전환과정에서 중요한 경제활동의 공간적 실체로 부각되고 있는 산업집적(지) 혹은 클러스터와 관련된 용어 및 개념 정의의 문제점, 집적지의 유형화와 관련된 문제점 그리고 산업집적과 관련된 이론들 간의 비교 분석을 통해 관련 이론에 대한 학자들 간의 인식 차이와 개념적 모호성을 극복하기 위한 방안을 제언하고자 한다.

2. 산업집적지와 클러스터 개념에 관한 논의

1980년대 이후 경제활동의 지리적 구현체로서 산업집적지의 역할과 중요성이 강조되면서 산업집적지와 관련된 다양한 용어와 개념들이 사용되고 있다. 산업지구, 신산업지구, 신산업공간, 국지적 생산체계, 혁신환경, 지역혁신체계, 학습지역, 클러스터 등은 그 대표적 사례이다. 이러한 가운데 최근 들어 클러스터는 산업집적지를 포괄하는 용어로 사용되는 경향이 나타나기도 하고, 학자에 따라서 집적과 클러스터의 개념이 논리적 근거를 충분히 확보하지 못한 채 조작적으로 정의되는 경우도 적지 않다.

따라서 먼저 '집적(혹은 집적지)'과 '클러스터'의 개념을 관련 문헌에서 어떻게 정의하고 있는지 고찰하고자 한다. 집적과 클러스터의 개념에 관한 연구는 집적과 클러스터의 개념을 명확히 구분하는 연구(예를 들어, Maeda, 2004; 권영섭 외, 2005; 권영섭 외, 2007)와 집적과 클러스터를 동일한 개념으로 보는 연구(예를 들어, Coe et al., 2007)로 구분된다.

다음은 집적과 클러스터의 개념을 명확히 구분하고 있는 대표적인 사례이다.

> "집적과 클러스터의 개념을 보면, 우선 집적이란 집적지 내의 활동주체들 간 어떤 형태의 협력도 없음을 가정하며(Gordon and McCann, 2000) … 클러스터란 지역 내 다양한 주체들이 지리적으로 인접하여 상호지식을 교류함으로써 높은 부가가치를 창출하는 지리적 집중체를 의미한다. … 단순히 모여 있는 상태는 집적으로 보고, 모여 있는 기업이나 기관들 간 공통성이나 보완성에 의하여 연계된 집적일 경우 클러스터라고 보며…"(권영섭 외, 2005: 13-14).

권영섭 외(2005)는 집적과 클러스터의 개념 구분을 위한 근거로서 고든과 매캔(Gordon and McCann, 2000)의 논문을 인용하였다. 그러나 이들의 주장과는 달리, 고든과 매캔(Gordon and McCann, 2000)은 집적과 클러스터의 용어와 의미에 대한 명확한 구분을 하지 않았다. 그들은 '집적', '클러스터', '신산업지구', '뿌리내림', '(혁신)환경', '산업단지' 등 집적 혹은 클러스터와 관련된 다양한 유사 용어들을 실제 개념상의 차이가 존재함에도 불구하고 거의 동의어처럼 사용하였다. 나아가서 클러스터를 그 구조적 특성에 따라 '순수 집적 모형(Pure Agglomeration Model)', '산업단지 모형(Industrial Complex Model)', '사회적 네트워크 모형(Social Network Model)'의 3가지 유형으로 구분하였다. 즉 그들은 집적과 클러스터의 개념을 구분하기보다는 혼용[1]하면서도 용어의 개념 규정에 대한 관심이 부족하다는 점을 지적하였다. 결과적으로 고든과 매캔(Gordon and McCann, 2000)의 정의를 인용하여 집적과 클러스터의 의미를 구분한 권영섭 외(2005)의 주장은 원전을 잘못 해석하였거나, 개념 구분의 근거가 충분하지 않은 것이라고 판단된다.

집적과 클러스터의 개념을 명백히 구분한 또 다른 사례로는 마에다(Maeda, 2004)의 연구를 들 수 있다. 그는 산업집적(industrial agglomeration)과 클러스터(cluster)의 개념적 차이를 다음과 같이 지적하였다.

"산업집적은 지역 내 기업 간 협력과 협업을 통한 생산 효율성의 증가에 초점을 두는 반면, 클러스터는 지속적 혁신의 증진에 초점을 둔다. 클러스터의 기반은 대학 및 연구기관과의 협력이다. 클러스터는 단순히 효율성 향상에 초점을 두기보다는 하나의 생태계로서 경쟁적 협력을 강조한다" (Maeda, 2004: 12).

아울러 권영섭 외(2007)는 마에다(Maeda, 2004)가 제시한 산업집적, 네트워크 그리고 클러스터의 차이를 인용하여 다음과 같이 구분하였다.

"산업집적은 기업과 지방정부가 구성원이며, 협력적 행태를 갖고 효율성이라는 효과가 있다. 네트워크는 집적과 다른 점이 구성원 측면에서 연구기관이 포함되고 효과 측면에서 효율성과 더불어 혁신이 포함된다. 클러스터는 산업집적과 네트워크의 구성원에 덧붙여 연계기능과 창업이 포함되고 행태적 측면에서는 경쟁요소가 덧붙여지며, 효과 측면에서 혁신과 행태가 추가된다(Maeda, 2004). 여기에 간과된 것이 지리적 근접성이다. 산업집적과 클러스터는 근접이 요구되나 네트워크

1 고든과 매캔(Gordon and McCann, 2000)이 집적과 클러스터를 구분하기보다는 클러스터의 유형 구분이라는 표현을 썼다는 증거는 다음의 문장에서 확인된다. "we suggest that there are three basic forms of clustering … Defining analytically which of these types is the dominant structural characteristics of a particular *cluster*(or set of clusters) is essential …" (p.515: 이탤릭체는 추가적으로 강조된 것임).

는 필수조건이 아니다"(권영섭 외, 2007: 10-11).

그러나 마에다(Maeda, 2004)와 권영섭 외(2007)는 산업집적과 클러스터의 구분 근거를 전혀 밝히지 않고 개념 규정을 하였다는 점에서 그들의 개념 구분은 설득력이 약하다고 하겠다. 그들이 정의한 '산업집적'을 '단순 산업집적'으로 간주한다고 하더라도, 산업집적지의 구성원들 간에 협력적 행태가 나타나고 근접성에 기반하여 효율성이 나타난다면 그것은 이미 단순 집적의 형태를 넘어선 집적지의 성격을 가지게 된다. 이뿐만 아니라 산업집적은 협력적 행태가 나타나지만, 클러스터에는 협력과 경쟁이 공존한다고 주장하는 대목도 쉽게 납득하기 어렵다.

한편 코 외(Coe et al., 2007)는 그들의 저서인 *Economic Geography: A Contemporary Introduction*에서 '집적(agglomeration)'과 '클러스터(cluster)'를 명시적으로 동일한 개념으로 사용하고 있다.[2] 이들은 포디즘 이후에 다양한 형태로 존재하고 있는 오늘날의 생산체제(포스트포디즘)를 포디스트 대량생산체제, 유연적 전문화 생산체제 그리고 일본식 유연적 생산체제의 3가지 유형으로 구분하고, 이와 같은 다양한 경제현상들이 공간적으로 집중되어 나타나는 집적지를 통칭하여 '클러스터'로 정의하였다. 또한 그들은 스토퍼(Storper, 1997)의 교역적 및 비교역적 상호의존성 개념을 사용하여, 클러스터(집적지)의 존립기반을 집적의 경제적 기반으로서 교역적 상호의존성(traded interdependencies)과 집적의 사회문화적 기반으로서 비교역적 상호의존성(untraded interdependencies)으로 구분하여 설명하고 있다. 구체적으로 클러스터는 신산업공간론에서 강조하는 수직적 분해에 기초한 거래비용의 절감 효과 등의 교역적 상호의존성 외에, 학습지역론·혁신환경론·지역혁신체계론·클러스터론 등에서 강조하는 지식 하부구조의 공급 및 상호작용적 학습을 통한 암묵적 지식 교환 등의 비교역적 상호의존성이 공존함으로써 존립기반을 유지한다고 설명하였다. 다시 말해서 이들은 클러스터(집적지)의 존립기반에 대한 설명 요인으로 고전 산업입지론에서 강조하는 비용 요인뿐만 아니라 신산업입지론에서 강조하는 혁신 및 지식 요인을 포괄하고 있다.

물론 클러스터론은 포터(Porter)가 애초에 제시하였던 비교적 단순한 클러스터(Porter, 1998)의 개념을 초월하여 다양한 이론적 흐름들을 수렴하면서 다양한 집적의 형태를 아우르는 포괄적 개념으로 진화하고 있다는 점은 명백한 경향성이라 할 수 있다(Asheim et al., 2006).

2 그 증거는 다음의 문장에서 확인된다. "…the flexible specialization and Japanese flexible production systems both seen to exhibit a new-found tendency for firms to agglomerate - or group together - in particular places in what are commonly known now as *clusters*. It is to this apparently renewed importance of clusters/agglomerations(we use the terms interchangeably here) in the after-Fordist era that we now turn"(Coe et al., 2007: 136, 이탤릭체는 원문에서 강조된 것임).

"포터(Porter, 1990)가 규정한 산업클러스터(industrial cluster)의 개념은, 마셜(Marshall, 1890), 피오레와 세이블(Piore and Sabel, 1984) 등의 '산업지구', 스콧(Scott, 1988)의 '신산업공간', 스토퍼(Storper, 1992)의 '기술지구'와 유사한 개념이다. 사실 포터와 여타의 산업지구론자 혹은 신산업지구론자들이 가리키고 있는 현상은 … 접근방법에 있어서 다소간의 상이점이 있긴 하지만 분석내용으로 보면 거의 차이를 발견하기 어려운 것이다. … 이렇듯 개념적 대상의 동일성으로 인해 이 개념들에 있어서의 차이점이 더욱 축소되고 사실상 수렴되어 가는 듯하다"(권오혁, 2004: 316).

이들의 논리에 따르면, 클러스터는 다양한 집적 형태를 아우르는 포괄적 개념으로 받아들여야 한다. 그리고 산업지구, 신산업공간, 기술지구, 신산업지구 등과 같은 집적 개념들(혹은 형태)은 다양한 형태로 존재하는 클러스터 유형의 일부분으로 인식할 수 있다는 의미로 해석된다.

그렇다면 여기에서 한 가지 질문이 제기된다. 어떠한 형태로든 기업들이 특정 지역에 집적(혹은 집중)되어 있기만 하면 모두 클러스터라고 규정할 수 있는가? 이에 대해 논의하기 위해 포터(Porter, 1998)가 규정한 클러스터 정의를 되돌아볼 필요가 있다. 포터는 클러스터를 "특정 분야(산업부문)에서 공통성과 보완성을 바탕으로 상호연계되어 있는 기업들(경쟁기업, 전문 부품 공급기업, 서비스 공급기업 등)과 관련 기관(대학, 지원기관, 협회 등)이 지리적으로 집중되어 있으며, 여기의 기업들은 서로 경쟁하면서도 협력하는 것"으로 정의하였다(Porter, 1998: 197).

필자가 강조하고 싶은 바는, 포터의 기본 정의에 충실할 때 클러스터는 다음의 4가지 요소를 갖춘 산업집적지여야 한다는 것이다.

- 첫째, 경제활동의 국지화(localization of economic activities)로서, 기업들이 특정 지역에 집적되어 있어야 한다.
- 둘째, 지역산업 전문화(regional specialization)로서, 기업들이 특정 산업부문에 특화되어 있어야 한다.
- 셋째, 사회적 하부구조의 존재(existence of social infrastructure)로서, 관련된 기업들이 집적되어 있을 뿐만 아니라 대학, 연구기관, 훈련기관, 혁신 지원기관, 정부기관 등 기업활동을 지원하는 제도적 기반이 존재하여야 한다.
- 넷째, 네트워크에 기반한 경쟁과 협력이 공존(co-presence of competition and co-operation based on networks)함으로써, 기업들은 동일한 시장을 놓고 치열한 경쟁을 벌이면서도 협력을 통해 시너지를 창출하는 사회적 현상이 나타난다. 즉 집적지에 네트워크와 집단학습(collective learning process)을 통한 혁신창출 메커니즘이 존재한다.

이상의 4가지 요소를 종합하면, 클러스터는 특정 지역에 특정 산업이 집중되어 있을 뿐만 아니라 제도적 밀집(institutional thickness)이 나타나는 집적지라고 정의할 수 있다. 포터의 클러스터 정의에 기초할 때 현실세계에서 위에 언급한 4가지 구성요소를 모두 갖추고 있는, 소위 '클러스터'로 간주할 수 있는 집적지의 사례는 그리 많지 않다. 아마도 다수의 집적지들에게 클러스터는 이념형에 가까운 집적지의 형태일 것이다. 이렇게 보면 클러스터는 집적의 한 유형에 속하며, 집적지의 진화 과정상 고도화 단계에 진입해야만 나타나는 유형이라고 할 수 있다.

펠프스(Phelps, 2006) 또한 집적이론의 고찰에 관한 그의 논문에서 클러스터를 경제활동의 집적 현상을 나타내는 일부분으로 취급하고 있다.

벨루시(Belussi, 2006)는 산업지구 및 클러스터와 관련된 문헌들이 두 용어를 별다른 구분 없이 혼용하여 사용하는 경향이 있음을 지적함으로써, 필자의 견해를 뒷받침하는 주장을 한 바 있다. 그녀는 또한 산업지구에 관한 이탈리아 학자들의 연구들에서 산업지구는 중소기업들의 네트워크 체제가 국지적으로 강하게 나타나는 집적지로 정의되고 있기 때문에, 산업지구와 클러스터는 동일한 용어나 개념으로 받아들이기 어렵다는 견해를 제시하고 있다.

한편 경제지리학자들은 클러스터의 필요요소로서 지리적 집중(집적)을 당연한 것으로 간주하는 데 비해, 비경제지리학자들 가운데 일부는 클러스터가 지리적 집중(집적)을 반드시 상정하는 개념은 아니라는 주장을 펼침으로써 집적과 클러스터의 논리적 근간을 흔들고 있다. 대표적으로 룰란트와 덴 헐톡(Roelandt and den Hertog, 1999)은 부가가치 사슬에 서로 연결되어 있는 상호의존성이 강한 기업들의 생산 네트워크를 클러스터로 정의하고, 공간 집적은 이를 위한 필요조건이 아니라고 주장하고 있다. 다시 말해서 그들은 생산체계 측면은 강조한 반면, 지리적 근접성 측면은 과소평가하고 있다. 하지만 네트워크와 클러스터는 상이한 개념을 내포하고 있기 때문에 의미상의 구분은 내려져야만 한다고 본다. 즉 클러스터와 달리 네트워킹은 반드시 지리적 집중을 의미한다고 볼 수 없는데, 그것은 기업들 간의 상호작용과 학습은 원거리에서도 이루어질 수 있기 때문이다(Lee, 2001; Amin and Cohendet, 2004).

3. 산업집적지의 유형화와 유형별 특성

현실세계에서 다양한 형태로 존재하는 집적지의 유형화를 체계적으로 시도한 선구적인 연구자로는 박삼옥(1994)과 마커슨(Markusen, 1996)을 들 수 있다. 박삼옥은 제3이탈리아와 같은 전형적인 산업지구는 극히 소수에 불과하며, 대다수의 산업집적지는 다양한 형태로 존재하고 있다는 사실에 주목하였다. 그는 산업집적지(신산업지구)의 성격을 가늠하는 주요 요인으로 생산체계, 생산 네트워크, 뿌리내림 그리고 기업 규모 등의 4가지로 설정하고, 이 요인들을 조합하여 마셜형 산업지구와 8가지 신산업지구, 총 9개의 산업집적지 유형을 제시하였다.

마커슨(Markusen, 1996)은 산업집적지(산업지구)의 분류 기준으로서 기업 규모별 비중, 전후방 연계, 수직적 분해 수준, 집적지 기업 간 네트워크, 집적지의 거버넌스, 혁신능력, 생산조직 특성 등 집적지 유형 구분에 사용되는 일반적인 기준 외에 집적지 발전의 추동자로서 국가의 역할, 국제적 시장력을 가진 집적지 내 대기업의 역할, 집적지 내 기업들의 뿌리내림, 집적지의 동태성, 집적지의 사회적 관계 특성(노사관계, 노조 활동, 지역정치 등) 등을 분류 기준으로 추가하였다. 이를 토대로 그녀는 박삼옥(1994)이 분류한 집적지의 기본 유형에 해당하는 마셜형, 허브-스포크형, 위성형, 국가기관 주도형이라는 4가지 유형으로 단순화하였다.

그 후 경제활동의 공간적 거점으로서 집적지 혹은 클러스터의 중요성이 부각되면서 다양한 기준을 기초로 집적지를 유형화한 연구가 발표되었다. 코 외(Coe et al., 2007)는 기본적으로 마커슨(Markusen, 1996)의 유형 구분에 기초를 두면서도 집적지(클러스터)를 집적지의 업종, 내부 동태성 및 지리적 규모에 따라 ① 노동집약적인 수공업적 생산 클러스터, ② 디자인집약적인 수공업적 생산 클러스터, ③ 하이테크 혁신클러스터, ④ 유연적 생산 허브-스포크 클러스터, ⑤ 위성형 생산 클러스터, ⑥ 비즈니스 서비스 클러스터, ⑦ 국가주도형 클러스터의 7가지 유형으로 구분하고 각 유형별 특징을 다음과 같이 제시하였다.

첫째, 노동집약적인 수공업적 생산 클러스터(labour-intensive craft production cluster)는 의류산업과 같이 작업조건이 열악하고 저임금(주로 이민자) 노동력에 의존하는 산업에서 주로 발견된다. 기업들은 엄격한 하청 네트워크 관계를 가지며, 가정 노동력을 주로 활용한다. 서울, 로스앤젤레스, 파리, 뉴욕 등과 같은 세계도시의 의류 생산지구가 전형적인 사례에 해당된다.

둘째, 디자인집약적인 수공업적 생산 클러스터(design-intensive craft production cluster)는 고품질의 특정 재화나 서비스 생산에 전문화된 중소기업들이 긴밀한 네트워크 관계를 가지는 집적지로, 지역 내 기업들 간에 고도로 전문화된 사회적 분업 관계인 국지적 생산체계가 나타난다. 마셜리안 산업지구의 전형으로 간주되는 제3이탈리아(예를 들어, 카르피의 니트웨어산업, 사수올로의 세라믹산업, 안코나의 제화산업 등)와 덴마크 유틀란트의 가구산업, 독일 바덴뷔르템베르크 지역에 있는 투틀링겐의 의료기기산업 등이 대표적인 사례이다.

셋째, 하이테크 혁신클러스터(high-technology innovative cluster)는 정보통신 및 바이오 산업 등과 같은 첨단산업 부문에서 혁신적인 중소기업들이 집적되어 있는 형태이다. 산업화와 노조조직의 역사가 비교적 짧은 지역에서 주로 입지하는데, 미국의 실리콘밸리, 프랑스의 그르노블, 영국의 케임브리지 등이 대표적 사례이다.

넷째, 유연적 생산 허브-스포크 클러스터(flexible production hub-and-spoke cluster)는 소수의 대기업과 이들 대기업에 제품을 납품하는 다수의 중소기업들로 구성된 집적지이다. 하지만 지역 내 대기업들은 지역의 중소기업들로부터뿐만 아니라 지역 외 기업들로부터도 부품을 구매하기도 한다. 특히 이 유형의 클러스터에서는 적기생산체제(just-in-time production system)를 통한 유연적 생산체제가 나타난다. 미국 시애틀의 항공산업(보잉)과 일본 도요타시의 자동차산업(도요타)이 전형적인 사례이다.

다섯째, 위성형 생산 클러스터(production satellite cluster)는 외부 소유의 분공장들이 집적되어 있는 경우이다. 집적지 내에는 기술 수준이 낮은 단순 조립 공장부터 높은 연구역량을 가진 첨단 공장에 이르기까지 다양한 기술 수준의 기업들이 존재할 수 있지만, 그들 간에 생산 연계나 사회적 네트워크는 거의 존재하지 않는다. 다만 기업들이 집적하는 이유는 노동시장 조건이나 금융세제 인센티브 때문이다. 말레이시아의 페낭 지역과 같은 개발도상국의 수출자유지역(EPZs)에서 주로 발견되는 유형이다.

여섯째, 비즈니스 서비스 클러스터(business service cluster)는 금융 서비스, 광고, 법률, 회계 등의 비즈니스 서비스 활동이 집적되어 있는 경우를 일컫는다. 주로 뉴욕, 런던, 도쿄와 같은 세계도시의 중심업무지구에 집중되어 있으며, 런던 외곽의 소프트웨어와 컴퓨터 서비스산업 집적지와 같이 거대도시의 배후지역에서 나타나기도 한다.

마지막으로, 국가주도형 클러스터(state-anchored cluster)는 대학, 방위산업 연구기관, 교도소, 공공기관 등 정부기관들이 입지함으로써 관련 산업들이 집적되는 경우를 나타낸다. 한국의 대덕연구단지, 영국의 M4코리도어, 미국의 콜로라도스프링스 등은 정부 연구기관이 입지함으로써 형성된 사례이며, 영국의 케임브리지와 옥스퍼드, 미국 위스콘신의 매디슨 등은 대학이 입지함에 따라 산업이 집적된 대표적 사례이다.

그러나 현실적으로는 산업집적지의 명확한 유형 구분은 매우 어렵고, 대개는 2개 이상의 유형의 혼종적 형태(hybrid forms)의 경우가 일반적이다. 예를 들면, 실리콘밸리는 일반적으로 '하이테크 혁신클러스터'로 분류되지만, 인텔과 같은 대규모 제조업체가 존재하기 때문에 '유연적 생산 허브-스포크 클러스터'와 연방정부의 대규모 국방 예산에 상당부분 의존한다는 점에서 '국가주도형 클러스터'(Coe et al., 2007)의 혼종적 형태라고 할 수 있다.

이에 반해, 고든과 매캔(Gordon and McCann, 2000)은 집적지의 구조적 특성(주된 집적 요인)에 따라 집적지의 형태를 '순수 집적 모형', '산업단지 모형', '사회적 네트워크 모형'의 3가지로 구분하였다. 먼저, '순수 집적 모형'은 마셜이 제시한 3가지 집적경제 요소인 숙련 노동력 풀에 대한 접근성, 비교역적 투입요소의 존재 그리고 정보의 파급효과를 집적의 핵심 요인으로 간주한다. '산업단지 모형'은 기업의 물자 연계와 거래비용 최소화를 기업들이 공간적으로 집중하는 핵심 요인이라고 보는 유형이다. '사회적 네트워크 모형'은 지역의 혁신 주체들 간의 신뢰에 기초한 혁신 네트워크를 집적의 핵심 요인으로 보는 유형이다. 그러나 그들은 집적지의 특성을 나타내는 다양한 요인을 배제하고 집적 요인에만 근거하여 집적지를 유형화했을 뿐만 아니라, 이들이 제시한 집적지의 형태는 현실과 동떨어진 이론적이고 이상적인 형태에 불과하다는 점에서 비판을 받고 있다(Martin and Sunley, 2003).

한편 보타치 외(Bottazzi et al., 2001)는 집적지 유형을 집적지의 구조 특성에 기초하여 아래의 5가지 유형으로 분류하였다(표 2-1).

보타치 외(Bottazzi et al., 2001)는 이상의 유형 구분에 대해, ①~③유형은 생산 네트워크 및 거버넌스 특성에 따라, ④유형은 기술적 역량기반에 따라, ⑤유형은 집적이익의 효과에 따라 유형화한 것으로 볼 수 있다. 즉 그들은 집적지 유형을 집적지의 구조 특성에 따라 구분하였다고 했으나, 실제 유형 구분의 기준이 각각의 유형별로 상이하게 적용되는 논리적 오류를 범하고 있다.

마지막으로 파니치아(Paniccia, 2006)는 이탈리아 산업지구들에 대한 정량적 분석 결과를 토대로 집적지의 구조적 특성을 기준으로 하여 집적지 유형을 6가지로 분류하였다. 그의 집적지 유형 분류

표 2-1. 보타치 외의 집적지 유형 및 유형별 특성

유형	특성
① 수평적으로 다각화된 집적지 (Horizontally Diversified)	다양한 중소기업들이 집중되어 있으며, 수요환경 변화에 대처하여 다양한 제품을 생산하는 제3이탈리아형의 전형적인 산업지구(의류, 섬유, 보석, 타일 생산 산업지구)
② 수직적으로 분해된 집적지 (Vertically Disintegrated)	기본 구조는 ①유형과 유사하지만, 종래에는 개별 기업에 수직적으로 통합되어 있던 활동들이 분해되어 사회적 분업관계가 형성된 산업지구(신발, 섬유, 의류 생산 산업지구)
③ 위계적 집적지 (Local Hierarchical)	과점적 대기업과 이를 둘러싼 하청기업들이 위계적 생산 네트워크를 가지고 있는 집적지(자동차산업 집적지)
④ 과학기술주도형 집적지 (Scienceengineering-driven)	첨단 과학기술 중심의 실리콘밸리형 산업집적지(이탈리아에는 존재하지 않는 산업집적지)
⑤ 경로의존적 집적지 (Path-dependent)	공간적 관성(spatial inertia)이 팽배하여 집적이익이 유발되지 않는 집적지(대표적으로 디트로이트의 자동차산업)

출처: Bottazzi et al., 2001을 참고로 필자 재작성.

의 기준은 집적지의 기업 및 종업원 수, 기업 전문화 수준, 산업 전문화 수준, 집적지의 공간 규모, 수평적 및 수직적으로 관련된 산업의 범위, 상호의존성의 본질, 기업 규모 분포, 역량의 형태, 활동 집적지 도시 특성, 기업의 소유권 특성, 기업의 거버넌스 특성, 경제조직의 역할, 사회조직의 역할 등 매우 다양하다. 그는 이와 같은 기준을 토대로 집적지의 유형을, ① 규범적 산업지구, ② 다각화된 산업지구, ③ 위성형 혹은 허브-스포크 집적지, ④ 공동입지 지역(co-location area), ⑤ 집중된(혹은 통합된) 집적지, ⑥ 과학기술 기반 집적지로 구분하였다.

이상에서 살펴본 바와 같이, 집적지의 유형 구분 기준은 학자들마다 대단히 다양하게 적용되고 있으며, 집적지의 어떠한 측면에 초점을 두고 있느냐에 따라 유형화는 매우 상이할 수 있다. 하지만 여기에서 한 가지 명확히 지적하고자 하는 부분은 학자들 간의 집적지 유형 구분이 특정한 이론적 틀을 넘어선 포괄적 의미에서의 집적지 유형 구분인지, 특정한 집적이론(예를 들어, 산업지구, 신산업지구, 클러스터 등) 범주 내의 하위 단위로서의 집적지 유형 구분인지를 분명히 해야 한다는 것이다. 예를 들어, 앞에서 언급한 바와 같이 클러스터를 산업집적지의 한 형태로 인식할 때 클러스터의 유형 구분이라 함은 클러스터의 개념적 범주 내에서 하위 유형이지 넓은 의미에서 산업집적의 형태를 포괄적으로 유형화하는 것은 아니어야 한다는 점이다.

4. 산업집적지 관련 이론에 대한 논의

앨프레드 마셜(Alfred Marshall)은 그의 명저 『경제학 원리(The Principles of Economics)』에서 집적의 외부경제에 기반한 국지적 산업집적지를 산업지구로 규정하였다. 그 후 오랫동안 산업집적지에 대한 논의는 크게 주목을 받지 못하였다. 그러나 대량생산체제를 근간으로 하는 포디즘이 퇴조함에 따라 수직적 분해와 네트워킹 그리고 사회적 분업화된 생산체제가 산업조직의 지배적 패러다임으로 등장하면서 산업집적지는 다시 재조명을 받게 되었다. 즉 1980년대 유연적 전문화의 공간적 실체로서 제3이탈리아 산업지구의 사례가 부각되면서 산업집적지의 형성 요인과 존립기반에 대해 경제지리학뿐만 아니라 인접 학문에서도 관심을 가지게 되었다. 제3이탈리아 사례에 기초한 산업지구론의 부활 이후에 신산업공간, 신산업지구, 클러스터 등 직접적으로 집적지를 설명하는 개념과 이론들이 지속적으로 등장하였다. 운송비 절감 요인을 강조하는 베버류의 고전적 산업입지론이나 거래비용의 절감을 강조하는 신산업공간론 등의 신고전파 입지론과는 달리, 산업지구론은 집적지의 기업 간 사회적 분업 및 국지적 생산체계와 범지역적으로 형성되어 있는 신뢰와 협력적 네트워크의 기반인 사회적 자본(social capital) 등 사회·문화·제도적 기반을 강조한다(Paniccia, 2002).

이에 조응하여 1990년대 이후 산업집적의 요인과 집적지의 존속기반에 대한 대다수의 논의들은 주로 혁신과 지식의 국지적 창출과정 및 메커니즘에 초점을 두었다(Malmberg, 1996; 1997). 그와 관련된 대표적 개념들로서 혁신환경(innovation milieu), 지역혁신체계(regional innovation system), 학습지역(learning region) 등은 반드시 집적을 전제하지는 않지만 산업집적과 상당한 관련성을 가지고 있다. 이 이론들은 지식(특히 암묵적 지식)과 혁신의 창출이 지리적 근접성에 기초한 지역 내의 상호작용적 학습에 달려 있다는 점을 공통적으로 강조하고 있다는 점에서 산업집적의 형성 및 존속 요인을 설명하는 데 중요한 분석 틀을 제공한다고 할 수 있다. 이들 이론적 관점은 제각각 나름대로의 이론적 영역을 넓혀 가는 과정에서 각각의 이론적 관점들이 공통의 영역에서 상호수렴되는 경향이 나타나고 있다.

산업집적과 관련된 이론들 간의 비교 분석을 시도한 대표적인 학자로는 뉴랜즈(Newlands, 2003), 컴버스와 매키넌(Cumbers and MacKinnon, 2003), 모라에트와 세키아(Moulaert and Sekia, 2003) 등을 들 수 있다. 먼저, 뉴랜즈(Newlands, 2003)는 클러스터 관련 이론들을 마셜의 집적이론, 캘리포니아학파의 신산업공간론, 유연적 전문화론(신뢰 및 비교역적 상호의존성 포함), 그레미(GREMI) 학파의 혁신환경론, 진화 및 제도 경제학 등 6가지 흐름으로 구분하고, 각각의 특성을 분석하였다(표 2-2). 그가 분류한 이론들 중에는 '산업지구론'을 명시적으로 거론하지 않았지만, 내용상으로는 '유연적 전문화론'과 사실상 동일한 범주로 인식하고 있으며, '지역혁신체계론'은 진화 및 제도 경제학의 영역에 포함된 이론적 범주로 간주하였다고 하겠다. 그는 이 이론들을 이른바 클러스터론을 구성하는 토대 이론으로 간주하고 각각의 이론이 가지고 있는 특성을 비교 분석하였다. 그러나 그가 제시한 6개의 이론들을 어떠한 기준에 의해 선정한 것인지에 대해서는 명확하게 밝히지 않았다. 또한 그는 클러스터, 산업지구, 신산업공간, 신산업지구, 혁신환경 등의 용어들이 대단히 상이한 이론적 근원을 가지고 있다는 점을 인식하고 있음에도 불구하고, 이 용어들을 호환성이 있는 용어, 즉 사실상의 동의어로 사용함으로써 용어와 개념 정의상의 어려움을 야기하고 있다.

한편 컴버스와 매키넌(Cumbers and MacKinnon, 2003)은 지식창출, 학습, 혁신이 집적의 경쟁우위의 원천임을 강조하는 제도주의적 지역발전론들인 산업지구론, 지역혁신체계론, 학습지역론 등 3가지 이론적 관점을 제도적 초점, 권력관계에 대한 시각, 초점을 두는 공간 스케일 측면에서 비교 분석하였다(표 2-3). 특히 그들은 각 이론별로 초점을 두는 제도의 특성에 주목하고 있다.

먼저 지역혁신체계론은 지역(region) 단위에서의 '경성 제도(hard institutions)', 즉 기업, 대학, 연구기관, 금융기관, 협회 등 사회적 인프라의 존재 형태에 초점을 두며, 이들 간의 협력적 행위를 고취

표 2-2. 뉴랜즈의 집적(클러스터) 관련 이론 간의 비교

이론 / 특징	마셜의 집적이론	신산업공간론	유연적 전문화론	혁신환경론	진화 및 제도 경제학
우위의 원천	노동력, 하부구조, 사업서비스 등의 공공재 공유	집적에 기초한 거래비용 절감	집적지 내 협력 네트워크를 통한 호혜적 정보 교환	혁신창출을 지원하는 혁신환경의 구축	집적지에서 점진적으로 확립된 제도적 기반
직접 유발 요인	외부경제는 공통의 서비스가 국지적으로 집중되어 있을 경우에 극대화됨	물리적 거리가 가까울수록 거래비용의 절감 효과는 커짐	신뢰는 지리적으로 집중된 네트워크에서 지속될 가능성이 높아짐	혁신에 기여하는 제도와 관행은 부분적으로 개인적 접촉에 의존하기 때문에, 물리적 접촉이 용이한 공간 단위에서 혁신의 가능성이 높아짐	특정한 진화 궤적은 다양한 공간 규모에서 발달할 수 있음
경쟁과 협력	집적지 내 기업 간 경쟁에 기초한 협력을 통해 우위를 창출	협력이 거래비용 절감에 영향을 미치긴 하지만, 절대적 요인은 아님	집적지 내 기업들은 서로 경쟁하지만, 가격보다는 품질에 기초한 경쟁을 하며, 상호 간에 강한 협력관계가 존재함	경쟁적 기업관계보다는 협력적 기업관계가 더 중요하다고 간주	기술변화를 경쟁의 추동력으로 인식
정책 함의	공공재 공급의 시장 실패가 없다면, 명확한 정책적 함의는 없음	시장이 클러스터 내에서의 거래를 성공적으로 조정할 것이라고 봄	사회적 네트워크가 신뢰 구축에 핵심이지만, 적절한 규범체계를 확립해야 함	산·학·연 네트워크의 활성화에 초점을 둠	혁신 궤적을 발전시키는 데 정책 개입은 단지 하나의 결정요소에 불과하다고 봄

출처: Newlands, 2003.

하는 사회적 관계를 강조하는 이론으로 받아들여지고 있다. 반면에 산업지구론은 로컬(local) 단위에서 신뢰와 협업을 촉진하는 사회문화적 네트워크 및 지역의 사회·정치 조직의 역할 등 '연성 제도(soft institutions)'에 초점을 두고, 기업 간 협업관계(혹은 사회적 분업관계)를 강조한다. 이에 대해 학습지역론은 지역 단위에서 혁신을 촉진하는 데 암묵적 지식의 교환 및 창출을 위한 집단학습을 일으키는 비교역적 상호의존성 및 관계적 자산 등의 '보다 연성적인 제도(softer institutions)'에 초점을 두고 있다.

그들은 3가지 이론 간의 차이를 비교적 구체적으로 설명하고 있으나, 이들 이론이 제도주의 관점(institutionalist perspectives)이라는 하나의 틀 속에 포괄되는 이론이라는 점에서 상당히 유사한 분석 시각을 공유하고 있다. 이 가운데 지역혁신체계론은 혁신체계의 지역적 분석 틀로서뿐만 아니라 지역혁신정책으로서 관련 학자들과 정책입안자들의 주목을 받게 되면서, 학습지역론의 분석 틀을 통합하는 경향을 볼 수 있다. 지역혁신체계론은 지식창출과 확산에 있어 상호작용적 학습의 역할을 강조하는데, 특히 지역(region)을 지식창출과 확산에 가장 적합한 공간 단위로 인식한다는 점에서

표 2-3. 컴버스와 매키넌의 산업지구론, 지역혁신체계론, 학습지역론의 비교

이론 / 특징	산업지구론	지역혁신체계론	학습지역론
제도적 초점	• '연성(soft)' 제도에 초점 • 신뢰와 협업을 촉진하는 사회·문화적 네트워크의 중요성 강조 • 노동조합, 지방정부, 기업협회 및 정당 등의 역할 강조	• '경성(hard)' 제도의 형태에 초점 • 지역 내 핵심 조직(금융기관, 교육기관, 연구기관)의 역할 강조 • 기업과 지원기관(대학, 연구기관, 협회, 훈련기관 등) 간의 협력과 협업을 지지하는 규범적 접근	• '비교역적 상호의존성'과 '관계적 자산' 등 '보다 연성적인(softer)' 제도에 초점 • 혁신을 촉진함에 있어 암묵적 지식과 집단학습의 중요성 강조 • 핵심 주체들 간의 협업을 통한 지역적 제휴를 고취시키는 데 일부 관심을 둠
권력	• 기업 간의 협업관계에 초점 • 성공적 산업지구들이 '좌파적' 정치 색채를 가지고 있음을 인식 • 잠재적 경쟁과 대립 문제는 간과 • 산업지구 내의 분화와 착취 문제에 대한 논쟁이 존재	• 협력적인 사회적 관계에 초점 • 잠재적 분화와 갈등 요소는 간과 • 신자유주의적 글로벌 자본주의 체제에 대해서는 암묵적 동의	• 집단학습과 신뢰에 초점 • 기업 간의 불평등 권력관계 및 장기적 협업관계 지속의 현실적 어려움에 대해서는 간과 • 권력을 관계적 측면에서 인식하는 반면, 능력적 측면에서는 간과
공간/ 스케일	• 로컬(local) 단위에 초점 • 하지만 타 공간 스케일에서 활동하는 주체를 간과	• 세계시장은 외부의 제품시장으로 인식 • 지역(regional) 단위에 초점 • 국가 단위의 제도(교육, 훈련, 금융체제 등)에 대해서는 간과 • 세계화 과정은 지역이 경제활동과 정치적 개입의 핵심 공간 단위가 되었음을 의미한다고 봄 • 지역 단위에 대한 차이를 고려하지 않음	• 비교역적 상호의존성이 구현되는 핵심 공간 단위로 지역의 역할을 강조 • 지역을 전략적 행위주체로 인식하는 공간물신주의 경향성 • 경쟁력의 개념을 기업 단위에서 지역 단위로 확장

출처: Cumbers and MacKinnon, 2003.

국가혁신체계(National Innovation System, NIS)론과는 차별성을 가진다. 지역혁신체계는 전통적인 입지론에서 강조하는 물리적 하부구조(physical infrastructure)와 혁신창출과 연관된 조직적 실체인 사회적 하부구조(social infrastructure: 기업, 대학, 연구기관, 지방정부, 협회, 노동조합 등), 그리고 사회적 하부구조의 상호작용적 학습과 혁신을 촉진하는 무형의 요소인 제도, 문화, 규범, 관행 등을 포함하는 상부구조(superstructure) 등의 3가지 구성요소를 포함한다. 지역혁신체계론은 지역혁신체계 구축에 있어 기업, 대학, 연구기관, 관련 협회, 정부 등 지역혁신의 사회적 인프라의 존재를 필요조건으로 강조하지만, 지역에 암묵적 지식의 흐름과 공유를 촉진하는 제도, 즉 지역혁신 주체들 사이에 공유되고 있는 관습, 태도, 예측, 규범, 가치 등 지역혁신의 상부구조의 존재를 충분조건으로 강조한다(이철우, 2004). 하지만 지역혁신체계의 강약을 결정하는 관건은 하부구조적 요소가 아니라 상부구조에 달려 있음이 많은 연구결과를 통해 확인되면서, 학습지역론에서 강조하는 '보다 연성

적인 제도'의 역할을 더욱 강조하게 되었다. 이러한 측면에서 지역혁신체계론은 결국 혁신환경론과 학습지역론을 조합하여 구성된 지역혁신 이론으로 확대되고 있다고 볼 수 있다. 이러한 주장은 지역혁신 관련 이론들을 비교 분석한 모라에트와 세키아(Moulaert and Sekia, 2003)의 연구에서도 논증되고 있는데, 그들은 학습지역론이 지역혁신체계론에 비해 연성 제도를 보다 강조하고 있음을 밝히고 있다(표 2-4).[3]

여기에서 중요한 것은 그들이 비교 분석 대상으로 삼은 이론들은 그들이 밝힌 바와 같이 지역혁신 모델(territorial innovation models)이지 산업집적 이론이 아니라는 점이다. 아울러 그들이 제시한 6가지 이론들 중 산업지구론과 국지적 생산체제론 그리고 신산업공간론이 과연 혁신을 강조한 이론인가에 대해서는 수긍하기 어려운 면이 없지 않다. 산업지구론은 주로 산업지구 존립기반으로서 지역의 사회문화적 토대와 생산체계 특성에 초점을 두며, 산업지구론과 관점이 유사한 국지적 생산체제론은 지역산업 생산체계의 공간성과 지역산업의 거버넌스 특성에 관심을 가진다. 반면에 신산업공간론은 주로 거래비용론에 바탕을 두고 생산조직의 수직적 분해와 공간적 집중의 요인에 초점을 두는 이론이다. 따라서 이 3가지 이론들을 지역혁신 이론의 범주에서 해석하는 것은 이론의 실체를 과도하게 해석하는 오류를 범할 수도 있다고 판단된다.

마지막으로, 최근 들어 지역발전 정책적 차원에서 가장 주목을 받고 있는 이론은 클러스터론과 지역혁신체계론이다. 그렇다면 지역혁신체계론과 클러스터론은 어떠한 차이가 있는가? 산업지구론, 신산업공간론, 클러스터론 등의 산업집적론은 기업을 중심적 분석 단위로 하는 데 비해, 지역혁신체계론의 중심 분석 단위는 지식(knowledge)이다. 클러스터 접근이 산업의 집적에 기반을 둔 산업 수행능력에 초점을 두고 생산체제와 가치사슬에 포함된 주체 간의 네트워크 특성에 분석 초점을 두는 반면, 지역혁신체계론적 접근은 지역 단위에서 혁신과정에 영향을 미치는 복잡한 제도와 정책의 복합체를 가리키면서 지역 단위에서 이루어지는 혁신 주체의 상호작용과 학습 그리고 제도적 능력 구축에 주된 관심을 가지고 있다.

클러스터는 특정 지역에 가치사슬상의 상호연관 관계를 가진 다수의 기업과 지원기관이 모여서 상호 네트워크를 형성하고 있는 상태로 지역혁신체계의 실체적 구현체라고 한다면, 지역혁신체계는 다양한 네트워크로 구성된 하나 또는 그 이상의 클러스터를 포함하는 상호작용 시스템이라고 할 수 있다(이종호, 2005). 일반적으로 지역혁신체계와 클러스터를 혼동하는 이유는 지역혁신체계가

3 지역혁신 이론들 간의 혁신에 대한 관점 비교는 모라에트 외(Moulaert et al., 1999)에서 처음 등장하였다. 그리고 모라에트와 세키아(Moulaert and Sekia, 2003)의 논문 이후 모라에트와 누스바우머(Moulaert and Nussbaumer, 2005)가 수행한 후속 연구에서는 지역혁신 이론 간의 비교 분석에서 국지적 생산체제론과 학습지역론을 비교 대상에서 제외하였다.

표 2-4. 모라에트와 세키아의 지역혁신 이론 간의 혁신에 대한 관점 비교

이론 특징	혁신환경	산업지구	국지적 생산체제	신산업공간	지역혁신체계	학습지역
혁신의 핵심 인자	지역(혁신환경) 내 타 주체와의 네트워크를 통한 기업의 혁신능력 향상	공통의 가치체계 하에서 혁신을 수행할 수 있는 주체의 능력	산업지구론과 같음	공식적 연구개발의 수행. 새로운 생산방식의 적용(JIT 등)	연구개발의 상호작용적·누적적 및 특수적 과정으로서 혁신이 창출(경로의존성)	RIS론과 같음. 하지만 기술과 제도의 공진화를 강조
제도의 역할	혁신창출에 있어 기업, 대학, 공공기관의 역할을 매우 강조	혁신을 촉진하는 사회적 조절양식으로서 제도의 역할을 강조	산업지구론과 같음. 하지만 거버넌스의 역할을 강조	기업 간 거래를 조정하고 기업 활동의 역동성을 고취하는 사회적 조절양식 강조	조직 내외의 행위를 조절하는 기제로서 제도의 역할을 강조	RIS론과 같음. 하지만 제도의 역할에 대해 보다 강하게 강조
지역 발전에 대한 관점	혁신환경의 창출 및 협력적 환경에서 주체의 혁신능력에 초점	공간적 유대감과 집적지의 유연성을 강조(유연성은 혁신의 구성요소)	단절 없는 진화과정에 기초한 사회경제 발전	사회적 조절과 국지적 생산체제 간의 상호작용을 강조	상호작용적 학습체계로서의 지역을 강조	기술적 역동성 + 사회경제적 및 제도적 역동성
문화에 대한 시각	신뢰와 호혜적 네트워크의 문화	집적지 내 주체들 간의 가치(신뢰와 호혜성) 공유	발전에 있어 지역의 사회문화적 맥락의 역할	네트워킹과 사회적 상호작용의 문화	상호작용적 학습의 원천	NIS론과 같음. 하지만 경제적 삶과 사회적 삶 간의 상호작용을 보다 강조
주체 간 관계유형	거래관계에 있는 기업들 간의 전략적 관계	협력과 경쟁의 공존을 가능하게 만드는 사회적 네트워크(사회적 조절양식으로서의 네트워크)	기업 간 및 기관 간 네트워크	기업 간 거래	상호작용적 학습관계의 네트워크(조직적 양식으로서의 네트워크)	행위자의 네트워크(뿌리내림)
외부환경과의 관계유형	외부환경의 변화에 따라 행위를 변화시킬 수 있는 주체의 능력. 매우 '풍부한' 관계	외부환경과의 관계는 일부 제약으로 작용하지만 새로운 아이디어를 촉발. 외부환경의 변화에 대응은 필수. '풍부한' 관계	혁신환경론과 유사	커뮤니티 형성과 사회적 재생산의 역동성	내부 특수적 관계와 환경 제약 사이의 조화. '풍부한' 관계	RIS론과 같음

출처: Moulaert and Sekia, 2003.

효과적으로 구축된 지역에 클러스터가 형성되어 있는 경험적 사례가 많기 때문일 뿐만 아니라, 클러스터 분석을 위한 이론적 도구로서 지역혁신체계론의 분석 방법을 보편적으로 사용하는 경우가

많기 때문이다. 그 근거로서 이상에서 언급한 뉴랜즈(Newlands, 2003), 컴버스와 매키넌(Cumbers and MacKinnon, 2003), 모라에트와 세키아(Moulaert and Sekia, 2003)의 연구에서도 클러스터론은 언급되지 않고 있는데, 그 이유는 정책 지향적 이론인 클러스터론 자체의 이론적 빈곤에 기인한 측면도 작용하였기 때문으로 판단된다.

산업집적과 관련된 이론들 간의 비교 분석에 대한 지금까지의 고찰을 토대로 하여 필자의 시각과 기준으로 산업집적 관련 이론들의 특성을 제시한 것이 〈표 2-5〉이다. 먼저 광의의 산업집적 관련 이론으로서 혁신환경론, 산업지구론, 신산업공간론, 지역혁신체계론, 학습지역론, 클러스터론 등 6가지 이론을 선정하였다. 앞에서 언급한 바와 같이 산업지구론, 신산업공간론, 클러스터론은 명시적인 산업집적론이다. 반면에 혁신환경론, 지역혁신체계론, 학습지역론은 직접적인 산업집적론으로 보기 어렵지만 클러스터론의 이론화에 크게 영향을 미친 진화 및 제도주의 지역발전론을 구성하고 있기 때문에 분석 대상에 포함하였다. 각 이론들의 비교 분석에 사용된 지표들은 산업집적지의 특성을 파악하는 지표로서 보편적으로 사용되고 있는 것들인데, 주로 산업집적 유무와 형태, 기업 및 주체 간 관계, 초점을 두는 구성요소(인프라) 특성을 중심으로 추출한 것이다.

여기에서 신산업공간론과 산업지구론, 그리고 클러스터론은 공간 집적, 산업 전문화, 산업 특성 및 생산 연계(교역적 상호의존성)를 공통적으로 강조하고 있다. 하지만 신산업공간론은 산업집적의 사회·문화·제도적 토대인 혁신의 상부구조적 측면(사회적 자본과 네트워크 등)을 강조하지는 않는 반면에, 산업지구론은 주로 지역의 기업 및 주체들 간의 비교역적 상호의존성을 강조하고 있다.

한편 혁신환경론과 지역혁신체계론, 학습지역론은 주로 산업집적 현상보다는 혁신을 유발하는 사회적 하부구조와 그들 간의 네트워크를 촉진하는 상부구조적 측면에 초점을 두고 있는 이론들로 분류된다. 주로 진화 및 제도 경제학에 토대를 둔 이 이론들은 산업집적론들이 주로 산업집적의 정태

표 2-5. 산업집적 관련 이론들의 특성 비교

초점 \ 이론	신산업 공간론	산업지구론	클러스터론	혁신환경론	지역혁신 체제론	학습지역론
공간 집적	○	○	○	×	×	×
산업 전문화	○	○	○	×	×	×
산업 유형(첨단 혹은 성숙)	○	○	○	×	×	×
생산연계(교역적 상호의존성)	○	○	○	×	×	×
상부구조(비교역적 상호의존성)	×	○	○	○	○	○
사회적 하부구조(대학, 연구기관 등)	×	×	○	○	○	○

주: 각 이론별로 초점을 두고 있는 항목에는 ○, 그렇지 않은 항목에는 ×로 표기함.

적 특성을 나타내는 데 초점을 둔 것에 반해, 산업집적지의 동태적 특성을 밝히는 분석 틀로서 산업집적 이론의 발전에 기여하고 있다. 마지막으로 클러스터론은 산업집적에 토대를 두면서도 집적지의 동태적 특성을 생산 네트워크 및 혁신 네트워크에서 찾고 있으므로, 산업집적 및 지역혁신과 관련된 가장 포괄적인 이론적 틀로서 진화하고 있음을 알 수 있다.

• 참고문헌 •

권영섭 · 변세일 · 김태환, 2007, 국가균형발전을 위한 지역 전략산업 클러스터 촉진방안, 국토연구원.

권영섭 · 정석희 · 강호제 · 박경현, 2005, 지역특성화 발전을 위한 혁신 클러스터 육성방안 연구, 국토연구원.

권오혁, 2004, "광역적 산업클러스터 구축을 위한 제도적 지원체계 연구", 한국경제지리학회지, 7(2), 315–328.

박삼옥, 1994, "첨단산업발전과 신산업지구 형성: 이론과 사례", 대한지리학회지, 29(2), 117–136.

이종호, 2005, "실천적 지역발전 패러다임으로서 지역혁신체제론에 대한 소고", 지리과교육, 8, 115–127.

이철우, 2004, "지역혁신체제 구축과 지방정부의 과제", 한국지역지리학회지, 10(1), 9–22.

Amin, A. and Cohendet, P., 2004, *Architectures of Knowledge: Firms, Communities and Learning*, Oxford University Press, Oxford.

Asheim, B., Cooke, P. and Martin, R., 2006, The rise of the cluster concept in regional analysis and policy: a critical assessment, in Asheim, B., Cooke, P. and Martin, R. (eds.), *Clusters and Regional Development: Critical Reflections and Explorations*, Routledge, London.

Belussi, F., 2006, In search of a useful theory of spatial clustering: agglomeration versus active clustering, in Asheim, B., Cooke, P. and Martin, R. (eds.), *Clusters and Regional Development: Critical Reflections and Explorations*, Routledge, London.

Benneworth, P. and Henry, N., 2006, Where is the value added in the cluster approach? hermeneutic theorising, economic geography and clusters as amultiperspectival approach, in Cumbers, A. and MacKinnon, D. (eds.), *Clusters in Urban and Regional Development*, Routledge, London.

Bottazzi, G., Dosi, G. and Fagiolo, G., 2001, On the ubiquitous nature of the agglomeration economies and their diverse determinants: some notes, LEM Working Paper Series.

Coe, N., Kelly, P. and Yeung, H., 2007, *Economic Geography: A Contemporary Introduction,* Blackwell, Oxford.

Cumbers, A. and MacKinnon, D., 2003, Institutions, Power and Space: Assessing the Limits to Institutionalism in Economic Geography, *European Urban and Regional Studies*, 10(4), 325-342.

Cumbers, A. and MacKinnon, D., 2006, Introduction: clusters in urban and regional development, in Cumbers, A. and MacKinnon, D. (eds.), *Clusters in Urban and Regional Development*, Routledge, London.

Gordon and McCann, 2000, Industrial Clusters: Complexes, Agglomeration and/or Social Networks?, *Urban*

Studies, 37(3), 513-532.

Lee, Jong-Ho, 2001, Geographies of learning reconsidered: a relational /organizational perspective, *Journal of the Korean Geographical Society*, 36(5), 539-560.

Maeda, N., 2004, A study on conditions and promotion policy for successful regional innovation, *Policy Study*, 9, Third Policy-Oriented Research Group, NISTEP & MEXT.

Malmberg, A., 1996, Industrial geography: agglomeration and local milieu, *Process in Human Geography*, 20(3), 392-403.

Malmberg, A., 1997, Industrial geography: location and learning, *Process in Human Geography*, 21(4), 573-582.

Malmberg, A. and Power, D., 2006, True clusters: a severe case of conceptual headache, in Asheim, B., Cooke, P. and Martin, R. (eds.), *Clusters and Regional Development: Critical Reflections and Explorations,* London: Routledge, 50-68.

Markusen, A., 1996, Sticky places in slippery space: a typology of industrial districts, *Economic Geography*, 72(3), 293-313.

Markusen, A., 2003a, The Case Against Privatizing National Security, Governance, 16(4), 471-501.

Markusen, A., 2003b, Fuzzy Concepts, Scanty Evidence, Policy Distance: The Case for Rigour and Policy Relevance in Critical Regional Studies, Regional Studies, 37(6-7), 701-717.

Marshall, 1890, *Principles of Economics*, Macmillan, London.

Martin, R. and Sunley, P., 2003, Deconstructing clusters: chaotic concept or policy panacea?, *Journal of Economic Geography*, 3(1), 5-35.

Moulaert, F. and Nussbaumer, J., 2005, The social region: beyond the territorial dynamics of the learning economy, *European Urban and Regional Studies*, 12(1), 45-64.

Moulaert, F. and Sekia, F., 2003, Territorial innovation models: a critical survey, *Regional Studies*, 37(3), 289-302.

Moulaert, F., Sekia, F. and Boyabe, J. B., 1999, *Innovative region, social region? an alternative view of regional innovation*, Ifresi, Lille.

Newlands, D., 2003, Competition and cooperation in industrial clusters: the implications for public policy, *European Planning Studies*, 11(5), 521-532.

Paniccia, I., 2002, *Industrial Districts: Evolution and Competitiveness in Italian Firms*, Edward Elgar, Cheltenham.

Paniccia, I., 2006, Cutting through the chaos: towards a new typology of industrial districts and clusters, in Asheim, B., Cooke, P. and Martin, R. (eds.), *Clusters and Regional Development: Critical Reflections and Explorations,* Routledge, London.

Phelps, N. A., 2006, Clusters, dispersion and the spaces in between: for an economic geography of the banal, in in Cumbers, A. and MacKinnon, D. (eds.), *Clusters in Urban and Regional Development*, Routledge, London.

Piore, M. and Sabel, C., 1984, *The second industrial divide: Possibilities for prosperity,* NY: Basic Books, New York.

Porter, M., 1990, *The Competitive Advantage of Nations*, Free Press.

Porter, M., 1998, *On Competition*, MA: Harvard University Press, Boston.

Roelandt and den Hertog, 1999, cluster analysis and cluster-based policy making: the state of the art 또는 cluster analysis and cluster-based policy making in OECD countries.

Scott, A. J., 1988, *New Industrial Spaces*, Pion, London.

Storper, M., 1997, *The Regional World: Territorial Development in a Global Economy*, Guilford Press, New York.

제3장

산업집적지 혁신 모형으로서 트리플 힐릭스

1. 머리말

1990년대 이후 세계화와 정보화에 따른 경제환경 변화로 생산요소로서 지식의 중요성이 부각되었다. 이로 인해 국가 및 지역 경쟁력은 노동이나 자본과 같은 전통적인 생산요소보다 지식과 정보 및 기술 등 무형자산에 더욱 큰 영향을 받게 되었다. 지속적인 기술혁신이 필수적인 지식기반경제에서는 지식의 원천을 제공하는 주체로서 대학의 역할과 중요성이 갈수록 증가하고 있으며, 기업, 대학, 정부 간의 네트워크를 기반으로 한 유기적인 상호 협력관계가 필수적인 요소가 되었다. 이러한 맥락에서 한 국가나 지역의 지식생산을 대학, 기업 및 정부의 네트워크를 중심으로 한 삼중나선형의 움직임으로 이해하는 트리플 힐릭스(triple helix)는 혁신체계론을 보완하는 지역혁신 모형으로 인식되면서, 관련 연구자와 정책입안자들을 중심으로 활발하게 논의되고 있다.

트리플 힐릭스 모형은 혁신 주체들 간의 다양한 협력 및 정책 모형을 동태적으로 분석하는 데 초점을 두고 있으며, 산·학·관의 관계뿐만 아니라 각 혁신 주체의 내부 변형 문제에도 관심을 가진다(Etzkowitz, 2003). 트리플 힐릭스 모형은 대학이 단순한 교육기관에서 탈피하여 교육과 연구를 병행하는 기관으로 전환되면서 상업적인 지식의 원천으로서 주요한 역할을 하게 된 것에 초점을 둔다. 이러한 대학의 역할 변화와 함께 산업계는 시장혁신과 경제성장에서 대학의 연구에 대한 의존도가 점차 높아졌고, 정부의 역할도 과거와 다르게 변화하게 되었다. 트리플 힐릭스는 이와 같은 혁신 주체들의 역할 변화의 추세를 반영한다.

한편 트리플 힐릭스 체계는 국가와 지역의 산업발전단계, 사회경제 시스템, 문화적 가치에 따라 상이하게 나타난다. 지역이 지식기반경제 발전의 자기강화적인 동력을 창출하는 기반이 됨에 따라, 기업, 대학, 정부의 세 혁신 주체는 서로 다른 주체들의 경계를 가로지르며 새로운 관계를 형성할 뿐만 아니라 기술센터, 인큐베이터, 사이언스파크와 같은 혼종적인 지식생산조직(hybrid organizations)을 지역에 창출하며 트리플 힐릭스 체계를 만들어 간다. 이러한 트리플 힐릭스 모형은 대개 지식기반경제에서 혁신을 분석하기 위한 모형으로 사용되고 있으며(Leydesdorff and Etzkowitz, 1998), 이로 인해 최근 활발하게 논의되고 있는 국가 및 지역 혁신체계와 클러스터의 분석에도 유용한 개념적 틀로 적용될 수 있다. 지역혁신체계론이나 클러스터론이 지역의 혁신창출에서 대학, 기업, 정부의 역할과 이들 간 상호작용의 중요성을 강조하는 반면, 트리플 힐릭스 모형은 혁신에 관련된 3주체 간의 네트워크 역동성과 내적 변화 특성을 강조한다는 측면에서 차별성을 가진다.

트리플 힐릭스에 대한 연구는 크게 정량적인 연구와 정성적인 연구로 나뉠 수 있으나, 체계적인 이론적 연구의 부족으로 명확한 개념과 일반화된 연구방법에 대한 합의 없이 다양하게 이해되고 적용되어 왔다.

이에 본 장에서는 그 등장배경과 개념, 트리플 힐릭스 체계의 발전단계의 진화적 변화 특성과 트리플 힐릭스를 구성하는 산·학·관 관계의 거버넌스 모형, 새로운 혁신이론으로서의 트리플 힐릭스 모형과 국가 및 지역혁신체계론의 공통성과 차별성, 그리고 트리플 힐릭스 모형의 연구방법을 대표적인 사례 연구에 대한 분석을 중심으로 각 연구방법론의 장단점에 대해 논의하고자 한다.

2. 트리플 힐릭스의 등장배경과 개념

1) 트리플 힐릭스의 등장배경

트리플 힐릭스의 등장은 지식기반경제로의 이행과 깊은 관련이 있다. 지식기반경제는 끊임없이 새로운 지식의 영역을 개척하고 외부로부터 활발하게 지식을 획득하는 등 모든 경제활동에서 여러 형태의 지식과 정보를 최대한 효율적으로 공유, 확산, 활용함으로써 경제 전반의 생산성과 생활수준을 지속적으로 향상시키는 동시에 세계시장에서의 경쟁력을 확보해 가는 경제를 의미한다(이선, 2000). 이러한 지식기반경제에서는 지속적인 연구개발을 통해 혁신을 창출할 수 있는 학습경제

(learning economy)의 창출이 중요하며, 좁은 대면관계를 통해 동태적인 학습이 가능한 '제한적 사회영역'으로서의 지역이 중요한 의미를 가지게 되었다(이철우, 2003). 이에 따라 지역은 경쟁력을 확보하기 위해 다양한 혁신자원을 유기적으로 연계시키고 지역 내 경제주체의 역량을 결집시켜 지속적인 혁신을 창출하고자 노력하게 되었다.

이러한 흐름과 함께 지역 내 주요 혁신 주체인 기업, 대학, 정부의 역할도 과거에 비해 혁신에 적극적으로 참여하게 되었다. 트리플 힐릭스 모형은 지식기반경제의 다양한 사회에서 나타나는 이러한 3주체 간의 관계에 대한 분석의 필요성에 의해 등장하였으며, 혁신 주체 중 특히 대학의 역할 변화에 주목한다.

서구의 경우, 1950년대까지 대학의 연구활동은 시장과 무관하게 순수한 학술활동에 국한되어 있었다. 그러나 1950년대 이후 대학 연구자들이 시장에 조금씩 관심을 보이기 시작하였다. 1980년대 들어서는 각국이 국가경쟁력 강화를 위한 산업정책의 주요 수단으로 대학에서 생산된 연구결과를 상업화하는 것을 통해 지역경제 발전에 기여함에 따라 대학은 지역경제를 구성하는 중요한 한 축으로 인지되기 시작하였다. 이를 소위 '제2차 대학혁명'이라고 부른다. 1990년대 들어, 특히 미국의 대학들을 중심으로 새로운 대학 모델인 '기업가적 대학(entrepreneurial university)'이 주목받기 시작하였다. 이 모델은 대학이 상아탑에 안주하는 것이 아니라 지식생산과 기술혁신의 새로운 원천으로 거듭남과 동시에 기업과의 협력을 통해 적극적으로 수익을 창출하는 대학의 모습을 보여 준다(김석호, 2008).

이러한 대학의 패러다임 변화와 역할 증대는 기초 및 응용 연구 간의 구분이 사라지고 생물공학, 컴퓨터과학, 나노기술과 같이 여러 학문 분야를 가로지르는 이론적이고 실용적인 지식이 나타나면서 대학이 상업적인 지식의 원천으로서 더 많은 역할을 하게 된 것과 관련이 깊다(Dzisah and Etzkowitz, 2008). 또한 산업계는 대학의 연구를 기반으로 혁신을 창출하는 비중이 높아졌고, 조인트벤처, 창업보육센터, 산학협동연구센터, 기술이전조직 등과 같은 산학연계 프로그램 및 조직이 활성화되었다. 한편으로 정부는 산학연계에 있어 수동적인 입장에서 직간접적인 지원을 통해 대학과 산업계가 상호작용하는 장을 만드는 것으로 그 역할을 확대시켜 나갔다. 대학, 산업, 정부 간의 네트워크를 삼중나선형의 움직임으로 바라보는 트리플 힐릭스는 이러한 사회적 경향성의 산물이라 할 수 있다.

2) 트리플 힐릭스의 개념

트리플 힐릭스는 기업 형성 및 산업발전에서 산·학·관 간 협력적 관계의 역할을 분석하기 위한 개념적 도구로 고안되어, 보스턴 지역경제 발전에 있어 매사추세츠 공과대학교(MIT)의 역할을 논의하는 과정에서 처음 사용되었다(Etzkowitz, 2002; Cooke, 2004). 이 모형의 핵심은 지식의 창출, 활용 및 이전에서 다중적인 주체들이 상호호혜적 연계관계를 맺게 됨으로써 혁신이 발생하는데, 이 과정에서 나타나는 산·학·관 주체들 간의 복합적인 상호관계를 삼중나선형의 움직임으로 본다는 것이다(Etzkowitz and Leydesdorff, 2000; Etzkowitz, 2008). 혁신과정에 포함된 3주체 간에는 의사소통, 네트워크, 조직의 중첩현상이 나타나는데, 기술변화와 기술혁신 과정에서 나타나는 3주체 간의 관계적 특성은 지식기반경제에서 혁신역량을 제고함에 있어 가장 중요한 조건이 된다(이철우 외, 2009).

이러한 지식창출 3주체 간의 상호작용의 중요성은 혁신의 의미 확장과 관련이 깊다. 과거에는 주로 단일 조직의 내부에서 기초과학 연구로부터 상업적 연구개발을 거쳐 생산으로 이어지는 단선적(linear) 흐름의 혁신창출 과정이 지배적이었다. 하지만 지식기반경제의 발전에 따라 혁신은 산업을 통해서만 창출되는 것이 아니라 사회 전반에서 발생하며, 계층적이고 관료적인 구조에서 벗어나 혁신 주체 간 경계를 가로지르는 평행적 관계를 통해 상호작용적이고 비선형적인 형태로 확대되었다(Etzkowitz, 2002).

혁신의 핵심 요소인 지식이 새로운 제품 개발 및 생산에서 중요성이 높아짐에 따라 기업뿐 아니라 대학 및 정부와 같은 지식생산 주체들이 중요한 혁신 주체로 등장하였으며, 이들이 서로의 경계를 넘어 서로 얽혀 새로운 관계를 형성하고 발전시킴에 따라 혁신은 새로운 의미를 가지게 되었다. 이러한 관점에서 트리플 힐릭스는 혁신을 촉진하기 위해 트리플 힐릭스의 요소를 통합함으로써 '새로운 지식생산 주체 및 제도를 형성하는 플랫폼'으로 기능한다(Etzkowitz, 2008). 다시 말해서 트리플 힐릭스는 얽힌 나선형으로서 혁신 주체들의 역할과 관계의 변화뿐만 아니라 이들 관계로 형성된 인큐베이터, 사이언스파크, 벤처캐피털 기업과 같은 혁신을 촉진하는 새로운 지식생산 주체를 형성한다.

트리플 힐릭스 모형은 혁신체계를 본질적으로 불안정하고 전환기적인 체계(transitive system)로 간주한다(Etzkowitz and Leydesdorff, 1995; 남재걸, 2008). 지식창출을 위한 혁신의 3주체는 끊임없이 서로 간에 영향을 미칠 뿐만 아니라 주체 간 그리고 각 주체 내에 지속적인 변화가 있기 때문에 시스템은 과도기적인 상태로 남아 있으며, 이는 지식기반경제 및 3주체 간 상호작용의 특징으로 간

주될 수 있다(Leydesdorff and Fritsch, 2006). 또한 트리플 힐릭스의 각 나선들은 하나의 나선이 다른 나선들을 둘러싸고 순환하는 '혁신 조직자(innovation organizer)'의 역할을 수행하면서 혁신을 추동한다.

대학-산업-정부의 상호작용을 통해 트리플 힐릭스 체계의 형태를 갖추기 시작하면 특정 나선의 내부에서 발생하는 미시적 순환(수직적 순환)과 나선들 간에 발생하는 거시적 순환(수평적 순환)이 발생하고, 이들의 진화적인 통합을 통해 나선형의 트리플 힐릭스로 발전한다. 거시적 순환은 주체들 사이의 협력정책, 프로젝트, 네트워크를 발생시키고, 미시적 순환은 개별 주체들의 행위의 결과물로 구성된다. 미시적 순환은 제도적인 영역 내에서 개인의 능력에 따른 상·하향 이동을 통해 발생한다. 반면에 수평적 순환은 하나의 사회적 영역에서 다른 영역으로 전문성을 도입함으로써 발생하는데, 이를 통해 융합, 발명 및 새로운 사회적 혁신을 자극할 수 있다. 그러므로 수평적 순환이 보수적인 수직적 순환에 비해 더 급진적인 효과를 나타내는 경향이 있다. 또한 나선을 가로지르는 이동은 다른 주체들과의 역할 공유로 인해 때때로 갈등을 창출하는 것처럼 보이나, 이를 통해 다른 힐릭스로부터 새로운 아이디어와 관점들이 유입된다(Etzkowitz, 2008).

이러한 트리플 힐릭스 체계는 대부분 지역 단위의 공간 규모에서 발생하는데, 기본적으로 산업클러스터가 존재하는 곳, 발전된 대학이 있는 곳, 정부조직이 혁신 지원자이자 매개자로서 트리플 힐릭스에 영향을 주는 곳 등 혁신의 3주체가 존재하고 이들이 상호작용하는 환경이 갖추어졌을 때 작동한다(Etzkowitz, 2008). 또한 특정한 지역적 환경 내에서 정부, 대학, 산업이 생성적인 관계(generative relationships)를 통해 상호학습하는 것을 가정한다(Leydesdorff and Etzkowitz, 1998). 이에 따라 특정한 기술 패러다임에 기초한 산업클러스터가 존재하는 지역의 경우 지속적인 기술변화에 대응하기 위해서는 끊임없는 쇄신이 요구되며, 이를 위해서는 산·학·관 관계의 트리플 힐릭스가 효과적으로 작동할 수 있는 제도적 환경이 구축되어야 한다(Etzkowitz and Klofsten, 2005).

3. 트리플 힐릭스의 거버넌스와 발전단계

1) 트리플 힐릭스의 거버넌스

앞서 언급되었듯이 트리플 힐릭스 체계는 정부와 대학, 대학과 산업, 정부와 산업 등과 같이 주로 양자 간의 관계에서 대학-산업-정부 간의 삼자 간 관계로 확대됨에 따라 나타난다(Etzkowitz,

2002). 따라서 트리플 힐릭스는 혁신의 3주체들이 어떠한 관계적 구조 혹은 거버넌스 구조를 가지고 있는지에 근본적인 관심이 있다. 일반적으로 트리플 힐릭스를 구성하는 산·학·관 관계의 거버넌스는 크게 3가지 모형으로 구분된다(그림 3-1).

〈그림 3-1〉의 (가)는 정부가 대학과 산업을 통제하는 거버넌스 형태를 띠고 있는 정태적 모형(static model)이다. 이 모형에서 정부는 주요 혁신 주체들 사이의 관계를 조정하며, 새로운 이니셔티브와 프로젝트를 위한 자원을 제공하면서 3주체를 견인하는 리더의 역할을 수행하는 반면, 산업과 대학은 정부의 강력한 지도에 따르는 수동적 주체들로 간주된다. 그러므로 대학과 산업은 중앙정부를 중심으로 수직적으로 연결된 전문화된 조직들에 의존한다(Etzkowitz, 2008). 이러한 형태의 지역발전은 주로 국가 주도의 계획 및 이행 전략을 따르며, 국가가 산업을 지배적으로 소유하던 시대의 소비에트연방과 라틴아메리카 국가들에서 주로 나타난다(Etzkowitz and Leydesdorff, 2000). 또한 이 형태는 정부가 산업과 대학을 지배함으로써 일정 부분 자율성이 저해되는 측면이 있지만, 정부의 강력한 리더십, 명확한 목표 설정, 주요 자원의 동원 가능성으로 인해 항공기, 컴퓨터, 전자와 같은 새로운 기술집약적 산업을 창출하거나 대규모 프로젝트를 수행하는 데 용이하다. 이러한 국가통제주의 모형은 성숙한 시민사회가 창출되고 정부가 대학과 산업을 조정하는 힘이 약해짐에 따라 변화하고 있다(Etzkowitz, 2003). 지역발전을 위해 혁신 주체들이 교류하는 다양한 움직임이 생겨나고, 이에 따라 대학과 산업은 교육과 생산의 주된 역할뿐 아니라 다른 주체들의 역할도 수행함에 따라 지역발전에서 그 영향력이 증대하게 되었다.

(나)는 3주체들이 서로 명확한 경계를 가지고 유기적인 관계없이 독립적으로 존립하는 방임주의 모형(laissez-faire model)을 나타낸다. 이 형태는 경계의 지속성, 분리된 영역, 차별적인 제도의 역할, 경제활동의 장으로서 서로 경쟁하는 기업에 대한 관심이 주된 특징이며, 각 혁신 주체들이 수행하는 기능은 산업=생산, 정부=규제, 대학=기초연구로 한정되어 있고, 한 영역에서 다른 영역으로의 기능의 확장 및 크로스오버는 조직과 개인의 창의성으로 보기도 하지만 각 주체들의 고유 역량이 쇠퇴하였기 때문에 나타나는 현상으로 간주하기도 한다(Etzkowitz, 2008). 방임주의 모형의 대표적인 사례로는 강력한 개인주의 사상에 기반을 둔 미국이 주로 언급된다. 방임주의형의 트리플 힐릭스에서는 대학-산업-정부 사이에 제한된 상호작용만이 나타나는 경향이 있기 때문에, 혁신 주체 간의 상호작용에 혁신 매개기관(중개기관)의 역할이 중요하게 대두된다. 예를 들어, 미국의 경우 대학이 특허연구에 직접적으로 참여하기 전에는 특허가 될 만한 연구를 확인하고 기업에 그것의 라이선스를 판매하는 독립적인 비영리조직이 있었다(Etzkowitz, 2003). 즉 산업과 대학은 직접적으로 관련되어 있진 않지만 매개조직을 통해 상호작용이 이루어진다. 하지만 방임주의 모형은 산업의 국제

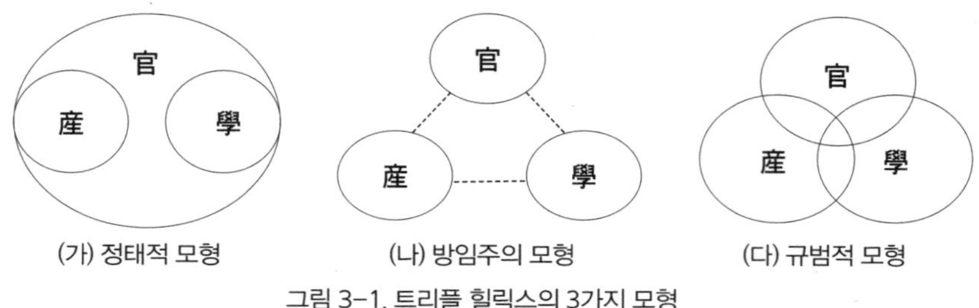

그림 3-1. 트리플 힐릭스의 3가지 모형

적인 경쟁이 심화됨에 따라 변화의 압력을 받고 있다. 어느 국가나 지역이든 대체로 (가) 혹은 (나) 형태의 트리플 힐릭스 모형을 가지고 있으며, 국가 및 지역은 지식기반사회에 요구되는 혁신환경을 갖추기 위해 점차적으로 산·학·관이 일체화된 규범적 모형으로 전환하기 위해 노력한다.

(다)는 가장 이상적인 형태의 트리플 힐릭스 구조를 나타내는 규범적 모형(normative model)으로서 3주체는 상호수평적인 네트워크를 가지고 있으며, 각 제도(조직)들의 경계면에서 혼종적 조직(hybrid organizations)이 나타난다(Etzkowitz and Leydesdorff, 2000). 이 모형은 변화하는 사회·경제적 환경으로 인해 각 혁신 주체들은 자신의 기능을 확장하고 다른 주체의 기능을 공유하게 되었고, 이는 3주체 간의 상호의존적인 관계를 창출하며, 이로 인해 트리플 힐릭스 체계는 좀 더 유연한 중첩시스템으로 발전하게 된다.

혁신적인 트리플 힐릭스 모형은 각각 다른 역할을 하고 있는 대학, 산업계와 정부의 영역을 수렴하여 세계 여러 지역에서 다른 방식으로 이해되어 왔다. 서로 다른 제도적인 영역으로부터 개인과 조직의 상호작용을 통해 상향적(bottom-up)으로 발생하든, 정책법안에 의해 하향적(top-down)으로 발생하든, 영역 간의 접촉(interface)이 활발하게 발생하고 있는 국가와 지역에서는 트리플 힐릭스가 경험적인 현상으로 인지될 수 있다.

2) 트리플 힐릭스의 발전단계

트리플 힐릭스는 지식의 상업화 과정에 대한 새로운 시각으로 지식창출 주체들 간의 다각적인 상호호혜적 관계를 포착하는 혁신의 나선형 모형이다(Etzkowitz, 2002). 이 모형은 〈그림 3-2〉와 같이 트리플 힐릭스가 등장하기까지의 3가지 발전단계[1]를 지식의 생산, 교환, 사용과 연관된 대학-산

1 에츠코위츠(Etzkowitz, 2003)는 트리플 힐릭스의 발전과정을 4단계로 설명하는데, 네 번째 단계는 대학, 산업, 정부를 나타내는 제도들 사이의 네트워크 간 순환(반복)효과가 나타나는 순환효과 단계이다. 이는 주체들이 현존하는 나선뿐 아니라 사회 전체에 영향을 미치는 것을 말한다. 예를 들어, 과학 그 자체가 순환효과를 나타낼 수 있다. 지식의 상업화는 과학적 지식이 공짜

업–정부 간의 상호작용의 변화와 관련지어 설명하고 있다(Etzkowitz, 2002).

첫 번째 단계에서는 힐릭스 각각의 내부적인 변형(internal transformation)이 일어난다. 이 단계에서는 대학 및 다른 지식생산 주체들이 지식기반경제라는 변화된 환경에서 경쟁력을 확보하기 위해 그들의 전통적 기능을 넘어 기존의 기능을 재정의하거나 새로운 기능의 확장을 이루어 간다(Etzkowitz, 2003). 이러한 내부적인 변형은 다른 주체들과의 협력 또는 전략적 동맹 등을 통해 이루어지는데, 기업가적인 대학은 기술이전 오피스와 연구지원을 위한 정부 보조금을 통해 새로운 기업을 창출함으로써 대학과 산업 간의 전통적인 경계를 뛰어넘는다. 또한 기업은 정부 및 대학과의 전략적인 R&D 협력을 통해 연구개발 영역을 확장하며 정부는 벤처캐피털을 통해 기업의 역할을 수행한다.

두 번째 단계는 한 힐릭스가 다른 힐릭스에 영향을 주는 단계로 다른 힐릭스의 변화를 가져온다. 예를 들어, 정부는 대학과 기업의 지식창출, 이전, 협력을 확산시키기 위해 새로운 규칙, 법 또는 펀딩을 유발하며 이것은 대학과 기업의 행위에 영향을 미친다(Etzkowitz, 2003). 특히 시장에서 정부의 역할이 제한된 미국의 경우 바이–돌 법(Bayh–Dole Act)[2]의 제정, 공공벤처캐피털의 제공, 각종 산학연계 지원 프로그램 등은 연구중심대학의 증가를 가져왔으며, 이를 바탕으로 실리콘밸리와 같이 대학을 중심으로 한 첨단기술 산업지구가 발전되는 계기가 되었다.

세 번째 단계는 세 힐릭스 상호작용으로부터 나타나는 새로운 삼자 간 네트워크와 조직의 창출이 나타난다(Etzkowitz, 2002). 이 단계는 산·학·관 주체들이 혁신창출을 위해 다 함께 모여 브레인스토밍을 통해 새로운 아이디어를 만들어 공유하고, 이에 대한 실천 방법들을 논의하는 것을 통해 시작된다. 대표적으로 1992년대 초 경제침체기에 설립된 미국의 조인트벤처 실리콘밸리(Joint Venture Silicon Valley)는 반도체와 컴퓨터산업의 경쟁 격화로 인한 경기 침체에 대응하기 위해 대기업, 소기업뿐만 아니라 지방정부와 대학까지 포함한 설립된 비영리조직이다. 이것은 지역 내 혁신

로 배포될 것이라는 과학에 대한 무관심을 대체하였다. 이러한 새로운 규범은 대학 내부의 기업가적인 역동성인 산업과학의 실천과 정부의 정책으로부터 발생하였으며, 지식의 상업화는 자신의 연구결과를 보는 대학 연구자들의 관점과 산업과 정부와의 관계에서 대학의 역할을 변화시켰다(Etzkowitz, 2003). 그러나 3단계인 세 힐릭스 상호작용으로부터 나타나는 새로운 삼자 간 네트워크와 조직의 창출도 나선에 속하는 다른 혁신 주체들뿐만 아니라 사회 전체에 영향을 미치며, 3단계와 4단계는 동시적으로 발생하는 경우가 대부분이므로 순환효과를 명확히 구분할 수 없다고 판단된다.

2 미국은 1970년대 중반 베트남전 패배를 회복하고 산업경쟁력을 되찾기 위해 지식재산권을 보호하는 법적 기반을 크게 강화하였는데, 그중 하나가 바이–돌 법이다. 바이–돌 법은 연방정부가 지원한 연구개발 과제의 성과로 도출된 지식재산의 소유권을 대학이 소유하고 또한 기술이전을 통해 기술료(또는 로열티)를 받을 수 있도록 특허정책을 통일하였다(김석호, 2008). 이는 지식재산권에 대한 기존의 국가 소유 원칙을 버리고 대학이 지식재산권을 창출하고 기술거래에 적극 나서도록 독려한 것으로, 이후 1980년대 이전에는 250개 정도에 불과한 대학 특허가 1985년 470개에서 1999년 3,159개로 늘어났다. 또한 1991~1999년 약 10년 동안 신규 특허건수는 77% 증가하였다. 실제로 미국에서는 200여 개가 넘는 대학이 기술거래 사무소를 개설하고 기술을 기업에 판매하고 있다(전자신문, 2007).

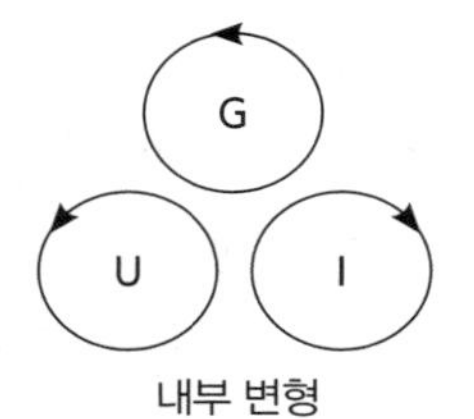

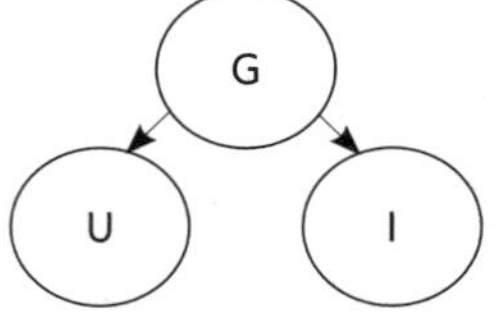

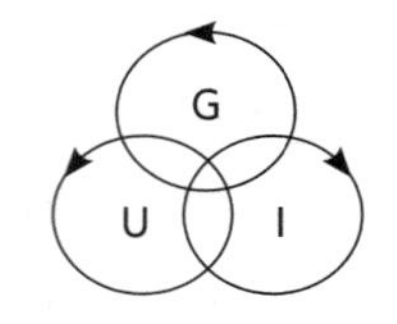

그림 3-2. 트리플 힐릭스 모형의 발전단계

출처: Inzelt, 2004를 토대로 필자 수정.

주체들의 네트워크로서 주기적인 만남을 통해 지역의 경제활동과 복지, 교육, 환경 등 지역 여건 개선의 비전을 제시하고 있다(복득규 외, 2003). 또한 이러한 상호작용은 혁신 3주체의 네트워크를 통해 설정된 목표를 달성하기 위해 인큐베이터 시설, 기술이전 기관, 연구센터, 사이언스파크 등과 같은 새로운 조직의 창출로 이어진다(Etzkowitz, 2008). 결국 이러한 과정들은 혁신의 나선형에 속한 대학, 산업, 정부의 기능에 영향을 미치며, 이는 사회 전체에 대한 영향력으로 확산된다.

이처럼 트리플 힐릭스가 발전하기 위해서는 혁신에 관여된 지식생산 주체들 간의 협력이 선행되어야 한다. 이를 지역적 맥락에서 풀어 보면, 우선 지역의 대학, 기업, 정부가 지역경제의 발전을 위해 공론의 장을 형성하고 논의에 참여하여야 한다. 합의된 의견을 실천하기 위해 지방자치단체는 새로운 클러스터의 조성을 위한 제도 마련에 속도를 내고, 대학은 이와 관련된 산업 분야의 인재를 배출하기 위해 더 많은 학생들을 훈련시킨다. 더불어 기업들은 산업과 관련된 지역의 공급자들과 거래관계를 맺는다. 이러한 협력은 주로 트리플 힐릭스의 발전 초기단계에서 나타나며, 대학, 기업, 정부는 산업의 성과를 높이는 것으로 지역경제를 발전시키기 위해 상호작용하기 시작한다(Etzkowitz, 2008). 이 단계에서는 기존의 지식과 새로운 지식, 또한 이들의 다양한 조합이 기업 형성의 기반이 됨에 따라 정부와 산업계는 연구센터의 설립과 같은 전략을 통해 대학의 연구활동을 지원하며, 이러한 변화들로 트리플 힐릭스가 작동하기 시작한다.

다음으로는 지식생산 주체들이 저마다 본연의 역할을 충실히 수행할 뿐만 아니라 다른 주체의 역할도 수행할 때 주체 간 경계의 혼합이 일어날 수 있다. 예를 들어, 생산의 장으로서 트리플 힐릭스의 주요 주체인 기업은 훈련과 연구활동을 수행함으로써 대학의 역할을 수행할 수 있다. 정부는 규칙과 규제 등 제도를 손질하고 보조금 등의 지원 프로그램을 조성하며, 신기술개발을 지원하기 위한 각종 지원 및 연구기관 설립 등을 통해 기업의 역할을 수행할 수 있다. 또한 새로운 지식과 기술의 원천인 대학은 연구를 컨설팅하고 계약하는 것뿐만 아니라, 대학연구를 기반으로 기업을 형성함으로써 산업의 역할을 취할 수도 있다. 각 주체가 가진 핵심 기능이 다른 주체의 부가적인 활동으로 수행되는 것은 핵심 기능의 확장으로 이어진다. 이로 인해 지식생산 주체들은 혁신을 위한 좀 더 창조적인 자원이 되어 가고, 다른 주체들에서 발생하는 창조성의 출현을 돕는다.

트리플 힐릭스의 발전은 기본적으로 대학-정부, 대학-산업, 정부-산업 간의 쌍방향적 협력과 상호 간의 역할 채택을 전제로 하는데, 혁신 주체들 간에 쌍방향적인 상호작용이 발생함에 따라 이들 사이에 발생하는 문제를 해결하고 새로운 수요를 맞추기 위해 다른 주체가 등장하며, 이것은 3주체들 간의 상호작용으로 이어진다. MIT의 경우 기업가주의적인 대학의 역할을 수행함에 따라 기업들과 깊은 관계를 가지게 되었고, 정부는 이들 사이의 협력을 가로막는 규제를 제거하기 위해 이들과 상호작용하게 된 것이 그 좋은 사례이다.

4. 트리플 힐릭스와 혁신체계론

트리플 힐릭스의 등장과 중요성의 증대는 혁신체계의 발전과 관련이 깊다. 역사적으로 선진 산업국가는 지식기반경제하에서 노동, 자본, 기술 등의 요소투입 증가를 통한 경제성장이 한계에 봉착함에 따라 지식과 혁신을 통한 새로운 경제사회발전 전략을 모색하게 되었다. 이는 1970년대 중반 초기의 실리콘밸리와 루트(Route) 128의 성공과 기술개발, R&D, 혁신이 지역과 국가의 부 창출에 긍정적 영향을 미치는 데 대한 합의에 기인한 것이다(Brännback et al., 2008) 이러한 배경하에 1970~1980년대에 대부분의 선진 산업국가들은 국가경쟁력을 강화하기 위해 과학기술의 중요성에 대한 인식을 기반으로 연구 및 개발에 대한 적극적인 투자와 국가전략 프로그램의 설계 등 국가혁신체계의 구축을 위한 노력을 시작하였다(Freeman, 1987; Lundvall, 1992; Nelson, 1993; 박한우 외, 2004). 또한 국가 차원의 효율성을 강조하는 국가혁신체계와 국가혁신정책에 대한 초점은 지역 내 효율과 지역 간 형평을 강조하는 혁신의 지역적인 접근으로 이어지게 되었다(Brouwers et al., 2009).

트리플 힐릭스는 일반적으로 지식기반경제에서 혁신을 이해하기 위한 규범적인 모형으로 인식되며, 혁신체계를 대학-산업-정부 관계를 중심으로 한 이들 간의 네트워크를 통해 바라봄으로써 혁신체계의 구조를 분석하기 위한 도구적 개념으로 사용된다(Leydesdorff and Etzkowitz, 1998; Nwagwu, 2008). 또한 특수한 환경 내에서 혁신을 조정하기 위한 모형 또는 혁신체계의 발전전략으로 이해된다. 트리플 힐릭스 모형은 혁신체계라는 큰 틀을 설명하는 모형으로서 혁신체계 연구의 범위에 속하지만 혁신체계론과는 몇 가지 차별성을 가진다(표 3-1).

먼저 트리플 힐릭스와 혁신체계론은 진화경제론적 입장을 발전시킨 것으로 제도적 관점에서 기술혁신 과정의 상호작용성과 지식 관련 학습을 강조하는 점에서 동일하다(이장재, 2003). 또한 두 관점 모두 시스템을 기본적으로 불균형을 이루며 변화, 진화하고 있는 것으로 보고 있다. 그러나 혁신체계론의 관점은 산·학·연 관계뿐만 아니라 교육, 훈련제도, 노사관계, 노동시장, 금융제도와 기업지배구조, 기업 간 관계, 지식의 창출 및 활용과 관련된 혁신체계를 구성하는 중요 제도들 사이에는 보완성이 존재하므로 시스템으로서 안정성이 있다고 설명한다. 특히 제도들은 관성을 가지고 있기 때문에 쉽사리 변화하지 않고 경로의존성을 갖게 된다(David, 1994). 이로 인해 시스템을 전환하거나 새로운 시스템을 구축하기 위해서는 하나의 제도를 개혁하는 것만으로는 불충분하고 여러 개의 관련 제도를 동시에 개혁하는 것이 필요하다고 설명한다(송위진, 2009).

반면에 트리플 힐릭스는 혁신체계론에 비해 시스템을 변화하는 불안정한 전환기적인 체계로 간주하며, 시스템의 불균형적인 관점을 강조한다(Etzkowitz and Leydesdorff, 2000). 더불어 이러한 시스템의 변화에 따라 혁신 주체들 간에 나타나는 네트워크의 역동성을 강조한다. 이로 인해 트리플 힐릭스는 시간에 경과에 따라 변화하는 혁신체계를 대학, 산업, 정부의 역할과 각 구성요소 간 연계성의 변화를 통해 분석하게 한다.

둘째, 트리플 힐릭스 모형과 혁신체계론은 모두 제도(institution)의 중요성을 강조하는데, 혁신체계론이 조직 내외의 행위를 조절하는 기제로서 제도의 역할을 강조하는 반면, 트리플 힐릭스는 지식창출 행위 주체로서 제도의 능동적 역할을 강조한다. 구체적으로 말하면, 혁신체계론에서는 지식창출 주체들이 국가 및 지역에 뿌리내리기 위한 사회문화적 환경, 즉 구성원들의 기회주의적인 행동을 배척하고 신뢰와 협력의 문화를 지속시킬 수 있는 상부구조의 역할을 강조한다(이철우 외, 2000). 반면에 트리플 힐릭스 모형에서는 대학–산업–정부의 주체들 간에 활발한 상호작용이 발생하는 지식창출 인프라를 강조한다.

셋째, 지식창출 제도의 역할에 대한 측면과 관련하여 혁신체계론은 기업과 대학, 연구소 등과 같이 직접적으로 지식을 창출·확산·활용하는 조직과 함께 이들 조직이 활동하는 데 필요한 물적·인적 자원을 공급해 주는 금융기관, 교육기관, 산업협회와 같이 여러 주체의 활동을 조정해 주는 역할을 수행하는 조직들을 국가혁신체계의 구성요소에 포함시키고, 이들의 중요성을 산·학·관 혁신 주체와 동일하게 둠으로써 혁신체계의 분석 시 제도의 분석이 광범위하게 이루어진다. 반면에 트리플 힐릭스 모형에서는 혁신창출 제도에 대한 초점을 산·학·관 사이의 관계에 집중함에 따라 혁신체계 분석 틀보다 구체적이고 일관적인 성격을 띠고 있다고 할 수 있다.

넷째, 국가혁신체계(NIS)론이나 지역혁신체계(RIS)론에서는 혁신체계의 선도기관으로서 기업의 역할을 강조하는 데 반해, 트리플 힐릭스 모형에서는 혁신체계의 핵심적 제도로서 대학의 역할을 강조한다(Etzkowitz and Leydesdorff, 2000; 남재걸, 2008). 대학의 역할과 관련하여 혁신체계론의 경우 대학에 의해 수행된 교육 및 연구 활동으로부터 나오는 지식의 스필오버(knowledge spillover)의 중요성을 강조하지만, 트리플 힐릭스는 대학의 역할이 지역 경제 및 사회 발전에까지 확장되었음을 강조한다(Gunasekara, 2006).

다섯째, 혁신체계론과 트리플 힐릭스 모형 모두 분석 단위로서 지역 단위의 공간 스케일을 강조한다. 1980년대 후반에 등장한 혁신체계론은 프리먼(Freeman, 1987)과 넬슨(Nelson, 1993) 등에 의해 국가의 과학기술 발전에 영향을 주는 다양한 요소들을 포함시킨 국가혁신체계론으로 발전하였다. 그러나 예측 불가한 다양한 현상과 제도의 조합체인 국가보다는 상대적으로 시스템의 분석과 정책 수행이 용이한 지역 단위가 혁신체계를 구성하고 발전시키는 데 더욱 적합할 것이라는 주장이 대두되면서 지역혁신체계론이 활발하게 논의되었다(Cooke and Morgan, 1998). 즉 지역혁신체계는 지리적·문화적·제도적 근접성을 바탕으로 혁신에 유리한 환경을 제공하는 사회적 기반으로서 지역의 중요성을 강조한다. 트리플 힐릭스 모형에서 지역의 의미는 지역발전을 위한 규범적인 트리플 힐릭스가 구현되는 지리적 단위이다. 트리플 힐릭스 모형의 관점에서는 대학–산업–정부의 트리플 힐릭스가 제대로 갖추어진 지역이 혁신체계가 잘 발달된 것으로 간주하므로, 지역혁신체계의 구축을 위해서는 산·학·관 관계의 트리플 힐릭스가 효과적으로 작동할 수 있는 지역적 환경 조성이 중요하다는 정책적 함의를 제시한다.

여섯째, 혁신체계론과 트리플 힐릭스 모형 모두 궁극적인 목표는 혁신체계 구축을 통한 국가 및 지역의 발전에 있다. 하지만 두 이론이 강조하는 바는 조금 차이가 있다. 혁신체계론은 무엇보다 혁신 주체들의 혁신능력(innovation capability)을 강조한다(Dodgson and Bessant, 1996). 따라서 혁신체계론에 입각한 정책의 목표는 혁신 주체들의 혁신능력 강화와 환경 변화에 대한 대응능력을 갖추는 데 초점을 맞춘다. 반면에 트리플 힐릭스 모형은 혁신체계 하부 구성요소의 상호작용과 순환을 강조한다. 대학–산업–정부의 순환을 강화하는 것이 발전의 기본 논리이며, 특히 사람, 생각, 혁신의 순환으로 구성된 트리플 힐릭스 순환 시스템이 제대로 작동되도록 만드는 데 정책의 목표를 둔다(Dzisah and Etzkowitz, 2008).

이처럼 혁신체계론과 트리플 힐릭스 모형은 혁신체계의 분석에서 각각 장단점을 가지고 있는데, 혁신체계론이 종합적이고 시스템적으로 혁신체계에 접근할 수 있는 반면, 트리플 힐릭스는 대학–산업–정부 간의 관계와 그 변화에 초점을 둠으로써 보다 구체적인 수준에서 혁신체계의 변화양상을 역동적으로 분석할 수 있다(박한우 외, 2004).

표 3-1. 혁신체계론과 트리플 힐릭스 모형의 비교

구분	혁신체계론	트리플 힐릭스 모형
정의	국가 및 지역의 혁신능력을 제고하기 위해 기업, 연구기관, 대학, 지방정부, 그리고 각종 혁신 지원기관 등의 혁신 주체들이 지역에 뿌리내린 제도적 환경에 기반하여 상호작용적 학습에 참여하는 체계	지식의 상품화 과정에서 나타나는 산·학·관 주체들 사이의 복합적인 상호관계를 나선형의 움직임으로 봄
중심 개념	혁신, 체제, 제도적 환경, 거버넌스	혁신, 대학, 네트워크, 조직의 중첩
분석의 초점	기술혁신에 영향을 미치는 사회문화적·제도적 기반의 시스템적 특성	대학-산업-정부의 역동적인 관계에 초점
분석상의 장단점	• 장점: 종합적이고 시스템적으로 접근 • 단점: 개념의 산만성으로 인해 분석 대상과 경계가 불분명	• 장점: 시스템의 변화를 포착하는 데 용이 • 단점: 개념의 추상성으로 인해 분석상의 난점 존재
혁신의 핵심 인자	상호작용적·누적적 및 특수한 과정으로써 혁신이 창출(경로의존성)	정부, 대학, 산업이 생성적(generative) 관계를 통해 혁신이 창출
제도의 역할과 중심 제도	• 조직 내외의 행위를 조절하는 기제로서 제도의 역할 강조 • 혁신창출 주체로서 기업의 역할 강조	• 지식창출의 행위 주체로서의 제도의 역할 강조 • 대학의 역할 강조
혁신 주체 간 관계	상호작용적 학습관계의 네트워크(조직적 양식으로서의 네트워크)	혁신 주체들 간의 학습 네트워크와 타 주체의 역할수행을 통한 상호작용
사회문화에 대한 시각	문화를 학습의 원천으로 간주(문화와 뿌리내림 강조)	사회문화에 대한 강조보다는 지식창출 하부구조에 대한 강조가 더 큼
지역에 대한 관점	혁신에 유리한 환경을 제공하는 사회적 기반으로서 지역	트리플 힐릭스 체계가 구현되는 공간 단위
정책목표	• 주체들의 역량 제고 • 시스템 전환정책	• 주체들의 상호작용 강화 • 트리플 힐릭스 순환 시스템의 구축

출처: Leydesdorff and Etzkowitz, 1998; Dzisah and Etzkowitz, 2008; Etzkowitz, 2008을 토대로 필자 작성.

5. 트리플 힐릭스와 지역혁신

지식기반경제 혹은 학습경제로의 이행이 진행되면서 혁신과 혁신적 생산의 주된 장소(principle sites)로서 지역이 중요해지고 있으며, 이는 트리플 힐릭스 체계가 구현되는 공간 단위로서도 중요한 의의를 가진다. 에츠코위츠(Etzkowitz, 2002)에 따르면, 지역혁신의 트리플 힐릭스 체계는 지식공간(knowledge space), 합의공간(consensus space), 혁신공간(innovation space)을 통해 발현된다. 발전된 트리플 힐릭스 체계는 결국 이러한 3가지 공간 요소가 잘 구성되어 있으며, 이들이 효과적으로 작동할 때 지식기반 지역혁신이 달성될 수 있다(이종호 외, 2009). 이 공간들은 비즈니스 환경과 각종 지원에만 초점을 맞춘 것에서부터 지식기반경제의 발전을 위한 환경을 창출하는 데 이르기까지 지역경제 발전의 주체들 사이의 가치 변화의 결과로써 창출된다. 그리고 이러한 변화는 지식과 기술의 창출과 이들의 상업화에 있어 대학의 역할이 증가하고 있다는 점과, 지식을 생산하고 확산시키는 조직이 증가하고 있다는 점에서 확인할 수 있다(Etzkowitz, 2002).

지식기반경제 발전을 위한 첫 번째 단계이자 요소는 지식공간의 창출로, 이는 연구개발 자원의 존재 또는 이와 관련된 활동의 집중으로서 이러한 연구개발 활동의 공간적 집적은 지식기반 지역경제 발전을 추동한다(Casas et al., 2000). 지식공간의 개념은 1980년대 중반 멕시코에서 지진의 확산에 따라 정부 연구소가 멕시코시티에서 새로운 잠재력을 가진 다른 지역으로 분산되는 것을 설명하는 데 처음으로 사용되었다(Etzkowitz, 2008). 이것은 이전에 연구개발의 잠재력을 가지고 있지 않던 지역에 과학기술 연구 프로젝트 및 비즈니스가 집중함으로써 새로운 기술 발전의 기반이 마련되는 것을 설명한다(Etzkowitz, 2002). 과학기술 정책은 직접적으로 또는 간접적으로 지역정책과 통합되어 있는데, 새로운 지역에 집적한 연구자들은 그들의 숙련기술과 기관의 자원을 새로운 지역문제에 어떻게 사용할 수 있을지에 대해 생각하고 문제해결에 나선다. 이로 인해 재입지한 연구기관과 연구자는 새로운 지역의 발전 잠재력으로 기능하며, 따라서 국가는 지식공간 창출을 위한 전략으로 지식 창출 주체 및 제도를 연구개발 역량이 없는 다른 지역에 집중시키게 된다. 한편 이러한 지식공간의 창출에서 대학은 새로운 기업과 일자리를 창출하는 데 중요한 역할을 하는 것으로 인식되어 왔기 때문에, 국가의 연구자원은 상대적으로 연구개발을 선도하는 연구중심대학이 있는 지역에 집중되는 경향이 있다(Etzkowitz, 2008).

두 번째 단계는 합의공간의 창출이다. 이것은 지역발전을 위해 새로운 전략과 아이디어를 창출할 목적으로 서로 다른 조직 배경과 시각을 가진 지역 내 주체들을 한곳에 모으는 중립적인 장을 의미한다(Etzkowitz, 2002; 이종호 외, 2009). 합의공간에서는 지역 내 주체들이 브레인스토밍, 문제해결 계획수립, 계획의 체계화 과정을 통해 전략을 창출하고 그것을 이행하기 위해 자원을 동원하는 행위가 발생할 때 지역발전 과정은 향상될 수 있다. 또한 합의공간을 통해 논의된 다양한 프로젝트가 기능할 때 지식공간은 잠재적인 원천에서 지역발전의 실제적인 자원이 된다(Etzkowitz, 2008). 합의공간의 대표적인 예로는 뉴잉글랜드 카운실(New England Council)을 들 수 있다. 1920년대 뉴잉글랜드 지역은 MIT와 하버드 같은 대학에서 경제적 발전 잠재성을 가진 연구 분야와 지식을 가지고 있었다. 이에 MIT의 학장인 칼 컴프턴(Karl Compton)은 이 지역의 광범위한 학문적 기반을 지역의 경쟁우위로 사용할 것과 과학기술로부터 새로운 기업들을 시스템적으로 창출할 것을 제안하였다(Etzkowitz, 2002). 이를 위해 산업, 정부, 대학의 리더들은 함께 모여 아이디어를 발전시키고 새로운 것을 실험하고 분석하는 합의공간을 발전시켰다. 오늘날 뉴잉글랜드 카운실은 과학기술을 기반으로 한 기업창출뿐만 아니라 지역의 경제 및 삶의 질 향상에 관한 문제에도 중요한 목소리를 낸다. 그래서 교육, 혁신 및 기술, 금융, 건강, 금융 서비스를 포함한 지역경제 성장을 추동하는 주요 산업에 초점을 맞춘다.

세 번째 단계인 혁신공간은 사회적 수요에 의한 혁신과 연구에서 시작되는 혁신이 어떠한 메커니즘에 의해 만나는 곳으로, 인큐베이터 시설, 기술이전 기관, 연구센터, 사이언스파크 등과 같은 다양한 조직적 장치(혹은 메커니즘)들이 형성된다. 혁신공간은 트리플 힐릭스를 가로지르며 자원, 사람, 네트워크를 모으고, 세 혁신 주체를 연계하는 네트워크 허브 조직을 창출하기 위해 노력한다. 혁신공간은 합의공간에서 명확히 설정된 목표를 실천하거나 또는 지식기반 지역발전을 시작하기 위한 새로운 조직 메커니즘이 발생하는 곳으로, 비즈니스에 대한 의견을 제공하는 벤처캐피털(자본과 기술적 지식 및 비즈니스 지식의 조합)과 새로운 기업을 시작하기 위한 기술지원과 금융을 설립하거나 끌어들이는 것이 그 핵심이다(이철우 외, 2009).

지역의 트리플 힐릭스는 이와 같은 3가지 공간이 구축되고 이들 간의 상호작용을 통해 발생한다. 즉 혁신 주체의 존재, 이들이 모일 수 있는 장, 새로운 조직창출의 장이 공존하고 결부될 때 이루어진다(그림 3-3). 이러한 지역의 공간은 어떠한 공간의 발전이 다음 단계의 발전에 기반이 될 수 있고, 지식공간에서 시작하여 합의공간과 이어 혁신공간으로 이동하거나 합의공간 또는 혁신공간에서 혁신창출이 시작되는 등 비선형적으로 발전한다.

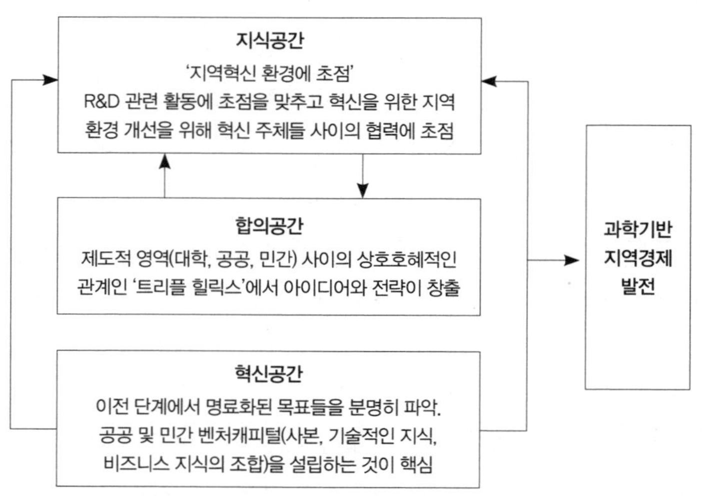

그림 3-3. 트리플 힐릭스 모형에 기초한 지역혁신의 개념적 틀

출처: Etzkowitz, 2002.

이러한 지역의 공간은 혁신을 위한 지역환경을 향상시키기 위해 함께 일하는 정치적인 조직, 산업 실체, 대학 및 연구기관들이 그들의 전문화된 역할을 수행하면서 트리플 힐릭스를 형성하는데, 혁신의 주체들은 지역발전에 있어 누구든지 지역혁신 조직자의 역할을 수행할 수 있으며, 다른 주체들을 견인하는 트리플 힐릭스의 핵심 동력으로 기능할 수 있다.

6. 트리플 힐릭스의 연구방법

트리플 힐릭스에 대한 연구는 개념의 추상성과 함께 트리플 힐릭스 체계 분석 시 국가 및 지역의 지식창출 주체의 특성뿐 아니라 산업, 문화, 관습과 같은 다양한 요소를 고려해야 하는 이유로 다양한 연구방법들을 통해 분석하고 있으며, 크게 양적인 연구방법과 질적인 연구방법이 적용되어 왔다. 트리플 힐릭스에 대한 양적 연구는 초기의 해외 연구자들을 중심으로 대부분 이루어져 왔다. 이는 대학-산업-정부 간 네트워크에 축약되어 나타나는 한 국가의 과학기술 혁신의 형태와 내용을 수량적으로 파악하는 것으로 언론정보학, 행정학, 산업공학, 지식경제학 등 다양한 부문에서 이루어졌다.

트리플 힐릭스의 양적 연구는 트리플 힐릭스의 개념과 연구방법을 소개한 리셀도르프(Leydesdorff)를 중심으로 문헌 형태로 발표된 학술지식 자료를 계량화하는 계량정보분석(Scientometrics),[3] 특허분석을 통해 기술예측을 시도하는 테크노메트릭스(Technometrics), 인터넷 웹사이트의 콘텐츠와 하이퍼링크를 통한 사회 네트워크를 분석하는 웨보메트릭스(Webometrics)를 사용하여 트리플 힐릭스를 분석하는 연구(Leydesdorff, 2003; 박한우 외, 2004; Leydesdorff and Meyer, 2007; Leydesdorff and Sun, 2009)와 논문 및 특허권과 같은 지표뿐만 아니라 다른 양적 대리지표를 선정하여 트리플 힐릭스를 밝히는 연구 등이 있다(Danell and Persson, 2003; Leydesdorff and Fritsch, 2006; Leydesdorff et al., 2006).

트리플 힐릭스의 양적 연구방법에 관해, 리셀도르프(Leydesdorff, 2003)는 트리플 힐릭스 배열에

3 박한우 외(2004)는, 어떤 국가의 과학기술 혁신의 형태와 내용은 제도적인 지식 인프라인 대학-산업-정부 간 네트워크에 축약되어 나타날 수 있으며, 대학-산업-정부 간 네트워크, 즉 트리플 힐릭스는 계량정보분석을 통해 측정될 수 있다고 주장한다. 그들에 따르면, 계량정보분석은 학술적 지식을 계량화하는 학문 분야이다. 학술적 지식은 대개 무형의 암묵적 형태로 존재하며 논문, 책, 보고서 등의 행태로 출판되었을 때 하나의 개체로서 존재한다고 설명한다. 또한 계량정보분석은 학술 출판물의 서지학적 데이터를 이용하여 수학적·통계적·물리학적 방법과 같은 여러 정량화 방법을 적용하고, 그 결과는 학술 문헌이 개별적으로 분석될 경우에 발견하기 힘든 일정한 패턴을 찾는다. 그 패턴은 어떤 분야 기관, 국가의 지식생산의 구조와 역동성에 관한 구체적인 정보를 제공하며, 나아가 미래의 모습을 예측할 수 있도록 한다고 설명한다.

서 발생하는 상호정보의 양을 측정하는 방법에 대한 개념적 논의와 그것을 적용한 사례들을 제시하고 있다. 이 연구의 기본적 전제는 대학-산업-정부 간의 관계는 지식기반 혁신체계에 네트워크화된 하부구조를 제공한다는 것이다. 리셀도르프는 지식창출 주체(산·학·관)들 간 관계는 변수(예: 예산, 협력, 논문 인용 횟수)로서 측정될 수 있는 반면, 상호작용하는 흐름은 엔트로피(entropy)를 발생시킨다는 전제로 섀넌(Shannon)의 이론에 기반을 둔 트리플 힐릭스 지표를 통해 대학-산업-정부 간 네트워크의 역동성의 정도를 측정할 수 있다고 설명한다.[4] 이러한 방법론을 기반으로 인터넷에서 대학-산업-정부의 관계들을 '대학', '산업', '정부'라는 각각의 용어와 이 용어들의 조합의 관점에서 측정하고, 동일한 방법으로 SCI(Science Citation Index) 데이터에서 대학-산업-정부 간의 국제적인 공동저작 관계를 밝히고 이를 바탕으로 삼자 간 트리플 힐릭스의 역동성을 규명한다. 또한 미국의 특허 데이터를 이용하여 시간에 따른 대학-산업-정부 간의 관계 변화를 밝힐 수 있다.

이와 같은 양적 방법들은 다른 트리플 힐릭스 연구에 적용되었는데, 대표적으로 박한우 외(2004)는 SCI 데이터와 미국특허청(USPTO)에서 수집한 특허 데이터를 이용하여 계량정보 및 테크노메트릭스 분석을 통해 한국과 네덜란드의 지식기반 혁신체계의 비교 분석을 시도하였다.[5] 그리고 다넬과 페르손(Danell and Persson, 2003), 리셀도르프 외(Leydesdorff et al., 2006)는 대학-산업-정부 간 네트워크의 역동성을 넘어 국가 및 지역 간 혁신의 잠재력을 비교하는 양적 연구로 네덜란드와 독일의 지역혁신체계의 질을 밝히는 연구를 시도하였다. 이들은 앞의 연구들과 마찬가지로 트리플 힐릭스 지표를 이용하지만 SCI 데이터나 특허 데이터가 아닌 지역적 특성, 기술적 특성, 조직적 특성을 나타내는 지표(지리적인 구분, 산업분류코드, 기업의 규모)를 조합하여 지역별 혁신 잠재력을 분석하였다는 데 차별성이 있다.

이상에서 제시된 트리플 힐릭스에 대한 양적 연구들은 대부분 트리플 힐릭스 3주체가 상호작용을 통해 정보를 교환하고 있음을 전제로 하고, 상호작용을 나타내는 자료의 측정을 통해 트리플 힐릭스를 밝히고자 하였다. 양적 연구는 네트워크 형성 및 작동 시 나타나는 다양한 속성과 예외적인 특성

4 에이브럼슨(Abramson, 1963)이 고안한 3차원 상호정보의 양 측정수식은 섀넌의 『수학적 커뮤니케이션 이론』에 기초하여 트리플 힐릭스 지표로 발전하였다. 이는 Tuig=Hu+Hi+Hg-Hui-Hig-Hug+Huig로 u는 대학, I는 산업, g는 정부, H는 불확실성의 정도이다. T(transmission)는 대학-산업-정부 사이의 상호 간 정보의 전달과 함께 네트워크 수준에서 확률적으로 증가하는 엔트로피의 양으로, 따라서 삼자 간 네트워크의 상호정보의 양이 증대하고 이들 관계의 불확실성의 정도가 낮을수록 이 값은 낮아진다(박한우 외, 2004).

5 이 연구에서 사용된 계량정보분석은 SCI 논문 제목에 사용된 어휘들 사이의 의미 네트워크와 개념지도를 통해 각 국가의 과학기술 분야의 특징을 분석하였으며, 테크노메트릭스 분석은 특허 수탁자와 발명자의 주소지 정보에 근거하여 2002년 동안에 등록된 각 국가의 특허를 수집한 후 수집된 특허를 통해 의미 네트워크를 기반으로 한 개념지도를 작성하고, 이어 특허의 지식기반도를 파악하기 위해 인용한 논문의 빈도를 계산하였다(박한우 외, 2004).

을 배제하고 동일한 연구방법을 적용함으로써 결과를 비교적 단순한 시각에서 해석한다. 그러나 대학–산업–정부 간의 구조화된 네트워크가 시스템의 불확실성을 감소시킨다는 것을 전제로 한 양적 연구방법은 트리플 힐릭스 네트워크상에 나타나는 주체들 간의 질적 관계 특성 및 네트워크에 내재되어 있는 지식창출 과정을 파악하지 않고 네트워크의 결과로 만들어진 정보의 양만을 정태적으로 측정하고 있어 트리플 힐릭스의 역동성을 분석하는 데 한계점이 되고 있다. 또한 혁신 주체들 각각의 구체적인 활동과 내부 변형의 문제를 소홀히 함으로써 트리플 힐릭스의 발달과정을 확인하기 어렵게 한다. 아울러 양적인 연구방법은 주로 협력연구, 지식재산권과 같은 통계적인 데이터를 활용하여 분석하기 때문에 지식창출 주체들 간에 숨어 있는 협력의 본질을 확인하고 이들의 혁신활동 과정 및 역동적인 관계들을 이해하기 힘들다(남재걸, 2008).

한편 트리플 힐릭스의 질적 연구는 트리플 힐릭스의 개념을 바탕으로 국가 및 지역 혁신체계를 분석한 연구(Brännback et al., 2008; 이종호 외, 2009; 이철우 외, 2009), 트리플 힐릭스 내 주요 혁신 주체들의 역할을 중심으로 주체 간의 상호작용 및 혁신체계를 분석한 연구(홍형득, 2003; Nwagwu, 2008; Brouwers et al., 2009; 남재걸, 2008) 등이 있다. 브렌백 외(Brännback et al., 2008)는 트리플 힐릭스 관점을 기반으로 핀란드 남서부에 자리한 사이언스파크의 혁신체계를 분석하였다. 이를 위해 사이언스파크의 주요 혁신 주체인 정부기관, 대학, 단지 내 기업들을 대상으로 구조화된 설문지에 기초한 면담조사 방법을 통해 단지 내 산·학·관 협력관계를 평가하고, 이를 바탕으로 정책적 함의를 제시하였다. 이철우 등(2009)는 네덜란드 식품 클러스터의 트리플 힐릭스 혁신체계를 고찰하기 위해 산·학·연·관 관계자와의 심층 면담조사를 통한 질적 연구방법을 사용하였다. 이 연구는 푸드밸리의 진화과정을 혁신 인프라의 구축 및 산·학·연·관 네트워크의 특성 변화에 초점을 두고 분석하였다. 한편 브루워스 외(Brouwers et al., 2009) 또한 질적 연구방법을 통해 네덜란드의 정보통신산업 클러스터의 발전 요인을 트리플 힐릭스 관점에서 분석하였다. 특히 산·학·관 네트워크의 형성 및 발전에 있어 정부의 역할에 대해 집중적으로 고찰하였다.

이상에서 살펴본 바와 같이 트리플 힐릭스 관련 연구는 초기에는 양적 연구를 중심으로 진행되었으나 점차 질적 연구방법론을 사용한 연구들이 증가하고 있는 단계이다. 하지만 특정 연구방법론에 편향되어 있기보다는 연구목적과 연구자의 접근방법에 따라 다양한 형태의 연구방법들이 모색되고 있는 상태이다. 트리플 힐릭스에 대한 양적 연구들은 여전히 활발히 진행되고 있음에도 불구하고 진화적 측면에서 산·학·관 네트워크의 형성 및 변화과정을 맥락적으로 고찰하기에는 한계가 있다고 판단된다. 하지만 질적 연구방법 또한 산·학·관 네트워크 관계에 대한 맥락적인 분석을 목적으로 하고 있음에도 불구하고, 트리플 힐릭스의 구조적 특성 및 진화과정을 체계적으로 분석하는 연구의 틀을 확립하지는 못한 상태이다.

결론적으로 혁신체계의 트리플 힐릭스를 체계적으로 연구하기 위해서는 질적 연구를 통해 산·학·관 네트워크의 구조와 질적 특성, 발전과정을 밝힐 뿐만 아니라, 양적 연구를 통해 산·학·관 네트워크의 성과를 분석하여 개별 연구방법론의 한계를 상호보완하는 연계 연구들이 진행될 필요가 있다고 판단된다.

• 참고문헌 •

김석호, 2008, "산학협력 활성화를 위한 대학산학협력단 역량강화방안", 대학교육, 155, 91-97.

남재걸, 2008, "An analysis of universites' interactions with government and industry using the Triple Helix model", 한국행정논집, 20(1), 335-360.

박한우·Leydesdorff, L.·홍형득·홍성조, 2004, "Triple-Helix 지표를 이용한 한국과 네덜란드의 지식기반 혁신시스템 비교연구", 한국자료분석학회지, 6(5), 1389-1402.

복득규·고정민·권오혁·김득갑·박용규·심상민, 2003, 한국 산업과 지역의 생존전략: 클러스터, 삼성경제연구소.

송위진, 2009, "국가혁신체제론의 혁신정책", 행정논총, 47(3), 79-104.

이선, 2000, 지식기반경제의 이론과 실제, 산업연구원.

이장재, 2003, "지역발전과 지역혁신체제(RIS): 개념적 유용성과 한계", 공공문제와 정책, 5, 77-95.

이종호·김태연·이철우, 2009, "외레순 식품클러스터의 트리플 힐릭스 혁신체계", 한국경제지리학회지, 12(4), 388-405.

이철우, 2003, "신산업환경과 지역혁신체제", 지역발전과 지역혁신, 영남대학교 출판부, 186-199.

이철우·강현수·박경, 2000, "우리나라 지역혁신체제에 대한 시론적 분석", 공간과 사회, 13, 46-93.

이철우·김태연·이종호, 2009, "네덜란드 라흐닝언 식품 산업클러스터(푸드밸리)의 트리플 힐릭스 혁신체계", 한국지역지리학회지, 15(5), 554-571.

홍형득, 2003, "산학협력 활성화를 위한 산학연계 전략수립에 관한 연구–산업대학의 역할 모형을 중심으로", 한국지역개발학회지, 15(1), 1-24.

Abramson, N., 1963, *Information Theory and Coding*, Mcgraw-Hill, New York.

Brännback, M., Carsrud, A., Krueger, N. F. and Elfving, J., 2008, Challenging the Triple Helix model of regional innovation system, *International Journal of Technoentrepreneurship*, 1(3), 257-277.

Brouwers, J., Duivenboden, H. and Thaens, M., 2009, The Triple Helix Triangle: Stimulating ICT-driven Innovation at Regional Level, Paper for the 2009Annual Conference of EGPA.

Casas, R., de Gortari, R. and Santos, J., 2000, The building of Knowledge Spaces in Mexico: a regional approach to networking, *Research Policy*, 29(2), 225-241.

Cooke, P, 2004, University Research and Regional Development, Brussels, A Report to EC-DG Research, European Commission.

Cooke, p. and Morgan, K., 1998, *The Associational Economy: Firms, Regions and Innovation*, Oxford University Press, New York.

Danell, R. and Persson, O., 2003, Regional R&D activities and interactions in the Swedish Triple Helix, *Scientometrics*, 58(2), 205-218.

David, P., 1994, Why are institutions the 'carriers of history'?: path dependence and the evolution of conventions, organizations and institutions, *Structural Change and Economic Dynamics*, 5(2), 205-220.

Dodgson, M. and Bessant, J., 1996, *Effective Innovation Policy: A New Approach*, Routledge, London.

Dzisah, J. and Etzkowitz, H., 2008, Triple Helix Circulation: The Heart of Innovation and Development, Triple Helix Group paper.

Etzkowitz, H., 2002, *The Triple Helix of University-industry-Government Implications for Policy and Evaluation*, SISTER.

Etzkowitz, H., 2003, Innovation in innovation: the Triple Helix of university-industry-government relations, *Studies of Science*, 42(3), 293-337.

Etzkowitz, H., 2008, *The Triple Helix: University-Industry-Government Innovation in Action*, Routledge, London.

Etzkowitz, H. and Leydesdorff, L., 1995, The Triple Helix University -Industry-Government relations: a laboratory for knowledge based economic development, *EASST Review*, 14, 14-19.

Etzkowitz, H. and Leydesdorff, L., 2000, The dynamics of innovation: from National system and "Mode 2" to a Triple Helix of university-industry-government relation, *Research Policy*, 29, 109-123.

Etzkowitz, H. and M. Klofsten, 2005, The innovation region: towards a theory of knowledge based regional development, *R&D Management*, 3(3), 243-255.

Freeman, C., 1987, *Technology Policy and Economic Performance: Lessons from Japan*, Pinter Publishers, London.

Gunasekara, C., 2006, Reframing the role of universities in the development of regional innovation system, *The Journal of Technology Transfer*, 3(1), 101-113.

Inzelt, A., 2004, The evolution of university-industry-government relationships during transition, *Research Policy*, 33(6-7), 975-995.

Leydesdorff, L., 2003, The mutual information of university-industry-government relations: An indicator of the triple helix dynamics, *Scientometrics*, 58(2), 445-467.

Leydesdorff, L., Dolfsma, W. and Panne, G., 2006, Measuring the knowledge base of an economy in terms of triple-helix relations among technology, organization, and territory, *Research policy*, 35(2), 181-199.

Leydesdorff, L. and Etzkowitz, H., 1998, The Triple Helix as a model for innovation studies, *Science & Public*

Policy, 25(3), 195-203.

Leydesdorff, L. and Fritsch, M., 2006, Measuring the knowledge base of regional innovation system in Germany in terms of Triple Helix dynamics, *Research Policy*, 35(10), 1538-1553.

Leydesdorff, L. and Meyer, M., 2007, The scientometrics of a Triple Helix of university-industry-government relations(introduction to the topical issue), *Scientometrics*, 70(2), 207-222.

Leydesdorff, L. and Sun, Y., 2009, National and international dimensions of the Triple Helix in Japan: university-industry-government versus international co-authorship relations, *Journal of the American Society for Information Science and Technology*, 60(4), 778-788.

Lundvall, B., 1992, *National System of Innovation: Toward a Theory of Innovation and Interactive Learning*, Pinter Publishers, London.

Nelson, R. (ed.), 1993, *National Innovation Systems: A Comparative Analysis*, Oxford University Press, New York.

Nwagwu, W., 2008, The Nigerian university and the triple helix model of innovation system: adjusting the wellhead, *Technology Analysis & Strategic Management*, 20(6), 683-696.

전자신문, 2007, 글로벌 IT이슈 진단 미국부자대학의 돈 버는 노하우, 2007년 11월 14일자.

제4장

클러스터 적응주기 모델의 의의와 과제

1. 머리말

산업자본주의와 유연적 축적체제를 거치면서 지금까지 클러스터를 비롯한 다양한 산업집적지가 형성되고 진화·발전되어 왔다. 그러나 경제활동의 공간적 집적 우위는 영속적이지 않을 뿐만 아니라 심지어 열위로 변할 수 있기 때문에 지속적으로 성장하는 경제공간은 제한적이다(Mossig and Schieber, 2016). 한때 성장하였던 클러스터가 활력을 잃으면서 쇠퇴하기도 하지만, 쇠퇴하였던 클러스터가 재구조화를 거치면서 다시 성장하기도 한다(이종호·이철우, 2014). 즉 산업집적지는 그대로 머물러 있지 않고 끊임없이 진화하고 있다. 이러한 인식이 21세기에 접어들면서 진화경제지리학을 중심으로 널리 확산되기 시작하였다(Rigby and Essletzbichler, 1997; Boschma and Lambooy, 1999; Martin, 2000; Hassink, 2005; Iammarino and McCann, 2006; Frenken, 2007; Rafiqui, 2009; Boschma, 2015; Martin and Sunley, 2015a; 2015b). 이에 따라 산업집적지 연구는 특정 시점에서 특정 현상을 설명하는 정태적 연구에서 점차 클러스터 진화에 초점을 두는 동태적 연구로 그 패러다임이 전환되고 있다.

이와 관련하여 클러스터를 비롯한 산업집적지의 진화는 주로 루틴(routines), 경로의존성(path-dependence)과 고착(lock-in), 공진화(co-evolution) 그리고 생애주기(life cycle) 등의 접근법으로 연구되어 왔다(Essletzbichler and Rigby, 2007; Mossig and Schieber, 2016). 이 중에서 클러스

터 생애주기 모델(life cycle model)은 클러스터가 일시적이고 필연적으로 구축된 식별 가능한 발전단계를 거친다는 전제를 기초로, 클러스터 변화의 촉발 요인과 메커니즘을 밝힐 수 있는 체계적인 분석 틀로서 크게 주목받아 왔다(Bergman, 2008; Menzel and Fornahl, 2010). 그럼에도 불구하고 클러스터 진화에 대한 연구는 여전히 적절한 분석 틀을 모색하고 있다(Boschma and Fornahl, 2011). 왜냐하면 장기적이고 선순환적인 클러스터의 진화를 위한 더 나은 방향성을 제시하기 위해 클러스터에 대한 동태적 관점을 보다 발전시키고 정교화해야 한다는 인식이 강화되고 있기 때문이다(Trippl et al., 2015).

이러한 일련의 과정에서 최근 마틴과 선리(Martin and Sunley, 2011)는 클러스터 진화에 대한 대안적인 접근법으로 클러스터 적응주기 모델(modified cluster adaptive cycle model)[1]을 제시하였다. 클러스터 적응주기 모델은 클러스터 주체들의 우연적이고 전략적인 의사결정에 따라 예측 불가능한 변화의 과정을 거치는 클러스터의 다양한 진화 양상에 주목한다. 바꾸어 말하면, 클러스터 주체들이 일정한 조건이나 환경에 대응하는 복잡한 피드백과정을 통해 클러스터의 구조 및 기능을 변화시키고, 이 과정에서 자신들의 속성까지도 동시에 변화하는 계통발생적(phylogenetic)이고 비선형적(nonlinear)인 클러스터의 진화과정을 살펴볼 수 있는 유용한 분석 도구라고 할 수 있다. 하지만 관련 용어 및 개념의 정치성(精緻性)이 결여되어 있고 분석 틀이 제대로 정립되어 있지 않아 클러스터 진화를 분석하는 데 이 모델을 적용한 경험적 연구는 소수에 지나지 않는다.[2]

이에 본 장에서는 아직까지 이론적·경험적 연구가 체계적으로 이루어지지 못한 마틴과 선리(Martin and Sunley, 2011)의 클러스터 적응주기 모델을 비판적으로 검토하여 그 의의와 한계점을 밝히고, 나아가서 연구과제를 제시하고자 한다.

1 modified cluster adaptive cycle model(수정된 클러스터 적응주기 모델)이라는 명칭은 그 이전에 cluster adaptive cycle model(클러스터 적응주기 모델)이 존재하였고 이를 수정한 모델을 의미하는 것으로 오해할 여지가 매우 크다. 그러나 실제로는 클러스터에 맞게 적용할 수 있도록 생태학의 적응주기 모델(adaptive cycle model)을 수정하였다는 의미에서 마틴과 선리(Martin and Sunley, 2011)는 해당 모델을 modified cluster adaptive cycle model로 지칭하였다. 혹자는 이를 '클러스터 적응주기 수정 모델'로 번역하기도 하지만, 본 연구에서는 '클러스터 적응주기 모델'로 지칭하고자 한다.

2 물론 클러스터 적응주기 모델을 일부 적용한 경험적 연구가 존재하기도 한다. 허동숙(2013)은 클러스터 적응주기 모델을 기초로 미국 페어팩스 카운티 IT서비스산업 집적지의 진화 경로의 유형 및 시기별 특성과 성장 요인을 규명하였다. 그리고 홀(Hall, 2013)은 오스트레일리아 항공기금형 클러스터의 발전과 지속에 대한 추동 요인과 저해 요인, 즉 진화 동인을 밝히고 클러스터 적응주기에 걸쳐 변화하는 추동 및 저해 요인의 상호관련성을 검토하였다. 이상의 연구들은 클러스터의 진화과정 및 그 특성 그리고 요인이라는 내용적 범위가 포괄적이다. 그럼에도 불구하고 모델의 비판적 검토를 통한 분석 틀을 구축하지 않은 채 경험적 사례 연구가 이루어졌다. 그뿐만 아니라 진화과정의 시기별 특성 분석에 초점을 맞춤으로써 종래의 생애주기 연구를 답습하는 수준에 머물고 있다. 그 결과 클러스터 적응주기 모델을 구체화하는 데는 기여하지 못한 한계가 있다고 평가할 수 있다.

2. 클러스터 적응주기 모델의 등장배경

지금까지 경제지리학에서 산업집적지 연구는 특정 장소에 집중된 경제활동의 공간적 패턴과, 그러한 패턴이 형성되는 메커니즘과 요인을 이해하는 데 초점을 두면서 이루어져 왔다. 특히 지난 반세기 동안 세계 경제환경의 급격한 전환으로 경제공간이 이전보다 더 역동적으로 변화함에 따라 산업집적지에 대한 연구의 패러다임도 전환되고 있다(그림 4-1).

먼저 1980년대 이전까지 주류를 이룬 베버리안류의 고전적 입지론에 기초한 산업집적지 연구는 특정 시점에서 경제공간의 양상에 주목하는 정태적 관점을 기초로 이루어졌다. 정태적 연구에서도 초기에는 경제공간을 외적 환경과는 차단된 폐쇄적인 공간으로 간주하면서 특정 시점에서 집적지의 내적 구조와 함께 운송비, 거래비용 등과 같은 산업집적의 경제적 요인을 살펴보는 데 초점을 두었다(이철우, 2013). 이는 경제공간에 대한 단순화된 가정을 기초로 일반적이고 보편적인 내적 구조와 입지 요인을 규명함으로써 공간적 집적화를 명료하게 설명하고 더 나아가 예측하고자 하였기 때문이다(이희연, 2011). 그러나 이러한 모델과 이론은 복잡한 현실세계의 다양한 입지패턴을 설명하기에는 상당한 한계가 있었다.

이러한 연구경향은 경제의 세계화와 지식기반경제가 도래한 20세기 후반부터 점차 변화하기 시작하였다. 즉 경제공간은 개방적인 실체로서 그것을 둘러싼 사회·문화·제도적 맥락 등의 외적 조건과 상호 간에 영향을 주고받기 때문에 그 관계를 동시에 살펴보아야 한다(안영진 외, 2011)는 인식이 널리 확산되었다. 이는 복잡계적 관점으로 볼 수 있다. 복잡계적 관점에서는 경제활동의 공간적 집적이 내적 메커니즘뿐만 아니라 외부와의 관계에 의해서도 영향을 받는다는 것을 전제로 한다. 그리고 왜, 어떻게 다양하고 복잡한 맥락 속에서 공간적 집적이 발생하는가를 이해하고자 한다. 이러한 관점에서 내·외적인 상호작용에 의한 산업집적지의 형성 메커니즘과 존립기반 등이 분석될 수 있었다(이철우, 2013).

한편 21세기에 접어들어 생물학과 진화론의 개념이 경제지리학에 도입되면서, 클러스터를 비롯한 산업집적지 연구에서도 진화적 개념을 점차 적용하게 되었다(Essletzbichler and Rigby, 2007). 이는 유사한 시장 및 기술 조건하에 있더라도 어떤 클러스터는 성장하는 반면에 또 다른 클러스터는 쇠퇴하거나 심지어 사라지는[3] 소위 클러스터의 진화를 정확하게 이해하고자 하였기 때문이다

3 예를 들면, 색스니언(Saxenian, 1994)은 1990년대 보스턴과 실리콘밸리의 컴퓨터산업 클러스터에 대한 비교 분석을 통해 동일한 산업에 특화된 클러스터들이 상이한 성장 경로를 따를 수 있다는 점을 규명하였다. 연구에 따르면, 서부의 실리콘밸리는 수평적·협력지향적·연대지향적인 학습문화를 토대로 경로파괴적 혁신을 통해 급속하게 성장하였다. 반면에 동부의 루트

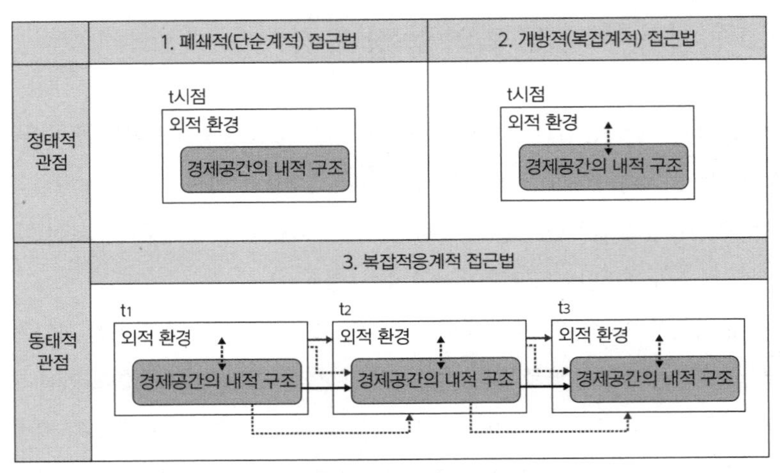

그림 4-1. 산업집적지에 대한 관점 및 접근법의 변화

(Menzel and Fornahl, 2010). 진화(進化, evolution)는 '생물의 종(species)이 대(代)를 잇기 위해 환경에 적응하고 분화하면서 그 구조나 기능이 변화해 나가는 과정'(Gould, 2002; Losos, 2016)을 지칭하는 생물학 용어이다. 그렇지만 진화는 생물계의 진화와 사회·경제계의 변화 간에 일정한 유사성이 있다는 점에서 생물학에만 국한된 개념이 아니다(박석근, 1985). 실제로 클러스터는 다양한 구성 주체들이 급변하는 기술과 시장환경에 대응하여 새로운 것(novelty)에 반응하고 그것을 창출함에 따라 변화한다. 경우에 따라서는 생물계의 진화보다 분명한 목적을 가지고 더 신속하게 계획을 수립하면서 진화한다. 이에 따라 클러스터 진화는 '클러스터 주체들이 일정한 조건이나 환경과 경로의존적으로 상호작용하고 복잡한 피드백과정을 통해 자기변형(self-transformation), 자기조직화(self-organization), 적응(adaptation)하는 과정'을 말한다(Jovanović, 2008). 이와 같은 동태적 관점에서는 클러스터가 자체적 혹은 외부 힘에 의해 변화하는 진화과정과 메커니즘에 초점을 두고 있으며, 주로 경로의존성(Meyer-Stamer, 1998; Kenney and Von Burg, 1999), 고착(Hassink, 2005; 정도채, 2011) 그리고 생애주기(Audretsch and Feldman, 1996; 구양미, 2012) 등의 개념을 통해 연구가 이루어져 왔다.

이와 동시에 "불완전한 행위자가 스스로도 의식하지 못하는 무한한 가능성의 공간에서 자신의 길을 탐사해 나가는 과정을 어떻게 과학적으로 연구할 수 있을 것인가"(Geyer, 1995: 27)라는 문제가 주목받게 되었다. 이에 따라 경제공간을 수많은 상호작용적 시스템이 중첩된 일종의 계층적이고 적

128 지역은 위계적·통제적·고립지향적인 조직 형태와 제도적 특성을 갖추고 있는데, 이러한 경로의존적 진화과정이 환경변화에 대한 적응력의 부재를 초래하여 침체의 길을 걷게 되었다고 밝혔다(박양춘, 2003).

응적인 개방 시스템으로 보는 전체론적인 접근법의 필요성이 대두하게 되었다(최창현, 1997: 134). 그 결과 경제지리학에 도입된 복잡적응계(complex adaptive systems)[4] 관점은 그 근원을 물리학에 두고 있음에도 불구하고, 클러스터 진화 연구에서 구조화에 대한 유용한 분석 시각을 제공하게 되었다. 이 관점에 따르면, 클러스터는 역동적이고 균형에서 벗어나 있지만 내부의 질서와 구조를 만들어 내고 자기조직화함으로써 그 환경과 지속적으로 상호작용하는 개방적인 체계이다(Martin and Sunley, 2007). 복잡적응계 관점에서는, ① 클러스터의 공간구조가 어떻게 출현하고 변화하였는지, ② 그것이 어떻게 흥망성쇠하였는지, ③ 왜 일부 클러스터는 기술, 시장, 정책 등의 변화에서 다른 클러스터보다 더욱 적응적이고 회복적인지, ④ 왜 특정 산업 및 기술에 특화된 클러스터가 다른 지역이 아닌 특정한 지리적 영역에서 개발되는지, ⑤ 클러스터의 경제적 관계 및 흐름을 반영하는 다양한 공간적 네트워크가 어떻게 형성되고 진화하는지 등이 주된 주제로 다루어진다(Martin and Sunley, 2007).

이처럼 진화와 복잡적응계가 클러스터 연구에서 화두가 되고 있다. 이러한 클러스터 진화에 연구의 흐름을 반영하는 분석 틀을 정립하기 위해 적응주기 모델(adaptive cycle model)이 주목받게 되었다.

3. 적응주기 모델의 개념과 한계점

1) 적응주기 모델의 개념과 특성

생태학자인 홀링(Holling)에 의해 제시된 적응주기[5]는 단절적이지 않고 순환성을 가진 생태계의 진화과정을 의미하는 개념이다. 그리고 적응주기 모델은 다양한 시공간적 스케일에 걸친 복잡한 피드백과정을 통해 구조 및 기능이 변화하는 시스템의 순환적인 진화과정을 밝히는 모델이다

4 복잡적응계는 다양한 행위자들의 공진화를 통해 유발되는 창발적·자기조직적 행동방식과, 자발적으로 내부구조를 재조정할 수 있는 적응능력을 지닌 체계를 의미한다. 복잡계는 단순히 혼란 상태에 있는 체계로 반드시 자기조직화하지 않지만, 복잡적응계는 필연적으로 자기조직화 과정을 거친다는 점에서 차별성을 가진다(Martin and Sunley, 2007).

5 적응주기는 계층구조(hierarchy)와 함께 파나키(panarchy) 이론을 구성하는 핵심 개념이다(Holling, 2001). 여기서 파나키는 예측 불가능한 변화의 의미를 담고 있는 그리스 신(神)의 이름인 판(Pan)과 시공간적 다중스케일의 의미를 담고 있는 계층구조(hierarchies)가 혼합된 용어로, 복잡적응계의 적응적인 진화를 설명하기 위해 개발되었다. 즉 파나키는 다양한 시공간적 스케일에 걸쳐 적응주기가 중첩된 계층구조를 형상화한 것이다. 이때 다중스케일적인 적응주기는 그것의 상·하위 적응주기와 밀접한 관계를 맺는데, 이러한 속성이 진화를 추동한다.

(Holling, 2001; Holling and Gunderson, 2001). 이 모델은 최초에 생태계의 진화 역학(evolutionary dynamics)을 설명하기 위해 개발되었다. 이후 생태경제학과 사회생태학을 비롯한 통합 학문의 연구에도 폭넓게 적용되면서 생태계·사회계·경제계를 망라하는 복잡적응계의 진화적 역학을 설명하는 분석 도구로 인정받고 있다(Cumming and Collier, 2005; Martin and Sunley, 2011).

적응주기 모델에 따르면, 복잡적응계의 적응주기는 '잠재력(potential)', '통제력(controllability)', '회복력(resilience)'에 의해 형성된다(Holling, 2001; Holling and Gunderson, 2001). 여기서 잠재력은 시스템에 축적된 자원으로, 향후 변화를 위한 선택의 범위를 결정짓는다. 이러한 잠재력에는 생물량(biomass)과 영양분, 기업가의 생산 및 경영기술, 생산자의 마케팅 역량 및 금융자본, 개인과 집단 간의 네트워크 및 신뢰 등을 비롯한 생태적·경제적·사회문화적 자원이 포함된다.

통제력은 외부의 변동성에 대해 시스템이 내적으로 그것의 변수(variables)와 프로세스를 조정할 수 있는 힘을 말한다. 따라서 통제력이 강한 생태계, 조직 혹은 경제 부문은 외부 변동성에 거의 영향을 받지 않고, 그러한 변동성을 제어할 수 있는 내부 조절 프로세스를 통해 자체적으로 운명을 개척한다. 이러한 통제력은 시스템의 유연성이나 경직성의 정도, 즉 민감도(sensitivity)를 반영하는 척도일 수 있으며, 작은 교란 이후에 회복의 속도를 통해 측정될 수 있다.

마지막으로 회복력은 예측 불가능한 충격과 혼란 등을 겪은 이후에도 기능과 통제력을 유지할 수 있는 시스템의 역량을 의미한다. 회복력은 시스템의 취약성(vulnerability)과는 음의 상관관계가 있지만, 지속가능성(sustainability)과는 양의 상관관계가 있다. 이러한 회복력의 측정 지표 중의 하나는 시스템이 또 다른 안정상태로 전환되지 않고도 견딜 수 있는 교란의 크기를 들 수 있다.

이상의 잠재력, 통제력, 회복력은 서로 밀접하게 연관되면서 복잡적응계의 적응주기, 즉 진화를 추동하는 요인이자 적응주기의 특성을 설명하는 구성요소가 된다. 이에 따라 적응주기는 순차적으로 개발기(r, exploitation), 보존기(K, conservation), 와해기(Ω, release), 재조직기(α, reorganization)의 네 시기를 거치며[6] 숫자 8이 90° 회전한 형상으로 나타난다. 이때 재조직화에 실패한 복잡적응계는 적응주기에서 이탈(X, exit)할 수도 있다(그림 4-2).

복잡적응계의 적응주기를 시기별로 구체적으로 살펴보면 다음과 같다.

개발기(r)는 이전의 주기에서 남겨져 전승된 자원, 즉 유산(legacies)을 토대로 하나의 시스템이 형

6 각 시기별 기호인 r, K, Ω, α는 원래 용어의 쓰임과 의미를 반영하여 각 시기에 알맞도록 상징적으로 사용되었다. 먼저 r(알)과 K(케이)는 개체군 증가를 설명하기 위해 고안된 로지스틱 방정식의 매개변수의 명칭에서 차용하였다. 즉 $\frac{dN}{dt}=rN(K-N)$으로 표현되는 로지스틱 방정식에서 r은 개체군의 순간증가율, K는 개체군의 최대치를 의미한다. 그리고 그리스 문자인 Ω(오메가)와 α(알파)는 각각 종료와 시작을 의미한다(Holling and Gunderson, 2001).

성되어 발전하기 시작하는 시기이다. 이 시기에는, 효과적인 전략을 구사하여 내·외적 조건 및 변화에 신속하고 능동적으로 적응하는 구성요소가 시스템 내에서 자신의 영역을 확대하면서 우위를 확보한다. 이러한 구성요소의 적응적 행동으로 인해 시스템의 회복력은 높게 나타난다. 그러나 아직까지 구성요소들 간의 관계가 긴밀하지 못하여 시스템 자체적인 통제력이 약하기 때문에, 기회 혹은 제약 요소가 되는 외부 변동성이 이들에게 큰 영향을 미친다(Holling and Gunderson, 2001: 43-44).

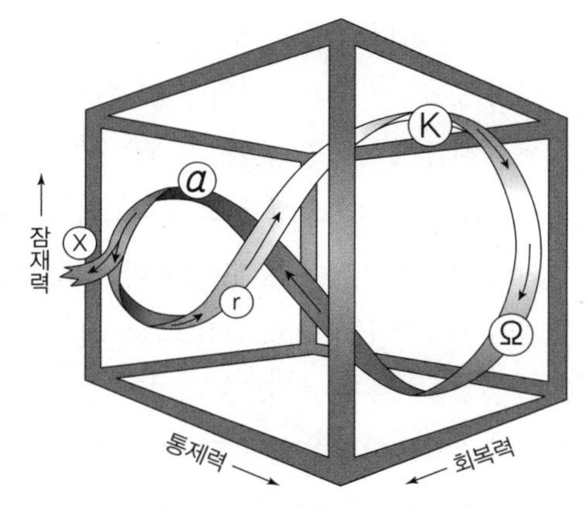

그림 4-2. 복잡적응계의 적응주기

출처: Holling and Gunderson, 2001, p.41의 〈그림 2-2〉를 기초로 필자 수정.

개발기(r)를 거치면서 우위를 점한 구성요소가 획득한 자원으로 잠재력을 증대시킴에 따라 시스템은 보존기(K)로 전환되기 시작한다. 특히 시스템의 잠재력이 커질수록 이를 쟁취하기 위해 구성요소들 간의 경쟁과 협력이 보다 심화된다. 이처럼 구성요소들 간의 밀접한 관계가 구축되면서 시스템의 통제력이 점차 증대하게 된다(Holling, 2001: 394). 그 결과 시스템은 외부 변동성을 통제하고 내적으로 보다 강화되는 자기조직적 특성을 갖추게 된다.

외부 변동성에 대한 시스템의 통제력이 최고조에 달하여 보유한 자원을 효율적으로 활용하면서 수확체증 효과를 가져오고, 이로 인해 최대 수용력에 도달한 시스템은 보존기(K)의 정점에 이르게 된다. 이 시기에는, 잠재력은 크지만 이에 대한 시스템 내의 치열한 경쟁과 엄격한 통제가 신규 진입자에게 진입장벽으로 작용한다. 결국 구성요소들은 과도하게 연결되면서 시스템은 점차 경직적이고 관료적인 성향을 띠게 된다. 더욱이 이러한 시스템 유연성의 저하는 회복력 약화라는 결과를 가져오게 된다(Holling and Gunderson, 2001).

경직성이 극단적으로 증가하고 회복력이 급격히 낮아지면서 시스템은 보존기(K)에서 와해기(Ω)로 접어들고, 구조적으로 충격이나 교란에 매우 취약한 상태가 된다. 시스템에 위기를 가져오는 충격이나 교란은 화재, 해충의 급증, 불황기와 같이 무작위적이고 우연적으로 발생하여 시스템에 영향을 미친다. 그 결과 축적된 자원이 통제되었던 상태를 벗어나 방출되고 구성요소들 간의 관계가 단절됨에 따라 시스템의 통제력은 약화된다. 즉 탄탄하던 시스템이 무너지게 된다. 이 과정에서 기존 세력과 저항 세력 간의 충돌이 나타나기도 하지만, 이는 일시적이며 자원이 대부분 고갈될 때까지만 지속된다. 결과적으로 잠재력은 급격히 저하된다(Holling and Gunderson, 2001: 45).

그렇지만 와해기(Ω)를 거친다고 해서 시스템의 자원이 완전히 고갈되는 것은 아니다.[7] 더욱이 시스템의 통제력이 계속 약화되는 상황에서 구성요소들은 남겨진 자원을 자유롭게 이용할 수 있으며, 이는 다시금 잠재력을 강화시켜 새로운 시도에 대한 실패비용을 낮춤으로써 시스템의 회복력을 강화시킨다. 이로써 시스템은 점차 재조직기(α)[8]로 전환된다. 즉 재조직기에는 광범위한 선택 범위, 약한 규제 그리고 낮은 실패비용이라는 조건으로 새로운 개체나 조직의 등장 및 정착을 위한 비옥한 환경이 조성된다(Holling, 2001; Holling and Gunderson, 2001). 시스템은 이러한 환경을 잘 활용하여 결실을 거두면서 새로운 주기로 나아가기도 하지만, 한편으로는 그 과정에서 자원이 완전히 소모되어 주기를 이탈(X)할 수도 있다. 이처럼 불확실성이 큰 재조직기는 복잡적응계의 지속가능한 변화를 결정짓는 위기의 시기도, 기회의 시기도 될 수 있다(Holling and Gunderson, 2001: 41).

한편 이상에서 살펴본 적응주기는 달성하고자 하는 목적에 따라 다시 2개의 시기, 즉 '개발기(r)에서 보존기(K)'까지의 전면순환기(front-loop stage)와 '와해기(Ω)에서 재조직기(α)'까지의 후면순환기(back-loop stage)로 구분된다.[9] 앞서 살펴본 바와 같이 전면순환기에는 생산과 축적을 극대화시키고자 하는 반면, 후면순환기에는 새로운 시도와 재배열의 극대화를 목적으로 한다. 이러한 두 가지 별개의 목적은 동시에 충족될 수 없다. 대신에 한 시기의 목적 달성이 다음 시기를 위한 토대를 마련하면서 각 시기의 목적은 순차적으로 달성된다. 결과적으로 적응주기는 '성장과 안정성' 그리고 '변화와 다양성'이라는 복합적인 대립개념을 내포하고 있다(Holling and Gunderson, 2001: 47).

2) 적응주기 모델의 의의와 한계점

(1) 적응주기 모델의 의의

클러스터 진화의 분석 도구로서 적응주기 모델의 의의는 지금까지 진화 분석에서 주목받아 왔던 생애주기 모델과의 비교를 통해 더 분명하게 드러난다(표 4-1).

먼저 적응주기 모델과 생애주기 모델의 핵심 전제는 분석 대상이 경로의존적인 영고성쇠의 진화

7 잔존한 시스템의 잠재력은 보존기(K)까지 축적된 자원에서 유래한 것이다. 예를 들면, 화재나 곤충에 의해 사라지지 않은 죽은 나뭇가지와 나무줄기, 유기물이 분해되면서 남겨진 영양분, 토양 속에 마련된 종자은행, 이전에 조성되었던 건축물, 기업이 폐업하여 그 지역에 남게 된 고숙련 노동력의 일부 등이 와해기(Ω) 이후에 잔존한 시스템의 잠재력에 해당된다(Holling and Gunderson, 2001: 45).

8 사회경제 체제에서 재조직은 경기 침체나 사회변혁의 시기에 취해진 산업이나 사회의 혁신 및 재편에 해당된다(Holling and Gunderson, 2001: 35).

9 전면순환기는 장기간에 걸친 성장과 자원 축적의 시기로, 결과를 예측할 수 있다. 반면에 후면순환기는 단기간에 걸친 창조적 파괴와 재조직을 통해 혁신을 창출할 수 있는 시기로, 예측 불가능한 결과를 가져온다(Holling, 2001).

과정을 거친다는 것으로 동일하다. 즉 두 모델은 분석 대상에 대한 다양한 측면에서의 역사적 검증과 이를 기초로 향후 진화과정을 예측할 수 있는 토대를 마련하고자 한다는 점에서 분석 목표가 같은 맥락에 있다.

그러나 적응주기 모델은 분석 대상과 그 진화에 대한 시각, 진화 경로, 진화의 추동력, 분석의 초점 측면에서 생애주기 모델과는 차별성을 보인다.

첫째, 생애주기 모델은 분석 대상을 단일의 유기체로 간주하면서 형질이 미리 결정되어 있고 변하지 않는 특정한 하나의 유기체의 발전, 즉 개체발생적 진화(ontogenetic evolution)를 설명하는 경향이 있다(Martin and Sunley, 2011: 1303). 반면에 적응주기 모델은 분석 대상을 다양한 유기체들의 집합체인 복잡적응계로 보고자 한다. 이에 따라 분석 대상의 진화는 유기체들의 구성과 그러한 유기체들의 형질이 함께 변화하는 유기체 집단의 진화, 즉 계통발생적 진화(phylogenetic evolution)로 간주된다. 실제로 클러스터는 다수의 기업으로 이루어진 집합체로, 클러스터의 진화과정에 따라 기업의 진입과 퇴출로 인해 그 구성뿐만 아니라 제품, 기술, 루틴, 사업모델 등과 같은 기업의 특성이 함께 변한다. 이처럼 적응주기 모델은 클러스터 기업의 구성 및 특성의 동시다발적인 변화에 주목하면서 생애주기 모델에 비해 보다 역동적인 측면을 살펴볼 수 있도록 한다.

둘째, 생애주기 모델에서는 분석 대상에 내재되어 있는 논리나 질서가 클러스터의 변화뿐만 아니라 외적인 영역까지도 통제한다고 상정하였다. 이에 따라 클러스터의 생애는 당위적·필연적·단일적·누적적 특성을 지니면서 미리 정해진 순서대로 '출현–성장–성숙–쇠퇴(–소멸)'의 과정을 거친다(Martin and Sunley, 2011: 1301). 반면에 적응주기 모델에 따르면 시스템의 구성을 재편하고 혁신을 유발할 수 있는 변화는 다양한 스케일에 걸쳐 중첩된 시스템들 간의 복잡한 상호작용으로 인해 본질적으로 예측할 수 없다. 그 결과 미시적 스케일의 시스템에서 발생하는 특정한 사건의 결과는 거시적 스케일의 시스템이 도달한 진화의 시기에 따라 달라질 수 있다.[10] 결과적으로 적응주기 모델은 진화 경로가 미리 결정되어 있다고 간주하지 않는다(Martin and Sunley, 2011: 1308). 왜냐하면 생태계, 사회·경제계를 비롯한 복잡적응계의 유형이 다양한 만큼, 그 진화과정은 시스템의 유형별로 매우 상이하다는 것을 전제로 하고 있기 때문이다. 또한 적응주기 모델에서는 시스템의 부적응 상태를 감안하기 때문에, 시스템이 필연적으로 '출현–성장–성숙–쇠퇴–소멸/재활성화/대체'의 시기를 순서대로 모두 거치지는 않는다.[11] 이에 따라 적응주기 모델은 클러스터 진화 경로에 있어 보

10 예를 들면, 대기업과 같이 클러스터에서 중요한 역할을 하는 핵심 기업이 파산 혹은 개편되거나 다른 곳으로 생산라인을 이전하는 경우, 회복력과 자생력이 약한 클러스터는 쉽게 와해될 것이다. 그러나 동일한 상황에서 클러스터가 성장기에 있다면 그러한 내부 충격은 나머지 기업들에게 기회가 될 수도 있다(Martin and Sunley, 2011).

다 광범위한 경우의 수를 고려할 수 있도록 한다.

셋째, 생애주기 모델을 적용한 연구들은 진화를 추동하는 주요한 통제변수를 찾고자 한다(Martin and Sunley, 2011: 1309). 즉 클러스터의 생애주기를 결정하는 지배적인 추동력이 있음을 전제로 한다. 이러한 추동력으로는 '산업 혹은 기술의 주기'(Maggioni, 2004; Ter wal and Boschma, 2009), '집적의 경제 혹은 국지적인 외부효과'(Neffke, 2009), '지식의 다양성'(Menzel and Fornahl, 2010) 등을 들 수 있다. 추동력의 영향하에서 클러스터 형성을 통한 집적과정의 초기에는 기업들에게 우위로 작용하지만, 이후에는 산업의 성숙화, 집적불경제 혹은 지식의 표준화 등으로 인해 기업들을 부정적으로 제약한다. 이처럼 생애주기 모델은 주로 클러스터에서 기업으로의 하향식 인과관계(downward causation)의 분석에 초점을 두는 경향이 있다. 그러나 이러한 접근법은 기업에서 클러스터로의 상

표 4-1. 생애주기 모델과 적응주기 모델의 비교

구분	생애주기 모델	적응주기 모델
정의	• 일시적·필연적으로 구축되고 식별 가능한 발전 단계를 거치는 단일 유기체의 변화의 촉발 요인과 메커니즘을 밝히는 모델	• 다양한 시공간적 스케일에 걸친 복잡한 피드백 과정을 통해 구조 및 기능이 변화하는 복잡적응계의 순환적인 진화과정을 밝히는 모델
클러스터 진화에 대한 시각	• 개체발생적, 선형적 진화	• 계통발생적, 비선형적 진화
진화 경로	• 클러스터는 내부에 구축된 논리나 질서에 따라 미리 정해진 순서대로 '출현–성장–성숙–쇠퇴–(–소멸)'의 과정을 거침 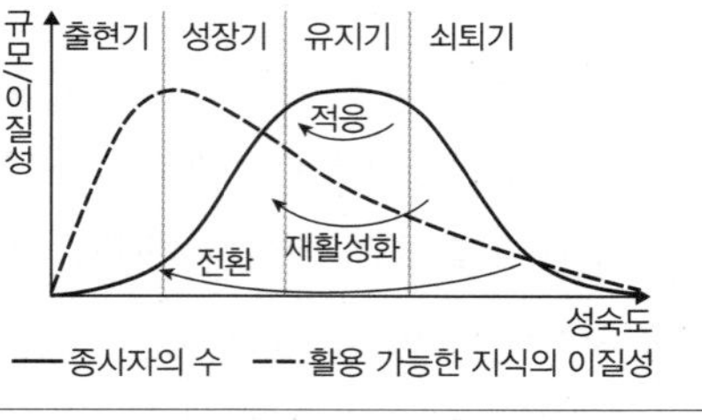 규모/이질성 / 출현기 / 성장기 / 유지기 / 쇠퇴기 / 적응 / 전환 / 재활성화 / 성숙도 —종사자의 수 ---활용 가능한 지식의 이질성	• 자기조직적·적응적으로 진화하는 다양한 주체들의 집합체인 클러스터는 필연적으로 미리 결정된 진화 경로를 거치지 않음 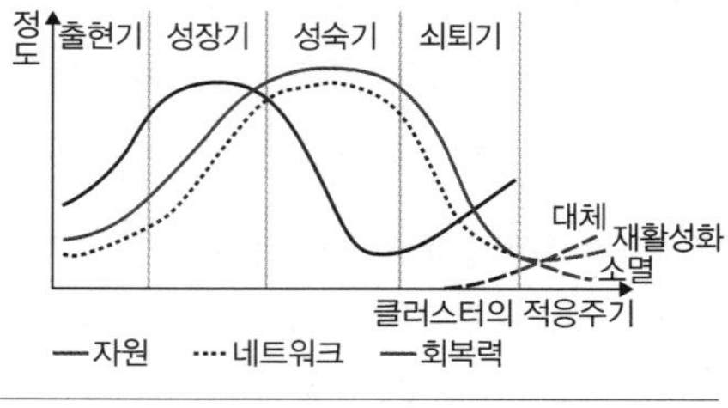 정도 / 출현기 / 성장기 / 성숙기 / 쇠퇴기 / 대체 / 재활성화 / 소멸 / 클러스터의 적응주기 —자원 ····네트워크 —회복력
진화의 추동력	• 산업/기술의 주기, 집적의 경제/국지적인 외부효과, 지식의 다양성	• 계승된 자원의 재사용 및 재조합, 중첩된 시스템들 간의 상호작용, 회복력
분석의 초점	• 하향식 인과관계(클러스터 → 기업) • 단계별 특성	• 상·하향식 인과관계(클러스터 ↔ 기업) • 진화 경로와 진화 요인

출처: Menzel and Fornahl, 2010; Martin and Sunley, 2011을 토대로 필자 작성.

11 실제로 클러스터는 비효율적인 정책이나 혼란스러운 제도적 맥락으로 인해 적응과 성장을 가능하도록 하는 충분한 자원의 임계치와 상호의존성을 갖추지 못하면서 취약한 회복력을 갖추게 된다. 그 결과 클러스터는 지속적으로 존립하고자 하지만, 소위 빈곤의 덫으로 알려진 장기적으로 불안정한 상태로 남을 수도 있다(Martin and Sunley, 2011).

향식 인과관계(upward causation)를 통한 파괴적 과정(disruptive process)이 간과된다는 한계가 있다. 생애주기 모델과는 달리, 적응주기 모델은 다양한 스케일에 걸쳐 중첩된 시스템들 간의 상·하향식 인과관계에 의해 지속가능한 진화가 추동된다고 간주한다(Martin and Sunley, 2011: 1310). 특히 적응주기에서 이러한 인과관계가 작용하는 시기는 와해기(Ω)와 재조직기(α)로, 이 두 시기에 거시적 규모의 체제(클러스터)는 미시적인 체제(기업)의 작은 변화에도 민감하게 반응한다. 이뿐만 아니라 적응주기 모델은 자원의 재조합과 재사용의 중요성을 무엇보다도 강조한다. 왜냐하면 이전 주기에서 축적된 자원의 재조합은 향후 새로운 적응주기의 등장에 영향을 주기 때문이다. 더욱이 그러한 자원은 재조직기(α) 동안 시스템으로 새로운 요소들이 진입할 수 있는 기회를 마련하기도 한다. 실제로 물려받은 자원이 없는 클러스터는 새로운 진화 경로를 쉽사리 개척할 수 없다. 일부 연구에서도 새롭게 등장한 클러스터는 과거 클러스터 자원의 재사용과 재조합으로부터 출현하였음을 규명하였다(Bathelt and Boggs, 2003; Boschma and Wenting, 2007). 이러한 점으로 미루어 보아 적응주기 모델은 새로운 경로 창출에 있어 경로 및 장소 의존성의 영향이 크게 작용한다는 점까지 고려하여 클러스터 진화를 분석할 수 있도록 한다.

(2) 적응주기 모델의 한계점

적응주기 모델은 클러스터를 비롯한 복잡적응계의 주요한 특성을 세밀하게 담아내는가와 관련하여 몇 가지 한계점이 내재되어 있기도 하다.

먼저 복잡적응계는 다수의 개체로 구성되며, 이러한 개체들은 능동적으로 선택·탐구·적응의 역량을 발휘함으로써 다양한 결과를 만들어 낸다. 이러한 결과는 구성원들의 비선형적인 상호작용과 이를 통해 확립되는 새로운 질서를 기반으로 하여 규칙성과 불규칙성이 반영된 형태로 나타난다. 이뿐만 아니라 다중적인 시공간 스케일에 걸친 상·하향식 인과관계는 그러한 결과를 더욱 복잡하게 만든다(De Haan, 2007). 결과적으로 복잡적응계의 진화는 예측하기 어렵다. 이와 마찬가지로 클러스터는 상호작용하는 이질적인 기업들의 집합체이며 부분의 합 이상의 특성을 보이기 때문에, 그 진화 경로는 쉽게 예측할 수 없다. 하지만 적응주기 모델은 다양한 시공간적 스케일에 걸친 적응주기의 상·하향식 인과관계와 시스템에 대한 외부충격(external shocks)의 영향을 특정한 시기에 한정시킨다(Martin and Sunley, 2011: 1310)[12]는 점에서 클러스터의 속성을 제대로 반영한다고 보기 어

12 적응주기 모델의 이러한 단편적인 측면은 상·하향식 인과관계를 특정한 시기에 한정시키는 것으로부터 살펴볼 수 있다. 즉 전면순환기에서 후면순환기로 넘어가는 시점(와해기, Ω)과 후면순환기에서 전면순환기로 넘어가는 시점(재조직기, α)에 거시적 시스템은 미시적 시스템의 작은 교란에 민감하게 반응한다. 더욱이 적응주기의 단편적인 속성은 시스템의 회복력이 약화된 보

렵다. 왜냐하면 클러스터는 실제로 전(全) 주기에 걸쳐 기업을 비롯한 구성 주체들이 서로 영향을 주고받으며, 외부충격의 경우에도 지속적으로 클러스터에 영향을 미칠 수 있기 때문이다.

이러한 맥락에서 클러스터는 폐쇄적인 시스템이 아니기 때문에 자체적인 경쟁보다는 더 큰 외부환경과의 경쟁에서 생존해야 한다는 공통의 과제에 직면하고 있다(이종호 · 이철우, 2003). 이에 따라 클러스터는 국가 및 세계의 다양한 정책체제, 관련 산업의 경쟁사 및 협력사 등을 비롯한 외부환경으로부터 영향을 받기도 하고, 반대로 소비자 수요의 형성, 타 지역의 경쟁사에 대한 위협과 지식의 이전 등의 형태로 외부환경에 대해 영향을 주기도 한다. 즉 복잡적응계와 마찬가지로 클러스터와 그 외부환경은 공진화한다. 그러나 적응주기 모델은 시스템과 그것을 둘러싼 환경 간의 상호작용을 통한 공진화를 간과하는 경향이 있다(Martin and Sunley, 2011: 1310).

이 밖에도 외부충격만이 클러스터를 불안정하게 만들고 쇠퇴를 유발한다는 적응주기 모델의 입장은 클러스터에서 내생적으로 창발된 메커니즘이 진화에 미치는 영향에 대한 분석을 어렵게 한다. 하지만 이는 클러스터 진화를 분석하는 데 필수적으로 다루어져야 하는 부분이다. 왜냐하면 부정적인 국지적 외부효과, 특정한 지배적인 생산기술로의 고착, 생산성을 저해하는 노동력의 증가 등과 같은 내생적인 메커니즘은 클러스터가 성장세와 역동성을 잃는 데 크게 기여하기 때문이다(Martin and Sunley, 2011: 1311). 따라서 적응주기 모델이 클러스터 진화의 분석 틀로 기능하기 위해서는 클러스터 맞춤형 모델로 수정 · 보완되어야 할 것이다.

4. 클러스터 적응주기 모델의 특성

1) 클러스터 적응주기의 개념과 속성

마틴과 선리(Martin and Sunley, 2011)는 클러스터 진화를 규명하기 위해 적응주기 모델을 수정 · 보완하여 클러스터 맞춤형의 적응주기 모델, 즉 클러스터 적응주기 모델을 제시하였다. 그들은 기존 적응주기 모델의 내용을 클러스터 진화 분석에 충분히 적용시킬 수 있다고 보았다.

먼저 적응주기를 형성하는 생태계의 잠재력, 통제력, 회복력은 각각 클러스터의 자원축적(resource accumulation), 상호의존성(interdependency), 회복력과 상응한다고 볼 수 있다. 〈표 4-2〉

존기(K)에 발생하는 외부충격이 시스템을 불안정하게 만들고 와해기(Ω)로 전환시킨다는 가정을 통해서도 드러난다(Holling, 2001).

표 4-2. 클러스터 적응주기(진화)의 결정 요인

구분	자원축적	상호의존성	회복력
정의	클러스터에 축적되는 자원	기업들이 맺는 거래적·비거래적 상호연계 혹은 네트워크	내·외부충격에 유연하게 대응할 수 있는 클러스터 기업들의 역량
구성요소	생산자원, 지식자원, 제도자원	거래적·비거래적 상호의존성	산업 및 기업 구조, 노동시장의 조건, 금융구조, 거버넌스 구조
측정 지표	고숙련 종사자, 고학력 종사자, 연구개발비, 정책지원 등	국지적·비국지적 거래 네트워크, 공식·비공식 모임 등	다각화·전문화, 임금·시간의 유연성, 대체자금원, 의사결정구조 등

출처: Martin and Sunley, 2011; Martin and Sunley, 2015a를 토대로 필자 작성.

와 같이, 자원축적은 클러스터에 축적되는 자원으로 개별 기업의 역량, 지역 노동력의 숙련, 제도의 형태와 배열, 물리적·사회적 하부구조 등과 같이 클러스터 특유의 생산·지식·제도 자원을 포함한다. 이러한 자원은 클러스터의 진화를 위한 기반을 마련하기도 하지만 그 결과물이기도 하다. 상호의존성은 자원축적을 위해 기업들이 맺는 거래적·비거래적 상호연계 혹은 네트워크의 정도를 의미하며, 그 정도에 따라 클러스터 진화에 긍정적인 영향을 미칠 수도, 부정적인 영향을 미칠 수도 있다. 주로 기업 간 수직적·수평적 분업, 국지적인 신뢰의 네트워크, 지식 파급효과, 기업 간 노동력의 이동패턴을 통해 살펴볼 수 있다. 그리고 회복력[13]은 내·외부충격에 유연하게 대응·적응할 수 있는 클러스터 기업들의 역량으로, 클러스터의 지속가능한 진화를 결정하기 때문에 특히 주목해서 살펴보아야 한다. 특히 회복력은 자원축적과 상호의존성이 적절하게 뒷받침된다는 전제하에 강화되는 경향이 있다(Simmie and Martin, 2010; Martin and Sunley, 2011).[14]

이상의 자원축적, 상호의존성, 회복력은 클러스터의 진화과정에서 그 영향력과 중요도가 달라질 뿐만 아니라 각각은 서로 맞물려 영향을 미친다. 그 결과 클러스터 적응주기가 형성된다.

클러스터의 적응주기는 '출현–성장–성숙–쇠퇴–재활성화/대체/소멸'의 시기로 구성된다(그림 4–3). 구체적으로 적응주기의 개발기(r)에 해당하는 성장기에는 클러스터에 자원이 축적될수록 이를 활용하기 위한 기업 및 관련 기관들의 경쟁과 협력으로 인해 클러스터의 상호의존성이 높아지는 경향이 있다. 이 과정에서 상호의존성이 극도로 높아지면, 클러스터는 내부 고착화로 인해 장기간 동안 경직적인 특성을 띠게 되면서 새로운 경쟁자나 기술의 등장을 비롯한 외적 충격에 맞서는 회복

13 회복력 개념은 1970년대 생태학 분야에서 출발하여 점차 사회과학을 비롯한 다양한 학문 분야로 확산되었다(신동호, 2017). 특히 지역연구에서 회복력은 '지역회복력', '지역경제회복력' 등으로 지칭되면서 논의되어 왔지만, 클러스터를 분석 대상으로 회복력을 다루는 연구는 국내외적으로 극히 소수이다.

14 구체적으로 회복력의 강화는 기업가적인 역량과 신규 기업의 형성과 같은 지역기업의 혁신역량, 제도적 혁신, 투자 및 벤처자본에 대한 접근성 향상, 새로운 기술 습득에 대한 노동력의 자발성 등에 따라 결정될 수 있다(Simmie and Martin, 2010).

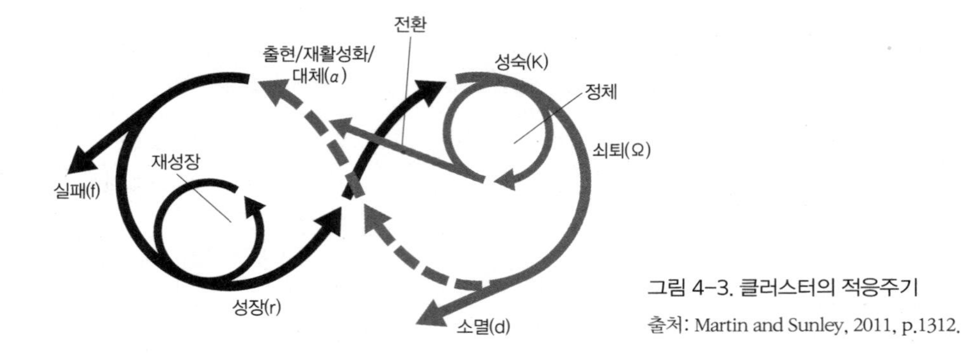

그림 4-3. 클러스터의 적응주기
출처: Martin and Sunley, 2011, p.1312.

력을 발휘하는 데 어려움을 겪을 수 있다. 이는 바로 클러스터의 성숙기로, 적응주기의 보존기(K)와 상응한다. 회복력이 저하된 상태에서 심각한 충격을 받은 클러스터는 결국 기업의 폐업과 투자회수 등으로 인해 규모가 축소하면서 쇠퇴하게 되고(적응주기의 와해기(Ω)), 심하게는 소멸할 수도 있다. 하지만 클러스터는 재구조화를 통해 회복력을 강화함으로써 재활성화나 대체되어 새로운 주기를 형성하기도 한다(적응주기의 재조직기(α)). 이때 새로운 성장동력을 충분하게 마련하지 못하여 클러스터가 재구조화에 실패(적응주기의 이탈(X))하는 경우도 있다(Martin and Sunley, 2011).

이상과 같이 클러스터 적응주기는 자원축적, 상호의존성 그리고 회복력의 상호의존적 변화에 따라 구조 및 기능이 변화하는 클러스터의 진화과정을 설명하는 개념적 도구가 되며 다음과 같은 속성을 갖는다.

첫째, 클러스터 적응주기는 개방적이고 적응적으로 형성된다. 클러스터는 독립적으로 존재하는 실체가 아닌 고도로 개방적인 시스템으로, 다른 클러스터 및 외부환경과 지속적으로 영향을 주고받으며 진화하기 때문이다(Martin and Sunley, 2011). 더욱이 클러스터는 자기조직화를 통해 내부모델[15]을 구축하여 그 모델을 기반으로 외부환경의 변화에 대응한다. 이 과정에서 경험과 학습을 통해 새롭고 보다 고차원적인 적응주기가 형성될 경우 클러스터의 생존 및 번영의 가능성을 높인다(박형규·이장우, 1997).

둘째, 클러스터 적응주기는 경로의존적이다. 클러스터는 초기에 특정한 산업·기술·제품으로 특화한 이후에 이와 관련된 경험의 축적을 통해 그 방면에서 비교우위를 차지하게 된다(이호석, 1997).

---

15 내부모델은 시스템의 가치관과 행위패턴을 결정하며, 시스템이 지향해야 할 바람직한 결과가 무엇인지를 정의하는 일종의 논리를 말한다. 즉 시스템의 행위자들 간 상호작용으로부터 창발적으로 나타나는 시스템 전체적인 유형이나 구조 등으로, 개별 행위자는 보유할 수 없는 특질이다(Drazin and Sandelands, 1992). 시스템은 이러한 논리에 의거하여 외부환경 변화에 대해 적응하고자 한다. 내부모델과 관련된 대표적인 예는 조직문화를 들 수 있다.

이를 통해 클러스터가 일단 특정한 적응주기를 형성하면 그것이 비효율적이라고 하더라도 기존의 적응주기에서 벗어나는 것은 극히 어렵다. 왜냐하면 제한된 합리성이나 매몰비용 등으로 인해 클러스터의 제도나 관습은 관성을 갖고 있기 때문이다(백필규, 1997). 따라서 기존의 적응주기를 이탈할 만한 충격이 가해지지 않는 이상 클러스터는 과거에 거쳐 온 적응주기를 기반으로 하여 진화한다.

셋째, 클러스터의 적응주기는 다중스케일적이다. 이는 클러스터의 구조 및 역동성과 클러스터를 구성하는 주체들의 미시적인 행위와 상호작용이 계층적으로 중첩되면서 적응주기가 형성된다는 것을 의미한다(Martin and Sunley, 2011). 이러한 거시적·미시적 수준 간에는 복잡한 비선형적인 피드백이 발생하는데, 이를 통해 클러스터 주체들은 학습·적응·재조합함으로써 전체 클러스터 진화의 속도를 증가시킬 뿐만 아니라 형성될 수 있는 적응주기의 경우의 수를 증대시킨다(최창현, 1997).

마지막으로, 이상의 특성으로 인해 클러스터 적응주기는 비결정적이고 확률적이다. 즉 클러스터 주체들의 기능과 그들 간의 상호관계에 대한 충분한 정보를 알고 있더라도, 클러스터의 적응주기를 정확히 예측하는 것은 불가능하다(Martin and Sunley, 2007). 그러나 클러스터 적응주기가 무작위적이라는 것은 아니다. 클러스터는 우연적인 사건으로부터 영향을 받는 대상이 될 수는 있지만, 제품이나 특화부문을 임의로 전환하지 않고 가급적 정체성을 지속하려고 한다는 점에서 무작위적 개체이지는 않기 때문이다(Martin and Sunley, 2011).

이상과 같이 클러스터 적응주기는 클러스터를 구성하는 다양한 주체들이 구조 재편 및 혁신을 통해 지속적으로 급변하는 기술과 시장 환경의 변화에 대응함으로써 개방적·적응적·경로의존적·다중스케일적·비결정적으로 형성된다. 여기서 주목할 점은 기업이 직면한 상황에 대해 능동적으로 전략을 수립하며, 이러한 우연적이거나 전략적인 의사결정에 따라 클러스터의 적응주기가 다양할 수 있다는 것이다. 이에 마틴과 선리(Martin and Sunley, 2011)는 이상의 클러스터의 진화 특성과 진화과정에서 그 주체들의 영향을 감안하여 가능한 한 다양한 적응주기를 교환할 수 있도록 적응주기 모델을 수정·보완하였다.

2) 클러스터 적응주기의 유형과 그 특성

마틴과 선리(Martin and Sunley, 2011)는 내·외적 충격에 대한 기업의 대응에 주목함으로써 클러스터 적응주기를 6가지 유형[16]으로 구분하였다. 이에 본 연구에서는 마틴과 선리가 기술한 클러스

16 마틴과 선리(Martin and Sunley, 2011)는 각 유형을 constant cluster mutation, cluster reorientation, cluster full adaptive cycle, cluster stabilization, cluster disappearance, cluster failure로 지칭하였다.

터 적응주기의 유형별 속성에 기초하여 6가지 유형을 성장지속형(sustained growth type), 혁신전환형(innovative transformation type), 성숙정체형(mature stagnation type), 일괄주기회생형(full adaptive cycle regeneration type), 일괄주기소멸형(full adaptive cycle disappearance type), 실패형(failure type)으로 구분하고, 각 유형별 특성을 다음과 같이 재정리하고자 한다(표 4–3).[17]

먼저, 성장지속형은 클러스터가 출현한 이후에 적응적·경로의존적 방식으로 지속적으로 성장기에 머무르는 유형이다($\alpha - r - r' - r'' \cdots$). 즉 클러스터는 산업구조 및 기술의 변화와 확대를 통해 성장과 발전을 거듭하고, 경직과 침체가 나타나는 성숙기로 접어들지 않는다. 이처럼 클러스터가 성장을 지속할 수 있는 것은 기업들이 지속적인 혁신창출을 통해 제품을 변형시키거나 신제품을 개발함으로써 끊임없이 변화하는 시장과 기술 환경에 유연적으로 대응하고 적응할 수 있는 기업가주의 문화[18]가 클러스터에 뿌리내려져 있기 때문이다. 이 밖에도 클러스터 전역에 걸친 보편적·범용적 기반기술은 관련 분야로의 다각화뿐만 아니라 기업, 연구기관, 대학으로부터 분리창업이 가능하도록 하면서 클러스터의 자기강화적 진화를 촉진한다. 왜냐하면 관련다각화와 분리창업은 지역 내 지식의 다양성을 증진시킴으로써 새로운 기술과 제품이 출현할 수 있는 가능성을 높이기 때문이다(Klepper and Sleeper, 2005; Buenstorf and Fornahl, 2009). 이상의 이유로 성장지속형 클러스터는 고도의 회복력을 갖추면서 지향되어야 할 가장 이상적인 유형이 된다. 그러나 성장지속형이 될 수 있는지의 여부는 클러스터가 기반으로 하는 산업특화부문의 특성에 따라 결정되는 경향이 있다. 예를 들면, 퇴출장벽이 높고 매몰비용이 크거나(예: 조선업) 저임금 노동력에 의존(예: 신발산업)하는 클러스터보다는 생명과학, 컴퓨팅, 정보통신기술(ICT) 등을 기초로 하는 첨단산업 클러스터가 더 유연적이고 적응적인[19] 것으로 알려져 있다. 이와 같은 성장지속형 클러스터의 대표적인 예로는 미국의 실리콘밸리와 리서치트라이앵글파크(이종호·이철우, 2014)를 들 수 있다.

둘째, 혁신전환형은 출현기와 성장기를 거친 성숙한 클러스터가 그 상태를 유지하다가 혹은 쇠퇴

17 마틴과 선리(Martin and Sunley, 2011)가 클러스터 적응주기의 유형을 열거한 방식은 논리성을 찾기 어렵다. 이에 본 연구에서는 클러스터의 적응주기를 형성하는 요인 중에서 지속가능성을 결정하는 회복력에 주목하면서, 클러스터가 회복력을 발휘하여 내·외적 위기에 얼마나 잘 대처하였는가를 중심으로 '성장지속형, 혁신전환형, 성숙정체형, 일괄주기회생형, 일괄주기소멸형, 실패형'의 순으로 유형별 특성을 살펴보았다.

18 클러스터가 장기적으로 존속하기 위해서는 기업가정신을 육성하여 클러스터에 뿌리내리도록 하는 것이 매우 중요하다. 이는 ① 대기업, 연구기관, 중소기업들 간 협력과 분리창업의 장려, ② 기업가적 대학으로 전환의 유도, ③ 자금지원 프로그램과 숙련 풀의 마련을 통한 창업과 그 성장의 지원 등에 의해 달성될 수 있다(OECD, 2009).

19 첨단산업 클러스터가 유연적이고 적응적인 이유는 그것의 개방적 네트워크가 집단학습뿐만 아니라 기술적인 전적응(前適應, preadaptation)을 가능하도록 하기 때문이다. 여기서 전적응은 생물학에서 주로 사용되는 용어로, 이전에는 중요하지 않았던 기관이나 성질이 어떤 원인에 의해 가치를 지니게 되는 현상이다(강신성, 2000). 따라서 기업들이 집단학습 및 전적응을 통해 향후 신기술 및 신제품 개발에 중요하게 활용될 수 있는 다양한 기술지식을 축적함으로써 클러스터는 유연성과 적응력을 확보할 수 있게 된다.

기의 초입에 들어선 이후에 곧바로 새로운 클러스터로 대체되는 유형이다($\alpha - r - k - \alpha' \cdots$). 즉 클러스터는 장기적으로 성숙기에서 정체되거나 쇠퇴하지 않고 새로운 형태로 전환된다. 이를 가능하도록 하는 것은 기업들의 충분한 회복력과 유연성이다. 바꾸어 말하면, 기업들은 극심한 외부경쟁이나 시장 포화상태에 따른 위기를 사전에 인지하여 쇠퇴가 본격적으로 진행되기 전에 기술혁신을 통해 기존의 업종, 제품, 기술을 전환함으로써 산업구조를 탈바꿈한다. 특히 클러스터 내에 혁신적인 선도기업[20]이 존재할 경우, 이러한 과정은 보다 촉진된다. 왜냐하면 선도기업은 방대한 정보력을 바탕으로 뛰어난 위기인지 및 대응능력을 갖추고 있어 역내 산업의 구조적 변화를 추동할 수 있기 때문이다(Niosi and Zhegu, 2005). 이처럼 위기에 대한 기업의 신속하고 적절한 대응은 클러스터의 생사를 판가름하는 중요한 요인이 된다. 이 밖에도 몬테벨루나의 스포츠의류산업 클러스터(Sammarra and Belussi, 2006)의 사례에서와 같이 정체된 상태에서 해외투자의 유치는 직간접적인 기술의 이전 및 확산을 통한 클러스터 기업들의 생산성 증가와 고용창출 등의 외부효과를 유발함으로써 새로운 적응주기의 창출을 촉진하기도 한다.

셋째, 성숙정체형은 클러스터가 출현기와 성장기를 거쳐 지속적으로 성숙기에 머무르는 유형이다($\alpha - r - k - k' - k'' \cdots$). 성숙정체형의 클러스터는 규모 면에서는 축소된 형태를 취하지만 수십 년간 이러한 상태를 유지하면서 소멸되지 않는다. 그 이유는 클러스터를 구성하는 기업들이 내부적으로는 재화 및 서비스의 품질을 점진적으로 개선할 뿐만 아니라, 외부적으로는 고부가가치 틈새시장의 개척, 전문 구매자들을 대상으로 한 적기공급, 고급상품의 시장세분화 등의 전문화 전략을 취함으로써 존속하기 때문이다. 그러나 애버딘의 석유단지(Chapman et al., 2004)와 같이, 기업들은 다각화 전략을 구사함에도 불구하고 점진적인 혁신창출만을 추구하기 때문에 클러스터를 활성화하거나 새로운 경로로 나아가도록 하는 결정적인 힘이 부족한 경우도 있다. 따라서 성숙정체형의 클러스터는 어느 정도의 회복력을 갖추고는 있지만 잠재적으로는 쇠퇴에 취약하다. 이와 같은 성숙정체형은 주로 기업 간 수평적인 분업이 이루어지는 클러스터나 선도기업과 연계기업형(hub-and-spoke type) 클러스터에서 나타나는 유형이다. 특히 한국 대다수의 클러스터는 성숙정체형에 속한다고 판단된

20 선도기업은 고도의 지식 및 기술을 창출·이전하여 해당 지역의 집적이익의 증대에 크게 기여함으로써 지역경제 내에서 경제적·사회적으로 주도적인 위치를 차지하고 있는 기업이다(Niosi and Zhegu, 2005). 대표적으로 슈투트가르트 자동차산업 클러스터의 다임러(Daimler)와 포르쉐(Porsche), 함부르크 항공산업 클러스터의 에어버스(Airbus)와 루프트한자(Lufthansa), 실리콘밸리의 구글(Google)과 인텔(Intel)이 이에 해당된다(Ingstrup, 2014). 루카스 외(Lucas et al., 2009)에 따르면, 선도기업은 클러스터의 형성기에는 지식, 기술, 인재 등의 자원을 내부적으로 구성하고 집중시키는 데 주력하지만, 클러스터가 성숙함에 따라 분리창업 및 신생기업 창출과 같은 기업가적 활동에 대한 지원을 통해 내부자원을 클러스터로 방출하고 보다 적극적으로 클러스터를 외부시장과 연결하는 역할을 한다. 이와 같이 선도기업은 클러스터가 새로운 전문화에 적응·변화하는 데 뿐만 아니라 국제적인 입지를 다지는 데에도 큰 영향을 미친다(Guerrieri and Pietrobelli, 2004).

다. 예를 들면, 구미국가산업단지와 창원국가산업단지는 생산기능의 집적을 통한 규모의 경제를 실현하면서 각각 한국의 대표적인 전자산업과 기계산업 집적지로 자리매김하였다. 하지만 이 과정에서 산업의 전문화가 심화됨에 따라 산업단지의 주체들은 지역의 산업구조에 편입하는 전략을 취함으로써 대기업에 대한 의존도가 더욱 높아졌고, 이로 인해 산업단지들은 대기업 중심의 경직된 산업구조로 고착화[21]된 상태를 유지하고 있다(정도채, 2011; 송부용 외, 2012).

넷째, 일괄주기회생형은 클러스터가 출현기, 성장기, 성숙기, 쇠퇴기까지 일괄적으로 주기를 거친 이후에 재활성화되거나 새로운 클러스터로 대체되는 유형이다($\alpha - r - k - \Omega - \alpha' \cdots$). 성숙기가 장기화되면서 클러스터는 내부적으로 경직성의 심화와 수확체증 효과의 감퇴 등으로 유연성과 적응력이 저하됨에 따라 회복력이 약화된다. 이러한 상황에서 외부의 치열한 경쟁으로 충격이 가해지는 경우 클러스터는 이를 극복하지 못하고 쇠퇴하게 된다. 그러나 충격으로 인한 클러스터의 쇠퇴는 기업의 폐업과 실업 증가 등을 야기하지만, 한편으로는 비생산적인 기업과 관행을 제거하고 보다 생산적으로 활용될 수 있는 자원을 방출하는 긍정적인 결과를 가져올 수 있다. 이에 남겨진 자원들은 기회를 포착한 기업가들에 의해 대안적인 활동과 부문에 투입되고 활용된다. 그 결과 저하된 클러스터의 회복력은 점차 강화되고, 나아가 관련되거나 완전히 새로운 발전 적응주기가 나타나게 된다. 더욱이 이러한 긍정적 이력현상(positive hysteresis)으로 인해 새로운 클러스터는 그 이전의 클러스터보다 사실상 더 양호하게 성장할 수도 있다(Martin and Sunley, 2015a). 이와 같이 잔존한 자원이 원천이 되어 클러스터의 재활성화나 대체가 추동된 사례로는 미국 애크런의 타이어산업 클러스터(Buenstorf and Klepper, 2009)와 독일 루르의 신재생에너지산업단지(신동호, 2015) 등을 들 수 있다. 한국의 경우에는 섬유·전자를 비롯한 노동집약적 산업집적지가 쇠퇴하여 지식집약적 첨단산업 클러스터로 대체된 서울디지털산업단지[22](구양미, 2012; 허동숙, 2013)가 일괄주기회생형에 속한다고 볼 수 있다.

21 고착은 지배적 기술로의 수렴이나 특정 공간으로 산업의 집적과 같이 경로의존성을 유발하는 과정이 경제활동이나 행위의 고정화(fixity) 또는 경직화(rigidification)를 일으키는 상태(Arthur, 1989; 1994), 혹은 기술, 산업, 제도의 진화, 즉 내생적 변화가 중단된 상태(David, 2001)를 의미한다. 마틴과 선리(Martin and Sunley, 2006)는 이러한 보편적인 고착의 원리를 장소에 투영하기 위해 다중스케일과 장소의존성의 의미를 결합하여 지역적 고착이라는 용어를 사용하였다. 그들에 따르면, 지역적 고착은 경제적 전문화와 불균등발전의 지역적 패턴이 지역 내·외적 요인들에 의해 오랫동안 자기강화·자기재생산되고, 심지어는 그 패턴이 더 이상 그 당시의 경제적 조건 및 상황과 완전히 일치하지 않게 확대되어 머무르는 상태를 말한다. 이러한 지역적 고착은 전문화의 수준이 높은 단일구조적 지역경제에서 주로 나타나며, 상대적으로 철강업, 탄광업, 조선업과 같이 국가개입의 정도가 큰 자본집약적 산업에 기반하는 집적지에서 심화되는 경향이 있다(Grabher, 1993; Martin and Sunley, 2006; Hassink, 2010).

22 서울디지털산업단지는 기존에 집적지를 구성하던 중소규모의 기술집약적 제조업체와 대도시 고급인력뿐만 아니라 정부의 적극적인 구조고도화 정책을 바탕으로 지식집약적 첨단산업 클러스터로 재탄생하였다(허동숙, 2013).

다섯째, 일괄주기소멸형은 클러스터가 출현기, 성장기, 성숙기, 쇠퇴기를 거쳐서 결국 소멸하는 유형이다(α–r–k–Ω–d). 클러스터가 쇠퇴기를 극복하지 못하고 소멸하는 이유는 쇠퇴 이후에 남겨진 자원이 새로운 클러스터의 기반을 구축하는 데 충분하거나 적합하지 않고 때로는 쇠퇴를 더욱 심화시킴으로써 경로파괴적인 진화를 가로막기 때문이다. 이에 따라 해당 산업은 사양화되고 클러스터에서 자취를 감추게 된다. 이와 관련하여 진화경제학에서는 핵심 역량이 새로운 환경에 대한 능동적 대응을 저해하는 핵심 경직성으로 전환될 수도 있다고 보았다(박양춘, 2003). 즉 과거에 클러스터 성장에 긍정적인 영향을 미쳤던 산업환경, 고도로 발달·전문화된 기반시설, 긴밀한 기업 간 연계, 정책적 지원 등의 이점이 항구적인 경쟁우위의 요인으로 작용하지 않고 혁신에 대한 장애물로 전환될 수 있다는 것이다(Grabher, 1993). 결국 클러스터는 회복력을 높일 수 있는 기회를 상실하게 된다. 예를 들면, 외스테르가르드와 박은경(Østergaard and Park, 2015)은 클러스터에 입지한 다국적기업이 지식파급효과 등을 통해 클러스터 진화에 긍정적인 영향을 미치기도 하지만, 경기 침체기와 같은 위기 상황에서는 클러스터로부터 신속하게 철수함으로써 악영향을 초래할 수도 있다고 지적하였다. 일괄주기소멸형에 속하는 클러스터로는 영국 셰필드의 철강산업 클러스터(Potter and Watts, 2011)와 던디의 황마(jute)를 원료로 하는 방직업 클러스터(MacKay et al., 2006) 등이 있다.

마지막으로, 실패형은 새롭게 출현하게 된 클러스터가 과도한 선택압(selection pressure)[23]으로 인해 안정적인 체제로 자리 잡지 못하고 도약 및 성장기 진입에 실패하는 유형이다(α–f). 이러한 진화의 유형은 자연발생적이라기보다는 정부나 정책 주도적으로 형성되는 클러스터에서 주로 찾아볼 수 있다. 즉 물적·인적·기술적 자원이 상대적으로 부족하여 자생적인 성장 및 발전이 어려운 지역을 대상으로 정부는 인위적인 산업의 집적화를 유도하고자 한다. 이를 위해 정부는 주로 단기간에 걸친 하향식 정책을 통해 물적 인프라를 구축하고 역외 기업이나 연구기관을 유치할 뿐만 아니라 클러스터 구성 주체들을 매개하고 연계하고자 한다(김태운, 2014). 그러나 단기적·하향적인 방식으로 성과를 달성하려고 하는 클러스터 정책은 대체로 지역성을 반영하지 못한 획일적인 정책에 지나지 않게 되고, 공공부문이 중심이 되어 추진됨으로써 다양한 혁신 주체들 간의 파트너십 구축에 기여하지 않을 가능성이 높다(이철우, 2007). 이에 따라 클러스터에서 지식 및 혁신이 불안정적으로 창출되면서 기업의 실패율은 높고 신규 기업의 형성은 저조하게 나타난다. 이뿐만 아니라 충분한 민간투자 및 역외 기업의 유치 실패와 기업가들 간 사회적 네트워크 부족 등의 문제가 발생한다. 결과적으로 신흥 클러스터는 충분한 최소요구치나 시장점유율을 달성하지 못한다. 이와 관련된 사례로는 아일

23 선택압은 생태학에서 주로 사용되는 용어로, 생태계에서 경합에 유리한 형질을 갖춘 개체군의 선택적 증식을 촉진하는 생물적·화학적 또는 물리적 압력을 의미한다(윤성탁, 2004).

표 4-3. 클러스터 적응주기의 유형과 그 특성

적응주기 유형	진화 경로	주요 특성 및 사례
성장지속형 (sustained growth type)	출현(α)→성장(r)→재성장(r′) …	• 기업들은 지속적인 혁신창출로 제품의 변형이나 신제품의 개발을 통해 시장 및 기술 환경에 유연적으로 대응함. 클러스터에는 분리창업과 관련 분야로의 다각화가 활발하게 일어남. 이에 클러스터는 고도의 회복력을 갖추고 성장과 발전을 거듭함. 주로 첨단산업 클러스터가 이에 속함. • 실리콘밸리, 리서치트라이앵글파크 등
혁신전환형 (innovative transformation type)	출현(α)→성장(r)→성숙(K)→혁신(α′) …	• 기업들은 외부경쟁이나 시장 포화상태에 따른 위기를 사전에 인지하여 획기적으로 기술혁신을 함으로써 기존의 업종, 제품, 기술을 전환함. 이에 클러스터는 산업의 구조적 변화를 겪게 되면서 장기적으로 정체·쇠퇴하지 않고 새로운 클러스터로 대체됨. 특히 선도기업의 존재와 해외투자의 유치 등은 이를 촉진함. • 몬테벨루나 스포츠의류산업 클러스터 등
성숙정체형 (mature stagnation type)	출현(α)→성장(r)→성숙(K)→정체(K′) …	• 기업들은 제품의 점진적인 개선이나 틈새시장 개척 등의 전문화 전략을 취하면서 존속함. 그 결과 성숙한 클러스터는 소멸하지는 않지만 규모 면에서 축소된 형태를 장기적으로 유지함. 따라서 어느 정도의 회복력을 갖추고는 있지만 잠재적으로 쇠퇴할 가능성이 높음. 기업 간 수평적 분업이 나타나거나 선도기업과 연계기업형의 클러스터가 주로 이에 해당됨. • 구미국가산업단지, 창원국가산업단지, 애버딘 석유단지 등
일괄주기회생형 (full adaptive cycle regeneration type)	출현(α)→성장(r)→성숙(K)→쇠퇴(Ω)→회생(α′) …	• 클러스터는 경직성의 심화와 수확체증 효과의 감퇴 등으로 회복력이 저하된 상태에서 외부충격이 가해져 쇠퇴함. 그러나 이 과정에서 남겨진 자원을 기반으로 관련되거나 완전히 새로운 클러스터가 출현함. • 애크런 타이어산업 클러스터, 루르 신재생에너지산업단지, 서울디지털산업단지 등
일괄주기소멸형 (full adaptive cycle disappearance type)	출현(α)→성장(r)→성숙(K)→쇠퇴(Ω)→소멸(d)	• 쇠퇴 이후에 남겨진 자원이 새로운 클러스터를 형성하는 데 부족하거나 부적합하여 클러스터는 결국 소멸하게 됨. • 셰필드 철강산업 클러스터, 던디 방직업 클러스터 등
실패형 (failure type)	출현(α)→실패(f)	• 새롭게 출현하게 된 클러스터는 불안정적인 혁신, 높은 기업 실패율과 낮은 창업률, 민간투자 및 역외 기업의 유치 실패, 기업 간 사회적 네트워크 부족 등으로 최소요구치나 충분한 시장점유율을 달성하지 못하면서 도약 및 성장하지 못함. 주로 정부나 정책 주도적으로 형성되는 클러스터가 이에 해당됨. • 더블린 디지털 클러스터, 대불국가산업단지 등

출처: Martin and Sunley, 2011을 토대로 필자 작성.

랜드 더블린의 디지털 클러스터(Bayliss, 2007)와 한국의 대불국가산업단지[24] 등을 들 수 있다.

이상의 클러스터 적응주기의 유형들은 개별 클러스터의 형태와 존립기반, 산업의 특성과 비즈니스 환경, 거버넌스 체제, 문화적·제도적 기반 등(이종호·이철우, 2003)과 마찬가지로 클러스터를 위한 정책방향을 설정하는 데 중요한 가이드라인이 된다. 무엇보다도 회복력의 구축 및 강화는 중

24 대불국가산업단지는 서남권의 개발을 촉진하기 위해 영산강 하구 간척지에 정부 주도적으로 조성된 집적지로서, 1997년에 준공되어 그해부터 기업 입주가 시작되었지만 기반시설의 공급 지연, 경기변동에 따른 입주 포기 등으로 인해 장기적으로 저조한 분양실적을 기록한 대표적인 미분양 산업단지이다(장철순 외, 2015: 9).

요한 논점이 된다. 왜냐하면 환경 변화에 대한 기업과 클러스터의 회복력은 그 성패와 지속가능성을 결정하는 매우 핵심적인 요인이기 때문이다(Holm and Østergaard, 2015). 즉 성장지속형, 혁신전환형, 일괄주기회생형의 클러스터는 진화과정에서 회복력을 자생적으로 강화함으로써 새로운 적응주기를 개척할 수 있는 가능성이 높지만, 성숙정체형, 일괄주기소멸형, 실패형의 클러스터는 새로운 적응주기를 창출하기에는 상대적으로 회복력이 불충분하다는 점이 고려되어야 한다. 이러한 맥락에서 클러스터 적응주기에 대한 분석이 선행된 이후에, 이를 반영하여 회복력의 구축 및 강화를 위한 처방이 이루어져야 한다. 특히 성숙정체형, 일괄주기소멸형, 실패형의 조짐을 보이는 클러스터가 정체나 쇠퇴 그리고 소멸하지 않기 위해서는 자생력과 회복력을 저하시키는 요소를 제거하는 동시에 구축·강화 요소를 배양하는 전략이 마련되고 추진되어 그 성과가 기업과 클러스터로 환원되는 메커니즘이 구축되어야 할 것이다.

이상의 클러스터 적응주기 모델의 의의로는, ① 적응주기 모델은 고전적 입지론에서 강조하는 경제적 요인(자원축적)과 신산업집적론에서 핵심적인 비경제적 요인(상호의존성)뿐만 아니라, 최근 진화적 전환(evolutionary turn)을 통해 주목받게 된 회복력 개념을 통합함으로써 클러스터 동태성을 설명할 수 있는 매우 포괄적인 분석 틀이 될 수 있음을 입증하였다는 점, ② 즉 기존의 적응주기 모델과는 달리 지속적인 상·하향식 인과관계와 외부충격의 영향, 클러스터와 그 외부환경과의 공진화, 내생적으로 창발된 메커니즘의 영향 등을 반영하였고, 진화과정의 특수성·다양성을 포착하고자 하였다는 점, ③ 클러스터 적응주기 모델은 특정 스케일의 경제공간 내에서 집적과 관련된 지역의 특성과 주체 간의 사회·경제적 관계를 규정하는 조건에 지나치게 집착하는 경향에서 벗어났다는 점, ④ 지역경제정책으로서의 클러스터 회복력 구축 및 강화 정책에 크게 기여하였다는 점을 들 수 있다.

5. 클러스터 적응주기 모델의 한계점과 과제

클러스터 적응주기 모델은 클러스터의 진화과정과 특성을 분석함에 있어 크게 기여할 수 있음에도 불구하고 다음과 같은 한계점을 가지고 있다. 먼저 클러스터 적응주기의 유형화와 그 특성을 밝히는 데 사용된 자원축적, 상호의존성, 회복력의 개념을 충분하고 구체적인 논리적 근거로 치밀하게 뒷받침하지 않은 채 조작적으로 정의하는 데 머무르고 있다. 이처럼 간단한 개념적 정의만 되어 있을 뿐 경험적 연구를 위한 구체적인 연구과제와 측정 지표에 대한 설명이 미흡하다. 더욱이 자원축적, 상호의존성, 회복력이 클러스터 진화를 추동하는 핵심 요인[25]임에도 불구하고 진화를 왜, 어떻게 추동하는가에 대한 설명이 매우 미흡하다. 이에 따라 클러스터 적응주기 모델은 아직까지는 실재하는 클러스터의 진화를 구체적으로 설명하기보다는, 그것에 대해서 단순히 체계적으로 접근하기 위한 관점 내지 거시적인 분석 틀에 불과한 것으로 판단된다. 이러한 한계점은 결국 경험적 연구에서 모델의 왜곡된 적용으로 이어질 수 있는 가능성을 높인다.

한편 클러스터 적응주기의 유형 구분에서 각 유형의 본래 명칭은 그 속성과 부조화를 이룬다는 한계가 있다. 즉 마틴과 선리(Martin and Sunley, 2011)는 클러스터 적응주기의 유형을 cluster full adaptive cycle, constant cluster mutation, cluster stabilization, cluster reorientation, cluster failure, cluster disappearance로 지칭하였지만, cluster failure와 cluster disappearance를 제외한 명칭들은 유형별 속성을 대표한다고 보기 어렵다. 국내 기존 연구에서의 번역도 유사한 문제점을 안고 있다. 예를 들면, 허동숙(2013)과 남기범(2014)은 cluster full adaptive cycle을 각각 '클러스터 적응주기 완결형'과 '완전한 적응주기의 클러스터'로 번역하였다. 그러나 '완결'은 사전적으로 "완전하게 끝을 맺음"을 의미하며, '완전'은 "필요한 것이 모두 갖추어져 모자람이나 흠이 없음"을 의미한다는 점에서 적절한 명칭이 되지 못한다. cluster full adaptive cycle은 클러스터가 거칠 수 있는 시기를 모두 거쳐서 일괄적 주기(출현기-성장기-성숙기-쇠퇴기)를 형성한 이후에 새로운 주기를 형성하는 유형임을 감안하여 '일괄주기회생형'으로 명명하는 것이 적절하다고 판단된다. 이에 본 연구에서는 클러스터 적응주기의 명칭을 원어 그대로 번역하지 않고 유형별 속성을 잘 드러낼 수 있도록 각각 일괄주기회생형, 성장지속형, 성숙정체형, 혁신전환형, 실패형, 일괄주기소멸형으로 지칭하고자 한다. 이 밖에도 마틴과 선리(Martin and Sunley, 2011)는 특정한 기준을 적용하지 않은 채 유형을 나열하여 논리성을 확보하지 못하였고, 유형별로 진화의 핵심 요인에 의한 메커니즘과 향후 방향성에 대한 설명이 미흡하다는 한계점도 발견된다.

이와 같이 클러스터 적응주기 모델은 클러스터 진화 분석을 위한 모델이지만 치밀성이 부족한 결과, 생애주기 모델과는 달리 산업집적지 연구자들로부터 널리 수용되지 못하면서 경험적 연구의 축적이 미흡하여 아직까지 개발 초기단계에 머무르고 있다고 평가할 수 있다. 따라서 이 모델을 보다 확대 및 심화하기 위해서는 ① 클러스터 적응주기를 결정하는 핵심 개념인 자원축적, 네트워크, 회복력의 개념과 구성요소에 대한 명확한 규정, ② 경험적 연구를 위한 구체적인 연구과제와 측정 지

25 클러스터 진화에 영향을 주는 요인은 상당히 많으며, 여러 요인들이 복합적으로 작용하여 진화 경로가 결정되는 것이 일반적이다. 또한 업종의 특성에 따라 진화 요인들의 상대적 영향력은 달라지며, 기술발달과 기업조직에 따라서도 진화 요인의 상대적 중요도가 달라질 수 있다.

표의 제시, ③ 클러스터 적응주기 유형별 속성과 명칭에 대한 보다 치밀한 고찰이 이루어져야 할 것이다.

특히 클러스터 적응주기 모델을 이용한 산업집적 지역의 연구과제를 다음과 같이 제시하고자 한다.

첫째, 불균등한 경제공간의 진화패턴을 파악해야 한다. 즉 상이한 속성을 가진 다양한 주체들의 집합체인 클러스터가 역사적으로 얼마나, 어떻게 개방적·적응적·경로 및 장소 의존적·다중스케일적·비결정적으로 진화해 왔는가를 고찰하는 것이다. 둘째, 이러한 불균등한 진화패턴의 형성에 영향을 미친 요인들이 무엇인가를 이해하고 설명해야 한다. 셋째, 이상을 기초로 클러스터가 직면한 문제를 적시에 해결하고 선순환적으로 진화하기 위한 정책적 대안을 제시하여야 할 것이다.

결론적으로 클러스터 적응주기 모델을 비롯한 산업집적지의 역동성에 대한 분석 틀은 다양한 성격의 경험적 사례 연구의 축적을 통해 기존 분석 모델의 적용 가능성과 유용성이 지속적으로 검증되어야 할 것이다.

• 참고문헌 •

강신성, 2000, 생물과학, 아카데미서적.

구양미, 2012, "서울디지털산업단지의 진화와 역동성: 클러스터 생애주기 분석을 중심으로", 한국지역지리학회지, 18(3), 283-297.

김태운, 2014, "정부주도형 의료산업 클러스터의 특징에 대한 연구", 지방정부연구, 18(3), 279-311.

남기범, 2014, "서울 디지털 산업단지의 경로의존과 회복", 국토지리학회지, 48(3), 375-388.

박석근, 1985, "경쟁, 혁신 그리고 경제의 진화", 仁濟論叢, 14(1), 299-318.

박양춘, 2003, "신산업환경과 산업공간 연구의 패러다임", 박양춘 엮음, 지역경제의 재구조화와 도시 산업공간의 재편: 영남지역 연구, 한울.

박형규·이장우, 1997, "복잡성과학과 기업조직의 관리", 삼성경제연구소 엮음, 복잡성과학의 이해와 적용, 삼성경제연구소.

백필규(역), 1997, "복잡 시스템으로서의 경제시스템과 비교제도분석", 삼성경제연구소 엮음, 복잡성과학의 이해와 적용, 삼성경제연구소(奥野正寛·瀧澤弘和, 1996, 比較制度分析のパースペクティブ, 経済システムの比較制度分析, 東京大学出版社, 東京).

송부용·김영순·홍진기·길수민, 2012, "창원국가산업단지 리모델링에 관한 연구", 한국지역경제연구, 23, 79-103.

신동호, 2015, "독일 루르지역의 도시재생정책: 오버하우젠시와 겔젠키르헨시를 사례로", 한국경제지리학회지, 18(1), 60-75.

신동호, 2017, "경로의존론과 지역회복력 개념: 지역격차에 대한 새로운 이론적 접근", 한국경제지리학회지, 20(1), 70–83.

안영진·이종호·이원호·남기범(역), 2011, 현대 경제지리학 강의: 21세기 글로벌 공간 경제의 새로운 관점과 통찰, 푸른길(Coe, N. M., Kelly, P. F. and Yeung H. W. C., 2011, *Economic Geography: A Contemporary Introduction*, Blackwell, Oxford).

윤성탁, 2004, 환경생태학, 아카데미서적.

이종호·이철우, 2003, "혁신클러스터 발전의 사회, 제도적 조건", 기술혁신연구, 11(2), 195–217.

이종호·이철우, 2014, "트리플 힐릭스 공간 구축을 통한 클러스터의 경로파괴적 진화–미국 리서치트라이앵글파크 사례", 한국경제지리학회지, 17(2), 249–263.

이철우, 2007, "참여정부 지역혁신 및 혁신클러스터 정책 추진의 평가와 과제", 한국경제지리학회지, 10(4), 377–393.

이철우, 2013, "산업집적에 대한 연구 동향과 과제: 한국지리학 연구를 중심으로", 대한지리학회지, 48(5), 629–650.

이호석(역), 1997, "복잡 시스템으로서의 경제와 경제학", 삼성경제연구소 엮음, 복잡성과학의 이해와 적용, 삼성경제연구소(塩澤由典, 1992, 複雑系としての経済と経済学, 日本ファジィ学会誌, 9(1), 21–29).

이희연, 2011, 경제지리학, 법문사.

장철순·정철주·나주몽·신우진·정우곤·정재원, 2015, "노후산업단지재생의 현황과 과제", 도시정보, 4–20.

정도채, 2011, 분공장형 생산집적지의 고착효과 극복을통한 진화: 구미지역을 중심으로, 서울대학교 박사학위논문.

최창현(역), 1997, "조직연구에서 복잡적응시스템의 활용", 삼성경제연구소 엮음, 복잡성 과학의이해와 적용, 삼성경제연구소(Garcia, E. A., 1995, The use of complex adaptive systems in organizational studies, In Symposium The Evolution of Complexity: Evolutionary and Cybernetic Foundations of Transdisciplinary Integration).

허동숙, 2013, "미국 수도권 IT 서비스산업 집적지의 진화: 페어팩스 카운티를 사례로", 한국경제지리학회지, 16(4), 567–584.

Arthur, W. B., 1989, Competing technologies, increasing returns, and lock-in by historical events, *The Economic Journal*, 99(394), 116-131.

Arthur, W. B., 1994, Path dependence, self-reinforcement and human learning, in Arthur, W. B.(eds.), *Increasing Returns and Path Dependence in the Economy*, Michigan University Press, Michigan.

Audretsch, D. B. and Feldman, M. P., 1996, Innovative clusters and the industry life cycle, *Review of Industrial Organization*, 11(2), 253-273.

Bathelt, H. and Boggs, J.S., 2003, Toward a reconceptualization of regional development paths: is Leipzig's media cluster a continuation of or a rupture with the past?, *Economic Geography*, 79(3), 265-293.

Bayliss, D., 2007, Dublin's digital hubris: lessons from an attempt to develop a creative industrial cluster, *Euro-*

pean Planning Studies, 15(9), 1261-1271.

Bergman, E. M., 2008, Cluster life-cycles: an emerging synthesis, in Karlsson, C.(eds.), *Handbook of Research on Cluster Theory*, Edward Elgar, Cheltenham.

Boschma, R., 2015, Towards an evolutionary perspective on regional resilience, *Regional Studies*, 49(5), 733-751.

Boschma, R. and Fornahl, D., 2011, Cluster evolution and a roadmap for future research, *Regional Studies*, 45(10), 1295-1298.

Boschma, R. and Lambooy, J. G., 1999, Evolutionary economics and economic geography, *Journal of Evolutionary Economics*, 9, 411-429.

Boschma, R. and Wenting, R., 2007, The spatial evolution of the British automobile industry: does location matter?, *Industrial and Corporate Change*, 16(2), 213-238.

Buenstorf, G. and Fornahl, D., 2009, B2C—bubble to cluster: the dot-com boom, spin-off entrepreneurship, and regional agglomeration, *Journal of Evolutionary Economics*, 19(3), 349-378.

Buenstorf, G. and Klepper, S., 2009, Heritage and agglomeration: the Akron tyre cluster revisited, *The Economic Journal*, 119(537), 705-733.

Chapman, K., MacKinnon, D. and Cumbers, A., 2004, Adjustment or renewal in regional clusters? a study of diversification amongst SMEs in the Aberdeen oil complex, *Transactions of the Institute of British Geographers*, 29(3), 382-396.

Cumming, G. and Collier, J., 2005, Change and identity in complex systems, *Ecology and Society*, 10(1), 29-42.

David, P. A., 2001, Path dependence, its critics and the quest for 'historical economics', in Garrouste, P. and Ioannides, S.(eds), *Evolution and Path Dependence in Economic Ideas: Past and Present*, Edward Elgar, Cheltenham.

De Haan, J., 2007, How emergence arises, *Ecological Complexity*, 3, 293-301.

Drazin, R. and Sandelands, L., 1992, Autogenesis: a perspective on the process of organizing, *Organization Science*, 3(2), 230-249.

Essletzbichler, J. and Rigby, D.L., 2007, Exploring evolutionary economic geographies, *Journal of Economic Geography*, 7, 549-571.

Frenken, K., 2007, *Applied Evolutionary Economics and Economic Geography*, Edward Elgar, Cheltenham.

Geyer, F., 1995, The challenge of sociocybernetics, *Kybernetics*, 24(4), 6-32.

Gould, S. J., 2002, *The Structure of Evolutionary Theory*, Harvard University Press, Cambridge.

Grabher, G., 1993, The weakness of strong ties; the lock-in of regional development in the Ruhr area, in Grabher, G.(eds.), *The Embedded Firm: On the Socioeconomics of Industrial Networks*, Routledge, London & New York.

Guerrieri, P. and Pietrobelli, C., 2004, Industrial districts' evolution and technological regimes: Italy and Taiwan, *Technovation*, 24(11), 899-914.

Hall, T. J., 2013, *Cluster Dynamics: an Investigation of Cluster Drivers and Barriers across a Cluster Life Cycle*, The University of Western Sydney, Ph.D.

Hassink, R., 2005, How to unlock regional economies from path dependency? from learning region to learning cluster, *European Planning Studies*, 13(4), 521-535.

Hassink, R., 2010, 21 Locked in decline? on the role of regional lock-ins in old industrial areas, in Boschman, R. and Martin, R.(eds.), *The Handbook of Evolutionary Economic Geography*, Edward Elgar, Cheltenham.

Holling, C. S., 2001, Understanding the complexity of economic, ecological, and social systems, *Ecosystems*, 4(5), 390-405.

Holling, C. S. and Gunderson, L. H., 2001, Resilience and adaptive cycles, in Gunderson, L.H.(eds.), *Panarchy: Understanding Transformations in Human and Natural Systems*, Island press, Washington D.C..

Holm, J. R. and Østergaard, C. R., 2015, Regional employment growth, shocks and regional industrial resilience: a quantitative analysis of the Danish ICT sector, *Regional Studies*, 49(1), 95-112.

Iammarino, S. and McCann, P., 2006, The structure and evolution of industrial clusters: transactions, technology and knowledge spillovers, *Research policy*, 35(7), 1018-1036.

Ingstrup, M. B., 2014, When firms take the lead in facilitating clusters, *European Planning Studies*, 22(9), 1902-1918.

Jovanović, M., 2008, *Evolutionary Economic Geography: Location of Production and the European Union*, Routledge, New York.

Kenney, M. and Von Burg, U., 1999, Technology, entrepreneurship and path dependence: industrial clustering in Silicon Valley and Route 128, *Industrial and Corporate Change*, 8(1), 67-103.

Klepper, S. and Sleeper, S., 2005, Entry by spinoffs, *Management Science*, 51(8), 1291-1306.

Losos, J., 2016, What is evolution?, *How Evolution Shapes Our Lives: Essays on Biology and Society*, 15, 3-9.

Lucas, M., Sands, A. and Wolfe, D.A., 2009, Regional clusters in a global industry: ICT clusters in Canada, *European Planning Studies*, 17(2), 189-209.

MacKay, R., Masrani, S. and McKiernan, P., 2006, Strategy options and cognitive freezing: The case of the Dundee jute industry in Scotland, *Futures*, 38(8), 925-941.

Maggioni, M. A., 2004, *The Rise and Fall of Industrial Clusters: Technology and the Life Cycle of the Region*, Document Number 2004/6, Institut d'Economia de Barcelona, Barcelona.

Martin, R., 2000, Institutional approaches to economic geography, in Sheppard, E. and Barnes, T.(eds), *A Companion to Economic Geography*, Blackwell, Oxford.

Martin, R. and Sunley, P., 2006, Path dependence and regional economic evolution, *Journal of Economic Geography*, 6(4), 395-437.

Martin, R. and Sunley, P., 2007, Complexity thinking and evolutionary economic geography, *Journal of Economic Geography*, 7, 573-601.

Martin, R. and Sunley, P., 2011, Conceptualizing cluster evolution: beyond the life cycle model?, *Regional Studies*, 45(10), 1299-1318.

Martin, R. and Sunley, P., 2015a, On the notion of regional economic resilience: conceptualization and explanation, *Journal of Economic Geography*, 15(1), 1-42.

Martin, R. and Sunley, P., 2015b, Towards a developmental Turn in evolutionary economic geography?, *Regional Studies*, 49(5), 712-732.

Menzel, M. P. and Fornahl, D., 2010, Cluster life cycles—dimensions and rationales of cluster evolution, *Industrial and Corporate Change*, 19(1), 205-238.

Meyer-Stamer, J., 1998, Path dependence in regional development: persistence and change in three industrial clusters in Santa Catarina, Brazil, *World Development*, 26(8), 1495-1511.

Mossig, I. and Schieber, L., 2016, Driving forces of cluster evolution-Growth and lock-in of two German packaging machinery clusters, *European Urban and Regional Studies*, 23(4), 594-611.

Neffke, F. M. H., 2009, *Productive Places: The Influence of Technological Change and Relatedness on Agglomeration Externalities*, Utrecht University, Ph.D.

Niosi, J. and Zhegu, M., 2005, Aerospace clusters: local or global knowledge spillovers?, *Industry & Innovation*, 12(1), 5-29.

OECD Publishing, 2009, Clusters, innovation and entrepreneurship, OECD Publishing.

Østergaard, C. R. and Park, E., 2015, What makes clusters decline? a study on disruption and evolution of a high-tech cluster in Denmark, *Regional Studies*, 49(5), 834-849.

Potter, A. and Watts, H. D., 2011, Evolutionary agglomeration theory: increasing returns, diminishing returns, and the industry life cycle, *Journal of Economic Geography*, 11(3), 417-455.

Rafiqui, P. S., 2009, Evolving economic landscapes: why new institutional economics matters for economic geography, *Journal of Economic Geography*, 9, 329-353.

Rigby, D. L. and Essletzbichler, J., 1997, Evolution, process variety, and regional trajectories of technological change in U.S. manufacturing, *Economic Geography*, 73, 269-283.

Sammarra, A. and Belussi, F., 2006, Evolution and relocation in fashion-led Italian districts: evidence from two case-studies, *Entrepreneurship and Regional Development*, 18(6), 543-562.

Saxenian, A., 1994, *Regional Advantage: Culture and Competition in Silicon Valley and Route 128*, Harvard University Press, Cambridge, MA.

Simmie, J. and Martin, R., 2010, The economic resilience of regions: towards an evolutionary approach, *Cambridge Journal of Regions, Economy and Society*, 3(1), 27-43.

Ter wal A. and Boschma, R., 2009, Co-evolution of firms, industries and networks in space, *Regional Studies*, 45(7), 919-933.

Trippl, M., Grillitsch, M., Isaksen, A. and Sinozic, T., 2015, Perspectives on cluster evolution: critical review and future research issues, *European Planning Studies*, 23(10), 2028-2044.

제5장

산업집적지의 진화에서 회복력의 의의

1. 머리말

유사한 시장과 기술적 환경 속에서도 지속적으로 호황을 누리며 성장하는 클러스터가 있는 반면, 어떤 클러스터는 쇠퇴·소멸하기도 한다(Menzel and Fornahl, 2010). 즉 클러스터는 이질적인 구성 주체들이 특정 조건이나 환경에 대응하는 과정에서 차별적으로 진화하는 공간적 집적체이다(이종호·이철우, 2015; 전지혜·이철우, 2017: 192). 따라서 클러스터는 정태적으로 접근하기보다는 동태적으로 분석될 필요가 있다(이철우, 2013). 이와 관련하여 1990년대 후반부터 진화경제지리학을 중심으로 경로의존성, 고착, 생애주기, 적응주기 등과 같이 동태적 관점에서 클러스터 진화를 살펴볼 수 있는 개념을 도입한 연구가 지속적으로 축적되어 왔다(Kenney and Von Burg, 1999; Hassink, 2005; 정도채, 2011; Martin and Sunley, 2011; 구양미, 2012; 허동숙, 2013). 이러한 개념들은 클러스터가 거쳐 온 궤적을 규명하고 클러스터의 상이한 진화패턴을 설명하는 데에는 유용하였다. 하지만 불안정한 경제적 상황하에서 기업 및 산업에 대한 충격(shocks)의 영향을 소홀히 다루었으며(Holm and Østergaard, 2015: 95), 그 결과 향후 클러스터의 선순환적인 진화를 위한 방향성을 제시하기에는 한계가 있었다.

이러한 맥락에서 최근 학술적·정책적으로 주목받고 있는 회복력(resilience)에 주목할 필요가 있다. 회복력은 자연과학에서 "변화와 교란을 흡수하고도 기능을 유지할 수 있는 시스템의 역량"을 의미하는 개념(Holling, 1973: 14)으로, 주로 물리학이나 생태학에서 논의되었다. 하지만 최근에는 심리학, 조직연구, 환경관리연구뿐만 아니라 경제지리학을 비롯한 사회과학 분야에서도 도입이 시도되고 있다.[1] 왜냐하면 오늘날 불확실하고 유동적인 사회적·경제적·정치적 환경에서 복잡성과 격변의 증가를 인지하고 이로부터 유래하는 위기에서 탈출할 수 있는 능력이 필요해졌기 때문이다(이원호, 2016; Billington et al., 2017).

클러스터도 경기 침체나 급격한 기술변화 등에서 비롯한 충격에 지속적으로 노출되어 있으며, 이에 영향을 받는 정도와 대응하는 방식에 따라 진화 양식이 달라진다. 하지만 최근까지도 클러스터 연구는 강점이나 경쟁력의 모색을 통한 경제적 이점 구축에 초점이 맞추어져 있었다(이원호, 2016). 복잡적응계의 공간적 구현체인 클러스터는 강인한 부분보다는 취약한 부분을 찾아서 그것을 강화시켜 줄 때 하나의 체제로서 제대로 된 기능을 발휘할 수 있다(전지혜·이철우, 2017). 더욱이 저성장과 위기 상존의 시대에 클러스터에 직간접적으로 영향을 미치며 과거와는 달리 훨씬 더 복잡하고 구조적인 위기에 대한 논의는 불가피하다. 이러한 측면에서 회복력은 지속가능하고 선순환적인 클러스터의 진화에 대한 논의가 진일보할 수 있는 개념적 도구로 평가될 수 있다. 왜냐하면 회복력은 클러스터 진화를 결정짓는 요인으로서, 단순히 경제적 성공이 아닌 다양한 위기 상황에 대한 적응을 통해 경제적 성공을 장기적으로 지속하는 데 목적을 두는 개념이기 때문이다(Simmie and Martin, 2010; Eraydin, 2015). 즉 회복력은 클러스터가 직면한 충격이나 위기를 극복함으로써 선순환적으로 진화할 수 있는 전략을 모색하는 데 도움이 될 것으로 판단된다.

지금까지 지역 및 경제 공간 연구에서 회복력은 지역회복력, 도시회복력, 지역경제회복력 등으로 일컬어지면서 크게 개념화 및 접근방법 검토(Hassink, 2010; Boschma, 2015; Martin and Sunley, 2015)와 회복력의 측정 및 평가(Simmie and Martin, 2010; Fingleton et al., 2012; Park and Østergaard, 2012; 김영수 외, 2016)를 중심으로 연구되어 왔다. 이들 연구에서 분석 단위는 대부분 행정구역이나 계획지역(planning region)이었다(Doran and Fingleton, 2013). 그러나 기능지역으로서의 클러스터를 연구대상으로 한 회복력 연구는 국내외적으로 극히 소수에 불과하다. 그뿐만 아니라 클러스터의 특성을 반영한 독자적 분석 틀을 제시하지 않은 채 일반적 사례 분석 위주(Öz and Özkaracalar, 2011; Park and Østergaard, 2012; Behrens et al., 2016)로 이루어지고 있다.

1 회복력은 학술 연구뿐만 아니라 '경쟁력', '클러스터'와 마찬가지로 정책 입안자와 실무자를 중심으로 활발하게 통용되고 있다. 즉 회복력은 시의적절하고 당위적인 것으로 인식되면서 경제협력개발기구(OECD), 유럽연합(EU) 집행위원회, 국제연합(UN), 국제재해경감전략기구(UNISDR) 등을 비롯한 다양한 정책 관계자들 사이에서 회복력 구축 방안과 관련하여 새로운 담론을 형성하고 있다(Martin and Sunley, 2015: 2-3). 국내에서도 하수정 외(2014), 김동현 외(2015) 등의 연구를 통해 회복력의 지표 개발, 측정, 평가와 관련된 내용이 다루어지고 있다.

이에 본 장에서는 클러스터 관점에서 회복력의 개념을 재정립하고 클러스터 및 그 진화에서의 의의를 살펴본 뒤, 이를 바탕으로 클러스터 회복력의 연구과제를 제시하고자 한다.

2. 회복력의 개념과 연구방법

1) 회복력의 개념과 특성

'회복력(回復力, resilience)'[2]의 의미는 일찍부터 물리학에서 외부충격에 대한 물질의 저항 및 안정성을 설명하기 위해 '탄성(彈性)'이라는 개념으로 사용되었다(Davoudi, 2012). 그러나 1960년대부터는 시스템적 사고가 부상함에 따라 생태학 분야에서 점차 회복력이라는 용어를 사용하게 되었다(Holling, 1961; May, 1972). 특히 「생태계의 회복력과 안정성(Resilience and stability of ecological systems)」(1973)이라는 생태학자 홀링(Holling)의 연구는 회복력이 학술용어로 본격적으로 자리 잡고 개념적 확대가 보다 활기를 띠는 계기가 되었다. 오늘날 회복력은 개체 혹은 시스템이 규범적으로 함양해야 하는 것으로 인식되면서(Martin and Sunley, 2015), 생태경제학(Perrings et al., 1992), 인류학(Vayda and McCay, 1975), 경영학(King, 1995), 인문지리학(Zimmerer, 1994) 그리고 기타 사회과학 분야(Scoones, 1999; Davidson-Hunt and Berkes, 2003)에 이르기까지 다양한 학문 분야에서 적용 및 활용되고 있다(Folke, 2006: 255).

지금까지 회복력은 여러 학문 분야에 걸쳐 크게 공학적 접근방법(engineering approach), 생태학적 접근방법(ecological approach), 진화론적 접근방법(evolutionary approach)을 토대로 해석되고 발전되어 왔다(표 5-1).

첫째, 공학적 접근방법에 의한 회복력은 물리과학 및 공학에서 주로 사용되는 개념으로, 홀링(Holling, 1973)은 이를 '공학적 회복력'[3]으로 일컬었다. 공학적 회복력은 "충격이나 교란 이후에

2 용어 'resilience'는 '교란 이후에 탄력적으로 기존의 형태나 위치로 되돌아감' 혹은 '원상복귀(spring back)'를 뜻하는 라틴어 'resi-lire'에서 유래하였다(Davoudi, 2012; Martin and Sunley, 2015). 국내에서는 이를 연구자나 활용 분야에 따라 '회복력', '회복탄력성', '복원력(성)', '회복탄성력', '레질리언스' 등으로 다양하게 지칭하고 있다(김동현 외, 2015). 사전적으로 "어떤 물체에 외적인 힘을 가하면 부피와 모양이 변하였다가 그 힘을 제거하는 경우 원래의 상태로 되돌아가려고 하는 성질"을 뜻하는 '탄성'은 물리과학적 의미가 강하다. 하지만 '원래의 상태로 돌이키거나 원래의 상태를 되찾음'을 뜻하는 '회복'은 생태적 의미뿐만 아니라 사회·경제적 의미를 반영하고 있기 때문에 본 연구에서는 resilience를 '회복력'으로 일컫고자 한다.

3 공학적 회복력의 개념은 물리과학 및 공학에 국한되지 않고 내·외적 교란에 맞서 안정성을 유지하거나 되찾으려는 생태계의 역량을 설명하기 위해 생태학에서도 사용되었다. 또한 '복귀'의 의미를 지니는 공학적 회복력은 주류경제학의 '자기복원적 균

기존의 정상상태(steady-state) 혹은 균형상태(equilibrium)로 되돌아갈 수 있는 시스템의 복귀(bounce back) 역량"을 의미한다(Holling, 1973; 1986; Davoudi, 2012; Martin and Sunley, 2015). 특히 공학적 접근방법은 충격이나 교란에 의해 균형상태에서 벗어난 시스템이 기존의 상태로 되돌아가는 시간과 속도에 분석의 초점을 두고, 신속하게 원래의 상태로 돌아가는 시스템을 회복력 있는 시스템으로 간주한다(김동현 외, 2015). 즉 공학적 회복력의 개념에는 효율성, 항상성, 예측가능성의 의미가 내재되어 있다(Martin and Sunley, 2015).

둘째, '생태학적 회복력'은 생태학 연구에서 주로 적용되는 개념으로, 공학적 회복력과 마찬가지로 홀링(Holling, 1973)에 의해 본격적으로 논의되기 시작하였다. 생태학적 회복력은 "정체성, 기능, 구조 등을 유지하기 위해 교란을 받아들이고 변화를 겪는 동안 재조직할 수 있는 시스템의 역량"으로 정의된다(Walker et al., 2006: 2; Martin and Sunley, 2015 재인용). 그러나 시스템이 재조직되는 경우 그 구조, 기능 그리고 정체성의 변화가 수반될 수밖에 없다. 이로 인해 생태학적 접근방법은 시스템이 충격을 흡수할 수 없을 경우 충격 이전보다 덜 양호한 대안적 균형상태로 변할 수 있음을 수용한다(Martin and Sunley, 2015). 이처럼 생태학적 접근방법은 분석의 초점을 '시스템이 교란을 흡수하고 재조직할 수 있는가' 혹은 '그렇지 못할 경우 대안적 균형상태로 전환되는가'에 둔다. 이와 유사하게 경제학의 '다중균형상태(multiple equilibria)'의 개념도 심각한 충격이 기존의 경제의 구조, 행위, 기대를 변화시켜 경제가 새로운 균형상태로 전환될 수 있음을 수용한다. 그러나 생태적 회복력과 다중균형상태의 두 개념은 '대안적 상태가 어떠하며 이러한 상태가 선험적으로 명시될 수 있는가'[4]를 논리적으로 분명히 밝히지 못하여 논쟁을 불러일으키기도 하였다(Martin and Sunley, 2015).

마지막으로 진화론적 접근방법에 따른 회복력은 주로 생태경제학, 행동심리학, 조직연구 등의 학문 분야에서 적용되는 개념으로, 몇몇 연구자들은 이를 '진화적 회복력'으로 지칭하였다(Simmie and Martin, 2010; Davoudi, 2012). 진화적 회복력은 "충격에 직면함에도 불구하고 조직이나 구조 등을 상황에 맞도록 변화시켜 핵심 기능을 지속할 수 있는 시스템의 역량"을 뜻한다.[5] 이처럼 진화론

형역학(self-restoring equilibrium dynamics)'과 개념적으로 유사하다. 자기복원적 균형역학은 경기 침체나 금융위기를 비롯한 충격으로 균형상태를 벗어난 경제가 원래의 상태로 되돌아가기 위해 자기수정적(self-correcting) 시장 메커니즘을 활성화시킨다는 개념이다. 여기서 자기복원적 균형역학, 즉 회복력이 부족할 경우 시장 실패가 발생할 수 있다(Martin and Sunley, 2015: 4).

4 진화경제학자들은 경제가 역사적·우연적으로 진화하기 때문에 다중균형상태를 사전에 명시하는 것은 불가능하며, 복수균형상태가 사후적·경험적으로만 입증될 수 있다고 주장할 것이다(Metcalfe et al., 2005; Martin and Sunley, 2015 재인용).

5 복잡적응계론의 '강인성(robustness)'은 회복력과 개념적 유사성을 지닌다. 강인성은 "내·외적 혼란상황 및 교란에 저항하기 위해 일부 구성요소나 구조를 유연적으로 변화시켜 핵심 기능을 유지하거나 되찾을 수 있는 시스템의 능력"(Kitano, 2004; Martin and Sunley, 2015 재인용)을 의미한다. 이처럼 강인성은 회복력 개념과 아주 밀접하게 연관되며, 회복력 개념에 내재되어야 할 필수 개념이다(Martin and Sunley, 2015: 7).

적 접근방법은 시스템의 핵심 기능의 유지와 회복에 주목하는데, 이때 그 작동방식과 구성요소 등이 변할 수 있다는 점을 수용한다(Martin and Sunley, 2015). 이에 따라 분석의 초점도 시스템의 균형상태의 부재와 비선형적 방식의 회복에 둔다.

이러한 맥락에서 진화적 회복력의 결과는 두 가지 방식으로 나타난다. 첫 번째는 '적응(adaptation)' 혹은 '복귀(bounce back)'로, 충격에 맞서 구조적·조직적으로 변화함으로써 시스템이 충격 이전의 기능을 되찾는 것이다. 두 번째는 '전환(transition)' 혹은 '전진(bounce forward)'으로, 충격에서 비롯된 구조적·조직적 변화를 통해 시스템이 이전과는 다른 새로운 기능을 갖추게 되고, 앞으로의 충격에 대응할 수 있는 능력을 향상시키는 것이다. 따라서 생태학적 접근방법이 '충격 이후에 시스템의 기능 및 구조가 지속성과 안정성을 확보할 수 있는가'에 주목하는 반면, 진화론적 접근방법은 '충격 이후에 기능, 구조, 행동양식의 측면에서 시스템이 성공적인 변화를 겪을 수 있는가'에 초점을 둔다는 점에서 두 접근방법은 차별적이다(Martin and Sunley, 2015: 6).

이상의 3가지 접근방법에 의한 회복력 개념은 차별성을 가지지만 완전히 상호배타적이지는 않다. 진화적 회복력의 경우 시스템의 균형상태를 전제로 하지 않지만 시스템이 충격 이후에 원상태로 되돌아갈 수 있는 가능성을 인정한다는 점에서 공학 및 생태적 회복력의 개념을 포괄하기 때문이다(Martin and Sunley, 2015: 7). 그러나 무엇보다도 진화론적 접근방법은 회복력을 고정된 결과물이

표 5-1. 회복력에 대한 3가지 접근방법

구분 \ 유형	공학적 접근방법	생태학적 접근방법	진화론적 접근방법
회복력의 정의	충격이나 교란 이후에 기존의 정상상태 혹은 평형상태로 되돌아갈 수 있는 시스템의 복귀역량	본질적으로 동일한 기능, 구조, 정체성을 유지하기 위해 교란을 흡수하고 재조직할 수 있는 시스템의 역량	충격에 직면하여 구조, 조직 등을 상황에 맞게 변화시켜 핵심 기능을 유지할 수 있는 시스템의 역량
분석의 초점	• 기존의 평형상태로 되돌아갈 수 있는 시간과 속도 • 효율성, 항상성, 예측가능성	• 시스템이 새로운 평형상태로 전환되기 전까지 견딜 수 있는 충격의 규모 • 충격 이후 시스템의 정체성, 기능 및 구조의 안정성과 지속성	• 균형상태의 부재와 비선형적 방식의 회복 • 충격 이후 구조, 기능 및 행동양식의 성공적인 변화
주요 활용 분야	물리과학, 공학 등	생태학, 사회생태학 등	심리과학, 조직이론 등
주요 연구자	Holling(1973), Pimm(1984) 등	Holling(1973), Folke et al.(1998), Gunderson(2000), Berke et al.(2003) 등	Boschma(2015), Martin and Sunley(2015) 등
유사 개념	주류경제학의 '자기복원적 균형역학'	경제학의 '복수균형상태'	복잡적응계론의 '강인성'

출처: Martin and Sunley, 2015를 토대로 필자 수정.

아닌 지속적인 변화과정에 있는 것으로 간주한다는 점에서 다른 두 접근방법과 분명하게 차별적이다(Simmie and Martin, 2010). 더욱이 진화적 회복력은 충격에 대한 구조적·적응적 조정을 통해 시스템이 더 나은 상태로 전환될 수 있고 새로운 성장 경로를 창출할 수 있다는 점을 내재한다는 점에서 공학 및 생태적 회복력보다 발전적 개념으로 볼 수 있다.

한편 회복력을 갖춘 개체나 시스템은 내구성(robustness), 대체성(redundancy), 자원동원성(resourcefulness), 신속성(rapidity)의 4가지 속성을 지닌다(Bruneau et al., 2003; O'Rourke, 2007; Palekiene et al., 2015). 첫째, 내구성은 시스템이 충격을 받지만 타격을 입지 않고 그 기능이나 구조를 유지할 수 있는 속성이다. 이는 외부충격을 흡수하고 견뎌 낼 수 있는 저항성과 유사하다. 둘째, 대체성은 시스템이 충격에 의해 기능이나 구조에 타격을 받더라도 그 기능이나 구조가 지속될 수 있도록 타격 받은 부분을 대체할 수 있는 속성이다. 셋째, 자원동원성은 시스템이 충격에 대응할 수 있는 대안을 마련하기 위해 문제를 식별하고 우선순위를 설정하며, 충분한 물적·인적 자원 등을 동원해 활용할 수 있는 속성이다. 마지막으로 신속성은 시스템이 충격이나 위기로부터 받는 타격을 최소화하고 최단시간에 대응할 수 있도록 즉각적인 대응을 할 수 있는 속성이다. 이러한 속성들은 시스템의 물적·조직적·사회적·경제적 차원까지 다양한 차원에 걸쳐 적용될 수 있으며, 이를 통해 시스템의 취약한 부분을 발견해 낼 수 있는 지침을 제시한다(Palekiene et al., 2015).

2) 회복력의 연구방법

회복력은 1970년대부터 학문적·정책적으로 꾸준하게 논의되었고, 2000년대 후반부터는 경제지리학에서도 회복력에 대한 관심이 증가되어 왔다. 지역 및 경제 공간의 연구에서 회복력은 지금까지 '지역회복력', '지역경제회복력', '도시회복력', '클러스터 회복력' 등으로 지칭되면서 개념적·분석적 도구로 활용되었다. 초기에는 개념화와 접근방법을 비롯한 이론적 연구가 주를 이루었지만, 최근에는 이론 연구와 함께 단일 혹은 다수의 행정구역 중심의 지역과 도시를 대상으로 한 가지 혹은 다수의 요소들을 측정, 평가, 비교하는 연구도 활발하게 이루어지고 있다(표 5-2).

먼저 회복력의 개념화 및 접근방법을 다룬 이론적 연구는 힐 외(Hill et al., 2008), 하신크(Hassink, 2010), 크룩(Kruk, 2013), 보슈마(Boschma, 2015), 마틴과 선리(Martin and Sunley, 2015), 신동호(2017) 등이 있다. 이들 연구는 공통적으로 회복력이 지역 및 경제 공간 연구에서 중요해지고 있음에도 불구하고 개념적으로 치밀하게 고찰되지 못함을 지적하였다. 이에 각 분석 단위에 적합한 개념, 의의, 결정요인, 측정방법 등을 논의하였고, 이를 보다 정교화하기 위해서는 심층적인 이론적 논의와 이를 토대로 한 경험적 연구의 필요성을 강조하고 있다. 특히 하신크(Hassink, 2010)는 회복력 개념이 단일 혹은 다중의 균형상태에 초점을 맞춘다는 점, 다양한 공간적 수준에서의 국가, 제도, 정책을 간과한 점 그리고 적응력에 영향을 미치는 문화적·사회적 요인을 간과한 점으로 인해 끊임없이 변화하는 지역경제에서는 크게 유용하지 않다고 비판하였다. 하지만 이러한 한계점들은 지속적으로 개념적 논의가 이루어지면서 점차 보완되고 있다. 한편 크룩(Kruk, 2013)과 신동호(2017)는 회복력 개념을 경쟁력, 지속가능성, 경로이론과 같이 관련 개념이나 이론과 비교 분석함으로써 회복력의 의의, 한계점, 개념적 위치를 보다 명확히 제시하였다.[6]

이론적 연구에 힘입어 회복력 개념의 불명료성이 점차 보완되면서 측정 지표 및 기술의 개발이 이루어지게 되었다. 이에 단일 혹은 다수의 행정구역 중심의 지역과 도시를 대상으로 회복력을 측정, 평가, 비교 분석하는 연구가 증가하게 되었다. 그리고 연구자별로 계량적(양적) 분석에서 기술·해석적(질적) 연구에 이르기까지 다양한 분석방법들이 적용되어 왔다(Martin and Sunley, 2015).

이 중에서 마틴(Martin, 2011), 핑글턴 외(Fingleton et al., 2012), 도란과 핑글턴(Doran and Fingleton, 2013), 김영수 외(2016), 이원호(2016), 베흐렌스(Behrens et al., 2016)를 비롯한 계량적 연구가 주류를 이루고 있다. 이들 연구의 분석 단위는 주로 행정구역이나 계획지역이다. 따라서 고용이나 산출액 등과 같이 비교적 쉽게 구득할 수 있는 양적 대리 지표를 선정하여 분석에 활용하였고, 동태적 공간패널모형, 벡터오차수정모형, 민감도 지수, 변이할당분석 등의 계량방법을 통해 회복력을 측정 및 분석하였다. 특히 이러한 계량적 연구방법은 동일한 기준에서 여러 지역이나 도시의 회복력을 비교 분석할 수 있기 때문에, 지역이나 도시 간 회복력의 차이를 설명하는 데 많이 이용되었다. 그러나 통계자료를 활용한 계량 분석은 대리 지표의 양적인 변화 추이나 실태를 보여 주면서 동태적 개념인 회복력을 정태적 시각에서 접근하도록 할 뿐만 아니라, 회복력에 영향을 주지만 통계자료로 계량할 수 없는 사회·문화·제도적 측면을 정확히 밝힐 수 없다는 한계점을 지닌다. 또한 분석 단위로서 행정구역이나 계획지역의 설정은 통계자료 분석에 의한 정확한 수치로 전체 동향의 파악과 지역 혹은 도시 간 차이 규명에는 용이하지만 지역성을 규명하기에는 한계가 있다.

이에 회복력 연구는 점차 사회·문화·제도적 측면에 주목하게 되었고, 분석 단위로서 클러스터에

6 크룩(Kruk, 2013)은 경쟁력, 지속가능성, 회복력이 삶의 질과 생활수준의 향상, 정부정책에 대한 지침 제시 등을 목표로 한다는 점에서 유사하지만, 경쟁력이 사회·경제의 발전을 위한 역량이며 지속가능성이 사회·경제·생태적 정책의 조화를 추구하는 반면, 회복력은 충격에서 생존할 수 있는 지역경제의 역량을 의미한다는 점에서 차별적임을 주장하였다. 신동호(2017)는 경로이론과 지역회복력이 사회현상에 역사적 의미를 부여한다는 점에서 유사성을 찾을 수 있지만, 경로이론의 경우 기술, 산업구조 그리고 지역의 전체적인 변화과정을 살피는 반면, 지역회복력은 지역이 직면하는 위기와 이러한 위기를 극복하는 방법과 과정에 초점을 둔다는 점에서 차별성이 있음을 밝혔다.

표 5-2. 지역 및 경제 공간 연구에서 회복력의 연구동향

연구주제	연구자(연도)	분석 단위	분석 방법*	내용
개념화, 이론 정립, 접근방법 검토	Hill et al. (2008)	지역경제	-	지역경제회복력의 개념을 조작화하고 결정요인을 평가할 수 있는 계량적·질적 연구방법론에 대해 논의
	Hassink (2010)	지역	-	지역경제의 적응력에 대한 이해 및 진화경제지리학에 대한 지역회복력의 잠재적인 기여를 비판적으로 논의
	Kruk(2013)	지역	-	지역경쟁력, 지속가능한 개발, 지역회복력의 개념 정의, 목표 및 결정요인에 대한 비교 분석과 이들 간의 유사점 및 차이점을 규명
	Martin and Sunley(2015)	지역경제	-	지역경제회복력의 개념화, 측정, 결정요인, 장기간 지역 성장패턴과의 관련성 그리고 향후 연구의 방향성에 대해 논의
	Boschma (2015)	지역	-	지역의 산업, 네트워크, 제도적 측면을 통합하는 측면에서 지역회복력을 고찰하고, 특히 지역회복력의 이해에서 역사의 중요성을 강조
	신동호(2017)	지역	-	경로이론 및 회복력 개념의 등장배경과 특징, 유용성 등을 비교 분석
측정, 평가, 비교 분석	Martin(2011)	지방	계량적 분석	경기 침체 충격에 대한 지역 성장 경로를 분석하기 위해 영국 12개 지역을 대상으로 민감도 지수 등을 통해 회복력을 측정
	Fingleton et al.(2012)	지방	계량적 분석	고용 충격에 대한 12개 영국 지역들의 회복력을 외관상 무관한 회귀모형(SUR)과 벡터오차수정모형(VECM)을 통해 시계열적으로 분석
	Doran and Fingleton (2013)	도시권	계량적 분석	동적공간패널모델을 통해 경제위기가 발생하지 않을 경우 지역 산출량이 어떠한가를 반사실적으로 예측함으로써 미국 대도시권의 회복력을 분석
	이원호(2016)	권역	계량적 분석	수도권과 동남권을 사례로 GRDP 및 실업률을 통해 경제위기 이후 지역회복력 패턴 분석, 변이할당분석을 통해 회복력 결정요인 분석
	김영수 외 (2016)	행정구역	계량적 분석	통계청 경제활동인구조사의 분기별 취업자 자료로 회복력의 단순지수를 산정하여 충남 지역경제의 회복력 정도를 타 지역과 비교 분석
	Behrens et al.(2016)	클러스터	계량적 분석	고용, 업체 수 등의 산업 및 기업 수준의 자료를 이용한 최소자승회귀분석을 통해 캐나다 섬유산업 클러스터 회복력의 결정요인 분석
	Simmie and Martin(2010)	도시	기술·해석적 분석	지역경제의 장기적 발전에 대한 회복력의 적용 가능성을 검토, 케임브리지와 스완지를 사례로 적응주기 모델을 통해 지역경제회복력을 분석
	Öz and Özkaracalar (2011)	클러스터	기술·해석적 분석	이스탄불 영화 클러스터의 회복력과 취약성은 3가지 상호관련된 요인(위기대처 방법, 구조적 역량, 거시적 사회·경제 조건)에 따라 좌우됨을 규명
	Park and Østergaard (2012)	클러스터	기술·해석적 분석	덴마크 노르윌란 클러스터 쇠퇴과정에서 회복력에 영향을 미치는 요인을 분석

주: *분석 방법은 실증연구에만 해당됨.

대한 관심도 증가하게 되었다(Simmie and Martin, 2010; 전은영·변병설, 2017: 49). 클러스터를 분석 단위로 하는 연구들은 클러스터 회복력의 주요 결정요인과 구성 주체의 역할 규명에 초점을 두었

다. 이러한 연구는 계획지역이나 행정구역보다 계량 분석을 위한 자료 수집이 어렵기 때문에 기술·해석적 분석이 주로 이루어졌다(Öz and Özkaracalar, 2011; Park and Østergaard, 2012). 그러나 최근에는 극소수이기는 하지만 최소자승회귀분석을 활용한 계량 분석도 이루어지고 있다(Behrens et al., 2016).

이상에서 살펴본 바와 같이 회복력 분석의 양대 접근방법은 나름대로의 장단점을 가지고 있다. 여러 지역에 걸친 회복력을 분석하기 위해서는 비교 분석이 용이한 정량적 분석이 요구되지만, 지역 간 회복력의 차이는 사실상 면밀한 정성적 분석을 통해 설명되어야 할 것이다(Martin and Sunley, 2015; 이원호, 2016).

3. 클러스터 진화와 회복력의 관계

1) 클러스터 회복력의 개념과 결정요인

회복력 연구에서 정량적·정성적 분석의 결합과 기능지역 단위로의 접근에 대한 필요성이 대두되고 있는 상황에서, 기능지역으로서의 클러스터와 회복력의 관계에 대해 보다 구체적으로 살펴볼 필요가 있다.

먼저 회복력은 충격을 계기로 발현되기 때문에 회복력을 다루는 데 반드시 고려해야 할 개념은 바로 '충격'[7]이다. 이와 관련하여 클러스터는 진화하는 동안 다양한 내·외부충격을 받는다. 특히 오늘날 저성장과 위기 상존의 시대에 클러스터에 대한 훨씬 더 복잡하고 구조적인 충격은 보다 큰 의미로 다가오며, 과거에 비해 클러스터의 기능과 구조에 보다 큰 변화를 가져올 수 있다. 더욱이 그 영향이나 결과는 클러스터별로 상이하다. 이러한 측면에서 '충격에 대한 클러스터의 대응 및 회복 방식'과 '클러스터 진화에 있어 충격의 역할'을 이해하는 데 회복력은 적절한 개념적 도구로 볼 수 있다(Martin and Sunley, 2015: 2).

한편 클러스터는 "구성 주체들이 서로 결합하여 내부의 질서 및 구조를 만들고 자기조직화함으로

7 충격은 갑작스럽고 불연속적이며 예상치 못한 특이한 현상이다(Martin and Sunley, 2015). 지역과 관련된 회복력 연구에서는 일반적으로 충격의 부정적 측면을 부각하지만(Boschma, 2015), 충격은 지역에 긍정적 영향을 미칠 수도 있다. 이는 충격마다 본질과 형태가 상이하며, 지역 및 경제 공간이 충격을 받아들이고 대응하는 수준이 다르기 때문이다. 이러한 충격은 크게 경제적·기술적·제도적·환경적·조직적 충격으로 구분된다(Holm and Østergaard, 2015).

써 그것을 둘러싼 환경과 지속적으로 상호작용하고 적응하는 개방적 체제"이다(Martin and Sunley, 2007; 전지혜·이철우, 2017: 192-193 재인용). 즉 충격에 대한 클러스터의 대응은 주요한 주체인 기업들의 기술혁신 역량, 전략 등에 따라 결정될 수 있다. 더욱이 클러스터 회복력은 개별 기업의 역량뿐만 아니라 클러스터 내 다양한 주체들의 상호작용에 의해 창발적으로 발현된다. 물론 클러스터 회복력은 클러스터 내 주체들이 구축하는 외부 주체들과의 관계에 의해서도 상당한 영향을 받는다(Park and Østergaard, 2012: 6).[8]

이처럼 충격에 대응하는 클러스터의 역량을 설명할 수 있는 회복력은 클러스터의 장기적인 발전을 담보하고 클러스터가 그 상태를 유지하는 방안을 논의하는 데 유용한 개념이다. 이러한 측면에서 박은경과 외스테르가르드(Park and Østergaard, 2012: 3)는 클러스터 회복력을 "내·외적 혼란 상황을 극복하기 위해 클러스터가 변화를 꾀하지만 특정 분야에서의 정체성을 그대로 유지하면서 제 기능을 하도록 하는 적응 능력"으로 정의하였다.

나아가서 지역발전 이론들이 다양한 경제성장의 원인을 다루었던 것과 마찬가지로 클러스터 회복력을 결정하는 것은 무엇인가에 대해서도 구체적인 설명이 필요하다(Martin and Sunley, 2015: 25). 지금까지 지역 혹은 지역경제 회복력의 결정요인은 연구자별로 다양하게 제시되었다(Boschma, 2015; Martin and Sunley, 2015; Palekiene et al., 2015). 그러나 이들 연구는 공통적으로 단일의 요인이 회복력을 결정하지 않는다는 점을 강조하고 있다. 즉 지역 혹은 지역경제 회복력은 다중의 공간 스케일에 걸친 다양한 요인들이 복합적으로 결합함으로써 발휘된다. 예를 들면, 거시적 스케일의 국가정책이나 미시적 스케일의 경제주체의 역량은 단독으로 혹은 상호결합하여 회복력을 결정할 수 있다(이원호, 2016: 488). 여기서 지역마다 요인들의 상대적 중요성과 영향력의 차이는 각 요인과 요인들 간의 결합에 지역성이 반영되기 때문이다(Martin and Sunley, 2015: 25).

클러스터의 개념과 속성을 비추어 보면, 클러스터 회복력의 결정요인은 크게 생산영역, 기술혁신 영역, 제도영역의 3가지로 범주화될 수 있다(그림 5-1).

첫째, 생산영역은 클러스터의 산업과 기업의 구조 및 특성과 관련된 영역이다. 이 영역은 어떠한 측면이 회복력에 긍정적 혹은 부정적으로 작용하는가에 대한 기준을 설정하기에 가장 까다로운 영역이다. 왜냐하면 해당 클러스터의 성격, 진화 경로 등에 의해 결과가 상당히 다르기 때문이다. 이러한 생산영역의 하위 요소에는 산업구조의 전문화/다각화[9](Christopherson et al., 2010; Hill et

8 클러스터 주체들이 외부로부터 도입하는 정보, 지식, 자원은 혁신창출을 위한 원천으로 작용함으로써 클러스터 회복력을 증진시킬 수 있다. 그러나 다국적기업의 자회사 폐업과 국지적 상호작용을 제한하는 기업문화의 도입 등은 회복력을 저하시킨다(Park and Østergaard, 2012: 6).

al., 2012; Boschma, 2015; Martin and Sunley, 2015), 국지적/비국지적 공급사슬(Boschma, 2015; Martin and Sunley, 2015), 자본력(Briguglio et al., 2008; Knudsen, 2011; Martin and Sunley, 2015)이 해당된다.

둘째, 기술혁신영역[10]은 클러스터가 보유한 혁신역량뿐만 아니라 혁신창출에 직접적으로 관계되는 학습 관행 및 문화 등을 포괄하는 영역이다. 이러한 기술혁신영역의 기초가 되는 기술 및 지식기반이 탄탄할수록 새로운 재화나 서비스가 보다 활발히 생산되고 지역의 전환역량이 향상될 수 있다(Chapple and Lester, 2010). 즉 혁신창출의 분위기가 광범위하게 마련되고 이를 토대로 혁신이 활발히 창출되는 클러스터가 충격으로부터의 영향을 최소화하고 보다 신속하게 회복할 수 있다(Christopherson et al., 2010). 이와 관련하여 R&D에 대한 투자(하수정 외, 2014; Svoboda and Applová, 2014), 노동력의 성격(Eraydin, 2014), R&D 네트워크(Crespo et al., 2013; Boschma, 2015; Palekiene et al., 2015)가 클러스터 회복력에 영향을 주는 기술혁신영역에 속한다.

마지막으로, 제도영역은 클러스터를 비롯한 경제공간상에서 주체들의 다양한 행위와 상호작용에 대한 유인책과 지침을 제시하기 위해 고안된 일종의 제약조건으로 구성된 영역이다(North, 1994; Scott, 2003). 특히 제도영역은 생산영역 및 기술혁신영역의 토대가 되면서 클러스터 회복력을 결정하는 중요한 요인으로 작용한다(Boschma, 2015). 왜냐하면 생산영역과 기술혁신영역은 원활히 작동하여 제 기능을 최대한 발휘할 수 있는 환경이나 분위기, 즉 틀(template)이 마련될 필요가 있는데, 이러한 틀이 바로 제도영역이기 때문이다.[11] 즉 지역성을 반영한 미래지향적인 제도영역은 숙련노동력의 유입, 기술혁신 장려, 경제적 투자 및 신산업의 유치 등에 기여하여 클러스터 회복력의 발현에 긍정적으로 작용할 수 있다(Martin and Sunley, 2015). 하지만 제도영역이 클러스터에 경직적으로 뿌리내리는 경우 회복력을 저해할 수도 있다(Boschma, 2015). 이와 관련하여 클러스터 내 핵심 주체의 제도적 리더십(Bristow and Healey, 2014)과 제도가 지역에 정착하고 작동하는 방식인

9 지금까지 전문화 혹은 다각화된 산업구조가 클러스터를 비롯한 지역경제의 성장 및 발전에 어떠한 영향을 미치는가는 주요한 논의사항으로 다루어져 왔다(Martin and Sunley, 2015). 그러나 무엇보다도 산업구조의 전문화 혹은 다각화는 클러스터의 진화과정, 생산체계에 따라 그 영향이 상이할 수 있기 때문에 이에 대한 것들이 복합적으로 고려될 필요가 있다.

10 기술혁신영역과 관련하여, 마틴과 선리(Martin and Sunley, 2011)는 '산업 및 기업의 구조'와 '노동시장 환경'의 하위 지표로 '혁신성'과 '숙련'을 언급하였고, 보슈마(Boschma, 2015)는 이를 '지식 네트워크'로 다루었다. 본 연구에서는 기술혁신이 클러스터의 존립과 경쟁력 확보에 중요한 요소로 작용하기 때문에 회복력을 결정하는 하나의 영역으로서 기술혁신영역을 다루고자 한다.

11 제도영역은 규제적·규범적 그리고 문화–인지적 형태로 생산영역 및 기술혁신영역에 긍정 혹은 부정적인 영향을 미치며, 나아가 이러한 영향은 회복력에까지 도달한다(Malmberg and Maskell, 2010). 제도영역의 규제적 형태에는 '공식적 규칙, 법률, 헌법'이 해당되며, 규범적 형태에는 '행동의 규범, 협약, 자율적인 행동강령'이 포함된다. 그리고 문화–인지적 형태에는 '의미가 부여된 해석적 틀'이 해당된다(Malmberg and Maskell, 2010).

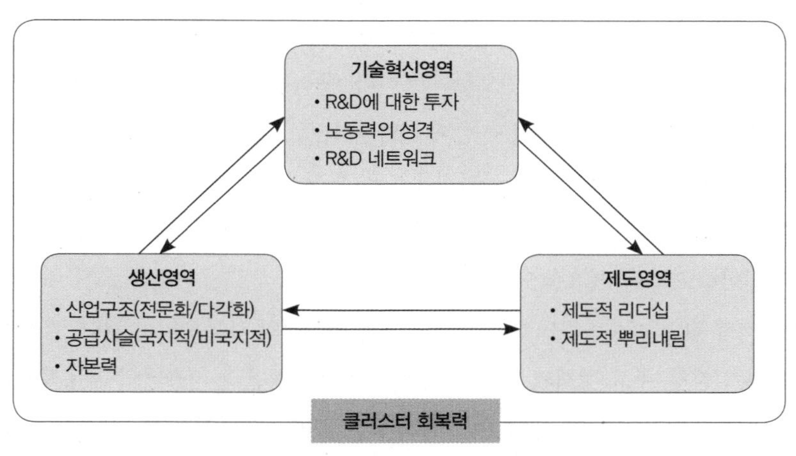

그림 5-1. 클러스터 회복력의 결정요인과 그 관계성

출처: Boschma, 2015; Martin and Sunley, 2015, p.27; Palekiene et al., 2015를 토대로 필자 수정.

제도적 뿌리내림(Trembaczowski, 2012; Martin and Sunley, 2015)이 제도영역에 해당된다.

이상의 3가지 결정요인은 클러스터 내에서 서로 밀접하게 결합하여 작동함으로써 회복력을 강화 혹은 약화시킬 수 있는 클러스터 특유의 문화와 환경을 만든다. 따라서 클러스터 회복력을 이해하기 위해서는 생산영역, 기술혁신영역, 제도영역의 측면에서 충격에 따른 회복력 발현 상태는 어떠하며, 클러스터를 구성하는 기업, 기관 등의 주체들이 충격에 어떠한 방식으로 대응하는가를 검토하여야 한다. 그러나 무엇보다도 회복력이 특정 시점에 발생하는 충격에 대한 대응으로서 발현되기는 하지만 한순간에 나타났다가 사라지는 것은 아니기 때문에, 이는 클러스터의 진화와 관련지어 분석하여야 한다.

2) 클러스터 진화에서 회복력의 의의

클러스터는 급격히 변화하는 시장 및 기술 환경에 대응하기 위해 끊임없이 새로운 것(novelty)에 반응하면서 지속적으로 진화한다. 이때 클러스터 회복력은 충격 이후에 클러스터의 진화과정을 좌우하는 데 결정적인 역할을 한다(이종호, 2003; Park and Østergaard, 2012; Boschma, 2015). 즉 충격을 받은 클러스터는 회복력이 취약할 경우 내부적으로 고숙련 노동력의 유출, 투자회수, 기업 폐업, 신규 기업의 창출 및 유입 중단 등이 발생하며, 결국 쇠퇴 혹은 소멸할 수 있다.

이와 관련하여 클러스터 적응주기 모델(Martin and Sunley, 2011)은 클러스터 진화와 회복력의 관계성을 보다 면밀히 설명한다. 클러스터 적응주기는 단절적이지 않고 순환성을 가지는 클러스터의 진화과정을 의미하는 개념으로(전지혜·이철우, 2017), 여기서 회복력은 자원축적 및 네트워크[12]와 함께 클러스터 진화를 견인하는 동인으로 작용한다. 특히 클러스터가 진화하는 동안 자원축적과 네트워크의 정도에 따라 회복력의 수준도 함께 진화한다. 즉 클러스터에 자원축적이 활발해지고 네트워크가 강화되면서 회복력의 수준이 높아짐에 따라 클러스터가 '출현기에서 성장기'로 진화한다. 그렇지만 경직적이고 비유연적인 네트워크는 회복력을 약화시키면서 클러스터가 '성장기에서 성숙기, 쇠퇴기'로 진화하도록 한다(그림 5-2).

한편 클러스터가 직면하는 충격도 클러스터 진화의 핵심적인 추동요인이 된다. 클러스터 관점에서 금융위기, 경기 침체, 주요 정책의 변화, 급진적 기술혁신 등은 클러스터의 대표적인 외부충격이며, 클러스터 내 핵심 기업의 파업, 폐업, 이전 등과 같은 클러스터 내부충격도 클러스터에 위기를 가져올 수 있다. 특히 충격은 이력현상(hysteresis)을 불러일으키면서 클러스터의 진화과정에 일시적이지 않고 영속적으로 영향을 미친다(Martin and Sunley, 2015). 이 과정에서 클러스터의 구조와 기능이 변화하며 궁극적으로는 충격 이전의 클러스터 진화 경로가 크게 변화한다(Martin and Sunley, 2015).[13] 충격의 유형이 다양하고 클러스터의 대응과 회복의 결과도 상이하므로 충격에 따른 클러스터 진화 경로를 완벽하게 일반화하는 것은 불가능하다(Boschma, 2015). 하지만 마틴(Martin,

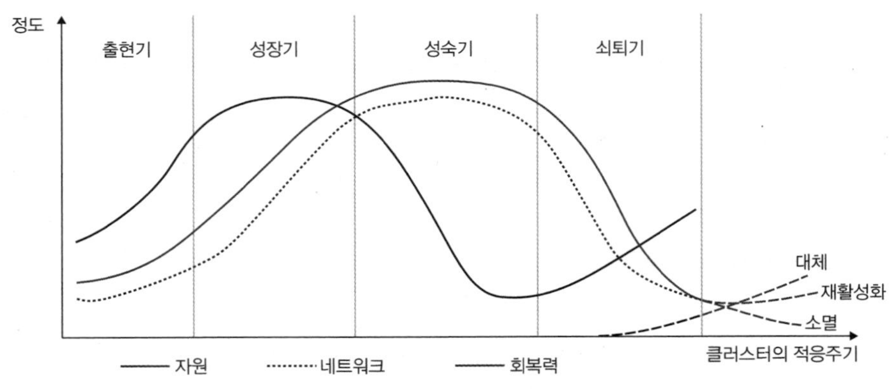

그림 5-2. 클러스터의 진화과정에서 회복력의 변화

출처: Martin and Sunley, 2011, p.1307.

12 여기서 자원축적은 개별 기업의 역량, 숙련 노동력, 제도의 형태와 배열 등과 같이 클러스터에 축적되는 생산, 지식, 제도자원이며, 네트워크는 기업 간 수직적·수평적 분업, 국지적 신뢰 네트워크, 지식 파급효과 등과 같이 자원축적을 위해 클러스터 주체들이 구축하는 거래적·비거래적 연계를 말한다(전지혜·이철우, 2017: 198).

13 예를 들면, 극심한 경기 침체는 클러스터 기업들의 폐업과 그에 따른 일자리 손실을 야기하며, 클러스터의 핵심 기업의 역외 이전 혹은 폐업은 핵심 기업을 중심으로 한 국지적 공급사슬의 해체로 인해 하청기업들에게 큰 타격을 준다. 그 결과 클러스터의 생산기반이 크게 축소함으로써 그 성장률이 충격 이전보다 크게 낮아진다(Martin and Sunley, 2015).

2011)은 충격 이후 클러스터 진화 경로를 크게 2가지, 세부적으로 4가지 유형으로 구분하였다(그림 5-3).

먼저, 클러스터가 회복력을 발휘하여 충격에 성공적으로 대응함으로써 고용자 수 혹은 생산액 등을 지표로 하는 성장률이 충격 이전보다 증가하거나(그림 5-3의 ①), 충격 이전의 성장률이 유지되는 유형이 있다(그림 5-3의 ②). 이는 충격에도 불구하고 생산 및 고용 능력의 확대, 사업에 대한 낙관적 기대, 신규 업체의 급증 등이 작용한 결과로 볼 수 있다(Martin, 2011: 9).[14] 즉 충격이 클러스터 내 비생산적인 관행과 기업을 제거하여 노동력 등의 자원들을 보다 생산적으로 활용될 수 있도록 함으로써 궁극적으로 클러스터의 생산성을 향상시키고 신규 업체의 형성을 촉진한 것이다. 특히 이들 유형은 정책 및 사업을 비롯한 지원이 안정적으로 뒷받침될 수 있는 산업부문을 갖추고, 기업들이 대안적인 산업부문으로 비교적 쉽게 전환할 수 있는 클러스터의 경우에 나타날 가능성이 높다(Martin and Sunley, 2015: 21-22).

다음으로, 충격으로 인한 위기를 극복하기는 했지만 회복력이 취약하여 충격 이전보다 성장률이 낮거나(그림 5-3의 ③), 충격을 극복할 만큼 회복력을 갖추지 못하여 결국 클러스터가 쇠퇴하는 유형이 있다(그림 5-3의 ④). 예를 들면, 경기 침체는 위험한 사업환경으로 인한 기업가정신의 감퇴, 자본유입의 중단, 노동력의 역외유출로 인한 불안정한 노동력 수급 등과 같은 심각한 문제를 초래하여 클러스터 내 신규 기업 및 일자리의 창출과 생산성 향상에 부정적인 영향을 미친다. 이로 인해 산업 기반의 상당부분이 무너지면서 클러스터가 전반적으로 위축된다(Martin, 2011). 결국 이들 유형의 클러스터는 취약한 회복력으로 충격에 대응하지 못하여 생산과 고용의 성장 측면에서 정체되거나 쇠퇴하는 것이다.

여기서 충격에 따른 클러스터의 저항(resistance)과 회복(recovery)의 능력인 회복력은 클러스터의 진화 경로에 따라 결정될 수 있다(Martin and Sunley, 2015). 즉 회복력은 클러스터 진화과정에서 형성된 경제적·사회문화적·제도적 기반을 토대로 발현된다. 특히 이러한 유산(legacy)은 클러스터가 새로운 진화 경로를 창출하도록 하는 기회를 제공하는 동시에 그 한계가 되기도 한다(Boschma, 2015). 즉 클러스터 회복력은 클러스터 진화에 영향을 주기도 하지만, 반대로 클러스터 진화가 회복력의 진화를 결정하기도 한다(Simmie and Martin, 2010).

---

14 타 지역으로부터 노동력 및 자본이 유치되거나, 새로운 산업부문이 출현하거나 혹은 기술혁신이 급증하게 되면 〈그림 5-3〉의 ①과 같이 클러스터는 충격 이전보다 성장률이 높아진다. 그러나 필요한 자원이 유치되지 못하거나 생산성 향상을 위한 잠재력이 저하되는 경우, 클러스터는 〈그림 5-3〉의 ②와 같이 충격 이전과 유사한 성장률을 보일 것이다(Martin, 2011: 9-10).

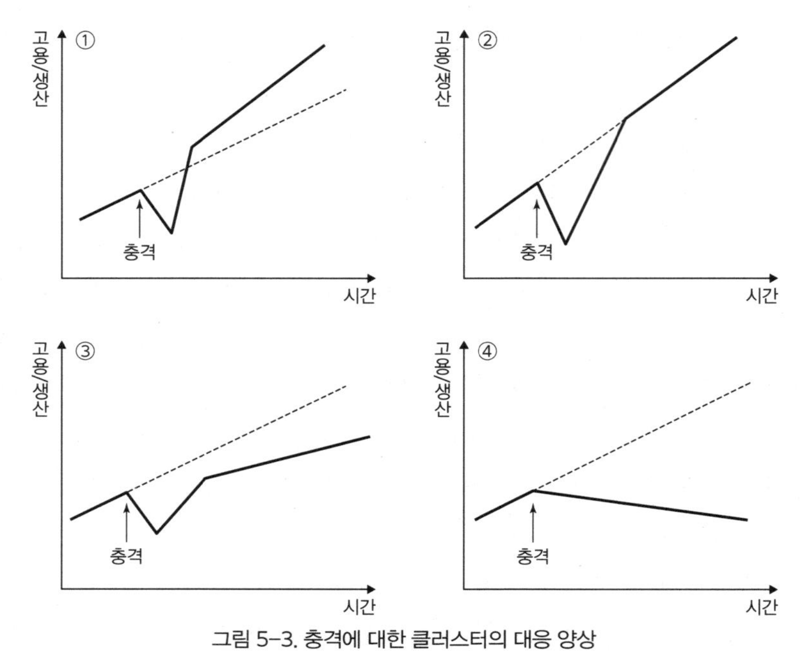

그림 5-3. 충격에 대한 클러스터의 대응 양상

주: ① 충격 이전보다 성장률이 증가함, ② 충격 이전과 유사한 성장률을 나타냄, ③ 충격 이전보다 성장률이 낮아짐, ④ 위기를 극복하지 못해서 쇠퇴함.
출처: Simmie and Martin, 2010을 토대로 필자 수정.

4. 클러스터 회복력의 연구과제

이상의 논의를 기초로 클러스터 회복력의 연구과제를 다음과 같이 제시한다.

첫째, 지금까지 회복력은 행정구역이나 계획지역을 비롯한 경제권을 중심으로 연구되어 왔다. 즉 통계자료를 상대적으로 쉽게 구할 수 있는 단위지역을 연구대상으로 한 연구가 중심이었고, 클러스터라는 특정 경제공간을 대상으로 한 연구는 극소수에 불과하다. 따라서 다양한 성격의 중층적 경제지역에 적용할 수 있는 분석 방법과 이를 경험적 연구에 적용한 사례 연구의 축적이 요구된다.

둘째, 회복력을 치밀하게 분석하기 위해서는 먼저 '충격 이전의 클러스터의 상태'에 대한 분석이 이루어져야 한다. 충격 이전의 클러스터의 기능, 구조, 성장 경로는 고용, 생산량, 산업구조의 속성, 성장률 추세 등을 지표로 하여 정량적 혹은 정성적 방법을 통해 살펴볼 수 있다(Martin and Sunley, 2015). 그리고 클러스터가 회복력을 발휘하는 데 결정적인 원인이 되는 '충격'이 규명되어야 한다. 또한 동일한 충격이 가해지더라도 클러스터마다 기능과 구조가 차별적이기 때문에 충격이 클러스터에 미치는 영향, 강도, 지속기간에 차이가 나타난다(Boschma, 2015). 이뿐만 아니라 충격은 핵심 기업의 폐업이나 이전, 주요 정책의 변화, 경기 침체 등과 같이 클러스터 내·외적으로 그 형태가 다양하며 서로 밀접하게 관련되기 때문에 단독으로 혹은 결합하여 클러스터에 영향을 미친다(Martin and Sunley, 2015). 따라서 충격의 속성, 영향범위, 강도, 지속기간, 충격 간 관련성에 대해서도 분석하여야 한다.

셋째, 충격으로부터의 '회복과정'은 저항, 적응, 결정요인의 측면에서 구체적으로 ① 클러스터가 충격을 어느 정도 견딜 수 있었고, ② 충격에 어떤 방식으로 대응·적응하였으며, ③ 어떠한 요인들이 회복력을 결정하였는가를 분석하여야 한다(Martin and Sunley, 2015). 특히 3가지 측면 중에서 회복력의 결정요인인 생산영역, 기술혁신영역, 제도영역은 클러스터 간 회복력의 차이를 만들어 내는 주요한 요인(Eraydin, 2016)인 동시에, 클러스터가 충격을 효과적으로 극복하고 선순환적으로 진화할 수 있는가를 결정하기 때문에 보다 구체적인 분석이 요구된다.

넷째, 클러스터가 충격을 극복할 수 있었는지, 클러스터의 어떤 측면이 어느 정도 회복되었는지,

표 5-3. 클러스터 회복력의 분석 틀

분석 과제		분석 초점	분석 지표/방법
충격 이전의 클러스터 상태		• 충격 이전의 클러스터의 구조나 기능은 어떠한가?	• 충격 이전의 생산량, 고용, 기업 주식 등의 수준 혹은 성장률 추세
충격		• 충격의 속성은 어떠한가? • 클러스터의 어떤 측면에 주로 타격을 주었는가? • 여러 충격이 동시에 가해졌다면 충격 간 관련성이 있는가?	• 충격의 속성, 영향범위, 강도, 위기 지속기간, 다양한 충격 간 관련성
회복 과정	저항	• 클러스터가 얼마나 견딜 수 있었는가?	• 예상하였던 것과 비교하였을 때 충격을 받은 직후 클러스터 저항의 정도
	적응	• 클러스터의 기업, 노동력, 제도가 충격에 대처하고 적응하는 메커니즘은 어떠한가?	• 클러스터 구조 및 시장의 전환·적응의 범위 • 클러스터 자원(노동력 등)의 이동 • 정부의 개입, 지원구조
	결정요인	• 클러스터별로 회복력이 왜 상이하게 나타나는가?	• 클러스터 회복력을 구축하는 요인 • 시간에 따른 결정요인의 변화 측면과 정도
회복 결과		• 클러스터는 충격으로부터 회복하였는가? • 어떤 측면이 어느 정도 회복되었는가? • 회복은 얼마나 걸렸는가?	• 충격 이후 회복의 정도 • 충격 이전의 기준 상태로의 복귀 여부 • 충격으로 인한 새로운 상태나 속성으로 전환 여부
회복력 강화 방안		• 어떠한 측면이 어떻게 보완·강화되어야 하는가?	• 취약한 부분을 보완하여 강인한 부분과 시너지효과를 낼 수 있는 전략 모색

출처: Martin and Sunley, 2015, p.15를 토대로 필자 수정.

클러스터가 회복하기까지 얼마나 걸렸는지 등을 비롯한 '회복 결과'도 분석되어야 한다. 이를 통해 충격 이전보다 성장률이 증가하거나 충격 이전과 유사한 성장률을 되찾아 클러스터가 발전적으로 진화하는지 혹은 충격을 극복하지 못하고 침체나 쇠퇴하여 퇴보적으로 진화하는지를 밝힐 수 있다.

마지막으로, '회복력 강화 방안'을 제시하여야 한다. 즉 어떠한 부분이 충격에 강인하거나 취약한가에 대해 체계적으로 분석한 결과를 토대로 부족한 부분을 보완하여 클러스터가 앞으로 직면할 충격을 보다 신속하게 극복하고 선순환적으로 진화할 수 있는 방향성을 제시하여야 한다(Teigão dos Santos and Partidário, 2011). 제대로 기능하면서 성장하던 클러스터가 충격 이후에 쇠퇴할 수 있다는 것을 볼 때, 클러스터를 건전하게 유지하는 것은 새로운 클러스터를 육성하는 것만큼이나 중요하기 때문이다(Park and Østergaard, 2012). 따라서 회복력 강화 전략은 예상치 못한 충격에 대해 클러스터가 저항하고 적응하는 데 필요한 자원 및 전략을 보존하고 양성하도록 함으로써, 클러스터가 인지하고 다룰 수 있는 충격의 범위를 확장할 수 있도록 해야 할 것이다.

• 참고문헌 •

구양미, 2012, "서울디지털산업단지의 진화와 역동성", 한국지역지리학회지, 18(3), 283-297.

김동현·송슬기·이헌영·강상준·권태정·김진오·남기찬·윤동근·이동근·정주철·조성철·홍사흠, 2015, 도시의 기후 회복력 확보를 위한 공간단위별 평가 체계 및 모형 개발(I), 한국환경정책평가연구원.

김영수·정준호·박창귀, 2016, "충남경제의 성장요인 및 회복력 분석", 국토지리학회지, 50(3), 323-338.

신동호, 2017, "경로의존론과 지역회복력 개념: 지역격차에 대한 새로운 이론적 접근", 한국경제지리학회지, 20(1), 70-83.

이원호, 2016, "지속가능한 성장을 위한 지역회복력과 장소성: 지역경쟁력의 대안 모색", 한국지역지리학회지, 22(4), 483-498.

이종호, 2003, "학습, 혁신 그리고 지역경제발전", 지리학논구, 23, 315-326.

이종호·이철우, 2015, "클러스터의 동태적 진화와 대학의 역할", 한국지역지리학회지, 21(3), 489-502.

이철우, 2013, "산업집적에 대한 연구 동향과 과제", 대한지리학회지, 48(5), 629-650.

전은영·변병설, 2017, "기후변화에 대응하기 위한 커뮤니티 리질리언스 평가지표 개발과 적용", 국토지리학회지, 51(1), 47-58.

전지혜·이철우, 2017, "클러스터 적응주기 모델에 대한 비판적 검토", 한국경제지리학회지, 20(2), 189-213.

정도채, 2011, 분공장형 생산집적지의 고착효과 극복을 통한 진화: 구미지역을 중심으로, 서울대학교 박사학위논문.

하수정·남기찬·민성희·전성제·박종순, 2014, 지속가능한 발전을 위한 지역 회복력 진단과 활용 방안 연구, 국토연구원.

허동숙, 2013, “미국 수도권 IT 서비스산업 집적지의 진화: 페어팩스 카운티를 사례로”, 한국경제지리학회지, 16(4), 567−584.

Behrens, K., Boualam, B. and Martin, J., 2016, The Resilience of the Canadian Textile Industries and Clusters to Shocks, 2001-2013, CIRANO.

Berke, F., Dolding, J. and Folke, C., 2003, *Navigating Social-Ecological Systems: Building Resilience for Complexity and Change*, Cambridge University Press, Cambridge.

Billington, M. G., Karlsen, J., Mathisen, L. and Pettersen, I. B., 2017, Unfolding the relationship between resilient firms and the region, *European Planning Studies*, 25(3), 425-442.

Boschma, R., 2015, Towards an evolutionary perspective on regional resilience, *Regional Studies*, 49(5), 733-751.

Briguglio, L., Cordina, G., Farrugia, N. and Vella, S., 2008, Economic vulnerability and resilience, concepts and measurements, Research Paper(2008/55), UNU-WIDER World Institute for Development Economics Research, United Nations University.

Bristow, G. and Healy, A., 2014, Regional resilience: an agency perspective, *Regional Studies*, 48(5), 923-935.

Bruneau, M., Chang, S. E., Eguchi, R. T., Lee, G. C., O'Rourke, T. D., Reinhorn, A. M., Shinozuka M., Tierney K., Wallace W.A. and Von Winterfeldt, D., 2003, A framework to quantitatively assess and enhance the seismic resilience of communities, *Earthquake Spectra*, 19(4), 733-752.

Chapple, K. and Lester, T. W., 2010, The resilient regional labour market? The US case, *Cambridge Journal of Regions, Economy and Society*, 3(1), 85-104.

Christopherson, S., Michie, J. and Tyler, P., 2010, Regional resilience: theoretical and empirical perspectives, *Cambridge Journal of Regions, Economy and Society*, 3(1), 3-10.

Crespo, J., Suire, R. and Vicente, J., 2013, Lock-in or lock-out? How structural properties of knowledge networks affect regional resilience, *Journal of Economic Geography*, 14(1), 199-219.

Davidson-Hunt, I. J. and Berkes, F., 2003, Nature and society through the lens of resilience: toward a human-in-ecosystem perspective, in Berkes, F., Colding, J. and Folke, C.(ed.), *Navigating Social-ecological Systems: Building Resilience For Complexity and Change*, Cambridge University Press, New York, 53-82.

Davoudi, S., 2012, Resilience: a bridging concept or a dead end?, *Planning Theory & Practice*, 13(2), 299-307.

Doran, J. and Fingleton, B., 2013, *US metropolitan area resilience: insights from dynamic spatial panel estimation, University College Cork - Business Economics Working Paper Series*, University College Cork, Cork.

Eraydin, A., 2014, The importance of endogenous capacities and government support in the resilience of regions, 54th Congress of the European Regional Science Association.

Eraydin, A., 2015, The role of regional policies along with the external and endogenous factors in the resilience of regions, *Cambridge Journal of Regions, Economy and Society*, 9(1), 217-234.

Eraydin, A., 2016, Attributes and characteristics of regional resilience: defining and measuring the resilience of

Turkish regions, *Regional Studies*, 50(4), 600-614.

Fingleton, B., Garretsen, H. and Martin, R., 2012, Recessionary shocks and regional employment: evidence on the resilience of UK regions, *Journal of Regional Science*, 52(1), 109-133.

Folke, C., 2006, Resilience: The emergence of a perspective for social-ecological systems analyses, *Global Environmental Change*, 16(3), 253-267.

Folke, C., Berkes, F. and Colding, J., 1998, Ecological practices and social mechanisms for building resilience and sustainability, in Berkes, F. and Folke, C.(ed.), *Linking Social and Ecological Systems*, Cambridge University Press, London, 414-36.

Gunderson, L. H., 2000, Ecological resilience-in theory and application, *Annual Review of Ecology and Systematics*, 31, 425-439.

Hassink, R., 2005, How to unlock regional economies from path dependency? From learning region to learning cluster, *European Planning Studies*, 13(4), 521-535.

Hassink, R., 2010, Regional resilience: a promising concept to explain differences in regional economic adaptability?, *Cambridge Journal of Regions, Economy and Society*, 3(1), 45-58.

Hill, E., Clair, T. S., Wial, H., Wolman, H., Atkins, P., Blumenthal, P., Ficenec, S. and Friedhoff, A., 2012, Economic shocks and regional economic resilience, in Pindus, N., Weir, M., Wial, H. and Wolman, H.(eds.), *Building Resilient Regions: Urban and Regional Policy and its Effects*, Brookings Institution Press, Washington DC, 193-274.

Hill, E., Wial, H. and Wolman, H., 2008, Exploring regional economic resilience, Working Paper(No. 2008, 04), Institute of Urban and Regional Development.

Holling, C. S., 1961, Principles of insect predation, *Annual Review of Entomology*, 6(1), 163-182.

Holling, C. S., 1973, Resilience and stability of ecological systems, *Annual Review of Ecology and Systematics*, 4(1), 1-23.

Holling, C. S., 1986, The resilience of terrestrial ecosystems; local surprise and global change, in Clark, W. C. and Munn, R. E.(ed.), *Sustainable Development of the Biosphere*, Cambridge University Press, Cambridge, 292-317.

Holm, J. R. and Østergaard, C. R., 2015, Regional employment growth, shocks and regional industrial resilience: a quantitative analysis of the Danish ICT sector, *Regional Studies*, 49(1), 95-112.

Kenney, M. and Von Burg, U., 1999, Technology, entrepreneurship and path dependence: industrial clustering in Silicon Valley and Route 128, *Industrial and Corporate Change*, 8(1), 67-103.

King, A., 1995, Avoiding ecological surprise: Lessons from long-standing communities, *Academy of Management Review*, 20(4), 961-985.

Kitano, H., 2004, Biological robustness, *Nature Reviews Genetics*, 5(11), 826-837.

Knudsen, E. S., 2011, Shadow of trouble: The effect of pre-recession characteristics on the severity of recession impact, Working Paper(19/11), Institute for Research in Economics and Business Administration Bergen.

Kruk, H., 2013, Resilience, competitiveness and sustainable development of the region-similarities and differences, *Regional Economy in Theory and Practice*, 286, 35-42.

Malmberg, A. and Maskell, P., 2010, An evolutionary approach to localized learning and spatial clustering, in Boschma, R. A. and Martin, R.(eds.), *The Handbook of Evolutionary Economic Geography*, Edward Elgar, Cheltenham, 391-405.

Martin, R., 2011, Regional economic resilience, hysteresis and recessionary shocks, *Journal of economic geography*, 12(1), 1-32.

Martin, R. and Sunley, P., 2007, Complexity thinking and evolutionary economic geography, *Journal of Economic Geography*, 7(5), 573-601.

Martin, R. and Sunley, P., 2011, Conceptualizing cluster evolution: beyond the life cycle model?, *Regional Studies*, 45(10), 1299-1318.

Martin, R. and Sunley, P., 2015, On the notion of regional economic resilience: conceptualization and explanation, *Journal of Economic Geography*, 15(1), 1-42.

May, R. M., 1972, Will a large complex system be stable?. *Nature*, 238, 413-414.

Menzel, M. P. and Fornahl, D., 2010, Cluster life cycles-dimensions and rationales of cluster evolution, *Industrial and Corporate Change*, 19(1), 205-238.

Metcalfe, J.S., Foster, J. and Ramlogan, R., 2005, Adaptive economic growth, *Cambridge Journal of Economics*, 30(1), 7-32.

North, D. C., 1994, Institutional competition, in Siebert, H.(ed.), *Locational Competition in the World Economy*, J. C. B. Mohr, Tübingen, 27-44.

O'Rourke, T. D., 2007, Critical infrastructure, interdependencies, and resilience, *Bridge-Washington-National Academy of Engineering*, 37(1), 22.

Öz, Ö. and Özkaracalar, K., 2011, What accounts for the resilience and vulnerability of clusters? The case of Istanbul's film industry, *European Planning Studies*, 19(3), 361-378.

Palekiene, O., Simanaviciene, Z. and Bruneckiene, J., 2015, The application of resilience concept in the regional development context, *Procedia-Social and Behavioral Sciences*, 213, 179-184.

Park, E. and Østergaard, C. R., 2012, Cluster decline and resilience? The case of the wireless communication cluster in North Jutland, Denmark.

Perrings, C., Folke, C. and Mäler, K. G., 1992, The ecology and economics of biodiversity loss: the research agenda, *Ambio*, 21, 201-211.

Pimm, S. L., 1984, The complexity and stability of ecosystems, *Nature*, 307(5949), 321-326.

Scoones, I., 1999, New ecology and the social sciences: what prospects for a fruitful engagement?, *Annual Review of Anthropology*, 28(1), 479-507.

Scott, W. R., 2003, Institutional carriers: reviewing modes of transporting ideas over time and space and considering their consequences, *Industrial and Corporate Change*, 12, 879-894.

Simmie, J. and Martin, R., 2010, The economic resilience of regions: towards an evolutionary approach, *Cambridge Journal of Regions, Economy and Society*, 3(1), 27-43.

Svoboda, O. and Applová, P., 2014, The regional economic resilience and cohesion policy, 5th Central European Conference in Regional Science.

Teigão dos Santos, F. and Partidário, M. R., 2011, Strategic planning approach for resilience keeping, *European Planning Studies*, 19(8), 1517-1536.

Trembaczowski, Ł., 2012, Learning regions as driving forces for urban economic resilience-two subregional examples of post-industrial city transition, *Journal of Economics & Management/University of Economics in Katowice*, 10, 137-150.

Vayda, A. P. and McCay, B. J., 1975, New directions in ecology and ecological anthropology, *Annual Review of Anthropology*, 4(1), 293-306.

Walker, B., Gunderson, L., Kinzig, A., Folke, C., Carpenter, S. and Schultz, L., 2006, A handful of heuristics and some propositions for understanding resilience in social-ecological systems, *Ecology and Society*, 11(1).

Zimmerer, K. S., 1994, Human geography and the "new ecology": the prospect and promise of integration, *Annals of the Association of American Geographers*, 84(1), 108-125.

제6장

혁신클러스터 발전을 위한 사회·제도적 조건 및 정책 방향

1. 머리말

1990년대 중반 이후 마이클 포터(Michael Porter)의 클러스터는 지역 및 산업 정책 수립의 도구로서 커다란 주목을 받아 왔다. 우리나라에서도 참여정부의 지역균형발전 정책의 일환으로 지역혁신체계와 클러스터 기반의 구축은 침체된 지방경제에 새로운 활력을 불어넣어 줄 수 있는 대안적인 정책수단으로 일종의 열병의 징후마저 보이는 실정이다.

클러스터는 경쟁하면서도 협력하는 연관 기업, 전문 공급업자와 서비스 제공자들, 관련 산업(전후방 산업)에 종사하는 기업들, 관련 제도들(대학, 규제기관, 동업자조합 등)이 지리적으로 집중하고 있는 공간을 의미한다(Porter, 1998). 클러스터는 모든 지역에서 경제활동이 이루어지고 있지만, 특히 지역경제의 성과가 그렇지 않은 지역에 비해 우월한 지역에서 주로 나타나는 특징적 현상이다. 마셜(Marshall) 이후 집적경제는 경제과정(economic process)의 지리적 현상을 이해하는 데 가장 기본적인 개념으로서 인식되어 왔다. 그러나 이 개념이 정책입안자와 학자들의 주목을 끌게 된 이유는 하버드 대학교의 포터가 세계경제에서 성공적인 경제성장을 달성하고 있는, 소위 경쟁력의 기반이 확고한 지역들이 모두 클러스터라는 공간경제 조직의 형태를 가지고 있다는 점에 착안하여, 클러스터를 지역경쟁력 확보를 위한 대안적인 정책도구로 강조하기 시작한 데서 찾을 수 있다.

클러스터 정책은 기존의 경제발전 정책과는 근본적으로 상이한 관점에서 출발한다. 무엇보다도 클러스터 정책은 지역개발정책, 과학기술정책, 산업정책(특히 중소기업정책)을 포괄하는 종합적인 정책수단이라는 점이다(Boekholt and Thuriaux, 1999). 그동안 지역정책은 지역이 가진 역량 혹은 경제 시스템의 실태와는 유리된 획일적인 방식으로 추진되어 왔다. 또한 산업정책은 기존 산업기반의 역량 제고를 위한 기업 지원에 초점을 둔 반면, 과학기술정책은 신기술의 개발을 위한 연구개발 부문의 지원에만 초점을 두는 이원적인 체제로 추진되어 왔다.

이와 같은 기존의 지역정책으로는 지역의 현실을 고려한 현실적이면서도 미래지향적인 경제발전 전략을 수립하기가 어려우며, 기존의 산업정책으로는 새로운 혁신의 원천을 발굴하는 데 한계가 있다. 그리고 기존의 과학기술정책으로는 기술개발의 결과를 산업화로 연계시키지 못하는 한계성을 각각 내포하고 있다. 따라서 클러스터 정책은 이 세 가지 정책을 포괄한다는 점에서 그 의의가 크다고 할 수 있다.

한편 서구의 선진 제국, 특히 클러스터 정책이 명시적인 국가정책으로 채택되어 온 유럽의 각 국가들에서 클러스터 정책은 대단히 다양한 형태로 추진되어 왔다. 이에 클러스터 정책은 획일적인 모델로 설명하는 것이 불가능하며, 개별 클러스터의 형태와 존립기반, 국가 경제체제의 발전궤적 및 국가혁신체제, 산업의 특성 및 비즈니스 환경, 거버넌스 체제, 문화적 및 제도적 기반, 지역산업 및 과학기술정책의 추진방식 등 다양한 측면들이 복합적으로 결합되어 나타난다고 할 수 있다.

그러나 유럽의 선진국가들은 기존의 금융 인센티브를 통한 개별 기업지원 중심의 산업정책에서 혁신환경 조성을 통한 클러스터 단위 육성 정책으로 이행하고 있다. 또한 클러스터의 경쟁력을 강화하기 위해 물리적 집적기반보다는 신뢰와 협력에 기반한 네트워크를 통해 클러스터의 경쟁력을 확보하는, 소위 혁신클러스터를 창출하기 위한 정책으로 전환하고 있다는 공통적인 특징을 확인할 수 있다(Boekholt and Thuriaux, 1999; Roelandt et al., 2000; 이철우·이종호, 2002).

우리나라에서도 구조적 침체 상태에서 벗어나지 못하고 있는 지방경제의 발전을 도모하기 위해서는 기존의 정책 철학과 수단으로는 한계가 있다고 판단하고 산업클러스터 활성화 정책을 추진하고 있다. 그러나 현재 중앙정부와 지방정부가 추진하고 있는 클러스터 육성 정책들은 여전히 물적 하부구조 구축에 초점을 두고 있으며, 클러스터의 혁신을 위한 질적 기반이 되는 사회적 자본, 네트워크, 집단학습 등과 같은 소프트 인프라 측면에 대해서는 상대적으로 소홀한 면이 없지 않은 것이 현실이다. 따라서 새로운 지역산업 및 과학기술정책 대안으로 주목받고 있는 클러스터 정책의 관련 개념들을 고찰하고 혁신클러스터로의 육성을 위한 사회·제도적 조건 및 정책 수립 방향을 적극적으로 모색할 필요가 있다.

2. 클러스터의 정의 및 구성요소

클러스터 개념은 완전히 새로운 개념이 아니다. 약 100여 년 전 마셜(Marshall)의 집적경제론이 발표된 이후 경제지리학 및 지역경제학에서는 산업의 공간적 집적현상을 해석하기 위한 연구들이 지속적으로 수행되어 왔다. 그러나 이러한 집적현상을 클러스터라는 개념으로 처음 정의한 학자는 마이클 포터이다. 포터(Porter, 1998)는 클러스터를 공통성과 보완성을 통해 연계된 관련 기업들과 특정 분야의 관련 기관들이 지리적으로 집적되어 있는 것으로 정의하였다. 즉 클러스터는 특정 지역에 상호 연관관계가 깊은 다수의 기업과 기관이 모여 있는 것이다. 여기서 관련 기업이라 함은 수평적으로 동일 업종의 경쟁 기업과 생산공정에서 수직적으로 상호 관련되어 있는 기업을 포괄하는 것이다. 따라서 클러스터에는 최종제품을 생산하는 기업 혹은 서비스를 제공하는 기업(특수한 생산요소, 기계, 서비스의 공급자들, 관련 산업에 종사하는 기업들)뿐만 아니라 하위부문(downstream)의 관련 기업(보완재의 생산업자들, 전문적 인프라의 제공자들)도 포함된다.

그리고 클러스터는 전문적인 훈련, 교육, 정보, 연구, 기술을 제공하고 지원하는 일련의 정부 및 민간 기구들을 포함하고 있다. 클러스터에 중요한 영향을 미치는 정부기관과 규제기구들도 그 일부로 고려될 수 있다. 마지막으로 동업자조합을 비롯한 다양한 민간단체 및 지원기관을 포함하고 있다(그림 6-1).

클러스터론에서 관련 기업이라 함은 특정 최종생산물의 생산체계를 구성하는 전후방 가치사슬에

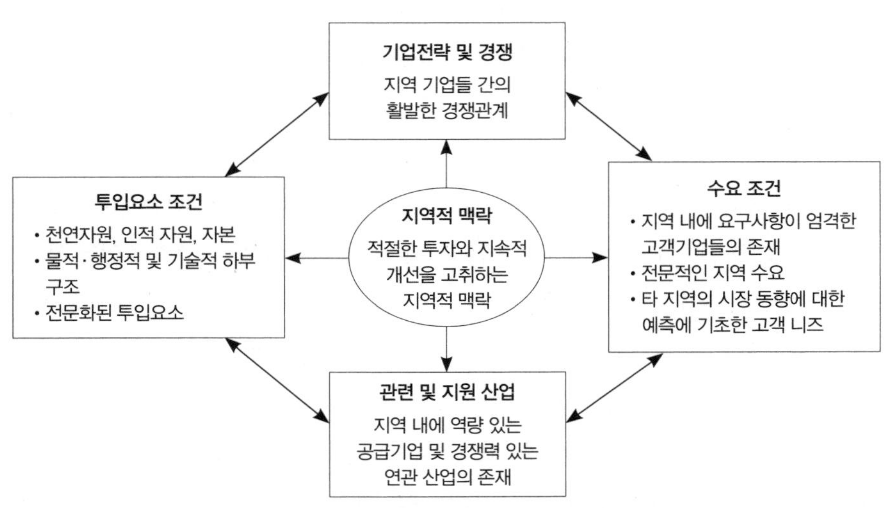

그림 6-1. 클러스터에 대한 포터의 다이아몬드 모델

출처: Porter, 1998에서 필자 재구성.

포함되는 일체의 기업들을 포괄할 수 있다. 따라서 클러스터를 규정하는 산업의 정의 및 경계를 가치사슬 개념을 중심으로 내릴 경우, 기존의 전통적인 표준산업분류(SIC)체계는 단순히 통계적인 의미에 불과할 수밖에 없다. 포터 또한 클러스터 구성요소의 정의 및 경계 설정에 대해 다음과 같이 언급하고 있다.

> "클러스터의 구성요소를 파악하는 작업은 무엇보다도 대기업이나 유사 기업의 구심점을 선정하여 그 기업이나 산업의 전후방 가치사슬을 고찰하는 데서 출발한다. 다음 단계에서는 동일한 유통 채널의 채용 여부, 상호보완적인 제품이나 서비스 공급 여부 등의 기준으로 산업을 수평적으로 분석한다. 산업의 수평사슬은 유사하면서도 전문화된 원재료 혹은 기술을 사용하고 있느냐, 혹은 형태는 다르지만 공급 측면에서 연계성이 있느냐 등의 기준으로 파악한다. 기업과 산업을 파악하고 난 다음 단계에서는 전문 기능, 기술, 정보, 자본, 기반시설 등을 공급하고 있는 기관과, 클러스터 구성 주체들이 참여하고 있는 모든 형태의 단체를 선별해 낸다. 마지막 단계에서는 클러스터 구성 주체에게 커다란 영향을 미치는 정부 혹은 규제기관을 도출한다"(Porter, 1998: 198).

그러나 이러한 포터의 클러스터 선별기준은 클러스터를 선별하고 그 구성요소들을 밝히는 데 명확성을 떨어뜨린다는 주장도 제기되고 있다(Martin and Sunley, 2002). 그럼에도 불구하고 포터의 정의는 클러스터 접근방법이 기존의 전통적인 산업집적론에서 미처 주목하지 못했던 가치사슬 개념에 기초하고 있다는 점에서 기술의 융화(convergence)에 따라 급변하는 산업의 경계와 네트워크 조직화에 따른 기업 간 연계의 복잡성을 이해하는 데 방법론적 적합성을 가진다는 점에서 큰 의의가 있다고 할 수 있다.

이와 같이 클러스터는 특정 제품과 서비스를 중심으로 한 가치사슬을 기준으로 정의하는 것이 보편적인 방법이다. 그러나 최근 들어서는 가치사슬상에서 연계관계를 가지지 않더라도 그 지역에 내재되어 있는 고유한 역량이나 기술의 측면에서 관련성을 가진 기업들이 집중되어 있는 형태 또한 클러스터로 인식하는, 소위 역량기반 클러스터 접근(competence based cluster approach)방법도 제시되고 있다. 역량기반 접근방법에서는 직접적인 시장경쟁 관계는 가지지 않지만 기업의 역량을 구성하는 지식체계가 유사할 경우 공통성과 보완성을 가질 수 있다고 본다.

예를 들어, 동부 스웨덴(East Sweden)의 소프트웨어 산업클러스터의 소프트웨어 개발업체들은 정보통신 네트워킹 솔루션 개발, 경영정보 시스템 개발, 게임 소프트웨어 개발 등 시장영역이 근본적으로 상이하다. 그러나 이 지역 소프트웨어 개발업체들은 기본적으로 소프트웨어 프로그램 개발이라는 측면에서 유사성을 공유한다. 이곳 업체들의 핵심 연구개발 인력은 이 지역의 중심 대학인 린셰핑(Linköping) 대학교 전산학과 졸업생이 중심이며, 이 대학 전산학과와 활발한 산학협력 및 기업 간 협력활동이 일어나고 있다(Raines, 2000).

따라서 역량기반 접근방법은 직접적인 가치사슬로 연결되어 있지 않더라도, 기술 및 지식이 유사성과 보완성을 가지고 있다면 얼마든지 경쟁력을 가진 혁신클러스터가 될 수 있음을 시사한다.

클러스터의 유형이 어떠하든 특정 클러스터에 포함된 기업들은 클러스터 내에 있는 다른 기업들과 동일한 지리적·사회문화적·제도적 조건하에서 활동하고 있기 때문에, 클러스터에 속한 기업들의 수요는 유사할 가능성이 크다고 할 수 있다. 이러한 점에서 클러스터는 경쟁에 따른 피해를 우려하거나 경쟁관계를 제한하지 않으면서 공통의 관심 분야에서 상호협력할 수 있는 기회를 제공한다고 할 수 있다.

이 밖에도 클러스터는 기업경쟁력에 긍정적인 영향을 미칠 수 있는 다양한 이점을 제공한다(Porter, 1998). 첫째, 전통적인 집적경제론에서 논의되어 온 집적의 외부효과로서 거래비용의 절감효과와 더불어 생산요소 및 숙련 노동력에의 접근성 및 공공재에 대한 접근성에 따른 혜택을 들 수 있다. 둘째, 관련된 기업 및 기관들이 집적해 있음으로써 시장 및 기술 동향과 관련된 지식과 정보에 대한 접근성이 높아진다. 셋째, 클러스터 구성요소 간의 상호의존성은 개별 기업들이 미처 만들기 어려운 브랜드 이미지 구축 효과를 제공한다. 이러한 지역 브랜드 형성을 통해 기업들은 재원 조달 및 마케팅 등에서 부수적인 혜택을 누릴 수 있다. 넷째, 클러스터 내의 기업들은 근접성에 기초한 느슨한 네트워크 관계를 통해 해당 분야의 기술 및 시장 동향 및 환경 변화를 보다 신속하게 감지할 수 있을 뿐만 아니라 상호작용적 학습능력이 향상됨으로써 기술혁신의 잠재성을 제고할 수 있다. 더불어 클러스터 내 기업들은 혁신에 필요한 새로운 투입요소, 서비스, 장비 및 기타 관련 요소들을 용이하게 접근·조달할 수 있다. 이외에도 관련된 업종에서의 창업에 유리한 입지적 및 제도적 환경을 제공함으로써 창업의 진입장벽을 떨어뜨려 창업을 촉진한다.

3. 클러스터, 네트워크 그리고 사회적 자본

1) 클러스터와 네트워크

클러스터(cluster)와 네트워크(network)는 동전의 양면과 같이 상호보완적인 성격을 띠는 개념이다. 네트워크는 클러스터의 작동원리 혹은 존립기반을 결정하는 가장 기본적인 요소의 하나로, 클러스터 발전전략을 수립하는 데 가장 핵심적인 정책수단이기도 하다(Cooke and Morgan, 1993).

경영학에서 네트워크 전략은 기업 간 협력 및 학습을 통한 기업경쟁력 강화의 수단으로 인식된다. 그러나 경제지리학에서는 가치사슬에 기초한 산업전문화가 지리적으로 집중된 형태를 가짐으로써 근접성에 기초한 긴밀한 대면접촉을 통해 학습 네트워크 관계가 더욱 촉진될 수 있다고 주장한다. 따라서 유럽 제국 및 북아메리카에서는 기업 간 및 기업과 여타 관련 기관과의 네트워크를 제고하기 위한 여러 가지 네트워크 촉진 프로그램들이 사실상 클러스터 육성 전략의 일환으로 추진되어 왔다(이철우 · 이종호, 2002).

이처럼 네트워크 전략이 클러스터 육성 전략의 일환으로서 광범위하게 활용되어 왔지만, 클러스터와 네트워크는 기본적으로 상이한 개념적 성격을 가지고 있다(표 6-1). 네트워크는 네트워크 관계에 편입된 구성원들만의 상호작용을 전제하는 폐쇄적이고 제한적인 멤버십의 형태를 띠는 반면, 클러스터는 진입과 퇴출이 자유로운 개방적인 멤버십의 형태이기 때문에 다양한 네트워크 관계가 중첩되어 나타난다. 또한 네트워크 관계는 주로 전략적 제휴, 합작투자, 하청관계 등 공식적 파트너십을 통한 계약관계에 기초하는 반면, 클러스터는 신뢰와 호혜성을 바탕으로 한 비공식적 상호작용을 촉진하는 사회적 자본(social capital)에 기초한 일종의 산업지역 커뮤니티라고 할 수 있다(Rosenfeld, 1997).

이러한 행위자 간 관계 맺음의 차이점은 기업의 경쟁논리와도 직접적인 관계를 가진다. 즉 네트워크가 경쟁을 추구하는 전략적 수단으로서 협력을 도모하는 것이라면, 클러스터는 지역에서 동일하거나 관련된 업종에 종사하는 기업들이 협력을 통해 상생을 추구하는 경쟁 모델이라고 이해할 수 있다. 따라서 네트워크가 사업상 공통의 목적을 위해 출발한 목적 특수적 집단이라면, 클러스터는 집합적 비전을 공유하고 추구하는 느슨한 결합체의 성격을 가진다고 할 수 있다.

표 6-1. 네트워크와 클러스터의 비교

네트워크	클러스터
소규모적	대규모적
제한적인 멤버십	개방적인 멤버십
공식적 파트너십을 통한 계약관계에 기초	비공식적 상호작용을 통한 사회적 자본에 기초
협력을 통한 경쟁에 기초	협력과 경쟁에 기초
사업상 공동의 목적을 추구	집합적 비전을 추구

출처: Rosenfeld, 1997을 토대로 필자 재구성.

2) 클러스터와 사회적 자본

클러스터론이 기존의 전통적인 집적이론과 다른 가장 큰 차별적인 요인은 크게 두 가지를 들 수 있다. 첫째, 클러스터를 기업, 산업, 지역, 국가의 경쟁력을 좌우하는 중요한 측면으로 인식한다는 점이다. 둘째, 관련된 기업들의 집적지의 동태성 혹은 존립기반을 구성하는 주요한 요인으로서 개인 간 및 관련 경제주체 간의 사회적 관계를 규정하는 사회문화적 요인을 밝히는 데 초점을 둔다는 점이다. 경제사회학에서는 모든 경제행위는 사회적 관계성 속에 뿌리내려져 있으며, 제도화된 과정 속에서 발현된다는 점이 강조되고 있다. 이는 곧 경제와 사회 간의 불가분성을 강조하며, 경제활동의 사회적 뿌리내림과 개인 간의 관계적 네트워크를 핵심 개념으로 인식한다(Granovetter, 1985).

이러한 측면에서 사회적 자본(social capital)이라는 용어는 지역경제를 구성하는 사회적 관계의 특성을 담지하는 포괄적인 개념이다. 사회적 자본 개념은 다양하게 정의되고 있으나, 간략히 말하자면 '협력적 행위를 촉진시키는 사회적 관계와 사회구조적 특질'로 정의할 수 있다(Putnam et al., 1993). 인적 자본이나 문화 자본 등과 같은 여타 형태의 자본들과는 달리 사회적 자본은 행위자들 간의 관계구조에 내재된 집합적 성격을 가지므로, 사회적 뿌리내림 과정을 통해 구축되는 것이다(Coleman, 1988). 따라서 사회적 자본은 비시장적 상호의존성을 촉진하는 사회적 관계성의 자산이자 집합성의 자산이 된다.

이처럼 사회적 자본을 개인적 자산이 아닌 집합적 자산으로서, 사회적 네트워크와 개념적 차별성을 가진다. 달리 말하면 사회적 자본은 누구나 향유할 수 있는 공공재적 성격을 지니는 반면, 사회적 네트워크는 네트워크에 편입되지 않은 개인 혹은 집단을 배제하는 배타적 속성을 지니고 있다(Mohan and Mohan, 2002). 또한 사회적 자본의 형성과 발달은 네트워크 속에서의 접촉의 양적 측면보다는 신뢰(trust)와 호혜성(reciprocity)에 기반한 인간관계의 질적 측면에 의존한다. 이러한 점에서 사회적 자본은 상호 간에 공유되는 집단적인 기대치와 믿음을 반영하는 것이다. 이것은 곧 경제적 교환은 네트워크 관계에 있는 경제주체들 간의 신뢰와 친밀성의 수준에 따라 영향을 받는다는 점을 강조하는 것이다. 따라서 사회적 자본은 네트워크 관계 내의 구성원들 간에 정보와 자원의 흐름을 촉진하고, 비시장적 상호의존성을 바탕으로 거래비용을 절감하며, 경제적 관계에서 불확실성을 감소시키는 데 기여한다(Putnam et al., 1993; Dibben, 2000).

사회적 자본의 개념은 기업 수준에서부터 소규모 산업 커뮤니티, 지역 혹은 국가 수준에 이르기까지 다양한 스케일에 걸친 산업조직 형태의 발전 모델에 적용되고 있다. 그 이유는 사회적 자본의 구축과 축적이 지식창출 및 혁신의 중요한 원천으로 기능하는 것으로 인식되고 있기 때문이다. 개별 기업 및 조직 수준에서 조직 내에 점진적으로 축적된 사회적 자본은 구성원들 간의 관계적 근접성(relational proximity)을 향상시킴으로써 지리적 및 기능적으로 분산되어 있는 조직적 지식들을 통합하고, 조직학습과 혁신능력을 향상시켜 줄 수 있는 촉매제 역할을 한다(Cohendet et al., 1999; Amin and Cohendet; 2000; Lee, 2001). 또한 사회적 자본은 산업클러스터의 존재양식을 이해하는 데에도 유용하다. 퍼트넘 외(Putnam et al., 1993)는 제3이탈리아 산업지구의 경제적 번영은 사회민주주의 전통에 기초한 시민사회 구성원들의 활발한 참여문화와 경제주체 간의 신뢰에 기반한 사회적 관계, 즉 오랜 기간 동안 지역에 축적된 사회적 자본에 기인한 것임을 밝힌 바 있다. 그러나 제3이탈리아 지역의 사회적 자본 특성은 역사적 발전과정과 무관하지 않으며, 이 지역에만 고유하게 나타나는 사회적 유대 관계와 문화적 특성이 발현된 결과이기 때문에 성공적인 발전 경로를 걷고 있는 여타 혁신클러스터에서 나타나는 사회적 자본 특성과는 상이할 수밖에 없다.

바로 이러한 점에서 코헨과 필즈(Cohen and Fields, 1999)는 실리콘밸리가 사회적 자본이라는 지역적 이점이 풍부한 경제공간이기는 하지만 제3이탈리아의 그것과는 완전히 상이한 종류의 사회적 자본을 기초로 경제발전을 달성하고 있음을 지적하였다. 즉 제3이탈리아의 사회적 자본이 시민사회의 자발적 참여문화와 전통에 기초한 도덕적 자원이라면, 실리콘밸리의 그것은 기업의 혁신능력과 경쟁력 향상을 목표로 한 경제주체 간의 광범한 협력적 파트너십을 통해 구축된 전략적 협력의 자원이라는 점이다. 실리콘밸리의 기업들은 지리적 근접성을 바탕으로 신속한 신뢰(swift trust)를 형성하고, 이를 기반으로 지식산업 공정에서 필요한 아이디어를 주고받으면서 혁신성을 향상시킨다(Saxenian, 2000).

사회적 자본은 그 본질에 있어 장소 특수성, 역사성 및 맥락성이 반영된 제도적 구축과정의 소산물이다. 그러나 사회적 자본은 반드시 제3이탈리아 모델에서와 같이 자동적이고 자생적으로 발현되는 것만은 아니며, 실리콘밸리 모델과 같이 전략적이고 목적적인 행위가 반영된 집단적 협력 및 집단학습 과정을 통해서도 축적될 수 있다. 이러한 측면에서 혁신클러스터의 육성 정책에 있어 사회적 자본의 창출을 통한 상호학습 문화와 혁신능력의 제고를 지향하는 중장기적인 프로그램을 수립하고 실행할 필요가 있다.

4. 클러스터 수명주기와 혁신의 제약

일반적으로 모든 클러스터는 일정한 수명주기를 가진다(그림 6-2). 클러스터가 형성되기 위해서는 우선 관련된 기업들이 하나둘씩 모여들도록 만드는 유인 기제가 작용함으로써 가능하다. 이러한 유인 기제는 정부 정책을 통해 마련되기도 하지만, 실리콘밸리를 비롯한 많은 첨단산업 클러스터들은 선구자적인 기업 혹은 첨단 연구개발 기관 및 우수한 인재를 보유한 대학 등 수요-공급 기반을 창출할 수 있는 기본 인프라가 존재하는 것이 중요하다. 실리콘밸리를 예로 들면, 스탠퍼드 대학교라는 모태 조직이 첨단산업에 필요한 우수한 인재들의 인력 풀을 제공하고 새로운 지식을 제공하는 싱크탱크 역할을 담당하였다. 그리고 휴렛팩커드나 페어차일드 같은 스타 기업들이 자리를 잡게 됨으로써 전후방 연계를 통한 관련 기업들의 집적이 이루어지고 모조직으로부터 분리신설 창업이 활성화되었다(이장우 외, 2001).

보다 구체적으로 브레스나한 외(Bresnahan et al., 2001)에 따르면, 실리콘밸리, 케임브리지, 북부버지니아 등과 같은 소위 신경제(new economy)기반 첨단산업 클러스터일지라도 초기 형성단계에서는 기업의 내부 역량 구축, 경영능력, 숙련 노동력의 안정적 공급, (틈새)수요시장의 창출능력 등이 클러스터의 성장기반을 구축하는 것으로 나타났다. 그 예로, 시스타 및 오울루 등과 같은 북유럽의 첨단산업 클러스터에서는 초기 성장기반을 구축하는 데 고급 과학기술 인력 및 숙련 인력의 존재와 틈새시장 그리고 국제적 수요시장의 구축이 결정적인 요인으로 작용하였다.

이렇게 촉발된 클러스터의 역동성을 통해 관련 기업들이 점차 모여들게 되면, 클러스터의 기업들을 지원하는 각종 지원기관이 설립되거나 이미 존재하는 관련 지원기관들과의 네트워킹이 활성화되기 시작한다. 점진적으로 클러스터의 혁신체계가 정착되면서 지역의 혁신역량이 향상되면 클러스터의 외부성을 향유하기 위해 역외 기업 및 숙련 노동력들이 유인된다. 이와 더불어 정상적 시장

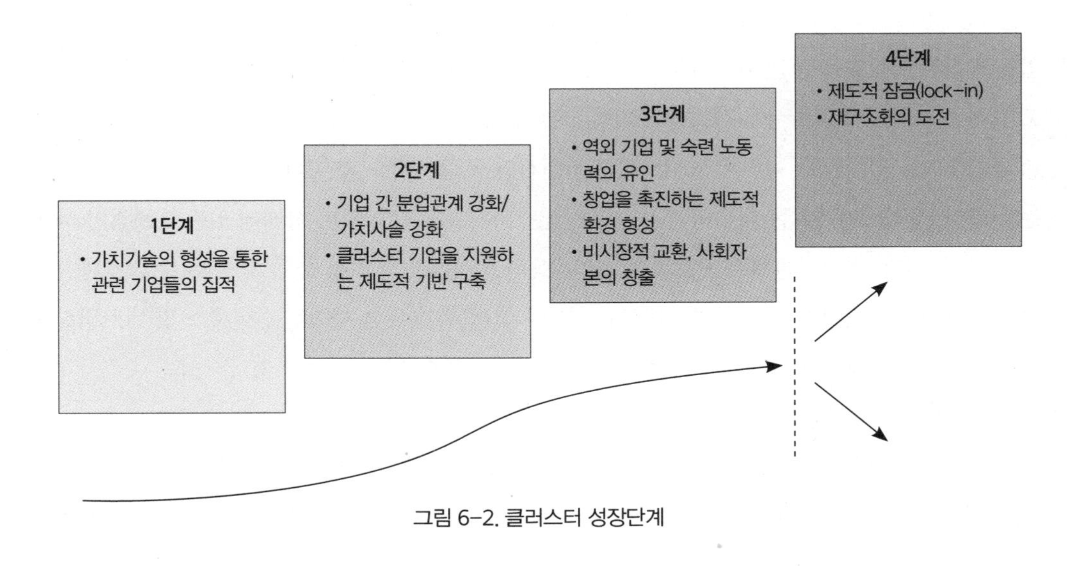

그림 6-2. 클러스터 성장단계

거래 메커니즘을 넘어선 비시장적인 교환관계가 클러스터의 저변에 축적되면서 상호작용적인 학습을 촉진하는 사회적 자본이 클러스터에 뿌리내려진다(남기범, 2003). 이것이 의미하는 바는 기업들이 단순 집적되어 있는 클러스터가 집단학습에 기초한 혁신클러스터로 진화하기 위해서는 소프트 인프라의 구축이 절대적인 요인이 된다는 점이다.

그러나 클러스터의 역량기반이 확고히 구축되고, 사회적 자본의 제도화가 고정단계에 접어들면 기술 및 시장 환경의 변화에 적응하기보다는 기존의 관행과 역량에 집착하는 소위 경로의존적 발전 경로를 따르는 경향이 있다. 따라서 전환기단계에 도달한 클러스터는 제도적 고착(lock-in)을 극복하고 재구조화를 통해 새로운 성장의 활력을 찾기 위한 탐색적 노력을 어떻게 하느냐에 따라 클러스터의 존립기반이 결정된다고 할 수 있다.

진화경제학적 관점에서 보았을 때, 클러스터 지속적 발전 및 혁신을 제약하는 제도적 요인은 크게 3가지 측면으로 구분할 수 있다. 첫째는 제도적 빈약(institutional thinness)으로, 이것은 클러스터의 제도적 하부구조 자체가 취약한 데서 기인하는 것이며, 클러스터 내 기업 간 연계 및 상호관련성이 미약하거나 지원기관 및 지식 하부구조가 취약함으로써 시너지를 창출할 수 있는 기본 토양마저도 구축되어 있지 못한 상태를 의미한다. 소위 '발전의 섬'으로 일컬어지는 수도권 및 일부 대도시 지역을 제외한 대다수의 지역 및 도시들이 이 상태에 머물고 있는 것으로 보인다. 따라서 구조적인 제도적 빈약 상태에 있는 클러스터를 육성하기 위해서는 동업종 및 관련 업종의 기업들을 지역에 유치하기 위한 적극적인 정책뿐만 아니라 수요자 중심적인 기업 지원 및 혁신 지원기관을 설립할 필요가 있다.

둘째는 제도적 파편화(institutional fragmentation)로, 클러스터에 같거나 혹은 유사한 업종의 기업들이 집적되어 있을 뿐만 아니라 각종 지원기관들이 존재하고는 있지만, 혁신체계를 구성하는 제도 간에 신뢰와 상호의존성에 기초한 사회적 자본이 매우 취약하여 제도적으로 파편화된 상태에 있는 클러스터를 의미한다. 따라서 클러스터의 본질적인 목적인 학습 및 시너지 창출 효과를 기대하기는 어렵다. 우리나라에서는 대구의 섬유산업 클러스터가 제도적 파편화 상태에 있는 대표적인 사례라고 할 수 있다. 지역혁신체계가 효과적으로 기능하지 못하는 이러한 클러스터에서는 상호관련성 없이 산발적으로 흩어져 있는 지역경제의 주체들을 묶어 주기 위한 사회적 컨센서스 및 네트워킹을 구축하기 위한 정책적 방안을 강구하는 것이 우선 과제일 것이다.

셋째는 제도적 고착(institutional lock-in)이다.

이상은 지역혁신체계의 상부구조와 하부구조가 취약한 데서 야기된 제도적 제약이라고 할 수 있다. 이에 반해 여기에서 제시되는 제도적 현상은 클러스터의 제도적 주체들 간의 네트워크가 너무 폐쇄적이어서 '제도적 경직성' 혹은 '사회적 관계의 과도한 뿌리내림(over-beddedness)'을 초래함으로써 급변하는 시장 및 기술 환경 변화에 대한 적응력을 상실하고 있는 상태를 의미한다. 그래노베터(Granovetter, 1985)를 비롯한 경제사회학에서는, 네트워크를 통한 사회적 관계성이 긴밀해지면 네트워크 관계에 포함된 행위자들 간의 의사소통 능력이 향상되고 사회적 교환이 활성화되는 반면, 네트워크의 진입장벽이 높아져 네트워크가 폐쇄성을 띠면 새로운 관점을 유연하게 받아들일 수 없게 된다고 본다.

한편 진화경제학적 관점에서는, 강한 네트워크는 구성원 간의 집단학습 능력을 고취하여 암묵적 지식의 교환에 기초한 점진적 혁신과정을 통해 핵심 역량을 구축하는 데 기여하는 반면, 이질적이고 새로운 지식에 대한 접근능력을 제약함으로써 환경 변화에 대한 적응능력의 저하를 초래하게 된다고 주장한다(Dosi and Malerba, 1996; Lee, 2002). 이의 대표적인 사례로서 스위스의 쥐라(Jura) 시계산업 클러스터를 들 수 있다(Glasmeier, 1994). 쥐라 지역의 시계산업 클러스터 기업들은 전통적인 제품 디자인, 기술, 생산방식에만 집착함으로써 디지털화의 조류에 적절하게 적응하지 못해 커다란 위기를 맞은 바 있다.

또한 독일의 루르(Ruhr) 지방은 철강 및 금속 산업을 성장동력으로 산업화 이후 오랜 기간 동안 자본주의 산업화의 거점지역으로서 발전해 왔으나, 1970년대 중반부터 과도한 국지적 연계와 폐쇄적 네트워크 체제로 기능적·인지적 및 정치적 고착효과에 의해 환경 변화에 대한 적응력을 상실하게 되어 지역경제가 급격한 쇠퇴를 경험하였다(Grabher, 1993).

한편 허드슨(Hudson, 1994)은 잉글랜드 북동부 지역에 대한 사례 연구를 통해 제도의 과잉에 따른 제도들 간의 충돌(institutional dissension)과 제도적 고착현상이 지역경제 재구조화에 커다란 걸림돌이 되고 있다는 점을 지적하고 있다. 잉글랜드 북동부 지방은 기존에 구축된 지역의 제도적 밀집 및 심화로 인해 경로의존성을 탈피하지 못하고 과거의 관행과 인지적 틀에 얽매여 있을 뿐만 아니라, 지역경제 주체들 간에 유기적인 관계의 네트워크가 구축되어 있기보다는 협소한 파벌주의가 팽배해 있다. 그 결과 제도적 밀집이 새로운 환경에 걸맞게 제도화되지 못함으로써 경제적 성과가 선순환구조를 가지지 못하는 요인이 되고 있다. 따라서 최근에는 기술발전의 고착 가능성과 인지적 경직성을 극복하고, 세계화 과정에서 '발전의 고립된 섬'으로 남지 않기 위해서는 국지적 네트워크의 강화와 동시에 개방적 네트워크의 구축 필요성이 강조되고 있다(이철우·이종호, 2000; Bunnell and Coe, 2001; MacKinnon et al., 2002).

이상에서 살펴본 클러스터 혁신을 제약하는 다양한 제도적 조건들은 클러스터의 발전정책을 수립하는 데, ① 만병통치약과 같은 클러스터 발전전략은 존재하지 않으며, ② 클러스터 발전전략은 산업조직 특성뿐만 아니라 클러스터가 안고 있는 제도적 제약조건에 대한 철저한 규명에서부터 출발해야 한다는 점을 강조한다.

5. 혁신클러스터 창출을 위한 사회·제도적 조건

1) 사회적 조건: 학습 커뮤니티와 네트워킹

클러스터를 구성하고 있는 주체들 간에 신뢰와 호혜적 교환을 통한 사회적 관계로 정의되는 사회적 자본이 형성되지 않고서는 체계적 혁신을 기대할 수 없으며, 지역의 제도적 자산들은 시너지를 만들지 못할 뿐만 아니라 상호작용적 집단학습도 일어날 수 없다(Cooke, 2002). 따라서 소프트 인프라 측면에서 혁신클러스터 창출을 위한 가장 기본적인 과제는 클러스터 구성 주체들이 명확한 정체성을 확립하고 그들 간의 공통의 인식기반을 구축할 수 있도록 장려하는 커뮤니티 구축 프로그램을 마련하여 이를 지속적으로 지원하는 것이다.

이를 위한 구체적인 실천방안으로는, 우선 클러스터 브랜드화를 위한 사업을 실시하는 것이다. 클러스터의 대외 인지도가 클러스터 내 기업들의 마케팅 효과에 부분적 혹은 때에 따라 상당한 영향을 미칠 수 있다. 예를 들어, 실리콘밸리에서 활동하고 있는 중소 벤처기업이 해외시장을 개척함에 있어 실리콘밸리의 벤처생태계에서 존립하고 있다는 사실 하나만으로도 기업 인지도의 제고효과를 가지는 경우가 종종 있다는 점에서 클러스터 자체를 브랜드화하기 위한 전략적 접근이 필요하다. 이러한 장소마케팅 혹은 클러스터 브랜드화 전략은 간접적인 측면에서는 기업마케팅 효과와 함께 직접적인 측면에서는 역외 자본의 투자 유치에도 긍정적인 효과를 미칠 수 있다.

둘째, 클러스터 구성 주체들 간의 사회적 자본을 형성하고 집단학습 능력을 제고하는 학습 커뮤니티 육성사업을 추진해야 한다. 이를 위한 가장 보편적인 방법은 혁신 포럼을 결성하고 그것이 활성화될 수 있도록 장려하는 것이다. 대표적 사례로서, 노르웨이의 올레순(Ålesund) 지역의 산학연관 주체들은 북서지역 포럼(Nordvest Forum)이라는 지역학습 네트워크를 자발적으로 결성하여 회원기업들이 경영, 기술 및 마케팅 노하우를 상호 간에 공유하고 학습하는 만남의 장을 활성화하고 있다. 이 지역 기업들이 학습 네트워크 결성에 적극적이었던 이유는 경영 및 기술적 내부 역량이 충분하지 못한 중소기업들이 대다수를 차지하고 있다는 점과 함께, 지역 중소기업들을 지원하는 공공부문의 역할이 취약하기 때문이다(Hanssen-Bauer, 2001). 우리나라의 대덕밸리에서도 초기단계이

긴 하지만 북서지역 포럼과 유사한 형태의 학습 네트워크가 자발적으로 결성되기 시작하였다. 반도체모임, 보안모임, 광통신모임, 디지털방송모임 등이 그것이다. 그중 '반도체모임'과 '보안모임'의 예를 들면 다음과 같다.

"'반도체모임'은 대덕밸리 내 반도체 관련 업체들의 혁신 포럼으로서 가장 먼저 2001년 3월 출범했다. 이 모임은 매월 수요일 둘째 주에 장소를 달리하면서 상호협력을 모색하고 있으며, 충남벤처협회와 교류에 나서는 등 점차 그 활동영역을 확장하였다. 반도체모임 회원사들이 천안 지역 반도체 기업을 방문하기도 했으며 천안 지역 반도체 기업들을 초청하는 등 공동협력을 다져 나가고 있다. 지난해 말에는 코스닥위원회 출입기자들을 초청, 대덕밸리 반도체기업을 소개하기도 했다. 또한 2002년 7월 보안시스템 관련 업체 10여 개가 중심이 되어 결성된 자발적 혁신 포럼인 '보안모임'에서는 온라인과 오프라인을 병행하면서 참가기업들이 생산하는 보안 관련 제품에 대해 홍보하고 정보를 교류하는 사이버 이벤트를 추진하는 등 상호협력을 도모하고 있다. 이 모임에는 한국정보통신대학교 정보보호기술연구소도 참여해 대덕밸리 보안기업과의 협력을 시도하는 등 산학연 공동사업을 펼치고 있다"(전자신문, 2002년 3월 17일자에서 필자 작성).

이러한 모임들이 주로 관련 업체 간의 정보교류 및 상호협력을 통한 혁신클러스터 창출의 필요조건이긴 하나 충분조건이 될 수는 없다. 국내에서 주로 결성되고 있는 동업종 및 이업종 간의 교류모임들은 주로 최고경영자 중심의 친목 도모 및 정보교환이 주된 활동 내용이다. 그러나 보다 중요한 것은 지식창출의 원천인 엔지니어와 같은 실무 전문가들 간의 교류를 활성화하는 것이다. 따라서 필자는 클러스터 내에서 소속은 다르지만 동일하거나 유사한 실무에 종사하고 있는 전문가들의 학습 네트워크인 소위 '실무 네트워크(networks of practice)'를 활성화시킬 필요가 있다고 본다. 실무 네트워크는 같은 직장에서 동일한 업무에 종사하면서 일상적인 대면접촉을 갖는 실무 커뮤니티(communities of practice)와는 성격이 다르다(Wenger, 1998; Brown and Duguid, 2000; Lee, 2001). 실무 네트워크의 구성원들은 업무의 성격상 많은 공통점을 갖고 있기 때문에 서로가 직접적으로 함께 일을 하지는 않지만 많은 양의 공통된 실무를 공유하고 있으며, 관련 분야에서 풍부한 암묵지(tacit knowledge)를 보유하고 있다. 따라서 실무를 공유하는 전문가들 간의 네트워크를 통해 클러스터의 집단학습이 활성화될 것이다. 한마디로 조직 내에서는 실무 커뮤니티를 육성하고 클러스터 차원에서는 실무 네트워크를 육성함으로써 클러스터의 혁신역량을 제고할 수 있다.

이와 같은 학습 커뮤니티의 활성화 정책과 함께 클러스터 정책은 클러스터 내 기업 간 및 산·학·

연 간의 원활한 커뮤니케이션 채널의 구축을 위한 사업들을 적극 지원해야만 한다. 이를 위해 혁신 포럼, 실무 네트워크 모임, 웹사이트를 구축하고, 뉴스레터를 제작하고, 각종 비즈니스 관련 데이터베이스를 구축함으로써 개방적이면서도 결속력이 있는 범클러스터 차원의 네트워킹 잠재성을 제고할 수 있다.

마지막으로, 클러스터 내의 기업 간 및 관련 기관 간 네트워킹을 촉진하기 위한 프로그램을 시행해야 한다. 먼저, 기업 간 네트워킹 육성 정책은 특히 가치사슬에 기초한 클러스터의 경쟁력 강화를 위해 중요하다. 유사한 경제활동 영역에서 상호보완적인 전략적 관계를 가진 기업들의 집적은 분업관계를 촉진한다(Porter, 1998). 클러스터에서 이러한 분업관계에 기초한 비시장적 상호의존성의 형성은 유사한 경제활동에 특화된 타 지역의 클러스터에 대한 경쟁우위 요소를 제공한다. 따라서 기업 간 네트워킹 정책은 클러스터의 가치사슬을 강화하고, 기업 간 기술·숙련·노하우 등의 지식 이전 및 교환을 활성화시키는 데 일차적 목표를 두어야 한다.

이와 함께 대학 및 민간 연구기관 등의 연구개발 기관과 기업 간의 네트워킹도 클러스터 정책의 중요한 대상이다. 지원기관과 여타 주체들을 포함한 산·학·연 간의 네트워킹은 혁신체계론에서 특히 강조하는 측면이다(Edquist, 1997; Cooke and Morgan, 1998). 특히 R&D 활동을 통해 개발된 기술의 상업화가 클러스터의 다이너미즘을 견인하는, 소위 역량주도형 클러스터(competence-driven clusters)의 발전에 중요한 수단이라 할 수 있다. 그러나 반드시 역량주도형 클러스터가 아니더라도 산·학·연 네트워크는 클러스터의 기술혁신 역량 제고 및 신기술 창업의 활성화를 통한 클러스터 다이너미즘의 지속적 발전을 위해 매우 중요한 측면이다. 이를 위한 정책수단으로서 과학기술자들을 대상으로 한 창업교육 및 경영교육 프로그램 및 산학협동 연구 프로젝트를 촉진하기 위한 금융지원 프로그램 등을 들 수 있다.

2) 제도적 조건: 지역혁신의 거버넌스

그렇다면 누가, 어떻게 커뮤니티 구축을 통한 집단학습 및 산·학·연·관을 포괄하는 네트워킹을 지원하는 실행 주체가 되어야 하는가? 유럽의 경우 이러한 프로그램들은 주로 지역 대학 혹은 리얼 서비스 지원조직에 의해 수행된다. 북유럽 국가들의 경우는 주로 대학이 산·학·연 네트워킹 프로그램의 주도적 주체의 역할을 담당한다. 예를 들면, 핀란드의 오울루(Oulu)나 탐페레(Tampere) 등과 같은 지역에서는 오울루 대학교 및 탐페레 공과대학교 등 지역의 중심대학에 기술이전 및 기술 상업화 센터를 통해 산·학·연 네트워킹의 활성화에 기여하고 있다. 클러스터 네트워크의 핵심 브로커

조직으로서 지역의 거점대학들은 기업가적 마인드를 가지고 지역 기업들의 수요를 반영하기 위해 지역 기업들의 참여를 실질적으로 유도하는 프로그램을 운영하고 있다(복득규 외, 2003).

반면에 이탈리아의 에밀리아로마냐 지역에서는 지역개발기구 산하의 리얼 서비스센터 조직들이 산학연 네트워킹 활성화의 핵심 매개조직으로서 지역의 중소기업들에 실질적인 서비스를 제공하고 있다(이철우 외, 2003). 특히 이곳의 지역기술이전센터(ASTER)는 지역 중소기업의 기술혁신을 촉진하기 위해 기술이전과 혁신 프로젝트 추진, 기술혁신과 경영에 관한 기술 지원, 국내외의 기술이전 파트너 탐색, 기술정보 제공, 자금 조달 등의 측면에서 매개 역할을 수행할 뿐만 아니라, 기술이전 프로젝트의 결과를 지역 중소기업들에 확산시키기 위해 워크숍과 세미나를 개최하고 매뉴얼, 가이드, 신문 및 기타 출판물 등과 같은 명시적 지식 형태의 지식화 작업을 통해 지역 중소기업들에 다양한 학습 채널을 제공함으로써 클러스터 내 지식의 흐름과 확산을 도모하고 있다.

또한 이 지역의 대표적인 클러스터별 리얼 서비스센터인 섬유산업정보센터(CITER)는 패션 동향 분석, 시장 및 기술 동향 분석, 소비 동향 분석, 시장 개척, 기술혁신과 정보 시스템에 대한 정보 제공 등 카르피(Carpi)를 중심으로 한 의류산업 클러스터의 중소기업들이 자체 역량을 강화할 수 있도록 각종 리얼 서비스를 제공한다.

요약하면, 혁신클러스터 육성 정책의 실행 주체는 해당 지역의 제도적 조건에 따라 달라질 수 있다. 다만, 정책의 실행 주체가 누구든 간에 지역 기업들의 적극적인 참여를 유도할 수 있는 수평적 거버넌스 체제의 확립을 통한 정책추진이 전제가 되어야만 할 것이다(이철우·이종호, 2002)(그림 6-3).

현재 우리나라에서는 각 지역의 클러스터를 구성하는 주요 주체인 산·학·연·관 제도들이 유기적인 협력관계 속에서 시너지를 창출하기보다는 원자화된 개별 행위자로 파편화되어 있다는 점에서 혁신체계의 잠재성이 매우 낮다. 또한 지역 산업 및 과학기술 정책의 기획·수립·실행·평가 단계가

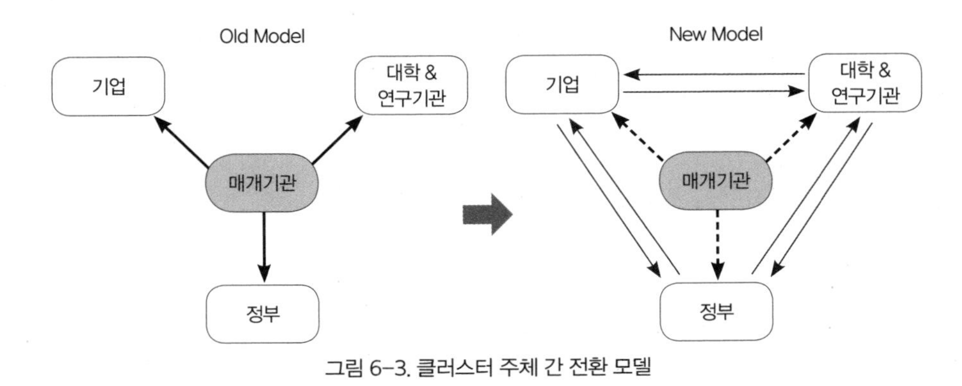

그림 6-3. 클러스터 주체 간 전환 모델

수직적이거나 투명하지 못한 의사결정 구조를 가짐으로써 정책결정 자체가 태생적으로 문제점을 가지고 있다. 중앙정부의 권력에 타율적일 뿐만 아니라 위계적인 관료주의적 성향이 여전히 지배적인 현재의 우리나라 지방정부 운영 시스템으로는 지역혁신정책을 효과적으로 수행하기 어렵다.

이러한 문제점을 해결하기 위해 우선 경제권 단위로 지역혁신추진기구를 설립하고 운영할 필요가 있다(그림 6-4). 지역혁신추진기구는 지역혁신체계를 구성하는 다양한 주체들을 조정·통합할 뿐만 아니라 통합적이고 중장기적인 차원에서 지역혁신 능력을 제고할 수 있는 정책을 수립·평가·실행하는 것을 주요한 운영목표로 하게 될 것이다.

이와 함께 지역의 산·학·연 네트워크가 효과적으로 구축되어 있지 않기 때문에 지역 기업들의 수요를 적절히 충족시켜 줄 뿐만 아니라, 경쟁력 제고를 도모하는 리얼 서비스센터들을 통합 지역혁신추진기구의 하위조직으로 설정하고 운영하는 방안도 동시에 검토할 필요성이 있다. 이를 위해 지방정부는 지역혁신추진기구의 설립단계에서 주도적 역할을 담당하여야 할 것이다. 그러나 지역혁신추진기구가 실질적으로 지역 산업 및 과학기술 정책의 기획·수립·실행·평가 등의 역할을 수행함에 있어 지방정부의 간섭 혹은 통제는 반드시 배제되어야만 투명성과 일관성이 담보된 지역혁신정책을 추진할 수 있을 것이다.

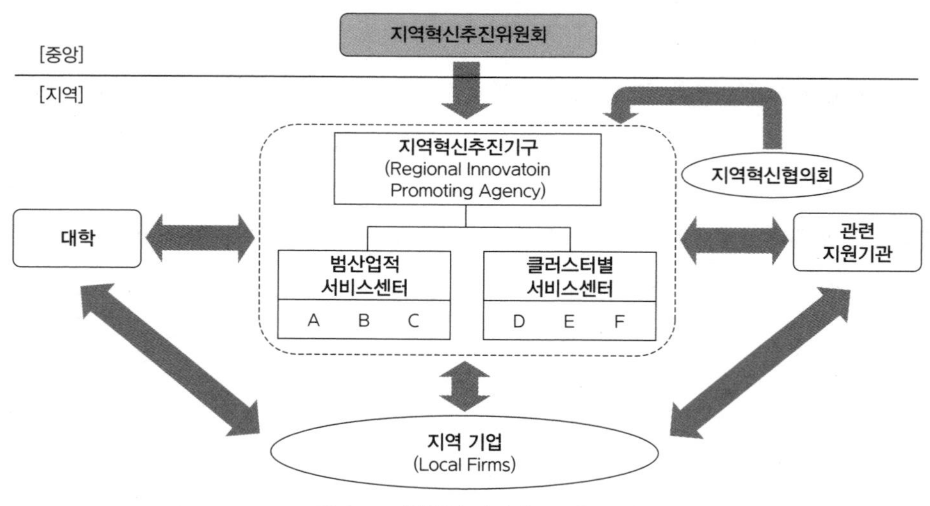

그림 6-4. 지역혁신 거버넌스 구축 모형

6. 정책 제안

참여정부 이후 새로운 지역 산업 및 과학기술 정책 패러다임으로 대두되고 있는 혁신클러스터의 육성 정책을 제시해 보고자 하였다. 이를 위해 클러스터 관련 개념들을 고찰함과 동시에 혁신클러스터 창출을 통해 지역경제 발전을 달성하고 있는 선진 제국의 선험적 사례들을 토대로 우리나라 혁신클러스터 정책 수립에서의 시사점을 다음과 같이 제시하고자 한다.

첫째, 클러스터는 그 의미상으로 가치사슬 혹은 역량의 측면에서 유사성을 공유하고 있는 기업들의 공간적 집합체라는 점에서 클러스터의 공간적 범위는 특정 행정구역의 경계와 반드시 일치하지는 않으며, 오히려 여러 행정구역 경계를 넘나드는 유동적인 지리적 경계를 가지는 경우가 많다. 따라서 클러스터의 경계를 행정구역에 따라 획정하여 클러스터 육성 정책을 산발적이고 개별적으로 실시하는 것은 성과의 잠재성이 반감될 가능성이 높다.

둘째, 클러스터 정책이 실효성을 가지기 위해서는 중앙정부의 산업 및 과학기술 정책과 지방정부의 산업 및 과학기술 정책을 효과적으로 결합하고 조정하여 클러스터 육성 정책을 수립하는 것이 중요하다. 중앙정부는 개별 지역혁신체계 혹은 클러스터의 경쟁력이 국가 전체의 틀 속에서 부분의 합보다 큰 시너지를 창출하는 데 초점을 둘 필요가 있다. 이를 위해 중앙정부는 인센티브 배분의 권력을 통제권으로 행사하는 것이 아니라, 각 지방정부 단위로 수립되는 클러스터 육성 정책을 모니터링하여 조정·통합하는 거버넌스 체제를 구축하여야 한다.

셋째, 클러스터 정책의 수립에 앞서 각 지역은 그 지역에 형성되어 있는 클러스터의 실태와 잠재성을 명확하게 파악하는 분석 작업을 선행할 필요가 있다. 지금까지 국내외의 경험에 비추어 보았을 때, 클러스터 정책은 단순히 실리콘밸리와 같이 성공적인 클러스터 모델을 이식하는 방식으로 수립·추진되어서는 실효성이 없다는 점은 주지의 사실이다. 따라서 클러스터 정책은 타 지역과 구분되는 그 지역만의 핵심적인 고유 역량을 발굴하고 이를 토대로 급변하는 기술과 시장 환경의 변화에 적응할 수 있는 혁신체계를 구축하여야만 한다. 클러스터의 구성요소들이 제 기능을 발휘할 뿐만 아니라 개방적 네트워크를 바탕으로 한 상호학습 환경이 조성되었을 때 그 클러스터는 혁신클러스터가 될 수 있다. 이를 위해 지역혁신정책은 지역에 존재하는 산업들의 가치사슬을 정밀히 파악하여 혁신을 저해하는 요소를 제거하고, 혁신의 원천들이 기능적 연계관계를 가지도록 유도하는 전략을 실행할 필요가 있다.

넷째, 이와 함께 클러스터 육성 정책의 수립에서 지역의 새로운 성장동력을 발굴하는 것은 지역경제의 제도적 고착을 탈피하고 혁신능력을 향상시키기 위해 중요하지만, 그렇다고 개별 지역이 가지고 있는 혁신체계의 잠재성과 현실을 간과한 맹목적인 하이테크 물신주의를 지양하여야 한다. 영국의 경우 중앙정부 주도하에 전국의 클러스터 현황 분석 작업을 수행하여, 각 지역별로 형성되어 있는 클러스터들의 정책 가이드를 제공한 바 있다. 이외에도 클러스터 매핑 작업은 북유럽을 비롯한 유럽연합의 많은 국가들이 이미 완료하였거나 수행 중에 있다. 현재 우리나라에도 각 지역별로 클러스터 육성 정책이 봇물처럼 쏟아지고 있는 추세이지만, 경쟁력이나 성장잠재성의 측면에서 냉정한 분석적 시각을 가지고 추진되는 사례가 드문 것이 현실이다.

예를 들어, 모든 지역이 한결같이 테크노폴리스 혹은 테크노파크 등과 같은 물리적 집적단지를 조성하여 IT, BT, NT, CT 등 소위 신경제 클러스터 육성 정책에 열을 올리고 있으나 그 실현 가능성이 의문시되거나 중장기적인 계획을 통해 체계적으로 추진되고 있지 않다. 이러한 문제는 첨단산업 클러스터 육성뿐만 아니라 기존의 성숙 산업클러스터의 육성 정책에서도 동일한 문제점을 나타내고 있다. 모든 지역이 신경제 클러스터의 형성기반을 갖추고 있지는 않으며, 세계경제에서 실리콘밸리와 같이 성공적인 첨단산업 클러스터는 단지 몇몇 지역에 불과한 것이 현실이다. 따라서 클러스터 육성 정책은 작은 것에서부터 시작해서 신산업과 신사업의 싹이 지역에 성공적으로 뿌리내릴 수 있도록 혁신에 기반한 제도적 환경을 조성하여야 한다. 또한 클러스터 정책은 새로운 산업클러스터와 기존 클러스터의 균형적 육성에 초점을 둘 필요가 있다. 이를 위한 보다 구체적인 방안으로 클러스터 정책은 지역에 존재하는 부문별 클러스터들 간의 가치사슬 연결고리를 맺어 주는 연계 전략을 통해 추진될 필요가 있다. 예를 들어, 핀란드의 오울루 지역은 이미 국제적 경쟁력을 확보한 IT산업 클러스터의 정보통신 소프트웨어 및 하드웨어 기술기반을 오울루 의과대학 종합병원이 보유한 의료(BT)기술과 접목한 첨단 의료장비 클러스터의 육성에 힘쓰고 있다는 점에서 우리에게 좋은 정책적 시사점을 제공한다.

다섯째, 특정 산업클러스터의 진흥 정책을 수립할 시 클러스터의 수명주기 특성을 고려한 정책을 수립할 필요가 있다. 예를 들어, 잠재적 클러스터 혹은 초기단계의 클러스터 육성을 위해서는 물리적 인프라 구축 등과 같은 전통적 집적기능 강화에 우선순위를 두고 정책을 수립할 필요가 있으며, 성장단계의 클러스터는 성장엔진을 더욱 강하게 만드는 소프트 인프라(사회적 자본 혹은 협력의 네트워크)의 강화에 초점을 둘 필요가 있다. 반면에 성숙산업 클러스터는 제도적 고착을 탈피하고 새로운 성장의 다이너미즘을 창출하기 위해 재구조화 전략과 혁신체계 구축 전략을 동시에 추진하는 것이 정책의 초점이 되어야 한다.

이에 대한 보완적인 정책 방안으로서 클러스터 정책은 대상 클러스터에 대한 정교한 SWOT 분석 결과를 바탕으로 약점을 보다 강화하여 전체적으로 시스템이 제대로 작동할 수 있는 정책적 방안이 요구된다. 이것은 1990년대 이후 기업경영의 화두로 대두되고 있는 핵심 역량 경영 패러다임과 일맥상통하는 것으로서 특정 클러스터가 동일한 시장을 대상으로 경쟁하는 세계의 여타 클러스터에 비해 우위에 있는 역량의 기반, 즉 핵심 역량이 무엇인지를 탐색하여 그것을 중심으로 적극적인 지원 정책을 취하는 한편, 경쟁우위 창출을 위해 요구되지만 클러스터에 그 기반이 구축되어 있지 않은 역량을 배양하는 정책 처방전을 수립하는 것을 의미한다.

여섯째, 클러스터 정책 수립에서는 벤처정신, 기업가정신, 상호작용적 학습문화의 제고를 위한 정책을 수립할 필요가 있다. 클러스터는 기업활동을 둘러싸고 상호작용 관계에 있는 주체들이 유기적으로 기능하는 생태계이며, 혁신클러스터의 존립기반은 상호작용적 학습에 기초한 지식창출 및 지속적 혁신에 있다. 생태계는 다양한 유기체들이 생존을 위해 끊임없이 경쟁하는 장이다. 생태계로서 클러스터는 적자생존을 위한 클러스터 경계 내부에 있는 기업들 간에 치열한 경쟁 메커니즘이 존재한다. 그러나 세계화와 지식기반경제로의 이행은 이와는 다른 경쟁 양식을 요구한다. 즉 클러스터의 유기체들은 더 큰 외부환경과의 경쟁에서 생존해야 한다는 공통의 과제에 직면하게 되는 것이다. 이와 같은 경쟁 양식의 변화는 클러스터의 유기체들이 적응하기 위해 필요로 하는 것이 무엇인지를 명확하게 제시하는 것이다. 따라서 클러스터 정책은 경쟁과 협력이 공존하는 공진화적인(co-evolutionary) 생태계 환경, 생태계 부분들이 전체 최적화를 달성할 수 있도록 제도적 환경을 조성하고 지역 내의 지식흐름을 촉진하기 위한 혁신 주체들 간에 학습 네트워크 정비를 통한 파트너십을 구축하는 것이 매우 중요한 실천과제이다.

이를 위해 지역혁신추진기구, 지방정부, 대학 등이 중심이 되어 산업현장에서 필요한 리얼 서비스를 제공하고 해외의 선진기술국이나 시장과의 개방형 네트워크를 구축하여 신시장을 개척하고 새로운 기술을 적극적으로 수용하여야 할 것이다.

• 참고문헌 •

남기범, 2003, "서울 신산업집적지 발전의 두 유형: 동대문시장과 서울벤처밸리의 산업집적, 사회적 자본의 형성과 제도화 특성에 대한 비교", 한국경제지리학회지, 6(1), 45-60.

복득규 · 고정민 · 권오혁 · 김득갑 · 박용규 · 심상민, 2003, 한국 산업과 지역의 생존전략: 클러스터, 삼성경제연구소.

이장우 · 사무엘츄 · 김선홍 · 장덕수, 2001, "벤처산업 집적화의 성공요인: 미국, 대만, 그리고 이스라엘의 사례를 중심으로", 중소기업연구, 23(1), 3-33.

이철우 · 이종호, 2000, "창원 산업지구의 비즈니스 네트워크와 뿌리내림", 지리학논구, 20, 84–112.

이철우 · 이종호, 2002, "EU의 지역정책 변화와 지역혁신정책의 함의", 국토연구, 34, 15–28.

이철우 · 이종호 · 김명엽, 2003, "지역혁신체제에 있어 지역개발기구의 역할: 이탈리아 에밀리아 로마냐 지역개발기구(ERVET 시스템)를 사례로", 한국경제지리학회지, 6(1), 1–20.

Amin, A. and Cohendet, P., 2000, Organizational Learning and Governance Through Embedded Practices, *Journal of Management and Governance*, 4, 93-116.

Boekholt, P. and Thuriaux, B., 1999, Public Policies to Facilitate Clusters: Background, Rationale and Policy Practices in International Perspective, in OECD(ed.), Boosting Innovation: The Cluster Approach, OECD, Paris.

Bresnahan, T., Gambardella, A. and Saxenian, A., 2001, 'Old Economy' Inputs for 'New Economy' Outcomes: Cluster Formation in the New Silicon Valleys, *Industrial and corporate Change*, 10(4), 835-860.

Brown, J. S. and Duguid, P., 2000, *The Social Life of Information*, Harvard Business School Press, Boston.

Bunnell, T. and N. M. Coe, 2001, Spaces and Scales of Innovation, *Progress in Human Geography*, 25(4), 569-589.

Cohen, S. S. and Fields, G., 1999, Social Capital and Capital Gains in Silicon Valley, *California Management Review*, 41(2), 108-130.

Cohendet, P., F. Kern, B. Mehmanpazir, and F. Munier, 1999, Knowledge Coordination, Competence Creation and Integrated Networks In Globalised Firms, *Cambridge Journal of Economics*, 23(2), 225-241.

Coleman, J., 1988, Social Capital in the Creation of Human Capital, *American Journal of Sociology*, 94, 95-120.

Cooke, P. 2002, *Knowledge Economies: Clusters, Learning and Cooperative Advantage*, Routledge, London.

Cooke, P. and K. Morgan, 1993, The Network Paradigm: New Departures in Corporate and Regional Development, *Environment and Planning D: Society and Space*, 11, 543-564.

Cooke, P. and Morgan, K., 1998, *The Associational Economy: Firms, Regions, and Innovations*, Oxford University Press, Oxford.

Dibben, M., 2000, *Exploring Interpersonal Trust in the Entrepreneurial Venture*, Macmillan, Basingstock.

Dosi, G. and Malerba, F., 1996, Organizational Learning and Institutional Embeddedness: an Introduction to the Diverse Evolutionary Paths of Modern Corporations, in Dosi, G. and Malerba, F. (eds.), *Organization and Strategy in the Evolution of the Enterprise*, Macmillan, London.

Edquist, C., 1997, "Systems of Innovation Approaches - Their emergence and characteristics", in Edquist, C. (ed.), *Systems of Innovation: Technologies, Institutions and Organizations*, Pinter, London.

Glasmeier, A., 1994, Flexible Districts, Flexible Regions? The Institutional and Cultural Limits to Districts in An Era of Globalization and Technological Paradigm Shifts, in Amin, A. and Thrift, N. (eds.), *Globalization, Institutions, and Regional Development in Europe*, Oxford University Press, Oxford.

Grabher, G., 1993, The Weakness of Strong Ties: the Lock-in of Regional Development in the Ruhr Area, in

Grabher, G. (ed.), *The Embedded Firm: on the Socioeconomics of Industrial Networks*, Routledge, London.

Granovetter, M., 1985, Economic Action and Social Structure: The problem of Embeddedness, *American Journal of Sociology*, 91, 481-510.

Hassen-Bauer, J., 2001, The NordVest Forum Module, in Gustavesen, B., Finne, H., and Oscarsson, B. (eds.), *Creating Connectedness: the Role of Social Research in Innovation Policy*, Benjamins, Amsterdam.

Hudson, R., 1994, Institutional Change, Cultural Transformation, and Economic Regeneration: Myths and Realities from Europe's Old Industrial areas, in Amin, A. and Thrift, N. (eds.), *Globalization, Institutions and Regional Development in Europe*, Oxford University Press, Oxford.

Lee, Jong-Ho, 2001, Geographies of Learning and Proximity: a Relational/Oganizational Perspective, *Journal of the Korean Geographical Society*, 34(5), 539-60.

Lee, Jong-Ho, 2002, Corporate Learning and Radical Change: the Case of Korean Chaebol, Ph.D. Thesis, University of Durham.

MacKinnon, D., Cumbers, A. and Chapman, K., 2002, Learning, Innovation and Regional Development, *Progress in Human Geography*, 26(3), 293-311.

Martin, R. and Sunley, P., 2002, Deconstructing Clusters: Chaotic Concept or Policy Panacea?, *Journal of Economic Geography*, 3(1), 5-35.

Mohan, G. and Mohan, J., 2002, Placing Social Capital, *Progress in Human Geography*, 26(2), 191-210.

Porter, M., 1998, *On Competition*, MA: Harvard Business School Press, Cambridge.

Putnam, R., A. Leonardi and Nanetti, R., 1993, *Making Democracy Work: Tradition in Modern Italy*, Princeton University Press, Princeton, NJ.

Raines, P., 2000, Developing Cluster Policies in Seven European Regions, Working Paper, 42, European Policies Research Centre, University of Strathclyde.

Roelandt, T., V. Gilsing and van Sinderen, J., 2000, New Policies for The New Economy Cluster-based Innovation Policy: International Experiences, Paper presented at the 4th Annual EUNIP Conference, Tilburg, The Netherlands (7-9December).

Rosenfeld, S., 1997, Bringing Business Clusters Into the Mainstream of Economic Development, *European Planning Studies*, 5(1), 3-23.

Saxenian, A., 2000, The Origins and Dynamics of Production Networks in Silicon Valley, Kenny, M. (ed.), *Understanding Silicon Valley: The Anatomy of an Entrepreneurial Region*, Stanford University Press, Stanford, CA.

Wenger, E., 1998, *Communities of Practice: Learning, Meaning, and Identity*, Cambridge University Press, Cambridge.

제7장

산업집적지 분석 틀로서의 지장산업론의 의의

1. 지장산업론의 전개와 지장산업의 개념 및 성격

1) 지장산업론의 전개

일본 경제는 1971년의 달러쇼크 및 1973년의 제1차 오일쇼크와 그 이후의 장기불황, 그리고 1977년의 엔화 평가절상(円高), 제2차 오일쇼크 등을 계기로 고도경제성장기에서 저성장경제로 이행하였다. 이러한 경제환경의 변화로 지장산업(地場産業)은 여러 가지 측면에서 경영위기를 겪게 되었고, 이러한 경영위기를 극복하기 위한 대안의 일환으로 지장산업 연구가 더욱 활발하게 이루어졌다. 그러나 최근 이러한 어려움은 어느 정도 해결되어 가고 있다. 이를 반영하듯 지장산업에 관한 연구열기도 점차 식어 가는 추세에 있다. 다른 한편에서는 지장산업을 산업의 한 유형으로서 그 특성을 파악하려는 연구에서, 경제의 세계화·지방화와 지식기반경제 사회로의 전환에 따른 지역경쟁력 강화를 위한 기술혁신과 지식창출 그리고 집단학습의 장(場)으로서의 산업집적지에 대한 정책적 관심이 확대되면서 지역진흥을 위한 수단으로 주목받고 있다.

지장산업 그 자체는 고도성장기 이전부터 존재하였지만, 과거에는 '재래공업' 혹은 '전통산업'과 기본적으로 동등시되어 공업지리학의 범주에서 주로 연구되어 왔다. 그러나 1970년대에 들어서는 '지장산업'을 학술용어로 그 개념을 정의하고 새로운 분석 틀을 정립하였으며, 이를 기반으로 한 사례 연구가 늘어나기 시작하였다. 나아가 지장산업은 산업 및 지역 정책의 하나의 수단이자 지역산업 발전, '마을만들기(마찌쯔구리)'·'마을활성화(무라오코시)'의 열쇠가 될 수 있다는 점에서 크게 주목을 받게 되었다. 이와 같이 지장산업이 주목받게 된 배경은 다음과 같다.

첫째, 1960년 이후의 고도경제성장기에 일본의 산업구조가 크게 변화하는 가운데 전통적 산업, 또는 재래공업으로 지칭되던 산업집단이 크게 변하였다. 오랜 역사를 가진 산지의 제품, 원료, 제조기술이 급속하고 전면적으로 변화하는 과정에서 전통적인 생산방법을 유지하고 있는 산지의 대부분은 정체 및 쇠퇴한 반면, 기술혁신에 기반한 신흥 산지는 크게 성장하였다. 그 결과 과거의 '전통', '재래'라고 하는 역사적 개념에 기초한 정의로는 이러한 구조적 변화를 이해하기 어려웠기 때문에 새로운 개념 규정이 필요하였다.

둘째, 지장산업이 지역과 밀접한 관련성을 가지며 발달해 왔다는 점에서, 지역의 경제·사회 담당자로 활약할 수 있다는 기대가 확대되었다. 1970년대 중반 이후 저성장기에 진입하면서, 고도성장기의 공업 분산과 재정에 의한 소득재분배 등에 의존한 지역발전은 더 이상 기대하기 어렵게 되었다. 따라서 각 지역은 과거의 중앙의존식 지역개발에서 탈피하여 내발적인 개발을 추구하게 되는, 소위 '지방의 시대'를 맞이하게 되었다. 이러한 사상은 '지역주의'로 일컬어지고 있다. 다마노이 요시로(玉野井芳郎, 1977)는 지역주의를 "지역 생활자들이 그 자연·역사·풍토를 배경으로 지역사회 또는 지역의 공동체에 대해 일체감을 가지는, 경제적 자율성을 토대로 스스로의 정치적·행정적 자율성과 문화적 독자성을 추구하는 것"으로 정의하였다. 지역주의 사상은 지장산업 연구뿐만 아니라, 정부의 중소기업 정책에도 큰 변화를 일으켜, 1979년에는 '산지중소기업대책임시조치법'을 제정하게 되었다. 즉 고도성장기 중소기업의 구조변화와 안정기 이후의 과제를 파악·해결하기 위해 지장산업이라는 개념이 등장하였고, 나아가 지역주의를 사상적 배경으로 한 지역경제 발전 담당자로서의 역할에 대한 기대로 지장산업의 연구는 더욱 활성화되었다.

따라서 지장산업의 연구는 크게 중소기업 연구의 주된 영역의 하나인 재래·전통 공업 연구에서 새로운 이론적 기반의 필요성에 관한 연구와 지역사회, 지역경제의 중요한 담당자로서의 역할에 초점을 둔 지역정책 수단에 대한 연구로 구분할 수 있다.

전자는 마쓰이 다츠노스케(松井辰之助, 1954)가 지적하였듯이, 중소기업은 시공간적 존재 형태가 다양하고 이질적이기 때문에 그 본질에 대한 분석이 중소기업 연구의 핵심 주제이다. 이러한 중소기업 연구 중에서 선진 자본주의 국가로부터 도입된 근대공업과 대비하여, 이전부터 이미 발달해 온 고유의 전통 공업의 존재 형태 및 공업경영 형태의 역사적 발전양상을 밝히고자 하는 것이 종래의 재래공업 연구의 시각이었다. 이러한 재래공업은 중소기업의 일부라고는 하지만, 역사적으로 보면 봉건사회에서 상업자본의 지배하에 수공업에 토대를 둔 가내공업의 형태를 취하면서 발달해 왔다. 그 후 자본주의 사회로 편입되면서 지속적인 재구조화 과정을 겪으면서도 소규모 기업이 지역적으로 집적한 산지를 형성하여 현재까지 유지하고 있는 경우가 많다. 따라서 재래공업 연구에서는 생산자가 산지의 상업자본에 의해 사회적으로 분업화되어, 기능적으로 통합된 생산유통 구조 바로 그것이 산지 존립의 기초구조(合田昭二, 1971)라고 지적되고 있듯이, 재래공업의 본질을 규명하는 것이 연구의 핵심 주제였다. 그러나 앞에서 언급한 바와 같이, 재래공업 또는 전통공업을 포함한 중소기업의 지역적 집적은 고도경제성장기를 통해 크게 변화하였다. 이러한 변화를 이해하기 위한 새로운 개념으로서의 '지장산업' 연구가 지리학을 비롯한 다양한 분야에서 활발하게 이루어졌다. 그러나 당시 지리학계의 지장산업 연구는 상세한 지역적 분석을 하고는 있지만, 해당 지역의 다양한 지리적 요소와의 관련성에 대한 분석에 초점을 두었으며 국가 전체의 공업 또는 중소기업과의 관련성과 전국적 자리매김 등에는 크게 역점을 두지 않았다. 반면에 소위 '지역주의론자'들은 지역경제의 주요한 담당자로서 지장산업의 역할에 초점을 두었기 때문에, 이들 연구는 현상의 해명이 최종 목적이 아니라 장래에 대한 비전을 제시하는 것에 역점을 두고 있다. 경제의 저성장기 이후, 지방으로의 공업 분산에 큰 기대를 할 수 없을 뿐만 아니라 재정 배분을 통한 지방으로의 소득이전 효과도 크게 기대할 수 없는 상황에서 지방은 내발적이고 자립적인 산업화의 길을 추구하게 되었다. 환언하면, 지역이 리더십을 가지고 생활복지와 직결된 산업정책을 요구하면서 지역의 독자적인 중소기업 확립을 통한 지역경제의 자립화가 강조되었다. 이때 지장산업은 지역이나 지역경제와 강한 관련성을 가진 중소기업의 하나의 유형이라는 점과 지역경제의 발전을 담당하고 있는 역할이 크다는 점에서 주목을 받아 왔다. 대표적인 지역주의론자의 한 사람인 기요나리 다다오(清成忠男, 1975)는 중소기업 본질에 대해 논의하는 과정에서, "지장산업의 건전한 발전에 의해 중소기업과 지역사회가 안정되는 것이다."라고 지적하면서, '지방의 시대'를 실현하기 위한 자립적인 산업화정책에서 지장산업의 의의를 강조하였다.

그러나 지역정책 수단으로서의 지장산업 연구는 지장산업이 중소기업의 국지적 집적, 즉 '산지'에 뿌리내리고 있음에도 불구하고 연구 초점을 '가공부문'에 한정함으로써 '산업'으로서 지장산업의 특성을 파악하는 것에 치우쳐서 입지 내지 지역의 측면을 간과하였다. 그 결과 이에 대한 정책은 '가공부문'을 중심으로 하는 '산업'진흥을 목적으로 하는 것이었다. 그러나 지장산업을 정책대상으로 고려할 경우에는 단순한 산업진흥보다 지역진흥의 시점에서 '가공부문'뿐만 아니라 '유통부문'도 포함한 '지장산업(산지)'을 정책대상으로 해야 한다.

왜냐하면 지장산업의 성장에 따라 시장이나 판로의 문제는 그 중요성이 커지기 때문에 '유통부문'

이 지장산업 진흥 및 지역 진흥에서 매우 중요한 역할을 담당하기 때문이다.

이상에서 살펴본 바와 같이, 지장산업을 둘러싼 논의에서 지장산업은 '지역'과의 연관성이 상당히 강하고, 그 '지장성(地場性)'이 지장산업 연구에서 중요하다는 것이 일관되게 지적되고 있다. 그러나 아오노 도시히코(青野壽彦, 1980)가 "그 산업이 어떤 지역에 입지하거나 집적하고 있는 의미, 또는 그 지역경제와의 관련성이 심도 깊게 연구된 적은 거의 없었다고 해도 과언이 아니다."라고 지적한 바와 같이, 지장산업이 입지한 지역사회를 연구대상으로 한 지역론적 연구는 소수이다.

2) 지장산업의 개념 및 성격

1970년대 이후 '지장산업'이라는 용어가 정착되면서, 이에 관한 연구가 크게 늘어났다. 그러나 지장산업이라는 개념이 명확하게 정의되지 않은 채 편의적으로 사용되는 경우가 많았고(湖尻賢一, 1980), 그 성격도 충분하게 규명되지 않았다고 해도 과언이 아니다. 따라서 지장산업의 개념과 성격에 대해 논의하고자 한다.

'지장'이라는 용어는 증권거래시장에서 사용되었던 '지장자본'에서 빌려 온 것이다. '지장자본'이란 대기업, 대규모 자본과 대비되는 것으로, 증권거래소가 소재한 지역에서 축적된 소자본집단을 의미한다. 즉 거래소가 있는 지역과 밀착되어 중앙자본이나 이와 연결된 대규모 자본과는 관계없는 소액·영세 자본을 의미하며, 자본의 소재(위치)를 함의하는 용어였다(板倉勝高·北村嘉行, 1980). 이러한 의미를 갖는 '지장'이라는 용어가 공업집단에 전용될 경우, 그 공업집단은 국가자본을 기반으로 한 중앙자본에 의한 것이 아니라 지역의 소자본에 의한 공업집단을 가리키는 것이다. 그러나 이 경우에 '지장공업'이 아니라 '지장산업'이라는 표현을 사용하는 이유에 관해서, 이타쿠라 가쓰타카(板倉勝高)는 유통 및 판매업을 비롯한 다양한 업종을 포함한 산업집단을 나타내기 때문이라고 주장하였다. 즉 영세 공업집단은 공업이 단독으로 존재할 수 없고 그 생산물을 광범위한 시장으로 유통시키는 매개자로서 상인의 존재가 불가결하기에, 교통·운송·금융 등을 추가한 산업집단을 가리키는 용어로서는 '지장공업'보다 '지장산업'이 더 적절하다고 할 수 있다.

그런데 이러한 지장산업은 생산품 또는 규모에 의해 정의된 것이 아니고, 산업적·기업적·경영적 특성이 상이한 다수의 산업과 이를 구성하는 다수의 기업 집합체일 뿐만 아니라 상당히 다양하고 이질적이며 다원적 존재이기 때문에 일원적이고도 명확하게 개념을 정의하는 것이 쉽지 않다. 따라서 한마디로 지장산업이라고 해도 그 실체는 대단히 복잡해서, 각 산지는 역사, 입지, 생산유통, 기술 또는 사회적 분업체제의 측면이나 당면문제도 각각 상이하다.

기요나리 다다오(清成忠男, 1980)는 일본 중소기업의 유형을 시장, 입지 및 사회적 분업의 기준에서 ① 지역산업형, ② 지장산업형, ③ 대기업의 생산관련형, ④ 기타 등 4개로 구분하고, 지장산업을 '지역의 특산품인 소비재를 전국시장 내지는 외국시장에 통합하는 산업'으로 정의하였다. 그리고 지장산업의 특징으로 ① 사회적 분업이 전개되고 외부경제가 축적되어 전체적으로 유기적인 구성체인 산지가 형성되어 있는 점, ② 어떤 역사적 전개의 결과로 다양한 경영자원이 축적되어 있는 점, ③ 노동집약적이고 기능에 의존하는 산업이 다수를 차지하는 점, ④ 생산유통의 담당자인 기업의 대부분이 중소기업인 점, ⑤ 시스템·조직자로서의 역할을 수행하는 기업이 존재하고 산지를 조직하고 있는 점 등을 지적하였다. 야마자키 미츠루(山崎充, 1977)는 지장산업이 중소기업 가운데 하나의 고유한 유형이라는 점을 대전제로, 기요나리 다다오(清成忠男, 1980)의 분류를 토대로 다음 5개의 특성을 갖춘 것을 지장산업이라고 정의하였다. 즉 ① 특정한 지역에서 발생 시기가 오래되고, 전통을 가진 산지라는 것, ② 특정한 지역에 동일 업종의 중소 영세기업이 지역적 기업집단을 형성해서 집적하고 있다는 것, ③ 생산·판매 구조가 소위 사회적 분업체제를 특징으로 한다는 것, ④ 그 지역 독자적인 '특산품'을 생산한다는 것, ⑤ 지역산업과는 달리 전국이나 해외와 같은 넓은 시장을 대상으로 제품을 판매한다는 것이다. 한편 이타쿠라 가쓰타카(板倉勝高, 1981)는 지장산업을 국지적 소비재 공업과 대비되며, 중앙자본에 의존하지 않는 중소·영세 규모의 지역집단이라는 것을 요건으로 하는 '영세기업의 지역집단에 의한 광역상품의 생산유통체계'로 정의하였다. 또한 다케우치 아츠히코(竹內淳彦, 1981)는 지장산업을 ① 동일 제품 또는 동일 공정의 작업과 관련된 소규모 기업이 일정 지역 내에 집적하는 국지적 산업집단으로, ② 산지 내에 제품의 생산과 유통을 통한 사회적 분업이 존재하며, ③ 중앙자본에 의한 것이 아니라 지역자본에 의해 운영되어, ④ 그 지역만이 아니라 전국 및 해외라는 광역시장에 의존하는 산업집적지로 규정하였다. 또한 일본 중소기업청의 『중소기업백서』(1980)에서는 지장산업을 "지역의 자본에 의해 일정한 지역에 집적하면서, 지역의 경영자본(원재료, 기술, 노동력 등)을 활용해서 제품을 생산하고 그 판매처를 지역뿐 아니라 지역 외부에서 발굴하는 산업"으로 정의하였다.

이상을 종합하면, 지장산업은 중소기업의 전형적인 유형의 하나이며, 지역과의 관련성, 소위 '지장성'이 필수적 요건이라고 할 수 있다. 그러나 학자들 간에도 약간의 견해 차이가 있는데, 이를 구체적으로 정리하면 다음과 같다.

첫째, 금융(자본)의 실체에 대해 기요나리 다다오(清成忠男)와 야마자키 미츠루(山崎充)는 크게 주목하지 않았다. 이는 영세기업 집단이기 때문에 강조할 필요가 없기 때문인 것으로 판단된다. 그러나 중앙의 대자본이 특정 지역에 진출해서 '산업집적지'를 형성하더라도 지장산업으로 분류되지 않기 때문에, 자본의 지장성을 지장산업의 성격으로 볼 수 있을 것이다. 둘째, 기요나리 다다오가 사회적 분업체계를 지장산업의 특성으로 지적한 것과 달리, 이타쿠라 가쓰타카(板倉勝高)는 자본주의 사회라는 것이 사회적 분업 위에 성립된 것이기에 구태여 지적할 필요가 없다고 하였다. 그러나 여기에서 말하는 사회적 분업은 산지 내부에서의 사회적 분업, 특히 생산과 유통, 나아가서는 동일 공정상의 사회적 분업을 의미하는 것으로, 지장산업의 생산유통 체계에서 가장 중요한 특징인 동시에 각종 경영자원을 축적하여 산지의 존속을 좌우하는 큰 요소가 되고 있다. 나아가 이는 최근의 지장산업 연구의 하나의 커다란 성과라고도 지적(青野壽彦, 1980)되고 있기 때문에 지장산업의 중요한 특성이라고 할 수 있다. 셋째, 야마자키 미츠루가 지적한 산지 형성 시기의 역사와 전통성의 문제는 실태와 맞지 않다고 생각된다. 확실히 전통공업에서 발달한 것도 다수 존재하지만 비교적 새로운 경우도 적지 않고, 심지어 제2차 세계대전 이후의 신흥 산지도 존재한다. 야마자키 미츠루 자신도 사례분석에서 '현대형'이라는 용어로 신흥 산지를 다루고 있다. 넷째, 제품에 대해 야마자키 미츠루는 '특산품'으로 파악하는 데 비해, 기요나리 다다오는 '소비재'로서 파악하고 있다. 그러나 야마자키 미츠루는 이후 '특산품적인 소비재'라고 지적(1986)함으로써 양자 간에 큰 차이는 없다. 그리고 이타쿠라 가쓰타카는 소비재 이외에 생산재를 생산하는 예를 들면서도, 일용소비재가 많다는 점에서 '대체로 일용소비재'라는 정도의 속성을 지적하였다.

이상에서 논의한 결과를 종합하면, 지장산업은 최종제품에 의한 업종 구분이나 규모에 의한 구분과는 범주를 달리하는, 소위 산지의 속성을 바탕으로 한 개념으로 지역자본을 기초로 하는 중소·영세 기업의 지역집단에 의한 사회적 분업에 토대를 둔 광역상품의 생산유통 체계로 정의한다.

2. 지장산업의 지위와 구조변화

1) 지장산업의 지위와 그 변화

지장산업은 중소기업 중에서도 그 입지 지역의 경제적·사회적 특성에 크게 영향을 미치기 때문에 독특한 존재로 인식되어 왔다. 따라서 개별 산지를 대상으로 산지의 변화와 지역경제와의 관련성에 초점을 둔 연구가 다수 이루어져 왔다. 지장산업이 일반적인 산업 분야의 일원으로서 국민경제 안에서 존재하고 있다는 것은 말할 것도 없다. 그러나 지장산업을 전국적인 수준에서 파악하고, 이를 국민경제의 전체 구조 안에서 자리매김하려고 하는 연구는 소수에 지나지 않는다. 그 이유는 전국적인 수준에서 지장산업의 실태를 정확하게 파악할 수 있는 통계자료가 거의 전무하다는 사실에서 찾을 수 있다.

구체적인 통계자료에 근거한 지장산업의 전국적인 수준에서의 검토는 전국상공회연합회의 조사 결과를 기본으로 자체적으로 규정한 지장산업 개념을 토대로 수정한 321개의 저장산업을 대상으로 업종별·지역별 분포와 지장산업의 지위와 그 변동을 검토하였던 기요나리 다다오(清成忠男, 1974)가 최초일 것이다. 지역별로는 간토(關東: 도쿄를 중심으로 한 지역) 서쪽에 90%가 집적되어 있고, 간토의 서쪽에서 긴키(近畿: 교토·오사카를 중심으로 한 지역) 동쪽의 산지가 과반수를 차지하고 있으며, 업종별로는 섬유의 비중이 압도적으로 큰 것으로 나타났다. 또한 제조업 전체에서 지장산업의 지위와 그 변동에 관해, 지장산업은 과거 일본 경제에서 대단히 중요한 지위를 차지하였지만 1960년대 후반 이후 급속한 중화학공업화의 과정에서 그 지위는 서서히 약화되어 1972년 이후 지속적으로 쇠퇴해 왔다고 주장하였다.

야마자키 미츠루(山崎充, 1977)는 지장산업이 입지하지 않은 광역지방자치단체가 없다는 점에서 지장산업이 지역경제와 깊은 관련성을 가진 산업이며, 최근 지역경제에서 차지하는 비중이 저하되었다고는 하지만, 지장산업을 제외하고는 '지역'의 경제적·산업적·사회적 문제를 언급할 수 없다고 주장하였다.

이러한 고도경제성장기 이후의 지장산업을 둘러싼 환경변화와 이에 따른 지장산업의 구조변화는 전국적인 수준보다도 오히려 개별 산지의 연구에서 많은 연구자들의 주목을 받으며 지장산업 연구의 주류를 차지하게 되었다. 개별 산지의 지장산업 구조변화에 관한 연구도 몇몇 관점에 따라 구분할 수 있다.

먼저, 지장산업의 대부분은 소비재 생산을 담당하기 때문에 주요 시장을 구성하는 것은 개인소비이다. 이에 국민의 소득·생활 수준이 지장산업의 발전과 직접적으로 깊은 관련을 가지기 때문에 국내 소비구조에서 지장산업의 구조변화를 논해야 한다는 입장이 있다. 첫 번째로 들 수 있는 국내 소비구조변화는 메이지유신 이후의 근대화에 따른 '서양화'이다. 이는 특히 제2차 세계대전 이후 급속하게 진행되었다. 생활양식의 서양화로 쇠퇴할 수밖에 없게 된 지장산업도 있지만, 반대로 잘 적응해서 성장하였던 지장산업도 존재한다. 두 번째 변화로는 고도성장기 이후 생산력의 비약적인 확대와 소득수준의 향상에 따른 지속적인 소비수준의 향상을 들 수 있다. 그 결과 소비재 수요의 확대 및 대량소비의 시대에 진입하면서 공급구조도 변화하고 지장산업의 양산화도 진전되었다. 이러한 고도성장기의 국내시장 호조는 지장산업의 구조를 변화시키면서도 그 존립기반을 강화하기도 하였다. 세 번째 변화는 저성장기에 들어 고도경제성장 과정에서 발생한 지장산업의 존립기반이 약화되면서 위기를 맞이하게 되었다. 한편 고도성장기 후반부터 국내 수요에 변화가 생기기 시작하였다. 소위 '생활의 질'의 추구에 의한 진품지향, 고급화·다양화·개성화를 지향하는 수요변화이다. 그 결과 시장의 다층화가 진행되었다. 이러한 수요변화에 대한 적응과정에서 기존 지장산업의 재구조화와 새로운 지장산업 산지가 생겨나기 시작하였다(清成忠男, 1980).

다음으로 공급구조 관점에서의 연구는 특히 노동력과 원재료의 공급에 초점을 두었다. 지장산업 산지의 형성이라는 것은 지장자본에 의해 지역의 자원이나 노동력이 조직화되어 제품을 생산하기 위한 지역적 체계가 성립하는 것이지만, 실제로는 원재료의 대부분이 산지 외부에서 조달되어 산지 내 원재료의 독점에 의한 이익 획득은 적고 노동력도 지역에만 의존하고 있다고 할 수 없는 현상이다. 그럼에도 불구하고 여전히 노동력과 원재료는 산지의 형성 또는 산지의 존립에 중요한 공급요소이고, 공급구조도 고도성장기 이후에 크게 변화하였다.

① 노동력: 경제의 고도성장에 의한 고용기회의 확대는 노동력 부족을 초래하였다. 1960년대 후반부터는 영세·소규모 제조기업의 고용도 크게 확대되었다. 지장산업은 제2차 세계대전 이전의 노동력 과잉 및 저임금 시대에 농업과 함께 과잉인구의 풀(pool)이 되었던 분야이지만, 고도성장기에 들어서면서 농업과는 대조적으로 오히려 고용이 확대되었다. 그러나 지장산업의 주력 노동력은 가족종사자 및 산지 내 중고연령층이었다. 따라서 종사자의 고령화와 함께 노동력 부족과 후계자난이 발생하였다. 그럼에도 불구하고 임금수준은 상승해서 임금에 의한 생산비용의 상승이라는 사태에 직면하게 되었다. 이러한 사태에 대한 대응으로서 사회적 분업이 확대되어 가는 한편, 대부분의 산지는 자본집약적 생산방법을 지향하게 되었고, 그 결과 산지로서의 독자성을 상실하는 경우도 간혹 나타났다.

② 원재료: 지장산업의 유형은 자원입지형이 중심이다. 그중에서도 원재료를 그 지역의 농가에 의존하는 경우도 적지 않았다. 과거에는 이러한 원재료가 농가의 중요한 현금 수입원이었다. 그러나 고도성장기에서는 이러한 상황이 크게 변하였다. 즉 농가노동력의 농외 취업이 급속하게 늘어남에 따라 노동집약적인 원재료의 생산은 지속적으로 쇠퇴하였다. 나아가 석유화학산업의 기술혁신에 의한 소위 '재료혁명'의 결과, 새로운 비농산물 원재료의 출현으로 농가에 의존하였던 원재료의 부족 문제를 보완하면서 이로 교체되는 경향이 한층 심화되었다.

마지막으로, 국제관계에서 본다면 고도성장기의 지장산업은 존립기반이 크게 변화하는 과정에서 전체적으로는 상대적으로 안정되었고, 그 일부는 크게 성장하기도 하였다. 즉 생산수단의 근대화를 통한 자본집약적인 양산화로 일부 수출특화형 산지가 등장하였다. 이는 엔화의 평가절하(円低)와 수출진흥정책에 따른 수출 증가의 영향이기도 하다. 그러나 1970년대에 들어서면서 이러한 상황은 변화하기 시작하였다. 즉 지장산업뿐만 아니라 중소기업 일반을 둘러싼 일련의 국제환경의 변화로 국제경쟁력이 약해지고 개발도상국들의 추격에 따른 급격한 수출 감소로 경쟁력을 상실한 산지가 늘어나게 되었다. 비록 수출지향적 산지가 아닐지라도 개발도상국으로부터의 수입 증대로 국내시장이 잠식되면서 많은 어려움을 겪게 되었다. 이러한 국제환경의 변화에 대한 지장산업의 대응은 다양하였고, 일부는 해외투자를 통해 경영 위기를 극복하기도 하였다.

2) 존립 형태와 발전단계

일본의 지장산업은 전국적으로 분포하고 있고 지역적 조건과 밀접하게 관련된 독자적인 경영자원의 축적을 기반으로 발달해 왔기 때문에 지장산업의 발전과정과 존립 형태는 상당히 다양하다. 따라서 지장산업의 유형 구분과 유형별 존립 형태를 고찰할 필요가 있다.

지장산업의 기준과 유형을 제시한 것이 〈표 7-1〉이다.

① 입지에 의한 구분

야마자키 미츠루(山崎充)는 도시형과 지방형으로 입지를 구분하였는데, 도시형을 '대도시에 입지한 것으로 대도시만이 갖는 지식·정보를 충분히 활용하여 디자인이나 패션의 측면에서 선진적인 독특함을 추구하고, 제품차별화를 강조하여 고가공도, 고부가가치 제품을 생산하는 지장산업'으로 규정하였다. 한편 기요나리 다다오(清成忠男)는 대도시형과 지방도시·농촌형으로 구분하고, 지방도시·농촌형은 "일반적으로 노동집약적인 생산방법이 채택되어 전통적인 기능을 구사하는 산지가 적지 않다. 생산성도 높지만은 않고, 오히려 저비용·저생산형의 산업이 많다."라고 지적하였다. 반면에 이타쿠라 가쓰타카(板倉勝高)는 입지에 따른 유형과 그 존립 형태를 가장 명확하게 제시하였다. 그는 야마자키 미츠루(山崎充)의 '도시형'은 대도시형으로, 지방도시에는 부합하지 않는다고 지적하였다. 나아가 기능지향·남자·장인-도제식(親方-徒弟制)에 의한 기능전수를 중심으로 한 '지방도시형', 농가부업·여자·단순노동력을 중심으로 하는 '농촌형'을 구별하여 '대도시형', '지방도시형', '농촌형'의 3개로 구분하였다.

② 역사에 의한 구분

역사에 의한 유형화는 산지 형성 시기만을 기준으로 하는 유형화 및 산지의 형성 시기 및 역사적인 전개를 고려한 유형화로 구분된다.

전자의 입장에서, 야마자키 미츠루(山崎充)는 메이지 시대를 기준으로 전통형과 현대형으로 구분하였다. 반면에 고우다 쇼오지(合田昭二)는 후자의 입장에서 제품, 원료, 제조기술에 전통성이 많이 남아 있는 산지와 크게 전환된 산지의 차이가 명확하다는 점을 고려하여, '전통–존속형', '전통–전환형', '현대형'으로 구분하였다. 이 중에서 '전통–전환형'과 '현대형'이 고도경제성장기 이후에 공통적으로 대량생산으로 전환한 유형이다. 반면에 '전통–존속형' 산지는 신제품·양산품에 의한 시장의 침식, 생활양식의 변화에 따른 수요 감소, 후계자 부족 등으로 대체로 축소·쇠퇴해 왔다. 기요나리 다다오(清成忠男)는 '전통적 재래형', '재래화된 외래형', '변화된 재래형', '신흥형'으로 구분하였다.

③ 산업조직에 의한 구분

야마자키 미츠루(山崎充)는 '지역적 분업'의 관점에서 '산지완결형'과 '비산지완결형'으로 구분하였다. 특히 기업경영의 핵심이라고 할 수 있는 마케팅과 관련된 기능의 산지 내 존재 여부에 초점을 두었다. 또한 생산 형태의 관점에서 '사회적 분업형'과 '공장일관생산형'으로 구분한 뒤, '사회적 분업형'의 사회적 분업체제를, 이를 조직하고 총괄하는 소위 조직자가 상업자본인 경우와 공업자본인 경우로 구분하였다. 반면에 스기오카 히로(杉岡碩夫)와 아오노 도시히코(青野壽彦)는 사회적 분업관계의 관점에서 '수직적 구조형'과 '수평적 구조형'으로 구분하였다. 특히 아오노 도시히코(青野壽彦)는 각 유형의 본연의 상태와 지역경제와의 관련성에 주목하였다. '수평적 구조형'은 각각의 분업을 담당하는 기업이 복수의 기업으로부터 다양하게 발주를 받기 때문에 직접 생산·경영의 기술·지식이 축적되어 기업으로서의 독자성이 크다. 이러한 지역에서는 경영혁신의 역량을 가진 기업이 다수 존재하기 때문에 지역경제도 비교적 안정될 가능성이 높다. 이에 반해 '수직적 구조형'은 원청기업의 의향에 지역경제의 동향이 크게 좌우되는 경우가 많다. 또한 대부분의 기업은 자체적으로 경영혁신을 추진할 역량을 축적하지 못한 경우가 일반적이다. 따라서 지역경제에서는 지장산업의 사회적 분업구조로 재편하는 것이 바람직하다고 지적하였다. 그리고 기요나리 다다오(清成忠男)는 '독립형'과 '종속형'으로 구분하고, '종속형'을 '상업자본지배형'과 '산업자본지배형'으로 세분하였다. 또한 생산 형태에 따라 '수공업', '가내공업', '매뉴팩처(manufacture)', '공장제공업'의 4개로도 구분하고 이들 유형을 조합하여, 과거에는 '상업자본에 지배된 가내공업형'이 중심이었으나, 최근에는 '상업자본에 지배된 공장제공업형'이나 '산업자본에 지배된 공장제공업형', '독립수공업형', '상업자본에 지배된 수공형' 등도 존립기반을 갖추고 있다고 지적하였다.

④ 시장에 의한 구분

지장산업은 기본적으로 입지하는 지역의 수요를 기반으로 하지 않고 전국 또는 해외 시장을 지향하고 있다는 점에서 야마자키 미츠루(山崎充)는 '수출형'과 '내수형'으로 구분하였다. 그는 대부분의 산지가 수출과 내수 시장을 동시에 추구한다는 점에서, 수출과 내수 상대적 의존성을 기준으로 구분할 것을 주장하였다. 그러나 실제 분석에서는 『중소기업백서(中小企業白書)』(1970)[1]에서 정의하는

표 7-1. 지장산업의 유형

기준	입지	역사	시장	산업조직	기타
山崎充 (1977)	도시형 지방형	전통형 현대형	수출형 내수형	산지완결형 비산지완결형	사회적 분업형 공장일관생산형
清成忠男 (1975; 1980)	대도시형 지방도시·농촌형	전통적 재래형 재래화된 외래형 변화된 재래형 신흥형	내수지향형 수출지향형	독립형 종속형	수공업형 가내공업형 매뉴팩처형 공장제공업형
杉岡碩夫 (1973)	도시형 지방형			수직적 구조형 수평적 구조형	
板倉勝高 (1981)	대도시형 지방도시형 농촌형				소상품형 제조도형 소공장형
青野壽彦 (1980)				수직적 구조형 수평적 구조형	단일업종형 복수업종형
北村嘉行 (1980)	대도시형 대도시주변형 지방도시형 농촌형				
合田昭二 (1985)		전통-존속형 전통-전환형 현대형			

주: 해당 문헌을 토대로 필자 작성.

수출비율의 10%를 기준으로 사용하였다. 이 분류에서는 수출형의 대표적인 업종으로 섬유, 잡화, 금속제품을 들고 있으며, 이들 업종은 지방도시에 많이 입지하는 것으로 나타났다.

지장산업은 그 존립 형태가 다양하기 때문에 이상의 유형은 어디까지나 규범적이며, 현실적으로는 그 성격이 복합적일 뿐만 아니라 많은 산지가 발달하는 과정에서 유형이 변화하였다.

1 중소기업청, 『소화45년판중소기업백서(昭和45年版中小企業白書)』에는 수출비율(수출용 출하액/전체 출하액×100)이 10% 이상인 산지를 수출형 산지로 제시하였다.

3. 지장산업과 지역사회

1) 지역사회와의 관계

지장산업의 가장 핵심적 특징은 지역과의 관련성(지역성)에서 찾을 수 있다(中藤康俊, 1980). 우에노 가즈히코(上野和彦, 1980)는 이러한 '지역성'에 대한 분석 시각을 '산업에 있어서 지역의 의미'를 파악하려고 하는 '산업론'과 '지역에 있어서 산업의 의미'를 파악하고자 하는 '지역론'으로 구분하였다.

'산업론'은 종래의 중소기업 연구나 지리학 연구가 지향해 온 것으로, '산업'으로서의 특성 파악에 치우친 경향이 있기 때문에 그 산업이 어느 지역에 입지 내지 집적하고 있는 의미 또는 그 지역경제와의 관계를 깊게 분석하지 않았다. 이에 대해 오구치 에츠코(小口悦子, 1980)는 "'지역'을 연구대상으로 하면서 지역을 이용하는 것만으로 산업 연구를 다했다."라고 비판하였다. 이러한 비판의 대안적 시각이 '지역론'적 접근방법이고, 보다 구체적인 분석 틀로 제시된 것이 '산업지역사회(industrial community)'론이다.

'산업지역사회'는 생산·유통의 교착·결합 관계뿐만 아니라 경영자와 종업원 및 그 가족이나 그 이외의 주민도 포함한 상세한 분석을 통해 규명되는, 산업을 유대로써 생활이 영위되고 있는 주공일체의 지역사회로 정의된다(松井久美技, 1986). 이러한 '지역론'적 접근방법은 특히 고도경제성장기에 국민경제에 종속되어 버린 지역경제를 자립화시키기 위한 수단으로서 지장산업의 역할을 평가하는, 소위 '지역주의론자'에 의해 강조되어 왔다. 즉 지장산업이 중앙에 의존하지 않는 산업이라는 것에 착안해서 지장산업과 지역의 관계에 기초하여 지역사회에 미친 지장산업의 역할을 강조하였다.

지역경제에 대한 지장산업의 역할로는 먼저 지역의 고용이나 취업기회의 창출을 들 수 있다. 고용의 양적인 측면에서 보면, 해당 지장산업뿐 아니라 관련 산업이나 기업, 공공기관·단체에 의한 것도 이에 포함된다. 관련 산업의 경우에도 제조업뿐만 아니라 원재료를 공급하는 농림수산업, 광업, 상업, 서비스업으로도 확대된다. 또한 고용의 질적인 측면에 관해서도, 지장산업은 지역 내 다양한 질의 노동력을 흡수한다. 유치기업의 경우 성별·연령·취업 형태의 면에서 대단히 한정적인 데 비해, 지장산업은 산지 내 사회적 분업체제를 토대로 공장의 상용직 근로자 또는 관련 부문의 자영업자로서의 취업과 같이 지역 내의 노동력의 질이나 그 취업 가능한 형태에 맞춘 취업기회를 창출하는 것도 가능하다는 점에서 의미가 크다고 하겠다. 다음은, 외부자본에 의해 창출된 부가가치의 지역 내 순환과 축적의 비중이 상대적으로 크기 때문에 지역 내부의 축적에도 크게 기여할 수 있다. 마지막으로, 지장산업의 경우 기업경영의 핵심 요소인 인재나 기술 등이 지역 내에 뿌리내리고 있기 때문에 이러한 축적이 업종이나 생산품종을 전환하면서 존속 가능하게 하는 중요한 요인의 하나가 된다. 이뿐만 아니라 지역경제에 미치는 역할 외에, 공공적·복지적·문화적 공헌과 매력 있는 '지역만들기'에 기여할 수 있다는 점에서 그 의의가 크다고 할 수 있다.

이상과 같이 지장산업의 존재 내지 발전은 지역경제뿐만 아니라 지역의 사회·문화·교육·복지 등에 대해서도 폭넓은 파급효과를 미치고 있다는 것이 지적되면서, 지장산업의 역할이 강조되고 있다.

2) 지역개발에서 지장산업의 의의

제2차 세계대전 이후 일본의 지역개발정책의 핵심은 공업입지정책으로, 1962년의 전국종합개발계획 이후 지역개발계획의 성패는 대부분 공업입지정책에 의해 좌우되어 왔다고 할 수 있다. 왜냐하면 전국종합개발계획은 과소·과밀의 해소, 지역격차의 시정 등을 목적으로 하며, 이를 위해서는 고용과 소득의 전국적 평준화가 가장 효율적이라는 인식이 정책 담당자뿐만 아니라 대다수 국민들에게도 공유되어 있었기 때문이다(伊藤喜榮, 1988). 실제 고도경제성장기, 특히 1970년대 전반기에는 지방으로의 공업 분산과 재정에 의한 소득재분배 등으로 지역격차는 축소되었다(清成忠男, 1986). 그러나 1979년의 석유위기 이후의 저경제성장기에 접어들면서 고도경제성장기와 같이 지방으로의 공업 분산에 큰 기대를 걸 수 없게 되었고, 재정을 통한 지방으로의 소득이전 효과도 기대할 수 없게 되었다. 그 결과 지방에서는 자립적인 산업화를 추진할 수밖에 없었다.

이와 동시에 고도경제성장기의 국가 주도 중화학공업화정책에 대해 비판적이었던 지역주의를 배경으로, 경제의 지역화를 지향하는 내발적인 지역개발론이 등장하였다. 기요나리 다다오(清成忠男, 1978)는 내발적인 지역개발을 "지역이 자원, 노동력, 전통적 기술 등과 같이 지역에 내재하는 잠재력을 최대한 활용해서 주체적으로 공업화하여 발전을 꾀하는 형태의 지역개발"로 정의하였다. 그는 내발적 지역개발을 위해서는 ① 경제의 지역 내 순환 확대, ② 지역 산업구조의 조화, ③ 산업의 유기적 결합, ④ 산업과 생활의 지역 내 리사이클 강화, ⑤ 지역의 자원 및 노동력의 적극적 활용 등을 적극적으로 추진할 것을 제안하였다. 특히 제조업부문에서는 환경을 파괴할 정도 규모의 이익을 추구하는 시대는 종식되었으며, 지역경제의 자립화를 도모하기 위한 새로운 산업의 담당자로서 중소기업의 역할을 강조하였다. 왜냐하면 중소기업은 대기업에 비해 전국에 걸쳐 분포되어 있고, 중소기업과 지역은 상호의존·보완의 관계에 있기 때문에 중소기업의 이익은 지역의 이익과 일치하고 지역주민의 복지와 연계되어 있기 때문이다.

이와 같이 지역발전에서 중소기업의 역할이 강조되면서, 특히 지장산업이 주목을 받게 되었다. 왜냐하면 지장산업은 지역의 자연적·역사적·사회적·문화적·정신적 특성을 기반으로 지역사회에 뿌리내려 존립하고 있기 때문이다.

향후 지역경제의 활성화를 위해서는 전적으로 지역산업에만 의존할 수 없지만, 지장산업은 그 지역의 기본산업이라는 점에서 새로운 지장산업을 창출하고 육성하는 것도 중요한 과제이다(今野修平, 1980).

3) 지장산업의 문제점과 장래 비전

지장산업은 고도경제성장 과정에서 존립기반의 변화와 그 이후 엔화 평가절상과 개발도상국의 추격 등으로 경영상의 문제점이 노정되었으나, 다른 한편으로 지역진흥의 측면에서는 그 역할의 중요성이 부각되었다.

지장산업의 문제점은 기본적으로 각 기업경영 문제점의 총합이다. 그렇지만 지장산업은 경영 특성이 상이한 다수의 업종과 이를 구성하는 개별 기업의 집합체이기 때문에 그 문제점도 개별 기업보다는 각 산지를 단위로 분석되어야 하고 실제로 그렇게 파악되고 있다. 예를 들면, 야마자키 미츠루(山崎充, 1977), 기요나리 다다오(清成忠男, 1974) 등은 지장산업이 고도경제성장기의 ① 생활양식의 서양화에 의한 소비구조의 변화, ② 노동력 및 자원·원재료 부족, ③ 지장산업에 대한 경제적·사회적 평가의 변화에 의한 후계자난 등의 문제점을 양산체제를 통해 극복하고자 하였으나, 저성장경제가 정착되면서 양산체제 그 자체가 가장 핵심적인 문제점이 되었다고 주장하였다. 그러나 그동안 지적되어 온 지장산업의 문제점은 극복해야 할 과제인 것은 맞지만 반드시 지장산업에 국한된 것이 아니라 첨단산업을 제외한 중소기업 일반의 문제점이라고 할 수 있다. 따라서 지장산업의 문제점은 그 분석 대상을 개별 기업 또는 개별 산지로 할 것인가 하는 문제보다는 지장산업 고유의 성격에 근거해서 파악되어야 할 것이다.

일본의 국민소득은 이미 선진국 수준일 뿐만 아니라 '생활의 질'이 강조되면서 소비 수요의 다양화와 개성화로 '진품' 및 고급품에 대한 수요가 증가하고 있다. 지장산업은 이러한 수요에 상대적으로 잘 대응할 수 있는 부문이라는 점에 대체로 동의하고 있다. 구체적으로 야마자키 미츠루(山崎充, 1981)는 지장산업의 장래가 반드시 낙관적이지는 않지만 가능성은 충분하다고 주장하였다. 그 근거로는 후기 산업자본주의 사회의 수요환경과 오랜 존립과정에서 축적되어 온 위기극복 능력을 제시하였다. 그리고 앞으로 경쟁력을 지속적으로 유지하기 위해서는 '비가격경쟁력'을 강화하여야 하며,

이를 위한 조건으로서 ① 기능·지식 집약적 사회적 분업체제, ② 제품·디자인·메커니즘 개발능력 강화, ③ 산지 내 관련 업체 간의 네트워크 강화, ④ 다품종 소량생산체제, ⑤ 소비자 수요변화에 대한 신속한 대응역량을 제시하였다. 나아가 이상의 조건을 갖추기 위한 지장산업의 재구조화 방향과 전략을 제시하였다. 이에 대해 기요나리 다다오(清成忠男, 1979)는 지장산업의 발전전략으로 지역특성을 강화하여 타 지역의 하청 산지가 되지 않도록, 그리고 모노컬처(mono-culture)적이지 않고 안일한 자본집약화를 지양하며 사회적 분업의 장점을 최대한 활용한 부가가치를 극대화할 것을 제안하였다. 그렇지만 지장산업의 활성화는 쉽게 이루어지지 않을 뿐만 아니라 단기간에 그 성과를 기대할 수 없다.

4. 맺음말

일본 경제의 고도성장기 이전에는 이른바 지장산업은 재래·전통 공업과 동일시되어 왔다. 그러나 고도성장기 이후 산업구조의 변화와 저성장경제기 이후의 지역 중소기업 집적지의 과제를 이해하려는 노력의 일환으로 '지장산업'의 개념이 정립되었고, 나아가 지역 경제 및 발전에서 지장산업의 역할이 강조되면서 지장산업 연구는 다양한 부문에 걸쳐 급속하게 늘어났다.

지장산업 연구는 특정 지장산업 산지의 구조와 그 변화에 대한 분석에 초점을 둔 지리학적 연구와 지장산업을 지역정책 수단으로서 그 의의와 역할에 주목하는 지역주의론자들의 연구로 대별된다.

한편 지장산업의 지위와 그 변화에 관한 연구는 고도경제성장기 이후를 중심으로 지장산업을 둘러싼 환경변화와 그에 따른 수요·공급 구조나 국제관계라는 3개 부문의 구조변화, 즉 산지재구조화의 분석이 중심이었다. 그러나 3개 부문 간의 상호관련을 제대로 분석하지 못한 결과, 특히 환경변화가 지장산업과 그 이외의 산업에 미친 영향의 차별성에 대한 실증적 분석이 거의 이루어지지 않았기 때문에 제시된 일반화는 가설수준을 벗어나지 못하였다.

지장산업의 존립 형태에 관한 연구는 일반적으로 지장산업의 유형화와 유형별 특성을 밝히는 데 초점을 두었다. 유형화의 기준은 주로 입지, 역사 그리고 산지조직이었다. 그런데 지장산업의 유형화는 산지의 발전과정에 초점을 둔 시계열적·동태적 유형화가 향후 지장산업 산지의 진화 방향성을 제시할 수 있다는 점에서 훨씬 중요함에도 불구하고, 이러한 연구는 소수에 지나지 않아서 일반화에 한계가 있다.

지장산업 그 자체가 지역성[地場性]을 기반으로 존립하기 때문에 지장산업과 지역과의 관련성은 지장산업 연구의 가장 근본적인 과제이다. 이뿐만 아니라 지역경제 및 지역사회에 대한 지장산업의 역할이 강조되면서 '지역론'적 접근방법이 주목을 받게 되었다. '지역론'적 접근방법에서도 지리학적 연구는 '산업 지역사회'의 분석 틀에 기반한 연구가 주류인 반면, 지역주의론자는 지역사회에서 지장산업의 역할에 대한 평가와 '지방화 시대'의 지역개발 수단으로서 그 의의를 강조하였다.

마지막으로 지장산업의 문제점, 비전과 그 진흥책에 관한 연구는 주로 지역주의론자들이 주도해 왔다. 이러한 연구는 지장산업을 둘러싼 환경변화와 이에 대응하는 과정에서의 모순을 지장산업의 문제점으로 이해하였다. 그러나 이러한 문제점은 첨단산업을 제외한 지방 중소기업 일반과의 차별성을 명확하게 제시하지 못하였다. 따라서 지장산업 고유의 성격에 기초한 문제점은 향후 연구과제로 제시하고자 한다.

일본에서 지장산업의 연구는 산업집적지 분석 틀로서 정착되어 왔다. 그러나 관련 분야의 연구는 학제 간에 공통적인 분석 틀이나 과제를 전제로 하여 이루어지지 않았다. 즉 지리학적 연구는 지장산업의 개별 산지의 사례 연구를 중심으로 그 존립기반을 밝히는 데 크게 공헌하였지만, 지리학적 분석 시각과 틀만으로는 현재 지장산업이 직면하고 있는 다면적이고 다중적인 문제점을 심층적으로 분석하기에는 한계가 있다. 특히 향후 지장산업의 비전과 진흥 방안 제시 등을 포함한 발전전략에 관해서도 적극적으로 연구하여야 할 것이다. 반면에 지역주의론자의 연구는 지장산업의 성격을 주로 지역사회에서 지장산업의 역할에 초점을 두고 분석하면서 지장산업이 저성장경제기에 지역경제 활성화의 '주역'으로서 의의와 정책 방안을 제시하는 데 주력하였다. 그러나 구체적인 실증적 사례 분석보다는 지장산업 발전의 당위성을 전제로 일반론적인 정책을 제시하려는 한계점을 극복하려는 노력이 요구된다.

• 참고문헌 •

今野修平, 1980, "地域開発における地場産業", 地域, 5, 1980, 43-49.
北村嘉行, 1980, "地場産業の地域的発展", 板倉勝高·北村嘉行「地域産業の地域」, 大明堂, 1980, 46-59.
山崎充, 1977, 日本の地場産業, ダイヤモンド.
山崎充, 1981, 地場産業都市構想, 日本経済評論社.
山崎充, 1986, 地域経済の活性化の道, 有斐閣選書.
杉岡碩夫, 1973, 中小企業と地域主義, 日本評論社.
上野和彦, 1980, "伊勢崎機業と地域", 地域, 5, 19-24.
小口悦子, 1980, "社会構造と地場産業", 板倉勝高·北村嘉行「地場産業の地域」, 大明堂, 1980, 191.

松井辰之助, 1954, “中小工業の本質とその存在形態”, 藤田敬三編「中小企業の本質」, 有斐閣, 232.

松井久美技, 1986, “産地の構造と産業地域社會”, 奈良女子大學地理學報告(Ⅱ), 114.

玉野井芳郎, 1977, 地域分権の思想, 東洋経済新報社.

伊藤喜榮, 1988, “工業立地政策の展開と工業立地動向”, 川島哲朗·鴨沢巖編「現代世界の地域政策」, 大明堂, 1988, 243.

竹内淳彦, 1981, “地場産業と都市·都市工業”, 板倉勝高·北村嘉行「地場産業の地域」, 大明堂, 1980.

中藤康俊, 1980, “農村経済にしめる地場産業の役割”, 地域, 5, 32.

中小企業庁, 1970, 昭和45年版中小企業白書, 156.

中小企業庁, 1980, 中小企業白書.

清成忠男, 1974, “地域開発と地場産業”, 地域開発, 116, 1−2.

清成忠男, 1975, 地域の変革と中小企業(上), 日本経済評論社.

清成忠男, 1978, “内発的地域開発を考える−2”, 地域開発, 167, 1.

清成忠男, 1979, “地域主義の時代”, 東洋経済新報社, 93−95.

清成忠男, 1980, “地場産業の現代的意義”, 地域開発, 192, 43−50.

清成忠男, 1986, 地域産業政策, 東京大学出版会, 15.

青野壽彦,1980, “地場産業と地域振興”, 地域開発, 190, 1−6.

板倉勝高, 1981, 地場産業の発達, 大明堂.

板倉勝高·北村嘉行, 1980, 地場産業の地域, 大明堂.

合田昭二, 1971, “知多綿織物業の地域的存立基盤”, 地理学評論, 44(7), 498−499

合田昭二, 1985, “伝統的漆器産業飛騨春慶の生産構造”, 経済地理学年報, 31(1), 44−61.

湖尻賢一, 1980, “地場産業の方法について”, 商経論叢, 20(3), 九州産業大学, 98.

제8장

산업집적지에 대한 한국의 연구동향과 과제

1. 머리말

경제지리학의 기본적인 연구대상은 경제지역이다. 경제지역은 내외적 동인에 의해 끊임없이 변화하는 역동적인 유기체이며, 경제지역의 전형적인 존재양식이 바로 산업집적지이다. 이러한 산업집적지는 19세기 말 이후 마셜(Marshall), 베버(Weber), 후버(Hoover), 아이사드(Isard) 등을 비롯한 많은 경제학자와 경제지리학자들의 핵심적인 연구대상이 되어 왔다. 동시에 이들 연구의 주요한 주제는 산업집적지의 형성과 역동성, 즉 존립기반에 대한 이해라고 할 수 있다. 특히 1980년대 이후 새로운 정보통신기술의 발달과 이에 기초한 첨단산업의 발달에 따른 경제의 세계화와 지식기반경제라는 경제 패러다임의 전환으로 산업집적지를 비롯한 경제공간은 역동적으로 변화하였다(Hayter, 1997; 박삼옥, 2008). 이를 반영하듯 종래에는 산업집적지의 존립기반으로 수송비, 노동비 등 요소비용이 강조되었으나, 최근에는 산업집적지를 형성하는 주체 간의 긴밀한 상호작용에 기반한 혁신과 지식창출을 핵심적인 요인으로 보고 있다(Amin and Wilkinson, 1999).

이와 같이 20세기 말 이후 세계 경제공간의 역동적인 변화과정에서 경제체제의 주요 요소로서의 '지역'과 경제발전의 동인으로서의 '지식의 창출과 확산'에 주목함으로써 경제지리학, 특히 산업집적지에 대한 연구는 새로운 국면을 맞이하게 되었다. 1980년대 후반 이후 스콧(Scott, 1988)과 스토퍼(Storper, 1997)를 중심으로 한 소위 캘리포니아학파와 카마니(Camagni, 1991)를 비롯한 그레미

(GREMI)학파 등 서구의 경제지리학자들은 신경제의 공간적 집중에 주목하고 '새로운 산업집적'에 대해 활발하게 논의해 왔다. 이뿐만 아니라 크루그먼(Krugman, 1991)과 포터(Porter, 1998)와 같은 경제 및 경영학자들도 산업집적에 대한 논의의 폭을 확대하는 데 기여하였다. 이러한 논의의 배경으로는 대기업에 의한 대량생산체제의 한계, 국제경쟁의 격화와 산업공동화의 진전이라는 경제위기와 중소기업에 의한 유연적 생산체제 및 실리콘밸리, 제3이탈리아 등 역동적인 지역경제에 주목하여 새로운 경제사회의 방향성을 모색하고자 하는 의도를 들 수 있다(松原廣, 2009).

물론 이러한 논의들의 이론적·경험적 뿌리는 다양하다. 그럼에도 불구하고 지역경제발전의 조건으로 학습과 혁신을 촉진하는 제도적 기반의 중요성을 강조하는 공통성을 가지고 있다(박양춘, 2003). 즉 종래 산업집적지의 존립 및 성장에 대해 전문화, 분업 등 경제적 요인을 중심으로 하는 분석 경향에서 벗어나 '사회적'이고 '문화적'인 요인들을 강조하고 있다(Storper and Salais, 1997).

이러한 서구의 '새로운 산업집적'에 대한 활발한 논의의 영향으로 우리나라에서도 2000년대에 들어서면서 경제지리학뿐만 아니라 경제·경영학을 비롯한 다양한 분야에 걸쳐 많은 연구자들이 산업집적에 관한 논의에 적극적으로 참여하고 있다. 특히 2003년에 출범한 참여정부가 '지역혁신을 통한 자립형 지방화 실현'을 위한 '지역혁신체계 구축 및 클러스터 정책'을 의욕적으로 추진하였다(이철우, 2007).

이와 같이 우리나라에서는 산업집적에 관한 연구성과가 지속적으로 축적되어 왔고, 이들 연구성과는 지역경제발전정책에 적용되거나 활용되고 있다. 그런데 산업집적과 관련된 정책들이 "동종 또는 관련 산업의 집적이 지식기술의 이전, 효율성 및 혁신을 촉진하여 경제발전을 유도한다."라는 아직은 분명하게 검증되지 않은 가설에 기반하고 있다는 문제점도 제기되고 있다(문미성, 2000). 왜냐하면 산업활동의 집적은 혁신이나 학습 등과 관련한 높은 수준의 상호작용을 낳을 수도 있지만, 경우에 따라서 집적은 사업조건의 열악함, 집단적 고착(collective lock-in)을 유발할 수도 있기 때문이다(Appold, 1995).

따라서 산업집적지는 '어떠한 메커니즘에서 발생하고, 확대하며 변화되어 가는가?' 혹은 '최근의 새로운 산업집적은 기존의 산업집적과 비교할 때 어떠한 점에서 새로운 것인가?' 그리고 '산업집적은 어떠한 조건에서 정(正)의 효과(positive effect)를 이끌어 낼 수 있는가?' 등에 대한 엄밀한 이론적 검토가 부족한 채 전형적인 산업집적지에 대한 경험적 사례 연구가 중심이 되고 있다.

이에 본 장에서는 1990년대 이후 본격적으로 연구되어 온 소위 '신산업집적지'[1]에 관한 한국의 연

1 1980년대 유연적 전문화의 공간적 실체로서 '제3이탈리아 산업지구'가 부각되면서 종전의 운송비 절감 요인을 강조하는 베버류의 고전적 산업입지론과는 달리, 집적지의 기업 간 사회적 분업, 국지적 혁신과 지식의 창출 그리고 사회적 자본(social

구동향을 고찰하고 연구과제를 제시하고자 한다.

2. 한국의 산업집적지에 관한 연구동향

한국에서 신산업집적론에 관한 연구는 1994년 박삼옥의 「첨단산업발전과 신산업지구 형성: 이론과 사례」와 이와 관련된 일련의 연구(Park and Markusen, 1995; Park, 1996)로부터 시작되었다고 할 수 있다. 박삼옥은 이러한 일련의 연구를 통해 마셜(Marshall)의 산업지구론에 대한 비판적 논의와 함께 현대 자본주의 환경하에서 다양하게 존재하는 산업집적지를 '신산업지구(new industrial district)'로 정의하고, 신산업지구의 형성과 역동성에 작용하는 4개 요인에 대해 검토하였다. 그리고 4개 요인 중에서 네트워크와 뿌리내림(embeddedness)을 기준으로 신산업지구를 4가지의 기본 유형과 9개의 세부 유형으로 구분하고, 각 유형별 특성과 역동성을 분석하였다.

한편 이철우는 1991년의 『농촌지장산업에 관한 경제지리학적 연구(農村地場産業に關する經濟地理學的硏究)』와 일련의 한국 재래공업에 관한 연구(1995; 1997)에서 마셜의 산업집적이론을 기반으로 발전한 일본의 '지장산업론(地場産業論)'에 기초하여 산업집적지의 원형이라고 할 수 있는 재래공업 산지의 존립기반에 대해 분석하였다. 이들 연구는 그동안 우리나라 경제지리학 연구의 중요한 과제로 지적(형기주, 1977)되어 온 '재래공업의 지역적 존립 형태, 혹은 재래공업지의 변용과정에 대한 연구'로서 중요한 위치를 차지하고 있다고 하겠다. 이뿐만 아니라 재래공업 지역의 존립기반에서 가장 중요한 요인으로 생산유통 체계를 둘러싼 사회적 분업과 암묵적 지식을 통한 기술혁신을 지적하였다. 이에 명시적이지는 않지만, 실질적으로 '신경제지리학'적 관점에서 산업집적지의 분석 틀을 제시하였다는 점에서 그 의의를 찾을 수 있다. 이들 연구 외에 우리나라의 신산업집적에 관한 연구의 패러다임에 크게 영향을 미친 이론으로는 지역혁신체계(regional innovation system)[2]와

capital) 등 사회·문화·제도적 기반을 강조하는 연구를 지칭한다.

2 '지역혁신체계'라는 개념은 1992년 쿡(P. Cooke)의 논문에서 처음 사용되었다. 그는 1995년 독일 슈트트가르트의 '기술평가센터(the Center of Technology Assessment)'에서 지역혁신체계(regional innovation systems)에 관한 국제학술회의를 공동으로 조직하였고, 여기에서 발표된 논문들을 편집·수정하여 『지역혁신체계: 세계화시대에 있어서 거버넌스의 역할(Regional Innovation Systems: The Role of Governances in a Globalized World)』을 출간하였다(문미성, 2001). 지역혁신체계란 지역의 혁신능력을 제고하기 위해 기업, 연구기관, 대학, 지방정부 그리고 각종 혁신 지원기관 등의 혁신 주체들이 지역에 뿌리내려진 제도적 환경에 기반하여 상호작용적 학습에 참여하는 체계이다(이철우·이종호, 2002). 이러한 지역혁신체계의 구성요소는 크게 사회문화적인 조직과 제도적 관행, 분위기, 규범 등의 상부구조(superstructure)와 기업의 혁신을 위한 구체적인 지원체계인 하부구조(infrastructure)로 구분된다(이철우, 2007).

클러스터론을 들 수 있다. 1990년대 후반부터 지역정책론의 일환으로 본격적으로 연구되기 시작한 지역혁신체계와 클러스터는 2000년을 전후해서 국내에 소개되었다(박삼옥, 1999; 정선양, 1999; 박경 외, 2000). 이와 동시에 이들 이론을 우리나라 산업집적지 분석에 적용하는 경험적 연구가 경제지리학을 비롯한 다양한 분야에 걸쳐 활발하게 이루어져 왔다. 특히 2003년 참여정부가 국가균형발전 정책의 일환으로 추진한 지역혁신체계의 구축 및 클러스터 육성 정책과 관련된 연구(이덕희·한병섭, 2001; 박상철, 2003; 강현수·정준호, 2004; 남기범, 2004; 문미성, 2004; 이종호, 2005; 배준구, 2006; 신동호, 2006; 정옥주, 2006; 최정수, 2006b; 이경민·이철우, 2007; 이정협 외, 2007; 2009; 이철우, 2007; 이제야, 2008; 정원식, 2011)는 산업집적지 연구의 큰 흐름을 형성하였다.

이와 같이 우리나라 신산업집적지에 관한 연구는 이론적 연구보다는 경험적 연구가 주류를 이루어 왔다. 이론적 연구(박삼옥, 1994; 2006; 2008; 박양춘, 2003; 최병두, 2003; 이종호·이철우, 2008)는 수적으로 많지 않고, 내용적으로도 주로 21세기의 지식정보사회 및 세계화·지방화에 따른 신산업환경과 산업집적지를 포함한 신경제공간 연구의 새로운 개념[3]과 패러다임 그리고 연구과제의 제시 등으로 매우 제한적이다. 그럼에도 불구하고 이들 연구는 산업집적지의 다양한 경험적 연구의 분석 틀을 정립하는 데 크게 기여하였다고 평가할 수 있다. 그리고 경험적 연구에 대해서는 다음과 같이 각 범주별로 구체적으로 연구동향을 고찰하고자 한다.

1) 산업집적지의 형성 요인과 존립 형태에 관한 연구

지난 1세기 이상 동안 경제학자와 경제지리학자들은 산업집적에 대한 지속적인 연구의 결과로 교통비용, 노동비용 등의 요소비용의 절감이 산업집적지 형성의 주된 요인이라고 결론지었다. 그러나 최근 기술발전에 따라 교통 및 노동 비용의 비중이 상대적으로 적은 지식기반 경제활동조차도 집적하는 경향이 강하고(Audretsch, 1998), 산업집적지의 존립과 성장의 주된 요인으로 집적지역 내 주체 간의 상호작용에 기초한 혁신 및 지식 창출(Amin and Wilkinson, 1999)이라는 점이 부각되고 있다. 그럼에도 불구하고 산업집적지에 대한 연구의 가장 근원적이고 중요한 주제는 산업집적지가 어떠한 요인에 의해 형성되었고, 그것이 기업이라는 경제주체를 통해 구현되어 나타나는 존립 형태에 대한 연구라고 할 수 있다. 따라서 이 절에서는 산업집적지의 형성 요인과 과정 그리고 존립 형태에 대한 연구동향을 전통적인 산업을 기반으로 자연발생적으로 형성된 산업집적지와 산업화 이후 정

3 산업집적지를 비롯한 신산업공간에 대한 대표적인 새로운 개념으로는 지역혁신체계와 클러스터 외에도 네트워크, 가치사슬, 뿌리내림, 제도적 밀집, 혁신 및 지식, 학습, 사회적 자본 그리고 거버넌스 등을 들 수 있다.

책적 지원을 기반으로 산업집적지로 발전한, 소위 '신산업지구'형 산업집적지에 대한 연구로 구분하여 살펴보고자 한다.

(1) 자연발생적인 산업집적지의 형성과정과 존립 형태에 관한 연구

우리나라의 자연발생적인 산업집적지는 재래공업 산지와 산업화·도시화의 과정에서 발달한 자유입지형 산업집적지로 구분된다. 우리나라의 재래공업은 산업화 이전에는 대체로 수공업에 기초한 가내공업의 형태로 발달해 왔다. 그 후 산업화의 과정으로 인한 급격한 쇠퇴과정에서 일부 재래공업은 소규모 영세기업이 집적하여 산지를 형성하면서 현재까지 존립하고 있다(이철우, 1998). 이러한 재래공업 산지의 존립 형태와 그 기반에 대한 연구로는 이철우의 논문(1995; 1997; 1998; 2000)을 들 수 있다. 그의 연구결과에 의하면, 우리나라 재래공업 산지는 당초 지역적 조건과 밀접하게 관련된 자원을 기반으로 형성되었으며, 현존하는 재래공업 산지의 존립기반은 생산 및 유통상의 사회적 분업 및 소위 암묵적 지식 및 사회적 자본을 비롯한 지역사회에 뿌리내려진 혁신자원이라고 할 수 있다. 그리고 산업화·도시화의 과정에서 형성된 자유입지형 산업집적지에 관한 대표적인 연구로는 박래현, 이정욱과 이철우의 연구를 들 수 있다. 박래현(2005)은 서울시 제화산업 집적지(성수동)의 형성 요인과 집적이라는 존립 형태의 특성에 대해 혁신환경을 중심으로 분석하였다. 성수동을 중심으로 한 제화산업 집적지역이 가지는 집적경제는 지역적 특성에 기반한 도시화경제(Urbanization Economics)에서 점차 동종·관련 업체의 집적으로부터 발생하는 국지화경제(Localization Economics)로 전환되었다는 점을 밝혔다. 또한 혁신환경을 분석한 결과, 현재 성장중인 이 산업집적지에는 기획 및 디자인, 생산기술, 창업 및 인력수급, 경영 등의 부문에서 국지화된 투입·산출 관계와 관련한 정적인 효율성을 넘어 동적 집적경제가 발생할 수 있는 잠재적 요인들이 내재되어 있음을 확인하였다. 이정욱(1996)은 서울시 영등포구 문래동을 사례로 소규모 기계금속업 집적지역의 형성 및 변천과정과 집적지의 속성 그리고 경제주체들의 행위를 중심으로 존립기반을 고찰하였다. 이 산업집적지의 핵심적 존립기반은 기업 간의 협력적 연계와 지역 내 지속적인 창업이며, 이러한 존립기반이 작동하는 과정에서는 비공식적이고 사회적인 네트워크의 역할을 강조하였다. 그리고 이철우(2011)는 1990년대 이후에 형성된 대구시 수제화 집적지구를 사례로 대도시 도심 제조업 집적지의 형성과정과 존립기반 그리고 정책적 시사점을 제시하였다. 대구시 향촌동 수제화 집적지구는 도심에 위치한 수제화의 '국지적 생산유통 체계'의 해체, 양호한 접근성, 저렴한 임대료를 기반으로 형성되었다. 그러나 현재의 핵심적인 존립기반은 사회적 분업에 의한 국지적 네트워크에 뿌리내려진 외부경제라고 할 수 있다. 그러나 외부경제 효과는 매우 제한적이기 때문에 이에 대한 정책적 지원의 필요성을 강조하였다.

이상의 연구들은 전통적인 산업집적지의 존립 형태를 분석함에 있어 형성과정과 입지 요인 그리고 경영 특성 등과 같은 기존의 접근방법에 신경제지리학[4]적 접근방법을 적극적으로 도입하여 분석 틀을 재구축하였고, 분석 결과를 기초로 정책적 시사점을 제시하였다는 공통점을 가진다. 그리고 신경제지리학적 접근방법은 전통적인 산업집적지의 존립기반을 분석하고 장래 발전 방안을 제시하는 데에도 유용할 수 있다는 것을 보여 주었다는 점에서 의의가 있다고 하겠다.

(2) '신산업지구'형 산업집적지의 존립 형태와 기반에 관한 연구

"세계경제란 기술지구(technology districts)로 구성된 생산 네트워크"(Storper, 1992)로 규명될 정도로 기술혁신을 주도하는 산업집적지가 경제공간의 핵심 요소로 주목받아 왔고, 이에 대한 연구가 최근 경제지리학 연구의 주류를 이루고 있다고 해도 과언이 아니다. 그러나 이들 연구의 대부분은 신경제지리학의 관점에서 신산업공간의 분석을 위한 개념이나 도구를 이용하고 있다. 또한 지속적이고 급격한 경제환경의 변화과정에서 산업집적지의 경쟁력 확보 방안에 초점을 두고 있다. 결과적으로 '신산업지구'형 산업집적지의 존립 형태와 기반에 관한 연구는 매우 제한적이다. 이와 관련된 대표적인 연구로는 박삼옥의 연구(1994)를 들 수 있고, 그 외 이철우·이종호(1998; 2000), 문미성(2001), 구양미(2002)의 연구가 있다. 박삼옥은 이와 관련된 일련의 연구결과를 종합한 "산업지구의 형성과 유형 및 역동성"(1999)에서 '신산업지구'의 존립 형태와 존립기반에 대한 분석 틀을 제시하였다. 이철우·이종호(1998; 2000)의 연구는 서구의 첨단산업집적지와는 상이한 발전 경로를 통해 존립하는 창원산업단지를 사례로 우리나라 산업집적지의 존립 형태와 기반에 대해 분석하였다. 이는 신경제지리학적 접근방법의 적용 가능성과 유용성을 검증하려는 일종의 시론적 연구라고 할 수 있다. 구양미(2002)는 구로공단(서울디지털산업단지)의 산업구조 재편을 중심으로 산업집적지의 변화과정과 그 과정에서 기술집약적인 중소기업의 역할에 대해 분석하였다, 문미성(2001)은 수도권의 전자통신기기 산업집적을 사례로 집적지역의 특성과 기업의 혁신수행 능력(performance)과의 관계를 분석하여, 중소기업의 공간적 집중이 동적인 집적경제를 향유하는 중요한 수단임을 밝혔다. 그리고 최근 진화경제지리학의 관점에서 산업집적지의 진화와 역동성에 대한 일련의 연구(정도채, 2011; 구양미, 2012; 이경진, 2013)들이 주목을 끌고 있다. 그러나 이들 연구는 산업집적지의 진화과

4 본 연구에서의 신경제지리학이란 크루그먼(Krugman) 등에 의해 주장된 신경제지리학과는 상이한 '문화적 전환(cultural turn)'에 영향을 받은 경제지리학이다. 구체적으로 경제과정을 상이한 사회적·문화적·정치적 관계 속에 위치시켜 맥락화하는 지리학적 접근방법이다(안영진 외, 2011).

정을 구조개편과 네트워크의 변화를 중심으로 한 그 특성 분석에 초점을 두고 있다.

이상의 연구들은 산업집적지의 존립 형태와 진화과정, 그 요인 그리고 메커니즘의 분석이라는 내용적 범위에서는 포괄적이라는 특성을 가진다. 그럼에도 불구하고 이와 관련된 다양한 주제에 걸친 기존 연구의 비판적 검토를 통한 내용적 범위에 상응하는 분석 틀이 정립되지 못한 채 특정 주제들 중심의 사례 연구가 주류를 이루고 있다. 그 결과 우리나라 산업집적지의 존립 및 진화의 특성을 일반화하는 데 별로 기여하지 못한 한계성을 가질 수밖에 없었다.

2) 산업집적지의 존립 메커니즘에 관한 연구

1970년대 초 관계적 전환(relational turn) 혹은 문화적 전환(cultural turn)에 기반한 사회학의 네트워크 이론과 경제학의 신제도주의 이론이 접목되면서 제도, 상호작용, 뿌리내림, 네트워크와 같은 사회문화적인 측면이 중요시되었다(Boggs and Rantisi, 2003). 이에 경제지리학에서도 산업집적지의 경쟁우위를 단순히 거래비용의 관점에서 파악하는 것이 아니라, 각 주체 간 상호작용의 관점에서 산업집적지의 존립, 특히 경쟁력을 강화할 수 있는 역동적 메커니즘에 대한 연구가 늘어나게 되었다. 이들 연구는 크게 주체 간 상호작용의 작동 메커니즘에 관한 연구와 이러한 메커니즘을 기반으로 한 산업집적지 경쟁력 강화에 관한 연구로 구분할 수 있다.

(1) 주체 간 상호작용의 작동 메커니즘에 관한 연구

클러스터의 존립기반으로 관련 주체들의 지리적인 근접성과 협력적 파트너십이 강조되면서 네트워크가 산업집적지 주체들 간의 상호작용의 메커니즘에 대한 분석 도구로 많은 주목을 받게 되었다. 네트워크[5]는 원래 '시장'과 '계층(hierarchy)' 사이의 연속체상에 존재하는 기업 간 관계의 특수한 형태(이철우·이종호, 2000)로, 급변하는 시장에서 경쟁력을 유지하고자 하는 기업들의 필수적인 유연적 조직 형태로서 인식되고 있다. 따라서 네트워크 분석은 기업 간 관계를 단지 경쟁자로 간주해 온 전통적인 관점에서 벗어나, 상호간에 신뢰를 기반으로 협력관계를 형성하면서 동반자적 관계에

5 네트워크는 당초 완전한 시장의 거래관계와 완벽한 계층관계의 중간 형태로 규정되었다. 그 후 대면접촉, 기술적 능력 그리고 기타 생산의 상호보완적 자산 등을 둘러싼 광범위한 의미로 확대되었다(Gelsing, 1992). 이뿐만 아니라 초국적기업 조직의 구성 형태 면에서 기업 내 혹은 기업 간 관계적인 구조로 정의되며, 호혜성(reciprocity), 상호의존성(interdependence), 느슨한 결합(loose coupling) 및 권력(power) 등의 4가지 기본적 특성을 가진다(Grabher, 1993). 또한 타 기업들과의 네트워크를 통해 비용절감과 지식 향상을 꾀할 수 있으며, 네트워크 관계의 형성에는 신뢰(trust)가 필요하고, 신뢰를 구축하는 데는 점진적인 시간이 요구된다(Dicken, 1994).

서 존립하고 있는 산업집적지의 메커니즘을 적실하게 파악할 수 있는 분석 틀이다(이철우 · 이종호, 2000). 실제로 산업집적지의 존립기반과 관련된 연구 중에서 네트워크에 대한 연구의 비중이 가장 크다고 하겠다. 이 중에서 산업집적지의 존립기반과 관련된 대표적인 네트워크 연구로는 이철우 · 이종호(2000), 신동호(2004), 권오혁 외(2005), 전성제(2006) 그리고 詹軍 · 이철우(2012) 등의 연구를 들 수 있다. 이철우 · 이종호(2000)는 창원산업단지를 사례로 산업집적지의 외생적 요소보다는 내생적 요소인 비즈니스 네트워크를 중심으로 산업집적지의 존립 메커니즘을 분석하였다. 창원산업단지의 경우, JIT(Just-In-Time) 시스템의 구축 및 운용, 생산공정의 외부화, 거래의 다변화를 통한 공급기업 간 네트워크, R&D 네트워크, 창업 및 분리신설 기업과의 네트워크에 기반한 협력으로 경제적 공생과 외부경제성의 강화를 통한 시너지효과의 제고가 중요한 존립기반이 되고 있다. 또한 산업단지 내에는 이들 네트워크를 기반으로 기업가정신을 발현시킬 수 있는 산업 분위기가 뿌리내려 있으며, 이는 국지적 네트워크의 강화에 큰 기여를 하고 있지만 R&D 네트워크의 폐쇄성이 전반적인 네트워크 강화의 걸림돌이 되고 있음을 밝혔다. 따라서 창원산업단지의 존립기반을 강화하기 위해서는 글로벌 수준의 R&D 네트워크 환경의 조성과 창업 및 분리기업의 활성화를 위한 제도적 기반을 강화할 것을 주장하였다. 전성제(2006)는 남대문 액세서리산업 집적지를 대상으로 생산, 판매, 디자인 부문을 둘러싼 기업 간 네트워크의 실태를 분석하고, 이러한 네트워크의 변화가 산업집적지에 미치는 영향과 정책적 함의를 제시하였다. 남대문 액세서리산업 집적지의 경우 완제품 업체를 중심으로 한 생산, 판매, 디자인 담당업체 간의 국지적 네트워크가 중심이었다. 그러나 1990년대 중반 이후 값싼 중국 제품의 수입에 따른 가격경쟁력 저하와 생산기반의 부실화로 생산부문의 중국 진출과 중국 제품의 수입 등으로 국제적 생산 네트워크가 강화되었다. 동시에 판매 네트워크의 경우도 외환위기 이후 내수의 감소와 이에 대한 타개책의 일환으로 디자인 및 품질 강화에 따른 수출판매의 증가로 인해 국제적 네트워크가 강화되었다. 이러한 네트워크의 변화과정에서 디자인 개발과 품질 향상에 대한 요구가 늘어남에 따라 디자인부문의 네트워크는 더욱 강화되었고, 이는 산업집적지의 내부역량 강화에 기여함으로써 산업집적지의 존립기반 강화라는 선순환구조의 구축에 기여하였음을 지적하였다. 그리고 권오혁 외(2005)는 부산 지역의 기계 · 금속산업 클러스터의 네트워크 실태와 특성을 분석하고 발전 방안을 모색하였다. 부산 기계 · 금속산업 클러스터의 중요한 존립기반으로는 물적 연계, 노동력 연계, 기술정보 연계 등의 네트워크를 강조하였다. 그리고 낮은 기술경쟁력이라는 문제점을 해결하기 위해서는 기술 선도기업의 지역 내 유치와 이들 기업과 네트워크 강화의 필요성을 주장하였다. 산업집적지 존립기반으로서의 네트워크 중에서도 최근 지식기반경제에서 기술혁신의 중요성으로 연구개발 네트워크에 대한 연구가 강조되고 있다. 왜냐하면 독자적인 내부연구 개발전략은 지식축적의 경로의존성에 기초한 고착효과(lock-in effect)가 발생하게 되고, 이러한 고착효과를 극복하기 위해서는 연구개발 네트워크가 중요한 기제로 작용할 수 있기 때문이다(Lorenzoni and Ornati, 1988). 신동호(2004)는 대덕연구단지에 입지한 벤처기업의 연구개발 네트워크의 실태를 분석하고 활성화 방안을 제시하였다. 대덕연구단지의 벤처기업들은 대학 및 연구소와의 기술개발 교류에 대해 긍정적이지만, 실질적인 연구개발 교류나 협력의 성과는 미미한 것으로 나타났다. 따라서 대덕연구단지의 벤처기업과 대학 및 연구소의 연구개발 네트워크의 강화 방안으로 순수연구에서 기업 맞춤식 연구로의 전환, 업체 간 연계활동을 활성화할 수 있는 지원체제의 마련, 연구결과 홍보의 장(場) 조성 및 체계적인 연구결과의 이전을 위한 기술이전 센터 설립 등을 제시하였다. 詹軍·이철우(2012)는 중국의 대표적인 첨단산업 클러스터인 베이징 중관촌(中關村) 클러스터의 연구개발 네트워크의 실태를 파악하고, 이에 기초한 정책적 함의를 제시하였다. 중관촌 클러스터의 연구개발 네트워크는 중소기업을 중심으로 기업 간의 네트워크뿐만 아니라 학교 및 연구소, 정부기관 그리고 중개기관과의 연구개발 네트워킹이 활발하게 이루어지고 있다. 그러나 중관촌 클러스터의 연구개발 네트워크 강화의 가장 큰 장애요소는 상호 신뢰 및 정보의 부족이며, 혁신클러스터로 진화·발전하기 위해서는 국지적 네트워크뿐만 아니라 국제적 네트워크의 강화를 주장하였다.

이상의 산업집적지 존립기반으로서의 네트워크에 대한 연구들은 대체로 네트워크의 작동 메커니즘 실태 분석에 초점을 둔 정태적 접근방법이라는 한계를 가지고 있다. 이에 대한 대안적인 분석 도구로 최근 주목을 받고 있는 것이 대학, 산업, 정부 사이의 새로운 관계를 설명하기 위해 개발된 트리플 힐릭스(triple helix) 모형이다. 산·학·관 3주체의 삼중나선형의 상호호혜적 작동을 통해 기술혁신이 창출되며, 이러한 작동에 의해 새롭게 등장한 기관과 제도는 3주체의 관계를 변화시키는 동시에 주체 간의 작동에 피드백되면서 트리플 힐릭스 체계[6]로 진화하게 된다(홍성욱 외, 2002; 박경숙, 2012). 트리플 힐릭스 체계는 대부분 지역 단위의 공간 규모에서 작동한다는 점에서 산업집적지의 역동성을 분석하는 데 이용되고 있다. 산업집적지의 트리플 힐릭스는 이철우, 이종호, 박경숙 등에 의해 연구되고 있다. 이철우와 이종호 등은 외레순 식품 클러스터(이종호 외, 2009)와 네덜란드 바헤닝언 식품산업 클러스터(푸드밸리)(이철우 외, 2009)를 사례로 트리플 힐릭스 체계의 진화과정을 중심으로 각 클러스터의 경쟁력기반을 분석하였다. 연구결과에 의하면, 클러스터 기술혁신의 3주체 간 네트워킹과 트리플 힐릭스 체계의 3공간을 통한 기능의 하이브리드가 경쟁력 강화의 핵심

6 트리플 힐릭스 체계는 지식공간(knowledge space), 합의공간(consensus space), 혁신공간(innovation space)을 통해 발현된다. 발전된 트리플 힐릭스는 이 3가지 공간요소가 잘 구성되어 있고, 이들이 효과적으로 작동할 때 지식기반의 지역혁신이 달성될 수 있다(이종호 외, 2009).

적 요인이 되고 있다. 따라서 우리나라의 클러스터 정책도 트리플 힐릭스 체계를 강화하여야 하며, 이를 위해서는 클러스터의 수요를 충실히 반영하면서도 독립적이고 전문적인 역량을 발휘할 수 있는 산·학·관 네트워크 브로커로서의 합의공간 구축이 전제되어야 한다는 것을 강조하였다. 그리고 박경숙(2012)은 대구문화콘텐츠산업 클러스터를 사례로 트리플 힐릭스 주체의 역할 변화와 주체 간 상호작용을 중심으로 트리플 힐릭스의 발전단계와 특성을 밝혔다. 대구문화콘텐츠산업 클러스터의 트리플 힐릭스 체계는 기반구축기-관계형성기를 거치면서 3주체의 역할과 주체 간 상호작용이 강화되었다. 그러나 아직은 산·학·관 3주체의 삼중나선형의 상호호혜적 작동이 역동적으로 피드백되는 정착기에는 이르지 못하였다. 이러한 한계점을 극복하기 위해서는 트리플 힐릭스가 제대로 작동할 공간의 형성에 필요한 제도적 기반, 특히 주체들 간의 상호작용과정에서 발생하는 문제를 조정하고 해결 방안을 제시할 수 있는 중간조직(intermediate organization)의 역할이 강화되어야 한다고 주장하였다. 이외에 최근 급격한 기술의 융합화에 따른 산업의 경계와 기업 간 네트워크의 분석방법으로 가치사슬(value chains)[7]도 주목을 받아 왔다(Sturgeon, 2001). 산업집적지의 존립기반을 가치사슬에 기반하여 분석한 것으로는 최정수(2006a), 박경숙·이철우(2007; 2010), 전지혜·이철우(2013) 등의 연구를 들 수 있다. 이들 연구는 주로 특정 산업집적지를 사례로 가치사슬 구조와 그 특성, 그리고 산업집적지의 존립에 있어 가치사슬의 의의 등에 초점을 두고 있다.

(2) 산업집적지 경쟁력 강화에 관한 연구

산업집적지의 경쟁력을 좌우하는 결정적 요인은 혁신이며(이철우, 2004), 지속적인 혁신을 위해서는 학습을 통한 지식기반이 끊임없이 개선되어야 한다(Arndt and Sternberg, 2000). 왜냐하면 혁신창출의 가장 핵심적인 자원은 '지식'[8]이며, 이를 습득하고 체화하기 위한 기본적인 과정이 '학습'[9]

7 가치사슬은 기업이 소비자에게 가치를 제공하는 데 있어 부가가치 창출에 직간접적으로 관련된 일련의 활동·기능·프로세스의 연계를 의미한다(박경숙, 2005). 이러한 가치사슬의 개념은 기업의 경쟁력을 각 활동별 부가가치의 관점에서 평가할 뿐만 아니라, 기업의 활동에 직간접적으로 관여하는 주체(기업, 연구소, 대학, 정부, 전문 서비스 공급업체 등)들과의 연계도 포함함으로써 기업의 이윤창출 전략에 대한 통찰력을 제시할 수 있다(이승철, 2007).

8 지식(knowledge)은 부를 창출하는 인간의 능력, 리더십, 경험, 기술, 정보, 협력관계, 지적 소유권 등을 포함하는 다소 광역적인 영역으로 정의될 수 있으며(이희연, 2011), 그 유형은 크게 형식지와 암묵지로 구분된다. 형식지(explicit knowledge)는 문서로 전달될 수 있는 형태를 갖춘 체계적인 지식으로, 누구에게나 보편적으로 알려져 있고, 쉽게 이전이 가능하여 대면접촉이 없이도 충분히 전달 가능하다. 형식지(tacit knowledge)는 문서를 통해서는 전달될 수 없는 직접적인 경험과 기술로, 이전 및 가공이 어렵고 대면접촉을 통해서만 전달될 수 있다(이종호, 2003; 조현숙, 2010).

9 학습은 개인행동 형성의 근본적인 과정으로서 반복적인 연습이나 경험을 통해 이루어진 비교적 영구적인 행동변화라고 정의할 수 있다(김동환, 1999). 특히 학습능력에 의해 국민경제가 좌우된다고 보는 '학습경제' 패러다임에서는 개인이나 조직의 배타적이고 개별적인 학습보다는 연대적이고 집합적인 학습역량을 강조하며, 사회 전반에 내재되어 발현되는 '상호작용적 학습능력'을 중요시한다(박양춘, 2003).

이기 때문이다(박양춘, 2003). 특히 지식은 상호학습을 통해 창출되는데, 이는 공간적·사회적·조직적 '근접성'을 통해 더욱 강화된다는 관점에서 등장한 개념이 '학습지역(learning region)'이다. 학습지역은 암묵지와 형식지 사이의 지속적이고 복합적인 상호학습과정과 지식 변환과정을 거쳐 새로운 집단적 지식을 창조하는 과정을 겪고 있는 지역(이진, 2001)으로, 혁신역량을 갖춘 산업집적지가 되기 위한 필요조건이라고 할 수 있다.

이러한 맥락에서 경제지리학 분야에서도 지식과 학습, 특히 학습지역에 대한 관심이 확대되고 있다. 산업집적지의 학습 및 지식창출에 관한 연구로는 김광선, 이진 그리고 조현숙의 연구를 들 수 있다. 김광선(2000)은 동대문 패션의류산업 집적지를 사례로 이 지역이 성공적인 재활성화를 달성할 수 있었던 요인을 밝히고 정책적 시사점을 제시하였다. 동대문 패션의류산업 집적지는 주체들 간에 암묵적 지식을 공유하면서 역동적인 학습과정과 긴밀한 상호협력을 통해 지속적인 제품혁신을 창출함으로써 경제적 성장을 달성할 수 있었다. 이를 통해 산업집적지의 성장은 학습지역화에 달려 있으며, 이러한 학습지역화는 주체들 간의 활발한 네트워크에 의해 촉진된다고 주장하였다. 이진(2001)은 서울 게임산업 집적지의 형성과정과 원인을 지식창출 및 습득과정, 즉 학습지역화 과정을 통해 분석하였다. 그는 서울 게임산업 집적지를 4개 지구로 분류하고, 지구별 학습지역화 과정을 노나카와 다케우치(Nonaka and Takeuchi, 1995)의 지식전환 유형별로 비교 분석하였다. 4개 지구 중에서 강남/서초 지구만이 학습지역화 과정을 거쳤으며, 그렇지 못한 3개 지구에 대해서는 학습지역화 촉진정책을 추진할 것을 주장하였다. 그러나 학습지역화 과정을 단지 4개 지식전환 유형의 경험 유무만으로 지나치게 조작적이고 단선적으로 규정하였고, 학습지역화 촉진정책의 내용과 범위에 대해서도 구체적으로 제시하지 않았다. 그리고 조현숙(2010)은 대구 모바일산업 집적지의 혁신활동을 7개 유형으로 분류하며, 각 혁신 유형별로 지식 재창출의 정도를 노나카와 다케우치(Nonaka and Takeuchi, 1995)의 지식전환 유형별로 분석하였다. 이를 기초로 지식창출의 문제점과 과제를 제시하였다. 대구 모바일산업 집적지의 지식 재창출은 혁신의 유형에 따라 차별적이며, 암묵적 지식을 결합하는 사회화 과정이 중심이 되고 있다. 특히 선도기술 등 형식적 지식의 암묵적 지식으로의 내부화를 통해 이를 기술혁신으로 연결시키는 역량이 매우 약하다. 이러한 문제점을 해결하기 위해서는 기업과 대학 혹은 기업과 연구소와의 활발한 산·학·연 연계협력이 요구되며, 이를 위한 정책적 지원의 필요성을 지적하였다. 이러한 혁신을 위한 지식의 창출과 집단학습을 위한 핵심적 기반이 사회적 자본[10]이다. 왜냐하면 사회적 자본의 구성요소인 협력적·호혜적·보완적 규범과 가치는 보

10 권경희(2003)는 여러 학자들의 다양한 정의를 포괄하여 사회적 자본을 '자원을 보다 효과적으로 얻을 수 있는 기회가 창출되는 사회적 관계와, 그러한 사회적 관계에 의해 형성된 신뢰, 규범, 네트워크 그리고 이러한 것들을 포함하는 공식적 및 비

다 강력한 학습 환경을 조성하기 때문이다(권경희, 2003). 이뿐만 아니라 사회적 자본은 네트워크 관계 내 구성원 간 정보와 자원의 흐름을 촉진하고, 비거래적 상호의존성을 바탕으로 거래비용을 절감하며, 경제적 관계에서 불확실성을 감소시키는 데 기여한다(Dibben, 2000)는 점에서 산업집적지 존립기반의 핵심적 요소이기도 하다. 남기범(2003)은 동대문 의류산업 집적지와 서울벤처밸리의 사회적 자본의 형성과 제도화의 특성을 비교 분석하였다. 전통 소비자 지향형인 동대문 의류산업 집적지는 전형적인 장인산업 시스템의 확대재생산형으로, 장기적인 거래관계를 통한 장소성에 근거한 신뢰, 협력에 기반한 상호의존적인 커뮤니티라는 사회적 자본의 특성을 가진다. 반면에 첨단 고부가가치 지향형인 서울벤처밸리 지역은 정부의 지원, 벤처자본 등과 풍부한 비즈니스 하부구조를 기반으로 형성된 IT산업 집적지이다. 여기서 기업들은 암묵지를 창출하는 다양한 공식적·비공식적 모임을 통해 공동학습과 전략적 제휴, 연합, 경쟁과 협력 등으로 주요 의사결정의 정보를 공유하고 있는 사회적 자본을 형성하고 있다. 이와 같이 산업집적지의 사회적 자본은 그 형성 논리와 발전기제의 특성이 산업집적지의 유형에 따라 차별적이다. 따라서 산업집적지의 지원정책도 사회적 자본의 형성과 제도화의 특성에 따라 차별적으로 추진할 것을 주장하였다. 권경희(2003)는 대구 북성로 공구상가 집적지를 사례로 사회적 자본의 관점에서 산업지역사회의 존립기반을 밝히고 정책적 시사점을 제시하였다. 북성로 공구상가 집적지는 도심에 위치하고 있어 물리적인 환경이 열악함에도 불구하고 산업지역사회 구성원들 간에 협력과 신뢰라는 장기간에 걸쳐 축적된 사회적 자본이 핵심적 존립기반으로 작용하고 있다. 이러한 사회적 자본의 활성화를 위해서는 공식적·비공식적 모임의 활성화와 그 구성원 간의 보다 수평적이고 개방적인 의사결정 체제의 지역적 뿌리내림의 중요성을 강조하였다.

이상의 연구들은 산업집적지의 경쟁력을 강화하는 데 주체 간의 공식적·비공식적 상호작용과 학습을 기반으로 한 지식 및 혁신의 창출을 위한 정책의 중요성을 강조하면서 그 방향만을 제시하고 있을 뿐, 실제로 그동안의 경험적 연구를 토대로 독창적인 지식과 혁신창출의 메커니즘, 이에 기초한 실질적인 경쟁력 강화 방안을 제시하지 못하고 있다.

공식적 제도와 관계구조'로 정의하였다. 이러한 사회적 자본을 구성하는 요소로는 신뢰, 네트워크, 규범으로 요약될 수 있다 (Putnam, 1993).

3. 산업집적지(클러스터)의 정책에 대한 연구

앞서 살펴본 바와 같이 산업집적지와 관련된 다양한 주제에 걸친 지속적인 연구로, 지역경제에서 산업집적지의 중요성이 학문적 차원뿐만 아니라 정책적 차원에서도 부각되었다. 특히 우리나라의 경우 참여정부에서는 '지역혁신체계 구축 및 클러스터 육성 정책'이 지역정책의 핵심을 차지하였다. 왜냐하면 지역혁신체계 구축 및 클러스터 육성은 지역의 지속적인 자생적 발전을 강화함으로써 성공적인 경제발전의 기초를 확립할 수 있다(Raines, 2002)고 인식되었기 때문이다. 그 이후 클러스터 육성 정책은 다양한 분야에서 활발하게 연구되어 왔다. 이 연구에서는 그중에서 경제지리학 분야의 대표적인 연구를 중심으로 그 동향과 과제를 검토하기로 한다.

먼저 지역적 차원에서 클러스터 육성 방안에 관한 연구로는 이덕희·한병섭과 문미성, 최정수의 연구를 들 수 있다. 이덕희·한병섭(2001)은 우리나라 IT산업 집적지를 대상으로 지역혁신체계 구축을 통한 그 활성화 방안을 제시하였다. 우리나라의 IT산업 집적지는 각 지역의 특성이 크게 반영된 특정 제품을 중심으로 특화되어 있다. 지역혁신체계는 과학연구·응용·생산기능의 연계시스템 구축, 지역별 코디네이터 기능의 확립, 지역의 자율성 확보를 통해 구축되어야 한다는 점에서 우리나라 IT산업 집적지의 지역혁신체계를 특정 산업집적지의 취약점을 보완하는 방향으로 구축할 것을 강조하였다. 문미성(2004)은 경기도를 사례로 산업클러스터의 육성을 위한 지역혁신체계 구축 방안으로 전략산업 혁신클러스터 육성, 혁신거점의 조성, 지방자치단체 중심의 혁신전략 마련, 지역혁신정책의 조정 및 협의 과정의 제도화, 수도권 산업입지 규제의 개선 등을 제시하였다. 최정수(2006b)는 경북 문화산업의 혁신환경을 분석하고, 이에 기초하여 클러스터의 구축 방안을 제시하였다. 소규모 영세업체 중심의 상품화 초기단계, 저부가가치 부문 중심 그리고 기업 간 미약한 네트워크 등의 혁신환경을 극복하기 위한 방안으로 분산화된 집적 형태의 클러스터 육성을 제안하였다. 그리고 구체적인 정책대안으로 경북의 소규모 문화산업 집적지 및 지원센터를 네트워킹할 수 있는 허브기관을 설립하고, 제작업체 외의 콘텐츠 창작, 홍보·마케팅, 유통·배급 기능을 보강하면서, 구미 IT산업 클러스터와 대구문화산업 클러스터와의 전후방 연계의 강화를 통한 가치사슬의 업그레이딩을 강조하였다.

다음은 특정 산업집적지를 대상으로 한 연구로는 이종호와 이제야, 이정협 등의 연구를 들 수 있다. 이종호(2005)는 경북 봉화군의 고추농산업의 혁신환경을 분석하고 클러스터 육성 전략을 제시하였다. 봉화 고추농산업은 혁신 인프라가 매우 취약하고 산·학·연 네트워크도 활성화되어 있지 않아 클러스터로서의 기반이 취약하다. 그러나 지식 커뮤니티의 결성 및 산·학·연 네트워크를 위한 지방자치단체의 적극적인 노력으로 혁신환경이 점진적으로 개선되고 있다. 이를 기반으로 한 봉화 고추농산업 클러스터의 육성 방안으로 학습 커뮤니티 조직의 활성화, 공동 브랜드 구축, 네트워크 매개기관으로서의 농업기술센터의 역할 제고, 지식창출의 중심 연계기관으로서 지역 대학과의 연계 강화 등을 제시하였다. 이제야(2008)는 대구 성서산업단지의 혁신클러스터 사업을 평가하고 정책대안을 제시하였다. 구체적으로 혁신클러스터 정책에 대해 기업을 중심으로 한 주체들의 의식을 중심으로 문제점을 밝히고, 이에 대한 보완책으로 미니클러스터(mini-cluster) 활동의 강화, 구미산업단지와의 네트워크 구축, 전문 기술인력의 양성 및 이들 인력의 지역 안착을 위한 지역환류 시스템 구축 그리고 혁신 인프라로서 '비즈니스센터'의 건립을 주장하였다. 그리고 이정협 외(2007; 2009)는 울산 자동차 클러스터와 대구·경북 모바일 클러스터를 사례로 지역혁신 거버넌스의 관점에서 각 클러스터의 구조적 문제점을 규명하고 대안적 전략을 제시하였다. 울산 자동차 클러스터와 대구·경북 모바일 클러스터의 기업들은 기술역량을 강화하면서 고객 업체의 확보 및 독자적인 시장 개척 등의 노력을 하고 있다. 그러나 여전히 대기업을 중심으로 업체들 간 수직적이고 폐쇄적인 네트워크를 형성하고 있으며, 수평적인 네트워크를 형성하기 위한 사회적 자본이 충분히 형성되지 못한 상태이다. 따라서 수평적이고 개방적인 지역혁신 거버넌스가 정착되기 위해 중앙정부는 다층적인 지역혁신 거버넌스의 공간적 결합 모델의 검토, 지방정부 중심의 지역혁신 거버넌스 정착을 위한 제도적 개선 등의 노력이 요구된다. 또한 지방정부는 실질적인 합의 메커니즘으로서의 거버넌스를 확립하고, 지역혁신 거버넌스의 역량강화와 대안적 리더십 탐색 및 지역적 조건을 고려한 지역혁신 거버넌스 모델을 개발하고 실천할 것을 주장하였다.

최근에는 산업집적지의 육성 정책에서 이해당사자들의 다양한 요구를 수렴하여 이들 간의 협력을 이끌어 내고 갈등을 최소화하는 기제로서 거버넌스[11]의 중요성이 강조되면서 이에 대한 연구도 늘어나고 있다. 이와 관련된 연구는 신동호, 배준구, 정원식 등의 정책의 거버넌스 구조에 관한 연구와 이경민·이철우의 거버넌스 평가에 관한 연구로 구분될 수 있다. 신동호는 독일 루르 지역을 대상으로 지역혁신정책의 거버넌스 구조를 분석하였다. 그는 혁신 주체를 대상으로 한 면담조사를 통해

11 거버넌스(governance)는 바라보는 시각에 따라 다양하고 다의적인 의미를 내포하고 있다. 로즈(Rhodes, 1997)는 거버넌스란 통치(governing)의 새로운 과정 또는 질서화된 규칙의 새로운 조건 그리고 사회를 통치하는 새로운 방법 등을 통해 거버먼트(government)의 개념 변화를 암시한다고 하였다. 요한슨과 비요크(Johansson and Bjork, 2001)는 과거처럼 관료들이 일방적·수직적으로 의사결정을 행하는 것이 아니라 제도화된 정책 커뮤니티(policy community) 내의 이해당사자들(stakeholders), 즉 국가기관, 지방자치단체, 시민단체, 일반 시민, 직능단체 등을 정책과정에 참여시켜 문제를 해결하고 책임을 지게 하는 공공 의사결정의 한 형태로 거버넌스를 정의하였다. 그리고 이경민·이철우(2007)는 중앙 또는 지방 정부의 일방적인 정책추진이 아닌 관련 이해당사자가 주체적인 참여를 통한 의사소통과정을 거쳐 정책을 결정하고 운영해 나가는 사회적 시스템으로 보았다.

거버넌스 구조를 파악하고, 정책적 시사점을 제시하였다. 배준구(2006)는 프랑스의 로렌 지역을 사례로 혁신 주체의 역할과 혁신 주체 간 협력관계를 중심으로 혁신정책의 거버넌스 구조를 규명하였다. 로렌의 지역혁신정책은 유럽연합, 중앙정부, 지역 차원의 공공부문, 대학과 연구소 부문, 민간단체 등의 다양한 주체에 의해 추진되고 있다. 그러나 그중에서 지방자치단체가 주도적인 역할을 하고 있는 가운데, 여러 혁신 주체들은 공식적인 모임뿐만 아니라 다양한 비공식적 만남의 장을 통해 상호간의 신뢰관계를 형성하고 기술과 정보 등을 공유하면서 혁신을 창출하는 구조적 특성을 강조하였다. 반면에 정원식(2011)은 하동녹차산업 클러스터를 사례로 로컬 거버넌스의 형성과 역할, 그리고 지역산업에 대한 영향을 분석하였다. 하동녹차산업 혁신클러스터 정책은 지역단체와 주민의 주도하에 주체 간의 상호협력이 가능한 거버넌스에 기반한 혁신의 창출을 통해 성공적으로 추진될 수 있었다는 점을 지적하였다. 그리고 이경민·이철우(2007)는 대구 성서산업단지를 사례로 산업단지 활성화 정책의 거버넌스에 대해 사회적 정당성, 신뢰성, 전문성, 투명성을 지표로 평가하고 개선 방안을 제시하였다. 거버넌스 주체 간의 네트워크에 있어서는 지방정부와 대표적인 기업 지원기관 간에는 협력적 관계가 잘 이루어지고 있으나, 그 외 주체 간의 협력적 관계는 미흡한 수준이다. 따라서 성서산업단지 활성화 정책이 성공적으로 시행되기 위해서는 다양한 주체들의 민주적이고 수평적인 의사결정 체계가 뿌리내릴 수 있는 제도적 기반의 중요성을 강조하였다.

다른 한편에서는 국내외 지역혁신체계 및 클러스터 정책에 대해 비판적 시각에서 분석하고 정책적 시사점 혹은 대안을 제시한 연구들도 있다. 먼저 남기범(2004)은 균형발전정책, 지역혁신체계 그리고 클러스터 정책 간의 관계를 고찰하고 실패 사례를 분석하였다. 이를 통해 기존의 클러스터 정책은 기업 간, 기업과 제도 간 협력의 강화, 다양한 기업지원 서비스와 지역의 사회문화적 환경 조성, 분업체계의 통합적 관리체제의 구축을 제대로 실현하지 못했을 뿐만 아니라 낙후 지역의 산업 특성과 지역 특성 등을 제대로 반영하지 못한 채 추진되었다는 문제점을 지적하였다. 이러한 문제점을 극복하기 위해서는 중앙정부와 지방정부의 균형적인 역할분담하에서 모범 사례를 지역 특성에 맞게 비판적으로 수용하고, 지역 여건에 맞는 구체적인 가이드라인을 제시할 것을 주장하였다. 그리고 강현수·정준호(2004)는 외국의 클러스터 및 지역혁신정책 중에서 실패 사례를 유형화하고 그 원인을 분석하였고, 이를 기반으로 참여정부 지역정책의 방향에 시사점을 얻고자 하였다. 실패 사례는 지역의 현실과 유리된 정책의 추진, 연계나 네트워크에 대한 지나친 기대, 정책기획 및 집행을 담당할 공공부문의 능력 부족, 클러스터 정책에만 의존한 지역정책으로 구분된다. 이러한 실패를 피하기 위해서는 지역정책과 산업정책의 결합 필요성 및 한계성과 산업정책의 지역화와 분권 지상주의의 한계성을 인식하고, 외국 사례의 무조건적인 모방을 지양하여야 한다고 지적하였다. 나아가 참여정부 지역정책의 향후 추진방향으로는 우리나라 각 지역 및 지역 클러스터의 현실과 잠재적 역량에 대한 엄밀한 현황 분석, 지역에 대한 지원은 지역의 내생적 역량 배양 및 정책 수용능력 향상에 초점을 두며, 지역정책의 지향목표와 공간적 범위에 대한 합의, 그리고 공공과 민간 간의 긴밀하고 실질적인 협력관계 형성 등을 강조하였다. 그 외 특정 국가의 클러스터 정책에 대한 분석을 통해 우리나라 클러스터 정책에 시사점을 제시한 것으로는 박상철, 정옥주, 이철우 등의 연구가 있다. 박상철(2003)은 스웨덴 지역혁신체계와 혁신클러스터 육성 정책의 추진과정 및 성과를 분석하고, 우리나라 지역혁신정책에 대한 시사점을 제시하였다. 스웨덴은 지역의 자원 확보와 지역 내 유연하면서도 강한 대학, 기업, 지방정부의 연계관계, 기업가정신의 장려를 통한 신규 기업 창출과 중앙정부 및 지방정부가 다양한 지원 프로그램의 운영 등을 바탕으로 지역혁신체계를 구축하는 클러스터 정책을 추진하였다. 이 정책의 궁극적인 목표가 국민의 복지 향상이라는 국가 전체의 목적과 부합되어 사회적 합의를 도출할 수 있었다. 그는 우리나라 클러스터 정책에 대한 시사점으로 단순한 첨단기술 개발 및 경쟁력 향상 측면보다는, 국가의 총체적인 측면에서 사회적 합의를 도출하고 공동의 목표를 향해 노력하는 것이 혁신클러스터 정책에 중요하다는 것을 강조하였다. 정옥주(2006)는 1990년대 말 실시된 프랑스 최초의 본격적인 클러스터 정책인 지역생산시스템(SPL)과 이를 재정립한 경쟁거점 정책을 프랑스 국토정책 기조에 입각하여 그 의의를 분석하고, 주체 간 역할분담과 협력 거버넌스 구축, 클러스터 정책 개념의 세분화, 다양한 정책행태 개발 등의 정책적 시사점을 제시하였다. 반면에 이철우(2007)는 참여정부의 지역혁신 및 혁신클러스터 정책에 대해 평가하고 문제점과 정책과제를 제시하였다. 참여정부의 지역혁신 및 혁신클러스터 정책의 문제점으로 하향식 정책과 비효율적 예산집행, 정책의 중복과 정책 간 연계 미흡, 지역 특성을 무시한 정책, 다양한 사업추진 주체의 참여 부족과 하드웨어 중심의 정책, 혁신 주체 간 파트너십 구축의 미흡 등을 지적하였다. 이에 대한 정책과제로 상향식 추진방식의 강화, 정책 간 연계를 통한 효율적인 예산집행, 지역혁신 거버넌스 체계의 구축 등을 제시하였다.

이상의 산업집적지 정책에 대한 연구들은 이와 관련된 개념의 정치성, 이론의 논리적 명료성 그리고 합목적적 분석 틀의 결여라는 정책 친화적 연구의 속성적 한계를 극복하지 못하였다. 즉 주로 성공적인 해외 사례의 육성 정책 혹은 육성 정책에 대한 분석 틀에 의존하여 산업집적지의 공간 스케일과 속성이 제대로 반영되지 않은 일반적이고 나열적인 정책의 열거라는 문제점을 지적하지 않을 수 없다.

4. 맺음말

한국의 산업집적지에 관한 연구는 그 주제 및 분석 도구도 다변화되었으나 특정 산업지역에 대한 경험적 사례 연구가 중심이 되고 있다. 그 결과 이들 연구는 구체적인 경제공간의 분석과 지역발전의 대안 제시에 기여하였으나, 산업집적지 연구의 독창적인 분석 틀을 제시하고 이론화하는 점을 간과한 문제점을 안고 있다. 이러한 한계점을 극복하기 위해서는, 첫째 '신산업집적론'의 핵심 요소인 기업을 비롯한 주체 간 관계를 중심으로 한 비경제적 요인과 기존의 입지론에서 강조하는 경제적 요인을 통합하는 분석 틀의 정립, 이를 통한 산업집적지 존립기반의 메커니즘에 대한 연구가 활성화되어야 할 것이다. 둘째, 신산업집적론은 특정 스케일의 경제공간 내에서의 기업을 비롯한 주체 간의 사회경제적 관계와 집적과 관계된 지역의 특수성을 규정하는 사회문화적 조건에 대해 지나치게 집착하는 폐쇄주의 경향에서 벗어나야 한다. 왜냐하면 특정 산업집적지의 국민경제 또는 세계경제에서의 위치와 관련 제도, 비국지적 네트워크 등 다중적 공간 스케일 차원의 요소들도 매우 중요하기 때문이다. 셋째, 오늘날의 경제체제에서 지역의 역할 증대라는 측면에서, 지역경제정책으로서 신산업집적지의 육성 정책에 대한 학술적 연구가 보다 강화되어야 할 것이다. 이러한 문제점은 현재 매우 한정된 우리나라 연구자 풀을 감안할 때, 개인적 차원의 연구를 통해 해결될 수 있는 것이 아니다. 따라서 우리나라 산업집적지 연구자들의 공식적·비공식적인 집단연구의 장이 활성화되어야 할 것이다.

• 참고문헌 •

강현수·정준호, 2004, "세계의 지역혁신 사례 분석: 관련 이론, 성공 요인 및 실패 사례", 응용경제, 6(2), 27-61.
구양미, 2002, "구로공단(서울디지털산업단지) 산업구조재편에 관한 연구", 지리학논총, 39, 1-48.
구양미, 2012, "서울디지털산업단지의 진화와 역동성: 클러스터 생애주기 분석을 중심으로", 한국지역지리학회지, 18(3), 283-297.
권경희, 2003, "사회자본의 연구동향과 과제", 지리학논구, 23, 27-50.
권오혁·윤영삼·최홍봉, 2005, "부산지역 기계·금속산업의 네트워크분석과 경쟁력 제고방안", 한국지역지리학회지, 11(6), 543-558.
김광선, 2000, 동대문시장지역의 학습지역화에 관한 연구: 패션의류산업 집적지를 사례로, 서울대학교 석사학위논문.
김동환, 1999, "개인학습과 조직학습의 이론", 경영경제연구, 22(2), 183-202.

남기범, 2003, “서울 신산업집적지 발전의 두 유형: 동대문시장과 서울벤처밸리의 산업집적, 사회자본의 형성과 제도화 특성에 대한 비교”, 한국경제지리학회지, 6(1), 45-60.

남기범, 2004, “클러스터 정책실패의 교훈”, 한국경제지리학회지, 7(3), 407-432.

문미성, 2000, 산업집적과 기업의 혁신수행력: 수도권 전자통신기기산업을 사례로, 서울대학교 박사학위논문.

문미성, 2001, “수도권 산업집적이 기업의 혁신수행력이 미친 영향: 전자통신기기산업을 사례로”, 대한국토계획학회지, 114, 193-212.

문미성, 2004, “산업클러스터 육성을 위한 지역혁신체계 구축방안-경기도를 사례로”, 과학기술정책, 14(5), 70-87.

박경·박진도·강용찬, 2000, “지역혁신 능력과 지역혁신체제: 지역혁신체제론의 의의, 과제 그리고 정책적 함의”, 공간과 사회, 13, 12-45.

박경숙, 2005, 대구문화콘텐츠산업 가치사슬의 공간성과 경영특성, 경북대학교 석사학위논문.

박경숙, 2012, 대구문화콘텐츠산업 클러스터의 트리플 힐릭스(Triple Helix) 분석, 경북대학교 박사학위논문.

박경숙·이철우, 2007, “대구 문화콘텐츠산업의 가치사슬 체계와 경영 특성”, 한국지역지리학회지, 13(2), 171-186.

박경숙·이철우, 2010, “클러스터의 가치사슬변화가 지역경제에 미치는 영향: 대구문화콘텐츠산업을 사례로”, 한국경제지리학회지, 13(4), 601-622.

박래현, 2005, “서울시 제화산업의 집적 특성 및 혁신환경 분석”, 대한지리학회지, 40(6), 653-670.

박삼옥, 1994, “첨단산업발전과 신산업지구 형성; 이론과 사례”, 대한지리학회지, 54, 117-136.

박삼옥, 1999, 현대경제지리학, 아르케, 서울.

박삼옥, 2005, “한국의 지리학연구 60년 회고와 전망”, 대한지리학회지, 40(6), 770-788.

박삼옥, 2006, “지식정보사회의 신경제공간과 지리학 연구의 방향”, 대한지리학회지, 41(6), 639-656.

박삼옥, 2008, “경제지리학의 패러다임변화와 신경제지리학”, 한국경제지리학회지, 11(1), 8-23.

박상철, 2003, “스웨덴의 지역혁신체제 및 클러스터 육성 정책”, 기술혁신연구, 11(1), 195-214.

박양춘, 2003, “신산업환경과 산업공간 연구의 패러다임”, 지리학논구, 23, 1-14.

박양춘·이철우·박순호, 1995, “우리나라 재래공업 산지의 사회적 분업: 담양 죽제품과 여주 도자기 산지를 사례로”, 대한지리학회지, 59, 269-295.

배준구, 2006, “프랑스 로렌지역 지역혁신정책상의 거버넌스 구조: 혁신 주체 간 협력관계를 중심으로”, 한국경제지리학회지, 9(1), 81-96.

신동호, 2004, “대덕연구단지 입주업체간의 연구개발 네트워크에 관한 연구”, 한국지역개발학회지, 16(1), 1-21.

신동호, 2006, “독일 루르지역의 지역혁신정책 거버넌스 연구: 혁신 주체 간 협력관계를 중심으로”, 한국경제지리학회지, 9(2), 167-180.

안영진·이종호·이원호(역), 2011, 현대경제지리학강의, 푸른길(Coe, N. M., Kelly, P. F., Yeung, H. W. C., 2007, Economic Geography: A Contemporary Introduction, Blackwell, Oxford).

이경민·이철우, 2007, “성서산업단지 활성화 정책의 거버넌스 특성과 평가”, 한국지역지리학회지, 13(5), 509-

525.
이경진, 2013, "순창 장류산업 네트워크의 변화와 조정", 한국경제지리학회지, 16(1), 17-36.
이덕희·한병섭, 2001, IT산업의 집적지 활성화 방안, 산업연구원.
이승철, 2007, "전환경제하의 해외직접투자기업의 가치사슬과 네트워크: 대베트남 한국 섬유·의류산업 해외직접투자 사례 연구", 한국경제지리학회지, 10(2), 93-115.
이정욱, 1996, "소규모 제조기업 집적지역의 형성과정과 지역적 연계: 서울시 영등포구 문래동을 사례로", 지리학논총, 27, 87-109.
이정협·김형주, 2009, "대구·경북 모바일 클러스터 육성전략: 지역혁신 거버넌스의 대안 모색", 한국경제지리학회지, 12(4), 477-493.
이정협·김형주·손동원·박희진·조형제·정준호, 2007, 지역혁신 거버넌스의 진단과 대안 모색: 대기업 중심 생산집적지의 전환을 중심으로, 과학기술정책연구원.
이제야, 2008, 성서산업단지 혁신클러스터 사업의 특성과 정책과제, 경북대학교 석사학위논문.
이종호, 2003, "학습, 혁신 그리고 지역경제발전", 지리학논구, 23, 315-326.
이종호, 2005, "지역 농산업산지의 혁신환경과 클러스터 육성전략: 봉화군 고추농산업 사례", 한국지역지리학회지, 11(2), 233-246.
이종호·김태연·이철우, 2009, "외레순 식품 클러스터의 트리플 힐릭스 혁신체계", 한국경제지리학회지, 12(4), 388-405.
이종호·이철우, 2008, "집적과 클러스터: 개념과 유형 그리고 관련 이론에 대한 비판적 검토", 한국경제지리학회지, 11(3), 302-318.
이진, 2001, 서울시 게임산업의 집적과 학습지역 형성에 관한 연구, 서울대학교 석사학위논문.
이철우, 1991, 農村地場産業に關する經濟地理學的硏究, 名古屋大學 博士學位論文.
이철우, 1997, "안동 삼베 수공업산지의 생산유통체제와 지역분화", 한국지역지리학회지, 3(1), 135-154.
이철우, 1998, "우리나라 재래공업의 연구성과와 과제", 대한지리학회지, 70, 275-291.
이철우, 2000, "우리나라 지역혁신체제에 대한 시론적 분석-대전과 창원지역을 사례로", 공간과 사회, 13, 46-93.
이철우, 2004, "지역혁신체제 구축과 지방정부의 과제", 한국지역지리학회지, 10(1), 9-22.
이철우, 2007, "참여정부 지역혁신 및 혁신클러스터 정책 추진의 평가와 과제", 한국경제지리학회지, 10(4), 377-393.
이철우, 2011, "대도시 도심 제조업 집적지의 형성과정과 존립기반: 대구시 수제화 산업을 사례로", 한국경제지리학회지, 14(4), 506-523.
이철우·김태연·이종호, 2009, "네덜란드 라흐닝언 식품산업 클러스터(푸드밸리)의 트리플 힐릭스 혁신체계", 한국지역지리학회지, 15(5), 554-571.
이철우·이종호, 1998, "창원 신산업지구의 제도적 환경과 유연화", 지리학논구, 18, 24-59.
이철우·이종호, 2000, "창원 산업지구의 비즈니스 네트워크와 뿌리내림", 지리학논구, 20, 84-112.
이철우·이종호, 2002, "EU의 지역정책 변화와 지역혁신정책의 함의", 국토연구, 34, 15-28.

이희연, 2011, 경제지리학, 3판, 법문당.

정선양, 1999, "지역혁신체제 구축방안", 과학기술정책, 199, 79–98.

전성제, 2006, "남대문 액세서리산업 집적지의 업체 간 네트워크와 그 변화", 지리학논총, 48, 65–93.

전지혜 · 이철우, 2013, "대구 · 경북지역 모바일산업의 가치사슬 구조와 공간적 특성", 한국지역지리학회지, 19(1), 45–59.

정도채, 2011, 분공장형 생산집적지의 고착효과 극복을 통한 진화: 구미지역을 중심으로, 서울대학교 박사학위논문.

정옥주, 2006, "프랑스의 산업클러스터 정책: 경쟁거점(Pole de Competitivite)을 중심으로", 한국지역지리학회지, 12(6), 704–719.

정원식, 2011, "농촌 지역혁신 정책과정에 있어서 로컬거버넌스의 형성과 영향: 하동군 녹차산업클러스터 구축사례", 한국행정논집, 23(3), 759–778.

조현숙, 2010, 대구 모바일산업의 기술혁신 네트워크와 지식재창출 유형, 경북대학교 석사학위논문.

詹軍 · 이철우, 2012, "중관촌(中關村) 클러스터 연구개발 네트워크의 특성", 한국경제지리학회지, 15(4), 550–569.

최병두, 2003, 지역발전과 산업공간의 재편: 개념과 이론, 지역경제의 재구조화와 도시 산업공간의 재편(박양춘 저, 2003, 지역경제의 재구조화와 도시 산업공간의 재편, 한울).

최정수, 2006a, "경북 문화산업의 가치사슬 특성", 한국경제지리학회지, 9(1), 39–60.

최정수, 2006b, "경북 문화산업의 혁신환경과 클러스터 구축방향", 한국지역지리학회지, 12(3), 364–381.

홍성욱 · 이두갑 · 신동민 · 이은경, 2002, 선진국 대학연구체계의 발전과 현황에 대한 연구, 과학기술정책연구원.

형기주, 1977, "韓國의 經濟地理學 硏究動向: 成果와 課題", 국토지리학회지, 3, 43–54.

Amin, A. and Wilkinson F., 1999, Learning, proximity and industrial performance: an introduction, *Cambridge Journal of Eoconomics*, 23, 121-125.

Arndt, O. and Sternberg, R., 2000, Do manufacturing firms profit from intra-regional innovation linkages? An empirical based answer, *European Planning Studies*, 8(4), 465-85.

Appold, S. J., 1995, Agglomeration, interorganizational networks, and competitive performance in the US metalworking sector, *Economic Geography*, 71(1), 27-54.

Audretsch D. B., 1998, Agglomeration and the location of innovative activity, *Oxford Review of Economic Policy*, 14(2), 18-29.

Boggs, J. and Rantisi, N., 2003, The 'relational turn' in economic geography, *Journal of Economic Geography*, 3(2), 109-116.

Camagni, R., 1991, *Innovation Networks: Spatial Perspectives*, Belhaven Press, London.

Cooke, P., 1992, Regional innovation systems: competitive regulation in the new Europe, *Geoforum*, 23(3), 365-382.

Dibben, M., 2000, *Exploring Interpersonal Trust in the Entrepreneurial Venture*, Basingstock, Macmillan.

Dicken, P., 1994, The Roepke Lecture in Economic Geography - Global-Local Tensions: Firms and States in the Global Space-Economy, *Economic Geography*, 70(2), 101-124.

Gelsing, L., 1992, Innovation and the development of industrial networks, in Lundvall, B.-A.(ed.), *National systems of innovation*, Pinter Press, London

Grabher, G., 1993, Rediscovering the social in the economics of interfirm relations, in Grabher, G.(ed.), *The Embedd Firm: On The Socioeconomics of Industrial Networks*, Routledge, London.

Hayter, R., 1997, *The Dynamics of Industrial Location: the Factory, the Firm, and the Production System*, Wiley, Chichester and New York.

Johansson, H. and Bjork, P., 2001, Multi-level governance for improved public services in Sweden: the actor-dimension of co-ordination, *Multi-Level Governance: Inter-disciplinary Perspectives*, The University of Sheffield.

Krugman, P., 1991, *Geography and Trade*, The MIT Press, Cambridge.

Lorenzoni, G. and Ornati, O. A., 1988, Contellations of Firms and New Ventures, *Journal of Business Venturing*, 3(1), 41-57.

Nonaka, I. and Takeuchi, H., 1995, *The Knowledge-Creating Company*, Oxford University Press, Oxford.

Park, Sam Ock, 1996, Industrial Restructuring for the Sustainable City in the Era of Globalization, *SEOUL metropolitan FORA 96*, 1996, 345-377.

Park, Sam Ock and Markusen, A., 1995, Generalizing new industrial districts: a theoretical agenda and an application from a non-western economy, *Environment and Planning A*, 27, 81-104.

Porter, M. E., 1998, *On Competition, Cambridge*, MA: Harvard Business School Press, Boston.

Putnam, R., 1993, *Making democracy work: Civic traditions in modern Italy*, Princeton University Press, Princeton.

Raines, P., 2002, *Cluster and Prisms, in Raines, P.(ed.), Cluster Development and Policy*, Ashgate, Aldershot.

Rhodes, R. A. W., 1997, *Understanding Governance: Policy networks, Governance, Reflexivity and Accountability*, Open University Press, Buckingham.

Scott, A. J., 1988, *New Industrial Spaces*, Pion, London.

Storper, M., 1992, The limits to globalization: technology districts and international trade, *Economic Geography*, 68(1), 60-94.

Storper, M., 1997, *The Regional World: Territorial Development in a Global Economy*, The Guilford Press, New York.

Storper, M. and Salais, R., 1997, *Worlds of Production: The Action Frameworks of the Economy*, MA: Harvard University Press, Cambridge.

Sturgeon, T., 2001, How do we define value chains and production networks?, *IDS Bulletin*, 32(3), 9-18.

松原廣, 2009, 經濟地理學－立地・地域・都市の理論, 東京大學出版会.

山本健兒, 2005, 産業集積の經濟地理學, 法政大學出版局.

제2부
경험적 사례 연구

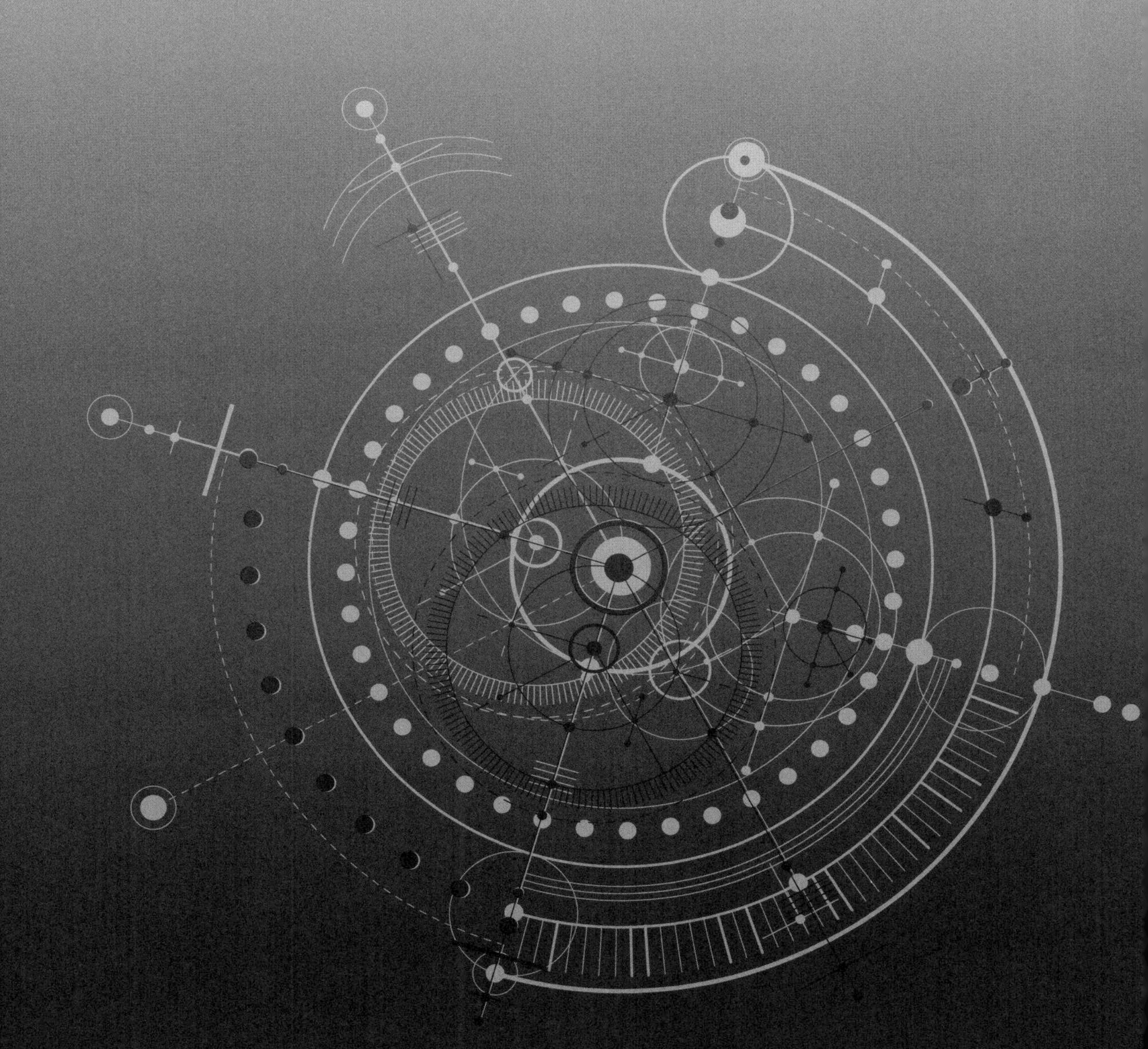

제9장

구미 IT산업 클러스터의 진화과정과 동인

1. 머리말

구미 IT산업 클러스터는 삼성, LG, 대우 등 우리나라 주요 대기업의 분공장과 그 하청업체를 중심으로 하는 국내 최대의 IT산업 집적지로, 1960년대 우리나라 산업화 초기에 전자산업의 전략적 육성과 수출진흥을 목적으로 조성된 구미국가산업단지를 기반으로 발전해 왔다. 이 과정에서 두 차례에 걸친 석유파동, 1997년 IMF 외환위기, 2008년 글로벌 금융위기 등의 전지구적·국가적 수준의 위기에 직면하였지만, 기술집약적 IT산업으로의 구조고도화와 유연적 생산체제로의 전환 그리고 2000년대 이후에는 산업단지 혁신클러스터 사업 및 구조고도화 사업을 비롯한 제도적 기반의 강화 등을 통해 위기를 극복하면서 진화해 왔다.

하지만 구미 IT산업 클러스터는 현재 삼성전자와 LG디스플레이의 평택, 파주 등 수도권 그리고 베트남을 비롯한 해외로의 유출로 인해 종전의 위기와는 상이한 강도와 양상으로 불황을 겪고 있다. 즉 완제품을 생산하는 소수 대기업을 정점으로 한 수직적·폐쇄적 하청계열화 체제의 해체는 지역 중소기업들의 급속한 매출 감소와 함께 심각한 경영위기를 초래하였다. 그 결과 구미 지역의 전국 대비 수출비중은 2005년 10.7%에서 2017년 4.9%로 크게 감소하였을 뿐만 아니라, 구미국가산업단지의 공장가동률도 2014년 80%에서 2017년 66.5%로 급감하였다(매일신문, 2018).

지금까지 클러스터의 위기와 관련한 연구들은 크게 산업단지 쇠퇴의 평가 및 그 요인에 관한 연구

(유상민·변병설, 2011; 진정규·허재완, 2014), 노후 산업단지 실태 분석에 관한 연구(이유화, 2017), 산업단지 활성화 정책 및 사업 평가에 관한 연구(김주훈·변병설, 2018), 산업단지 재생 방안 제시에 대한 연구(유상민·변병설, 2009; 김태현·임동일, 2014)로 대별될 수 있다. 그럼에도 불구하고 이들 연구는 대부분 클러스터와 그것을 둘러싼 외부환경과의 관계를 분석하여 문제점과 개선 방안을 제시하는 정태적(static) 연구이다. 현재의 위기를 제대로 분석하고 앞으로의 발전 방안을 제시하기 위해서는 산업집적지가 과거에서 현재까지 다양한 위기를 어떻게 극복하고 진화해 왔는가에 초점을 두는 동태적(dynamic) 관점에서의 산업집적지 진화에 관한 연구가 전제되어야 할 것이다.

최근까지 산업집적지의 진화를 연구함에 있어 가장 주목을 받은 분석 틀로는 산업집적지가 개별 기업에 미치는 영향과 진화단계별 특성을 밝히는 데 초점을 두는 클러스터 생애주기 모델(Bergman, 2008; Menzel and Fornahl, 2010; 구양미, 2012)과 마틴과 선리(Martin and Sunley, 2011)의 클러스터 적응주기 모델(cluster adaptive cycle model)을 들 수 있다. 특히 클러스터 적응주기 모델은 클러스터 주체들이 복잡한 피드백과정을 거쳐 클러스터의 구조와 기능을 변화시키면서 자신들의 속성도 동시에 변하는 비선형적(non-linear)이고 계통발생적(phylogenetic)인 클러스터의 진화과정을 분석할 수 있는 가장 유용한 도구로 평가된다(전지혜·이철우, 2017: 190-191). 구체적으로 이 모델은 클러스터 진화 유형을 파악하고, 자원축적, 네트워크, 회복력 측면에서 클러스터가 어떻게 진화하는가를 살필 수 있는 포괄적인 분석 도구이다.[1]

이에 본 장에서는 현재 최악의 불황을 맞이하여 성숙정체기에서 쇠퇴기로 진입한 구미 IT산업 클러스터의 발전 방안을 모색하기 위해, 클러스터 적응주기 모델에 기반하여 구미 IT산업 클러스터의 진화과정과 특성 그리고 진화과정상의 기업 내·외적 동인을 분석하고자 한다.

이 연구를 위한 주된 자료는 『구미공단40년사』(2010), 한국산업단지공단의 국가산업단지동향, 연구 논문 및 보고서 등의 문헌자료, 각종 통계자료 및 언론기사, 그리고 2017년 1월 20일~4월 21일에 걸쳐 158개 기업[2]을 대상으로 실시한 설문조사, 기업체 대표와 지원기관 관계자와의 심층 면담조사 결과이다.

1 클러스터 적응주기의 구성요소이자 추동 요인은 자원축적, 네트워크, 회복력을 들 수 있다. 먼저 자원축적은 클러스터가 진화하는 과정에서 축적되는 특유의 자원으로, 개별 기업의 역량, 제도의 형태와 배열, 물리적·사회적 하부구조 등이 해당된다. 네트워크는 진화과정상 클러스터 주체들이 맺는 시장적·비시장적 상호연계를 의미하며, 회복력은 내·외적 충격에 유연하게 대응할 수 있는 클러스터의 역량을 말한다. 이 3요소가 서로 맞물려 영향을 미치면서 클러스터는 '출현-성장-성숙-쇠퇴-재활성화/대체/소멸'의 적응주기를 따라 진화한다. 그리고 진화 유형은 성장지속형(sustained growth type), 혁신전환형(innovative transformation type), 성숙정체형(mature stagnation type), 일괄주기회생형(full adaptive cycle regeneration type), 일괄주기소멸형(full adaptive cycle disappearance type), 실패형(failure type)으로 구분된다(Martin and Sunley, 2011; 전지혜·이철우, 2017). 이와 관련된 보다 구체적인 내용은 전지혜·이철우(2017)의 연구를 참고하길 바란다.

2. 구미국가산업단지의 개관 및 발달과정

1) 구미국가산업단지의 개관

구미 IT산업 클러스터는 구미국가산업단지를 기반으로 당초 전형적인 위성형 산업단지에서 지역 내 중소기업, 대학 및 지원기관과의 네트워크 강화를 통해 명실상부한 클러스터로 진화해 왔다.

구미국가산업단지는 〈그림 9-1〉에서 보는 바와 같이 경상북도 구미시와 칠곡군 석적읍 일원에 걸쳐 위치하고 있다. 이 일대는 지형이 평탄할 뿐만 아니라 낙동강이 관류하여 용수 공급에 유리하고 저렴한 용지 확보가 가능하여 산업단지가 입지할 수 있는 최적의 조건을 갖추고 있다(최금애, 1999). 서쪽으로는 중부내륙고속도로와 경부고속도로 및 경부선, 동쪽으로는 중앙고속도로와 접하고 있어 서울, 대구, 부산 그리고 포항 등 주요 대도시 및 공업도시와의 접근성이 뛰어나다. 이처럼 구미국가산업단지는 자연적·인문적 조건이 양호한 내륙 공업단지이다.

현재 구미국가산업단지는 제1단지에서 제5단지까지 5개의 단지로 구성되어 있다. 1969년부터 1973년까지 제1단지 조성을 시작으로 제2단지(1977~1981년), 제3단지(1987~1995년), 제4단지(1996~2011년)까지 조성이 완료되었고, 2009년부터 착공된 제5단지는 2019년 준공될 예정이다. 이처럼 구미국가산업단지는 시대별로 단지가 조성되어 단지별 특성이 다소 상이하다(정도채, 2011). 제1단지는 1970년대까지 섬유 및 전자 산업이 혼재되어 있었지만, 1980년대 이후 섬유산업의 쇠퇴와 전자산업 육성 정책을 통해 전자산업의 비중이 커지게 되었다. 2009년부터는 산업단지 구조고도화 사업이 추진되면서 복지·문화 시설을 비롯한 어메니티 개선 등이 이루어지고 있다. 제2, 3단지는 삼성전자, LG디스플레이, LG이노텍 등 대기업을 중심으로 중소기업 간 계열화 구조가 보다 뚜렷하게 나타난다. 제4단지에는 도레이첨단소재, 아사히글라스 등의 외국계 기업들이 집적하고 있다. 마지막으로 제5단지(하이테크밸리)는 탄소, IT융복합산업과 같은 첨단 IT산업을 중심으로 조기 분양이 진행되고 있지만, 2018년 6월 현재 그 분양률은 15%로 저조한 실정이다.

이처럼 구미국가산업단지는 공간적·산업적 영역을 확대함으로써 그동안 비약적인 발전을 거듭하여 지역경제는 물론 우리나라 IT산업을 세계 최고 수준으로 이끌면서 산업화와 경제발전을 선도

2 본 연구의 분석 대상 기업 158개사의 속성을 살펴보면, 설립 시기에서는 2000년대 중반~2010년대 초반에 설립된 업체가 전체의 49.4%로 그 비중이 가장 크고, 다음은 1990년대~2000년대 초반(26.6%), 2010년대 중반 이후(15.2%), 그리고 1980년대 이전(8.9%)의 순이다. 업종별 비중의 경우 금형가공, 자동화설비, 3D프린터 등과 같은 IT산업과 관련된 전기전자(46.8%) 및 기계(30.4%) 업종의 비율이 전체의 약 80% 정도를 차지하고 있다. 그리고 규모에서는 종사자 '50명 미만'(72.4%)과 '50명 이상 300명 미만'(23.7%)의 중소기업이 전체의 약 96%를 차지하고 있다.

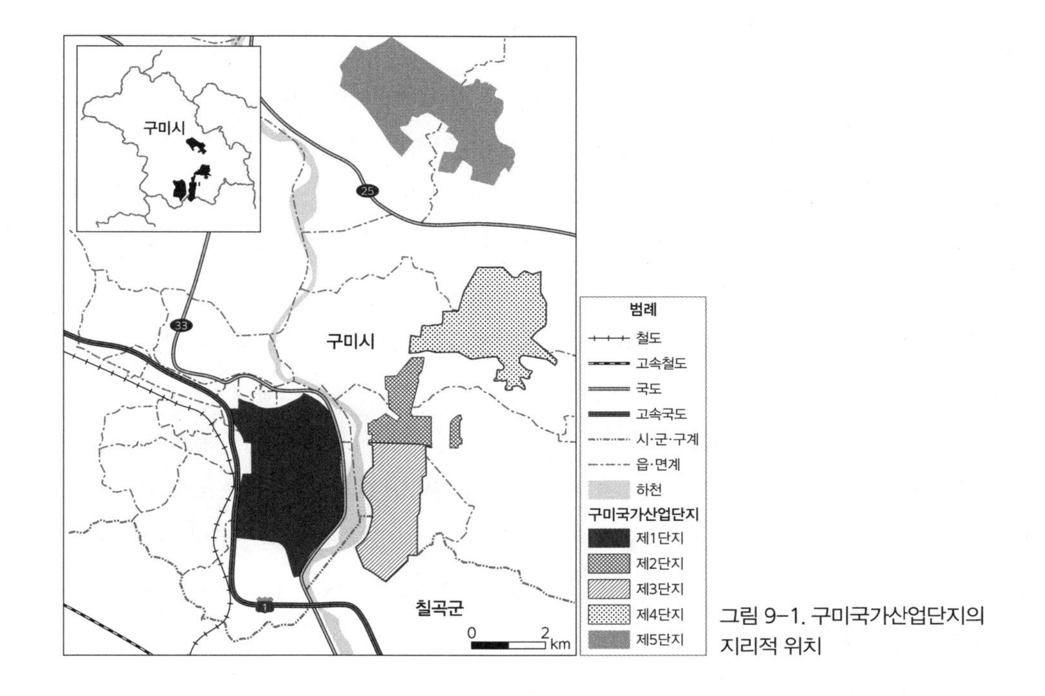

그림 9-1. 구미국가산업단지의 지리적 위치

해 왔다(김진영, 2014: 35). 그 결과 우리나라의 대표적인 IT산업 클러스터로서의 위상을 차지하고 있다(이종호, 2003; 최요섭, 2013: 15).

2) 구미국가산업단지의 발달과정

1960년대 중후반에 정부는 수출을 신장시키고 전자산업을 육성하기 위해 수출산업공업단지개발조성법(1964)[3]과 전자공업진흥법(1969)[4]을 제정하였다(한국산업단지공단 산업입지연구소, 2014). 이를 토대로 1969년 구미공단 설립추진대회와 공업단지 사업시행자 지정을 통해 구미국가산업단지가 본격적으로 조성되었다.

제1단지는 1971년 한국전자공업공단[5]이 설립되면서 착공되었다. 특히 1971년 한국폴리에스텔㈜

3 수출산업공업단지개발조성법(1964)은 수출 전문 공업단지의 건설과 관련된 기본 개념 및 취지 그리고 산업기지 관리공단의 존립에 관한 내용을 명시하고 있다(구미시, 2010).

4 전자공업진흥법(1969)에 근거하여 전자공업진흥 8개년계획이 발표되었다. 이 계획은 1969~1976년까지 총 140억 원을 투자하여 수출목표 달성, 제품의 국산화 등을 목표로 하였다(한국산업단지공단 산업입지연구소, 2014).

5 '한국전자공업공단'의 명칭은 당초 국가적인 전자공업의 발전을 위해 설립된 공단이라는 의미를 반영하여 정해졌지만, 1974년 공단이 개편되면서 '구미수출산업공단'으로 변경되었다(구미시, 2010).

(현 ㈜코오롱)와 1973년 ㈜금성사(현 LG전자)를 비롯한 대기업과 그 계열사들이 입지하면서 구미국가산업단지는 섬유 및 전자 산업단지의 면모를 갖추게 되었다(구미시, 2010). 1973년 제1차 석유파동 이후에는 반도체 및 컴퓨터 등을 포함한 고부가가치의 기술집약적 첨단산업을 육성하기 위해 1977년부터 제2단지가 조성되었다. 이에 금성반도체㈜ 등이 입지하고 대기업의 전자부품협업단지가 조성될 수 있는 물리적 기반이 마련되었다. 또한 한국전자기술연구소의 설립은 반도체 및 컴퓨터와 관련한 연구개발 역량을 강화시켰고, 금오공과대학교 및 구미직업훈련원과 같이 인력 양성을 위한 기반이 마련되기도 하였다(구미시, 2010). 이에 1979년 제2차 석유파동에도 불구하고 구미국가산업단지는 성장세를 이어 나갔다(전지혜, 2018).

1980년대 중반 이후 3저 현상(원유가격의 하락, 달러화 가치 하락, 국제금리 인하)에 따른 경기 호전으로 공장용지 수요가 급격히 증가하였고, 이에 대응하여 1987년부터 제3단지가 조성되었다. 제3단지는 반도체, 컴퓨터, 전자기계 업종의 업체를 중심으로 유치하였다. 특히 삼성코닝㈜이 1989년에 입지하여 종전까지 수출에 의존하던 제품을 생산하면서 연간 2억 6000만 달러의 수입대체 효과를 가져왔다(구미시, 2010).

1990년대 들어 구미국가산업단지는 삼성과 LG그룹 계열화의 확대로 전자업체가 늘어난 반면 섬유업체는 줄어들면서, 전자산업 중심지로서의 위상이 강화되었다(이종호, 2003). 하지만 본사와 R&D 기능은 수도권에 여전히 크게 의존하여 IMF 외환위기 이후 수출액과 종사자 수가 급감하게 되었다(전지혜, 2018). 이를 극복하기 위해 1999년 금오공과대학교 창업보육센터가 개소하였고, 벤처기업육성에 관한 특별조치법을 토대로 2002년에 벤처기업육성촉진지구가 지정되었다.[6] 이후 1996년 착공된 제4단지에는 외국인기업전용단지(2002년)에 아사히초자화인테크노한국㈜, 도레이첨단소재㈜ 등이 유치되었다.

2004년에는 구미국가산업단지가 산업단지 혁신클러스터 사업의 시범단지로 지정되었고, 그 후에는 IT융복합 및 신산업 유치를 위한 제5단지 확장, 노후화된 산업단지의 개선을 위한 산업단지 구조고도화 사업 그리고 중소기업의 R&D 역량강화 및 업종 전환을 위한 금오테크노밸리 조성사업 등이 지속적으로 추진되어 왔다. 또한 도레이첨단소재㈜와 CFK−밸리(탄소섬유강화 플라스틱 단지) 한국지사의 유치와 전국 지방자치단체 중 최초로 구미시 '탄소산업육성 및 지원에 관한 조례'의 제정을 통해 국내 특정 대기업에 대한 의존도를 줄이고 산업구조의 다각화와 고도화를 위해 노력하고 있다.

6 구미상공회의소가 실시한 2004년 기술보증기금 벤처기업 명단 조사 결과에 의하면, 구미 지역의 벤처기업 수는 2001년 54개에 불과하였지만 2003년부터 매년 15% 이상 증가하여 2005년에 187개까지 증가하였다(구미시, 2010: 498).

표 9-1. 구미국가산업단지의 발달과정

연도		주요 내용	기타
1960년대	1964년	• 수출산업공업단지개발조성법 공포	
	1969년	• 전자공업진흥법 공시	
1970년대	1971년	• 한국폴리에스텔(주) 준공(현 코오롱) • 한국전자공업공단 설립 • 제1단지 착공	
	1973년	• (주)금성사 입주(현 LG전자) • 제1단지 완공	• 제1차 석유파동
	1977년	• 제2단지 조성 착공 • 한국전자기술연구소 설립	
	1978년	• 직업훈련법인 구미직업훈련원 개원(현 한국폴리텍대학교 구미캠퍼스)	
	1979년	• 금성반도체 설립(제2단지)	• 제2차 석유파동
1980년대	1980년	• 금오공과대학교 개교(현 금오공과대학교) • 삼성전자 구미1공장 준공(제1단지)	
	1981년	• 구미상공회의소 창립 • 제2단지 조성 완공	
	1985년	• 한국전자통신연구소(구 한국전자기술연구소) 대전으로 이전	
	1987년	• 제3단지 조성 착공 • 대우모터공업(주) 설립(현 동부대우전자) • 금성사, 금성반도체, 한국전기초자 등 노사분규	
	1989년	• 삼성코닝(주) 가동(현 삼성코닝정밀소재㈜)	
1990년대	1992년	• 구미전문대학교 개교(현 구미대학교)	
	1994년	• 금오공과대학교 구미산업기술정보센터 설립	
	1995년	• 제3단지 조성 완공	
	1996년	• 제4단지 조성 착공	
	1997년	• 한국산업대학교 개교(현 경운대학교)	• IMF 외환위기
	1998년	• 구미 이업종교류회 창립총회	
	1999년	• 금오공과대학교 창업보육센터 개소	
2000년대	2002년	• 벤처기업육성촉진지구 지정 • 외국인기업전용단지 조성 • (사)구미중소기업협의회 창립	
	2003년	• 산업자원부 산하 구미전자산업진흥원 설립	
	2004년	• 혁신클러스터 사업 시범단지 지정 • 산업자원부 산하 구미전자기술연구소 설립	
	2005년	• 아사히초자화인테크노한국(주) 가동 • 경기도 파주에 LG필립스LCD(현 LG디스플레이) 7세대 공장을 건립 • 구미 혁신클러스터 추진단 발족	
2000년대	2007년	• 구미전자기술연구소와 구미전자산업진흥원을 통합해 '구미전자정보기술원' 출범 • LG전자 구미 A1공장 폐쇄	
	2008년	• 과학연구단지 지정 • 구미단지 금형산업협의회 발족	• 2008년 금융위기

2000년대	2009년	• 제5단지 조성 착공(2020년 완공 예정) • 제4단지 확장단지 착공(2020년 완공 예정) • 산업단지 구조고도화 사업 시범단지 지정 • 대우일렉트로닉스 구미공장 폐쇄(현 동부대우전자) • 삼성전자 베트남 하노이·호찌민 일부 이전 • LG전자 LCD TV R&D 인력 평택 이전	
2010년대	2010년	• 금오테크노밸리 조성사업 시작(2020년 완료)	• 유럽 재정위기
	2011년	• 제4단지 조성 완공	
	2012년	• 불산가스 누출 사고	
	2015년	• LG전자, 베트남 하이퐁 일부 이전	
	2016년	• 도레이첨단소재(주) 구미4공장 착공 • 탄소산업 클러스터 조성사업 유치	
	2017년	• 독일 CFK-밸리(탄소섬유강화 플라스틱 단지) 한국지사 유치 • 전국 지방자치단체 중 최초로 구미시 탄소산업육성 및 지원에 관한 조례 제정 • 구미 탄소산업발전협의회 발족 • LG디스플레이 베트남 하이퐁 공장 가동	

출처: 이철우, 2007; 구미시, 2010; 정도채, 2011; 최요섭, 2013; 한국산업단지공단 산업입지연구소, 2014; 매일신문, 2017a; 매일신문, 2017b; 매일신문, 2017c; 매일신문, 2017d를 토대로 필자 정리.

3. 구미 IT산업 클러스터의 진화과정의 특성과 그 동인

본 연구에서는 구미국가산업단지의 발전과정을 토대로 구미 IT산업 클러스터의 진화단계를 1969~1980년대의 '기반구축기', 1990~2000년대 초반까지의 '성장기', 2000년대 중반~2010년대 초반의 '성숙기', 2010년대 중반 이후의 '성숙정체기'로 구분한다. 그리고 진화과정상의 특성은 자원축적과 네트워크를 중심으로, 진화 동인은 외적·내적 동인으로 구분하여 분석한다.

1) 기반구축기에서 성장기로의 진화

(1) 자원축적: 전자산업으로의 전문화

구미 IT산업 클러스터에는 개발 초기 전자산업 유치의 어려움으로 당시 내수 및 수출 시장에서 상대적으로 수요가 클 뿐만 아니라 섬유산업에 특화된 대구 지역과의 접근성을 이점으로 제일모직과 코오롱을 비롯한 대규모 섬유업체들이 다수 입주하게 되었다. 〈그림 9-2〉와 〈그림 9-3〉에서와 같이, 1973년 섬유업체가 전체 사업체의 64.1%로 그 비중이 가장 크고, 전자산업은 그 절반 정도인

32.1%를 차지하였다. 그런데 1970년대 두 차례에 걸친 석유파동과 불안했던 국내 정치·경제적 상황으로 기업들의 투자는 극도로 위축되었다(도은주, 1996). 이에 구미 IT산업 클러스터에 입주 예정이었던 삼성전자㈜를 포함하는 다수의 업체들이 입주를 포기하거나 공장 건설을 연기하였다(구미시, 2010). 이러한 난관을 극복하기 위해 중앙정부는 반도체 및 컴퓨터를 비롯한 에너지절약형 전자산업을 보다 중점적으로 육성하고자 하였다. 이에 1976년 전자산업 중점육성 장기진흥계획[7]을 발표함으로써 구미 IT산업 클러스터의 공간적 확장과 더불어 전자산업 관련 국내외 기업들과 전문 연구소를 적극적으로 유치하고자 하였다(구미시, 2010; 황진태·박배균, 2014). 그 결과 1980년에는 전자산업의 생산액(53.8%)이 섬유산업(38.5%)을 추월함으로써 구미 IT산업 클러스터는 전자산업 중심의 집적지로 변모하게 되었다. 그리고 1980년대에는 컬러TV 관련 부품, 반도체 등을 제조하는 금성사, 삼성전자, 대한전선, 소니 등의 국내외 주요 기업들과 그 계열사 등의 생산업체가 대거 입지하면서 전자산업 집적지로서의 위상을 갖추게 되었다. 구체적으로 1990년에 사업체 수의 경우 전자산업의 비중(45.5%)이 섬유산업의 비중(41.1%)보다 커졌을 뿐만 아니라, 생산액에서는 그 비중이 전체의 70%를 차지하게 되었다. 2000년에는 사업체 수에서 전자산업과 이와 직간접적으로 연관된 기계산업의 비중이 전체의 61.3%를 차지하였고, 생산액의 경우 그 비율이 무려 90%에 달하였다(그림 9-2, 그림 9-3).

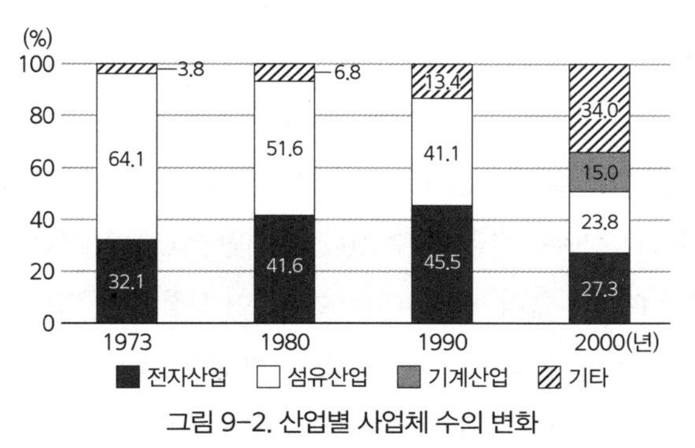

그림 9-2. 산업별 사업체 수의 변화

출처: 1973, 1980, 1990년은 구미수출산업공단, 1991; 2000년은 한국산업단지공단 국가산업단지동향의 자료를 사용함.
주: 기타에는 음식료, 목재종이, 석유화학, 비금속, 철강, 운송장비 업종을 포함함.

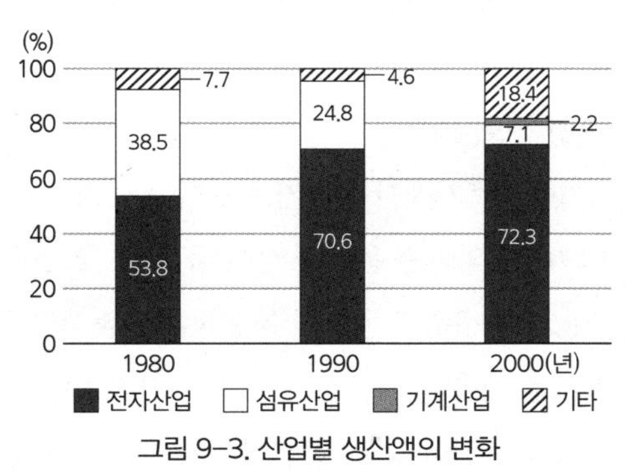

그림 9-3. 산업별 생산액의 변화

출처: 1973, 1980, 1990년은 구미수출산업공단, 1991; 2000년은 한국산업단지공단 국가산업단지동향의 자료를 사용함.
주: 기타에는 음식료, 목재종이, 석유화학, 비금속, 철강, 운송장비 업종을 포함함.

7 이 계획은 전자산업 업체들의 전문화 및 계열화를 유도하고 국산화율을 제고하기 위한 조세 및 금융 지원의 강화 등을 내용으로 한다.

(2) 네트워크: 기업 간 교류 활성화

1970년대까지 구미 IT산업 클러스터의 대기업들은 동반 입주한 하청계열사를 제외하고 역내에서 기업 간 관계를 거의 맺고 있지 않았다(박삼옥, 2004). 하지만 1982년 중소기업 협동화 사업의 일환으로 하청계열 공장을 입주시킬 구미전자부품협업단지가 조성되면서 기업 간 네트워크가 구축되기 시작하였다. 총 15,000평의 부지에 11억 5000만 원의 건설비를 투자하여 건평 2,100평 규모로 조성된 구미전자부품협업단지에는 11개의 중소전자부품 업체들이 입지하여 안정적인 부품 생산·판매뿐만 아니라 품질과 기술 향상도 도모할 수 있었다(매일경제, 1982).

이와 더불어 대기업의 하청계열화의 증대로 대기업-중소기업 간 네트워크가 강화되었다(이철우, 2001). 구체적으로 1986년 일본 엔화의 가치 상승으로 전자부품 수입에 대한 부담이 늘어나자 금성사와 대우전자는 중소기업들과 계열화를 통해 소재부품 국산화를 추진하였다. 그 결과 1970년대 47% 수준이던 부품·소재의 자급률은 1989년 70%까지 상승하게 되었다(구미시, 2010). 또한 1980년대 후반 노동운동의 확산으로 임금 상승, 노동력 부족과 같은 문제가 야기되자 대기업은 기업활동의 유연성을 증가시키기 위해 생산기능의 하청활동을 택하게 된다(정도채, 2011). 예를 들어, 삼성전자는 경북 선산군 해평면 일대에 협동화단지를 조성하여 중소기업들을 유치해 계열화하였다. 이에 1992년 구미 IT산업 클러스터 내 220개의 중소기업 중 66%(145개사)가 대기업의 하청 혹은 임가공 업체인 것으로 나타났다(구미시, 2010).

(3) 진화 동인

기반구축기에서 성장기로 진화의 외적 동인은 1970년대의 석유파동과 선진국의 신보호무역주의, 1980년대의 노동운동과 같이 국제적·국가적 수준의 외부충격을 들 수 있다. 하지만 이러한 외부충격은 기반구축기 동안의 문제점을 표출시켜 구미 IT산업 클러스터가 이를 보완하여 성장할 수 있는 계기를 제공하였다. 즉 초창기 국가적 수준의 정책지원과 잇따른 대기업 및 그 계열사들의 입주를 통한 외형적인 성장·발전에 가려져 왔던 단순조립생산 중심의 전자산업의 한계와 열악한 노동환경이 주목받게 된 것이다. 특히 개별 기업은 이러한 국제적·국가적 수준의 외부충격을 감당하기에 한계가 있으므로, 위기대응 과정에서 전자산업에 대한 정부의 지속적인 지원이 기여한 바가 컸다.

한편 기업 차원의 주된 외적 동인은 '정책적 지원'(28.6%), '핵심 기업과 밀접한 연계'(28.6%), '다국적기업의 진입 혹은 해외투자의 유치'(21.4%)이다(그림 9-4). 이는 클러스터 차원에서 정부 주도적인 산업진흥 정책의 추진이 기업 차원에서 실효성이 있었음을 반영하는 결과이다. 또한 1980년대 후반 노사분규 이후 대기업들의 생산기능의 유연화 전략을 통해 중소기업들이 하청거래를 통한 안

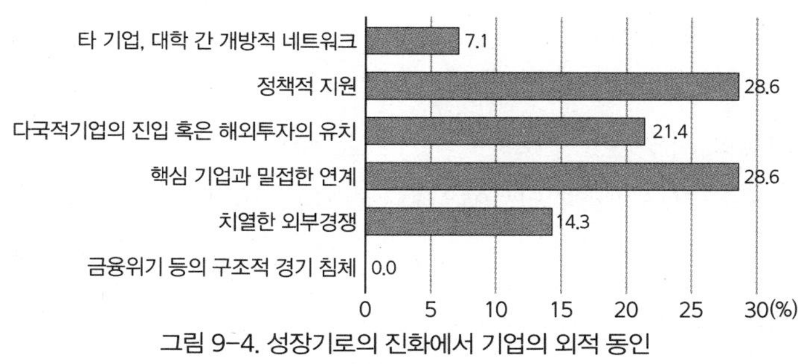

그림 9-4. 성장기로의 진화에서 기업의 외적 동인

출처: 설문조사에 의함(무응답 제외, 중복응답 포함).

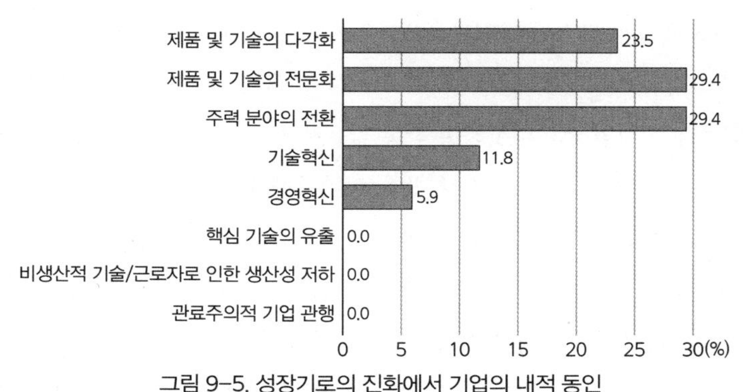

그림 9-5. 성장기로의 진화에서 기업의 내적 동인

출처: 설문조사에 의함(무응답 제외, 중복응답 포함).

정적인 생산기반을 확보하여 성장하게 되었음을 보여 준다.

기업 내적으로는 '제품 및 기술의 전문화'(29.4%), '주력 분야의 전환'(29.4%), '제품 및 기술의 다각화'(23.5%)가 주된 동인이었다(그림 9-5). 이와 관련하여 Y사 오○○ 대표에 따르면, 창업 초기에는 더 많은 수익을 얻기 위해 다양한 분야를 다루었지만 대기업과 연계되면서 그들이 요구하는 제품을 생산하기 위해 디지털 기기 부품이라는 한 분야에 전문화하게 되었다. 이와는 반대로 H사와 같이 늘어나는 경쟁사에 대응하여 제품의 차별화를 위해 '기술 및 제품을 다각화'하는 경우도 있다.

"이 당시 도시바는 사업다각화를 했지만, 우리는 가장 질 좋은 부품을 납품하여 완제품 업체들을 서포트해 주면서 전자산업 자체에 기여하겠다는 경영방침에 따라 1969년 창립 이후로 비메모리만 전문적으로 다루었다. 결국 비메모리 분야에서 세계 2등을 차지하였다"(K사 김○○ 이사와의 인터뷰).

2) 성장기에서 성숙기로의 진화

(1) 자원축적: 사회적 하부구조 구축

구미 IT산업 클러스터는 성장기로 진입하였음에도 불구하고 여전히 수도권 모기업의 위성형 생산기지에 지나지 않아 지역의 자생력을 갖추는 데 한계가 있었다. 이에 1997년 IMF 외환위기 이후 대우전자와 LG반도체를 비롯한 대기업이 구조조정을 실시하면서 이들의 하청업체들이 혹독한 경영위기를 겪게 되었다(연합뉴스, 1999). 하지만 이를 계기로 지방정부, 상공회의소, 대학 및 연구소 그리고 각종 지원기관 등의 주체들이 공동으로 자생력 제고를 위한 자원축적에 나서기 시작하였다.

먼저 지방정부 및 대학 주도적인 창업보육센터의 설립을 통해 각종 사회적 하부구조를 마련함으로써 혁신적인 중소기업의 창업이 활발해지게 되었다. 이들 창업보육센터는 예비 창업자들과 창업 초기단계의 기업들에게 사업장을 비롯하여 각종 금융세제 혜택, 경영관리, 기술인력, 신기술 창출, 특허출원 지도, 무역정보 제공 및 제품 판로 개척, 외부기관과의 연계 등 창업에 관한 전반을 지원하였다(구미시 창업보육센터 홈페이지; 경운대학교 창업보육센터 홈페이지). 그 결과 구미 지역의 벤처기업은 2001년 54개사에서 2007년 187개사로 연평균 19.4%씩 증가하였다. 이러한 증가율은 매년 두 자릿수를 나타내면서 대구·경북은 물론 전국의 증가율을 크게 상회하였다(그림 9-6). 이처럼 창업보육센터의 설립은 우수한 인재들이 기업가적 역량을 발휘하는 계기를 마련하여 벤처기업의 증가라는 성과로 귀결되었다.

한편 2000년대 초반부터 중소기업의 혁신활동을 지원하기 위해 연구개발 및 지원기관이 신설되기 시작하였다. 구미시, 경상북도, 산자부의 공동출자로 2002년에 설립된 구미전자산업진흥원은 전

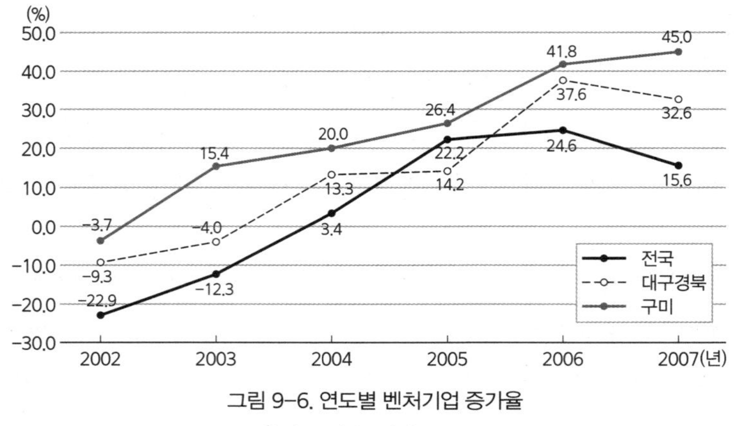

그림 9-6. 연도별 벤처기업 증가율

출처: 구미상공회의소, 2008.

자정보기술단지를 조성·운영하여 중소기업의 연구개발 활동에 필요한 장비구축과 기술지원 등의 사업을 수행하였다. 또한 구미전자기술연구소가 2004년에 설립되어 전자부품 소재 부문의 연구개발을 담당하였다. 2008년 구미전자산업진흥원과 구미전자기술연구소가 통합된 구미전자정보기술원은 전자 및 IT산업과 관련한 R&D 및 기업지원 사업을 수행하고 있다(구미시, 2010).

이외에도 금오공과대학교, 경운대학교, 구미대학교 및 한국폴리텍구미VI대학 등의 지역의 대학은 단순한 인력 배출원이 아닌 적극적인 혁신 주체로 위상이 변모하였다. 특히 혁신클러스터 정책 이후 이들 대학은 공공부문의 예산지원을 토대로 산학협력단, 산학연 포럼 등을 운영함으로써 기업과 협력관계를 구축하여 혁신활동을 적극적으로 조력하였다.

(2) 네트워크: 개방적 네트워크의 장(場) 마련 및 정착

구미 IT산업 클러스터는 2004년 산업단지 혁신클러스터 사업(현 산업집적지 경쟁력강화 사업)[8]을 계기로 본격적인 클러스터로 진화하였다. 특히 이 사업의 핵심인 미니클러스터[9] 사업이 클러스터로서의 도약과 성장을 이끌었다고 평가된다(이철우, 2007; 최요섭, 2013). 미니클러스터 사업의 목적은 지식이나 기술이 유사한 상품사슬별로 기업, 지방자치단체, 지원기관, 대학, 연구소 등이 미니클러스터를 구성하여 포럼, 세미나 등을 비롯한 다양한 네트워크 활동을 통해 과제를 모색·해결하기 위함이다(이철우 외, 2016). 구미국가산업단지에는 모바일, 디스플레이, 전자부품, IT 장비 등 6~10여 개의 업종이 미니클러스터를 구성하고 있으며, 이러한 구성은 해를 거듭할수록 미니클러스터가 합병·신설되면서 변화해 왔다.

미니클러스터의 회원 구성 및 활동 내역을 구체적으로 살펴보면(표 9-2), 기업의 경우 2005년 189명에서 매년 17.0%씩 증가하여 2011년에는 484명의 회원들이 참여하였다. 지원기관에서는 2007년 22명에서 2008년 54명으로 약 2.5배 늘었지만 이후 소폭 감소하여 2011년에는 45명이 참여하였다. 반면에 연구소의 경우 2006년 20명에서 2011년 15명으로 매년 -5.6%씩 회원수가 감소하였고, 대학도 2006년 184명에서 2008년에는 절반 수준인 97명으로 참여율이 낮아졌다. 하지만 이들 간 네트워크 활동은 2005년에서 2011년까지 연평균 11.1%씩 늘어났다. 이는 미니클러스터 내에서 워킹그룹, 교류회 등의 다양한 활동이 이루어졌을 뿐만 아니라 정량적인 성과목표의 달성을 위한 노력이

8 산업단지 혁신클러스터 사업의 주요 전략은 산·학·연·관의 협력적 개방형 네트워크 구축, 기업의 연구개발 역량 강화, 우수인력 정주 여건 및 근무환경 조성, 국내외 연계 개방형 클러스터 구축, 정부정책 및 지역혁신사업과 연계 강화로 요약되며, 각 전략별 세부 추진과제가 제시되어 있다(최요섭, 2013).

9 미니클러스터(mini-cluster)는 산·학·연·관의 혁신 주체들 간에 협력 네트워크를 활성화시키기 위해 정책적 토대하에 결성된 소규모 협의체이다.

표 9-2. 구미국가산업단지의 미니클러스터 운영 실적의 추이

(단위: 명, 회, 건, %)

구분		2005년	2006년	2007년	2008년	2009년	2010년	2011년
회원수	기업	189	212	226	430	412	318	484
	대학		184	136	97	98	68	75
	연구소	187	20	23	31	27	11	15
	지원기관		37	22	54	52	31	45
	계	376	453	407	612	589	428	619
네트워크 활동 횟수		242	320	630	685	722	250	456
과제 발굴 수(A)		131	221	240	293	273	210	436
과제 지원 수(B)		121	176	196	263	258	210	413
B/A*100		92.4	79.6	81.7	89.8	94.5	100.0	94.7

출처: 한국산업단지공단 클러스터 정책지원본부, 2010; 2012를 토대로 필자 수정.

있었기 때문이다(최요섭, 2013: 46). 이에 따라 발굴되는 과제의 수는 매년 22.1%씩 증가하였고, 그 중에서 80~90%의 과제가 지원으로 이어졌다.

미니클러스터 사업의 성과는 전자부품금형 미니클러스터에서 두드러졌다. 전자부품금형 미니클러스터 운영의 효율화를 위해 만들어진 워킹그룹에 의해 참여기업들에게 실질적으로 필요한 사업이 마련된 것이다. 구체적으로 2008년 금형 워킹그룹이 공동사업을 기획·추진하기 위해 금형협업협의회를 창립하였다. 이는 2010년에 (사)구미금형산업발전협의회라는 법적인 실체로 전환되었다. 특히 (사)구미금형산업발전협의회는 한국산업단지공단의 관계자들과 함께 산업단지 구조고도화 사업의 일환인 구미금형협동화단지 조성에 적극 참여하여 사업기획서를 공동작성하고 단지의 배치구상안 등을 논의하였다. 이러한 개방적 네트워크의 결과 금형협동화단지 내에 19개 협의회 회원사를 집적시켜 영세한 금형산업체의 경쟁력을 확보할 수 있게 되었을 뿐만 아니라 자율적인 기업협력 문화의 성장을 위한 초석을 마련하는 성과를 거두게 되었다(최요섭, 2013; 이철우 외, 2016).

"협동화단지를 통해 지원기관이 나서지 않아도 부지 매입부터 시작하여 자재 구매, 식당 운영 등 다른 업체들과 함께할 수 있는 것들을 해 나가면서 최대한 집적효과를 누리고 있다. 심지어 용지를 분양받을 때 바로 옆 업체와 공동으로 녹지시설을 만들었는데, 양쪽 업체 직원들의 만족도도 상당히 높아졌다"(W사 김○○ 대표와의 인터뷰).

(3) 진화 동인

성장기에서 성숙기로 진화의 외적 동인은 IMF 외환위기로 인한 국가적 수준의 충격과 디지털 시대의 도래라는 국제적 수준의 충격을 들 수 있다. 앞서 성장기로의 진화에서는 내적 동인으로 '정부의 역할'이 컸던 것과는 달리, 성숙기로의 진화에 있어서는 '대기업의 전략과 수직적·계층적 하청계열화의 정착'이 주된 내적 동인이다. 즉 IMF 외환위기 이후 형성된 1~3차 협력업체로 이어지는 계층적 하청구조[10]가 대기업 생태계로 정착되었을 뿐만 아니라 대기업이 PDP, 이동단말기 등 디지털 제품을 중심으로 사업구조를 개편하면서 디스플레이 및 무선통신기기 부문을 중심으로 특화되고, 이와 관련한 전후방 산업들이 집적하여 구미 IT산업 클러스터가 성숙기로 진화하게 된 것이다.

이를 반영하듯 기업 차원에서 '핵심 기업과 밀접한 연계'(26.5%)가 성숙기로의 진화과정에서 가장

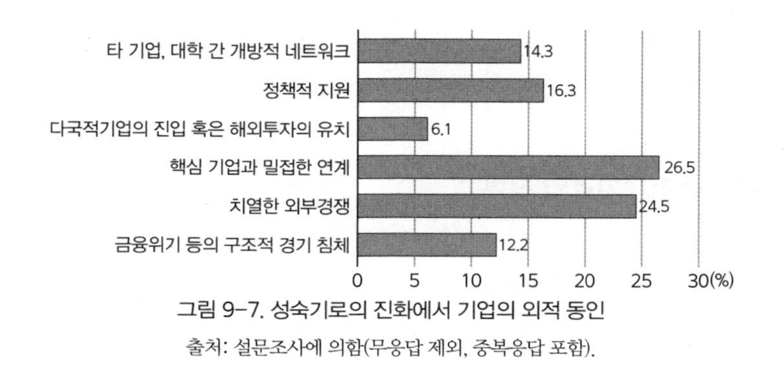

그림 9-7. 성숙기로의 진화에서 기업의 외적 동인

출처: 설문조사에 의함(무응답 제외, 중복응답 포함).

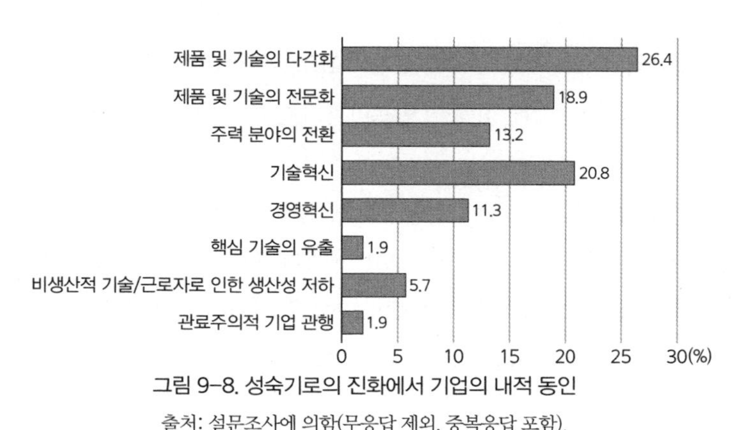

그림 9-8. 성숙기로의 진화에서 기업의 내적 동인

출처: 설문조사에 의함(무응답 제외, 중복응답 포함).

10 구미 IT산업 클러스터의 대기업-중소기업 간 하청거래 관계는 중소기업의 기술력, 규모 등에 따라 수직적·계층적 구조로 형성되어 있다. 즉 1차 협력업체는 주로 대기업의 우수한 인력이 분리창업한 경우에 속한다. 2차 협력업체는 대기업 출신이지만 기술수준이나 지위가 낮거나 중소기업에 근무하였던 인력이 분리창업한 경우이다(정도채, 2011).

주된 외적 동인으로 작용하였다(그림 9-7). 특히 대기업이 '구조적 경기 침체'(12.2%)와 같은 외부 충격에 맞서 주었기 때문에 중소기업들은 이 당시 국제적·국가적 수준의 외부충격에 직접 대응하지 않았다.[11] 그러나 유사한 기술 및 제품을 갖춘 기업들이 지역에 산재하다 보니 대기업 생태계로 진입하기 위해 중소기업 간 '경쟁'(24.5%)이 치열해졌다. 이러한 경쟁은 기업들이 현실에 안주하지 않고 지속적으로 혁신하도록 하는 계기가 되기도 하였다(K사 김○○ 이사와의 인터뷰). 이에 따라 기업 내적 차원에서는 성숙기로의 진화과정에서 '제품 및 기술을 다각화'(26.4%)하고자 '기술혁신'(20.8%)에 주력하였다. 하지만 이 과정에서 다각화 전략의 효율성이 떨어져 경쟁우위를 확보한 기술이나 제품을 중심으로 '전문화 전략'(18.9%)을 택한 업체도 있다(그림 9-8).

"우리 회사는 공장자동화 기기와 철도차량에 들어가는 Door control unit이라는 설비 등을 생산했다. 하지만 2차 전지 설비에 대해 우리 회사가 경쟁우위에 놓이게 되는 위치에 와서, 물량이 많지는 않지만 전문화 전략을 택하게 되었다"(D사 박○○ 대표와의 인터뷰).

3) 성숙기에서 성숙정체기로의 진화

(1) 자원축적: 물리적·제도적 기반의 기능 상실

구미국가산업단지는 시설노후화 및 업종고도화 지연에 따른 경쟁력 약화의 문제가 지속적으로 제기되어 왔다(윤종언, 2009; 한국산업단지공단 산업입지연구소, 2014: 171). 허문구 외(2012)의 연구에 따르면, 구미국가산업단지의 혁신 잠재력은 전국 18개 국가산업단지 중에서 3위를 차지할 정도로 우수하지만, 어메니티와 교통 접근성 등의 인프라 수준은 전국에서 16위를 차지하면서 크게 미흡한 것으로 나타났다.

이러한 배경하에 2009년 말부터 '산업집적활성화 및 공장설립에 관한 법률'에 근거하는 산업단지 구조고도화 사업[12]이 추진되었다. 2010년에서 2017년까지 제1~3단지를 대상으로 한 1단계 사업은 한국산업단지공단과 지방자치단체가 추진 주체가 되어 총 사업비 2398억 원을 바탕으로 산학연융합단지, 전자·의료기기 지식산업센터, 도시형 생활주택, 스포츠 콤플렉스 조성 등의 단위사업을 추

11 Y사 오○○ 대표에 따르면, IMF 외환위기 당시 부채가 없었을 뿐만 아니라 대기업으로부터 하청 물량이 많았기 때문에 경영위기를 겪지 않았다고 한다.

12 '산업집적활성화 및 공장설립에 관한 법률' 제2조(정의) 11호에 따르면, 산업단지 구조고도화 사업은 "산업단지 입주업종의 고부가가치화, 기업지원서비스의 강화, 산업집적기반시설·산업기반시설 및 산업단지의 공공시설의 유지·보수·개량 및 확충을 통하여 기업체 등의 유치를 촉진하고 입주기업체 경쟁력을 높이기 위한 사업"이다.

진하였다. 2단계 사업(2018~2024년)은 2090억 원을 들여 산업구조 고도화, 도시형 산단 조성, 지역 발전 거점화를 추진함으로써 수출 500억 달러 달성과 중견기업 480개사 육성을 목적으로 한다(최요섭, 2013; 이철우 외, 2018).

이처럼 산업단지 구조고도화 사업은 노후화된 기반시설의 개선, 문화·복지 시설의 구축 등과 같이 주로 물리적 기반의 확충에 중점을 두었기 때문에 가시적인 성과를 단기간에 도출하였다. 하지만 사업 범위가 한정되어 그 성과를 산업단지 전체로 확산하기에 제약이 따랐고(한국산업단지공단 산업입지연구소, 2014: 178), 복잡한 이해관계의 조정이 미흡하여 성과의 도출이 지연(이철우 외, 2018)되는 등의 문제가 표출되었다. 이에 구미 IT산업 클러스터의 근본적이고 고질적인 문제점들을 해결할 수는 없었다.

(2) 네트워크: 하청계열화의 해체

구미 IT산업 클러스터는 가동업체의 59.6%가 대기업의 협력업체로, 이 중에서 30.0%(427개사)는 LG그룹 협력사이며 29.6%(421개사)는 삼성그룹의 협력사이다(한국산업단지공단 대경권본부, 2013; 이철우 외, 2016). 하지만 성숙기에서 성숙정체기로의 진화과정에서 이러한 하청계열화가 해체되고 있다. 이는 2005년 LG필립스LCD(현 LG디스플레이)의 경기도 파주 공장의 건립과 2008년 삼성전자 휴대폰 공장의 베트남 이전으로 시작된 대기업의 수도권 및 해외로의 역외유출이 2010년대 중반부터 본격화되었기 때문이다. 즉 2013년 삼성전자는 베트남에 휴대폰 공장을 추가적으로 설립하였고, LG전자, LG디스플레이, LG이노텍을 비롯한 LG그룹 계열사도 2015~2017년에 걸쳐 디스플레이 및 모바일기기 관련 제품을 본격적으로 베트남에서 생산하였다. 이들과 거래하던 중소기업들은 대기업의 생산 물량과 인력이 역외로 급속하게 유출되자 심각한 경영위기를 겪게 되었다.[13]

> "우리는 대기업 때문에 구미단지로 왔는데, 삼성에서는 광사업부를 다 매각했고, LG는 LED 관련된 것들을 다 팔아 버렸다. 2013년만 해도 우리 업체와 대기업의 거래 비율이 60% 정도 되었었는데, 2014년쯤 되어서는 거의 1%에 불과하게 되었다"(S사 김○○ 대표와의 인터뷰).

13 예를 들어, LG디스플레이가 2005년 경기도 파주에 LCD 생산공장을 건립함에 따라, 중소기업들은 물류비용의 증가로 즉각적인 납품 요구에 대응하지 못하면서 대기업과의 연계가 줄어들었다(매일신문, 2005). 삼성전자의 경우 2008년부터 휴대폰 생산물량을 베트남 생산기지로 이전함으로써 연간 8000만 대였던 구미 IT산업 클러스터의 생산량은 2009년 3000~4000만 대로 감소하게 되었다(전자신문, 2014).

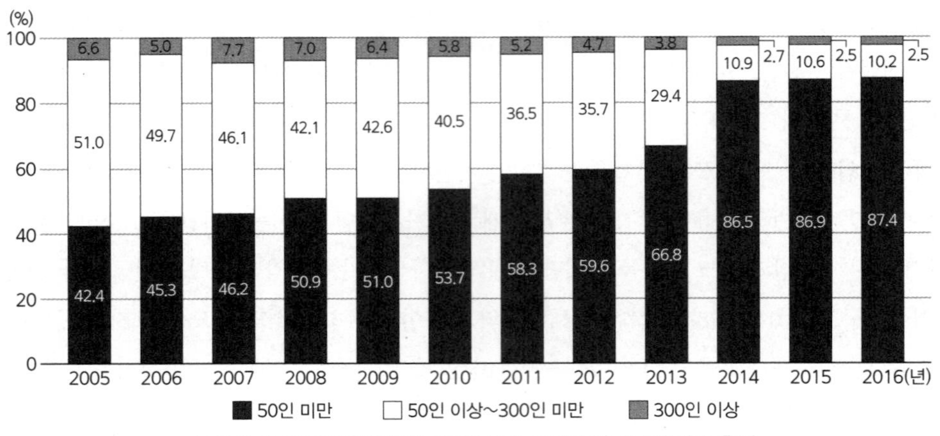

그림 9-9. 구미국가산업단지의 종사자 규모별 가동업체 비중 추이

출처: 한국산업단지공단(http://www.kicox.or.kr)

이는 결국 협력업체들의 규모의 영세화로 이어졌다. 〈그림 9-9〉에서 보는 바와 같이, 대기업의 역외 유출이 본격화되지 않은 2000년대 중반에는 종사자 '50인 미만'의 영세·소기업의 비중이 전체의 50% 미만을 차지하였다. 하지만 그 비중은 2014년부터 80% 이상을 상회하게 되었다. 반면에 종사자 '300인 이상'인 대기업과 '50인 이상~300인 미만'의 중규모 업체의 비중은 크게 줄어들어 대기업 유출이 본격화된 2010년대 중반부터 각각 2%와 10%대를 차지해 왔다. 이러한 기업 규모의 영세화는 중소기업들의 연구개발 기능도 점차 약화시키는 것으로 나타났다. 정도채(2011)에 따르면, 대기업의 2차 및 3차 협력업체는 연구개발 기능을 보유하고 있지 않다는 비중이 각각 78.6%와 80.0%에 달하면서 연구개발 기능이 아주 취약한 것으로 드러났다. 이는 충격에 대한 중소기업들의 회복력을 저하시키고, 궁극적으로 구미 IT산업 클러스터의 재활성화에 부정적인 영향을 미친다고 하겠다.

(3) 진화 동인

성숙기에서 성숙정체기로 진화의 외적 동인은 2008년 글로벌 금융위기, 2011년 유럽 재정위기, 모바일 및 디스플레이 부문에서의 중국과 대만 등 후발국 업체들의 거센 추격 등이다. 수출의존도가 높은 구미 IT산업 클러스터는 이로부터 영향을 받긴 했지만, 앞서 기반구축기에서 성장기를 거쳐 성숙기로 진화하기까지 구미 IT산업 클러스터에 영향을 주었던 국제적·국가적 수준의 외부충격에 비해 이 시기 외부충격의 영향력은 상대적으로 줄어들었다. 대신에 클러스터 차원에서 내부로부터 비롯된 충격, 즉 내적 동인이 성숙정체기로의 진화를 이끌었다고 할 수 있다. 이러한 내적 동인으로는 대기업의 역외유출, 중소기업의 취약한 연구역량, 획기적인 제도적 기반의 미흡을 들 수 있다.

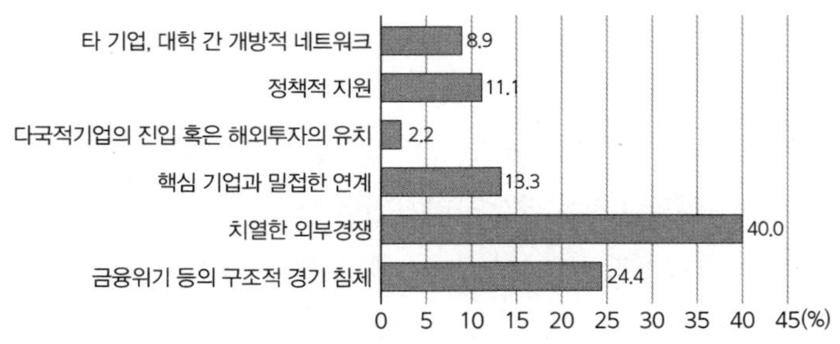

그림 9-10. 성숙정체기로의 진화에서 기업의 외적 동인

출처: 설문조사에 의함(무응답 제외, 중복응답 포함).

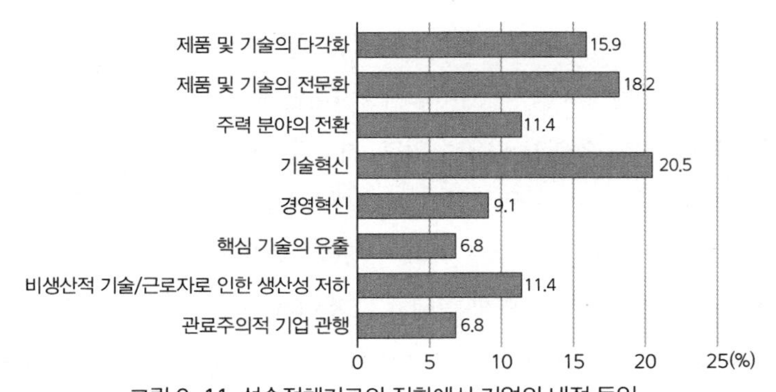

그림 9-11. 성숙정체기로의 진화에서 기업의 내적 동인

출처: 설문조사에 의함(무응답 제외, 중복응답 포함).

다음으로 기업 외적으로는 '치열한 외부경쟁'(40.0%)과 '구조적 경기 침체'(24.4%)가 주된 동인으로 작용하였다(그림 9-10). 즉 대기업의 역외유출로 하청 물량이 축소되면서 종전보다 적은 물량으로 경쟁해야 하기 때문에 중소기업 간 경쟁이 치열해졌다(M사 김○○ 대표와의 인터뷰). 또한 종전까지 구조적 경기 침체를 막아 주던 대기업의 영향력이 줄어 중소기업들은 글로벌 금융위기와 유럽 재정위기 등의 외부충격을 직접 마주하기에 어려움이 따르고 있다. 이러한 위기를 극복하기 위해 기업들은 내부적으로 '기술혁신'(20.5%)을 통해 '제품 및 기술의 전문화'(18.2%), '제품 및 기술의 다각화'(15.9%) 그리고 '주력 분야의 전환'(11.4%) 등을 추진하였다(그림 9-11). 그럼에도 불구하고 기업들의 연구개발 역량이 취약하기 때문에 획기적인 성과로 이어지지 않아 악순환이 되풀이되고 있다.[14]

14 한국산업단지공단 최○○ 차장에 따르면, 휴대폰 관련 제품의 개발 및 생산에 주력하던 금형업종의 업체들이 대기업의 역외유출의 영향으로 자동차 부품 분야로 다각화 전략을 취하였지만 단순조립 생산제품에 지나지 않아 경영위기를 완전하게 극복할 정도는 아니었다고 한다.

4. 맺음말

진화과정의 특성과 그 동인으로 미루어 볼 때, 구미 IT산업 클러스터는 진화 유형 중에서도 성숙정체형에 해당한다.[15] 하지만 분명한 것은 현재 구미 IT산업 클러스터의 진화에 결정적으로 영향을 미치는 내적 동인, 즉 국지적인 문제점들을 성숙정체기에 해결하지 못한 결과로 회복력이 저하되었고, 결국에 구미 IT산업 클러스터는 쇠퇴기로 진화하고 있다는 사실이다. 따라서 구미 IT산업 클러스터가 쇠퇴기를 벗어나서 재활성화기로 회생할 수 있는 정책적 대안의 마련이 절실하다.

따라서 현재의 국지적인 문제점들을 해결하고 외부충격에 대한 회복력을 강화함으로써 구미 IT산업 클러스터가 재활성화기로 진화하도록 하기 위해서는 무엇보다 다수를 차지하는 영세·소기업의 역량강화를 위해 국가적 차원에서 중앙정부 및 지방자치단체 그리고 한국산업단지공단을 비롯한 관리·지원기관의 역할을 보다 확대할 필요가 있다. 기업과 가장 가까이에서 대면하는 지원기관은 자금조달 및 사업 전반을 포함하는 전문 컨설팅, 판로개척 등의 코디네이터 역할과 동시에 재무, 회계, 법률 등에 대한 전문 경영지원의 역할을 확대 수행함으로써 치열한 경쟁과 구조적 경기 침체의 영향에 노출된 영세·소기업의 보호막 역할을 해야 할 것이다. 이것이 안정적으로 수행될 수 있도록 중앙정부 및 지방자치단체는 정책의 눈높이를 기업의 요구에 맞춘 중·장기적인 제도적 장치를 마련해야 한다. 이뿐만 아니라 선택과 집중을 통해 앞으로 지역경제를 이끌어 갈 중견기업을 적극 발굴하여 집중적으로 육성시켜 단기적으로 클러스터의 회복력을 강화시킴과 동시에, 이를 지역에 성공적으로 뿌리내리게 하여 구미 IT산업 클러스터가 대기업 생태계가 아닌 지속가능한 혁신 생태계로 거듭날 수 있도록 해야 할 것이다.

· 참고문헌 ·

구미상공회의소, 2008, 2007년말 현재 구미지역 벤처기업 지정현황 조사 보도자료.
구미수출산업공단, 1991, 구미공단20년사.
구미시, 2010, 구미공단40년사(1969-2009).
구양미, 2012, "서울디지털산업단지의 진화와 역동성", 한국지역지리학회지, 18(3), 283-297.

15 설문조사에 따르면, 구미 IT산업 클러스터의 155개 응답업체 중에서 63.2%인 98개사가 현재 구미 IT산업 클러스터의 진화 유형을 '성숙정체형'으로 인식하고 있었다. 이뿐만 아니라 138개의 응답업체 중 40.6%에 해당하는 56개사도 자신들의 진화 유형이 '성숙정체형'이라고 응답하면서, 구미 IT산업 클러스터가 성숙정체형에 해당한다는 사실을 뒷받침하고 있다.

김주훈·변병설, 2018, "노후산업단지 재생사업 추진 유형에 관한 연구", 한국경제지리학회지, 21(2), 192-211.
김진영, 2014, "구미국가산업단지 구조고도화 시범사업 추진 실적과 혁신사업 추진 방향", 산업입지, 55, 35-44.
김태현·임동일, 2014, "노후 산업단지의 재생방향 연구: 원주시 우산산업단지를 사례로", 한국지역개발학회지, 26(3), 159-180.
도은주, 1996, 구미전자산업의 연계체계와 공간적 특성, 경북대학교 석사학위논문.
박삼옥, 2004, 현대경제지리학, 아르케.
유상민·변병설, 2009, "쇠퇴산업단지의 재생기법 연구", 국토지리학회지, 43(1), 65-77.
유상민·변병설, 2011, "산업단지의 쇠퇴성 분석", 국토지리학회지, 45(4), 519-528.
윤종언, 2009, 구미산단의 현황과 리모델링 방향, 구미 1단지 리모델링을 통한 경쟁력강화 방안에 관한 토론회.
이유화, 2017, "노후산업단지 도로 시설물 및 대중교통 서비스 취약점 분석과 개선전략 도출", 한국사진지리학회지, 27(4), 17-32.
이종호, 2003, "구미 전자산업 클러스터 중핵기업의 재구조화와 혁신", 박양춘 엮음, 지역경제의 재구조화와 도시산업공간의 재편: 영남지역 연구, 한울, 272-297.
이철우, 2001, "대기업 하청거래 네트워크의 공간적 특성 및 함의: LG전자 디스플레이 사업본부를 사례로", 한국경제지리학회지, 4(1), 19-35.
이철우, 2007, "참여정부 지역혁신 및 혁신클러스터 정책 추진의 평가와 과제", 한국경제지리학회지, 10(4), 377-393.
이철우·이종호·당의증, 2018, 구미지역 중소기업 자생력 강화를 위한 혁신생태계 조성 방안, 한국은행 대구경북본부.
이철우·최요섭·이종호, 2016, "국가주도형 산업집적지의 내생적 발전 가능성", 한국지역지리학회지, 22(2), 397-410.
전지혜, 2018, 구미 IT산업 클러스터의 진화와 회복력, 경북대학교 박사학위논문.
전지혜·이철우, 2017, "클러스터 적응주기 모델에 대한 비판적 검토", 한국경제지리학회지 20(2), 189-213.
정도채, 2011, 분공장형 생산집적지의 고착효과 극복을 통한 진화: 구미지역을 중심으로, 서울대학교 박사학위논문.
진정규·허재완, 2014, "산업단지 쇠퇴요인에 대한 실증연구-전국 일반산업단지를 대상으로-", 대한국토계획학회지, 49(8), 49-61.
최금애, 1999, 구미 공업단지의 공업입지와 연계, 대구가톨릭대학교 박사학위논문.
최요섭, 2013, 구미국가산업단지 미니클러스터 사업의 지역적 뿌리내림에 관한 연구: 구미금형협동화단지 조성과 구미테크노밸리협동조합을 중심으로, 경북대학교 석사학위논문.
한국산업단지공단 대경권본부, 2013, 구미국가산업단지 대기업-중소기업 점유율 내부자료.
한국산업단지공단 산업입지연구소, 2014, 산업단지 50년의 성과와 발전과제-산업화의 주역에서 창조경제의 거점으로, 한국산업단지공단.
한국산업단지공단 클러스터 정책지원본부, 2010, 산업집적지 경쟁력 강화사업 2009년도(5차)사업 보고서-구미,

원주, 반월·시화.
한국산업단지공단 클러스터 정책지원본부, 2012, 산업집적지 경쟁력 강화사업 2011년도(7차)사업보고서.
허문구·김동수·홍진기·최윤기·임종인, 2012, '산업단지 활력지수'산출을 통한 노후산업단지 경쟁력 강화 방안 –혁신잠재력과 기반인프라를 중심으로–, 산업연구원.
황진태·박배균, 2014, "구미공단 형성의 다중스케일적 과정에 대한 연구: 1969–73년 구미공단 제1단지 조성과정을 사례로", 한국경제지리학회지, 17(1), 1–27.
Bergman, E. M., 2008, Cluster Life-Cycles: an Emerging Synthesis, in Karlsson, C.(eds.), *Handbook of Research on Cluster Theory*, Edward Elgar, Cheltenham, 1-114.
Martin, R. and Sunley, P., 2011, Conceptualizing cluster evolution: beyond the life cycle model?, *Regional Studies*, 45(10), 1299-1318.
Menzel, M. P. and Fornahl, D., 2010, Cluster life cycles-dimensions and rationales of cluster evolution, *Industrial and Corporate Change*, 19(1), 205-238.
매일경제, 1982, 龜尾(구미) 전자부품 協業團地(협업단지) 내달 1일 가동, 1982년 8월 28일자.
매일신문, 2005, 수도권 공장 신증설 지역 피폐, 2005년 11월 25일자.
매일신문, 2017a, "베트남 간 삼성·LG, 돌아와다오"…한국기업 U턴책 없나, 2017년 8월 24일자.
매일신문, 2017b, [구미공단과 함께 한 50년, 함께 할 50년] 〈4〉새로운 패러다임, 탄소산업, 2017년 10월 31일자.
매일신문, 2017c, 구미, 기초단체 첫 탄소사업 육성·지원 조례 제정, 2017년 11월 2일자.
매일신문, 2017d, 탄소시장 선점…구미 탄소산업발전협의회 발족, 2017년 11월 13일자.
매일신문, 2018, "구미는 더는 기업하기 힘든 곳"…구미 경제 위기감 최고조, 2018년 10월 3일자.
연합뉴스, 1999, 구조조정 대상 기업 생산차질 조짐, 1999년 1월 11일자.
전자신문, 2014, [기획]스마트폰 1위…국내 생산은 감소, 2014년 4월 13일자.
경운대학교 창업보육센터, http://bi.ikw.ac.kr/
구미시 창업보육센터, http://www.gumibc.or.kr/
한국산업단지공단, http://www.kicox.or.kr/

· 제10장 ·

미국 리서치트라이앵글파크의 진화와 주체의 역할

1. 머리말

1990년대 초반 마이클 포터(M. Porter)에 의해 처음 소개된 이후, 클러스터 개념은 경제지리학을 비롯한 많은 학문 분야의 관심을 받았을 뿐만 아니라, 선진국이나 개발도상국 할 것 없이 수많은 국가에서 지역경제 활성화 정책의 주요 수단으로 각광을 받아 왔다. 클러스터 정책을 추진하는 국가와 지역들은 실리콘밸리, 케임브리지, 보스턴, 리서치트라이앵글파크, 샌디에이고, 소피아앙티폴리스, 시스타 등 소위 첨단산업 클러스터로 알려진 소수의 사례들을 벤치마킹하는 데 열을 올리고 있다(예를 들어, 박동 외, 2004; 2005; Braunerhjelm and Feldman, 2006).

그러나 클러스터로서 기업의 집적 및 혁신 시너지를 창출하고 지속적인 성장을 달성하는 지역은 여전히 제한적이며, 한때 성장하였던 클러스터가 쇠퇴의 길을 걷기도 하고, 한때 쇠퇴했던 집적지가 다시금 성장하는 모습을 보이기도 한다. 이에 대해 최근 들어 진화경제지리학을 중심으로 클러스터의 진화구조에 대해 관심을 가지기 시작하였다. 그중 일부는 집적지의 진화궤적에 대한 생애주기 모형의 적용을 시도하고, 이를 경험적으로 분석하는 데 초점을 두고 있다(예를 들어, Menzel and Fornahl, 2010; Brenner and Schlump, 2011; Shin and Hassink, 2011; 구양미, 2012 등).

최근 마틴과 선리(Martin and Sunley, 2006) 및 마틴(Martin, 2010)은 경로의존성과 진화 역동성의 개념을 확대하여, 경로의존성이 클러스터의 지속적 진화를 가로막는 고착화를 유발하기도 하지만 지역 산업과 기술의 전환, 중첩, 재조합 등의 과정을 통해 경로파괴적인 경로창출을 유발하기도 한다는 새로운 관점을 제시한 바 있다. 이처럼 클러스터의 진화 역동성에 대한 연구는 아직까지 개념적으로도 정립되지 않은 상태이기 때문에 이론적 및 경험적 연구 측면에서 더욱 활발한 논의와 보완이 요구된다.

한편 산업집적지의 진화 동태성을 분석하기 위해서는 외부적인 영향 변수뿐만 아니라 산업집적지를 구성하고 있는 핵심 주체들의 역할 및 동태적인 상호작용 관계 특성에 대한 분석 또한 필요하다. 지역 단위의 트리플 힐릭스 모델은 클러스터를 구성하는 핵심 주체인 산·학·관의 역할과 상호작용 관계를 지역혁신과 클러스터의 성장에서 핵심 요인으로 인식한다(Etzkowitz, 2008; Etzkowitz and Ranga, 2010; Lawton Smith and Bagchi-Sen, 2010). 따라서 클러스터의 작동에 영향을 미치는 트리플 힐릭스 주체들의 역할과 거버넌스 체계의 특성 변화에 대해 고찰하는 것 또한 클러스터 동태적 진화구조를 규명하는 데 유용한 분석 틀을 제공한다고 볼 수 있다.

본 장에서는 클러스터의 진화구조에 대해 경로의존성이나 고착 또는 생애주기 모형 등과 같이 기존에 활발히 적용되고 있는 분석 틀을 벗어나 트리플 힐릭스 이론을 활용하여 클러스터의 진화구조를 분석해 보고자 한다. 클러스터에 대한 트리플 힐릭스 분석은 집적지의 작동에 영향을 미치는 핵심 주체인 산·학·관의 트리플 힐릭스 거버넌스 체계가 어떻게 형성되고 변화되는지에 초점을 둔다.

이와 함께 본 장에서는 클러스터의 진화구조에서 트리플 힐릭스 주체의 제도적 기반 및 집약 특성에 따라 진화 동태성이 상이하게 나타날 수 있다는 점에 착안하여, 클러스터 진화과정에서 각 주체들의 역할 및 주체들 간의 상호작용 특성 분석에 초점을 두고자 한다. 이를 위해 먼저, 집적지의 형성 및 발전과정에서 정부의 역할을 파악하고자 하였다. 정부의 역할은 정책주도형으로 조성된 산업집적지의 경우에 특히 중요한 분석 단위가 된다. 둘째, 집적지에 존재하는 핵심 기업의 역할에 주목한다. 외부환경 요소와 더불어 클러스터 기업들의 국지적 뿌리내림 및 산·학·관 네트워크의 구축과정은 클러스터의 진화 동태성에 실질적인 영향을 미치기 때문이다. 셋째, 지식기반사회로의 전환과정에서 클러스터 진화의 핵심 주체로 부상하고 있는 대학의 역할에 대해 관심을 둔다. 그 이유는 클러스터의 진화과정에서 산업과 단절되어 있던 대학이 지역산업과 실질적인 상호작용 관계를 맺고 역할 변화를 추구할 때 클러스터 진화의 역동성을 파악할 수 있기 때문이다. 넷째, 이상의 내용을 바탕으로 클러스터 내의 트리플 힐릭스 체계를 구성하는 산·학·관 주체들이 어떠한 역할 변화 및 상호작용 특성을 가지면서 클러스터의 동태적 진화에 영향을 미치는지를 종합적으로 분석한다.

특히 한국의 산업단지와 같이 정책주도형으로 형성된 계획적 산업집적지들이 다수를 차지하고 있는 경우에는 집적지의 진화에 있어 관 주도에서 민간 주도로의 거버넌스 체계 전환이 매우 중요한 과제이다. 따라서 트리플 힐릭스 접근방법은 학술적 차원에서 의의가 있을 뿐 아니라, 한국의 산업집적지의 발전모델을 정립하고 이에 기초한 산업단지 활성화 정책의 수립 방안을 제시하는 데에도 기여할 것으로 판단된다.

본 장에서는 미국의 리서치트라이앵글파크(Research Triangle Park, 이하 RTP)를 사례 연구 지역으로 선정하였다. RTP는 노동집약적 산업 중심의 낙후된 지역경제를 첨단산업 지역으로 변모시켜 고급 일자리를 창출하고 우수인력의 유출을 막자는 취지에서 1956년에 조성된 세계 최초의 계획적 과학연구단지이다. 단지 조성 60년이 가까워 오는 지금 RTP는 정보통신 및 생명과학 분야에서 세계적인 경쟁력을 갖춘 대표적인 혁신클러스터로 언급되고 있다(Havlick and Kirsch, 2004; Etzkowitz, 2012). 마틴과 선리(Martin and Sunley, 2011)가 구분한 산업집적지 생애주기 유형에 따르면, RTP는 조성 이후에 기업 수와 고용인원 수가 지속적으로 증가하고 있을 뿐만 아니라 성공적인 산업구조 재편을 거친, 이른바 '지속 성장 및 변이형'의 전형적인 사례에 해당한다.

본 연구의 주요 자료는 지역 대학들의 통계, 사료, 언론기사 등과 함께 2013년 10월~2014년 5월까지 리서치트라이앵글파크 지원기관(RTP Foundation), 연구기관(NCBC, EPA, NIEHS), 지역 대학(듀크 대학교, 노스캐롤라이나 대학교, 노스캐롤라이나 주립대학교), 지역 기업(IBM, Qualcomm, GSK 등)의 관계자 및 연구자들과 실시한 개방형 면담조사의 결과이다.

2. RTP의 진화과정

RTP는 노스캐롤라이나주의 주도인 롤리(Raleigh: 인구 약 42만 명), 더럼(Durham: 인구 약 23만 명), 채플힐(Chapel Hill: 인구 6만 명) 등 3개 시로 구성되는 트라이앵글 지역의 중앙에 위치해 있다. RTP를 둘러싸고 있는 세 도시에는 각각 노스캐롤라이나 주립대학교(North Carolina State Univ.: 롤리), 듀크 대학교(Duke Univ.: 더럼), 노스캐롤라이나 대학교(Univ. of North Carolina at Chapel Hill: 채플힐)가 있다.

노스캐롤라이나주는 1950년대까지만 해도 섬유, 가구, 담배 등 노동집약적 농업 중심의 산업구조를 가지고 있었으며, 대학생의 지역 외 유출이 심각하여 산업구조의 고도화가 요구되었다. 이러한 여건하에서 RTP가 조성된 1956년 당시만 해도 트라이앵글 지역을 비롯한 노스캐롤라이나주에는 첨단기술 산업기반뿐만 아니라 기업가정신이 거의 존재하지 않은 상태였다. 따라서 RTP는 조성 초기단계에서부터 지역기업 육성 및 창업 활성화를 통한 내생적 발전전략보다는 주정부의 주도하

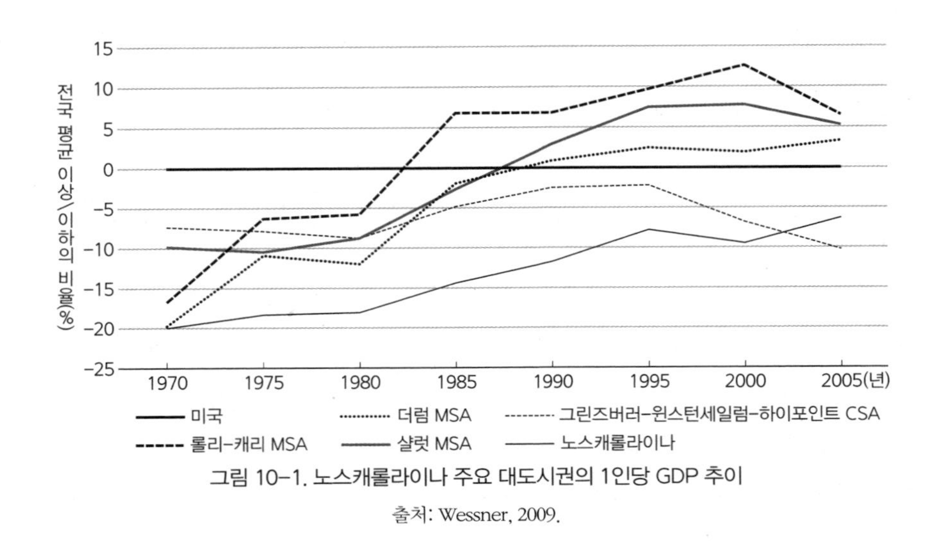

그림 10-1. 노스캐롤라이나 주요 대도시권의 1인당 GDP 추이

출처: Wessner, 2009.

에 외부 대기업 및 연구기관 유치와 같은 외생적 발전전략에 초점을 두었다(Rohe, 2011; Etzkowitz, 2013).

RTP가 첨단산업 집적지로서의 면모를 갖추게 된 것은 그로부터 약 10여 년이 지난 1960년대 후반부터 외부 유치 대기업과 공공연구기관들이 들어서면서부터이다. 이때부터 RTP는 지역경제 성장의 새로운 동력으로 기능하게 되면서 RTP가 입지하고 있는 롤리-캐리 대도시권(Raleigh-Cary MSA)과 더럼 대도시권(Durham MSA)은 1970~1990년대까지 급격히 성장하여, 한때 전국 평균 GDP 수준에도 미치지 못하던 낙후 지역에서 첨단산업 지역으로 변모하게 되었다(그림 10-1).

노스캐롤라이나주 첨단기술 산업의 공간적 거점 역할을 수행하고 있는 RTP에는 1970년대부터 지금까지 약 40년 동안 연평균 6개의 기업과 1,800명의 일자리가 증가하였다. 특히 1990년대 후반 IT 기술이 호황을 누릴 당시에는 RTP 고용 인원이 45,000명까지 증가하였다. 비록 2000년대 초반의 경기 쇠퇴 여파로 고용 인원은 다소 감소하였지만, 단지 내 기업 수는 지속적인 증가세를 유지하였다(그림 10-2). RTP에는 외부에서 유치한 대기업이 고용의 대부분을 차지하고 있지만, 점차 지역 대학 등에서 스핀오프를 한 기술집약적 소기업의 수가 늘어나면서 중소기업의 고용 규모 또한 증가하는 추세에 있다(표 10-1).

RTP의 출범 초기에는 IBM을 비롯한 소수의 외부 대기업이 지배하고 있었고, 업종 구성도 IT 제조업부문 중심의 단순한 산업구조를 가지고 있었다. 하지만 2000년대 들어 산업구조의 다각화가 크게 진전되었으며, 지역에서 창업한 중소기업의 비중도 높아져 환경 변화에 대한 적응능력이 크게 향상된 진화구조를 나타내고 있다(그림 10-2). 실제로 트라이앵글 지역에는 1970년 이후로 RTP 입주

기업과 지역 대학으로부터 분리 신설되어 창업한 기업이 1,500여 개에 달하며, 그 가운데 상당수가 RTP 단지에 입지함으로써 RTP 단지에는 종업원 규모 250명 이하의 중소기업이 1997~2007년 사이에 3배가량 증가하였다(표 10-2).

클러스터 관점에서 RTP는 IT산업 클러스터와 BT산업 클러스터가 결합되어 있는 복합 산업클러스터 형태를 띠고 있다. 세부 산업별로 보면, 업체 수는 제약·보건 서비스·의료장비 부문이 35개(26.1%)로 가장 많고, 그다음으로 정보통신 부문이 25개(18.7%)로 많다. 하지만 종사자 수는 전체 37,485명 가운데 정보통신 부문이 20,252명(54%)으로 압도적인 비중을 차지하고 있고, 제약·의료 서비스·의료장비 부문이 6,893명(18.4%)으로 두 번째로 높은 비중을 차지하고 있다.

표 10-1. RTP의 시기별 입주 기업 수

(단위: 개사, %)

시기 \ 기업 규모	50명 미만	50~99명	100~249명	250~999명	1,000명 이상	소계
1959~1969년	3 (2.5)	1 (6.25)	-	-	3 (30.0)	7 (4.2)
1970~1979년	5 (4.2)	4 (25.0)	2 (20.0)	2 (16.7)	2 (20.0)	15 (8.9)
1980~1989년	4 (3.3)	3 (18.75)	2 (20.0)	5 (41.7)	-	14 (8.3)
1990~1999년	14 (11.7)	1 (6.25)	4 (40.0)	3 (25.0)	2 (20.0)	24 (14.3)
2000~2009년	52 (43.3)	4 (25.0)	2 (20.0)	1 (8.3)	3 (30.0)	62 (36.9)
2010~2013년	42 (35.0)	3 (18.75)	-	1 (8.3)	-	46 (27.4)
계	120 (100.0)	16 (100.0)	10 (100.0)	12 (100.0)	10 (100.0)	168 (100.0)

출처: RTP Foundation, 2006, 내부자료.

표 10-2. RTP 입주 기업의 규모 분포

기업 규모	1997년	2007년	2014년
1,000명 이상	7	9	10
250~1,000명	10	13	13
250명 이하	53	150	167
계	70	172	190

출처: 1997년과 2007년 통계는 Wessner, 2009; 2014년 통계는 RTP Foundation 내부자료 인용; Wessner, 2009 및 RTP Foundation 내부자료.

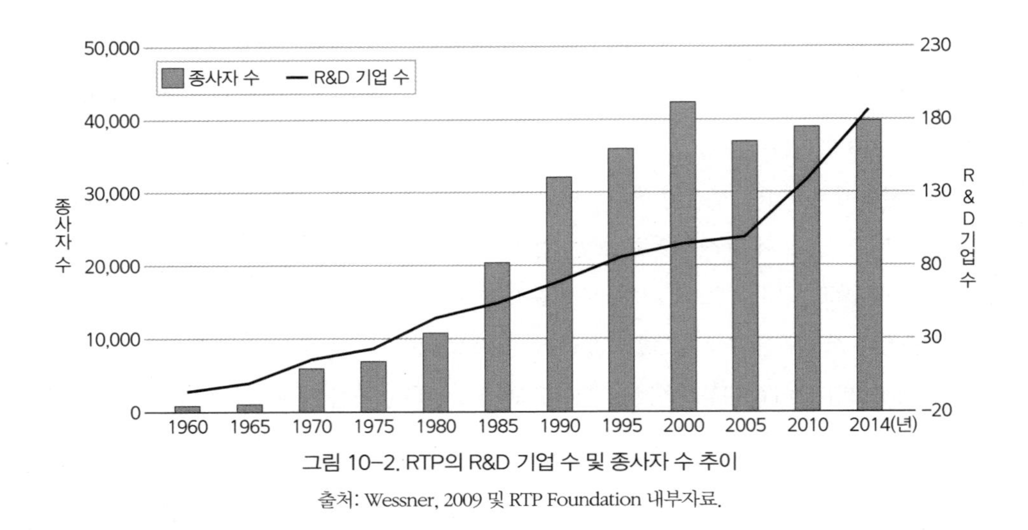

그림 10-2. RTP의 R&D 기업 수 및 종사자 수 추이

출처: Wessner, 2009 및 RTP Foundation 내부자료.

업종을 대분류해서 살펴보면, 2006년 현재 IT산업은 26%, BT산업은 46%를 차지하고 있는 것으로 나타났다. 그러나 2014년 상반기의 조사결과에 따르면, RTP 단지 입주 기업 가운데 IT산업은 20%, BT산업은 46%를 차지하고 있는 것으로 나타나, 2000년대 후반 이후 IT산업의 비중이 다소 하락하는 추세를 나타내고 있다(RTP Foundation 내부자료).

고용 측면에서, 2006년 현재 상위 10대 고용 기관으로는 RTP 최대 고용 기관인 IBM(10,800명)을 중심으로 시스코(Cisco: 3,400명), 노텔 네트웍스(Nortel Networks: 2,800명) 등 소수의 글로벌 대기업들이 고용을 견인하고 있으며, BT산업 부문에서는 RTP에 본사를 두고 있는 세계적 제약업체인 글락소스미스클라인(GlaxoSmithKline, GSK: 5,000명)이 고용을 주도하고 있다. 그러나 2012년 현재 RTP의 상위 10대 고용 기관을 보면 상당한 변화가 진행되고 있음을 알 수 있다(표 10-3). 한때 RTP 고용을 주도하는 기업의 하나였던 노텔 네트웍스와 소니에릭슨(Sony Ericsson)이 각각 파산과 사업 부진에 따라 RTP 사업체를 폐쇄하였다. 반면에 1999년부터 RTP에서 연구소를 운영하기 시작한 캘리포니아의 데이터 스토리지 및 클라우드 컴퓨팅 업체인 넷앱(Net App Inc.)은 RTP의 연구소 및 데이터센터의 고용 규모를 확대하고 있으며, 2000년대 초반에 RTP에 입지한 투자은행들인 피델리티 인베스트먼트(Fidelity Investment)와 크레디트 스위스(Credit Suisse)도 고용 규모를 지속적으로 확대해 RTP에 비즈니스 서비스 부문의 비중 확대를 견인하고 있다.

지역 언론인 『뉴리퍼블릭(The New Republic)』의 2012년 10월 12일자 기사에 따르면, 1980년대~1990년대 지속적으로 성장하면서 RTP의 성장축으로 기능하던 정보통신 부문의 퇴조세가 2000년대 들어 나타나고 있다고 진단하고 있다. 여러 전문가들도 이에 대해 일치된 의견을 보이고 있는데,

2000년대 이후 닷컴 버블의 붕괴, 미국 경제의 침체, 정보통신산업의 글로벌 경쟁 심화 등으로 말미암아 IT 부문의 투자 및 창업 열기가 많이 식은 상태여서 RTP에도 그러한 여파가 지속될 가능성이 크다. 따라서 RTP에는 당분간 BT산업과 IT산업이 전체 집적지를 견인하는 형태를 띠겠지만, IT산업의 비중은 줄어드는 한편 점차 BT산업의 비중이 증가하는 가운데 스마트그리드(Smart Grid) 산업과 같은 신산업의 출현을 통한 산업구조의 복합화가 진행될 것으로 전망된다.

〈표 10-3〉을 통해 알 수 있듯이, RTP에는 고용 규모 1,000명 이상의 상위 10개의 대기업 및 공공기관이 전체 고용의 약 80%를 차지하고 있다. 즉 RTP는 대기업 지배적인 산업구조인 동시에 3개 공공 연구기관과 GSK를 제외한 모든 기업들이 외부 소유 기업이라는 구조적 한계를 지니고 있어, 산업환경의 변화뿐만 아니라 기업조직의 성쇠에 매우 민감한 고용구조를 가지고 있다. 따라서 이를 극복하기 위해 1990년대부터 지역 대학 및 대기업 연구인력들의 신기술 창업 활성화를 통해 내생적 발전 역량을 높이는 데 정책적 초점을 두고 있다. 또한 외부환경 변화에 대한 회복력(resilience)을 높이기 위해 1980년대부터 바이오산업을 새로운 전략산업으로 집중 육성하고, 2000년대 중반부터는 벤처캐피털을 포함한 비즈니스 서비스 산업 및 스마트그리드 산업을 미래 유망 산업으로 육성하기 위한 정책적 노력을 기울임으로써 IT산업 중심의 모노컬처적 산업구조에서 벗어나 복합적 산업클러스터로의 변화가 진행 중이다(관계자 면담조사 결과).

표 10-3. RTP의 상위 10대 고용 기관

2006년			2013년		
기관명	구분	고용 인원(명)	기관명	구분	고용 인원(명)
IBM	IT	10,800	IBM	IT	10,000
GSK	BT	5,000	Cisco	IT	5,500
Cisco	IT	3,400	GSK	BT	3,700
Nortel Networks	IT	2,800	Fidelity Investment	금융	2,400
RTI International	공공	2,500	RTI International	공공	2,135
EPA	공공	1,500	Net Apps Inc.	IT	1,650
NIEHS	공공	1,000	Credit Suisse	금융	1,300
Diosynth Biotechnology	BT	900	EPA	공공	1,148
Sony Ericssion	IT	750	Biogen Idec	BT	1,100
Bayer CropScience	BT	500	NIEHS	공공	1,000
계		29,150	계		29,933

출처: RTP Foundation 내부자료.

3. RTP의 트리플 힐릭스 공간의 구축과정

1) 지식공간의 활용을 통한 클러스터 조성의 사회·정치적 프로세스

RTP는 계획적 과학연구단지로 1959년에 설립되었으나, RTP 설립을 위한 논의의 시작은 1940년대로 거슬러 올라간다. RTP와 같은 과학연구단지 개념을 처음 구상한 인물은 MIT에서 건축공학을 전공하고 1936년부터 노스캐롤라이나주 그린스버러에서 건설업을 했던 로메오 구에스트(Romeo H. Guest)라는 사업가였다. 그는 공장 이전을 계획하는 역외 기업들의 노스캐롤라이나주 입지 이전을 지원하는 사업을 하던 중에 머크 앤드 컴퍼니(Merck & Company)라는 회사가 버지니아 대학교 병원 근방으로 공장을 이전하는 것을 목격하였다. 이를 통해 지역 대학이 기업 유치를 활성화할 수 있는 인프라가 될 수 있으며, 우수한 대학들이 입지하고 있는 트라이앵글 지역에서 계획적 산업단지를 조성할 경우 성공할 수 있는 가능성이 높다고 생각하였다(Wessner, 2013).

구에스트의 이러한 아이디어는 1952년부터 공론화되기 시작하였다. 당시 노스캐롤라이나주 재무장관이었던 브랜던 호지스(Brandon Hodges)는 담배, 섬유, 가구 산업 등 저임금 노동력에 의존하는 산업구조로는 지역경제의 낙후성을 극복하기 어렵다고 판단하고 기술집약적인 산업구조로 재편해야 한다고 인식하였다. 그는 구에스트의 아이디어를 실행에 옮기기 위해 당시 주지사였던 루서 호지스(Luther Hodges)에게 RTP 개념을 제안하였으나 별다른 주목을 받지 못하였다. 그러나 당시 노스캐롤라이나 섬유연구소 소장이던 윌리엄 뉴얼(William Newell)의 도움으로 RTP 아이디어는 구체화될 수 있었다.

이로써 1955년부터 RTP의 설립을 위한 준비 모임들이 잇달아 개최되었고, 이 모임에 RTP 아이디어의 창시자인 구에스트와 RTP의 핵심 주체가 될 트라이앵글 지역의 대학 총장들이 회합을 가졌다. 하지만 RTP 개념에 대한 대학 총장 및 대학 관계자들의 생각은 대체로 부정적이었다. 당시 노스캐롤라이나 주립대학교 시스템(UNC System)의 부총장이었던 윌리엄 카마이클(William Carmichael)은 RTP 개념에 대해 부정적으로 생각한 대표적인 인물로, 연구결과의 상업화와 기술이전 등과 같이 산학협력을 기초로 한 대학 중심의 사이언스파크 개념은 교수를 매춘부와 같은 존재로 취급하는 것이라며 구에스트를 원색적으로 비난하였다(Link, 1995).

이러한 가운데 RTP 개념에 대해 호의적인 반응을 보였던 소수의 대학 관계자들조차도 오늘날과 같이 대학의 역할을 능동적으로 인식하기보다는 대학은 기업이 필요한 우수한 인재를 배출하고 대학의 연구역량을 강화함으로써 상업화 연구성과에도 기여할 수 있다는 1차원적 사고에 토대를 둔

간접적인 산·학 연계 개념에 불과하다고 인식하였다.

이러한 우여곡절을 거친 끝에 트라이앵글 지역 대학의 우수한 교육 및 연구 역량을 바탕으로 연구개발 중심의 과학연구단지를 조성한다는 개념은 실천으로 옮겨져 1956년부터 RTP 단지가 본격적으로 조성되기 시작하였다. RTP 단지 조성 후 최초의 입주 기관은 주정부와 지역 대학 그리고 지역 기업들의 재정지원으로 1958년에 설립된 비영리 연구기관인 리서치트라이앵글연구소(Research Triangle Institute: 현 RTI International)였다.

이 연구소의 초대 소장으로 임명된 조지 심슨(George Simpson) 노스캐롤라이나 대학교(UNC Chapel Hill) 교수는 취임사를 통해 노스캐롤라이나주는 우수한 과학 연구기반을 갖추고 있으면서도 경제발전으로 연결시키지 못하고 있으며, 그러한 문제는 대학이 상아탑 본연의 역할에 충실해야 한다는 관념이 지배적인 '지역문화'에서 비롯된 것이라고 지적하였다(Link, 1995). RTI 설립과 함께 심슨은 연구능력이 탁월한 지역 대학의 교수들과 함께 팀을 구성하여 지역 대학 교수들의 연구 역량 및 성과를 홍보하고, 기업 유치를 위한 적극적인 노력을 전개하였다. 그럼에도 불구하고 1965년까지 RTP에 유치된 기업은 거의 전무하였다.

아이러니하게도 RTP가 오늘날 IT와 BT 부문의 세계적인 첨단산업 클러스터로 성장하게 된 계기는 RTP에 국립환경보건연구원(National Institute of Environmental Health Sciences, NIEHS) 분원과 IBM 연구센터의 유치에 성공하면서부터라고 할 수 있다. 1960년 노스캐롤라이나 주지사로 당선된 테리 샌퍼드(Terry Sanford)는 당시 대통령 후보였던 존 F. 케네디의 대통령 당선에 중요한 역할을 하였다. 이러한 정치적 배경을 바탕으로, 그는 케네디 정부의 내각에 전 주지사였던 루서 호지스를 상무장관으로 발탁되도록 힘을 썼으며, 이를 바탕으로 매릴랜드에 소재한 국립환경보건연구원의 분원을 RTP로 유치하고 RTP의 부지 확장 사업에 연방정부의 재정지원을 받는 데 결정적인 기여를 한 것으로 알려져 있다(The News and Observer, 1998; Wessner, 2013에서 재인용).

그 무렵 IBM 연구원 출신이던 UNC 컴퓨터과학과의 프레드 브룩스(Fred Brooks) 교수를 중심으로 오랫동안 유치에 공을 들였던 IBM 또한 RTP에 연구센터 설립을 결정하면서, RTP는 클러스터 형성을 위한 제도적 인프라를 순식간에 갖추게 되었다. 오늘날 IBM의 RTP 본부에 종사하는 인력은 약 10,000명으로 IBM의 글로벌 조직 가운데 두 번째로 규모가 클 뿐만 아니라, RTP에서 고용 규모가 가장 큰 조직으로 자리매김하고 있다. 국립환경보건연구원과 IBM이라는 대규모 앵커 기관의 설립에 따라 RTP는 1970년대 초반부터 성장세를 타기 시작하여, 그로부터 30년 뒤인 2000년대 초반까지 RTP를 포함한 트라이앵글 지역에는 약 1,000여 개의 하이테크 기업이 창업하였으며, 그중 약 15%인 150개는 트라이앵글 지역 3개 대학에서 스핀오프한 기업인 것으로 알려져 있다(Link, 2002).

결론적으로 RTP의 개념이 실현되고 과학연구단지로서의 기반을 갖추게 된 것은 지역 대학에서 배출되는 인력이나 연구기반 등 대학의 역할에서부터 비롯되었거나 지역의 산업기반에서 파생된 것이라기보다는, RTP 단지 개념을 창안한 한 기업가의 아이디어와 그것을 실행에 옮긴 지역 리더들의 역할 그리고 핵심 연구기관의 입주를 견인할 수 있었던 연방정부의 정치적 로비 등 우연적이고 정치적인 요인에 따른 것이었다고 할 수 있다.

하지만 RTP 개념 착상단계에서부터 주지사 특별위원회의 건의에 따라 정책을 입안하고 실행하는 과정에서 관 주도형의 하향식 방식에 의존하기보다는, 트라이앵글 지역 3개 대학과 지역 기업 등 민간 주도형의 거버넌스 체계를 근간으로 하는 트리플 힐릭스 합의공간을 일찍부터 형성한 결과, 오늘날 RTP 클러스터가 제도적 고착화(lock-in)를 겪지 않고 경로파괴적인 진화 경로를 걷게 된 밑거름이 되었다는 사실을 인식할 필요가 있다.

2) 제도화된 합의공간으로서의 NC 과학기술위원회

1961년 노스캐롤라이나 주지사 테리 샌퍼드(Terry Sanford)는 노스캐롤라이나의 지역산업 활성화와 과학기술 기반 강화를 목적으로 한 주지사 과학자문위원회를 구성하고, 이를 위해 트라이앵글 지역 3개 대학교수 39명을 위원으로 위촉하였다. 과학기술위원회는 주지사에게 노스캐롤라이나의 지역산업 재편과 경제발전을 위한 핵심 과제로 지역 대학 및 연구기관의 과학기술 연구를 위한 재정 지원을 강화해야 한다고 제안하였다.

주지사는 위원회의 제안을 받아들여 1963년에 과학기술위원회(Board of Science and Technology)를 설립하고, 지역의 산·학·관을 대표하는 18명의 위원을 임명하였다. 설립 초기인 1960년대에는 지역 대학들을 대상으로 기술 상업화를 목표로 하는 실용적 연구과제의 심의기능을 주로 담당하였으며, 1970년대 후반까지도 위원회의 활동은 비교적 소극적인 역할에 머물렀다. 그러한 와중에 1977년 주지사로 당선된 짐 헌트(Jim Hunt)는 상대적으로 침체되어 있는 지역경제가 돌파구를 찾기 위해서는 비전 제시자로서 과학기술위원회의 역할이 중요하다는 점을 인식하였다. 그는 위원회의 위상을 내각 수준의 기구로 격상하고, 위원회에 경제위기를 극복하고 더 나은 일자리를 창출할 수 있도록 만들기 위한 비전을 제시해 줄 것을 요청하였다.

그 결과로 과학기술위원회는 1980년에 지역경제 발전을 위한 새로운 청사진을 담은 『린지 보고서(Lindsey Report)』를 발간하고, 노스캐롤라이나 마이크로일렉트로닉스 연구센터(the Microelectronics Center of North Carolina, MCNC),[1] 노스캐롤라이나 생명공학연구센터(NCBC), 노스캐롤라이나 과학고등학교(NC School of Science and Mathematics) 등과 같은 혁신공간의 구축을 건의하였다. 그 외에도 연방정부 차원의 정책자금 지원을 받은 지역 중소기업들에 대한 주정부 차원의 매칭펀드 사업을 제안하고 주도적으로 추진한 바 있다(Hardin and Feldman, 2011).

『린지 보고서』의 정책적 건의사항은 1980년대에 대부분 실행되어 오늘날 RTP가 세계적 경쟁력을 갖춘 혁신클러스터로 한 단계 도약하기 위한 제도적 기반을 구축하는 데 기여하였는데, 특히 NCBC의 설립을 통해 RTP의 생명공학 클러스터가 성장기반을 갖추는 데 근간을 제공하였다고 할 수 있다.

2000년대 들어서는 사무처장 등 위원회 직원들의 소속을 주지사 직속 사무처에서 상무부로 이관함으로써 산업정책과의 연계성을 높일 뿐 아니라 경기변동에 따른 예산 삭감의 영향에서도 다소 벗어날 수 있게 되었다(Hardin and Feldman, 2011). 위원회는 2000년대 들어 『노스캐롤라이나주 중장기 발전전략(Vision 2030)』, 『노스캐롤라이나 혁신역량 조사(2000년, 2003년, 2008년)』, 『나노산업 육성 로드맵(2006)』, 『지역 중소기업 지원 프로그램(2006년)』 등의 보고서 발간을 통해 RTP를 중심으로 한 노스캐롤라이나주의 전략적 비전 제시자로서의 역할을 수행하고 있다.

3) 혁신 공간의 구축과 트리플 힐릭스 상호작용을 통한 클러스터 진화

1974년에 RTP 재단의 CEO였던 아치 데이비스(Archie Davis)는 산·학·연이 연계된 과학연구단지를 표방하는 RTP 내에 트라이앵글 지역 3개 대학의 캠퍼스가 물리적으로 존재할 필요가 있음을 역설하였다. 그 결과 1975년에 비영리조직의 형태로 단지 내 120에이커의 부지에 '트라이앵글 대학연합 고등연구단지(Triangle Universities Center for Advanced Studies, TUCASI)'가 조성되었다.

이른바 '공원 속의 공원(park within a park)'을 표방한 TUCASI 캠퍼스 부지 안에는 노스캐롤라이나 마이크로일렉트로닉스 연구센터(MCNC), NC 생명공학연구센터(NCBC) 등 주정부 출연 연구소와 국립통계연구원(National Institute of Statistical Sciences), 국립인문학연구소(National Humanities Center) 등 트라이앵글 대학연합 싱크탱크들의 입주를 유도하였다(Weddle et al., 2006). 트라이앵글 지역 3개 대학들은 TUCASI 캠퍼스에 입주한 연구기관들의 활동에 있어 공동연구 및 교육 프로그램 공동운영 등을 통해 상호협력 체제를 지속적으로 유지하고 있으며, 이를 통해 TUCASI

1 1980년에 RTP 단지의 TUCASI 캠퍼스 부지 안에 설립되었으며, 트라이앵글 지역 3개 대학 및 RTP 기관들을 위한 정보통신 네트워크 서비스 제공을 주된 업무 영역으로 하고 있다. 2003년에는 연구기능과 벤처 펀드 운영 업무를 RTI International로 이관함으로써 RTP의 공공연구기관, 지역 대학 및 병원, 초중등학교 등에 광대역 통신망 등 주로 정보통신 서비스를 제공하는 업무를 수행하고 있다.

는 트리플 힐릭스 모형을 추구하는 RTP의 상징적인 공간으로 기능하고 있다. 다시 말해서, TUCASI 캠퍼스에서 이루어지고 있는 3개 대학의 교육 및 연구 활동 그 자체는 RTP의 기술혁신에 직접적으로 기여한다고 보기 어렵지만, 3개 대학을 연계하고 산·학·연을 연결하는 네트워크 공간으로서의 상징성에 그 의미가 있다고 할 수 있다(전문가 면담조사 결과).

실질적으로 TUCASI 캠퍼스에 입주한 기관들 중 RTP의 성장에 가장 중요한 기관은 노스캐롤라이나 생명공학연구센터(NCBC)이다. NCBC는 1984년에 생명과학산업 분야에서 세계 최초로 설립된 지방정부 출연 연구소이다. NCBC는 기초연구보다는 연구결과의 상업화를 통한 지역경제 발전에 초점을 두고 있으며, 오늘날 노스캐롤라이나주가 매사추세츠주와 캘리포니아주에 이어 미국에서 생명과학산업이 가장 발달한 주로 성장하는 데 근간이 되었다는 평가를 받고 있다(전문가 면담조사 결과).

NCBC는 미국 내 생명과학 기업들의 설비 증설 및 인력 수급 계획에 대한 광범위한 조사를 통해 기업 유치 및 관련 분야 교육훈련 전략을 수립할 수 있는 토대를 마련하였다. 또한 지역 대학에 생명과학 분야 연구기금 지원, 지역 생명과학 창업기업 육성을 위한 벤처캐피털 펀드 조성, 외부기업 유치활동, 그리고 IEG(Intellectual Exchange Groups)라는 전문 인력 교류 및 네트워크 프로그램 운영, 산·학 협력 촉진활동 등을 적극적으로 추진함으로써 RTP를 중심으로 노스캐롤라이나주가 생명과학산업의 중심지로 성장하는 데 핵심 주체로서의 역할을 수행하고 있다(NCBC 내부자료).

아울러 노스캐롤라이나 주정부와 생명과학 제조업 분야의 현장인력 양성 프로그램을 운영하는 커뮤니티 칼리지들의 컨소시움인 바이오 네트워크(Bio Network) 역할 또한 중요하다(Wessner, 2013). 바이오 네트워크는 외부기업 유치를 위한 초기단계부터 노스캐롤라이나주가 생명과학 관련 분야 인적 자원의 우수성 및 교육훈련 프로그램의 수월성을 강조함으로써 기업들에게 노스캐롤라이나의 입지적 매력도를 상승시키는 데 기여하였다. 그리고 주 상무부는 실무전문가들의 자문을 받아 생명과학산업 동향 파악 및 지역의 혁신자원들을 발굴하는 노력을 기울이고, 생명과학산업 기업 유치 전략으로서 보조금 지급 등의 직접적인 입지 인센티브에만 의존하는 관행에서 벗어나 지역의 입지 우위를 강화 및 홍보하는 정책으로 패러다임을 전환하였다.

2012년 현재 노스캐롤라이나 생명과학산업 분야의 기업은 514개, 고용 인원은 58,589명이며, 2001년부터 2012년까지 일자리 증가율이 23.5%로 동 기간 동안 캘리포니아주, 텍사스주, 플로리다주 다음으로 높은 일자리 증가율을 기록하였다. 부문별로는 R&D 부문이 58%, CRO(Contract Research Organizations: 계약연구 기업) 및 테스트 부문이 21%, 제조 부문이 21%를 차지하고 있다. 노스캐롤라이나 생명과학산업의 입지는 크게 이원화되어 있다고 할 수 있다. 즉 RTP가 포함되어 있는 트라이앵글 지역과 샬럿 등의 대도시 지역에는 주로 R&D 기능이 집적되어 있는 반면, 생산 기능은 상대적으로 조성원가가 저렴하고 교통접근성이 양호한 도농복합 지역에 조성된 산업단지에 주로 분포하고 있다(NCBC 내부자료).

종합하면, RTP의 생명과학산업이 급속하게 성장하게 된 데에는 주정부와 NCBC, 그리고 바이오 네트워크 간의 협력적 거버넌스 체계의 작동이 매우 중요한 역할을 하였다고 할 수 있다. 이와 관련하여 NCBC의 초대 원장으로 14년간 재임하였으며 노스캐롤라이나주 생명과학산업의 대부로 불리는 찰스 햄너(Charles Hamner) 박사는 지역 언론과의 인터뷰를 통해 "미국의 35개 주가 생명과학산업 육성 정책을 추진하였으나, 노스캐롤라이나주처럼 종합적이고 체계적으로 정책을 추진한 주는 없다."라고 증언한 바 있다(The News and Observer, 2001).

4. RTP 주체의 역할

1) 정부의 역할

(1) 정보통신산업 부문

1950년대까지 담배, 섬유, 가구 등 노동집약적인 산업이 지역경제를 견인하던 노스캐롤라이나주의 산업구조를 재편하고 고급 일자리를 창출하여 지역 대학에서 배출되는 우수인재의 유출을 막기 위한 목적으로 한 계획적인 과학연구단지인 RTP를 조성하였으나, 조성 초기에는 입주하는 기업이 전무하였다. 이에 노스캐롤라이나 주정부는 지역경제에 파급효과를 단기간에 일으킬 수 있는 대기업 유치를 위해 파격적인 인센티브를 내걸고 유치활동을 전개한 결과, 1965년에 IBM을 유치하는 데 성공하였다.

오늘날 IBM은 RTP 최대의 고용기관이자 RTP 정보통신(IT) 클러스터의 핵심 조직자 역할을 담당하고 있다. 따라서 RTP에서 IBM의 역사는 곧 RTP 정보통신 클러스터의 역사라고 말할 수 있다. RTP에는 IBM의 비즈니스용 컴퓨터 하드웨어 및 소프트웨어의 개발과 제조 그리고 마케팅을 담당하는 조직이 설립되어 있다. 입주 후 꾸준히 고용 규모가 늘어나 2014년 현재 RTP에서 근무하고 있는 정규직 직원만 14,000명인데, 그 가운데 50%가 R&D 및 제조 부문 인력이고 나머지는 마케팅 및 인적 자원 개발 부문 인력이다.

처음 RTP에 입주할 때만해도 정치적 로비와 기반시설 조성 등을 통한 인센티브 제공이 중요한 입지 요인이었으나, 오늘날 미국 국내뿐만 아니라 영국, 프랑스, 인도 등 세계 각 지역에서 연구개발 조직을 운영하고 있는 IBM에게 RTP는 전략적으로 매우 중요한 입지로 인정받고 있다. 왜냐하면 리서치트라이앵글 지역의 듀크 대학교, 노스캐롤라이나 대학교(UNC-CH), 노스캐롤라이나 주립대학교(NCSU)에서 우수한 인력을 공급받을 수 있을 뿐만 아니라 연구개발 인력이 선호하는 정주환경이 매우 양호하기 때문이다(관계자 면담조사 결과).

RTP에서 IBM의 존재가 중요한 이유는, IT산업에서 세계 최고의 글로벌 기업 가운데 하나인 IBM이 RTP를 연구개발 거점의 하나로 선택함으로써 RTP의 브랜드 가치 향상 효과를 가져와 타 기업들의 유치에 긍정적인 영향을 미쳤을 뿐만 아니라, IBM과 직간접적으로 관련되어 있는 기업들의 연쇄 입주를 유발하였기 때문이다. 그 대표적인 사례로, 매사추세츠주에 본사를 둔 미니컴퓨터 제조업체였던 데이터제너럴(Data General)은 IBM의 RTP 입주에 영향을 받아 1977년에 RTP에 소프트웨어 관련 사업부를 설립하였다.[2]

IBM과 같은 대기업 유치와 함께, RTP의 혁신역량을 강화하기 위해 1963년 당시 주지사였던 샌퍼드는 명망 있는 과학자들을 중심으로 과학기술위원회를 구성하고 노스캐롤라이나주의 과학기술 연구역량을 증진시키고자 하였다. 이 당시 정보통신산업과 관련하여 가장 두드러진 위원회의 역할은 트라이앵글 지역 대학연합 컴퓨터센터(Triangle Universities Computation Center)를 RTP 단지 내에 설립하도록 만든 것이었다. 1965년에 설립한 이 연구센터는 메인프레임 고속 컴퓨팅 환경 구축을 통해 지역 대학과 기업들의 연구활동 지원 및 산·학 협력 활성화를 주요 목적으로 하였다. 이 연구센터는 컴퓨터의 대중화 및 재정 확보의 어려움 등으로 인해 1990년에 문을 닫았으나, 메인프레임 컴퓨터를 활용한 연구역량 강화에 기여한 것으로 평가된다(듀크 대학교 도서관 소장 TUCC Archives).

과학기술위원회는 또한 1980년에 리서치트라이앵글 지역을 '동부의 실리콘밸리'로 만드는 것을 목표로 주의회로부터 100만 달러의 기금을 확보하여 노스캐롤라이나 마이크로일렉트로닉스 연구센터(MCNC)를 설립하는 데 주도적인 역할을 하였다(Link, 1995). MCNC는 1982년 RTP 단지 내에 설립되었으며, 그 결과 제너럴일렉트릭(General Electric)사의 마이크로일렉트릭 연구소 등 민간 기업 및 연구기관들을 유치하는 성과를 거두었다. 이뿐만 아니라 MCNC는 트라이앵글 지역 대학과 RTP 하이테크 기업들을 연결하는 지식 중개자 역할을 수행함으로써 RTP가 성공적인 정보통신산업 클러스터로 발전하는 데 중요한 기여를 한 주체로 평가된다(Rohe, 2012).

2 이 회사는 그 후 1999년에 데이터 스토리지(data storage) 업체인 EMC에 인수합병되었으며, RTP의 R&D 센터 규모는 확대되고 있는 추세이다.

표 10-4. RTP 정보통신산업의 형성 및 성장에 영향을 미친 요인

클러스터 형성의 촉진요소	클러스터 성장의 견인요소	클러스터 진화의 위험요소
• IBM의 연구개발 및 제조기능 유치 • 정부의 R&D 기금 지원 • NC 정보고속도로 구축	• IBM의 RTP 사이트가 제조기지의 역할을 벗어나 통신장비 관련 연구개발 및 경영관리에 초점을 둔 조직으로 역할 확대 • 시스코와 노텔의 입지 • NCSU를 비롯한 지역 연구중심대학들의 교육·연구 역량 강화	• 정보통신산업의 기술 포화 및 경쟁 격화에 따른 신기술 창업의 성공 가능성 하락 • 실험실 창업의 역동성 미흡 • 토착 대기업의 부재 • 소수의 대기업에 대한 의존도가 과다

출처: Porter et al.(2001), Triangle Business Journal, 인터뷰 결과 등을 토대로 필자 작성.

1960년대 IBM의 입주 이후 점진적으로 성장하던 RTP의 IT산업은 1980년대부터 비약적으로 발전하기 시작하였다. 대표적으로 한때 캐나다를 대표하는 세계적인 통신장비 업체였던 노텔(Nortel)사가 RTP에 연구개발센터를 1980년에 개소하고, 고용 인원을 늘려 IT붐이 한창이던 2000년대 초에는 RTP 사업장의 고용 규모만 3,000명에 육박하였다.[3] 그 후에 스웨덴을 대표하는 이동통신 장비 및 서비스 업체인 에릭슨(Ericsson)과 세계적인 무선통신 장비업체인 시스코(Cisco)가 각각 1990년과 1994년에 R&D 및 제조 부문을 RTP에 입지시킴으로써, RTP는 동부의 실리콘밸리라는 명성을 얻게 되었다.

하지만 2000년대 들어 닷컴 버블(dot-com bubble)의 붕괴, 미국 경제의 침체, 정보통신산업의 글로벌 경쟁 심화 등의 요인이 결합되어 IT 부문의 투자 및 창업이 과거에 비해 부진하고, 노텔과 에릭슨 등의 다국적 대기업들이 RTP를 떠나거나 고용을 삭감하는 등 RTP의 IT산업 비중은 전반적인 하락세에 접어든 상태이다. RTP 재단의 통계에 따르면, RTP의 IT산업 비중은 2006년 26%에서 2014년 현재 20%로 감소하였다.

(2) 생명과학산업 부문

오늘날 RTP는 정보통신산업과 바이오산업에 특화된 복합 클러스터의 구조를 가지고 있다. 그러나 RTP 클러스터의 형성 초기에는 바이오산업의 비중은 매우 미약하였으며, 정보통신 제조업 및 연구개발 부문이 지배적이었다. RTP가 오늘날 세계적인 바이오산업 클러스터로 성장할 수 있었던 데에는 노스캐롤라이나 주정부의 시기적절하고 체계적인 정책추진이 가장 중요한 요인으로 언급된다

3 노텔은 IT붐이 본격적으로 일기 시작한 1990년대 초 세계 전역에 96,000명을 고용하고 RTP의 고용 인원이 3,000명에 달하는 등 캐나다를 대표하는 통신장비 업체로 성장하였으나, 동종업체 간의 경쟁 격화와 투자 유치 부진 등에 따라 2009년 파산하였고, RTP의 고용 인원은 대부분 해고되었으며, 사업장 부지는 아직도 매각을 기다리고 있는 상황이다.

(Cooke, 2004; Avnimelech, 2013).

또한 RTP 조성 초기에 국립환경보건연구원과 국립보건통계연구센터(National Center for Health Statistics)과 같은 연방정부 연구기관을 유치함으로써 생명과학산업의 잠재적 형성기반을 갖추게 되었다는 점도 클러스터 기반 구축에 중요한 요인 중의 하나로 알려져 있다.

이 연구기관들이 1966년 RTP에 입지한 후 그 연쇄작용으로 1969년에 제약회사인 버로스웰컴(Burroughs Wellcome)이 본사와 연구소를 뉴욕주에서 RTP로 이전하는 등 RTP에 바이오산업 기반이 구축되기 시작하였다(http://vimeo.com/11199745의 내용에서 발췌). 이어서 1983년에는 다국적 제약업체인 글락소(Glaxo)가 RTP로 이전하였고, 그 후에 버로스웰컴과 글락소는 글락소스미스클라인(GlaxoSmithKline, GSK)으로 합병되었으며, 현재 RTP에는 GSK의 미주 본사가 입지하고 있다(Rohe, 2012). GSK는 RTP 고용 인원만 5,000여 명에 육박함으로써 RTP의 바이오산업을 주도하는 핵심적인 글로벌 기업이라 할 수 있다.

하지만 대다수의 전문가들은 오늘날 RTP가 바이오메디컬 분야에 특화된 클러스터로 급속한 성장을 하게 된 데에는 바이오메디컬을 중심으로 한 의학 전 분야에 걸쳐 미국 내 최고수준의 연구역량을 가진 것으로 평가받는 듀크 의과대학병원과 UNC 의과대학병원의 존재 또한 매우 중요한 요인이라는 데 이견이 없었다. 장기간에 걸친 임상실험을 위해 대학병원과 긴밀한 관계를 가져야 할 뿐만 아니라, 연구개발의 비중이 높은 생명과학산업의 특성에 비추어 볼 때 RTP 및 주변 지역에 생명과학 관련 기업들의 창출 및 유치는 이 두 기관이 존재하기 때문에 가능하였다고 할 수 있다.

RTP에 생명과학 클러스터의 기반이 본격적으로 구축되기 시작한 시기는 1980년대부터이다(Avnimelech, 2013). 1981년 노스캐롤라이나 주의회는 생명과학산업이 지역의 전략산업으로 가능성이 있는지를 판단하기 위해 NC 과학기술위원회 주관하에 전문가 중심의 연구위원회를 꾸려 타당성 조사를 실시하였다. 연구위원회는 전 세계적으로 생명과학산업의 전망이 밝고, 트라이앵글 지역 대학들의 생명과학 관련 연구역량 및 인적 자원 수준이 높을 뿐만 아니라 RTP를 공간적 축으로 산·학·관 협력체제를 갖추기에도 유리하다는 점에서 생명과학산업을 지역 전략산업으로 육성할 필요가 있음을 제안하였다(Hardin and Feldman, 2011; Rohe, 2011).

이에 따라 NC 주정부는 연구위원회의 제안을 받아들여 생명과학산업을 전략산업으로 중점 육성하기로 결정하고, NC 과학기술위원회를 통해 생명과학 관련 연구개발 인프라 구축 및 인적 자원 개발에 20억 달러 이상을 투입하였다. 특히 주정부는 생명과학산업 연구개발 인프라 구축 및 전문 인력 양성을 우선 과제로 선정하고 정책자금의 2/3가량을 집중 투자하였다. 이어서 1984년에 주정부는 노스캐롤라이나주의 생명과학산업 육성을 위한 허브 기관으로 노스캐롤라이나 생명공학연구센터(North Carolina Biotechnology Center, NCBC)를 RTP 단지 내에 설립하였다. NCBC는 생명과학 관련 연구개발 기능뿐만 아니라 생명과학산업 진흥정책 수립 및 실행 기관으로서의 역할을 수행한다. 이처럼 지역 리더들의 선견지명과 노력의 결실로 1984년에 설립된 NCBC는 RTP가 세계적인 바이오산업 클러스터로 성장하는 데 중추적인 역할을 한 것으로 평가된다(Link, 2002; Walden, 2008; 전문가 면담조사 결과).

NCBC는 주정부의 재정지원으로 설립된 최초의 비영리 민간 연구기관으로, RTP에 본원을 두고 샬럿을 비롯한 노스캐롤라이나주의 5개 지역에 지역 연구소를 두고 있다. NCBC는 BT 부문의 기업 유치 및 지원, 관련 종사자 교육·훈련, 지역 대학들의 생명공학 프로그램 설계 및 연구기금 지원 등을 통해 BT산업 경쟁력 강화를 위한 각종 활동을 수행하고 있다(http://www.ncbiotech.org). 그뿐만 아니라 BT 업종의 창업 활성화, 상업화 중심의 응용연구 지원, 지역 대학과 기업 간의 기술이전, BT 부문 전문가 네트워킹 활성화 등의 활동을 통해 노스캐롤라이나 BT 클러스터의 트리플 힐릭스 혁신체계를 촉진하는 매개자로서, 이른바 에츠코위츠(Etzkowitz, 2012)가 정의한 산·학·관의 경계를 초월하여 경계 투과성(boundary permeability)을 높이는 주체로서의 역할을 담당하고 있다.[4]

이상과 같이, RTP가 오늘날 세계적인 생명과학 클러스터로 성장하는 데 노스캐롤라이나 주정부의 전략적이고 체계적인 정책추진은 커다란 영향을 미쳤다고 할 수 있으며, 클러스터의 진화 측면에서 크게 3가지 측면에 주목할 수 있다. 첫째, RTP를 생명과학 클러스터로 만들기 위해 정책의 초기 단계부터 생명과학 클러스터의 핵심적인 혁신 인프라로 지역 대학, 특히 듀크 대학교와 UNC의 바이오메디컬 분야를 중심으로 한 R&D 역량강화에 역점을 두었다는 점이다.

둘째, 1980년대 초에 지역 대학의 역할 외에도 연구결과의 상업화 촉진을 위해 반관반민 연구기관 형태인 NCBC를 설립하고, 집적기반이 갖추어지자 점차 그 역할을 대학-기업의 가교 역할을 수행하고 내생적 기업가정신을 고양시키는 방향으로 확대하였다는 점이다. 셋째, RTP의 조성이 추진될 때와 마찬가지로 생명과학 클러스터의 육성을 위해서도 주정부는 지역 대학 및 상공인 단체의 전문가 및 대표자들이 포함된 6개의 태스크포스(task force)와 9개의 포커스 그룹 운영을 통한 트리플 힐릭스에 기반한 거버넌스 체계를 통해 정책을 추진하였다는 점이다.

4 NCBC의 산·학 협동 및 기술이전 활성화를 위한 대표적인 활동으로는 Technology Enhancement Grant(TEG: 지역 대학들의 상업화를 목적으로 한 연구를 지원하는 연구지원 프로그램) 및 BATON 프로그램 운영(NC 생명공학 분야의 온라인 네트워킹 사이트 운영: www.ncbiotech.org/content/technology-transfer-and-entrepreneur-programs 참조), Centers of Innovation 기금 지원(상업화의 잠재성이 큰 산업 섹터 육성 및 혁신역량 강화를 목적으로 한 연구센터: www.ncbiotech.org/business-commercialization/centers-of-innovation 참조)을 들 수 있다.

표 10-5. RTP 생명과학산업의 진화에 영향을 미치는 요인

클러스터 형성의 촉진요소	클러스터 성장의 견인요소	클러스터 진화의 위험요소
• 양호한 삶의 질 및 지리적·위치적 이점 • NIEHS 같은 대규모 연구기관의 유치 • 정부 R&D 기금	• RTI와 NCBC 설립 • GSK의 입지 및 성공 • 듀크 메디컬센터의 급성장 • UNC 암연구센터 설립 및 성장 • GSK와 듀크 및 UNC로부터의 스핀오프의 활성화	• 소수 대기업을 제외한 민간 벤처캐피털 기반이 다소 미흡 • 실리콘밸리나 보스턴 같은 경쟁 클러스터에 비해 실험실 창업의 역동성 미흡 • 소수의 대기업에 대한 의존도 과다

출처: Porter et al., 2001; Triangle Business Journal, 인터뷰 결과 등을 토대로 필자 작성.

2) 기업의 역할

(1) IBM

1965년 IBM은 이미 부지를 확보하고 있던 다른 지역들을 제치고 RTP에 컴퓨터 관련 R&D 및 제조기능의 입지를 발표하였다. IBM이 RTP 입지를 선택하게 된 요인으로는 이 지역의 양호한 생활환경, 고급 노동력 풀의 존재, 수준 높은 대학들과의 근접성, 정부-대학-민간 부문 간의 협력정신 등이 주로 작용하였다고 한다. 하지만 IBM의 유치를 위한 지방정부의 적극적인 노력이 IBM의 RTP 투자를 성사시킨 결정적인 요인이 되었다.

우선 IBM은 RTP 단지에 연구개발 활동 외에도 제조 활동을 함께 입지시키길 원하였으나 RTP의 토지이용계획상 연구개발 활동 외에는 입지가 불가능하였다. 따라서 RTP 재단과 더럼카운티 정부는 RTP 단지의 일부 구역에 대해 제조업 활동의 입지가 가능하도록 용도지역 변경을 신속하게 처리하였다. 아울러 IBM은 물류의 효율성을 제고하기 위해 RTP 단지를 연결하는 고속도로망의 확충을 요구하였는데, 이에 대해 주지사가 4차선 고속도로(오늘날의 I-40) 건설을 약속함으로써 IBM은 RTP 투자를 결정하게 되었다(Vanstory, 1999).

대소비지인 미국 동부의 중앙에 위치한 RTP의 지리적 장점에 더해 미국 동부의 주요 도시를 연결하는 주간(inter-state)고속도로의 건설로 말미암아 IBM의 RTP 공장은 저렴한 물류비용을 앞세워 1970~1980년대 동안 타 지역에 설립된 IBM 공장들에 비해 월등한 성장세를 유지할 수 있었다. IBM의 RTP 본부 풀타임 고용 인원은 1995년 13,000명을 정점으로 2014년 현재는 11,000명 수준을 유지하고 있다.

IBM은 컴퓨터 시장의 포화와 경쟁 심화에 따라 1990년대 대규모의 다운사이징을 단행한 시기에 RTP 본부의 위상은 오히려 강화되었다. IBM은 1990년대 재구조화 과정에서 미국 내 타 지역의 조

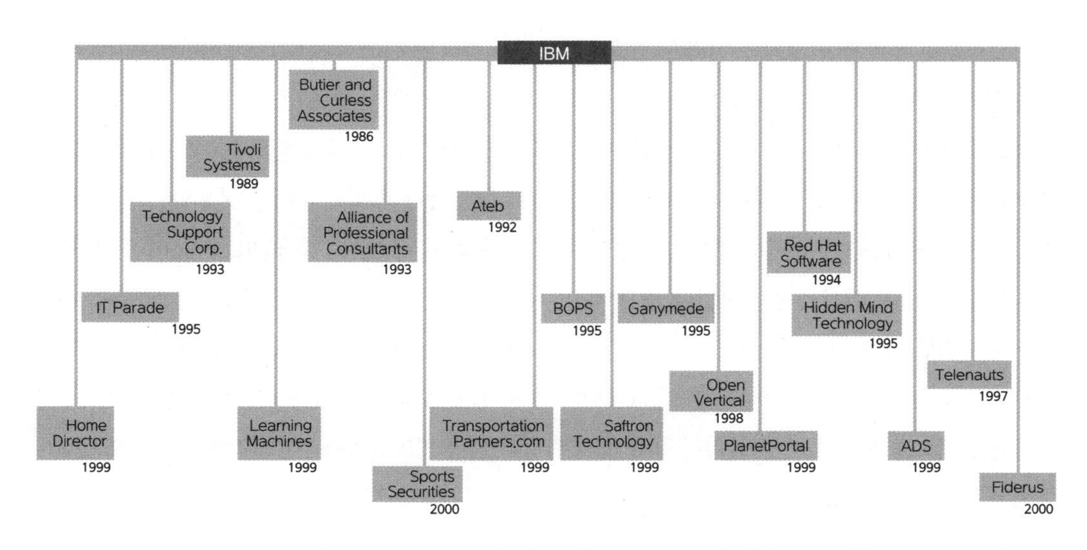

그림 10-3. IBM에서 분리신설(spin-out)된 주요 기업들(1965~2000년)

출처: Porter et al., 2001.

직을 축소하는 대신 RTP에 경영관리 및 연구개발 기능을 중심으로 한 구상기능을 더욱 강화하였다. 그 결과 IBM RTP 본부의 고용 인력 가운데 생산 인력은 7%로 줄어든 반면, 연구개발 인력의 비중은 45%로 증가하였다.

IBM은 컴퓨터 제조 부문을 매각하고 소프트웨어 및 고성능 하드웨어 개발, 네트워크, 컨설팅 등의 부문을 중심으로 사업 재편을 추진하는 과정에 있으며, 그 과정에서 RTP 본부에 남아 있는 컴퓨터 생산 부문이 레노버(Lenovo)에 매각될 경우 RTP 조직은 연구개발 및 컨설팅 중심의 기능으로 완전히 재편될 것으로 전망된다(IBM 관계자 인터뷰 결과).

(2) 글락소스미스클라인(GlaxoSmithKline, GSK)

영국계 다국적 생명과학 기업인 GSK는 RTP에 연구개발 조직을 보유하고 있으며, 고용 인원만 5,000명으로 RTP의 생명과학 클러스터를 견인하는 선도기업이다. GSK의 RTP 입지 경로를 이해하기 위해서는 기업의 역사에 대해 간략히 살펴볼 필요가 있다.

GSK의 전신이라고 할 수 있는 버로스웰컴(Burroughs Wellcome)은 19세기 말 영국 런던에서 출발한 제약업체였으며, 미국 뉴욕주에 소재하던 미주 본부와 연구개발센터의 확장을 위한 후보지를 물색하던 중 리서치트라이앵글 지역이 가진 입지적 장점에 주목하게 되었다. 이 회사는 리서치트라이앵글 지역이 온난한 기후조건을 바탕으로 생활환경이 양호하다는 사실과 함께 트라이앵글 지역 대학으로부터 우수한 연구개발 인력을 수급하기에 용이하다는 점에 주목하고 1970년에 미주 본부와 연구개발센터를 RTP로 이전하였다.

한편 1904년 뉴질랜드에서 아동용 식품 제조업체로 출발하였으나 영국을 기반으로 성장한 글락소(Glaxo)는 플로리다주 탬파와 미주리주 세인트루이스에 각각 소재하던 미주 본부와 생산공장을 폐쇄하는 대신, 1983년에 미주 본부는 RTP 단지로, 생산공장은 인근의 지블런(Zebulon) 일반산업단지로 각각 입지 이전을 결정하였다. RTP에 미주 사업본부를 두고 있던 버로스웰컴과 글락소는 1995년 합병을 선언하고 사명을 글락소웰컴(Glaxo Wellcome)으로 개명하였다. 합병을 통해 글락소웰컴은 노바르티스(Novartis)와 머크(Merck)에 이어 세계 3위의 제약업체로 성장하였다.

이와 별개로 19세기 초에 설립되어 각각 영국 런던과 미국 필라델피아를 기반으로 성장하였던 제약업체인 비첨(Beecham)과 스미스클라인(SmithKline)은 1982년 합병을 통해 스미스클라인비첨(SmithKline Beecham)이 되었다.

생명과학 분야의 두 거대기업인 글락소웰컴과 스미스클라인비첨은 2000년에 또다시 합병을 선언하고 사명을 글락소스미스클라인(GlaxoSmithKline, GSK)으로 개명하였다. 이로써 GSK는 『포춘(Fortune)』 500대 기업 가운데 노르바티스를 제치고 존슨앤드존슨(Johnson & Johnson)과 파이저(Pfizer)에 이어 제약업계 3위의 거대기업으로 몸집을 불렸으며, RTP R&D 센터는 GSK의 전 세계 16개 R&D 사이트 가운데 가장 규모가 큰 핵심 연구개발 기지의 역할을 수행하고 있다(관계자 면담 조사 결과).

1970년 RTP에 입지한 이후 버로스웰컴은 리서치트라이앵글 지역에 생명과학 클러스터가 형성되고 발전하는 데 중요한 기여를 한 것으로 평가된다(Porter et al., 2001). 우선 버로스웰컴이 입지함에 따라 글락소, 바이엘(Bayer) 등의 글로벌 경쟁 기업들이 연쇄적으로 RTP에 입지하게 된 계기를 제공하였으며, 그 결과로 기업합병을 통한 GSK의 탄생과 같은 시너지가 지역에서 구현될 수 있었다.

둘째, 버로스웰컴이라는 대기업이 존재함으로써 이 회사를 중심으로 한 생명과학산업 가치사슬이 지역 내에 형성되기 시작하였다.

셋째, 이 회사에 근무하던 인력들이 퇴사하여 지역에서 벤처 창업을 하는 등 기업가정신을 촉진하는 인큐베이터 역할을 담당하였다. 생명과학산업은 R&D 집약도와 사업 리스크가 높기 때문에 대기업에 의한 신기술 중소기업의 인수·합병이 빈번히 일어나는데, 이는 곧 대기업이 벤처 캐피털리스트의 역할을 수행함을 의미한다. RTP에서도 대기업에 의한 신기술 벤처기업의 인수·합병이 드물지 않게 일어나는 편인데, 버로스웰컴은 RTP에 이러한 혁신환경을 일으킨 산파 역할을 한 기업이다. 기업합병을 통해 RTP 생명과학 클러스터의 시스템 조직자로서 GSK의 역할은 더욱 심화되었다. GSK

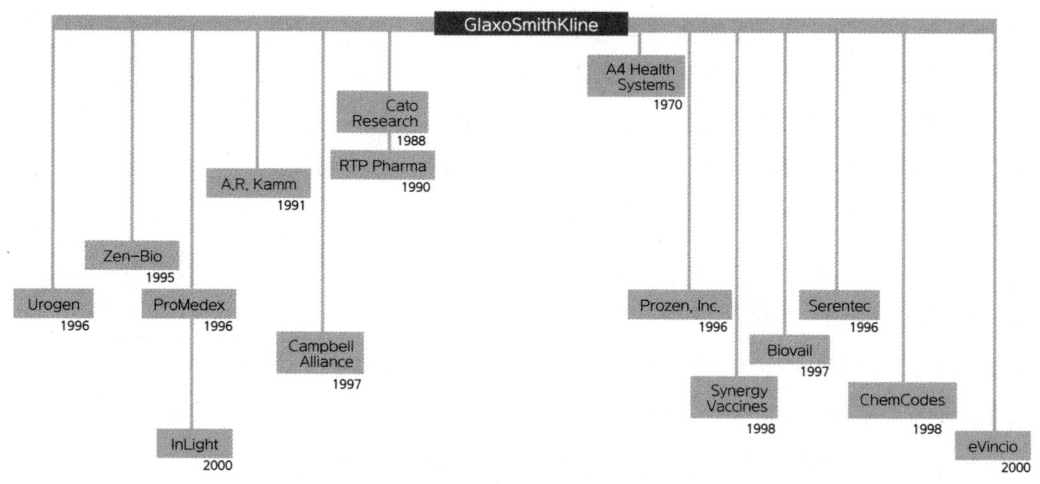

그림 10-4. GSK에서 분리신설(spinout)된 주요 기업들(1970~2000년)

출처: Porter et al., 2001.

는 RTP 설립 초기부터 지역 대학과 활발한 연계를 맺어 왔다. 글락소는 RTP 입주를 결정한 후 RTP에 건물을 신축하는 동안에 필요한 임시 공간으로 UNC 캠퍼스의 공간을 활용하는 대신, 대학 건물의 개보수 및 신축을 위해 650만 달러를 투자하기로 결정하였다. 이를 위해 UNC 화학과 건물 개보수에 350만 달러, 의과대학 건물 신축에 300만 달러를 투자하였을 정도로 지역 대학과의 연계 협력을 위해 노력하였다(Porter et al., 2001).

또한 RTP 연구센터가 본격적으로 가동하기 시작한 1980년대 후반부터 지역 3개 대학과의 공동 R&D 프로젝트 추진 및 인력 교류 등을 통해 지역 대학과의 활발한 네트워킹을 구축하고 있다. 지역 내 중소기업들과의 관계 측면에서는 RTP의 유망 생명과학 벤처기업의 인수 및 투자 활동을 통해 RTP 리서치트라이앵글 생명과학 클러스터의 성장을 주도하는 핵심 주체의 역할을 수행하고 있다(GSK 관계자 인터뷰 결과).

3) 대학의 역할

RTP에 입주하고 있는 BT 부문의 대기업들은 의·약학 분야에서 미국 최고수준의 교육 및 연구 역량을 보유하고 있는 것으로 평가받고 있는 노스캐롤라이나 대학교(University of North Carolina, UNC)과 듀크 대학교(Duke Univ.)의 존재가 중요한 입지 요인으로 작용하였다. IT 부문의 대기업들도 UNC와 노스캐롤라이나 주립대학교(North Carolina State University, NCSU)의 정보통신 분야의 교육 및 연구 기반이 적지 않게 영향을 미친 것으로 알려져 있다(Hardin, 2008, 전문가 면담조사 결과).

RTP 설립 초기에는 연구개발 부문 종사자가 전체의 11%에 불과하였으나, 2000년대 후반에는 50%를 넘는 비율을 나타내고 있다. RTP 종사자의 85%는 전문대학 졸업자 이상으로 구성되어 있는데, 이는 RTP 기업들이 R&D 등 주로 지식집약적 업무에 특화되어 있음을 잘 나타내는 지표이다. 따라서 RTP 기업들에게 고급 연구개발 인력의 유치는 매우 중요한 과제라 할 수 있으며, 그러한 측면에서 트라이앵글 지역의 3개 대학의 존재는 첨단기업들의 RTP 입지를 견인하는 중요 요소이다(전문가 면담조사 결과).

표 10-6. RTP 종사자들의 직무 분포(1998)

직무 형태	비율(%)
연구개발직	46.0
경영·행정직	17.0
(숙련) 기술직	22.0
일반사무직	9.0
(저숙련) 생산직	5.0
기타	1.0
계	100.0

출처: Hammer Siler George Associates, 1999.

RTP 입주 기업과 지역 대학의 관계에 대한 흥미로운 설문조사 결과(RTP Foundation 내부자료)에 따르면, RTP 입주 기업들은 지역 대학과의 관계를 대체로 중요하게 생각하고 있으며, 특히 고급인력 채용기회 확보와 종업원 교육·훈련 측면에서의 중요성을 높게 평가하는 것으로 나타났다(표 10-7).

전문가 면담조사에 따르면, 외부 소유의 IT 분야 대기업들은 지역 대학과의 연구개발 네트워크를 구축하고는 있으나 기술선도 분야의 연구개발 측면에서는 세계 유수의 대학 및 기업들과의 글로벌 네트워크에 초점을 두고 있으며, 고급인력 또한 미국 전역의 우수인재를 대상으로 채용하고 있기 때문에 지역 대학의 존재가 해당 기업의 근본적인 존재 이유는 아니라는 입장을 나타내고 있다. 반면, BT 분야의 기업들은 듀크 대학교와 UNC의 우수한 연구역량과 연구인력에 대한 접근성이 주된 입지 요인이었으며, 연구개발 및 인력 교류 측면에서 지역 대학과의 네트워크가 기업 경영에 있어 중

표 10-7. RTP 기업과 지역 대학의 관계에 대한 설문 결과(1998)

(단위: %)

항목	중요도		
	보통 이상	중요치 않음	전혀 중요치 않음
인력 채용을 위한 접근성 확보	82	9	9
종업원 교육·훈련	73	27	0
사회문화적 쾌적성	59	27	14
공동 연구개발	55	32	14
컨설팅을 위한 교수의 활용	54	27	18
대학의 연구 기자재 및 실험실 이용	36	14	50
겸임 연구원으로 교수의 활용	28	27	45

출처: Hammer Siler George Associates, 1999.

요하다는 반응을 보이고 있다.

노스캐롤라이나 과학기술위원회가 1999년에 발표한 노스캐롤라이나 비전 2030(The North Carolina Board of Science and Technology, 1999)에 따르면, 1990년대 RTP의 산·학·관 네트워크는 〈그림 10-6〉의 2단계, 즉 혁신 주체 간의 네트워크가 점진적으로 형성되고 있는 단계에 있는 것으로 평가하고 있다. 하딘(Hardin, 2008)에 따르면, 대다수의 RTP 기업들은 RTP 내의 타 기업들과 하청관계를 맺고 있으며, 1/3 이상의 기업들은 RTP 내 타 기업의 제품을 구매하는 것으로 나타나, 1990년대에 이미 RTP 기업들 간의 비즈니스 네트워크는 활발하게 구축되어 있었음을 추측할 수 있다.

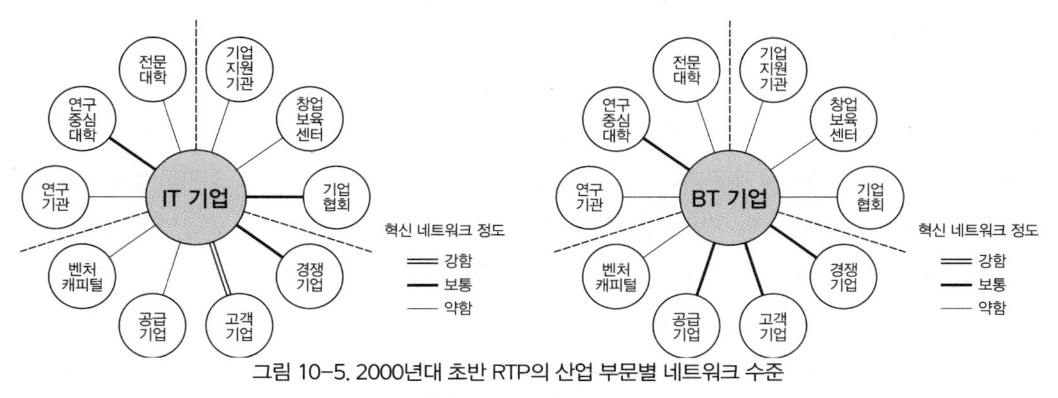

그림 10-5. 2000년대 초반 RTP의 산업 부문별 네트워크 수준

출처: Porter et al., 2001.

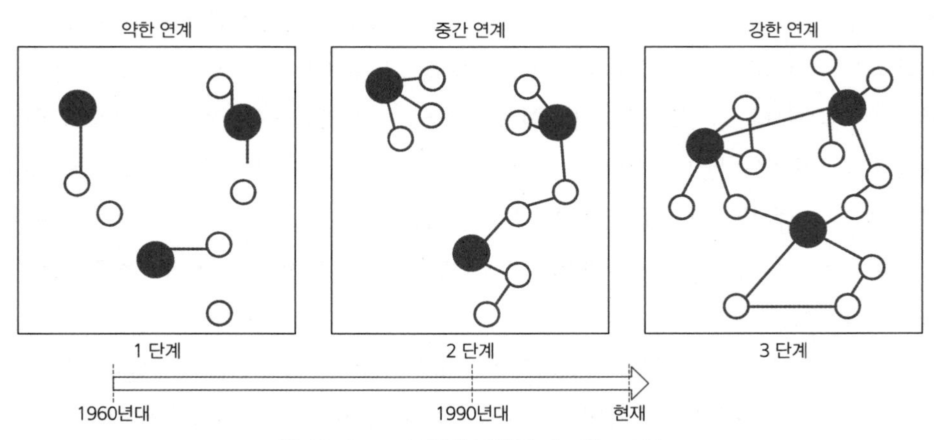

그림 10-6. RTP의 혁신 주체 간 네트워크 수준

주: 1990년대 후반의 수준은 The North Carolina Board of Science and Technology, 1999를 참조함.
2014년 현재의 수준은 전문가 면담조사를 종합한 필자의 판단에 근거함.

RTP의 기업 간 및 기업과 대학 간 네트워크를 나타내는 또 다른 증거로는 신기술 창업 추세에서 확인할 수 있다. 1970년대부터 1990년대까지 약 30년간 최소 225개의 기술집약적 기업들이 RTP에서 창업을 하였으며, 이들 가운데 약 60% 이상이 여전히 RTP 및 그 주변 지역에서 기업활동을 지속하고 있는 것으로 나타났다(Hammer Siler George Associates, 1999). 필자의 전문가 면담결과에 따르면, 2014년 현재 RTP의 전반적인 네트워크 수준은 2단계에서 3단계로 이행하는 단계에 있으며, 실리콘밸리나 보스턴 지역과 같은 수준의 네트워크나 사회적 자본은 발달되어 있지 못한 상태인 것으로 판단된다.

5. 맺음말

오늘날의 RTP라는 첨단산업 클러스터가 계획적인 과학연구단지 형태로 조성된 배경에는 트라이앵글 지역의 3개 대학에서 배출되는 고급인력과 연구역량이 있었기 때문이고, 초기단계에서 산업화 기반을 갖출 수 있었던 것도 국립환경보건연구원과 RTI International과 같은 공공연구기관이 입지하였기 때문이다. 이처럼 RTP의 클러스터 형성 초기에는 지식공간의 존재와 역할이 중요하였다. 하지만 지식공간은 그 자체로 혁신창출 및 지식이전을 활발히 수행하는, 이른바 능동적인 힐릭스의 주체로의 전환과정은 오랜 기간이 소요되었으며, 아직도 실리콘밸리나 보스턴과 같이 지역 대학이 클러스터 진화 역동성을 견인하는 역할을 수행하는 단계에는 미치지 못한 상태이다.

RTP가 비록 계획적으로 조성된 과학연구단지로 출발하였으나 짧은 시간에 성장기반을 확립할 수 있었던 데에는 NC 과학기술위원회와 같이 산·학·관 모든 주체의 참여가 전제가 된 트리플 힐릭스 합의공간이 일찍부터 클러스터의 트리플 힐릭스 거버넌스 체계로 작동할 수 있는 제도적 기반을 구축하였기 때문에 가능하였다고 할 수 있다. 일반적인 산업집적지들이 주체들 간의 소통과 조정, 협력을 통해 시너지를 발휘할 수 있는 합의공간의 형성을 정책의 주요 목표로 삼고 있는 것에 비추어 보았을 때, RTP의 경우는 합의공간의 역할이 초기단계에서부터 지식공간에 우선하였다는 점이 특이한 사례라고 할 수 있다.

RTP의 산·학·관 상호작용은 클러스터의 지속 성장에 필요한 지식 투입과 이전의 물리적 실체인 RTP 단지와 조직적 실체인 노스캐롤라이나 생명공학연구센터(NCBC), 노스캐롤라이나 마이크로일렉트로닉스 연구센터(MCNC) 등의 혁신공간을 통해 구체화된다. 따라서 RTP에는 합의공간을 중심으로 지식공간과 혁신공간이 연계되는 구조를 통해 트리플 힐릭스 공간이 구축되어 있으며, 이를 통해 RTP는 기존 산업생태계의 역동성을 유지하면서도 새로운 산업생태계가 성장하는 이른바 역동적 진화 구조를 나타내는 것이다(그림 10-7).

한편 RTP가 오늘날 첨단산업이 발달한 혁신클러스터로 성장하게 된 데에는 노스캐롤라이나 주정부의 역할, 특히 호지스 주지사나 샌퍼드 주지사와 같은 선견지명을 가진 리더들의 역할이 매우 중요하였다. 주정부는 RTP 개념의 실현을 위해 구성한 과학기술자문위원회(노스캐롤라이나 과학기술위원회 전신)를 통해 지역 대학과 경제계를 포함하는 수평적인 거버넌스 체계를 구축하고, 의사결정 구조를 민간 주도형으로 이양하는 모델을 구축하도록 만들었다. 이를 통해 사실상 RTP는 조성 초기단계부터 산·학·관 협력에 기초한 트리플 힐릭스 거버넌스 체계를 구축하기 시작하였다고 할 수 있다.

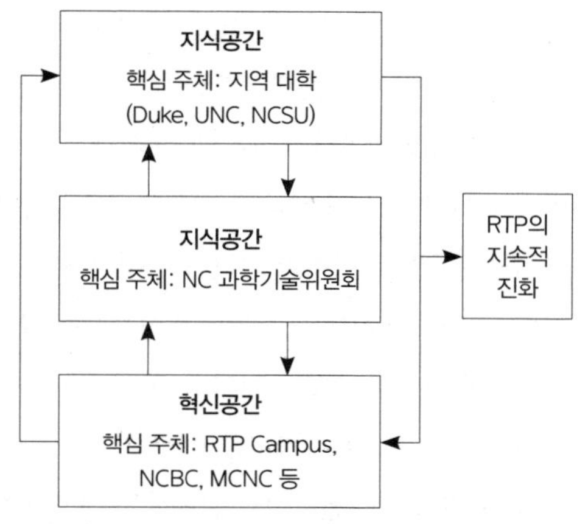

그림 10-7. RTP 클러스터의 트리플 힐릭스 공간

주정부와 위원회는 RTP를 세계적인 첨단산업 집적지로 육성하기 위해서는 무엇보다 지역 대학의 역할이 중요하다고 판단하고, 일찍부터 주정부 차원의 연구비 지원 및 우수 연구인력 유치를 위한 재정지원 사업을 추진하였다. 하지만 지역 대학들의 기업가주의적 대학 모델로의 전환은 RTP의 성장 속도에 비해서는 더디게 진행되었는데, 1970~1980년대 통틀어 20년간 대학에서 분리신설된 기업은 15개 정도에 불과하며, 정보통신 부문 2개 업체를 제외한 대부분의 기업이 생명과학 부문에서 창업하였다. 대학 실험실 창업은 기술이전 및 창업 촉진을 위한 학내 조직들이 만들어지기 시작한 1990년대부터 조금씩 활성화되면서, 1990년대 초반까지만 해도 3개 대학을 통틀어 연간 실험실 창업은 1~2개 정도에 불과하였으나, 2000년대부터는 연간 10~20개 내외 수준으로 증가하였다. 1990년대 이후 대학에서 분리신설된 기업의 대부분은 생명과학 부문이며, 소규모 연구개발 업체로 존립하고 있는 것으로 알려져 있다(관계자 면담조사 결과).

마지막으로, RTP의 진화 역동성을 보여 주는 핵심 주체인 기업은 클러스터 형성 초기단계부터 지금까지 변함없이 대기업 중심적 지배구조를 띠고 있으나, 초기단계에 비해 지금은 신기술 창업 활성화로 인해 토착 기업들의 수가 점차 증가하고 있다. 산업 부문별로 클러스터 형성 초기에는 IT산업 부문이 선도하였으나 산업구조 재편정책을 적극적으로 추진한 결과, 지금은 BT산업 부문과 IT산업 부문이 주도하는 복합 산업클러스터 형태로 진화하였다. 두 산업 부문은 네트워크 구축 형태가 다소 상이한데, IT 부문은 지역 기업과의 하청을 통한 네트워크 중심이고 지역 대학 및 경쟁 기업과는 네트워크 구축이 활발하지는 않은 반면, BT 부문은 지역 대기업과 중소기업 간, 기업과 대학 간의 네트워크가 활발하게 구축되어 있는 것으로 나타났다. 특히 RTP BT 창업 기업의 상당수가 위탁 연구개발 전문기업(CRO)이기 때문에 지역 대학 및 원청기업인 대기업과의 관계가 긴밀한 특성을 가진다. 앞서 IBM과 GSK의 사례에서도 언급되었듯이, RTP 입주한 지 오래된 대기업들에서 분리신설되는 기업들이 RTP를 비롯한 인근 지역에 입지하는 경향이 있는데, 특히 경기하락 시에 대기업의 구조조정이 활발할 때 창업한 기업들이 많은 것으로 나타나고 있다(전문가 면담조사 결과).

이상의 내용을 종합해 보았을 때, RTP가 지난 50여 년간 성장의 지체 없이 지속적인 진화를 할 수 있었던 데에는 외부 기업 및 연구기관 유치를 통한 외생적 발전모델에서 트리플 힐릭스 체계의 구축을 통해 내생적 발전모델로 전환하는 데 성공한 것이 크게 작용한 것으로 평가할 수 있다(표 10-8).

결론적으로 RTP의 지속적 성장을 위해서는 연방정부의 R&D 정책 및 산업 트렌드의 변화에 대한 효율적 대처, RTP의 사회적 자본 역량강화 및 고급인재 흡수 및 유지를 위한 도시 인프라의 확충이 중요한 것으로 판단된다. 구체적으로는 첫째, 연방정부 및 글로벌 대기업의 연구개발비에 대한 의존도가 높은 RTP의 특성상 신기술, 신산업의 개발 동향 및 정부와 글로벌 대기업의 R&D 정책 변화에 적지 않은 영향을 받을 것이다.

둘째, RTP는 기업과 연구기관만이 드문드문 존재할 뿐 주거 및 상업의 입주를 극히 제한하여 개발한 결과 직주근접성이 떨어지고 퇴근시간 이후에는 적막한 공간으로 변하여 사회적 네트워크 및 사회자본이 자연발생적으로 형성될 여지가 부족하다는 평이다. 이로 인해 RTP에는 실리콘밸리와 같

표 10-8. 트리플 힐릭스 관점에서의 RTP 진화구조 평가

항목 \ 시기		초기	현재
핵심 주체		정부	정부, 대학, 기업
중간조직의 역할		낮음	높음
발전모델		외생적 발전	내생적 발전
지배적 산업		IT산업	IT산업 & BT산업
트리플 힐릭스 거버넌스		정부 주도적 정태적 모형	상호작용 모형으로 이행 중
대학	지식창출 역량	높음	높음
	기술이전	낮음	보통
	대학 스핀오프	거의 없음	활성화되고 있음
기업	관련 기업의 집적 여부	거의 없음	매우 높음
	상업화 수준	매우 낮음	중-상
	기업의 스핀오프	거의 없음	중-상

출처: 각종 문헌자료 분석 및 전문가 면담조사 결과를 토대로 필자 작성.

은 사회적 학습과 혁신의 역동성이 발현될 수 있는 환경이 미흡한 실정이며, 이를 극복하기 위해 단지 내에 주거 및 상업 단지를 조성함으로써 종사자들의 직주근접성 및 사회적 상호작용 가능성을 높이는 것이 필요하다.

셋째, RTP의 존립기반은 고급인재의 지속적인 유입과 유지에 달려 있는 바, 이를 위해서는 교통체증 완화, 교육 인프라 확충, 생활 기반시설 확충 등 삶의 질 제고를 위한 도시환경 정비가 중요한 과제라 할 수 있다.

• 참고문헌 •

구양미, 2012, "서울디지털산업단지의 진화와 역동성–클러스터 생애주기 분석을 중심으로", 한국지역지리학회지, 18(3), 283–297.

박동 외, 2004, 세계의 지역혁신체계, 한울.

박동 외, 2005, 세계의 혁신클러스터, 동도원.

Avnimelech, G., 2013, Targeting the Biotechnology Clusters in North Carolina and Israel: Lesson from Successful and Unsuccessful Policy Making, Paper to be presented at the 35th DRUID Celebration Conference 2013.

Braunerhjelm, P. and Feldman, M. P. (eds.), 2006, *Cluster Genesis: Technology-Based Industrial Development*, Oxford University Press, New York.

Brenner, T. and Schlump, C., 2011, Policy measures and their effects in the different phases of the cluster life cycle, *Regional Studies*, 45(10), 1363-1386.

Cooke, P., 2004, Life sciences clusters and regional science policy, *Urban Studies*, 41(5/6), 1113-1131.

Etzkowitz, H., 2008, *The Triple Helix: Unicersity-Industry-Government Innovation in Action*, Routledge, New York.

Etzkowitz, H. and Ranga, M., 2010, A triple helix system for knowledge-based regional develoment: from 'spheres' to 'spaces', Paper presented at VIII Triple Helix Conference, Madrid, Spain.

Etzkowitz, H., 2012, Triple helix clusters: boundary permeability at university-industry-government interfaces as a regional innovation strategy, Environment and Planning C, *Government and Policy*, 30(5), 766-779.

Etzkowitz, H., 2013, Silicon Valley at risk? Sustainability of a global innovation icon: An introduction to the Special Issue, *Social Science Information*, 52(4), 515-538.

Hammer Siler George Associates, 1999, *The Research Triangle Park: The First Forty Years*, Hammer Siler George Associates.

Hardin, J., 2008, North Carolina's Research Triangle Park: Overview, history, success factors and lessons learned, in Hulsink, W. and Dons, H.(eds.), *Pathways to High-Tech Valleys and Research Triangles: Innovative Entrepreneurship, Knowledge Transfer and Cluster Formation in Europe and the United States*, Springer, Dordrecht.

Hardin, J. and Feldman, M., 2011, North Carolina's Board of Science and Technology: A model for guiding technology-based economic development in the South, in Coclanis, P. and Gitterman, D. (eds.), *A Way Forward: Building A Globally Competitive South*, UNC Press, Chapel Hill.

Havlick, D. and Kirsch, S., 2004, A production utopia? RTP and the North Carolina Research Triangle, *Southeastern Geographer*, 44(2), 263-277.

Lawton Smith, H. and Bagchi-Sen, S., 2010, Triple helix and regional development: a perspective from Oxfordshire in the UK, *Technology Analysis & Strategic Management*, 22(7), 805-818.

Link, A., 1995, *A Generosity of Spirit: The Early History of the Research Triangle Park*, Research Triangle Foundation of North Carolina.

Link, A., 2002, *From Seed to Harvest: The Growth of the Research Triangle Park*, University of North Carolina Press, Chapel Hill.

Martin, R., 2010, Rethinking Regional Path Dependence: Beyond Lock-in to Evolution, *Economic Geography*, 86(1), 1-27.

Martin, R. and Sunley, P., 2006, Path dependence and regional economic evolution, *Journal of Economic Geography*, 6(4), 395-437.

Martin, R. and Sunley, P., 2011, *Conceptualising cluster evolution: beyond the life-cycle model?*, Papers in Evolutionary Economic Geography, Utrecht University.

Martin, R. and Sunley, P., 2011, Conceptualizing cluster evolution: beyond the life cycle model?, *Regional Studies*, 45(10), 1299-1318.

Menzel. M. P. and Fornahl, D., 2010, Cluster life cycles - dimensions and rationales of cluster evolution, *Industrial and Corporate Change*, 19, 205-238.

Porter, M. et al., 2001, *Research Triangle: Clusters of Innovation Initiative*, Council on Competitiveness, Washington, DC.

Rohe, W., 2011, *The Research Triangle: From Tobacco Road to Global Prominence*, University of Pennsylvania Press, Philadelphia.

Rohe, W. M. 2012. *The Research Triangle: From Tobacco Road to Global Prominence*, University of Pennsylvania Press, Philadelphia.

RTP Foundation, 2006, 내부자료.

Shin, D. H. and Hassink, R., 2011, Cluster life cycles: the case of the shipbuilding industry cluster in South Korea, *Regional Studies*, 45(10), 1387-1402.

The News and Observer, 1998, *Sanford Answered History's Knock, Changed Course of RTP.*

The News and Observer, 2001, *Head of NC Biotechnology Center Steps Down: Hamner Helped Shape Industry.*

The North Carolina Board of Science and Technology, 1999, *Forces for Change - An Economy in Transition*, The North Carolina Board of Science and Technology.

Vanstory, M., 1999, Two original tenants saw park plans unfold, *Triangle Business Journal*, January 15.

Walden, M., 2008, N*orth Carolina in the Connected Age: Challenges and Opportunities in a Globalizing Economy*, University of North Carolina Press. Chapel Hill, NC.

Weddle, R. L., Rooks, E., and Valdecanas, T., 2006, *Research Triangle Park: Evolution and Renaissance*, Paper presented to 2006 IASP World Conference.

Wessner, C., 2009, *Understanding Research, Science, and Technology Parks: Globa Best Practices*, National Academy Press, Washington, DC.

Wessner, C. (ed.), 2013, *Best Practices in State and Regional Innovation Initiatives: Competing in the 21st Century*, The National Academies Press, Washington DC.

The New Republic, 2012, Dinosaur Makeover: Can Research Triangle Park Pull Itself Out of the 1950s?, October 12, 2012.

http://www.ncbiotech.org/

http://www.ncbiotech.org/content/technology-transfer-and-entrepreneur-programs/

http://www.ncbiotech.org/business-commercialization/centers-of-innovation/

http://vimeo.com/11199745

· 제11장 ·

네덜란드 바헤닝언 푸드밸리의 진화와 혁신 주체

1. 머리말

오늘날 후기 산업사회에서 가장 핵심적 화두는 삶의 질의 제고이다. 삶의 질에서 빼놓을 수 없는 것이 바로 안전하고 건강에 유익한 먹거리의 확보이다. 먹거리에 대한 관심이 그 어느 때보다 높아짐과 동시에 경제의 글로벌화가 급진전되면서 과거에 저부가가치, 내수 중심 산업으로 인식되던 식품산업에 대한 관심이 고조되고 있다. 이를 반영하듯 지역경제 발전의 신성장동력으로 식품산업을 육성하려는 움직임이 서구 선진국뿐만 아니라 우리나라에서도 활발하게 나타나고 있다.

이 가운데 네덜란드는 농식품 분야의 세계 2위 수출국일 뿐만 아니라 각종 농산물 품종 및 식품연구에서도 세계적인 경쟁력을 가지고 있는 것으로 잘 알려져 있다. 네덜란드는 농식품 생산액이 전체 GNP의 10%인 480억 유로(약 67조 원), 수출액은 약 230억 유로(약 32조 원)이며, 농식품 분야 종사자 수는 약 60만 명으로 농식품산업은 국가경제에서 중요한 지위를 차지하고 있다. 특히 연구개발 분야도 세계적인 경쟁력을 가지고 있다.

네덜란드에서도 동네덜란드(East-Netherlands) 지역은 농식품 분야에서 선도적인 위치를 차지하고 있다. 바헤닝언 대학교·연구센터(WURC)를 중심으로 조성된 푸드밸리(Food Valley)는 유럽의 8개 주요 식품산업 클러스터들 간의 협력 프로그램인 FINE(Food Innovation Network Europe)[1] 네트워크의 핵심 지역이기도 하다.

이러한 차원에서 본 장에서는 세계적인 식품산업 클러스터로 평가받는 동네덜란드 푸드밸리의 클러스터 구조 특성과 존립기반을 고찰하고자 한다. 이를 위한 분석 틀로서 트리플 힐릭스 체계 관점을 적용한다. 즉 유럽의 식품 클러스터에 대한 단순한 기술적 고찰에서 벗어나, 식품 클러스터의 작동 메커니즘을 중심으로 클러스터의 진화과정과 그 과정상에 트리플 힐릭스 체계의 주도적인 주체의 역할을 분석하고자 한다.

이러한 맥락에서 선진 식품 클러스터 가운데 대표적인 클러스터로 주목받고 있는 동네덜란드의 푸드밸리는 이상의 문제의식을 규명하기 위한 적절한 사례 지역이라 판단된다. 그 이유는 푸드밸리가 대학을 기반으로 성장하였으나 트리플 힐릭스 체계에 기반한 산·학·연·관 네트워크 체계를 잘 구축하여 세계적으로 경쟁력을 갖춘 식품산업 클러스터로 평가받고 있기 때문이다.

본 연구의 주요 자료는 2008년 8월 10~15일까지 네덜란드의 바헤닝언 현지를 방문하여 바헤닝언 대학교·연구센터, 푸드밸리재단, 동네덜란드 지역개발청(Oost nv), 바이오파트너센터 등의 관계자들과 반구조화된 질문지를 토대로 실시한 개방형 면담조사의 결과이다.

2. 동네덜란드의 지역경제 및 푸드밸리 개관

1) 동네덜란드의 지역경제

동네덜란드 지방은 헬데를란트(Gelderland)주와 오버레이설(Overljssel)주를 포함하는 네덜란드 동부 지역으로, 바헤닝언(Wageningen)과 네이메헌(Nijmegen)을 중심으로 식품 및 건강 산업과 관련하여 세계적인 경쟁력을 갖춘 곳으로 부상하고 있는 지역이다. 2008년 현재 전체 면적 8,297㎢, 인구 3,098,831명으로 인구밀도(373명/㎢)는 네덜란드 국가 평균(395명/㎢)과 비슷하나 다른 유럽

1 FINE은 유럽 지역을 식품산업의 세계적인 중심지로 만들기 위해 유럽의 주요 식품 중심 지역들이 협력하는 프로그램으로 그 목적은 다음과 같다. 첫째, 정책 담당자를 포함해서 모든 식품산업 관련자들이 연구기술 개발에 많은 투자를 하도록 함으로써 혁신적이고 경쟁력 있는 지역 클러스터를 조성할 수 있는 전략을 개발하고, 둘째, 유럽연합(EU)의 리스본 전략에 따라 좀 더 지속가능하고 협력적인 연구기술 개발 프로그램을 형성하는 것이다. FINE은 이러한 목표에 따라 유럽 식품산업의 경쟁력 제고를 위해 EU회원국 또는 각 지역정책이 식품산업에 대해 많은 투자를 하도록 장려하는 역할을 한다. 이를 위해 식품산업 중심 지역들의 협력을 통해 투자를 유도할 수 있는 전략을 형성하기도 하며, 국가를 넘어선 유럽 내 지역 간 협력을 주도하기도 한다. FINE 프로그램에 참여하고 있는 유럽의 식품 클러스터 지역은 다음과 같다. 네덜란드의 동네덜란드, 영국의 스코틀랜드, 벨기에의 플랑드르, 노르웨이의 로가란트, 폴란드의 비엘코폴스카, 이탈리아의 에밀리아로마냐, 스페인의 카스티야이레온, 덴마크와 스웨덴의 외레순.

국가에 비해서는 조밀한 편이다. 한편 이 지역의 관계적 위치는 서부 국경 및 네덜란드 서부, 북유럽과 동유럽에 인접하는 곳으로 네덜란드의 주요 도시 및 유럽의 주요 경제 센터를 연결하는 거점지역이다.[2] 이러한 지리적 특성으로 인해 이 지역에는 다른 지역들을 연결하는 다양한 교통체계가 갖추어져 있거나 인접하고 있다(Tindemans, 2008).

동네덜란드 지역경제 특성을 살펴보면, 먼저 지역내총생산(GRDP)은 78,855백만 유로이며, 1인당 국내총생산인 24,330유로(2003년 기준)보다 조금 높게 나타난다(표 11-1). 전체 노동력은 1,379,000명이며, 전체 일자리 수는 1,424,400개이다. 고용자 수를 기준으로 지역 산업구조를 살펴보면, 1차 산업은 전체 고용자의 4.5%, 2차 산업은 21.8%, 3차 산업은 73.7%를 차지하여 서비스업 중심의 도시형 산업구조를 나타내고 있다. 그러나 네덜란드 전 산업에서 1차 산업이 비교적 높은 편이라 할 수 있다. 노동력의 질적 수준은 대학 이상의 학력을 소지한 노동력의 비중이 29%를 차지하여 양질의 노동력이 풍부할 뿐만 아니라 다양한 언어능력을 갖춘(영어 75%, 독일어 57%, 프랑스어 12%) 노동력의 비중이 다른 지역에 비해 크다. 이와 같은 지리적 이점을 토대로 이 지역에는 필립스(Philips), 보슈(Bosch), 센트릭(Centric), DHL, 폴라로이드(Polaroid), 팀버랜드(Timberland), 스카니아(Scania), IBM, 솔베이(Solvay), 하인즈(Heinz), 네슬레(Nestle) 등과 같은 다국적 대기업들이 다수 입지하고 있어 지역경제에 큰 영향을 미치고 있다(Oost nv, 2008).

특히 이 지역은 현재 바헤닝언(Wageningen)-네이메헌(Nijmegen)-트벤터(Twente) 삼각축을 중심으로 식품, 건강, 기술을 육성하는 다양한 혁신정책을 추진하고 있다. 바헤닝언을 중심으로 한 푸드밸리(Food Valley)는 식품연구 기술 분야에서 세계적인 수준과 세계 최고의 명성을 가진 네덜

표 11-1. 동네덜란드 지역의 주요 경제지표(2008년 현재)

구분		수치
지역내총생산(GRDP)		78,855백만 €(1인당 GRDP: €25,447)
고용자 수		1,379,000명
산업구조	1차 산업	4.5%(국가 평균=3.6%)
	2차 산업	21.8%(국가 평균=18.7%)
	3차 산업	41.7%(국가 평균=46.2%)
노동력의 교육수준	초등교육	26%
	중등교육	45%
	고등교육	29%

출처: Oost nv 내부자료, 2008.

2 동네덜란드 지역과 유럽 주요 도시 간의 평균 거리는 암스테르담 90㎞, 로테르담 120㎞, 베를린 570㎞, 뒤셀도르프 160㎞, 프랑크푸르트 370㎞, 뮌헨 760㎞, 파리 540㎞, 런던 560㎞ 등으로 지리적 근접성이 높은 입지적 장점을 가지고 있다.

란드의 대표적인 식품산업 클러스터로서 농식품산업 분야의 다양한 기업과 연구기관들이 집적하고 있다. 이 지역의 식품산업에 종사하는 인구는 전체 인구의 0.93%로 네덜란드 국가 평균인 0.83%보다 높은 편이나, 종업원 1인당 부가가치는 69,652유로로 국가 평균보다 조금 낮지만, FINE에 속한 유럽의 7대 식품 클러스터 중에서는 세 번째로 높다(Vermeire et al., 2008). 식품산업의 업종별 특화 정도를 보면, 육류·육가공품, 수산물·수산식품, 과일·채소류, 유제품, 동물 사료 부문이 국가 내에서 특화되어 있으나, FINE 지역들을 비교했을 경우 과일·채소류, 식물성기름, 유제품, 동물 사료 부분에서 상대적으로 특화되어 있다(표 11-2).

이와 같이 특화된 산업클러스터를 형성하고 있는 푸드밸리에는 농식품 및 생명과학 분야의 선도적인 연구기관인 바헤닝언 대학교·연구센터(Wageningen University and Research Center, WURC)를 중심으로 국제식물연구소(Plant Research International), RIKILT 식품안전성연구소(RIKILT-Institute of Food Safety), NIZO 식품연구소(Nizo Food Research) 등과 같은 다수의 연구기관과 누미코(Numico), 아비코(Aviko), 흐롤스(Grolsch), 캄피나(Campina), 지보단(Givaudan), 네슬레(Nestle), 하인즈(Heinz)와 같은 선도적인 농식품 기업들이 입지하여 산·학·관 협력을 통해 농식품산업과 관련된 다양한 혁신활동을 이끌어 가고 있다(Oost nv, 2008).

식품산업과 더불어 이 지역에는 소위 헬스밸리(Health Valley)라고 불리는 의료산업 클러스터도 발달되어 있다. 헬스밸리의 중심에는 네이메헌 라드바우드 대학교(의학), 바헤닝언 대학교(생의학), 트벤터 대학교(의료기술)와 같은 의료 관련 산업 분야의 최고의 대학들과 생의학기술연구소(Biomedical Technological Institute), 재건연구소(Roessingh R&D rehabilitation center), 분자생

표 11-2. FINE 프로그램에 참여한 유럽의 주요 식품 클러스터의 전문화 수준

	육류·육가공품		수산물·수산식품		과일·채소		식물성기름		유제품		곡물·전분제품		동물사료		기타식품		음료수	
동네덜란드		●		●	○	●	○		○	●	○		○	●				
카스티야이레온	○	●					○			●	○			●			○	
에밀리아로마냐	○	●							○	●				●	○			
플랑드르		●		●	○	●	○				○		○	●				
외레순					○		○					●			○	●		
로가란트	○	●	○			●	○		○	●			○	●				
스코틀랜드			○	●													○	●
비엘코폴스카	○	●			○				○	●				●				

주: ○ - EU 회원국 내에서의 전문화 지수 125 이상, ● - FINE 참여 지역 내에서의 전문화 지수 125 이상
전문화 지수는 고용, 부가가치 및 업체 수를 기준으로 산정함.
출처: Vermeire et al., 2006.

물학연구소(NCMLS molecular life Sciences)와 같은 의료 관련 연구기관 그리고 대형 병원들이 입지하여 의료건강산업 분야의 연구개발 및 산업기반과 산·학·연 네트워크 기반이 견고하게 구축되어 있다(http://www.nfia-korea.com).

이처럼 동네덜란드 동부지방의 식품 및 의료 산업 클러스터의 성장에는 국제적 경쟁력을 가진 대학이 존재하고, 이들을 중심축으로 한 산업화기반 및 산·학·연·관 네트워크 체제가 효과적으로 구축되어 있다는 점에 주목할 필요가 있다. 이 지역에는 트벤터 대학교(University of Twente: 재학생 수 8,000명), 바헤닝언 대학교(Wageningen University: 재학생 수 8,500명), 네이메헌 라드바우드 대학교(Radboud University Nijmegen: 재학생 수 17,500명)와 같은 연구중심대학을 비롯해 빈데샤임(Windesheim: 재학생 수 17,000명), 아른험-네이메헌 응용과학대학교(Hogeschool Arnchem-Nijmegen: 재학생 수 27,000명), 삭시온(Saxion: 재학생 수 17,000명)과 같이 전문 기술인력 양성을 담당하는 대학들과 아른험 국제학교(Arnhem international School), 에르더 국제학교(International School Eerde), 엔스헤더 프린스 학교(Prinseschool Enschede)와 같은 여러 국제학교가 있다(Oost nv, 2008).

2) 푸드밸리 개관

앞에서 언급한 바와 같이 네덜란드는 농식품 분야 세계 2위의 수출국으로서 자타가 공인하는 세계적인 농업·식품 분야의 경쟁력을 가진 국가이다. 이 가운데 네덜란드 수도인 암스테르담에서 남동쪽으로 85㎞ 떨어진 소도시 바헤닝언을 중심으로 형성되어 있는 식품 클러스터인 일명 푸드밸리(Food Valley)는 네덜란드의 대표적인 식품 클러스터일 뿐 아니라 세계적인 식품 클러스터로 주목받고 있다. 푸드밸리는 농식품 연구기관 21개, 식품회사 70개, 식품 관련 회사 1,440개로 구성된 세계적인 수준의 농식품 클러스터로 성장하였으며, 네슬레(Nestle), 유니레버(Unilever), 하인즈(Heinz), 하이네켄(Heineken), 세미니스/몬산토(Seminis/Monsanto) 등 세계 굴지의 기업들과 관련 분야의 연구소, 지원기관 등이 입지하고 있다.

이 지역에는 식품산업 관련 부문에 총 2만여 명이 종사하고 있으며, 이 중 약 15,000명이 연구개발 분야에서 활동하고 있다. 특히 1,200명의 박사학위 소지자 중 약 40%가 외국인일 정도로 농식품 연구와 관련해서 세계적인 네트워크의 중심지 역할을 하고 있다(Oost nv, 2008).

이 지역은 전통적으로 축산업을 중심으로 한 농업이 발달한 지역이며, 이를 기반으로 오래전부터 각종 식품업체들이 입지하면서 네덜란드의 농식품산업과 연구개발의 중심지로 성장하였다. 농업과 식품에 대한 경쟁력의 원천은 세계적으로 유명한 바헤닝언 농업대학 및 연구소의 협력적인 네트워크와 수십 년 동안 축적된 연구기술이었다. 바헤닝언 지역에는 대학과 각종 연구소가 존재하였으며, 2000년 이후 서로 통합을 거쳐 현재의 '바헤닝언 UR(바헤닝언 대학교·연구센터, Wageningen University & Research Center)'이 되었다(Jongebloed, 2008).

푸드밸리는 유럽의 주요 식품 클러스터들 간의 협력 네트워크인 FINE 프로그램에도 참여하고 있으며 그 면적이 55,000㎡를 차지하지만, 전국의 식품류 생산업체 및 연구소와 연결되어 공간적·관계적 범위가 확대됨에 따라 물리적 공간이 주는 의미는 퇴색하고 있다. 푸드밸리의 관리 및 운영은 헬데를란트(Gelderland)주 정부, 바헤닝언시 정부, 동네덜란드 지역개발청(Oost nv) 등 3개 기관이 공동으로 설립한 푸드밸리재단(Food Valley Foundation)을 통해 이루어지고 있다. 푸드밸리재단은 여러 사업을 주도하여 수행하기보다는 주로 푸드밸리의 대학과 기업들 간의 니즈를 연결하고 조정하는 '코디네이터'의 역할을 수행하고 있다(Jongbloed and Rijswijk, 2008).

푸드밸리에서 활동하고 있는 대학, 연구기관, 식품 제조업체, 신생기업, 매개기관 등 산·학·연·관 주체들은 네트워크를 통한 시너지효과를 상호인식하고 마치 하나의 유기체와 같이 작동하고 있다. 푸드밸리재단의 목표는 이처럼 유기체와 같이 작동하고 있는 푸드밸리 혁신 주체들 간의 협력적 네트워크를 강화하여 시너지효과를 제고하고, 이를 통해 푸드밸리를 식품산업 및 과학 기술의 국제적인 선도 지역으로 발전시키는 데 있다(Crombach et al., 2008).

3. 푸드밸리의 진화과정

바헤닝언 지역 식품산업 클러스터의 형성은 우연적 요소보다는 인과적 요소가 크게 작용하였다. 이 지역은 과거부터 농업이 발달한 지역이었고, 이에 따라 농업 관련 인력 양성 및 인구 인프라가 일찍부터 구축될 수 있었다. 바헤닝언 지역의 농업 관련 연구는 1918년에 설립된 고등농업학교(오늘날의 바헤닝언 대학교)에서 시작되었으며, 그 후 이 지역에 축적된 농업 생산기술 및 관련 연구기반을 활용하기 위해 1960년대부터 많은 농식품업체들이 창업 또는 입지하기 시작하였다. 특히 농식품 분야에서는 전통적인 경쟁력과 연구개발 분야의 우수한 성과를 이용하기 위해 외부 업체의 유입뿐만 아니라 지역 내 농가의 가공업 창업도 시작되었다.

지역의 농식품업체, 대학, 관련 연구기관의 성장에 따라 자연발생적으로 형성되었던 바헤닝언 지역의 식품산업 클러스터 기반이 정책적인 육성과 지역혁신 주체들의 관심을 바탕으로 본격적인 성장을 하기 시작한 시점은 1997년에 바헤닝언시 정부에 의해 '바헤닝언 생명과학도시재단(Wageningen Foundation City of Life Sciences)'이 설립되면서부터이다. 이 재단의 설립 목적은 바헤닝언과 그 주변 지역에 입지한 식품산업 관련 기업, 기업인 단체, 대학 및 연구소, 지방정부 간의 시너지, 즉 트리플 힐릭스 체계 구축을 통한 지역혁신 시너지를 강화하는 것이었다. 생명과학도시재단의 네트워킹 사업에는 바헤닝언시 정부를 비롯해서 바헤닝언 대학교, 네덜란드 농림부 산하 DLO 농업연구재단, WICC 컨벤션센터, 헬데를란트 지역개발청, 라보뱅크(Rabobank: 한국의 농협과 유사한 형태의 네덜란드 금융기관), 스토아스(Stoas: 네이메헌에 소재한 인적 자원개발 교육 및 컨설팅 업체) 등 지역의 바이오 농식품 관련 기관뿐만 아니라 40개가 넘는 지역 기업들이 이사회 멤버로 참여하였다(Crombach et al., 2008).

생명과학도시재단은 설립 이후 지식창출과 기업가정신을 촉진하는 다양한 프로젝트를 실행하였다. 그뿐만 아니라 바이오 농식품 분야의 벤처기업 유치와 창업을 활성화하기 위해 창업보육센터 설립을 위한 기초 작업을 수행함으로써 바이오 농식품 클러스터의 혁신역량 강화를 위한 토대를 구축하였다. 바헤닝언 지역에는 1980년대에 기술집약형의 농식품 기업의 입지 지원을 위한 농식품산업단지를 조성한 바 있으나, 바이오 농식품산업 부문의 기술집약형 창업기업의 육성을 위한 창업보육센터(현재 공식 명칭은 바헤닝언 바이오파트너센터, Biopartner Center Wageningen)는 2001년에 비로소 설립되었다. 바이오파트너센터가 비약적인 성장을 시작하게 된 계기는 2002년에 유제품 생산업체인 캄피나(Campina) 자사의 3개 연구소를 하나로 통합하고 통합연구소를 바이오파트너센터에 입주시킨 것이다. 이 회사의 통합연구소가 바이오파트너센터에서 활동하기 시작하면서 기술혁신 성과가 높아졌고, 이에 따른 기술혁신의 스필오버 효과를 기대한 기업들이 바이오파트너센터에 집적하게 됨에 따라 R&D 집약적인 벤처기업들이 증가하게 되었다(Genetwister Group 최고경영자 면담).

2001년 말에는 『바헤닝언 식품 클러스터 육성계획 보고서(The Wageningen Knowledge Cluster in View)』가 출간되었다. 이 보고서는 지역 식품산업 클러스터를 국제적인 인지도를 가진 경쟁력 있는 클러스터로 육성하기 위해 푸드밸리라는 명칭을 공식적으로 사용할 것을 권고하고 있다(Koene and Rhemrev, 2001). 그 후에 각종 언론보도와 컨퍼런스 등을 통해 푸드밸리 브랜드가 홍보되면서 푸드밸리는 세계 최고의 경쟁력을 가진 식품 클러스터라는 국제적 명성을 공고히 하게 되었다.

아울러 바헤닝언시를 포함하고 있는 광역자치단체인 헬데를란트주 정부는 2002년에 지역발전을 선도할 4대 성장동력 클러스터로 농식품, 의료기술, 에너지·환경 기술, 정보통신기술을 선정하였다. 이에 따라 헬데를란트 지역개발청이 클러스터 정책을 전담하여 수행하게 되었으며, 농식품산업 관련 부문 가운데 농업이나 생명과학보다는 고용 규모나 산업적 측면에서 파급효과가 높은 식품산업 부문에 초점을 두고 정책이 추진되고 있다.

2003년에는 헬데를란트주와 오버레이설주에 각각 독립적으로 존재하던 2개의 지역개발청이 동네덜란드 지역개발청(Oost nv)으로 통합되었다. 통합 지역개발청의 출범에 따라 두 지역에 속한 3개의 대학도시, 즉 네이메헌-엔스헤더(Ensched)-바헤닝언을 중심축으로 형성되어 있는 산업클러스터를 효과적으로 지원할 수 있는 제도적 체계를 갖추게 되었다(Crombach et al., 2008).

전술한 바와 같이 푸드밸리는 1997년 이후 체계적인 정책적 육성과정을 통해 식품 관련 기업 및 연구 인프라가 집중되고, 지역개발청을 통해 체계적인 혁신지원 체제가 구축되어 왔다. 아울러 푸드밸리 클러스터 경쟁력 높이기 위해서는 기업을 중심으로 한 산·학·연·관 주체들 간의 네트워크가 필요하다는 데 뜻을 모으고 2003년 초에 푸드밸리협회(Food Valley Society)를 결성하였다. 푸드밸리협회는 결성 초기에 25개 정도의 기업과 관련 기관만이 참여하였으나, 점차 참여 기관이 증가하여 2009년 현재 94개의 식품업체 및 유관 기관들이 회원으로 활동하고 있다(http://www.foodvalley.nl). 기업들은 협회에 가입함으로써 식품산업 관련 기술 및 시장 동향에 관한 정보를 교환하고, 식품산업에 관한 혁신적 아이디어들을 공유한다. 푸드밸리협회는 매년 식품혁신과 관련한 푸드밸리 컨퍼런스를 개최하여 식품, 영양, 보건에 관련된 기술 및 사업 동향을 교환하고 국내외적인 관심을 유발한다.

푸드밸리협회가 푸드밸리를 구성하는 혁신 주체들의 자발적인 네트워크 커뮤니티(community of

표 11-3. 푸드밸리의 최근 발전 동향

연도	내용
1997	• 바헤닝언 생명과학도시재단 설립 및 이니셔티브 시행
1999	• 창업보육센터(Biopartner Center) 설립 타당성 조사 실행
2001	• 『바헤닝언 식품 클러스터 육성계획 보고서』 수립 • 창업보육센터 바이오파트너센터 설립
2002	• 헬데를란트주의 성장동력 핵심 산업으로 식품산업을 선정하고 정책적 우선권을 부여 • 농식품기업 캄피나(Campina)사의 통합연구소가 바이오파트너센터에 입지
2003	• 바헤닝언 식품 클러스터의 Innoation Action Programme(IAP) 시작 • 헬데를란트주와 오버레이설주의 지역개발청을 통합하여 동네덜란드 지역개발청 설립(Oost nv) • 푸드밸리협회 결성
2004	• 네이처(Nature) 등 학계, 언론 등에서 푸드밸리에 대한 집중 조명 • 푸드밸리재단 설립

출처: Crombach et al., 2008에 근거하여 필자 정리.

networks)인 데 반해, 2004년에 공식적으로 설립된 푸드밸리재단은 푸드밸리를 세계적인 식품산업의 거점으로 발전시키는 데 필요한 각종 협력사업을 중재하는 매개기구 역할을 하고 있다. 푸드밸리재단의 주요 업무는 산학협력 지원, 외국인투자기업 지원, 창업 지원, 식품 관련 R&D 사업 지원, 마케팅 및 홍보, 세미나와 모임 등 네트워킹 사업 지원 등이며, 이를 위해 2004~2007년 동안 출자기관들로부터 44만 유로의 기금을 집행하였다. 이상의 내용을 요약하여 푸드밸리의 최근 발전 동향을 정리하면 〈표 11-3〉과 같다.

4. 푸드밸리의 혁신 주체와 그 역할

푸드밸리는 하인즈와 같은 글로벌 식품기업을 비롯한 1,500개가 넘는 농식품업체(産)와 농식품 및 생명과학 분야에서 세계적 경쟁력을 확보하고 있는 바헤닝언 대학교·연구센터(WURC) 및 NIZO 식품연구소 등을 중심으로 한 21개의 농식품 관련 연구기관(學·硏) 그리고 푸드밸리를 직간접적으로 지원하는 공공기관(官)인 동네덜란드 지역개발청(Oost nv)과 푸드밸리재단을 삼각축으로 하는 산·학·연·관 트리플 힐릭스 체계가 잘 갖추어진 혁신클러스터라고 할 수 있다. 따라서 푸드밸리 클러스터를 구성하고 있는 구성요소를 트리플 힐릭스 관점에서 기업, 대학·연구소, 정부 및 공공기관으로 구분하여 살펴보면 다음과 같다.

1) 기업

푸드밸리에는 약 1,500여 개의 식품 관련 업체들이 운영되고 있으며, 이 분야의 총 종사자 수는 약 20만 명 정도이다. 이곳에는 하인즈(Heinz), 캄피나(Campina), 미드존슨(Mead Johnson), 소벨(Sobel), 하이네켄(Heineken), 지보단(Givaudan), 그롤쉬(Grolsch), 몬산토(Monsanto), 애벗래버러토리스(Abbotto Laboratories), 누미코리서치(Numico Research), 로열 파이어슬랜드 푸드(Royal Firesland Foods) 등 국제적으로 명성을 가진 글로벌 기업들이 다수 입지하고 있다.

이상의 대기업 외에도 지역에는 1,400개 정도의 중소기업들이 독특한 기술 및 시장 역량을 확보하여 세계적인 경쟁력을 구축하고 있는 것으로 알려져 있다. 2000년대 들어서는 창업보육센터인 바이오파트너센터 및 바헤닝언 대학교 주변 지역에 농식품 및 바이오테크 기업들의 창업이 꾸준하게 증가하고 있는데, 대표적 업체로는 트위스트 테크놀로지(Genetwister Technologies), 캐치맵스

(Catchmabs), 체크포인트(Checkpoints), 플랜트다이내믹스(Plant Dynamics), 클린라이트(Clean Light) 등이 있다(Jongbloed and Rijswijk, 2008).

이 기업들 가운데 푸드밸리에서 대표적인 농업생명과학 관련 혁신기업으로 알려져 있는 트위스트 테크놀로지사의 사례를 기업대표 및 경영진과의 면담조사 결과를 토대로 살펴보면 다음과 같다. 이 회사는 1998년 바헤닝언시에 설립되었으며, 주된 사업 분야가 꽃과 식량자원의 유전자 변형 및 신품종 종자개발인 연구개발 집약적인 기업이다. 이 회사의 주된 활동 분야가 세계 각지의 식물 유전자를 변형시켜 새로운 품종의 식량 및 화훼 품종을 개발하고 상업화하는 것인데, 현재 10개의 국제특허를 보유하고 있다. 이 기업은 남아프리카공화국과 인도에 지사를 두고 있으며, 근무하고 있는 30명의 직원 대부분은 연구개발 업무를 담당하는 연구원으로, 전체 직원의 30%에 해당하는 10명이 박사학위를 소지하고 있다.

이 회사의 최고경영자는 바헤닝언이 아닌 네덜란드 서부 해안지방 출신이지만 바헤닝언 대학교에서 분자생물학으로 학사와 박사학위를 취득한 후, 이 지역에서 창업을 결심하였다고 한다. 그 이유는 기본적으로 연구개발 집약적인 기업 특성상 농업생명과학 관련 고급인력의 조달이 용이해야 하고, 연구개발을 수행하기 위해 대학과의 밀접한 연계가 매우 중요한데, 바헤닝언은 그 조건들을 모두 보유하고 있기 때문이다.

1998년 창업할 당시만 해도 바헤닝언 대학교에서 분리창업한 기업이 3개에 불과하였으나, 2000년대 들어 대학이 기술 상업화와 대학으로부터의 분리창업을 활발하게 추진하기 시작하면서 분리창업 기업들이 급속히 증가하기 시작하였다. 현재 이 기업은 바헤닝언 대학교와 공동연구를 수행하면서 긴밀한 산·학 협력관계를 유지하여 글로벌 차원의 비즈니스 네트워크를 구축하고 있을 뿐만 아니라, 푸드밸리에 입지하고 있는 농식품 및 생명과학 기업들에게도 활발하게 관련 기술을 판매하고 연구 프로젝트를 공동으로 수행하는 등 지역 내 네트워크를 활발하게 구축하고 있다. 아울러 푸드밸리의 관련 기업들과의 네트워크 형성을 통한 비즈니스 기회 확대 및 정보와 지식의 확보를 위해 푸드밸리 소사이어티를 통한 네트워크 활동에 적극적으로 참여하고 있다.

이 기업은 창업보육센터로서 바이오파트너센터의 역할에 대해 매우 긍정적으로 평가하고 있다. 그 이유는 바이오파트너센터에 입지함으로써 입지 비용을 절감하고, 각종 비즈니스 정보 및 자문을 제공받을 뿐 아니라 실험설비 공동이용 등 부대시설의 활용 측면에서도 이득을 보고 있다고 판단하고 있기 때문이다.

2) 대학·연구소

푸드밸리의 가장 핵심적인 연구기관은 바헤닝언 대학교·연구센터(WURC)로서 수십 년 동안 축적된 연구기술을 바탕으로 농식품과 생명과학 분야에서 단연 세계 최고수준의 연구기관으로 인정받고 있다. 바헤닝언 대학교 외에도 푸드밸리에는 20여 개의 연구기관이 입지하고 있어 강력한 연구개발 경쟁력을 확보하고 있다. 대표적인 연구기관으로는 바헤닝언 대학교를 제외하고 클러스터 내에서 가장 큰 식품 관련 연구기관인 TNO 연구소와 지역 농업생산자 조직들이 공동으로 출자하여 설립한 연구기관인 NIZO 연구소 등이 있다.

(1) 바헤닝언 대학교·연구센터(WURC)

바헤닝언 대학교·연구센터는 푸드밸리의 가장 중요한 연구기관인 동시에 푸드밸리재단의 핵심 설립 주체 중의 하나이다. 이 대학은 수요지향적 교육 및 연구체계, 산혁협력 전통, 국제적 연구 네트워크 구축을 통해 공동연구→기술구현→신규사업 개발→식품 벤처 형성에 이르는 선순환구조를 형성하고 있다. 바헤닝언 대학교·연구센터에는 현재 약 5,600명의 교직원 및 연구원이 근무하고 있으며, 1만여 명의 학생이 재적해 있고, 학부와 대학원의 비중은 각각 50%를 차지하고 있다. 또한 3,000명의 석사과정 학생 가운데 25%, 2,000명의 박사과정 학생 가운데 60%가 외국인 유학생이다. 이것은 곧 WURC가 대학원 중심의 연구중심대학이며, 국제적 네트워크 기반이 매우 튼튼하다는 것을 의미한다. 현재 WURC는 학부보다 대학원 중심의 연구중심 대학으로의 전환에 초점을 두고 학부과정 신입생을 받고 있지 않다(Wageningen UR 관계자 면담).

바헤닝언 대학교의 연구 분야는 크게 식품과학, 식물학, 동물학, 환경 및 기후, 경제 및 사회 등 5가지 분야로 나누어져 있어 농업생명과학을 중심으로 한 순수 자연과학뿐만 아니라 사회과학을 포괄하고 있다. 특히 다양한 장단기 연수 프로그램을 통해 식품, 제약, 농업 분야에 대한 기술교육과 더불어 경영교육에 대한 프로그램도 운영하고 있다. 바헤닝언 대학교가 농식품 및 생명과학에 특화되어 있다는 점은 이 대학에 대한 정부의 재정지원 기반을 살펴보면 잘 드러난다. 바헤닝언 대학교를 포함한 대부분의 네덜란드 대학들이 교육부와 과학기술부로부터 재정지원을 받긴 하지만, 바헤닝언 대학교는 농림부의 지원을 받는 네덜란드의 유일한 대학이다(http://www.wur.nl).

바헤닝언 대학교·연구센터는 바헤닝언 농업대학교를 모체로 관련 교육기관 및 연구기관을 통합하여 운영하고 있으며, 대표적인 기관으로는 반홀 라렌슈타인 전문교육학교(Van Hall Larenstein School of Higher Professional Education), 농업기술 및 식품과학연구소(Agrotechnology and

Food Science Group), 미래의 레스토랑(Restaurant of the Future), 국제식물연구소(Plant Research International), 응용식물연구소(Applied Plant Research), RIKILT 식품안전연구소(RIKILT-Institute of Food Safety), 식품기술센터(Food Technology Center), 알테라(Alterra), 동물과학연구소(Animal Science Group), 농업경제연구소(LEI) 등이 있다. 그 가운데 주요한 교육 및 연구 기관을 살펴보면 다음과 같다(Wageningen UR, 2008).

첫째, 반홀 라렌슈타인 전문교육학교는 지역개발, 동물관리 및 영양과 보건에 중점을 두는 교육연구기관으로 바헤닝언 대학교의 일부로 설립되었다. 현재 14개의 학사 프로그램과 6개의 석사 프로그램을 시행 중이며, 약 20개국에서 온 4,400여 명의 학생이 공부하고 있다.

둘째, 농업기술 및 식품과학연구소는 바헤닝언 대학교의 일부이며, 산업체와 국내외 기관과의 전략적 응용연구에 중점을 두는 기관이다. 주요 연구 분야는 품질관리, 바이오 제품, 농업 시스템 및 환경이다. 산업적 생산시설에 버금가는 아주 다양한 식품 연구시설과 장비를 갖추고 있어서 새로운 기술과 제품의 최적화 연구를 수행하고 맞춤형 솔루션을 업체에 제공하고 있다.

셋째, 미래의 레스토랑은 바헤닝언 대학교가 소덱소(Sodexo), 놀두스 IT(Noldus IT), 캄프리 그룹(Kampri Group)과 공동으로 설립한 요식업 실험 연구소이다. 이곳에서는 신개념의 식품 및 조리 설비에 대한 학제 간 연구를 기본으로 하고 있으며, 이에 대한 소비자의 반응을 연구하고 이를 실제에 적용할 수 있는 방안을 도출하는 데 초점을 두고 있다.

주목할 만한 사실은 1992년부터 약 50여 개의 기업이 바헤닝언 대학교에서 개발된 기술을 토대로 벤처 창업을 했을 정도로 기술 상업화 기반이 잘 구축되어 있다는 점이다. 이처럼 바헤닝언 대학교가 순수 학문 중심에서 벗어나 산·학 협력에 토대를 둔 기업가적 대학(Entrepreneurial University)으로 탈바꿈하게 된 계기는 대학에 대한 정부의 재정지원의 변화와 밀접한 관련이 있다(WURC 관계자 면담).

바헤닝언 대학교는 1970년대 식품과 환경 문제에 초점을 두고 연구역량을 집중적으로 강화한 결과, 1980대에는 거의 전적으로 정부의 재정지원을 토대로 성장하게 되었다. 하지만 1990년대에 들어 정부의 재정지원은 급감하게 되었고, 이에 따라 대학은 민간 기업 및 연구기관으로부터의 연구기금을 수주하기 위해 노력하게 되었다. 특히 대학으로부터 분리창업한 중소기업(spin-offs)들과의 연구협력을 활발히 추진하였다. 바헤닝언 대학교와 지역 기업 간의 지식이전 활성화를 위한 제도적 기반은 대학 내의 각종 교육 및 연구기관을 하나로 묶어 바헤닝언 대학교·연구센터(WURC)로 통합하고, 창업보육센터인 바이오파트센터와 푸드밸리재단을 설립하여 산·학·연·관 네트워크 체제를 구축함으로써 더욱 강화되었다.

아울러 바헤닝언 대학교는 창업 장려 프로그램(Wageningen Business Generator)을 운영하고 있는데, 이 프로그램은 바헤닝언 대학교에서 개발된 기술의 상업화를 촉진하기 위한 지원 프로그램으로서 연구개발의 초기단계에서부터 상업화단계에 이르기까지의 전 단계에 대해 지원한다는 것이 그 특징이다(Jongen, 2006).

(2) NIZO 연구소

전통적인 농업지역인 바헤닝언 지역의 성격은 이 지역의 중요 연구기관 중의 하나인 NIZO연구소가 1948년 약 200여 낙농가에 의해 출자된 민간 낙농업연구소였다는 것에서도 간접적으로 알 수 있다. NIZO연구소는 1948년에 낙농업연구소로 설립되었으며, 업체와의 계약연구를 주로 하고 정부의 지원이 전혀 없었다. 현재는 당시 출자업체 중에 2개만이 남아 있고, 이에 따라 연구소의 역할도 변화되었다. 설립 당시에는 낙농업 관련 연구에 초점을 둔 연구소로 시작하였으나 현재는 식품에 관한 일체의 실용 및 응용 연구를 수행하고 있으며, 약 200여 명의 연구원이 근무하고 있다. 이 연구소는 순수 기술연구는 수행하지 않고 있으며, 기업들이 위탁한 연구만을 수행하고 있다(http://www.nizo. com).

이와 같이 수요자(기업) 중심의 실용적 연구를 목적으로 하는 NIZO 연구소는 업계와 긴밀한 협력관계를 유지하고 업계의 수요 충족을 위해 지속적인 의사소통을 하면서 산·학·연 연계의 플랫폼 역할을 수행하고 있다. 또한 지역에 생산시설이나 시제품 생산시설이 없는 소규모 업체들이 NIZO 연구소의 시설을 이용해서 제품을 생산할 수 있도록 하고 있으며, 이를 위한 식품제조 설비를 갖추고 있다. 현재까지 수행한 연구 중 주요 성과로는 스위스의 스타인 치즈, 박테리아를 이용한 발효유 개발, 그리고 스포츠 음료 개발 등이다.

NIZO 연구소에는 총 200여 개의 연구실이 있으며, 연간 약 600여 건의 연구 프로젝트를 수행하고 있다. 위탁연구 프로젝트 수입을 재정적 원천으로 하고 있는 NIZO 연구소 수입의 60%는 현재 외국업체의 위탁연구이며, 연구소 소속 연구원의 15~20%가 외국인으로 구성되어 있다.

(3) TNO 연구소

이 연구소는 바헤닝언 대학교·연구센터를 제외하고 푸드밸리에서 가장 큰 규모의 연구소로, 과거에는 정부가 100% 지원하는 기관이었지만 현재는 정부에서 약 30%만 지원하고 나머지는 연구소 자체 활동을 통해 수입을 거두고 있다. TNO 연구소는 약 5,000명의 인력이 근무하고 있으며, 세계적인 시장수요에 대응한 연구를 하고 그 결과물인 자체개발 기술을 세계적으로 판매하고 있다

(http://www.tno.nl).

TNO 연구소의 주요 업무는 식품개발과 관련된 R&D 활동뿐만 아니라 식품업계 및 정부기관을 대상으로 한 식품 정책 및 기술에 관한 컨설팅 및 정보제공, 식품안정성의 문제, 건강 증진, 식품업체의 창업을 위한 등록과 기술까지 전 분야에 걸친 컨설팅과 연구를 수행한다.

3) 정부 및 지원기관

(1) 푸드밸리재단

푸드밸리 클러스터가 경쟁력을 지속적으로 확보한 이면에는 클러스터의 코디네이터 역할을 담당하는 푸드밸리재단(Food Valley Foundation)의 역할을 이해하는 것이 매우 중요하다. 네덜란드는 중앙정부나 지방정부에서 직접적인 지역산업 지원정책을 추진하지 않고, 푸드밸리재단을 통해 간접적인 지원책을 펼치고 있다.

푸드밸리재단은 푸드밸리의 공간적 범위에 포함되어 있는 4개의 기초지방자치단체[(바헤닝언, 에데(Ede), 베넨달(Weenendaal), 레넨(Rhenen)]와 1개 광역지방자치단체[헬데를란트주(Province of Gelderland)], 바헤닝언 대학교·연구센터(WURC), 동네덜란드 지역개발청(Oost nv), 라보뱅크(Rabobank), 신텐스[(Syntens, Systhens Networks for Entrepreneurs)][3] 등 9개의 지방정부 및 혁신 지원기관이 공동출자하여 설립되었다(푸드밸리재단 관계자 면담).

푸드밸리재단은 기업, 지방자치단체, 정부지원기관, 학교 등과 연계해 특허, 투자 등 농식품산업 관련 컨설팅을 제공하고 대학에서 개발된 기술을 기초로 창업을 지원하며 중소 식품업체의 기술 및 경영 측면의 애로사항을 해결하는 등 클러스터 내에서 연계 전담기능을 담당하고 있다. 재단에는 4명의 상근직원이 근무하고 있으며, 기업과 연구소 간 커뮤니케이션과 교류를 촉진하는 역할에 중점을 두며 대외홍보 업무도 수행하고 있다. 또한 바이오파트너(BioPartner), Agro BTC 등 벤처보육센터를 운영해 농식품 관련 신생 벤처기업 육성을 위한 실험실, 사무실 임대 및 IT 기반시설을 지원하고 있다.

푸드밸리재단을 설립하게 된 가장 큰 이유는 바헤닝언 대학교 등 지역의 연구기관에서 창출되는 우수한 연구성과를 바탕으로 기술의 상업화 및 창업을 촉진하고, 대학과 기업 간의 혁신 네트워크를 촉진하는 매개기구(코디네이터)가 필요했기 때문이다(Crombach et al., 2008).

3 네덜란드 경제부에서 지원을 받아 중소기업의 창업을 위한 각종 사업을 시행하고 있는 기관이다.

또한 산·학·연 네트워크를 통해 지역 기업의 혁신역량을 제고하기 위해, 식품 관련 업체 및 관련 기관들을 회원으로 하는 푸드밸리소사이어티(Food Valley Society)를 구성하여 2개월 주기로 회원사의 식품공장을 순회하면서 협의회를 개최하고, 이를 통해 식품산업 관련 기술정보와 동종업계의 지식을 공유하는 시스템이 정착되어 있다. 푸드밸리소사이어티의 회원기관은 매년 일정액의 회비를 내고, 그 회비를 소사이어티 활동사업에 사용한다(푸드밸리재단 관계자 면담).

이러한 활동 외에도 파일럿 플랜트(pilot plant) 운영을 통한 시제품 생산시설 임대 및 푸드밸리 내 대학 및 연구기관의 시설에 대한 공동이용 사업을 통해 중소기업 지원사업을 활발히 전개하고 있다. 이상의 내용을 바탕으로 푸드밸리재단의 활동을 요약하면, ① 푸드밸리에 대한 마케팅 및 각종 홍보 문헌의 발간, ② 푸드밸리에 대한 정책적 지원 로비, ③ 혁신적 식품 연구프로그램 주도, ④ 산·학 협력 지원, ⑤ 외국투자기업에 대한 지원, ⑥ 각종 세미나 및 모임의 개최, ⑦ 창업 지원 등이다.

(2) 바헤닝언 바이오파트너센터

바헤닝언 바이오파트너센터(Biopartner Center Wageningen)는 바헤닝언 대학교, 네덜란드 경제부, SNS 은행, 헬데를란트주, 바헤닝언시 등이 공동으로 투자하여 설립한 창업보육센터이지만, 운영은 독립적으로 이루어진다. 이 센터는 푸드밸리의 중심부에 위치한 바헤닝언 과학산업단지 내에 있으며, 주로 생명공학 분야의 신생 기업들이 입주해 있다. 센터는 신생 창업기업 지원을 위해 식품 및 생명과학 관련 분야의 창업기업을 위한 입주 공간 및 금융 지원을 제공하고, 입주 기업들에게 연구개발을 위한 다목적 시설 및 파일럿 플랜트의 공동이용을 지원한다. 아울러 입주 기업들로 하여금 푸드밸리 내 식품 및 생명과학 분야에 대한 연구개발 네트워크에 참여할 수 있도록 매개할 뿐만 아니라, 입주 기업들이 직면한 식품 관련 사업에 대한 법적 문제, 지식재산권에 관한 문제에 대해서도 안내·지원하고 있다(Gielen, 2009).

푸드밸리에는 바이오파트너센터 외에도 농산업 관련 업체의 입지를 지원하는 산업단지인 아그로비즈니스파크(Agro Business Park) 내에 Agro BTC의 운영을 통해 신생 창업기업들에게 저렴한 입지공간을 제공하고 있다.

(3) 동네덜란드 지역개발청

동네덜란드 지역개발청(Oost nv)은 헬데를란트주와 오버레이설주를 포함하는 동네덜란드 지방의 지역경제정책을 추진하고 산·학·연·관 협력을 촉진하기 위해 설립된 지역개발기구이다. Oost nv는 헬데를란트주 지역개발청과 오버레이설주 지역개발청으로 이원화되어 있던 동네덜란드 지방

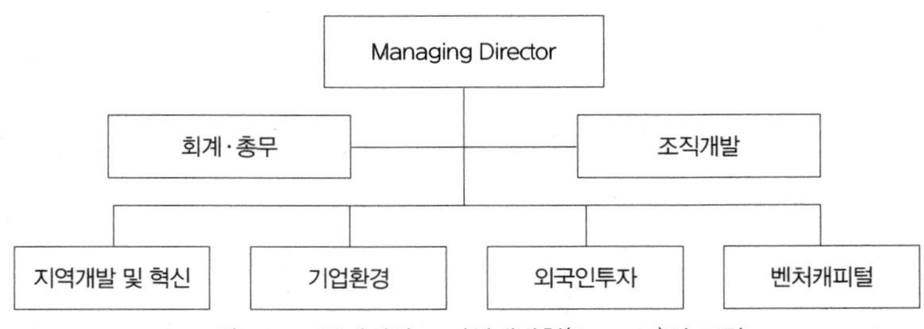

그림 11-1. 동네덜란드 지역개발청(Oost nv)의 조직

출처: Oost nv 내부자료.

의 지역개발기구를 합병하여 지난 2003년에 출범하였다. 네덜란드 경제부, 헬데를란트주 정부 그리고 오버레이설주 정부가 각각 57.62%, 33.56%, 8.82% 출자하고 있어 중앙정부의 지원을 가장 크게 받고 있으며, 일종의 공기업 형태를 띠고 있다고 할 수 있다(Oost nv 관계자 면담).

총 75명이 근무하고 있는 Oost nv의 본부는 헬데를란트주의 중심도시인 아른험(Arnhem)과 오버레이설주의 중심도시인 엔스헤더(Enschede)에 각각 분리되어 있으며, 즈볼러(Zwolle)와 데벤터르(Deventer)에 각각 사무소를 두고 있다(http://www.oostnv.nl).

Oost nv는 동네덜란드 지역의 경제성장 및 고용을 주도하고 있는 3개의 전략산업인 식품산업, 의료건강산업 및 정보통신산업에 초점을 맞추고 있으며, 구체적인 활동 영역은 크게 '지역개발 및 혁신', '기업환경', '외국인투자', '벤처캐피털' 등 4개 분야로 구분된다(그림 11-1).

먼저, '지역개발 및 혁신' 부서는 지역 기업들의 혁신역량을 제고하고, 혁신 주체들 간의 지식이전에 요구되는 산·학·연 혁신 네트워크를 촉진하는 사업에 초점을 둔다. 둘째, '기업환경' 부서는 주로 산업단지 신규 조성 및 관리 사업을 담당한다. 셋째, '외국인투자' 부서는 동네덜란드 지역의 해외직접투자를 촉진하기 위해 네덜란드 투자청(The Netherlands Foreign Investment Agency, NFIA)과 연계하여 외국 기업의 입지 지원, 사업 관련 각종 정보제공, 파트너십을 희망하는 현지 업체와의 네트워킹 주선 등의 활동을 수행한다. 넷째, '벤처캐피털' 부서는 지역에서 활동하고 있는 유망 중소기업들을 발굴하여 기술혁신 및 기업 확장에 필요한 자금지원을 담당한다. 지원 대상은 비단 하이테크 기업에만 국한하지 않고 업종에 상관없이 자금지원을 통해 성장 가능성이 엿보인다면 어떤 기업이나 가능하다(Oost nv 관계자 면담).

5. 정책적 시사점

푸드밸리는 대학, 기업, 정부가 수평적인 가운데에서 상호협력적인 관계를 구축함으로써 세계적 경쟁력을 가진 식품산업 혁신클러스터로 성장할 수 있었다.

푸드밸리 진화의 맥락에서, 푸드밸리가 위치하고 있는 동네덜란드 지방은 예전부터 농·축산업을 기반으로 성장하였으며, 그로 말미암아 바헤닝언 대학교라는 네덜란드 최고의 농업대학과 각종 농업 관련 국책 및 민간 연구기관들이 이 지역에 설립된 계기가 되었다는 사실은 오늘날 푸드밸리가 혁신클러스터로서 발전할 수 있게 된 제도적 토대를 제공하였다고 할 수 있다.

그렇다고 이러한 제도적 기반의 존재가 자동적으로 클러스터의 발전을 추동하지는 않는다. 지구상의 수많은 지역들이 대학과 연구 인프라를 갖추고 있음에도 불구하고 산업화로 연결시키지 못하거나 경쟁력 있는 산업클러스터로 발전하는 데 실패하였다. 그에 반해 푸드밸리는 트리플 힐릭스 혁신 체계 측면에서 클러스터로 발전하지 못한 지역과는 분명히 다른 제도적 역량기반을 가지고 있음을 확인할 수 있다.

첫째, 푸드밸리에는 교육 및 연구 역량이 뛰어난 바헤닝언 대학교 및 관련 민관 연구기관들이 예전부터 입지하고 있었을 뿐만 아니라 기업가적 마인드를 가진 농산업 기업가와 생산자조직 그리고 농식품산업 부문의 다국적 대기업들이 다수 입지하고 있어, 식품산업의 산업생산 체제(기업)와 과학기술 체제(대학 및 연구기관)가 잘 구축되어 있었다. 간략히 말해, 클러스터가 될 수 있는 제도적 기반요소를 자연발생적으로 갖추고 있었다는 점이다.

둘째, 그러한 클러스터 발전의 제도적 기반들은 존립기반의 위기에 대처하기 위한 방법으로서 1990년대부터 본격적으로 기업가적 마인드를 통해 대학은 기업과, 기업은 대학과의 연구개발 네트워크를 적극적으로 모색하면서 산·학·연 네트워크를 통한 혁신체계를 구축할 수 있었다는 점이다. 특히 1990년대 이후 바헤닝언 대학교는 교육 및 학문 중심 대학에서 기업가적 대학으로의 체제 전환에 성공하면서 대학에서 생성된 지식기반의 기업 이전 및 상업화(스핀오프 창업)가 활성화될 수 있었다는 점은 트리플 힐릭스의 진화에서 매우 중요한 기제로 작용하였다.

셋째, 1990년대부터 클러스터가 성장하기 위해 필요한 또 다른 주요 요소인 기업 지원체제, 즉 정부와 기업 지원기관의 식품 클러스터 지원 시스템이 효과적으로 구축되어 정부가 클러스터 혁신을 추동하는 기업과 대학의 주체별 역량을 제고하고, 양 주체 간의 상호작용을 통한 시너지를 창출하는 데 필요한 혁신 및 네트워킹의 촉진자이자 매개자로서의 역할을 적절하게 수행하고 있다는 점이다. 특히 지역개발청이 정책추진 창구가 되어 클러스터의 혁신환경 조성 및 브랜드 창출, 기술 및 지식이전 촉진, 창업 및 역외 기업 유치 활동 등 대학과 기업의 활동에 직접적인 개입을 하기보다는 푸드밸리 전체의 지식창출 및 활용(이전) 체제를 강화하는 간접지원 정책을 통해 정부의 역할을 수행하고 있다는 점이 매우 중요하다.

이상의 분석을 기초로 클러스터 정책 혹은 세부적으로 식품 클러스터 정책 추진에서 몇 가지 중요한 정책적 시사점은 다음과 같다. 먼저 집적의 기반이 형성되어 있지 않은 곳에 클러스터를 인위적으로 조성하겠다는 발상은 위험하다. 동네덜란드 지역개발청 및 WURC 관계자와의 면담조사 과정에서도 언급된 것이지만, 클러스터 정책은 자연발생적인 기업의 집적기반이 형성되어 있는 곳에서 그 실효성을 가질 수 있다. 즉 최소한의 시장 메커니즘이 작동하고 있어야 정책 개입의 효과를 볼 수 있다는 것이다.

이에 더해 정부는 민간기업과 대학들이 자발적으로 상호작용의 필요성을 느끼거나, 대학과 기업 간의 파트너십 니즈는 있으나 행정적·재정적 지원을 필요로 하는 경우에 시의적절하게 이를 지원해 줄 수 있는 프로그램을 제공하는 역할을 할 필요가 있다. 아울러 직접적 개입은 최소화하고 간접적이고 포괄적인 측면 지원을 통해 클러스터의 트리플 힐릭스 혁신체계가 원활하게 작동할 수 있도록 제도적 환경을 조성하는 데 정부의 역할이 자리매김하여야 할 것이다.

• 참고문헌 •

Crombach, C., Koene, J. and Heijman, W., 2008, From 'Wageningen City of Life Sciences' to Food Vallley, in Hulsink, W. and Dons, H. (eds.), Pathways to High-Tech Valleys and Research Triangles: Innovative Entrepreneurship, *Knowledge Transfer and Cluster Formation in Europe and the United States*, Springer, Dordrecht.

Gielen, 2009, Food Valley incubator BioPartner Center Wageningen, mimeo in powerpoint form.

Jongbloed, P. and Rijswijk, L., 2008, Food Valley, mimeo in powerpoint form.

Jongbloed, P., 2008, Wageningen UR part of Food Valley cluster, Wageningen International.

Jongen, W., 2006, Food for innovation: The Food Valley experience, Paper presented at The National Agricultural Biotechnology Council's 18th Annual Meeting, 12-14 June, Cornell University.

Koene, J. and Rhemrev, P., 2001, *Life Sciences: het Wageningse kenniscluster in beeld*, Gelderse Ontwikkelinse Maatschappij, Arnhem.

Oost nv, 2008, East Netherlands SWOT Report, Food Innovation Network Europe.

Oost nv, 2008, Introducing - Development Agency East Netherlands, Oost nv 내부자료.

Tindemans, P., 2008, East Netherlands as an innovation region: Can a Triangle between Valleys compensate for low critical mass?, in Hulsink, W. and Dons, H. (eds.), *Pathways to High-Tech Valleys and Research Triangles: Innovative Entrepreneurship, Knowledge Transfer and Cluster Formation in Europe and the United States*, Springer, Dordrecht.

Vermeire, B., Gellynck, X., Bartoszek, P., and Rijswijk, L., 2006, Strategic objectives for developing innovation clusters in the European food industry, Report of overall SWOT analysis and Strategic Orientation in the FINE project.

Wageningen UR, 2008, Wageningen UR: For Quality of Life, Wageningen UR, Wageningen.

http://www.foodvalley.nl/

http://www.nfia-korea.com/

http://www.nizo.com/

http://www.oostnv.nl/

http://www.tno.nl/

http://www.wur.nl/

• 제12장 •

케임브리지 클러스터의 진화와 대학의 역할

1. 머리말

산업집적지는 구성 주체들 간의 복잡한 상호작용과 뿌리내림 과정을 통해 흥망성쇠의 과정이 다양한 형태로 나타나는 동태적 진화의 경제적·지리적 실체라 할 수 있다. 지난 20년간 클러스터론을 통해 촉발된 산업집적지에 대한 폭발적 관심은 최근 들어 진화경제지리학을 중심으로 산업집적지 또는 클러스터의 진화구조에 대한 논의로 모아지고 있는 추세이다(Martin and Sunley, 2011; 이종호·이철우, 2014). 산업집적지의 진화는 각 집적지마다 맥락특수적인 요인들이 복잡하게 작용할 뿐만 아니라 다양한 스케일에서 변화를 유발할 수 있기 때문에, 산업집적지의 진화에 대한 연구는 클러스터 생애주기 모형과 같이 선형적으로 이해되기 어려운 성격을 내포하고 있다(Trippl et al., 2014). 이에 따라 산업집적지의 진화 동태성에 대한 연구는 외부적인 영향 변수뿐만 아니라 산업집적지를 구성하고 있는 핵심 주체들 간의 동태적인 상호작용 관계 특성을 동시에 고려하여 분석할 필요가 있다.

이와 관련하여 트리플 힐릭스 접근방법은 산업집적지의 진화구조에서 집적지를 구성하는 산·학·관 주체의 제도적 기반과 제도적 집약 특성에 따라 진화 동태성이 상이하게 나타날 가능성이 크다는 점에 주목하면서 트리플 힐릭스 관점을 바탕으로 각 주체들의 역할 변화(transformation)와 그 과정에서 나타나는 상호작용 및 제도적 조정 측면에 분석의 초점을 둔다(이철우 외, 2010).

이 관점에서는 먼저, 집적지의 형성 및 발전과정에서 (지방)정부의 역할에 주목한다. 정부의 역할 변화는 정책주도형으로 조성된 산업집적지의 경우에 특히 중요한 분석 단위가 되기도 하지만, 자생적으로 형성된 클러스터의 경우에도 중앙정부 및 지방정부 차원에서의 정책적 개입이 클러스터의 역동성에 영향을 미칠 수 있다.

둘째, 집적지에 존재하는 기업의 역할, 즉 기업들의 혁신 수행능력과 기업활동의 국지적 뿌리내림 과정, 산·학·관 네트워크의 형성 및 변화가 집적지의 트리플 힐릭스 체계 변화에 영향을 미치는 중요한 요인으로 작용한다.

셋째, 지식기반사회로의 전환과정에서 중추적인 주체로 부상하고 있는 대학의 역할 변화, 즉 산업집적지의 진화과정에서 산업과 단절되어 있던 대학이 지역산업과 어떠한 상호작용 관계를 맺고 역할 변화를 도모하는지가 중요하다.

트리플 힐릭스 모형은 기업 형성 및 산업발전에서 산·학·관 간 협력적 관계의 역할을 분석하기 위한 개념적 도구로 고안되었으며, MIT가 보스턴의 지역경제 발전에 미친 영향에 대한 연구를 통해 이 모형이 처음 적용되었다(Etzkowitz, 2002). 이처럼 트리플 힐릭스 모형에서는 지식기반경제의 등장에 따라 전통적인 산·학·관의 역할과 영역에 변화가 나타나고 있으며, 특히 대학의 역할 변화에 주목한다(남재걸, 2008; 남재걸·이종호, 2010; Leydesdorff, 2012).

1950년대까지 대학의 연구활동은 시장과 무관하게 순수한 학술활동에 국한되어 있었다. 그러나 1950년대 이후 대학 연구자들이 조금씩 시장에 관심을 보이기 시작하였으며, 1980년대에는 각국이 국가 및 지역 경쟁력 강화를 위한 수단으로 대학에서 생산된 연구결과의 상업화에 초점을 두고 시작하였다. 그러나 1990년대부터 미국 대학들을 중심으로 새로운 대학 모델인 기업가적 대학(entre-preneurial university)이 주목받기 시작하였다. 기업가적 대학 모델은 대학이 전통적인 상아탑의 영역에서 탈피하여 혁신과 기업가정신 창출의 원천으로서의 역할 변화를 의미한다(US Department of Commerce, 2013). 이는 곧 대학이 수익 창출을 위해 시장의 영역에 적극적으로 뛰어드는 모습을 표현하는 것이다.

트리플 힐릭스 모형에서는 이상적인 형태의 트리플 힐릭스가 등장하기까지의 발전단계를 지식의 생산, 교환, 사용과 연관된 대학-산업-정부 간 상호작용의 변화와 관련지어 설명하고 있다. 일반적으로 트리플 힐릭스 체계는 지식공간(knowledge space), 합의공간(consensus space), 혁신공간(innovation space)을 통해 발현된다(Etzkowitz, 2008). 발전된 트리플 힐릭스 체계는 이 3가지 공간 요소가 잘 구성되어 있을 뿐만 아니라 이들이 효과적으로 작동할 때 지식기반 지역혁신이 달성될 수 있다. 여기에서 대학은 3개 트리플 힐릭스 공간을 구성하는 핵심적인 추동력으로 간주된다(이철우 외, 2010).

지식공간은 지식생산과 연구개발이 일어나는 공간으로 대학이 기본적인 주체로서 기능한다. 합의공간은 지역 내 혁신 주체들을 결집시켜 지식공간의 기능을 정립시키는 데 중요한 역할을 하는 중립적인 장으로서 대학의 구성원들의 역할이 강조된다. 마지막으로 혁신공간은 합의공간을 통해 지식공간을 상업적 혁신과 경제발전으로 연결시키는 매개 역할을 하는 공간으로 주로 사이언스파크, 기술이전센터 등과 같이 대학에서 생성된 지식이 상업적으로 연계되는 윈도 역할을 하는 장(場)이다. 지역 산업집적지의 진화 메커니즘 또한 이러한 트리플 힐릭스 공간의 형성과 연결 및 변형 과정이라는 맥락에서 이해가 가능하다(이종호·이철우, 2014).

이에 본 장에서는 클러스터의 진화 특성을 트리플 힐릭스 체계를 구성하는 3주체인 대학과 기업 그리고 정부의 역할에 대해 고찰하되, 특히 클러스터의 중핵적 주체로서 케임브리지 대학교의 역할에 초점을 두고자 한다. 케임브리지 클러스터는 생명공학 및 정보통신 부문의 글로벌 하이테크 기업들이 집적된 세계적인 클러스터의 하나이며, 클러스터의 형성 및 발전 과정에서 대학이 매우 중요한 행위자 역할을 수행하고 있는 것으로 알려져 있다.

2. 케임브리지 클러스터의 현황

케임브리지시(2014년 현재 인구 약 12만 명)는 영국 런던의 북쪽에 위치한 케임브리지셔(Cambridgeshire: 인구 약 60만 명) 카운티의 중심도시이다. 옥스퍼드와 함께 영국을 대표하는 케임브리지 대학교(University of Cambridge)의 소재지로 널리 알려진 대학도시이나, 1970년대 트리니티칼리지(Trinity College)에서 케임브리지 과학 단지를 조성하기 시작하면서 첨단산업의 중심지로 성장하기 시작하였다. 케임브리지 과학단지의 성공에 힘입어 주변 지역에 첨단산업 입지 지원시설들이 집적하면서 2000년대 이후 케임브리지셔 전역에 하이테크 기업들이 집적하는 패턴을 보이고 있다. 케임브리지셔에는 2개의 4년제 대학과 6개의 2년제 대학이 존재하는데, 이 중에서 케임브리지 대학교는 세계 최고의 명문대학 가운데 하나로 손꼽히고 있다. 이뿐만 아니라 런던과는 철도로 1시간 거리에 있으며, 유럽 일부 도시를 연결하고 저가항공 노선 기착지로 기능하는 케임브리지 공항이 위치하여 접근성 면에서도 양호한 환경을 갖추고 있다.

케임브리지와 그 주변 지역(케임브리지시로부터 반경 30km 지역을 포함하는 지역)의 하이테크 산업집적지를 일컬어 '케임브리지 현상(Cambridge Phenomenon)'이라고 부르기도 하고, 미국의 실리콘밸리(Silicon Valley)에 빗대어 실리콘펜(Silicon Fen) 또는 케임브리지 클러스터(Cambridge Cluster)라고 칭하기도 한다(The Economist, 2010).

케임브리지 클러스터의 주요 기술 분야는 정보기술(하드웨어 및 소프트웨어), 이동통신, 생명공학, 전자공학, 잉크젯 프린팅이며, 정보통신산업과 생명과학산업이 핵심 산업을 구성하고 있다. 케임브리지 클러스터의 하이테크 기업들은 1991년 1,083개이던 것이 2002년에는 1,539개로 42%p 증가하여 케임브리지 클러스터의 기업 수가 정점을 찍었다. 그러나 2000년대 들어 지속적 하락세를 보이면서 2012년 현재 1,391개가 입지함으로써 2002년 대비 9.6%p 감소한 것으로 나타났다. 종사자 수는 1991년 30,934명이던 것이 2002년에는 46,224명으로 49%p 증가하였으며, 2000년대에 들어서도 점진적인 증가세를 지속하여 2012년 현재 49,053명으로 2002년 대비 6.1%p 증가한 것으로 나타났다(그림 12-1).

케임브리지 클러스터에서 2000년대 들어 업체 수가 감소한 것은 닷컴 버블이 붕괴되면서 IT 업종 전반에 걸친 퇴조세에 따른 것이며, 생명과학 부문이 핵심 산업의 지위를 대체하고 있는 추세가 뚜렷이 나타나고 있다. 종사자 수는 지난 20여 년간 지속적으로 증가하고 있으며, 이는 케임브리지 클러스터에 글로벌 대기업들의 유치가 지난 20년간 꾸준하게 이어져 오면서 기업 수의 감소에도 불구하고 종사자 수는 오히려 증가하게 만든 요인이 되고 있다.

케임브리지 클러스터의 등장은 1960년 케임브리지 컨설턴트(Cambridge Consultants)의 형성과 1970년 트리니티칼리지에 의한 케임브리지 사이언스파크의 설립 등과 깊은 연관성이 있다. 1978년까지 지역에는 대략 20개의 첨단기술 기업들이 있었고, 이들 중 일부는 마이크로컴퓨터와 산업용 잉

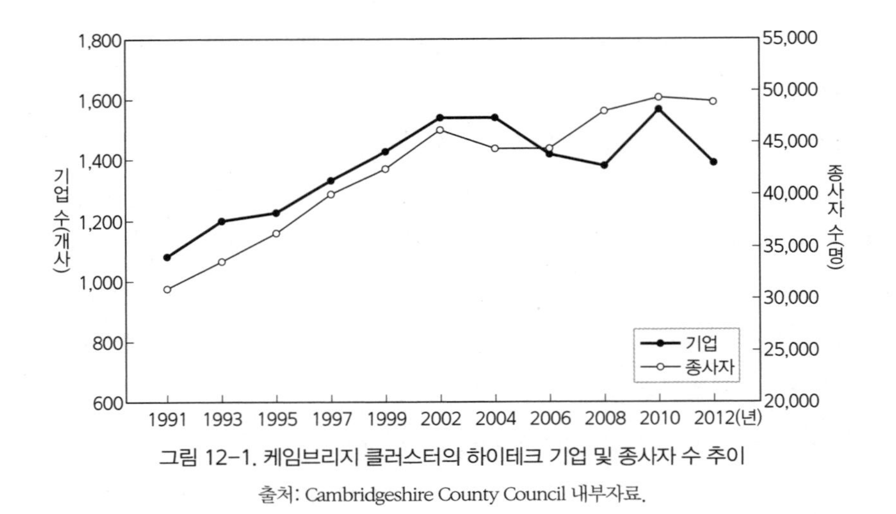

그림 12-1. 케임브리지 클러스터의 하이테크 기업 및 종사자 수 추이

출처: Cambridgeshire County Council 내부자료.

크젯 프린팅 산업의 선두주자가 되었다. 1980년대 들어 '케임브리지 현상'이라 불리면서 케임브리지의 하이테크 기업 집중현상이 주목을 받게 되었으며, 1985년까지 하이테크 기업의 수는 대략 360개로 증가하였다. 1990년대 들어서도 클러스터의 성장세는 지속되었고, 2000년대 초반에는 양적 성장세가 정점을 찍었다.

케임브리지 클러스터에는 수많은 공식적·비공식적 네트워크가 형성되어 있고, 이를 통해 지식 이전 및 혁신의 전파가 활발하게 이루어지고 있다. 케임브리지 클러스터의 대표적인 네트워크 조직으로는 케임브리지 네트워크(Cambridge Network: 기술 부문에 중점)와 원누클레우스(One Nucleus: 생명과학에 중점)가 있다. 케임브리지 클러스터는 대부분 소규모 기업들로 구성되어 있지만, 아캄비스(Acambis), ARM, 오토노미(Autonomy), CSR, 도미노프린팅사이언스(Domino Printing Sciences)와 같은 기업들은 중견기업 및 대기업으로 성장하기도 하였다. 케임브리지 클러스터의 역동성을 표상하는 또 다른 지표로는 도시바(Toshiba), 롤스로이스(Rolles-Royce), 마이크로소프트(Microsoft), 유니레버(Unilever)와 같은 다국적기업의 R&D 센터들이 유치되었다는 점이다.

이처럼 수많은 하이테크 기업들이 케임브리지 지역에 집적하도록 한 핵심 동력은 케임브리지 대학교라고 할 수 있다. 케임브리지 대학교는 세계 어느 대학보다도 많은 노벨상 수상자(총 87명)를 보유하고 있을 정도로 뛰어난 과학적 연구와 발명 성과를 거두고 있다. 이 대학에서 배출되는 인재와 기술을 기반으로 지난 1990년대부터 지금까지 약 300개 이상의 하이테크 벤처기업들이 스핀오프되었다.

케임브리지에는 케임브리지 대학교뿐만 아니라 수많은 공공 및 민간 연구기관이 존재하는데, 대표적인 연구기관으로는 바브레이엄 연구소(the Babraham Institute: 영국 생명공학 및 생물학 연구위원회 산하 비영리연구기관), 유럽분자생물학연구소 분원(The European Bioinformatics Institute), 분자생물학연구소(Laboratory of Morecular Biology: 케임브리지 대학병원 부속 연구기관) 등이 있다. 이처럼 케임브리지는 혁신적인 창업기업에 대한 지원이 우수하고 혁신환경이 잘 갖추어진 지역으로 인정받고 있다.

케임브리지 사이언스파크가 조성된 이후부터 케임브리지 클러스터에는 산·학·연 연계가 활성화되고 지역 내에서 과학단지의 공급이 확대됨에 따라 첨단산업의 집적이 가속화되었다. 이에 따라 벤처자본 및 기업 지원 서비스업의 집적이 이루어짐으로써 케임브리지 클러스터는 유럽 내에서 가장 혁신적인 지역 중 하나로 성장하였다. 케임브리지 사이언스파크는 유럽에서 가장 오래된 과학단지로, 그 설립 목적은 케임브리지 대학교의 과학기술을 활용한 산학연계 활성화, 경제 재생과 기술이전의 촉진, 창업단계에 있는 연구개발 기업의 지원, 생명공학산업 및 첨단 연구개발 클러스터의 성장

촉진, 연구개발 기업에게 기술이전 전문 서비스 및 전문 설비의 제공, 친환경적인 단지 개발 등이다.

사이언스파크로서의 목적을 달성하기 위해 케임브리지 사이언스파크는 엄격한 입주규제를 가하고 있다. 이곳에 입주가 허용되는 기능으로는 산업생산과 연관된 과학적 연구, 대학과의 연계가 필요한 기술기반 제조업, 사이언스파크에 필요한 기타 부대활동 등이다. 2015년 현재 케임브리지 사이언스파크에는 68개의 기업이 입주하고 있다(http://www.Cambridgesciencepark.co.uk).

케임브리지 사이언스파크의 성공 이후 케임브리지 지역에는 다수의 사이언스파크 및 창업보육센터가 설립되었다. 바브레이엄 생명공학센터(Babraham Bioscience Technologies)에서는 생명공학 분야 기술과 투자의 연계를 촉진하기 위해 바브레이엄 연구캠퍼스(Babraham Research Campus)를 조성하였다.

케임브리지시 남쪽 12km 지점에는 생명공학 부문의 기업과 연구소가 주로 입주하고 있는 그랜타 사이언스파크(Granta Science Park)가 조성되어 있다. 이곳에 입지한 대표적인 기관으로는 게놈캠퍼스(Genome Campus), 바브레이엄 연구소, 분자생물학연구소 등이 있다. 이와 더불어 케임브리지 남쪽 15km 지점에는 멜번 사이언스파크(Melbourn Science Park)가 조성되어 있는데, 제약산업과 생화학, 정보통신, 프린팅, 전자업체 및 연구소들이 주로 입주하고 있다. 최근에는 생명공학 분야 연구개발 기업을 위한 공간을 제공하는 데 목적을 두고 케임브리지 리서치파크(Cambridge Research Park)를 케임브리지시 북쪽 8km 지점에 조성하였는데, 이것은 다양한 수변공간 등을 활용하여 조성된 쾌적한 사이언스파크로 손꼽히고 있다.

케임브리지 클러스터는 혁신공간으로서 사이언스파크의 역할이 중요하게 작용하였을 뿐만 아니라, 합의공간으로서 각종 산·학·연 연계활동이 잘 발달되어 있다. 케임브리지 클러스터에서는 매년 정기적으로 세계적인 명성을 지닌 포럼이나 세미나가 개최되고 있으며, 이를 통해 연구성과를 공유함과 동시에 대학에는 기술개발 성과의 상용화 기회를, 기업에게는 새로운 기술에 대한 접근을 촉진하고 있다.

이와 더불어 네트워크 기관의 역할 역시 중요한 역할을 하고 있는데, 대표적인 조직으로는 케임브리지 상공회의소(Cambridgeshire Camber of Commerce), 케임브리지 기업 및 기술 클럽(Cambridge Enterprise and Technology Club), 케임브리지 첨단중소기업협회(Cambridge High-tech Association of Small Enterprises), 케임브리지 네트워크(Cambridge Network), 케임브리지 대학 지역산업 네트워크(Cambridge University Local Industry Links), 잉글랜드 동남부지역 바이오산업 이니셔티브(Eastern Region Biotechnology Initiative), 엔터프라이즈 링크(Enterprise Link), 케임브리지 대학 제조업연구소(Cambridge University Institute for Manufacturing) 등이 있다.

3. 케임브리지 클러스터 형성에 영향을 미친 정책적 요인

1) 케임브리지 지역발전위원회 활동의 영향

1950년 제2차 세계대전 종전에 따른 경제재건 사업의 일환으로 케임브리지에서도 지방정부와 대학 관계자들이 중심이 된 지역발전위원회가 구성되었고, 위원장으로 유니버시티 칼리지 런던(University College London , UCL)의 윌리엄 홀퍼드(William Holford) 교수를 위촉하였다. 이른바 「홀퍼드 보고서(Holford Report)」라고 불리는 지역발전위원회의 보고서에서는 역사적인 학문도시로서의 가치를 보존하기 위해 더 이상의 산업 및 인구 유입 정책은 필요하지 않다고 보고, 그 대신에 대학과 연관된 연구기능의 유치 및 확대 정책을 실시해야 한다고 권고한 바 있다.

이 보고서의 영향을 받아, IBM은 수천 명의 과학자와 기술자들을 고용하는 대규모 연구소를 케임브리지에 조성하기 위해 입지 의향서를 케임브리지시에 제출하였으나 시당국으로부터 거절당하였으며, 그 결과 IBM은 해당 연구소를 스위스에 건립하였다. 그로 인해 케임브리지 지역은 1950~1960년대 동안 지역 성장이 위축되었으며, 그에 따른 교수들과 지역 연구기관들의 반발이 제기되었다(Segal Quince Wicksteed, 1985; Koepp, 2002).

이에 따라 케임브리지 대학교는 이 대학 부설 캐번디시 연구소(Cavendish Laboratory)의 소장이었던 네빌 모트(Nevill Mott) 교수를 위원장으로 한 산·학 관계 조사위원회를 구성하고 1969년 「모트 보고서(Mott Report)」를 작성하였다. 「모트 보고서」는 오늘날 케임브리지가 세계적인 하이테크 클러스터로 성장하게 된 정책적 토대를 제공한 것으로 평가받고 있다(Garnsey and Hefferman, 2005). 이 보고서는 「홀퍼드 보고서」로 말미암아 대학은 우수 교원의 유치에 애로를 겪고 있고 지역산업의 성장 또한 제약을 받고 있다고 진단하고, 소규모의 상업적 연구활동 장려 및 대학이 주도한 사이언스파크 조성을 제안하였다. 또한 기술집약적인 하이테크 산업 및 그와 관련된 연구활동의 유치는 장려하면서도 대규모 굴뚝산업의 유치는 여전히 제한해야 한다고 주장하였다.

2) 케임브리지 대학교 칼리지들에 의한 사이언스파크 조성

「모트 보고서」의 제안에 따라 1970년에 케임브리지 대학교의 트리니티칼리지(Trinity College)는 케임브리지 사이언스파크(Cambridge Science Park)를 조성하였다. 케임브리지 사이언스파크는 트리니티칼리지의 부동산 투자사업의 일환으로 추진된 것이며, 높은 임대료 정책으로 말미암아 다국적기업이 대부분 입지하게 되었다. 입주 기업 정책은 2000년대가 되어서야 소필지 단기 임대를 허용함으로써 스타트업과 중소기업들이 입주할 수 있는 기회를 부여하였다(Gray and Damery, 2003). 케임브리지 사이언스파크는 또한 시 외곽에 조성되어 있는 관계로 대학과의 접근성이 취약하다는 한계를 가지고 있었다.

그 후에 케임브리지 대학교의 세인트존스칼리지(St. John's College)는 케임브리지 대학교 및 다운타운과 멀지 않은 곳에 새로운 사이언스파크인 세인트존 혁신센터(St. John Innovation Centre)를 조성하고 주로 중소 규모 하이테크 기업을 중심으로 입주를 유도하였다. 세인트존 혁신센터의 제2대 센터장이었던 월터 헤리엇(Walter Herriot)은 영국의 대표적인 은행인 바클리 은행의 케임브리지 지점장 출신이라는 배경을 활용하여 바클리 은행이 하이테크 스타트업 기업에 벤처캐피털을 지원하도록 촉매 역할을 하였고, 이것이 케임브리지의 하이테크 클러스터가 성장할 수 있는 하나의 밑거름으로 작용하였다(Segal Quince Wicksteed, 1985).

3) 중앙정부의 정책자금 지원 및 민간 벤처캐피털의 활성화

중앙정부 차원에서 영국 통상산업부(DTI)는 2003년에 2000만 파운드(약 320억 원) 규모의 벤처캐피털펀드를 조성하여 케임브리지를 포함한 잉글랜드 동부지방(East of England Region)의 하이테크 벤처기업 육성을 위한 정책적 지원사업을 실시하였다. 이에 따라 잉글랜드 동부 지역개발청(EEDA)은 투자 잠재력이 있는 벤처기업을 선별하여 최대 26~36만 파운드(약 4~6억 원)를 지원하고, 성장 유무에 따라 투자자금을 25만 파운드까지 추가 지원하는 공격적인 정책을 취하였다. 이 사업은 이 지역의 벤처기업 활성화에 기여하였으나, 이것이 대학의 스핀오프 또는 생명공학산업 부문 활성화에 직접적인 영향을 미치지는 않은 것으로 평가받고 있다. 영국 통상산업부는 그 외에도 2005년에서 2008년까지 4년 동안 3억 2000만 파운드(약 5120억 원) 규모의 R&D 정책자금을 조성하여 기업의 기술혁신 촉진사업을 추진하였다.

한편 케임브리지 대학교는 1999년 300만 파운드(약 48억 원) 규모의 케임브리지 대학 챌린지펀드 (University of Cambridge Challenge Fund)를 조성하여 대학 스핀오프 기업을 지원하였다(Gill, 2009). 쿡(Cooke, 2002)에 따르면, 민간 벤처캐피털 기업들이 케임브리지시에서 활동을 시작한 시기는 1990년대 후반부터이다. 하지만 케임브리지셔 카운티나 케임브리지시 등 지방자치단체 수준에서는 별도의 재정 지원 사업이나 정책지원 사업을 펼치지 않음으로써 케임브리지 하이테크 클러스터의 형성에서 지방자치단체의 역할은 크지 않은 것으로 평가되고 있다.

4. 케임브리지 대학교 스핀오프 기업들

1) 케임브리지의 기업가정신 문화

케임브리지 지역성장에 있어 케임브리지 대학교의 역할과 중요성에 대해서는 의심의 여지가 없다(Garnsey and Hefferman, 2005; Stoerring, 2007). 기업가주의적 대학으로서 케임브리지 대학교의 전통은 지금으로부터 130년 전인 1878년으로 거슬러 올라간다. 이론물리학과 실험물리학을 분리하여 실험물리학 중심의 연구소인 캐번디시 연구소가 데번셔(Devonshire) 공작의 기부를 통해 1869년에 설립된 후, 이 연구소는 물리학뿐만 아니라 케임브리지 대학교를 대표하는 응용과학 연구의 중심지 역할을 수행해 왔으며, 지금까지 29명의 노벨상 수상자를 배출하였다(Gill, 2009).

캐번디시 연구소는 1878년 연구소 부설 실험공장을 설립하였으며, 여기에서 엔지니어로 근무하던 로버트 풀처(Robert Fulcher)는 창업하여 케임브리지 대학교에 과학실험 장비를 납품하는 기업인 케임브리지 사이언티픽 인스트루먼트사(Cambridge Scientific Instrument Co., CSI)를 설립하였다. 길(Gill, 2009)에 따르면, CSI를 시작으로 형성되기 시작한 기업가주의적 문화는 오늘날까지 케임브리지 대학교를 기반으로 한 스핀오프 활성화에 원천이 되고 있다.

오늘날 케임브리지 클러스터에서 활동하는 기업가의 상당수는 케임브리지 대학교와 다양한 형태로 네트워크를 맺고 있으며, 소수의 핵심 기업가들을 중심으로 한 기업가 네트워크 집단들이 형성되어 있다. 민 외(Myint et al., 2005)에 따르면, 케임브리지 클러스터에는 케임브리지 대학교를 축으로 지역의 기업가들 간에 사회적 자본 관계를 바탕으로 다양한 소규모 네트워크 집단, 즉 미니클러스터가 형성되어 있다.

한편 케임브리지 대학교는 대학 스핀오프를 통한 지역 내 창업을 유인하는 정책을 실시하지 않았음에도 불구하고 대학 스핀오프 기업의 84%는 케임브리지 지역에서 창업을 한 것으로 나타났다(Breznitz, 2014)(표 12-1). 그 이유는 학문도시이자 전원도시로서 케임브리지가 지닌 독특한 문화와 생활양식은 고급 연구인력들이 선호하는 입지조건일 뿐만 아니라 케임브리지 대학교라는 강력한 교육·연구 기반이 기업활동에 직간접적인 혜택을 주기 때문이다.

2) 케임브리지 대학교 스핀오프 기업 사례: Cambridge Biotechnology Ltd.

Cambridge Biotechnology Ltd.(이하 CBT)는 케임브리지 대학교 약리학과(Pharmacology) 교

표 12-1. 벤처캐피털 자금 지원을 받고 설립된 케임브리지의 생명공학 기업들(1996~2012년)

기업명	설립 연도	입지	벤처캐피털 총액($)
Mission Therapeutics	1996	케임브리지	9,770,000
Biotica	1996	케임브리지	13,553,000
CDD(현재 biofocus)	1997	케임브리지	4,420,000
KuDOS Pharmaceuticals	1997	케임브리지	40,760,000
Cambridge Bioclinical	1997	케임브리지	300,000
Sense Proteomics(Procognia의 일부)	1998	케임브리지	4,186
Solexa	1998	케임브리지	113,380,000
Cambridge Cognition	1999	케임브리지	350,000
De Novo Pharmaceuticals	1999	케임브리지	4,500,000
ImmunoBiology	1999	케임브리지	9,070,000
Spirogen	2000	런던	16,436,000
Procognia	2000	이스라엘	22,070,000
SmartBead Technologies	2001	케임브리지	531,000
CellCentric	2001	케임브리지	1,860,000
Akubio	2001	케임브리지	12,450,000
Chroma Therapeutics	2001	케임브리지	91,340,000
Cambridge Biotechnology	2001	케임브리지	553,000
Vivamer	2002	케임브리지	170,000
Purely Proteins	2002	케임브리지	3,760,000
Smart Holograms	2002	케임브리지	11,960,000
Lumora	2003	케임브리지	2,280,000
Sentinel Oncology	2005	케임브리지	190,000
Phico Therapeutics	-	케임브리지	810,000

출처: Breznitz, 2014.

수였던 리처드슨(P. Richardson) 박사가 2001년에 설립한 기업이다. 2000년에 파이저(Pfizer)와 워너-램버트 제약(Warner-Lambert Pharmaceuticals)이 합병되고 그 후속조치로 단행된 사업조직 재편과정에서 파이저 연구조직의 일부였던 파크·데이비스 뇌과학센터(Park-Davis Neuroscience Centre, PNDC)의 폐쇄를 결정하였다. 여기에서 근무하던 리처드슨 박사와 11인의 공동창업자들은 PDNC의 조직과 기술을 바탕으로 CBT를 설립하게 되었다.

이 회사가 보유한 핵심 기술의 원천은 각각 케임브리지 대학교와 애버딘 대학교 실험실 출신의 연구인력이며, 그러한 배경이 케임브리지 대학교와 기술적 연계를 가지는 요인으로 작용하였다(그림 12-2). 케임브리지 대학교는 리처드슨 박사가 약리학과 내 실험실 공간을 창업공간으로 활용할 수 있도록 개방하였으며, 회사 설립 후 5년 동안 교수직을 휴직할 수 있도록 허락하였다. 창업 시에 케임브리지 대학교로부터 소규모 창업장려금 지원을 제안받았으나 거절하고 개인 벤처투자자

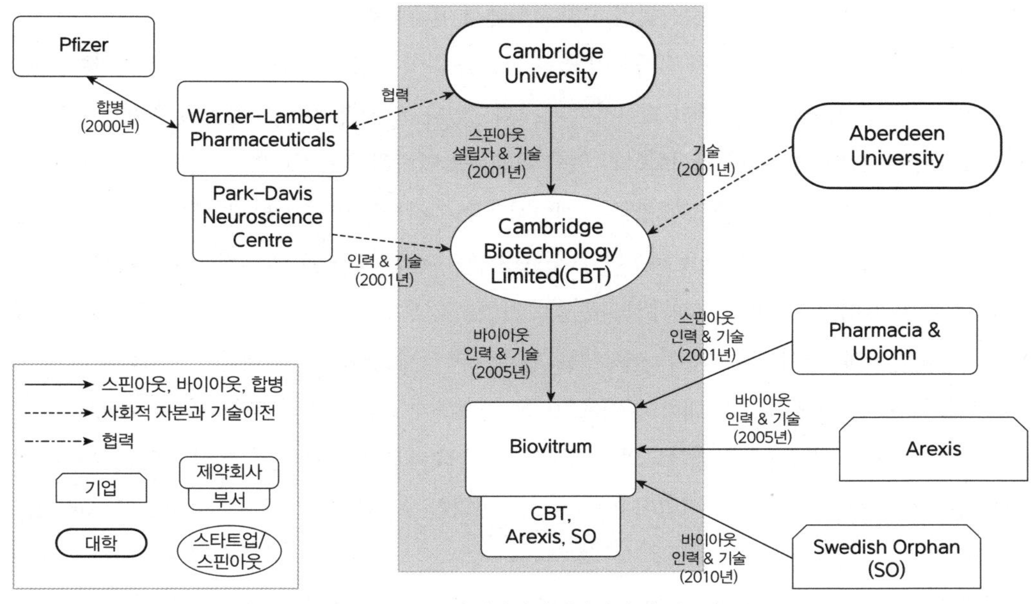

그림 12-2. CBT의 설립에서 매각과정 및 네트워크

출처: Guilliams, 2013.

와 벤처캐피털 기업의 투자를 받았다. 그 후 이 회사는 2005년에 2700만 파운드를 받고 비오비트룸(BioVitrum)에 매각되었다.

5. 대학의 기술이전 조직 특성 및 구조변화가 스핀오프에 미친 영향

1) 케임브리지 대학교의 기술이전 조직 구조 및 재편과정

케임브리지 클러스터가 역동적 진화를 거듭하고 있는 원동력은 케임브리지 대학교에서 비롯된 스핀오프가 활발히 진행되어 온 덕분이라 할 수 있다. 케임브리지 대학교를 기반으로 스핀오프 창업한 생명공학 기업은 2013년 현재 47개이다(Garnsey, 2013). 시기적으로는 1990년대 후반에 형성된 스핀오프 기업이 전체의 42.5%(20개)로서 대학 스핀오프가 가장 활발하였으나, 2000년대 들어서 다소 증가폭이 감소세를 나타내고 있다. 이러한 추세적 변화를 일으킨 요인으로는 영국 정부의 대학

정책과 케임브리지 대학교의 기술상업화 정책 측면에서 이해될 수 있다.

케임브리지 대학교에는 상업적 잠재력이 있는 기술을 많이 보유하고 있으나 그것을 상업화로 연결시키는 활동은 1990년대 후반이 되어서야 본격화되었다. 영국 정부는 1990년대 후반에 들어 대학이 보유한 기술의 상업화를 활성화하기 위해 대학들을 압박하기 시작하였고, 케임브리지 대학교도 대학 보유 기술의 상업화를 교직원들이 개별적으로 추진하는 방식을 탈피하고 대학 전체 차원의 중앙집중식 관리체제로 전환을 시도하였다. 1999년 이전까지만 해도 케임브리지 대학교의 교직원이 외부 연구비를 지원받아 지식재산권을 획득하였을 경우 그 소유권은 교직원 개인에게 주어졌으나, 1999년 이후부터는 외부 수주 연구비로 획득한 지식재산권은 모두 대학에 귀속되도록 학칙을 개정하였으며, 이 시기부터 대학의 스핀오프는 급격하게 감소하기 시작하였다(Breznitz, 2014)(그림 12-3). 또한 케임브리지 대학교의 스핀오프 가운데는 대학이 지분을 보유한 창업기업보다 민간투자를 기반으로 설립된 창업기업이 많다는 점도 이러한 주장을 뒷받침한다(Mohr and Garnsey, 2010).

한편으로 케임브리지 대학교 기술이전 조직의 중앙집권화 및 잦은 조직 개편 또한 대학의 스핀오프 감소에 영향을 미친 요인으로 지적된다. 케임브리지 대학교에서는 스핀오프를 위해 대학 본부차원에서 설립된 기구와 칼리지 및 학과 단위에서 설립된 기구가 공존한다. 「모트 보고서」의 제안에 따라 1970년에 트리니티칼리지에 의해 케임브리지 사이언스파크가 조성되자, 대학은 스핀오프 촉진을 위해 울프손 산업연락사무소(Wolfson Industrial Liaison Office, WILO: 우리나라의 산학협력

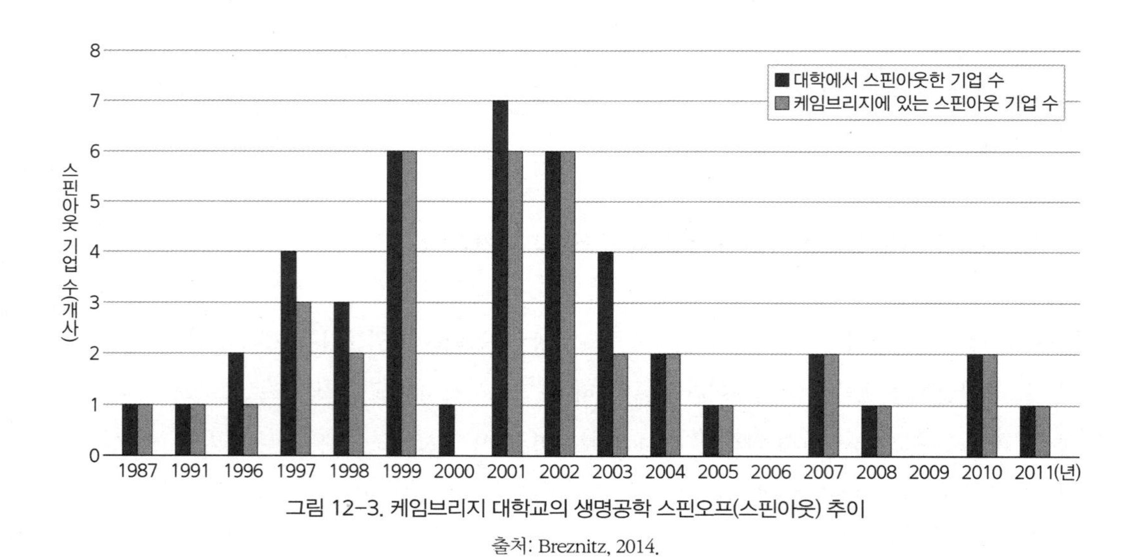

그림 12-3. 케임브리지 대학교의 생명공학 스핀오프(스핀아웃) 추이

출처: Breznitz, 2014.

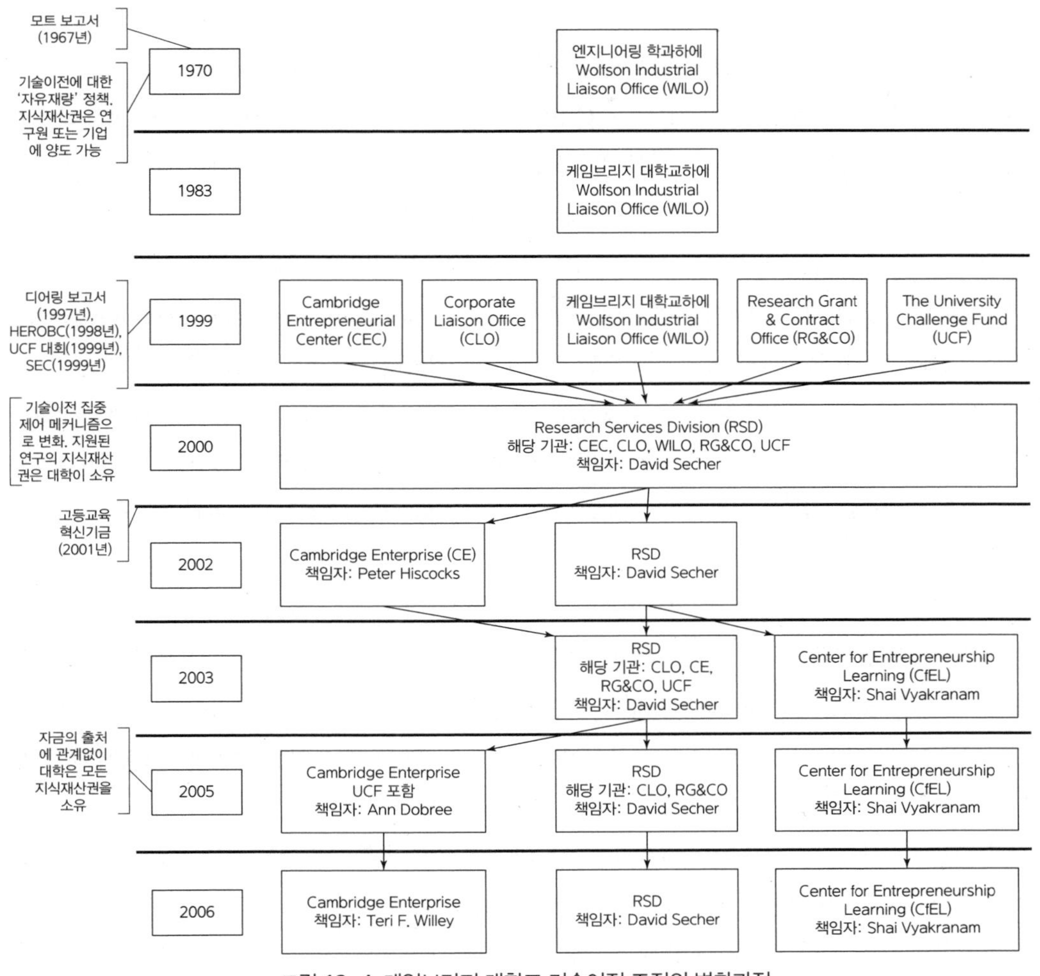

그림 12-4. 케임브리지 대학교 기술이전 조직의 변화과정

출처: Guilliams, 2013.

단 조직에 해당)를 설립하였다. 1983년부터 WILO가 대학 전체의 스핀오프를 담당하였으나 근무 인력은 2명에 불과한 소규모 조직으로 운영되었다. 이처럼 WILO는 스핀오프 지원과 관련된 경영, 법률, 회계 등의 전문인력이 부재하여 효율적인 스핀오프 지원에 한계를 노정하였다. 이로 인해 WILO를 통해 스핀오프를 실행하는 교수들도 있었지만, 기업을 통해 펀딩을 받는 교수진은 WILO에 협력하지 않고 개별적으로 스핀오프를 시행하는 경향이 강하였다.

1999년 초 영국 정부는 스핀오프 활성화를 통한 경기부양을 주장한 「세인스버리 보고서(Sainsbury Report)」에 따라 기술이전을 촉진시키기 위해 대학에 추가적인 스핀오프 촉진 기금을 조성하였다. 케임브리지 대학교는 정부의 스핀오프 촉진 기금을 획득하기 위해 WILO를 스핀오프를 총괄하는 조직으로 두고, 산하 조직으로 케임브리지 기업센터(Cambridge Entrepreneurial Center, CEC), 산업연락사무소(Corporate Liaison Office, CLO), 연구비 계약·관리사무소(Research Grant and Contract Office, RG&CO), 대학창업기금(The University Challenge Fund, UCF)를 설립하였다(그림 12-4). 이 중 CEC와 UCF는 순수하게 펀딩을 획득하기 위한 목적으로 설립한 조직이다.

2000년 3월 정부와 기업 그리고 자선단체에서 부여되는 연구자금을 통합적으로 관리하기 위해서 WILO를 비롯한 관련 기구를 통합하여 연구서비스본부(Research Service Division: RSD)를 설립하고 MRC 분자생물학연구소의 데이비드 세처(David Secher)를 본부장으로 임명하였다. 2002년 케임브리지 대학교는 영국 정부의 고등교육혁신펀드(Higher Education Innovation Fund, HEIF)를 획득하기 위해 연구서비스본부(RSD)의 상위기구로서 케임브리지 엔터프라이즈(Cambridge Enterprise, CE)를 신설하고, 케임브리지 기업센터(CEC)를 담당하던 피터 히스콕스(Peter Hiscocks)를 CE의 소장으로 임명하였다.

2003년에는 다시 CE를 RSD의 하위기관으로 편입시켰으며, CE를 둘로 분리하여 CE는 대학활동의 기술이전을 담당하는 부서로 축소하고, 기업가정신 함양 및 기업가 양성 교육을 담당하는 기업가정신학습센터(Centre for Entrepreneurship Learning, CfEL)를 설립하였다. 그러나 2005년 8월에는 다시 CE가 독립적인 기구로 RDS로부터 분리되었으며, 2006년에 유한회사로서 케임브리지 대학교의 자회사로 독립하여 조직의 유연성을 확보하고자 시도하였다.

이상과 같은 케임브리지 대학교 기술이전 조직의 잦은 통합과 분할 개편은 정부의 펀딩 공급과 압력에 따라 주로 변화해 왔다. 이에 대해 브레즈니츠(Breznitz, 2014)는 기술이전 관련 조직 디렉터의 잦은 교체는 정부의 압력에 의해서라기보다는 칼리지와 대학본부 간의 정치적 투쟁의 산물이라고 주장한다. 조직의 변화는 대학 내 구성원에게 민감한 영향을 미쳤으며, 대학으로의 지식재산권 일원화로 인해 본부조직의 압력은 점점 증가하였다. 기술이전 관련 본부조직의 잦은 개편으로 교수진과 산업체 모두에게 업무수행에 대한 신뢰를 잃게 되었다. 기업체에게는 본부 기술이전 조직들의 기능보다는 그 조직 내에 어떤 구성원이 존재하는지가 스핀오프에 더 큰 영향을 미쳤다.

2) 칼리지 및 학과 단위의 스핀오프 조직

케임브리지 대학교의 칼리지들은 독자적인 제도와 독립적인 교수채용권 및 자금운용 권한을 가지고 있다. 따라서 칼리지들은 자체적인 스핀오프 조직을 통해 대학 스핀오프 활동을 촉진하고 있다.

그 대표적 사례로, 트리니티칼리지는 케임브리지 사이언스파크를 설립하여 스핀오프를 활성화하고 있다. 케임브리지 사이언스파크는 케임브리지시 북동쪽에 위치한 2.7평방마일의 R&D 지구로 71개 기업이 입주하여 스핀오프를 지원하고 있으나, 창업보육공간이 부족하고 지대가 높아 신생기업의 입지는 제한적이라는 문제점이 있다.

반면에 후발주자인 세인트존스칼리지는 1987년 세인트존스 혁신센터(The St. John's Innovation Centre)를 조성하여, 운영의 초점을 대학 스핀오프를 비롯한 신기술 창업기업의 입주 및 지원에 두고 있는 점에서 트리니티칼리지와는 차이가 있다. 세인트존스 혁신센터의 역할은 크게 3가지로 구분된다(Gill, 2009). 첫 번째 역할은 하이테크 스핀오프 기업의 입주공간을 제공하고 관리하는 것이다. 두 번째 역할은 192개의 재택근무 업체들에게 가상 사무실을 제공하고, 회의 및 사무 공간과 관리 및 물류 지원까지 담당하는 것이다. 소규모 재택근무 업체들은 규모는 작지만, 뉴스레터와 정기적 모임을 바탕으로 소규모 네트워크를 구축하면서 존립기반을 확보하고 있다. 세 번째 역할은 기업의 혁신을 촉진하는 공적 투자 계약을 제공하는 것이다. 이러한 서비스는 특정 기준을 충족하는 지역 내 모든 기업들을 대상으로 한다.

선발주자인 트리니티칼리지와 세인트존스칼리지에 이어 다수의 칼리지들이 두 칼리지의 스핀오프 조직 모델을 벤치마킹하여 유사 조직들을 설립하였다. 그 예로, 펨브로크칼리지(Pembroke College)는 펨브로크칼리지 코퍼레이트 파트너십(Pembroke College Corporate Partnership, PCCP)을 1995년에 설립하였다. PCCP는 멤버십에 가입한 기업들에게 교수진과 실험실에 대한 정보 및 대학에서 수행한 연구정보 제공 등의 서비스를 제공하며, 기업 요구조건에 따른 맞춤형 서비스를 제공한다. 이에 대해 프로그램 참여 기업은 기업 규모와 업종에 따라 사용료를 지불한다. PCCP에는 2015년 4월 기준 15개의 기업이 참여하고 있으며, 참여 기업들 가운데 일부는 본부기구인 RSD의 프로그램에도 참여하고 있다.

케임브리지 대학교에는 대학본부나 칼리지 단위 외의 개별 학과 단위 차원에서도 자체적인 스핀오프 촉진 프로그램을 운영하기도 한다. 이러한 프로그램은 학과와 기업 간에 공식적 모임을 촉진하기 위한 멤버십에 기초하여 학과의 연구정보 제공 및 연구와 교육 부문의 협력 방안 모색, 우수 졸업생 유치를 위한 잡 페어 개최, 학과 도서관 및 장비 사용 등의 혜택을 부여하는 것을 목적으로 한다.

6. 맺음말

케임브리지 클러스터는 1970년대 사이언스파크 조성을 통해 하이테크 산업집적의 기반이 형성되기 시작하였으며, 1980~1990년대에는 혁신 인프라의 지속적인 구축과 함께 자생적인 대학 스핀오프의 활성화를 통해 급속히 성장하는 클러스터로서의 위상을 갖추게 되었다. 하지만 2000년대 들어 정부의 대학 재정 지원 감축과 그에 따른 대학의 기술상업화 정책의 변화로 말미암아 대학 스핀오프 활동이 위축됨과 동시에 글로벌 IT산업의 성장세가 둔화됨에 따라 클러스터는 위기 국면을 맞기도 하였다. 그럼에도 불구하고 케임브리지 클러스터에는 케임브리지 대학교를 필두로 한 강력한 혁신 인프라가 건재하고, 혁신을 추동하는 사회문화적 요인인 기업가정신과 사회적 자본이 잘 갖추어져 있으며, 생명공학 및 클린테크 등 IT산업을 대체하는 신산업이 성장하고 있다는 점은 클러스터의 자기강화적인 진화에 긍정적인 요소로 작용하고 있다. 케임브리지 클러스터의 진화 동태성에 영향을 미친 요인들로는, 첫째, 케임브리지 클러스터의 형성 및 발전과정에 영향을 미친 가장 중요한 주체는 케임브리지 대학교이지만, 클러스터의 형성과정에서 오늘날의 하이테크 산업집적기반을 형성하도록 만든 지적 토대를 설계하였던 케임브리지 지역발전위원회의 역할에 주목할 필요가 있다. 그 이유는 혁신클러스터의 형성 및 발전에서 결정적인 요소로 간주되고 있는 산·학·관의 협력적 거버넌스와 상호작용 관계가 1960년대에 이미 케임브리지 지역에서 기반을 갖추고 있었기 때문이다.

둘째, 「모트 보고서」를 토대로 하여 케임브리지 대학교의 칼리지들이 조성하였던 사이언스파크는 오늘날 케임브리지 클러스터에 국내외 기업들이 집적하게 된 하드웨어적 토대를 제공하였다. 그러나 그 후에 대학본부, 칼리지, 학과, 연구소 등 대학 내의 다양한 주체들에 의해 자발적 및 정책적으로 결성된 네트워크와 사회적 자본, 그리고 지역 내에서 대학 스핀오프의 창업이 지속적으로 전개됨에 따라 형성된 기업가주의 문화는 케임브리지 클러스터가 혁신클러스터로서 지속적인 진화를 할 수 있는 밑바탕이 되고 있을 뿐만 아니라 타 지역이 모방하기 어려운 고유한 경쟁력의 원천으로 작용하고 있다.

셋째, 케임브리지 클러스터가 내생적 발전동력을 확보하여 끊임없이 새로운 지식을 창출하고 지역 내에서 지식이 순환될 수 있도록 만드는 제도적 원천은 대학이 생성한 기술을 상업화할 수 있도록 촉진하는 제도와 문화가 정착되어 닷컴 버블을 타고 1990년대부터 본격적으로 표면화되었기 때문이다. 하지만 영국 정부는 1990년대 후반 들어 대학이 보유한 기술의 상업화를 활성화하기 위해 대학들을 압박하면서 소위 기업가적 대학으로의 전환을 유도하였고, 이에 대응하여 케임브리지 대학교 또한 기술이전 조직 구조를 중앙집중화한 결과, 조직적 유연성을 확보하는 데 어려움을 겪게 되었다. 2000년대부터 시작된 케임브리지 대학교에서 비롯된 스핀오프 기업들의 감소 추세는 대외적인 경제환경의 변동과 불확실성의 증가 요인 외에도 대학 기술이전 조직 구조의 경직화도 상당히 작용하는 것으로 나타나고 있다.

이것은 오늘날 미국의 대학에서 시작되어 전 세계적으로 유행하고 있는 기업가적 대학 모델이 가진 허와 실을 여실히 보여 주는 사례라고 할 수 있으며, 현재 한국에서도 활발하게 논의 및 적용되고 있는 기업가적 대학 모델의 방향성에 대해서도 신중한 검토가 요청된다고 할 수 있다.

• 참고문헌 •

남재걸, 2008, "An Analysis of universities' interactions with government and industry by using the triple helix model", 한국행정논집, 20(1), 335−361.

남재걸 · 이종호, 2010, "Conceptualizing the engagement of universities in regional development in a knowledge−based society", 한국경제지리학회지, 13(1), 19−38.

이종호 · 이철우, 2014, "트리플 힐릭스 공간 구축을 통한 클러스터의 경로파괴적 진화: 미국 리서치트라이앵글파크 사례", 한국경제지리학회지, 17(2), 249−263.

이철우 · 이종호 · 박경숙, 2010, "새로운 지역혁신 모형으로서 트리플 힐릭스에 대한 이론적 고찰", 한국경제지리학회지, 13(3), 335−353.

Breznitz, S., 2014, *The Fountain of Knowledge: The Role of Universities in Economic Development*, Stanford University Press, Stanford.

Cooke, P., 2002, Regional Innovation System: General Findings and Some New Evidence from Biotechnology Clusters, *The Journal of Technology Transfer*, 27, 133-145.

Etzkowitz, H., 2002, *The Triple Helix of University-Industry-Government Implications for Policy and Evaluation*, SiSTER.

Etzkowitz, H., 2008, *The triple helix: unicersity-industry-government innovation in action*, Routledge, New York.

Garnsey, E. and Hefferman, P., 2005, Hightechnology clustering through spin-out and attraction: The Cambridge case, *Regional Studies*, 39(8), 1127-1144.

Garnsey, E., 2013, Innovation and sustainability in a historic city: the Cambridge case, Paper presented at the Webinar Series of the World Bank.

Gill, D., 2009, *History of the Cambridge Cluster: Role of the University of Cambridge*, unpublished manuscript.

Gray, M. and Damery, S., 2003, Regional Development and Differentiated Labour Markets: The Cambridge Case, Report to the European Commission.

Guilliams, T., 2013, Insights into University-Industry Interactions from the Cambridge Biomedical Cluster, A

Report from CSaP at University of Cambridge.

Koepp, R., 2002, *Clusters of Creativity: Enduring Lesson on Innovation and Entrepreneurship from Silicon Valley and Europe's Silicon Fen*, Wiley, Chichester.

Leydesdorff, L., 2012, *The Triple Helix of University-Industry-Government Relations*, unpublished manuscript, University of Amsterdam.

Martin, R. and Sunley, P., 2011, *Conceptualising cluster evolution: beyond the life-cycle model?*, Papers in Evolutionary Economic Geography, Utrecht University.

Mohr, V. and Garnsey, E., 2010, Exploring the constituents of growth in a technology cluster: evidence from Cambridge, UK, Centre for Technology Management (CTM) Working Paper 2010/01.

Myint, Y. M., Vyakarnam, S., and New, M. J., 2005, The effect of social capital in new venture creation: the Cambridge high-technology cluster. *Strategic Change*, 14(3), 165-177.

Segal Quince Wicksteed, 1985, *The Cambridge Phenomenon: The Growth of High Technology Industry in a University Town*, Segal Quince Wicksteed, Cambridge.

Stoerring, D., 2007, Emergence and Growth of High Technology Clusters, Unpublished Ph.D. Thesis, Aalborg University, Denmark.

The Economist, 2010, The University challenge: The Cambridge cluster, Sep. 04, 2010.

Trippl, M., Grillitsch, M., Isaksen, A. and Sinozic, T., 2014, Perspectives on cluster evolution: critical review and future research issues, Working Paper no. 2014/12, Centre for Innovation, Research and Competence in the Learning Economy, Lund University.

US Department of Commerce, 2013, The Innovative and Entrepreneurial University: Higher Education, Innovation & Entrepreneurship in Focus, US Department of Commerce, Washington D.C.

http://www.Cambridgesciencepark.co.uk/

• 제13장 •

외레순 식품 클러스터의 트리플 힐릭스 공간의 특성

1. 머리말

외레순 지역은 덴마크의 코펜하겐 및 그 인근 지역을 포함하는 지역과 스웨덴 남부의 스코네 지역을 아우르는 초국적 접경지역(cross-border region)을 지칭한다. 이 지역은 과거부터 스웨덴과 덴마크의 농업 중심지였을 뿐만 아니라 이를 토대로 한 식품산업 기반이 잘 구축되어 있는 곳이다. 오늘날 외레순 지역은 세계적으로 가장 경쟁력 있고 혁신적인 식품 클러스터로 평가되고 있다(Vermeire et al., 2008). 이 지역은 식품산업뿐만 아니라 정보통신산업, 바이오·제약 산업 등에 있어서도 경쟁력 있는 클러스터를 형성하고 있다.

외레순 식품 클러스터는 여타 지역의 식품 클러스터와 달리 바이오산업과 연관된 기능성 식품산업의 거점으로 급속한 성장을 하고 있다. 그러한 성장은 이 지역의 14개 대학에 구축되어 있는 강력한 R&D 기반과 더불어, 기능성 식품을 중심으로 기술혁신성이 높은 기업들의 존재, 지속적 기술혁신을 위한 대학, 연구기관, 기업 간의 협력적 네트워크 기반의 존재 등이 복합적으로 작용한 결과이다. 이처럼 외레순 식품 클러스터는 기술혁신에 기초한 산·학·관의 네트워크 체제가 갖추어진 소위 트리플 힐릭스 체계를 갖춘 클러스터로서 발전하고 있다는 점에서 선진 식품산업 클러스터의 집적요인과 구조 특성을 이해하는 데 모범적인 사례로 판단된다.

이에 외레순 식품 클러스터의 존립기반을 트리플 힐릭스 체계의 관점에서 접근함으로써 식품 클러스터의 존립기반을 구성하는 주체 간의 상호작용 동학과 작동 메커니즘을 분석하고자 한다. 이를 통해 클러스터 연구의 이론적 및 경험적 연구성과를 심화할 뿐만 아니라, 그동안 학계에서 거의 주목하지 않았으나 학문적·정책적으로 의미가 큰 식품산업을 대상으로 한 산업의 공간적 집적, 즉 클러스터의 특성을 트리플 힐릭스 체계의 관점에서 고찰한다.

트리플 힐릭스 체계는 클러스터의 주도적인 주체의 역할과 그들 간의 연관관계에 초점을 두기 때문에, 클러스터의 역동성을 파악하는 데 유용한 분석 틀이 될 수 있다. 이러한 측면에서 선진 식품산업 클러스터의 집적 및 구조 특성을 트리플 힐릭스 체계의 관점에서 분석하는 것은 큰 의의를 가질 수 있다.

특히 본 장에서는 클러스터의 트리플 힐릭스 체계의 특성을 에츠코위츠(Etzkowitz, 2008)가 제시한 트리플 힐릭스 공간(triple helix spaces)이라는 개념을 적용하여 분석하였다. 이를 위해 외레순 식품 클러스터의 트리플 힐릭스 체계를 지식공간(knowledge spaces), 합의공간(consensus spaces), 혁신공간(innovation spaces)으로 구분하여 분석하고, 마지막으로 클러스터의 트리플 힐릭스 체계 구축에 있어 정부정책의 역할에 대해 고찰하였다. 본 연구의 주된 자료는 2008년 8월 16~19일까지 덴마크 코펜하겐의 외레순 푸드 네트워크(Øresund Food Network), 스웨덴 룬드의 이데온 사이언스파크(Ideon Science Park)와 룬드 대학교(Lund University) 등 관련 주체 관계자들과의 개방형 면담조사의 결과이고 부족한 부분은 이메일을 통해 보완 조사하였다.

2. 이론적 논의

1) 식품 클러스터 연구동향

산업클러스터에 관한 선행 연구는 2000년 이후 점진적으로 증가하여 다양한 사례 연구들이 진행되어 왔다. 클러스터 연구는 크게 클러스터의 현황 및 특성에 관한 연구, 국가 및 국제적 차원 등 거시적 차원에서 통계자료를 활용한 클러스터 분류 및 유형별 특성에 관한 연구, 국가 및 지역별 클러스터 정책에 관한 연구 등으로 나누어진다.

하지만 클러스터에 관한 대부분의 연구들은 정보통신산업, 생물 및 제약 산업, 문화콘텐츠산업 등의 첨단산업에 집중되어 있으며, 서비스산업이나 1차 산업과 가치사슬 관계에 연계되어 있는 농업 혹은 농식품산업에 대한 연구는 산업의 역할과 비중의 중요성에도 불구하고 국내는 물론이고 국제적 차원에서도 매우 미흡한 실정이다.

옥한석(2006)은 직접적인 클러스터에 관한 연구는 아니지만 영동군 지역의 특화 농산물인 포도를 통한 와인 생산 및 관광 클러스터 조성 가능성을 제시하였다. 이종호(2005)는 봉화군의 특화 작목인 고추 생산 유통체계와 혁신환경을 분석하고 클러스터로의 진화를 위한 정책 방안을 제시하였다. 박삼옥(2006)은 순창군의 장류산업을 사례로 한 산업집중과 기업 네트워크 특성을 분석하였다. 김정호·김태연(2004)은 농업 클러스터 개념을 제시하고, 우리나라 주요 특화 작목 생산지역을 중심으로 한 클러스터 관점에서의 사례 분석을 하였다. 김태연·윤갑식(2006)은 충청남도의 특화 농업지역의 농업생산 체계와 혁신환경을 클러스터 관점에서 분석하고 정책 방안을 제시한 연구를 수행하였다.

그러나 이상의 연구들은 농업생산 기반에 기초한 지역 농업생산 및 혁신체계의 분석 및 정책대안 제시의 수준에 국한되어 있으며, 농업 및 제조업과 직접적인 연계가 있지만 독립적인 산업 분야인 식품산업을 대상으로 한 클러스터 연구를 국내에서 수행한 경우는 없다. 그러나 최근에 국가적으로 식품산업에 대한 정책적 육성 의지가 나타나고 있으며, 경기도와 전라북도 지역에 그러한 제도적 기반이 차츰 형성되어 가고 있는 상황이어서 이에 대한 관심은 높아지고 있다고 할 수 있다.

몇몇 사례에 걸쳐 해외 식품산업 클러스터에 관한 문헌들이 나타나지만, 제한적인 문헌자료에 기초한 지역 식품산업 클러스터의 현황을 제시한 수준에 불과하다. 한편 가장 선도적인 식품산업 클러스터가 집중되어 있는 유럽에서도 식품산업 클러스터에 대한 연구는 간헐적으로 또 제한적 주제에 국한되어서만 수행되었다. 메이와 일베리(Maye and Ilbery, 2006)는 영국의 식품산업이 생산과 유통 체계가 국지화되면서 지역 푸드 시스템(소위 식품산업 클러스터의 초기 형태)이 등장하고 있음을 잉글랜드와 스코틀랜드 접경지역의 사례를 통해 밝히고 있다. 베크만과 셸데브란드(Beckman and Skjoldebrand, 2007)는 스웨덴 남부지역의 식품산업 클러스터에서 나타나는 식품산업의 혁신 패턴을 고찰하고, 클러스터가 식품산업 혁신을 추동하는 요인이라고 주장하고 있다.

식품산업 클러스터에 대한 대표적인 연구는 스웨덴 룬드 대학교의 랑네비크 외(Lagnevik et al., 2003)이다. 이 연구는 스웨덴 식품산업 클러스터의 제품혁신 과정에 주로 초점을 두고 있어, 식품 클러스터의 구조 혹은 혁신체계의 특성을 분석하지 않았다.

이상에서 살펴본 바와 같이 클러스터에 관한 기존의 연구들은 주로 기술집약적이고 지식집약적인 첨단산업을 대상으로 클러스터를 구성하는 구성 주체의 현황, 네트워크, 혁신환경이나 혁신역량 등을 산발적으로 분석하는 것에 국한되어 있다. 클러스터론은 특정 산업의 지리적 집적과 그 요인을 규명하는 데 적합하지만 클러스터의 동태적 특성을 분석하는 데에는 분석 틀이 빈약하다. 따라서 최근의 클러스터 사례 연구들은 주로 지역혁신체계론의 관점에서 접근하는 경향이 증가하고 있다. 지역혁신체계론에서는 지역의 혁신체계를 구성하는 핵심적인 인프라 층위인 사회적 하부구조(social infrastructure)와 상부구조(superstructure)가 어느 정도 체계적으로 구축되어 있는지, 또 구성요소들 간의 상호작용 특성은 어떠한지에 주로 관심을 가진다(이종호·이철우, 2008). 하지만 지역혁신체계론은 혁신 인프라의 존재와 그들 간의 상호작용 관계를 정태적(static)으로 접근하는 데 그치는 경향이 있다는 비판 또한 제기되고 있다(Coenen and Moodysson, 2008).

이에 반해 트리플 힐릭스 관점은 대학, 정부, 산업 등 혁신의 3개 주체를 서로 분리된 실체로 보지 않고 각 주체의 발전이 서로의 발전을 역동적으로 추동하는 관계에 있다는 것을 전제로 한다는 점에서 산업클러스터의 혁신체계를 동태적으로 이해할 수 있는 하나의 유용한 분석 틀이 될 수 있다고 판단된다.

2) 트리플 힐릭스와 지역혁신

트리플 힐릭스 관점은 기업 형성 및 산업발전에 있어 대학·산업·정부(이하 산·학·관) 간의 협력적 관계의 역할을 분석하기 위한 개념적 도구로 고안되어, 보스턴의 지역경제 발전에 있어 MIT의 역할을 논의하는 과정에서 처음 적용되었다(Etzkowitz, 2002; Cooke, 2004). 이 관점의 핵심은 혁신은 지식의 창출, 활용 및 이전에서 다중적 주체들이 상호호혜적 연계관계를 맺게 됨으로써 발생하는데, 이 과정에서 나타나는 산·학·관 주체들 사이의 복합적인 상호관계를 삼중나선형의 움직임으로 본다는 것이다(Etzkowitz and Leydesdorff, 2000; Etzkowitz, 2008). 혁신과정에 포함된 세 주체 간에는 의사소통, 네트워크 그리고 조직의 중첩현상이 나타나는데, 기술변화와 기술혁신 과정에서 나타나는 세 주체 간의 관계적 특성은 지식기반경제에서 혁신역량을 제고하는 데 가장 중요한 조건이 된다.

트리플 힐릭스 관점은 혁신체계론과 마찬가지로 혁신이 상호작용적이고, 비선형적이며, 사회 전반에서 발생하는 것으로 인식하기 때문에, 기업뿐만 아니라 대학 및 정부와 같은 혁신 주체들의 역할을 강조한다. 이러한 트리플 힐릭스 체계는 대부분 지역(local and regional) 단위의 공간 스케일에서 나타나는데, 산업의 집적기반과 지식창출 역량을 갖춘 대학의 존재 그리고 혁신을 촉진하는 지방정부 등 혁신의 3개 주체가 존재하고 그들 간의 상호작용 환경이 갖추어진 지역에서 효과적으로 작동한다(Etzkowitz, 2008).

한편 에츠코위츠(Etzkowitz, 2008)에 따르면, 지역혁신의 트리플 힐릭스 체계는 지식공간, 합의공간, 혁신공간을 통해 발현된다. 이 3가지 트리플 힐릭스 공간이 구축되고 각각이 효과적으로 작동할 때 지식기반 지역혁신이 달성될 수 있다. 트리플 힐릭스 관점에서 지식기반경제 발전을 위한 첫 번째 단계이자 요소는 지식공간의 창출이다. 지식공간은 지역성장에 필요한 지식과 기술을 창출할 수 있는 연구개발 자원의 존재를 의미한다. 하지만 그러한 지식자원들도 일정 수준의 '임계치'가 확보되어야만 지역발전에 기여할 수 있다. 트리플 힐릭스 관점에서는 지식공간의 창출에 있어 대학의 역할에 주목한다. 대학은 그 자체로도 기업과 일자리를 창출하는 데 중요한 역할을 하지만, 연구개발을 선도할 수 있는 연구중심대학이 있는 지역에 기타의 연구자원들 또한 집중되는 경향이 크다는 점에서 대학의 존재는 매우 중요하다(Casas et al., 2000).

두 번째 요소는 합의공간의 창출이다. 이것은 지역발전을 위해 새로운 전략과 아이디어를 창출할 목적으로 서로 다른 조직 배경과 시각을 가진 주체들을 한곳에 모으는 중립적 장(neutral ground)을 의미한다. 합의공간에서는 지역 내 주체들이 브레인스토밍(brainstorming), 문제해결을 위한 계획의 수립, 계획의 체계화를 통한 전략의 창출, 그리고 그것을 이행하기 위해 자원을 동원하는 행위가 연쇄적으로 일어날 때 지역발전이 일어난다. 아울러 합의공간이 형성되고 성숙되었을 때, 비로소 지식공간은 지역경제 발전을 위한 잠재적 원천에서 실질적인 원천으로 기능할 수 있게 된다.

세 번째 요소는 혁신공간의 창출이다. 이것은 합의공간에서 설정된 목표를 달성하기 위해 구성한 조직 메커니즘을 일컫는다. 그러한 조직 형태로는 창업보육 시설, 사이언스파크, 기술이전센터, 연구센터, 벤처캐피털 기업 등을 들 수 있다. 다시 말해서 혁신공간은 연구의 결과를 상업화하거나, 대학과 산업을 연계하거나, 기업과 기업을 연계하기 위한 다양한 조직적 장치(혹은 메커니즘)를 구축하는 것으로 이해될 수 있다.

3. 외레순 식품 클러스터의 특성

외레순(스웨덴어로는 Öresund, 덴마크어로는 Øresund) 지역은 덴마크와 스웨덴을 분리하는 자연경계이자 북해와 발트해를 연결하는 외레순 해협에서 유래한 지명이다(Hospers, 2006). 일반적으로 외레순 지역은 덴마크의 코펜하겐을 중심으로 셸란(Sjælland), 보른홀름(Bornholm), 롤란(Lolland), 롤란-팔스테르(Lolland-Falster), 뫼(Møn)과 스웨덴 남부의 스코네(Skåne) 등의 지역을 포함하는 초국적 접경지역(cross-border region)을 지칭한다(그림 13-1). 두 지역은 좁은 외레순 해협을 사이에 두고 있으며, 2000년에 코펜하겐과 말뫼를 잇는 총연장 16km에 달하는 외레순 대교(Øresund Bridge)가 개통되어 스웨덴과 덴마크 간의 교통 거리가 15분대로 단축되었다. 외레순 지역의 총면적은 21,203㎢이며, 인구는 약 370만 명이 거주한다. 이 가운데 스웨덴이 11,369㎢로서 덴마크의 9,834㎢보다 조금 크지만, 인구는 코펜하겐 대도시권을 포함하고 있는 덴마크 쪽이 약 250만 명으로 약 120만 명인 스웨덴 쪽에 비해 월등하게 많다. 경제력 또한 덴마크 외레순의 2004년 1인당 평균소득(경상가격)은 17,383유로인 데 반해 스웨덴의 스코네 지역은 12,471유로로서, 덴마크 외레순이 고용과 서비스 세력권의 중심 역할을 담당하고 있다. 외레순 대교의 개통 이후 코펜하겐 대도시권의 높은 물가와 집값 상승으로 인해 덴마크인들의 말뫼 이주가 증가하였을 뿐 아니라, 덴마크에 비해 상대적으로 실업률이 높은 말뫼 지방 사람들이 코펜하겐에서 직장을 구하게 되면서 하루 2만 여 명가량이 외레순 대교를 이용하는 등 양 지역 간의 교류가 급격히 증가하고 있는 추세이다(Øresund Committee, 2009).

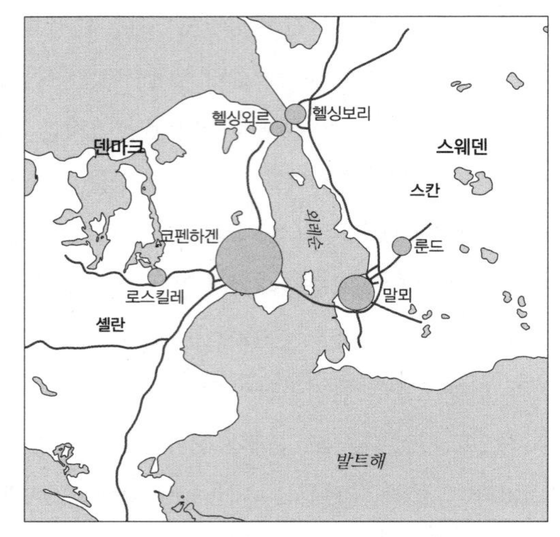

그림 13-1. 외레순 지역의 지리적 위치

무엇보다도 외레순 지역에는 대학 및 연구기관들이 밀집해 있어 북유럽에서 가장 강력한 연구·개발 역량을 보유하고 있는 것으로 알려져 있다. 유럽의 주요 지역을 대상으로 한 R&D 역량 지표(2003년 기준)를 보면, 외레순 지역은 민간과 공공 부문의 연구개발 인력이 총 39,000여 명에 달하고, 연간 연구개발비 또한 여타 유럽의 주요 지역에 비해 월등한 9억 6300만 유로이다(표 13-1).

이처럼 양호한 연구개발 인프라를 갖추고 있는 외레순 지역에는 14개 대학[1]에 약 14만 명의 학생이 재학하고 있으며, 과학기술 논문 수를 기준으로 하였을 때 외레순은 인구 100만 명당 1,431편으로, 영국 810편, 미국 708편 등 여느 선진국과 비교해도 월등하게 연구역량이 앞서는 지역이다(http://www.copcap.com).

이 가운데 식품산업과 관련한 교육과 연구 부문에서 가장 선도적인 대학으로는 스웨덴의 경우에 룬드 대학교, 룬드 과학기술대학교 및 스웨덴 농업과학대학교가 있으며, 덴마크의 경우에 왕립농업대학교와 덴마크 기술대학교가 있다. 이들 대학에서 행하는 연구의 범위는 농업기술에서부터 식

1 스웨덴 외레순 지역의 대표적인 대학으로는 룬드 대학교, 스웨덴 농업과학대학교, 말뫼 대학교가 있고, 덴마크 외레순 지역에서는 코펜하겐 대학교, 덴마크 기술대학교, 왕립농업대학교, 덴마크 왕립교육대학교, 덴마크 왕립약학대학교, 로스킬드 대학교, 왕립도서정보대학교 등이 있다.

표 13-1. 유럽 주요 지역의 연구개발 역량 지표

(단위: 명, 백만 유로)

지역 \ R&D 부문	민간 R&D		공공 R&D	
	고용	지출	고용	지출
외레순 지역	27,543	322	21,635	641
스톡홀름	16,611	334	15,785	578
헬싱키	15,292	158	14,526	-
베를린	14,554	160	23,182	-
함부르크	8,427	106	8,096	382
암스테르담	6,820	70	-	-

출처: Danish Ministry of Economic and Business Affair(http://eng.em.dk/).

품제조에 이르기까지 식품 체인과 전후방 관련 산업의 전 부문에서 강력한 연구기반을 형성하고 있다. 아울러 식품산업 부문의 연구개발을 담당하는 12개의 R&D 기관과 산·학 협력 촉진을 목적으로 하는 16개의 지원기관이 외레순 식품 클러스터의 혁신역량을 지탱하는 원천으로 기능하고 있다(Lagnevik, 2008).

외레순 지역에는 약 400여 개의 식품업체가 입지하고 있으며, 여기에 약 25만 명이 고용되어 있다. 여기에 식품산업과 관련된 유관 분야의 고용 인원을 모두 포함할 경우 외레순 지역 총 노동인구의 25~35%가 식품 관련 산업에 종사하고 있어, 지역경제에서 식품산업이 차지하는 비중이 매우 크다. 생산 규모에 비해 내수시장이 크지 않기 때문에 생산량의 약 70%를 수출에 의존하고 있다(Olofs-dotter, 2008). 외레순 지역은 유럽의 주요 식품 클러스터 중에서도 종사자 1인당 부가가치액이 가장 높은 약 81,362유로(2003년 기준)인데, 이는 곧 외레순 식품 클러스터의 제품 및 공정 혁신 수준이 높다는 점을 간접적으로 나타내는 것이다.

외레순 식품 클러스터의 기업들은 편의 식품(convenience food), 유기농 식품(organic food), 기능성 식품(functional food)에 주로 특화되어 있는데, 각 부문별로 매년 10~30% 가까이 높은 성장률을 보이고 있다(http://www.foodoresund.com). 이러한 점은 유럽의 주요 농식품 클러스터의 전문화 수준을 분석한 퍼메이르 외(Vermeire et al., 2008)에서도 잘 나타나는데, 〈표 13-2〉는 외레순 지역이 육류, 과일, 채소, 유제품, 곡물 등 농·림·수산업 활동과 관련된 제품보다는 기타 식품류, 즉 기능성 식품 부문에서 국내외적으로 특화되어 있음을 잘 보여 준다.

외레순 지역이 세계적인 경쟁력을 가진 식품산업 클러스터로 알려져 있긴 하지만, 이탈리아의 에밀리아로마냐 지역 및 벨기에 플랑드르 지역의 식품 클러스터와 같이 지역의 1차 농산물 생산기반에 대한 의존성이 높은 농식품 클러스터(Agro-food cluster)라기보다는 기능성 식품을 중심으로 한

표 13-2. 외레순 농식품 클러스터의 전문화 수준

구분	육류·육가공품		수산물·수산식품		과일·채소		식물성 기름		유제품		곡물·전문제품		동물 사료		기타 식품		음료수	
외레순					○		○					●			○	●		
동네덜란드		●		●	○	●	○		○	●	○		○	●				
카스티야이레온	○	●					○			●	○			●			○	
에밀리아로마냐	○	●							○	●				●	○			
플랑드르		●		●		●	○				○		○	●				
로가란트	○	●	○			●	○		○	●			○	●				
스코틀랜드			○	●													○	●
비엘코폴스카	○	●			○				○	●				●				

주: ○ – EU 회원국 내에서의 전문화 지수 125 이상, ● – FINE 참여지역 내에서의 전문화 지수 125 이상
FINE(Food Innovation Network Europe): 유럽 8개 지역 주요 식품산업 클러스터들 간의 협력 프로그램 전문화 지수는 고용, 부가가치 및 업체 수를 기준으로 산정함.
출처: Vermeire et al., 2008.

바이오식품 클러스터(Bio-food cluster)라고 보는 것이 타당할 것이다. 건강기능성 식품에 대한 수요가 지속적으로 증가하는 가운데, 외레순 식품 클러스터는 기능성 식품 중심으로의 전문화 패턴이 가속화될 것으로 전망된다(외레순 푸드 네트워크 관계자와의 인터뷰 결과).

외레순 식품 클러스터의 형성 및 발전 배경에는 덴마크와 스웨덴을 구분하여 살펴볼 필요가 있다. 그 이유는 덴마크 외레순과 스웨덴 외레순(스코네) 지역의 식품산업의 발전 궤적이 상이하기 때문이다. 덴마크의 식품산업은 주로 수출을 기반으로 성장한 반면, 스웨덴의 식품산업은 내수시장을 기반으로 존립기반을 확보해 왔다(외레순 푸드 네트워크 관계자와의 인터뷰 결과).

덴마크는 18세기부터 육류, 사료, 채소, 낙농 등 지역 농산물을 원료로 한 농식품산업 기반이 형성되기 시작해 협소한 내수시장보다는 일찍부터 세계시장을 대상으로 유가공품, 설탕 및 조미료, 음료수 등의 식품을 생산해 오늘날 글로벌 농식품 브랜드로 성장한 네슬레(Nestle), 데니스코(Denisco), ARLA, 대니시 크라운(Danish Crown) 등의 거대한 다국적기업들을 보유하게 되었다. 물론 이러한 다국적기업들 외에도 기업 규모가 작은 수많은 전문 식품업체들 또한 아울러 발달하게 되었다. 덴마크에 본사를 둔 글로벌 식품업체들은 본사와 연구개발 부문은 코펜하겐 대도시권에 입지시키고, 생산 부문은 코펜하겐에서 벗어난 도시 외곽 지역에 입지시켜 기업조직의 공간분업을 형성하고 있다(EMCC, 2006).

이에 반해 스웨덴 식품시장은 식품산업에 대한 정부의 보호무역주의 정책의 영향으로 내수 중심의 시장구조를 가지고 있었다. 그러나 스웨덴이 1995년에 유럽연합(EU) 회원국으로 가입하면

서 시장개방을 하게 되었고, 설상가상으로 2004년에 폴란드와 리투아니아 등 발트3국이 새로이 EU 회원국으로 가입하면서 스웨덴의 식품산업과 농업은 더욱 치열한 국제경쟁에 노출되게 되었다(Lagnevik, 2008). 이에 따라 격화된 시장경쟁에서 존립기반을 확보하기 위해 스웨덴의 식품업체들은 단순한 대량생산체제를 벗어나 부가가치를 제고하고 기술혁신 역량을 강화하는 방향으로 재구조화를 진행하고 있을 뿐만 아니라, 클러스터 주체들 간의 네트워크 전략을 통한 경쟁력 강화를 추진하고 있다.

1990년대 중반부터 시작된 외레순 식품 클러스터 기업들은 재구조화 과정에 따라 업체 수와 고용자 수는 감소하였으나, 식품산업의 부가가치는 높아지고 수출주도형의 경쟁력 있는 구조로 변모한 것으로 나타나고 있다. 그 대표적인 예로, 1995년에 스웨덴의 식품산업은 불과 46억 스웨덴 크로나(SEK)에 불과하였으나 2005년에는 220억 스웨덴 크로나로 5배가량 증가하였다(EMCC, 2006).

오늘날 외레순 식품 클러스터의 기업들은 수출주도형 기업이 가장 큰 비중을 차지하고 있으며, 국제적 경쟁력을 가진 포장, 재료, 마케팅, 운송 시스템 등의 전후방 연관산업(related variety)이 잘 발달되어 있어 식품산업 클러스터의 경쟁력을 높이는 기회의 창(window of opportunity)이 되고 있다. 외레순 식품산업 클러스터에 입지하고 있는 산업의 수직적 범위는 원료 생산에서 식품 가공, 소매와 유통에까지 이르는 전체 가치사슬이 구축되어 있다(Lagnevik, 2008).

4. 외레순 식품 클러스터의 트리플 힐릭스 공간

1) 지식공간

외레순 지역은 유럽에서도 과학기술 역량이 가장 뛰어난 지역 가운데 하나로 평가받고 있어, 식품 클러스터의 혁신역량을 제고하기 위해 필요한 경쟁적인 R&D 자원을 확보하고 있다. 외레순 지역에는 룬드 대학교, 스웨덴 농업과학대학교, 말뫼 대학교, 코펜하겐 대학교, 왕립농업대학교, 덴마크 왕립교육대학교, 덴마크 왕립약학대학교, 로스킬드 대학교, 왕립도서정보대학교 등 14개 대학에 14만 명의 학생이 있으며, 이들 대학을 통틀어 외레순 대학교라고도 한다(Lagnevik, 2008). 외레순 대학교는 외레순 해협을 사이에 두고 있는 대학들 간에 자발적인 조정이 이루어지도록 한다.

스웨덴의 외레순 클러스터에서 가장 핵심적인 역할을 하는 연구기관은 룬드 대학교이다. 룬드 대학교는 인재 양성, 분리창업(spin-offs), 기술혁신을 주도하면서 클러스터의 경쟁력을 높이는 데 선도적인 역할을 하고 있다(Lagnevik, 2008). 스코네 지역에 속해 있는 룬드시에는 총 10만 명의 인구가 거주하고 있다. 룬드 대학교는 1666년에 설립된 매우 유서 깊은 대학으로, 현재 40,600명의 학생과 6,000명 정도의 교직원이 있을 정도로 룬드시의 매우 중요한 기관이며, 전체 인구의 약 50%가 학교와 관련이 있다. 따라서 지역에서 모든 연계고리가 대학과 이어지고 있으며, 외레순 클러스터의 지식적인 면에서 가장 핵심적인 역할을 하는 기관이라고 할 수 있다.

룬드 대학교의 기타 식품 관련 연구소로는 룬드 식품과학연구센터(Lund Food Science Centre), 혁신 및 기업가정신연구센터(Lund University Centre for Innovation and Entrepreneurship, LUCIE), 차세대 물류연구센터(Next Generation Innovative Logistics), 항당뇨 기능성식품연구센터(Antidiabetic Food Centre)가 있다. 덴마크에서 식품연구를 선도하는 대학은 왕립농업대학교(Royal Veterinary and Agricultural University)와 덴마크 기술대학교(Technical University of Denmark)이다. 연구범위는 식품 체인(농업기술부터 식품영양에 이르기까지)에 관한 것뿐만 아니라 식품 체인을 지원하고 이와 관련된 산업에 관한 모든 과학적 지식을 포함한다. 이뿐만 아니라 식품산업과 대학 간에 연구개발의 교환을 촉진시키기 위해 많은 대학과 기관이 설립되었다.

외레순 클러스터에는 식품 부문의 R&D를 담당하고 있는 12개의 연구기관과, 식품산업과 대학 간의 협력을 지원하는 16개의 조직이 있다. 외레순 지역은 기업의 연구개발에 관한 태도를 달리하여, 식품 부문에서 확고한 위치를 확립하고 있다. 스웨덴과 덴마크의 많은 식품기업은 공정, 포장, 유통 공장을 구축하고 있으며, 외레순 지역 내에 R&D 센터를 보유하고 있다. 이들 중 몇몇 기업은 식품산업과 관련 산업 및 지원 산업 부문에서 세계적 수준을 자랑하고 있다(Lagnevik, 2008).

외레순 지역은 기업에서 연구개발을 할 경우 많은 비용이 들기 때문에 상대적으로 저렴한 비용으로 연구개발 활동을 수행할 수 있도록 대학과의 연계체계가 잘 구축되어 있다. 이를 통해 룬드 대학교를 포함한 지역의 12개 대학이 식품산업과 관련된 연구개발 프로젝트에 참여하고 있으며, 이로써 대학과 대학 간, 대학과 기업 간의 공식적 및 비공식적 네트워크가 활성화되는 계기가 되고 있다(EMCC, 2006).

2) 합의공간

앞에서 언급한 바와 같이, 외레순 식품 클러스터의 혁신체계에는 외레순 지역의 14개 대학과 연구기관으로부터 나오는 식품산업과 관련된 지식창출 기반이 경쟁력의 원천이 되고 있다. 하지만 외레순 식품 클러스터는 2개의 국가에 걸쳐 있는 초국경적 산업클러스터 특성을 가지고 있을 뿐만 아니라 제도적 구성 형태와 특성에 있어서도 다양한 조직들이 혼재되어 있기 때문에, 이들 간의 네트워크를 형성하고 조정하는 메커니즘, 즉 트리플 힐릭스의 합의공간이 필요할 수밖에 없다.

외레순 대학교는 외레순 지역에 위치해 있는 대학들의 주도로 1997년에 설립되었으며, 2000년에 외레순 대교가 완공되면서 양 지역 대학 간의 교류는 더욱 긴밀해졌다. 이들은 단순히 명칭을 공유해서 사용하는 것을 넘어서서 각종 학사운영 및 연구개발에서 통합적인 운영을 하고 있다. 즉 개별 대학의 운영진 이외에 외레순 대학교의 운영을 위한 CEO와 이사회 및 실무진이 있으며, 특히 이들 실무진은 외레순 지역에서의 협력적 프로젝트와 재정을 관리하며 각종 정보 교류의 중심적인 역할을 수행하고 있다.

'외레순 과학위원회(Øresund Science Region, 이하 ØSR)'는 서로 다른 지역, 학문적 배경 그리고 국가를 넘어서서 외레순 지역의 통합과 성장을 증가시키기 위해 2002년 설립된 연합체적 기구로서 이 지역에 존재하는 산·학·관의 협력활동을 주도하고 있다. 여기에서 각 분야별로 필요한 연구 프로젝트를 개발하고 산·학 협력을 유도하는 클러스터 지원기관(Cluster Facilitator)으로 식품 분야의 외레순 푸드 네트워크(Øresund Food Network, 이하 ØFN), 의료 분야의 메디콘밸리 아카데미(Medicon Valley Academy), 환경 분야의 외레순 환경 아카데미(Øresund Environment Academy), 물류 분야의 외레순 로지스틱스(Øresund Logistic), 정보통신 분야의 외레순 IT(Øresund IT), 기업의 창업과 경영 분야의 외레순 기업가정신(Øresund Entrepreneurship), 나노기술 분야의 나노커넥트 스칸디나비아(Nano Connect Scandinavia) 등 7개 기관이 운영되고 있다. 각 분야별로 산·학 간 협력을 유도하기 위해 활동하던 이들 기관이 ØSR의 형성에 참여하였고, 또한 이를 중심으로 각 분

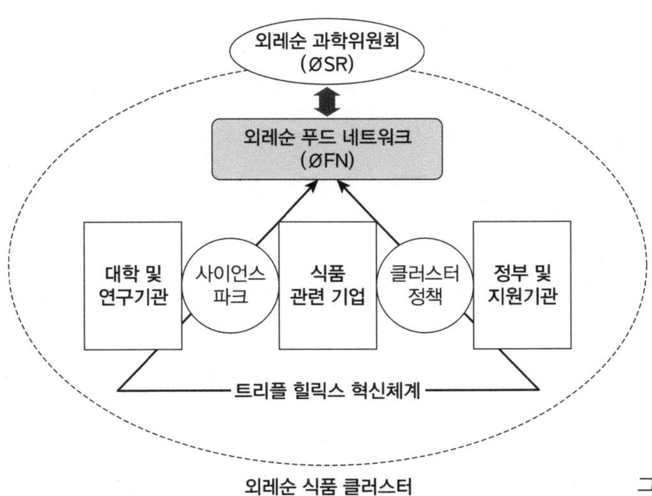

그림 13-2. 외레순 식품 클러스터의 구조

야별 협력을 강화하고 있는 체계이다. 외레순 과학위원회의 한 분과조직으로 설립된 외레순 푸드 네트워크(ØFN)는 외레순 식품 클러스터의 산·학·관 협력활동을 지원하는 중추적인 매개기관이다(그림 13-2). 이 기구를 중심으로 대학, 연구소, 식품 관련 업체, 행정기관 및 기타 공공기관 그리고 각종 산업 기반시설과 지원기관들이 협력하는 체계이다. ØFN은 EU 회원국들 간의 협력을 지원하는 유럽 발전프로그램(European Development Programme)의 일환으로서 스웨덴 룬드시에 있는 이데온 사이언스파크의 스웨덴과 덴마크 연구자들을 중심으로 1999년에 결성한 네트워크 조직이 그 모태이다.

ØFN의 설립 이후 2005년까지는 주로 EU의 지역 정책자금인 Interreg VI[2]를 통해 재정을 충당하였으며, 이 자금을 통해 대학과 산업체 간의 협력을 도모하는 프로젝트도 지원하였다. 여기에 부가해서 덴마크와 스웨덴 지방정부에서 지원하는 지식기반산업에 대한 지원금, 국가정책으로 지원되는 식품산업 지원금 등이 기본적인 재정기반이었다. 2005년 이후부터 회원들로부터 받은 회비와 각종 행사의 참가비도 재정수입의 한몫을 담당하고 있다. 이러한 재정수입의 다변화에도 불구하고 현재까지 ØFN 활동의 주요 재원은 중앙 또는 지방정부 그리고 대학의 지원금이다. 이외에 외레순 지역 식품산업 발전을 위한 각종 협력적 연구를 추진하기 위해 외부에서 수주한 연구비가 많은 비중을 차지하고 있다. 이러한 ØFN의 재원 변화과정은 ØFN의 역할 변화를 반영하는 것이다. 즉 2005년까지는 주로 식품업체들의 이해와 요구를 대변하는 기관으로서의 역할을 수행하였지만, 2005년 이후에는 식품 클러스터의 촉진자(facilitator)로서 클러스터 참여자 간의 협력을 중재하는 중립적인 기관으로서의 역할로 변화된 것이다. 이러한 ØFN의 변화는 외레순 대학교의 설립과 외레순 과학위원회(ØSR)의 창설에 따라 외레순 지역 전체의 클러스터 운영 및 지원체계가 정비되면서 나타난 것이라고 할 수 있다(김태연 외, 2009).

2007년 현재 ØFN에 가입한 식품산업 관련 기관 회원은 73개이며, 식품업체, 금융기관, 컨설팅기관, 연구기관, 지방정부, 대학 등 외레순 식품 클러스터를 구성하고 있는 대부분의 주요 기관들이 포함되어 있다(Øresund Food Network, 2009). ØFN의 조직구성과 관련된 몇 가지 흥미로운 사실이 있다. 즉 ØFN의 이사회가 외레순 식품 클러스터를 구성하고 있는 산·학·관의 대표들로 구성되어 있으며, 의장은 업계 대표격인 다니스코 슈가(Danisco Sugar)의 임원이 맡고 있다는 점이다. 이것은 기본적으로 ØFN의 활동이 실질 수요자인 기업의 니즈를 반영하면서도, 클러스터의 산·학·관 주체들을 모두 포함하여 실질적인 네트워크 거버넌스의 매개 주체로서 자리매김할 수 있음을 의미한

2 EU 지역정책에서 실시하는 지역발전정책의 일환으로 주로 지역 간 및 부문 간 협력활동을 지원하는 프로그램이다.

다. 또한 ØFN의 사무실은 업무의 용이성을 위해 덴마크의 코펜하겐에 둔 반면, ØFN의 단장은 스웨덴 여성인 마리아 올로프스도테르(Maria Olofsdotter)가 맡고 있고, 직원들은 전문 역량에 따라 스웨덴인과 덴마크인을 균형 있게 선발하여 운영하고 있다는 점은 ØFN이 초국경적 클러스터 매개기관으로서의 특성을 반영하는 것이라 할 수 있다. 마지막으로 ØFN은 단장을 포함하여 직원이 8명에 불과한데, 모든 직원들은 프로젝트 리더로서 각종 이벤트 기획, 네트워크 조정, 각종 계획 수립 및 평가 등을 모두 수행하고 있다는 점이 특징적이다.

외레순 푸드 네트워크는 외레순 지역의 식품산업 발전을 위한 지원기관으로 학계, 정부기관 및 단체, 산업체 간의 접촉과 정보교환을 증가시키는 것을 주요 내용으로 활동하고 있다. 이를 위해 ØFN의 장기적 목표는 외레순 클러스터를 식품 분야에 있어 지식과 기술 면에서 세계 최고의 역동적인 지역으로 만드는 것이며, 단기적으로는 과학기술과 산업체 간의 협력적 활동을 통해 이들의 재정적인 성장을 도모하는 데 기여하는 것이다(ØFN 관계자 인터뷰 결과).

이러한 활동을 통해 식품산업 부문의 산·학·관 협력이나 다른 산업 부문과의 협력 프로그램을 구축하고, 여기에 외레순 지역의 업체, 연구자, 정책담당자, 산업체 종사자 및 창업예정자들이 참여하도록 독려한다. 이 과정에서 다양한 컨퍼런스와 워크숍을 개최하기도 하고, 실제 관련자들 간의 네트워크를 형성해서 구체적인 문제를 다루도록 촉구하기도 한다. 결과적으로 ØFN의 네트워크 활동은 식품산업 분야에서 우수한 연구인력을 지속적으로 양성할 수 있는 체제를 갖추는 것이고, 새로운 협력적인 연구과제를 도출함으로써 신기술을 개발할 수 있도록 하는 것이다. 이것은 자연스럽게 첨단기술을 갖춘 연구자의 창업을 장려하는 결과를 유도하고, 결과적으로 외레순 식품산업 클러스터의 내적 집적도를 높이고 외적인 성장을 가능하도록 하는 기반이 되는 것이다. 이러한 네트워크 및 산·학·관 협력활동의 과정에서 중앙정부 또는 지방정부의 참여는 식품산업의 발전에 필요한 다양한 정책적 지원을 시의적절하게 시행할 수 있도록 하는 것이다.

ØFN의 프로젝트 리더들은 각 분야의 전문가 및 관련 기관 종사자들을 만나면서 새로운 협력적 프로젝트를 개발하는데, 그 유형은 크게 4가지로 구분할 수 있다(ØFN, 2009).[3] 첫 번째 유형은 산학협력적인 박사학위 논문 프로젝트로서, 실제 박사학위 연구자들과 산업체 종사자 및 연구자들과의 협력을 통해 기초기술뿐만 아니라 응용기술의 발전을 도모하고 연구인력을 양성하는 데 목적을 두는 것이다. 두 번째 유형은 식품산업의 능력 향상을 위한 식품산업기술교육과정 개발 프로젝트로서, 식품산업과 다른 분야 간의 협력적 교육과정 등을 통해 구체적으로 현장에서 애로를 겪고 있는 문제

3 ØFN의 활동 사례에 대한 내용은 필자의 선행연구인 김태연 외, 2009의 내용을 부분적으로 인용하였다.

에 대한 해결 방안을 모색하고 새로운 분야의 연구주제와 기술을 개발하는 데 목적을 두는 것이다. 세 번째 유형은 시장접근을 위한 지식을 심화시키는 프로젝트로서, 관련 시장과 수요에 대한 충분한 분석을 바탕으로 새로운 기술과 제품이 효과적으로 시장에 접근할 수 있는 방안을 제시하는 데 목적을 두는 것이다. 네 번째 유형은 외레순 지역이 식품산업에서 매우 우수하다는 것을 홍보하는 프로젝트이다. 이는 높은 수준의 연구개발 능력을 바탕으로 전 세계에서 관련 기업이나 연구소를 유치하고 네트워크를 형성하기 위한 것이다.

3) 혁신공간

스웨덴의 스코네 지역에는 이데온 사이언스파크(Ideon Science Park)를 중심으로 다양한 식품 관련 기관이 밀집되어 있다. 룬드 대학교 인근에 조성되어 있는 이데온 사이언스파크는 스칸디나비아 최초의 사이언스파크로서 룬드 대학교의 연구성과를 산업화하기 위한 목적에서 1983년 설립되었다(그림 13-3). 초기에는 외부 업체들을 유치하는 데 초점을 두었으나 2000년부터 신생 벤처기업에 대한 지원(Växthuset 정책)을 시작하였으며, 여기에는 룬드 대학교, 이데온 센터(Ideon Center), 테크노폴(Teknopol) 등의 기관이 참여하고 있다. 특히 2004년에는 영구적으로 창업보육의 기능만을 담당하는 이데온 이노베이션(Ideon Innovation) 재단을 설립하고 혁신적인 아이디어를 가진 신생업체를 지원하고 있다. 현재 이데온 사이언스파크에는 총 250여 개의 신생기업이 있으며, 총 2,500명의 인력이 근무하고 있다.

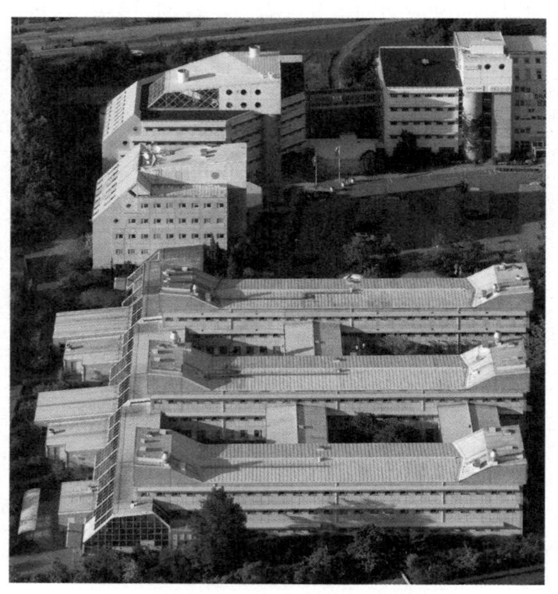

그림 13-3. 이데온 사이언스파크의 전경

스웨덴 외레순의 식품 클러스터에는 이데온 사이언스파크 이외에도 5개의 창업보육센터가 더 운영되고 있다. 이들 창업보육센터에는 주로 10인 이하의 기업이 입주하고 있으며, 10인 이상의 종업원을 고용하는 기업으로 그 규모가 커지면 창업보육센터에 입주할 수 없다. 식품회사뿐만 아니라 소니-에릭슨 같은 기업들은 대학과 일정한 연계관계를 맺기 위해 주로 코펜하겐, 말뫼, 룬드 지역 인근에 약 70%가 입지하고 있다.

즉 클러스터 밀집지역은 지리적 근접성을 이점으로 이용하여 서로 다른 분야에서도 협력하고 있는 것이다.

보육센터에서는 매년 평균 약 20개의 외국 기업이 유치상담을 하고 있으며, 외부 기업은 기업의 목적과 의도에 대해 토의하고 스웨덴 시장의 현황과 장점에 대해 홍보한 뒤 입주하게 된다. 이 지역에 입지하고 있는 기업들은 포장, 첨가물, 설비, 냉동과 같은 분야에서 세계적 수준을 자랑하고 있다.

이데온 사이언스파크에서 성공한 대표적인 기업인 프로비(PROBI AB)의 사례는 외레순 식품 클러스터의 트리플 힐릭스 혁신공간으로서 이데온 사이언스파크의 역할을 잘 나타낸다고 할 수 있다.[4]

프로비는 1991년 룬드 대학교의 분리창업 기업으로 이데온 사이언스파크에서 설립된 기업이다. 이 회사는 건강보조 기능성 식품과 약품에 쓰이는 박테리아의 연구개발 및 상업화를 목적으로 한 생명공학 업체로 출발하였다. 기본적으로 기술집약적인 연구개발 기업의 성격이 강하기 때문에 룬드 대학교를 비롯한 외레순 지역 안팎의 대학 및 연구개발 중심 기업들, 그리고 스코네데어리(Skåne Dairies)나 다논(Danone) 같은 대규모 식품업체와의 협력 프로젝트를 광범위하게 수행하였다. 이 회사는 룬드 대학병원과 룬드 대학교의 연구진들이 수행하고 있는 연구과제에 주목하였다. 이 연구진들은 수술 후 항생제 처방으로 인해 환자의 회복이 더디게 진행되는 문제를 해결하기 위해 수술 후 회복증진용으로 오트밀로 만든 액체를 개발하는 데 주력하고, 그에 필요한 박테리아를 찾아내는 데 초점을 두고 있었다.

이 무렵 프로비는 대학병원의 연구진이 찾던 박테리아를 규명하고 배양하는 데 성공하였다. 하지만 이 회사 연구진의 일부는 그들이 개발한 박테리아가 의료용을 넘어 훨씬 광범위한 분야에 활용될 가능성이 높다고 보았다. 룬드 대학교 졸업생인 이 회사의 설립자는 과거에 자신을 지도했던 스코네데어리[5]의 임원에게 연락해서 기능성 식품을 공동개발할 것을 제의하였다. 스코네데어리는 프로비의 제의를 받아들여 프로비의 자회사로 프로비푸드(PROBI FOOD AB)를 설립하고, 기능성 식품 개발에 착수하였다. 두 회사의 합작으로 1994년 '프로비바(Pro Viva)'라는 기능성 식품을 출시하였는데, 시장 출시 때부터 2000년까지 생산량이 매년 100%씩 증가하는 대성공을 거두었고 현재도 신제품 개발을 지속하면서 브랜드를 유지하고 있다.

외레순 식품 클러스터에는 기업과 대학 간의 협력이 일상적으로 진행되고, 대기업과 중소기업 간의 조인트벤처 및 기술협력 사례들이 빈번히 나타난다. 이 가운데 이데온 사이언스파크는 산·학·관

4 프로비의 사례는 EMCC(2006)와 회사 홈페이지(http://www.probi.com)의 내용을 주로 참고하여 작성하였다.
5 스코네데어리는 1964년 설립된 식품업체로 말뫼에 본사를 두고 있으며, 종업원 800명의 대기업이다. 스웨덴 남부지방에 4개의 생산기지를 가지고 있으며, 외레순 지역의 대학 및 기업들과 활발한 연구개발 협력을 하고 있다.

이 트리플 힐릭스 체계를 구축하는 데 주요한 혁신공간으로 기능하고 있는 대표적 거점이라고 할 수 있다.

4) 종합

지금까지 분석된 내용을 토대로 외레순 식품 클러스터의 트리플 힐릭스 체계의 특성을 3개 층위의 트리플 힐릭스 공간을 중심으로 도식화한 것이 〈그림 13-4〉이다. 외레순 지역의 대학들은 1990년대 중반까지만 해도 명시적인 협력 네트워크 체계를 갖추지 않고 제각각 독립적인 운영을 해 왔으나, 1997년부터 비로소 지역 대학 협력 거버넌스 기구인 외레순 대학교가 설립되면서 지식공간의 체계가 갖추어지기 시작하였다. 외레순 대학교는 사무국을 통해 외레순 지역에서의 협력적 프로젝트를 관리하고, 재정을 관리하며 각종 정보 교류의 중심적인 역할을 수행하면서 트리플 힐릭스 지식공간의 역할을 수행하고 있다.

외레순 푸드 클러스터의 핵심적인 합의공간인 외레순 푸드 네트워크는 외레순의 산·학·관 주체들을 효과적으로 연계하고 혁신 시너지를 창출하는 역할을 담당하고 있다. 특히 이 조직은 민간의 주도하에 설립되었고, 운영체계와 재원조달 또한 산·학·관의 공동참여 및 출연을 토대로 한다는 점에서 외레순 푸드 클러스터 산·학·관 전반의 시스템 조직자(System Organizer)의 역할을 수행하고 있다. 이뿐만 아니라 외레순 푸드 네트워크는 지역 식품산업의 경쟁력 강화를 위한 전략적 혁신 및 재구조화를 유도하는 다양한 계획 및 프로그램을 운영함으로써 비전 제시자(Vision Provider)의 역할 또한 수행하고 있다.

마지막으로, 이데온 사이언스파크를 중심으로 한 혁신공간은 기술혁신의 공간적 요람이자 산·학·연 네트워크의 공간적 결절로서 기능한다. 외레순 식품 클러스터에서 혁신공간은 1980년대 후반부터 출현하기 시작하였다. 특히 이데온 사이언스파크는 식품산업과 제약산업, 그리고 정보통신산업이 결합된 혼합형의 산업구조를 가지고 있어서 바이오산업의 성격을 띠고 있는 기능성 식품산업의 기술혁신 창출에 중요한 기여를 하고 있다. 아울러 룬드 대학교를 비롯한 각종 연구기관과의 근접성을 바탕으로 혁신이 활발하게 일어날 수 있는 토대를 제공하고, 이데온 이노베이션 재단 등 산·학·연 네트워크를 제도

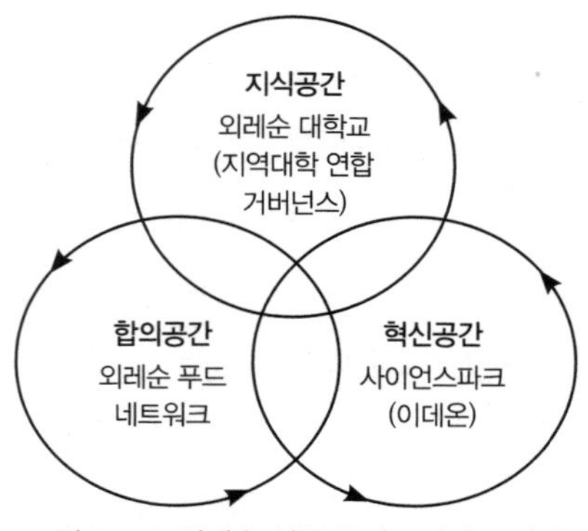

그림 13-4. 외레순 식품 클러스터의 트리플 힐릭스 공간

적으로 뒷받침하는 조직적 장치들이 최근 들어 마련되면서 이데온 사이언스파크는 트리플 힐릭스 체계를 구성하는 사회적 인프라의 거점 역할을 수행하고 있다.

5. 트리플 힐릭스 체계 구축과 정부정책

외레순 식품 클러스터는 덴마크와 스웨덴의 양국에 걸쳐 있는 초국경적 산업클러스터이다. 그럼에도 불구하고 양국 간의 초국경적 식품 클러스터 육성 정책은 상이하다(ØFN 관계자와의 인터뷰 결과). 덴마크는 중앙정부와 개별 지방정부 단위에서 식품산업 지원 정책을 산발적으로 추진하고는 있으나, 포괄적인 식품 클러스터 육성 정책을 추진하고 있지 않다. 반면에 스웨덴은 스코네 지방정부와 지역개발기구를 축으로 지역 단위에서 활발한 식품산업 육성 정책을 추진하고 있다(Veimeire et al., 2008). 아울러 양 국가는 기능성 식품과 유기농 식품을 특화 부문으로 선정하고, 식품산업 R&D 역량강화, 지식이전과 혁신체계의 강화를 목표로 한 재정지원의 확대 등의 식품 클러스터 정책 기조의 변화가 곳곳에서 감지되고 있는 것은 외레순 식품 클러스터의 입장에서는 기회 요인이라 할 수 있다.

따라서 외레순 식품 클러스터를 구성하는 공간 범위에서 가장 적극적인 육성 정책을 추진하고 있는 스웨덴의 스코네 지역 식품 클러스터 육성 정책을 구체적으로 고찰하고자 한다. 스코네 지방정부는 지역의 사회적·경제적 발전을 책임지고 있으며, 스코네 지역을 유럽에서 가장 혁신적인 지역으로 만드는 것을 목적으로 하고 있다. 스코네 지역은 식품과 생명공학이 주요 산업 분야이므로 스코네를 국제적으로 홍보하는 것에 가장 큰 주안점을 두고 있다. 스코네 지방정부는 클러스터의 발전에 크게 관심을 가지고 여러 가지 지원을 하고 있으며, 현재 지방정부 내 총 6개의 부서 중 3개의 부서가 식품 클러스터에 관한 업무와 관련되어 있다. 정부부처가 식품산업에 개입하기 시작한 것은 1980년대 후반에서 1990년대 초반이었지만, 이것은 매우 소규모 지원 프로젝트였으며 실제로 식품산업 혁신을 위한 프로젝트는 2003년부터 시작되었다.

1980년대 말에 시작된 정부의 프로젝트는 대부분 지역식품에 대한 연구 프로젝트였다(그중 하나가 LOK 프로젝트: Farming, Food and Competitiveness). 이 프로젝트는 당시 지방정부가 EU 가입에 따른 지역산업에 대한 영향을 판단하기 위해 시작한 것이었다. 그러한 연구 프로젝트가 진행된 결과 지역의 식품산업에 대한 지원이 필요하다는 판단에 따라 정부가 지원을 시작하게 되었다. 외레순 식품 클러스터는 스코네 지방정부 주도로 이니셔티브를 추진하고 있으며, 각종 프로그램의 추진에 있어 중앙정부와 협력하고 있다. 지방정부의 역할은 재정지원, 프로그램 주도, 각종 프로그램의 참여자이지만, 지방정부가 모든 것을 시작하는 것은 아니라 기업이나 대학 등에서 요구가 있을 경우 프로젝트를 진행하거나 덴마크 등과의 협력을 중재하는 것이다.

이러한 클러스터 지원 사업은 스웨덴의 과거 산업지원 정책과 비교할 때 전혀 새로운 형태의 지원이다. 기존에는 낙후지역에 우선적으로 재정적 지원을 하였으나, 산업클러스터 지원 사업에서는 산업의 경쟁력 및 혁신성을 강화할 수 있는 구체적인 계획에 대해 지원한다는 점에서 차이가 있다. 이러한 재정지원 방식은 전혀 새로운, 획기적인 지역 재정지원 방식인 것이었다. 과거에는 단지 지역에서 얼마나 필요한지를 기준으로 재정지원을 하였지만, 현재는 지역이 어느 정도 발전할 수 있는지, 국제적 경쟁을 할 수 있는지 등을 기준으로 지급하고 있다. 또한 과거에는 1년 또는 단지 몇 년간의 재정지원이 이루어졌다. FII의 경우는 총 10년간의 장기적인 재정지원이 보장된다. 대학은 원칙적으로 지식제공 기관이지만 소규모 자금지원이 행해지고 있다.

애슈하임과 쿠넌(Asheim and Coenen, 2005)은 스코네의 식품 클러스터를 네트워크화된 혁신체계(networked innovation system)로 규정하고, 클러스터 관련 주체들이 지역에 뿌리내려져 있으며 국지적인 상호학습을 활발하게 가지고 있는 혁신체계라고 평가하고 있다. 그들에 따르면, 스코네 지역에는 1990년대에 이미 지역의 식품산업 관련 산·학·관 주체들이 모여 '스코네 식품 아카데미(Skania Food Academy)'라는 협력 네트워크 조직을 결성하였다. 다시 말해서 이 시기에 이미 식품 클러스터의 트리플 힐릭스 체계가 구축되기 시작한 것이다.

6. 정책적 시사점

외레순 식품 클러스터에는 클러스터를 구성하고 있는 각각의 주체들이 독립적으로 강력한 혁신역량을 갖추고 있을 뿐만 아니라 기업 간, 기업과 대학 간, 대학과 대학 간 등 다양한 형태에서 산·학 협력 네트워크가 동태적으로 발현될 수 있도록 하는 이른바 트리플 힐릭스 공간들이 잘 구축되어 있었다. 이와 같은 우수한 트리플 힐릭스 공간의 구축은 우리나라의 혁신 정책 및 클러스터 정책에 대해 시사하는 바가 크다.

첫째, 지식기반사회에서 경쟁력의 핵심은 클러스터를 구성하는 제도의 형성과 존재가 관건이 아니라 오히려 갖추어져 있는 제도들을 어떻게 하면 효과적으로 작동하게 만들고, 그들 간의 상호작용이 역동적으로 일어날 수 있도록 하는 암묵적 및 명시적 제도기반을 어떻게 갖추느냐이다. 이에 따라 지역 산업이 혁신클러스터로 성장할 수 있느냐 없느냐가 판가름 나기 때문에, 결국 우리나라도 기존의 클러스터를 구성하는 제도 구축 중심에서 제도들의 효율적 작동에 초점을 맞추는 정책으로 전환하여야 할 것이다.

둘째, 외레순 식품 클러스터에서 국제 간 산·학·관 협력을 통한 트리플 힐릭스 체계의 형성은 기존의 우리나라 클러스터 육성 정책에서 당해 행정구역 내의 산·학·관 주체만으로 혁신체계를 구성하려는 제도적 기반 구축의 한계점을 극복하고, 나아가서 지속적인 경쟁력을 확보하기 위한 방향을 제시할 수 있을 것이다. 특히 상이한 제도적 및 사회경제적 배경을 가지고 있는 덴마크와 스웨덴의 이질적인 요소들이 지리적 근접성과 산업적·기술적 공통성을 바탕으로 전략적인 네트워크 거버넌스를 구축하고 있다는 점에서 외레순 식품 클러스터 혁신체계는 월경적 지역혁신 거버넌스 구축 사례의 모범 사례라고 할 수 있다.

마지막으로, 트리플 힐릭스의 지식공간 관점에서 지식생산의 주체인 대학은 각자가 보유하고 있는 전문 역량을 구축하면서도 인접 대학이 보유한 차별적 역량을 상호보완적으로 교차 활용하고 있다는 점에 주목할 필요가 있다. 또한 외레순 사례가 시사하는 바와 같이, 테크노파크, 과학기술단지 등의 혁신공간은 기업활동을 위한 단순한 물리적 용기의 제공자 역할을 넘어 네트워크의 브로커로서 거듭날 수 있어야 할 것이다. 하지만 트리플 힐릭스 공간의 관점에서 무엇보다 중요한 시사점은 합의공간의 구축이라고 할 수 있다. 지식공간과 혁신공간이 트리플 힐릭스의 주체로서 실질적인 기능을 다하기 위해서는 트리플 힐릭스 주체들을 매개하는 조직적 구심점, 즉 합의공간의 역할이 매우 중요하다. 특히 외레순 푸드 네트워크(ØFN) 사례에서도 알 수 있듯이, 합의공간이 효과적으로 작동하기 위해서는 기업의 수요를 충실히 반영할 수 있으면서도 어느 주체의 간섭도 받지 않고 독립적이고 전문적인 역량을 발휘할 수 있는 산·학·관 통합적인 네트워크 브로커를 구축하여야 할 것이다.

• 참고문헌 •

김정호·김태연, 2004, 지역농업 클러스터 육성방안, 한국 농촌경제연구원.

김태연·윤갑식, 2006, 충청남도 지역농업클러스터의 추진 실태와 육성방안, 충남발전연구원.

김태연·이철우·이종호, 2009, "외레순식품클러스터의 산·학·관협력체계", 식품유통연구, 26(4), 77-100.

박삼옥, 2006, "지식정보사회의 신경제 공간과 지리학 연구의 방향", 대한지리학회지, 41(6), 639-656.

옥한석, 2006, "한국의 포도재배와 와인테마마을 조성 가능성에 관한 연구-영월군을 중심으로", 한국지역지리학회지, 12(6), 720-732.

이종호, 2005, "지역농산업산지의 혁신환경과 클러스터육성 전략: 봉화군 고추농산업 사례", 한국지역지리학회지, 11(2), 233-246.

이종호 · 이철우, 2008, "집적과 클러스터 개념과 유형 그리고 관련 이론에 대한 비판적 검토", 한국경제지리학회지, 11(3), 302-318.

Asheim, B. and Coenen, L., 2005, Knowledge bases and regional innovation systems: comparing Nordic clusters, *Research Policy,* 34(8), 1173-1190.

Beckman, M. and Skjoldebrand, C., 2007, Clusters/networks promote food innovations, *Journal of Food Engineering,* 79, 1418-1425.

Casas R., de Gortari R. and Santos M. J., 2000, The building of knowledge spaces in Mexico: a regionalapproach to networking, *Research policy,* 29(2), 225-241.

Coenen, L. and Moodysson, J., 2008, Putting constructed regional advantage into Swedish practice? The case of the VINNVÄXT initiative 'Food Innovation at Interfaces', *CIRCLE Working Paper,* 2008/11.

Cooke, P., 2004, *University Research and Regional Development, Brussels, A Report to EC-DG Research*, European Commission.

EMCC, 2006, *The food cluster in the Øresund region*, European Foundation for the Improvement of Living and Working Conditions.

Etzkowitz, H., 2002, *MIT and the Rise of Entrepreneurial Science*, Routledge, London.

Etzkowitz, H, 2008, *The Triple Helix: University-Industry-Government Innovation in Action,* Routledge, London and New York.

Etzkowitz, H. and Leydesdorff, L., 2000, The dynamics of innovation: from National Systems and "Mode 2" to a Triple Helix of university-industry-government relations, *Research policy*, 29, 109-123.

Hospers, G.-J., 2006, Borders, bridges and branding: the transformation of the Øresund region into an imangined space, *European Planning Studies,* 14(8), 1015-1033.

Lagnevik, M., 2008, Food innovation at interfaces:Experience from the Öresund region, in Hulsink, W. and Dons, H. (eds.), *Pathways to High-Tech Valleysand Research Triangles: InnovativeEntrepreneurship, Knowledge Transfer and Cluster Formation in Europe and the United States*, Springer, Dordrecht, 275-292.

Lagnevik, M., I. Sjöholm, A. Lareke and J. Östberg, 2003, *The Dynamics of Innovation Clusters: A Study of the Food Industry*, Edward Elgar Publishing, Cheltenham.

Maye, D. and Ilbery, B., 2006, Regional economies of local food production: tracing food chain links between 'specialist' producers and intermediaries in the Scotish-English borders, *European Urban and Regional Studies,* 13(4), 337-354.

ØFN, 2009, Øresund Food Network, http://oresundfood.org/?page=focusareas&ocusarea=1208274677&theme=1223976240/.

Olofsdotter, M., 2008, Learning lessons in the development of food clusters, Öresund Food Network.

Øresund Committee, 2009, Øresund Trends 2008, http://www.tendensoresund.org/.
Vermeire, B., Gellyncket, X., Bartoszek, P. and Rijswijk, L., 2008, Strategic objectives for developing innovation clusters in the European food industry: Report of overall SWOT analysis and Strategic Orientation in the FINE project, Food Innovation Network Europe.
http://www.copcap.com/
http://eng.em.dk/
http://www.foodoresund.com/
http://www.probi.com/

제14장

중관촌 클러스터 연구개발 네트워크의 특성

1. 머리말

최근 세계경제가 지식기반경제로 변화하고 있는 가운데 첨단산업의 발전이 국가경쟁력의 주요 요소가 되었을 뿐만 아니라 경제와 사회 발전의 원동력이 되고 있다. 이에 따라 세계 각국은 지속적인 경제발전을 위한 경쟁우위를 확보하기 위해 신기술, 창조적 아이디어를 기반으로 하는 첨단산업의 활성화에 많은 노력을 기울이고 있다. 또한 첨단산업 클러스터 개발은 1980년대 이후 선진국 중심의 세계경제 운영체계의 재구조화 과정(restructuring process)에서 등장한 지역성장 정책의 핵심적인 정책수단의 하나가 되고 있다(조흥수 · 고영구, 1994).

1990년대 이후 첨단산업 클러스터가 미국, 일본, 유럽과 같은 주요 선진국의 경제발전 모델로서 높은 가시적 효과를 보이자, 개발도상국에서도 첨단산업 클러스터에 대한 관심과 전략적 벤치마킹이 몇 년 사이에 크게 증대되었다. 즉 세계 여러 나라에서는 첨단산업의 산업단지 등 물적 인프라를 확보하고, 이 위에 클러스터의 제도적 틀을 도입함으로써 전문 인력 · 자본 · 기업과 같은 이동성이 강한 자원을 확보하고 과학기술 활동과 산업구조, 네트워킹과 협력 및 신뢰 분위기 등을 정착시켜 기업혁신을 촉진하고 지역경제를 활성화시키며 지역의 성장을 촉진하고자 첨단산업 클러스터를 조성하기 시작하였다(전동호, 2007).

이러한 최근의 상황과 맞물려 중국도 지속가능한 경제발전을 위해, 기술발전을 통한 생산성 향상을 근간으로 하는 경제성장을 꾀하면서 첨단산업 클러스터(高新技術産業開發區)의 육성에 대한 정책적 관심이 확대되고 있다. 중국은 이미 1950년대부터 과학기술을 산업화하는 정책을 지속적으로 추진해 왔다. 그리고 이것은 개혁 · 개방 이후 1986년 3월부터 실시된 국가경쟁력 향상을 위한 기반을 조성하는 첨단기술의 연구개발이 목적인 '863계획'과 '횃불계획(火炬計劃)'[1] 등으로 이어져 이미 1990년대 중반부터 국가급 첨단산업 클러스터는 각 지역의 생산과 기술혁신의 거점으로 자리 잡아왔다(이정표 외, 2006). 특히 2001년 세계무역기구(WTO) 가입에 따라 산업경쟁력 제고를 위한 첨단산업 클러스터 육성 사업이 크게 강화되고 있다.

그리고 중국 제11차 5개년계획(2006~2010년)부터는 '자주적 혁신역량'을 달성하고자 독자적인 과학기술을 강화·육성하려는 노력이 이루어지고 있는데, 제11차 5개년계획에서 명시한 '자주적 혁신' 전략의 중요한 정책적 의의를 가지는 것이 첨단산업 클러스터이다. 그러나 이러한 정책적 중요성에도 불구하고 중국의 첨단산업 클러스터에 관한 연구, 특히 연구개발 네트워크와 이에 관한 실증적 연구들은 제대로 이루어지지 않고 있다. 그 이유는 무엇보다 1990년대까지 네트워크에 관한 실증연구의 분석 틀 및 연구방법론에 대한 연구가 중국 내에 소개 · 정착되지 않았기 때문이라고 할 수 있다. 최근 해외 유학파의 귀국과 국제 학술교류의 활성화에 힘입어 점차 중국 학계에도 클러스터 관련 연구들이 축적되고 있으나 이와 관련한 실증연구, 특히 개별 클러스터를 사례로 설문조사 및 심층 면담조사 등을 이용한 실증적 경험연구는 전무하다고 해도 과언이 아니다. 왜냐하면 중국의 개별 기업 혹은 각 개인뿐만 아니라 첨단산업 정보에 대한 통제 및 경계가 매우 심하기 때문에 기업체에 대한 설문조사와 관계자들의 심층 면담조사는 거의 불가능하기 때문이다. 이러한 이유로 중국의 산업클러스터에 관한 대부분의 연구들은 여전히 해당 클러스터의 개괄적인 현황 분석과 이에 기반한 정책적 대안을 제시하는 수준의 연구가 주류를 이루어 왔다. 물론 소수에 지나지 않지만 설문조사를 이용한 연구들이 없는 것은 아니다. 그러나 이들 연구도 설문의 내용 및 구성이 매우 단순하기 때문에 결국은 연구의 질이 떨어질 수밖에 없다(鲍曉多, 2009).

이에 본 장에서는 중국을 대표하는 첨단산업 클러스터인 베이징 중관촌 클러스터(中關村科技園區)를 사례로 첨단산업 클러스터의 핵심적 존립기반이라고 할 수 있는 클러스터를 구성하는 주체 간의 네트워크, 특히 연구개발 네트워크의 특성을 설문조사와 심층 면담조사를 통해 분석하고, 이를 기초로 정책적 함의를 제시하고자 한다.

1 횃불계획의 취지는 과학교육을 통한 국가진흥전략의 실시와 개혁 · 개방 총체적 방침의 관철 실행을 통해 중국 과학기술역량의 우위와 잠재력을 발휘하여 시장지향적인 첨단기술 성과의 상품화, 산업화 및 국제화를 촉진하는 것이다.

2. 중관촌 클러스터의 개관과 특성

1) 중관촌 클러스터의 개관

중관촌(中關村) 클러스터는 중국 베이징시(北京市) 서북부의 해정구(海淀區)를 중심으로 조성된 첨단 클러스터이다. 중관촌 지역이 클러스터로 모습을 갖추기 시작한 것은 1980년대 후반 이후이다. 그 이전의 1980년대 초반까지는 대학이나 연구기관용으로 수입된 전자기기와 전자부품을 판매하는 전기전자 전문상가의 집적지라고 할 수 있었다. 그러나 세계경제에서 기술과 지식집약적인 첨단산업이 차지하는 비중이 크게 높아지면서 첨단산업의 발전은 지역이나 국가의 경쟁력을 가늠할 수 있는 중요한 척도가 되었고, 중국은 1980년대 후반부터 첨단기업 육성에 관한 각종 지원책을 마련하여 첨단기업의 육성에 많은 노력을 기울였다. 그 대표적인 사업이 클러스터의 조성이며, 그 일환으로 국가 차원에서 1988년에 최초로 건설된 것이 중관촌 클러스터로, 1990년대 이후 중국 첨단산업을 선도하는 클러스터로서의 위치를 차지하고 있다. 중관촌 클러스터에 입지한 베이징 대학(北京大學), 칭화 대학(清華大學), 중국과학원 등 고등교육·연구기관은 세계적인 첨단산업 클러스터로 발전하는 데 크게 기여하였다. 이뿐만 아니라 1990년대 중반 이후 중앙정부의 '과교흥국(科教興國: 과학기술과 교육을 발전시켜 나라를 부흥시킨다는 뜻)'의 전략적인 거점으로 지정되어 중앙정부 차원의 전폭적인 지원을 받아 비약적으로 발전하였다.

중관촌 지역이 전기전자 전문상가에서 클러스터로 변모하는 결정적인 계기가 된 것은 1988년 중국 최초의 하이테크 산업 시험클러스터인 '베이징시 신기술산업개발 시험클러스터'의 설립이라고 할 수 있다. 1988년 당시 베이징시 신기술산업개발 시험클러스터 내 기업은 500개 정도였으나, 1993년에는 약 3,700개, 1998년에는 약 4,500개로 급격하게 늘어났다. 그 결과 산업용지 및 인프라 부족을 해소할 목적으로 1999년에 중관촌 클러스터를 조성하였다. 중관촌 클러스터는 조성된 당시 입주 기업이 약 4,800개로, IT 분야가 80%로 대부분을 차지하며, 신소재·에너지·환경 분야가 9%, 첨단설비 제조 분야가 6%, 바이오 분야가 3%를 차지하였다. 즉 IT 분야가 중관촌 클러스터 연구개발 기능의 핵심 분야로서 컴퓨터 및 주변기기, 소프트웨어, 통신기기, 인터넷 비즈니스 등이 특화되어 있었다(정명기, 2004). 그 후 중관촌 클러스터는 하이테크 산업 연구개발 중심의 지역으로 발전하여 2009년에는 국무원이 중관촌 클러스터를 중관촌국가자주혁신시범구(中關村國家自主創新示范區)로 지정하였다. 이뿐만 아니라 중관촌 클러스터는 세계적인 경쟁력을 갖춘 혁신적인 하이테크 산업 클러스터의 하나로 발전하고 있다.[2] 이렇게 중관촌 클러스터가 급속하게 발전할 수 있었던 주요한 입지 요인으로는 정부의 정책지원, 잘 갖추어진 사회간접시설 및 부대시설, 연구개발 네트워크 구축 및 연구개발 인력 확보 용이성, 그리고 클러스터라는 집적효과 등을 들 수 있다(詹軍, 2012).

2) 중관촌 클러스터의 특성

(1) 규모별·산업별 구조

중관촌 클러스터는 중국 최대 규모의 첨단산업 클러스터로, 그 지위는 2010년 현재 중국 전체 첨단산업 클러스터의 총수입 16.4%, 기업 수 30.4%, 공업생산액 6.6%, 이윤 17.7%를 차지하고 있다. 그리고 중관촌 클러스터는 중국 전체 첨단산업 클러스터의 총수입, 기업 수, 생산액, 이윤 등 부문에서 1위를 차지하고 있다(표 14-1). 이를 통해 중관촌 클러스터는 중국 첨단산업 클러스터에서 중요한 지위를 가진 것을 알 수 있다.

중관촌 클러스터의 실태를 〈표 14-2〉를 통해 규모별·업종별로 살펴보면, 먼저 규모에서는 대기

표 14-1. 중국의 주요 첨단산업 클러스터 경제지표(2010)

지표		총수입(억 위안)	기업 수(개)	생산액(억 위안)	이윤(억 위한)
중국 전체 첨단산업 클러스터	총량	27,180.9	51,764	75,750.3	6,261.3
北京中關村	총량	15,940.2	15,720	4,988.0	1,106.4
	순위	1	1	1	1
上海張江	총량	5,805.5	1,108	3,772.2	549.3
	순위	2	10	2	2
西安高新區	총량	3,506.0	2,129	2,530.0	188.1
	순위	3	4	9	7
深圳高新區	총량	3,117.1	505	3,021.1	205.0
	순위	5	22	10	8
武漢東湖	총량	2,926.1	2,468	2,508.8	176.7
	순위	8	3	10	8
成都高新區	총량	2,860.6	1,420	2,682.8	170.2
	순위	9	8	7	9

출처: 中國火炬中心統計年鑑, 2011.

2 2010년 현재 중관촌 클러스터 전체 15,720개 기업체 중 영세기업, 소기업, 중기업, 대기업이 차지하는 비중은 각각 48.7%, 40.9%, 7.9%, 2.4%이다. 본 연구의 분석 대상 117개 기업의 경우, 영세기업이 51개(43.6%)로 가장 많고, 그다음으로 소기업이 43개(36.8%), 중기업이 17개(14.5%), 대기업이 6개(5.1%)로 나타났다. 이들 업체 중에서는 IT업종이 53.0%로 그 비중이 가장 크다.

표 14-2. 중관촌 클러스터 기업 규모별 주요 경영지표(2010)

(단위: 위안, 개, %)

구분(매출 기준)	기업 수(개)	매출(억 위안)	총생산액(억 위안)
10억 이상	244(1.5%)	11,086.7(69.5%)	3,556.1(71.3%)
1억 이상~10억 미만	1,169(7.4%)	3,341.6(21.0%)	1,080.2(21.7%)
5000만 이상~1억 미만	832(5.3%)	581.0(3.6%)	155.8(3.1%)
500만 이상~5000만 미만	4,683(29.8%)	829.4(5.2%)	184.2(3.7%)
100만 이상~500만 미만	3,437(21.9%)	89.1(0.6%)	10.7(0.2%)
100만 미만	5,355(34.1%)	12.4(0.1%)	1.1(0.0%)
합계	15,720(100%)	15,940.2(100%)	4,988.0(100%)

출처: 中關村統計年鑑, 2010에 의해 작성.

업보다 영세기업과 중소기업의 비중이 압도적으로 높다. 이와 달리 이들 영세기업과 중소기업의 대부분은 매출액과 생산액 등의 비중은 매우 낮은 반면, 매출 10억 위안 이상의 대기업은 전체 기업의 1.5%에 지나지 않으나 매출액과 생산액은 각각 전체의 69.5%와 71.3%를 차지하고 있다.

그리고 〈표 14-3〉에서 IT 분야의 총수입은 7,378.5억 위안으로 중관촌 클러스터 총수입에서 차지하는 비중이 46.3%를 차지하여 그 비중이 가장 크고, 그다음은 첨단설비 제조 분야로 전체의 약 12%를 차지하지만 전년 대비 성장률은 30.0%로 IT 분야(18.4%)보다 훨씬 높아 신소재와 에너지 기술과 더불어 신장세가 두드러진 업종이기도 하다. 그리고 신소재, 바이오 분야는 2010년 현재 업체 수에서는 중관촌 클러스터에서 차지하는 비중이 약 6% 내외에 지나지 않지만 빠르게 성장하여 총수입은 각각 1,072.8억, 621.6억 위안에 달하여, 전년도 대비 각각 41.8%, 25.0%의 성장률을 기록하면서 장래 유망업종으로 부각하고 있다.

표 14-3. 중관촌 클러스터 업종별 현황(2010)

업종 \ 지표	기업 수(개)	총생산액(억 위안)	총수입(억 위안)	전년대비 증가율(%)
IT	8,840(56.2%)	2,026.2(40.6%)	7,378.5(46.3%)	18.4
바이오	1,003(6.4%)	311.2(6.2%)	621.6(3.9%)	25.0
신소재	1,012(6.4%)	283.4(5.7%)	1,072.8(6.7%)	41.8
첨단설비 제조	1,645(10.5%)	969.7(19.4%)	1,894.5(11.9%)	30.0
에너지 기술	964(6.1%)	958.2(19.2%)	1,742.4(11.0%)	30.7
환경	625(4.0%)	38.3(0.8%)	231.8(1.5%)	13.0
기타	1,631(10.4%)	401.0(8.1%)	2,998.6(18.9%)	-
계	15,720(100%)	4,988.0(100%)	15,940.2(100%)	22.6

출처: 中關村統計年鑑, 2010에 의해 작성.

(2) 연구개발의 특성

첨단기업에 있어서의 연구개발은 혁신을 창출하는 중요한 원천으로서 혁신과 관련된 핵심 기업 활동 중 하나이다. 기업이 장기적인 경쟁우위를 확보하기 위해서는 지속적인 연구개발 활동을 통해 기술혁신을 이루어야 하기 때문이다(오상봉, 2008). 중관촌 클러스터에서 연구개발비 총액은 2000년의 38.7억 위안에서 2007년의 332.6억 위안으로, 연구개발 인력은 2000년의 4.8만 명에서 2007년의 17.9만 명으로 증가하였다(詹軍, 2012).

그리고 연구개발 성과는 고급인력과 보상 시스템 그리고 인력의 관리 등에 따라 차이가 클 뿐만 아니라, 연구개발은 위험부담이 극히 높고 많은 시행착오와 실패를 극복해야 하는 장기적인 차원의 작업이므로 기업에서 연구개발 조직을 별도로 설치할 필요가 있다(박계홍, 1996). 중관촌 클러스터의 경우, 직접 연구소를 운영하는 기업이 전체의 59.0%, 전담부서를 운영하는 기업이 25.6%, 독립된 조직은 아니지만 연구개발 전문인력이 있는 기업이 8.5%로, 대다수가 연구소 및 연구개발 전문인력을 확보함으로써 혁신역량을 강화하고 있다. 이를 반영하듯 클러스터의 특허출원 및 획득 건수는 2005~2009년 동안 크게 증가하였다(그림 14-1). 구체적으로 특허출원 건수는 2009년에 전년 대비 4.1%가 증가한 17,226건에 이르고, 특허획득 건수는 전년 대비 1.4배 증가한 10,512건에 이르렀다. 이와 같이 중관촌 클러스터 기업들의 연구개발 능력이 크게 제고될 수 있었던 요인으로는 중국 정부가 적극적인 '자주적 혁신' 정책의 일환으로 대대적으로 추진한 지식재산권 전략을 통한 중관촌 클러스터 기업들의 지식재산권에 대한 권리의식과 인지도 향상이라 할 수 있다. 이러한 적극적인 연구개발에 대한 투자의 결과, 2010년 신제품 개발 및 생산으로 유도된 매출액은 3,949.2억 위안으로 전년 대비 23.3%가 증가하여 전체 제품 매출액의 57.3%를 차지하였다. 이뿐만 아니라 기업의 기술개발

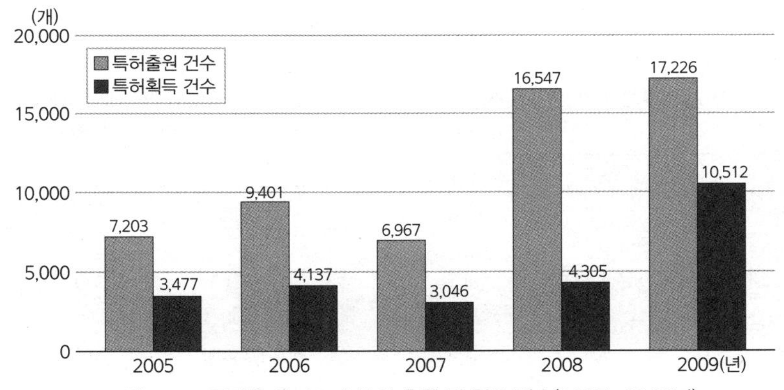

그림 14-1. 중관촌 클러스터 특허 출원 및 획득 건수(2005~2009년)

출처: 中關村統計年鑑, 2010.

및 서비스 능력 또한 향상되어 기업의 각종 기술 성격의 매출액은 전년 대비 18.4% 늘어난 2,478.3억 위안으로 총 매출액의 15.5%를 차지하고 있다(詹軍, 2012).

이상에서 살펴본 바와 같이, 중관촌 클러스터 입주 기업들은 첨단산업의 경쟁력이 기술혁신에 의해 좌우될 수밖에 없다는 점을 인식하고 지속적으로 경쟁력 제고를 위해 연구개발에 투자하는 것에 매우 적극적이며, 이를 통해 좋은 경영성과를 창출하고 있다는 것을 알 수 있다.

3. 연구개발 네트워크 실태와 특성

1) 기업 간 네트워크

연구개발은 경쟁기업에 앞서 시장을 만족시킬 창의성과 기술적인 기능을 제공하게 된다(張英臺, 1998). 기업의 생존 및 성장을 위해서는 기술전략 면에서 경쟁과 협력이 필요하지만, 기술의 융합화 및 정보화 등 현대 산업기술의 특성상 경쟁보다 협력의 중요성이 더 커지고 있다(성태경·박광서, 2011). 기업들은 기술혁신을 위해 연구개발의 모든 단계에서 다른 기관과 협력해 나가는 것이 필요하다. 따라서 기업들은 다른 기관과의 연구개발 네트워크를 하나의 전략으로 활용하고 있다.

중관촌 클러스터 기업의 48.7%는 지난 3년간 타 기업과 연구개발 네트워크를 수행한 경험이 있거나 현재 수행 중에 있는 것으로 나타났다. 기업 간 연구개발 네트워크의 경력이 있는 경우, 그 기간을 1년 미만으로 응답한 업체가 27.3%, 1년 이상~3년 미만이 13.7%, 3년 이상~5년 미만은 4.3%, 5년 이상은 3.4%로 나타났다(표 14-4). 그리고 파트너 기업과의 평균 접촉 횟수에서 3~5회가 35.1%로

표 14-4. 기업 간 연구개발 네트워크 경력

(단위: 개, %)

경력	빈도	비율
1년 미만	32	27.3
1년 이상~3년 미만	16	13.7
3년 이상~5년 미만	5	4.3
5년 이상	4	3.4
없음	60	51.3
합계	117	100.0

출처: 설문조사.

표 14-5. 기업이 연구개발 파트너 기업과의 연평균 접촉 횟수

(단위: 개, %)

접촉 횟수	빈도	비율
1~2회	12	21.0
3~5회	20	35.1
6~10회	11	19.3
11회 및 이상	14	24.6
합계	57	100.0

출처: 설문조사.

가장 많고, 그다음으로 11회 이상이 24.6%, 1~2회가 21.0%, 6~10회가 19.3% 순으로 나타났다(표 14-5).

기업 간 연구개발 네트워크의 협력 내용은 공동 및 위탁 연구개발(57.8%), 기술이전(12.7%), 특허구매(9.8%), 라이선싱(8.5%), 연구인력 교류 및 위탁(5.6%)의 순이다(표 14-6). 이는 연구개발 자원이 취약한 기업들이 다른 기업과 공동연구 혹은 위탁연구를 통해 기술수준 향상, 생산제품 범위의 확대 등의 성과를 얻을 수 있기 때문이다. 또한 서로 다양한 자원을 가진 다른 기업과의 네트워크를 통해 자사의 부족한 점을 보완할 수 있다. 이로 인해 기업들은 기술이전과 연구인력 교류, 특허나 라이선싱 구매를 연구개발 관리방법 중의 하나로 선택하게 되었다. 다음으로 기업 규모별 연구개발 네트워크의 내용을 보면, 기업 규모와 상관없이 공동 및 위탁 연구개발을 내용으로 기업 간 연구개발 네트워크를 형성하는 기업의 비율이 가장 높았다. 특히 최근 들어 대기업조차도 다른 기업과 공동 및 위탁 연구개발을 추진하려는 시도가 점차 증가하고 있는데, 이를 통해 기업 내의 제한된 연구개발 역량만으로는 급변하는 기술환경에 능동적으로 대처하기 어렵기 때문에 그 대안으로 공동 및 위탁 연구개발 방안을 적극적으로 활용하고 있음을 알 수 있다. 그러나 기술이전, 연구인력 교류, 금융지원의 경우, 대기업에 비해 중소기업이 보다 적극적인 것으로 나타났다. 이는 대기업에 비해 중소기업이나 영세기업의 경우 대부분 일상적 업무 과중으로 인한 연구개발 투하 시간의 부족, 재원 부족, 연구개발 인력의 부족, 특정 분야에 한정된 제한적 기술지식 보유 등 자체적인 연구개발 노력을 기울이는 데 한계가 있기 때문이다(Kaufmann and Todtling, 2002). 따라서 중소기업과 영세기업의 경우 독자적으로 모든 연구개발을 수행하기가 어렵기 때문에, 다른 기업과의 연구개발 네트워크를 통한 다양한 지식, 기술, 연구개발 인력, 재원을 획득·체화·연결함으로써 기업의 부족한 자원을 보충해야만 연구개발 능력을 확보할 수 있다. 반면에 라이선싱, 특허구매, 기업매수는 중소기업과 영

표 14-6. 기업 규모별 기업 간 연구개발 네트워크 협력 내용

(단위: 개(%))

구분	대기업	중소기업	영세기업	전체
공동 및 위탁 연구개발	3(50.0)	22(59.5)	16(57.1)	41(57.8)
라이선싱	1(16.7)	3(8.1)	2(7.1)	6(8.5)
기술이전	-	5(13.5)	4(14.3)	9(12.7)
연구인력 교류 및 위탁	-	2(5.4)	2(7.1)	4(5.6)
특허구매	1(16.7)	4(10.8)	2(7.1)	7(9.8)
기업매수	1(16.7)	-	-	1(1.4)
금융지원	-	1(2.7)	2(7.1)	3(4.2)
합계	6(100.0)	37(100.0)	28(100.0)	71(100.0)

출처: 설문조사(복수응답).

세기업에 비해 기업의 규모가 클수록 활발하게 수행되고 있는 것으로 나타났다. 이는 대기업이 중소기업보다 자금 조달능력이 크기 때문인 것으로 판단된다.

2) 기업과 대학 간 네트워크

21세기는 첨단산업이 세계경제를 선도하고 있고, 이러한 발전 추세는 갈수록 대학 연구기능의 중요성을 증대시키고 있으며, 이에 기초한 기업과 대학 간 네트워크의 필요성 또한 확대되고 있다(박윤철, 2007). 이에 중국에서는 대학 내 '과학기술부(산학협력단)'와 같은 조직으로 대학과 기업의 산학협력을 제도적으로 조직화하고, 대학의 총괄적인 선도하에서 공동사업, 공동연구 및 과학기술의 상용화가 원활하게 이루어지게 하고 있다. 또 '기술상용화 중개센터'와 같은 조직을 설립하여 기업에서 대학이 개발한 기술을 상용화하는 것을 제도적으로 적극 지원하는 시스템을 구축하고 있다(郭楊騫, 2001).

중관촌 클러스터 입지 기업의 37.6%는 지난 3년간 대학과 연구개발 네트워크를 수행한 경험이 있거나 현재 수행 중에 있는 것으로 나타났다. 이 중 대학과 연구개발 네트워크 수행 기간이 1년 미만인 경우가 34.1%로 그 비중이 가장 크고, 그다음 1년 이상~3년 미만이 29.5%로, 3년 미만이 전체의 63.6%를 차지하고 있다. 이는 중관촌 클러스터 입지 기업도 기업과 대학 간 네트워크의 경우 기업 간 네트워크에 비해 그 비중이 크게 낮을 뿐만 아니라 그 시기도 늦은 것으로 나타났다(표 14-7).

그러나 중국은 국민경제와 사회발전의 제11차 5개년계획(2006~2010년)에서 명확하게 "국가혁신체계의 건설과정을 가속화하고, 기업의 혁신능력을 부단히 증가시키고, 과학, 경제 및 교육을 긴밀하게 연결하여 전반적으로 과학기술의 실력과 산업기술의 향상을 실현한다."라고 제시하였다. 따라서 앞으로 정책적 지원에 힘입어 중국, 특히 중관촌 클러스터의 산·학 간 연구개발 네트워크는 본격적으로 활성화될 것으로 예상된다. 그런데 산·학 간 연구개발 네트워크가 성공적으로 뿌리내리기 위해서는 기술이전을 통해 체득하기 어려운 지식, 특히 암묵적 지식의 습득을 위해 기업과 대학 간 네트워크 체결을 맺은 기업 실무진과 담당 교수진 간 지속적인 커뮤니케이션이 필요하다(정형식·김영심, 2010). 따라서 대학과 관련 연구개발 건에 대해 기업은 지속적인 연계협력이 요구된다. 지속적인 접촉을 통한 협력관계는 상호 친밀감을 강화할 수 있기 때문이다. 그러나 〈표 14-8〉에서와 같이, 중관촌 클러스터 내 기업이 대학과 산·학 간 연구개발 네트워크를 맺은 경우, 대학과의 연평균 접촉 횟수에 있어 5회 미만이 63.6%로 가장 많고, 5~10회가 27.3%, 10회 이상은 9.1%의 순으로 나타나 산·학 간 연구개발이 아직은 초기단계를 벗어나지 못하고 있음을 알 수 있다.

기업과 대학 간 연구개발 네트워크의 내용에서는, 최근 3년간 이루어진 연구개발 네트워크의 경우 공동 및 위탁 연구개발(42.9%)의 비중이 압도적으로 크고, 그다음은 대학을 통한 연구개발 인력 지원 및 채용(14.3%), 기술자문 및 지도(14.2%) 등의 순으로, 아직은 특정 분야에 한정적으로 산·학 간 연구개발 네트워크가 이루어지고 있음을 알 수 있다(표 14-9).

대학과 공동 및 위탁 연구의 경우는 기술보호주의가 확산되고 첨단 분야의 기술개발 경쟁이 날로 치열해지고 있는 가운데 첨단기술을 독자적으로 확보하고 연구개발의 효율을 높이기 위한 대안으로 활용되고 있다. 그리고 연구개발 인력 교류도 산·학 간 연구개발 네트워크 강화에서 매우 중요하다. 왜냐하면 기업의 연구개발에 대한 중요성에 비해 연구개발의 인적 자원이 부족할 뿐만 아니라, 사회의 지식창고라 할 수 있는 대학들도 연구 및 교육 활동이 기업 및 산업계의 요구에 대응하지 못하면 그 존립기반이 약화될 수밖에 없는 상황을 맞이하게 되었기 때문이다. 따라서 기업과 대학은 쌍방 간 연구개발 인력교류의 필요성이 커졌다. 그리고 기술자문 및 지도도 기업 산·학 간 연구개발

표 14-7. 기업과 대학 간 연구개발 네트워크 경력

(단위: 개, %)

경력	빈도	비율
1년 미만	15	34.1
1년 이상~3년 미만	13	29.5
3년 이상~5년 미만	8	18.2
5년 이상	8	18.2
합계	44	100.0

출처: 설문조사.

표 14-8. 기업의 연구개발 파트너 대학과의 연평균 접촉 횟수

(단위: 개, %)

접촉횟수	빈도	비율
5회 미만	28	63.6
5~10회 미만	12	27.3
10회 이상	4	9.1
합계	44	100.0

출처: 설문조사.

표 14-9. 기업과 대학 간 연구개발 네트워크 협력 내용

(단위: 개, %)

구분	빈도	비율
공동 및 위탁 연구개발	27	42.9
파견, 초청 연구	5	7.9
연구개발 직원 교육·훈련	3	4.8
연구개발 인력 지원 및 채용	9	14.3
기술이전	4	6.3
기술자문 및 지도	9	14.3
대학의 장비 및 시설 활용	4	6.3
대학의 연구결과 구매	2	3.2
합계	63	100

출처: 설문조사(복수응답).

네트워크에서 매우 중요하다. 이를 통해 기업은 보다 빠르게 신기술에 대한 정보를 획득할 수 있기 때문에 첨단기업은 기술의 향상을 위해 대학으로부터의 기술자문 및 지도가 필요한 것이다. 특히 기업과 대학교수 간 상시적 연구자문 협정은 상호 간에 축적된 사회적 자본을 활용하여 기업 입장에서는 개별 기술자문 계약에 비해 거래비용을 크게 낮출 수 있을 뿐만 아니라 연구개발 인력을 따로 채용하지 않아도 되기 때문에 인력 운영의 유연성도 확보할 수 있다(김도훈, 2011).

3) 기업과 연구소 간 연구개발 네트워크

중관촌 클러스터 기업의 38.5%가 지난 3년간 기업과 연구소 간 연구개발 협력을 수행한 경험이 있거나 현재 수행 중에 있는 것으로 나타났다. 이들 업체 중에서 기업과 연구소 간 연구개발 네트워크 기간이 1년 미만인 비율이 35.6%로 가장 높고, 1년 이상~3년 미만이 31.1%로 나타나 3년 미만의 경우가 절대다수(66.7%)를 차지하고 있다. 즉 지금까지 기업과 연구소 간 연구개발 네트워크의 역사도 길지 않을 뿐만 아니라, 연구개발 네트워킹 자체도 단기 계약이 주류를 이루고 있음을 알 수 있다(표 14-10). 그리고 기업과 연구소 간 연구개발 네트워크를 통한 연평균 접촉 횟수는 5회 미만이 62.1%로 그 비율이 가장 높고, 5회 이상~10회 미만이 28.9%, 10회 이상이 8.9%로 전체적으로 상호 간의 접촉이 활발하게 이루어지지 않고 있다(표 14-11). 결과적으로 중관촌 클러스터의 기업과 연구소 간의 연구개발 네트워크는 아직 기반 구축 및 초기단계를 벗어나지 못한 상태로, 세계적 수준의 클러스터로서의 경쟁력을 지속적으로 확보하기 위해서는 최소한 기업 간 연구개발 네트워크 수준으로 끌어올리기 위한 정책적 지원이 필요한 것으로 판단된다.

기업과 연구소 간 연구개발 네트워크의 내용에 있어서는, 공동 및 위탁 연구개발(42.6%), 연구개발 사업 아이디어나 기술지식 등에 관한 기술자문(14.8%), 기술이전(9.8%) 등의 순으로 나타났다(표 14-12). 이를 기업 규모별로 보면, 대기업의 경우에는 공동 및 위탁 연구개발(50.0%), 기술이전(25.0%), 연구기관 연구 인력의 활용(25.0%) 등 특정 부문에 한해 네트워크를 맺고 있음을 알 수 있다. 반면에 중소기업과 영세기업의 경우에도 공동 및 위탁 연구개발의 비중이 각각 44.1%와 39.1%로 가장 높지만 대기업과는 달리 그들은 기술자문, 기술이전, 연구인력 활용 등 다양한 부문에 걸쳐 네트워킹 관계를 맺고 있다는 점에서 차별성을 가진다. 이는 대기업보다 기술과 혁신 역량 수준이 낮은 중소기업과 영세기업이 연구소에 대한 의존도가 클 수밖에 없는 상황을 잘 반영하고 있다고 하겠다. 따라서 정부의 지원을 받는 국책 및 공공연구소의 경우 연구개발 협력사업의 대상을 중소기업과 영세기업에 맞추는 것이 보다 정책의 효율성을 증진하는 데 기여할 수 있을 것이다.

표 14-10. 기업과 연구소 간 연구개발 네트워킹의 기간

(단위: 개, %)

경력	빈도	비율
1년 미만	16	35.6
1년 이상~3년 미만	14	31.1
3년 이상~5년 미만	6	13.3
5년 이상	9	20.0
합계	45	100.0

출처: 설문조사.

표 14-11. 기업과 연구소 간 연평균 접촉 횟수

(단위: 개, %)

접촉횟수	빈도	비율
5회 미만	28	62.1
5회 이상~10회 미만	13	28.9
10회 이상	4	8.9
합계	45	100.0

출처: 설문조사.

표 14-12. 기업 규모별 기업과 연구소 간 연구개발 네트워크 내용

(단위: 개(%))

구분	대기업	중소기업	영세기업	전체
기술이전	1(25.0)	3(8.8)	2(8.7)	6(9.8)
자금지원	-	1(2.9)	-	1(1.6)
연구기자재 활용	-	2(5.9)	2(8.7)	4(6.5)
연구개발 직원 교육·훈련	-	2(5.9)	1(4.3)	3(4.9)
연구인력 활용	1(25.0)	3(8.8)	2(8.7)	6(9.8)
기술자문	-	5(14.7)	4(17.4)	9(14.8)
연구결과 구매	-	2(5.9)	2(8.7)	4(6.5)
파견 및 초청 연구	-	1(2.9)	1(4.3)	2(3.2)
공동 및 위탁 연구개발	2(50.0)	15(44.1)	9(39.1)	26(42.6)
합계	4(100.0)	34(100.0)	23(100.0)	61(100.0)

출처: 설문조사.

4) 기업과 정부 간 연구개발 네트워크

중국 국무원은 2006년 2월에 발표한 「국가중장기 과학과 기술발전규획강요(國家中長期科學與技術發展規劃綱要) 2006~2020」에서 향후 15년의 과학기술 정책목표로 자주적 혁신능력 강화, 기초과학 및 첨단기술 분야의 역량 배양, 세계 최고수준의 과학기술 성과 확보, 혁신형 국가의 건설 등을 제시하고 있다. 또한 이를 위해 재정, 금융, 기술표준, 지식재산권, 인재육성, 과학기술 협조체계 구축 등과 관련된 부속 정책을 추진하고 있다. 특히 기업의 취약한 연구개발 역량을 강화하기 위해 기술개발 비용의 15%를 소득세에서 공제하고, 연구개발 설비 도입비용을 지원하는 정책을 추진하였다. 즉 중국의 경우 기업의 연구개발 역량을 제고함에 있어 정부 혹은 산하 지원기관과의 네트워크의 역할은 매우 중요하다. 이를 반영하듯 중관촌 클러스터 기업의 약 80% 정도가 최근 3년간 중

앙 및 지방 정부와 연구개발 네트워크를 맺고 있어, 그 비율이 타 연구개발 네트워크 대상보다 상대적으로 높은 것으로 나타났다. 물론 연구개발 네트워킹 기간에 있어 타 주체와 큰 차이는 없으나 5년 이상의 비율이 상대적으로 높고, 중앙정부보다는 지방정부와의 연구개발 네트워킹 기간이 상대적으로 긴 것으로 밝혀졌다. 그리고 연평균 접촉 빈도수에서도 중앙정부보다는 지방정부와의 빈도가 상대적으로 높게 나타났다 (표 14-13).

표 14-13. 기업과 정부기관 간 연구개발 네트워크 경력 및 연평균 접촉 빈도

(단위: 개, %)

경력	중앙정부	지방정부
1년 미만	15(34.9)	10(20.4)
1년 이상~3년 미만	15(34.9)	20(40.8)
3년 이상~5년 미만	8(18.6)	12(24.5)
5년 이상	5(11.6)	7(14.3)
계	43(100.0)	49(100.0)
접촉 빈도	**중앙정부**	**지방정부**
1~2회	23(53.5)	10(20.4)
3~4회	13(30.2)	28(57.1)
5회 이상	7(16.3)	11(22.4)
계	43(100.0)	49(100.0)

출처: 설문조사.

그리고 중앙 및 지방 정부와의 연구개발 네트워크의 내용(표 14-14)에 있어 전체적으로 중앙정부와 지방정부 간 큰 차이는 없으며, 자금지원의 경우 지방정부의 비율(56.7%)이 중앙정부(47.1%)보다 약 10% 정도 높다. 그리고 두 번째로 비중이 큰 공동 프로젝트의 경우 중앙정부(23.5%)가 지방정부의 비율(19.4%)보다 높고, 그다음은 정보교류, 기자재 및 인력 활용의 순이다. 중앙정부의 경우, 기업 규모별에 있어 대기업은 중소기업에 비해 정부 주도의 공동연구개발 프로젝트의 비율이 높은 반면, 자원지원의 경우 영세기업의 비율(75.0%)이 가장 높고, 대기업과 중소기업은 비슷한 수준이다. 그리고 대기업은 기자재 활용, 영세기업은 인력 활용에서 정부와의 네트워킹이 이루어지지 않고 있다. 지방정부의 경우 기업 규모별로는 대기업은 중소 및 영세 기업에 비해 정부 주도의 공동연구개발 프로젝트의 비율이 높은 반면, 자원 지원의 경우에는 영세 기업의 비율(72.7%)이 가장 높고, 중소기업은 대기업보다 약 10% 정도 높은 수준이다. 그리고 대기업은 기자재 활용에서는 지방정부와의 네트워킹이 이루어지지 않고 있다. 이를 통해 연구개발 네트워크에 대한 정부정책의 효율성을 제고하기 위해서는 중앙정부와 지방정부 간의 정책적 차별화 및 기업 규모별 차별화가 요구된다.

다음으로 정부 산하의 연구개발 중개기관과 기업 간 네트워크 특성을 살펴보면, 중관촌 클러스터 기업의 27.4%가 지난 3년간 중개기관과 연구개발 네트워크를 맺은 것으로 나타났다. 연구개발 네트워크상 파트너인 중개기관의 수는 1~2개가 75.0%로 가장 높고, 그다음 3~5개가 18.8%, 5개 이상이 6.2%인 순이며, 중개기관과의 접속 횟수에서는 1~3회의 기업이 62.5%로 가장 높고, 다음으로 4~5회 및 5회 이상인 기업의 비중이 각각 21.9%와 15.6%이다. 중개기관과의 연구개발 네트워킹의 기간

표 14-14. 기업 규모별 기업과 정부 간 연구개발 네트워크 내용

(단위: 개(%))

구분		공동 프로젝트	기자재 활용	인력 활용	자금 지원	정보교류	전체
중앙 정부	대기업	3(37.5)	-	1(12.5)	3(37.5)	1(12.5)	8(100.0)
	중소기업	8(25.8)	3(9.7)	3(9.7)	12(38.7)	5(16.1)	31(100.0)
	영세기업	1(8.3)	1(8.3)	-	9(75.0)	1(8.3)	12(100.0)
	계	12(23.5)	4(7.8)	4(7.8)	24(47.1)	7(13.7)	51(100.0)
지방 정부	대기업	3(30.0)	-	1(10.0)	4(40.0)	2(20.0)	10(100.0)
	중소기업	7(20.0)	4(11.4)	3(8.6)	18(51.4)	3(8.6)	35(100.0)
	영세기업	3(13.6)	1(4.5)	1(4.5)	16(72.7)	1(4.5)	22(100.0)
	계	13(19.4)	5(7.5)	5(7.5)	38(56.7)	6(8.9)	67(100.0)

출처: 설문조사(복수응답).

은 1년 미만과 1년 이상~3년 미만의 기업이 각각 31.3%로 가장 높은 비중을 차지하였고, 다음으로 3년 이상~5년 미만의 기업이 21.9%, 5년 이상 경력의 기업이 15.6%로 나타났다(표 14-15).

표 14-15. 기업 연구개발 파트너 중개기관 상황

(단위: 개, %)

구분		빈도	비율
중개기관 수	1~2개	24	75.0
	3~5개	6	18.8
	5개 이상	2	6.2
	계	32	100.0
네트워킹 기간	1년 미만	10	31.3
	1년 이상~3년 미만	10	31.3
	3년 이상~5년 미만	7	21.9
	5년 이상	5	15.6
	계	32	100.0
연평균 접촉 빈도	1~3회	20	62.5
	4~5회	7	21.9
	5회 이상	5	15.6
	계	32	100.0

출처: 설문조사(복수응답).

기업들의 중개기관과의 연구개발 네트워크 내용별 비율을 보면, 연구개발 자금조달이 41.3%로 가장 높고, 그다음 연구결과 구매와 연구인력 활용이 15.2%, 연구개발 장비 활용은 13.0%, 연구개발에 대한 정보교류 8.7%, 기술자문 6.5% 순으로 나타났다(표 14-16). 대기업은 연구결과의 구매와 연구개발에 관한 정보교류가 중심인 반면, 중소기업 및 영세기업들은 자금 및 인력을 조달 및 기술자문과 연구개발 장비 활용의 비중이 상대적으로 크다는 차별성이 있으나, 전체적으로는 중관촌 클러스터의 서구국가에 비해 연구개발에 있어 중개기관과의 네트워킹이 상대적으로 미약하다고 할 수 있다.

"중개기관 운영을 담당한 관리자들도 대부분 기업관리 경험이 부족한 공무원 출신이 많으며, 가장 기본적인 서비스를 제공하는 수준에 그치고 있는 실정이다. 창업 자금, 벤처 자금 등 다양한 명목의 자금 지원을 하고 있으나 그 재원이 대부분 정부투자이며 또 양적으로 매우 제한되어 있다. 체제상

표 14-16. 중개기관과 연구개발 네트워크 내용

(단위: 개(%))

구분		자금조달	연구인력 활용	정보 교류	연구결과 구매	장비 활용	기술 자문	전체
규모	대기업	1(25.0)	–	1(25.0)	2(50.0)	–	–	4(100.0)
	중소기업	12(50.0)	5(20.8)	1(4.2)	3(12.5)	2(8.3)	1(4.2)	24(100.0)
	영세기업	6(33.3)	2(11.1)	2(11.1)	2(11.1)	4(22.2)	2(11.1)	18(100.0)
	계	19(41.3)	7(15.2)	4(8.7)	7(15.2)	6(13.0)	3(6.5)	46(100.0)

출처: 설문조사(복수응답).

의 문제, 신소재 기술개발의 급속한 발전에도 불구하고 신제품 개발에는 많은 위험과 신소재산업의 이해 부족으로 현재 민간 벤처자본과 제휴하기 어려운 실정이다. 금융기관의 담보대출 관행으로 규모가 작은 우리 회사가 이용할 수 있는 기회는 극히 제한되어 있어, 적기에 필요한 자금을 조달할 수 없는 상황이다"(E기업 면담조사).

서구 선진국의 경우 연구개발 자금은 주식시장을 통해 획득할 수 있지만, 중국에서는 이러한 IPO(Initial Public Offerings)가 제대로 이루어지지 못하고 있다. 중국 국내시장에서의 IPO를 위해서는 상당히 까다로운 조건을 충족시켜야 하는데, 중관촌 클러스터 기업이 이러한 조건을 갖춘다는 것은 어려운 일일 뿐만 아니라 합당한 조건을 갖추기까지 많은 시간이 소요된다. 2010년 현재 중관촌 클러스터 내 IPO가 제대로 이루어진 기업은 단지 175개에 불과하다. 이는 지역 등록업체의 1.1%에 해당하는 것으로, 기업의 어려운 IPO 여건을 간접적으로 알 수 있다(中關村指數, 2011). 하지만 첨단 벤처활동이 증가하고 클러스터의 규모가 확대되면서 벤처금융을 포함한 연구개발 자금의 규모와 확충 기회도 점차 늘어날 것으로 예상된다.

이상의 각 주체 간 연구개발 네트워크의 가장 두드러진 특성으로는 기업과 정부, 특히 지방정부와의 연구개발 네트워크가 상대적으로 활발하게 이루어지고 있다는 점을 들 수 있다. 이는 중국 정부가 지역혁신 클러스터를 형성하기 위해 중앙집권적인 정책에서 점차 탈피하기 시작하는 한편, 지역혁신 및 연구개발 정책에서 지방정부의 자율권이 크게 확대되고 있는 경향을 반영하고 있다. 구체적으로 중관촌 클러스터의 경우에도 기업활동에 장애가 되는 계획경제 체제의 각종 규제를 철폐하고 첨단산업 분야를 육성하기 위한 인센티브 제공에 주력하는 등 정부의 정책적 지원이 클러스터의 형성부터 현재까지의 전 진화과정에 큰 도움이 되고 있다. 특히 2002년 통과된 「관여대력발전과기 중개기구의 의견(關與大力發展科技仲介機構的意見)」에 의거하여 시장경제 체제하에 과학기술 전문 지식과 기술을 바탕으로 혁신 주체와 자원을 시장에서 적절하게 배합하기 위한 중개기관이 설립되었다. 중개기관은 기술 확산, 성과 이전, 과학·기술 평가, 혁신자원 배치, 혁신정책 결정 및 관리 자문 등의 방식으로 과학기술 지식생산을 촉진시키고 지식을 확산시키는 역할을 담당한다. 이러한 중개기관에는 첨단기업 인큐베이터, 과학기술 자문기관, 기술교역기관, 벤처 투자 서비스 기관, 주식시장 등이 포함된다(劉釘沅, 2012).

4. 연구개발 네트워크 성과 및 개선 방안

중관촌 클러스터 기업의 연구개발에 있어 타 기업이나 기관과의 협력의 필요성은 증가하고 있지만, 실제 기업과 관련 주체 간의 연구개발 네트워크는 아직은 미흡한 수준을 벗어나지 못하고 있다. 이와 같이 연구개발 네트워크의 활성화가 미흡한 이유로는 정보 부족(14.5%), 별로 도움이 되지 않아서(13.4%), 재정적인 문제(13.0%), 이용절차가 복잡하고 까다로워서(12.8%), 적절한 내부 인력의 부족(10.7%) 등의 비율이 상대적으로 높아서, 기업 외부 주체들의 문제라기보다는 기업 내 연구개발 네트워크 활성화를 위한 역량 부족의 문제라 할 수 있다(표 14-17). 그리고 주체별 네트워크 활성화의 저해요소로는 타 기업과의 네트워크의 경우에는 상호신뢰 부족이 25.6%로 가장 큰 비중을 차지하고, 그다음은 재정적(비용)인 문제 및 보안상의 문제가, 대학 및 연구기관의 경우에는 정보 부족과 '별로 도움이 되지 않을 것 같아서', 중앙 및 지방 정부의 경우에는 '이용절차가 복잡하고 까다로워서', 중개기관의 경우에는 '별로 도움이 되지 않을 것 같아서' 등으로 나타났다.

결론적으로 중관촌 클러스터 연구개발 네트워크에 있어서 아직은 기업 간에는 협력보다는 강한 경쟁의식, 정부의 경우는 까다로운 행정적 절차, 대학과 연구기관의 홍보 부족이라는 종래의 경로의 존성을 탈피하지 못한 것이 가장 큰 문제점으로 밝혀졌다.

5. 정책적 대안

기존의 중관촌 클러스터 연구개발 네트워크의 한계를 극복하고 활성화를 위한 정책적 대안으로는, 우선 중관촌 클러스터 기업을 둘러싼 연구개발 네트워크 주체 간의 '상호소통을 통한 사회적 자본'을 창출하고 축적할 수 있는 보다 구체적이고 실천적 체계를 구축하여야 한다. 이를 위해서는 우선적으로 정부가 기업의 연구개발 네트워크의 직접적인 주체로서 역할을 담당하기보다는 기업가정

표 14-17. 기업 연구개발 네트워크를 하지 않은 이유

(단위: 개(%))

구분	①	②	③	④	⑤	⑥	⑦	⑧	⑨	⑩	⑪	전체
기업	16 (19.5)	9 (11.0)	5 (6.1)	4 (4.9)	2 (2.4)	3 (3.7)	21 (25.6)	8 (9.8)	7 (8.5)	7 (8.5)	–	82 (100.0)
대학	13 (13.4)	6 (6.2)	15 (15.5)	8 (8.2)	12 (12.4)	4 (4.1)	2 (2.1)	8 (8.2)	12 (12.4)	17 (17.5)	–	97 (100.0)
연구소	18 (19.6)	10 (10.9)	11 (11.9)	8 (8.7)	9 (9.8)	2 (2.2)	3 (3.3)	7 (7.6)	5 (5.4)	19 (20.6)	–	92 (100.0)
중앙정부	5 (6.2)	3 (3.7)	7 (8.6)	3 (3.7)	8 (9.9)	–	1 (1.2)	7 (8.6)	6 (7.4)	12 (14.8)	29 (35.8)	81 (100.0)
지방정부	6 (7.8)	2 (2.6)	9 (11.7)	2 (2.6)	11 (14.3)	–	1 (1.3)	6 (7.8)	4 (5.2)	10 (13.0)	26 (33.8)	77 (100.0)
중개기관	11 (10.9)	1 (1.0)	24 (23.8)	7 (6.9)	11 (14.8)	–	10 (9.9)	12 (11.9)	–	12 (11.9)	13 (12.9)	101 (100.0)
계	69 (13.0)	31 (5.8)	71 (13.4)	32 (6.0)	53 (10.7)	9 (1.7)	38 (7.2)	48 (9.1)	34 (6.4)	77 (14.5)	68 (12.8)	530 (100.0)

주: ① 기업의 재정적인 문제로(비용이 많이 들어서)
② 기업 보안상의 문제로
③ 별로 도움이 되지 않아서
④ 목표한 성과 달성 미흡
⑤ 적절한 내부 인력의 부족
⑥ 비용 산정의 차이
⑦ 상호신뢰의 부족
⑧ 자체적으로 모두 해결되어 필요 없기 때문에
⑨ 성과소유의 불명확
⑩ 정보 부족
⑪ 이용절차가 복잡하고 까다로워서

출처: 설문조사(복수응답).

신에 기반한 민간기업 성격의 연구개발 네트워크 전담 매개기구를 설치하여 '제도적 신뢰'를 강화하고, 이를 기초로 기업을 비롯한 타 주체 간 신뢰의 강화와 각종 인센티브를 지원하고 컨설팅하는 프로그램을 마련하여야 할 것이다. 그 외 기존의 중관촌관리위원회(中關村管理委員會), 중소기업청(中小企業局) 등 정부기관은 기업의 연구개발 교류촉진대회 등을 통해 연구개발의 중요성에 대한 인식을 확산하는 등의 방식으로 전환할 필요가 있다.

둘째, 연구개발 네트워크 활성화의 최대 장애요소인 정보 및 상호신뢰 부족 문제를 해결할 수 있는 정책적 대안이 마련되어야 할 것이다. 기업의 대학 및 연구소에 대한 '정보 부족'을 해결하기 위해서는 산·학·관 3주체 간 트리플 힐릭스 체계의 구축과 체계 조직자(System Organizer)로서의 매개기관의 역할을 강화할 필요가 있다. 이들 매개기관은 연구개발을 둘러싼 수요자와 공급자를 효율적으로 중개할 수 있는 기술교역센터의 운영, 기업의 연구개발 관련 세미나 등의 참가에 대한 지원을 통해 주체 간 교류를 촉진함으로써 제도적 신뢰관계를 강화하여야 할 것이다. 구체적인 사례로는 기업과 대학 간 네트워크 모델로 주목받고 있는 '가족회사제' 등을 들 수 있다.[3]

셋째, 중앙 및 지방 정부는 기업의 연구개발 네트워크 강화에 실질적인 도움이 될 수 있도록 관련된 행정적 절차를 간소화하고, 이에 대한 보다 적극적이고 효율적인 홍보 방안을 마련하여야 한다. 정부가 클러스터의 연구개발 정책 수립의 전 과정에 걸쳐 관련 주체들의 개방적이고 폭넓은 참여를 유도함으로써 지원사업의 정당성과 시행과정상의 투명성을 제고할 필요가 있다. 또한 중앙정부와 지방정부 간 그리고 정부부처 간에 분산되어 있는 연구개발 네트워크 지원정책의 기획과 수행기능을 적절하게 재조정하여 중복과 파편화를 최소화함으로써 시너지효과를 극대화할 수 있는 방안을 마련하여야 할 것이다.

넷째, 특정 산업집적지가 혁신클러스터로 발전함에 있어서는 클러스터 주체 간의 국지적 네트워크뿐만 아니라 글로벌 네트워크도 강화되어야 한다. 이러한 점에서 중관촌 클러스터는 중화경제권이라는 독특한 관시(關係)문화에 기초한 글로벌 네트워크의 토대는 상대적으로 잘 갖추어졌다고 할 수 있다. 따라서 현재로서는 국지적 네트워크를 강화하고, 이를 통해 국지적 네트워크와 글로벌 네트워크를 하나의 시스템화하여 시너지효과를 극대화할 수 있는 정책적 대안도 마련할 필요가 있을 것이다.

· 참고문헌 ·

김도훈, 2011, 산업유형별 제품혁신의 성과 분석과 경쟁 우선순위의 전략적 선택에 관한 실증연구, 부산대학교 박사학위논문.

劉釘沅, 2012, "중국과학기술 체제 개혁과 정부의 역할 변화", 중국학논총, 35, 273-302.

박계홍, 1996, "R&D조직 구성원의 창의성 향상과 동기부여 전략에 관한 연구", 사회과학논문집, 15(2), 185-205.

박윤철, 2007, "중국학교기업의 발전전력과 산학협력방안 탐색연구", 중국학논총, 23(1), 305-324.

성태경·박광서, 2011, "국제무역에 있어서 표준의 역할", 무역연구, 7(4), 49-65.

오상봉, 2008, "지식기반경제에서 한국무역구조의 고도화 방향과 전략", 제2회 산관학 무역정책 대토론회 발표논문집, 13-31.

이정표·손성문·차경자·오대원, 2006, "중국 中關村과학기술단지에 대한 정책과 성과연구", 國際商學, 21(1), 159-178.

張英臺, 1998, "기술전략과 기술네트워크에 관한 이론적 고찰", 인문사회과학논총, 5(1), 319-358.

전동호, 2007, 첨단기술산업 집적지역의 형성과 지역혁신체계에 관한 연구-충북 오창과학단지를 사례로, 한국교

3 '가족회사제'는 대학과 기업 간 맞춤형 교육·연구 협력을 바탕으로 인적·물적 자원을 공유하는 시스템이다. 이는 대학이 가족회사에 연구인력과 시설·장비를 제공하고, 가족회사는 수요에 맞춘 교육과정으로 개편하며 졸업생을 가족회사로 취업하도록 하는 기업과 대학 간 연계 프로그램의 하나이다.

원대학교 대학원 석사학위논문.
정명기, 2004, “중국의 실리콘밸리: 중관촌”, 산업입지, 12, 30−34
정형식 · 김영심, 2010, “중소기업의 산학협력 관계구축과 기술지식 및 시장지식 습득이 성과에 미치는 영향”, 마케팅논집, 18(4), 57−79.
조흥수 · 고영구, 1994, “尖端産業團地의 開發과 地域發展−淸州「테크노−빌」을 中心으로”, 安城産業大學校 論文集, 26, 27−40.
詹軍, 2012, 中關村科學技術클러스터의 연구개발 네트워크 특성, 경북대학교 박사학위논문.
鮑曉多, 2009, 창업팀 특성, 꽌시 이용도, 인적자원과 정책지원이 창업성과에 미치는 영향에 관한 연구: 베이징의 기술창업기업을 중심으로, 한양대학교 박사학위논문.
Kaufmann and Todtling, 2002, SMEs in Regional Innovation Systems and The Role of Innovation Support−The Case of Upper Austria, The Journal of Technology Transfer, 27, 15−26.
郭楊騫, 2001, “中國大陸科技産業與高等院校互動關係之硏究 以位於上海 南京 合犯 西安的大學爲例”, 淡江, 大學中國大陸硏究所頭士論文, 74.
中國火炬中心統計年鑑, 2011, 中國統計出版社.
中關村統計年鑑, 2010, 中關村科技園區管理委員會.
中關村指數, 2011, 中關村科技園區管理委員會, 北京市統計局, 中關村創新發展硏究院.

• 제15장 •

구미 IT산업 클러스터의 회복력 평가

1. 머리말

글로벌 차원의 경제변동과 한국 경제의 저성장 기조 속에서 산업집적지를 비롯한 경제공간은 전례가 없는 위기를 겪고 있다(Lee et al., 2013; 이원호, 2016). 물론 경제공간은 항상 위기 상황에 노출되어 있다. 하지만 오늘날의 위기는 과거와는 달리 그 원인이 복합적일 뿐만 아니라 다수의 위기들이 복잡하게 얽혀 있다는 점이 특징적이다. 따라서 특정 원인의 제거로 바로 위기를 극복할 수 없으며, 그 위기는 다중적 공간 스케일에 걸쳐 확산될 가능성이 큰 특성을 가진다(노성민 외, 2015).

대체로 산업단지를 기반으로 성장한 우리나라의 클러스터는 한국의 지속적인 경제성장과 산업화에 크게 기여하였다. 그러나 최근 지식기반경제의 심화, 4차 산업혁명으로의 전환 등 외부환경의 급격한 변화와 기반시설의 부족 및 노후화, 고급인력의 부족, 구조고도화의 지연, 혁신생태계 미흡 등에 의한 클러스터의 유연성과 적응력의 결여로 위기를 겪고 있다(한국산업단지공단 산업입지연구소, 2017). 특히 산업화 초기에 조성된 산업단지들은 기반시설 및 설비의 노후화 문제에 직면하고 있다(한국산업단지공단 산업입지연구소, 2014a).[1] 이러한 산업단지의 노후화는 새로운 성장동력의 창

1 노후산업단지는 조성된 지 20년 이상이 된 산업단지를 말한다. 2016년 말 기준 우리나라 노후산업단지는 총 412개로, 전체 산업단지(1,158개)의 35.6%를 차지하며, 생산, 수출, 고용에서 그 비중은 70%를 상회하고 있어 심각한 문제로 주목받고 있다(한국산업단지공단, 2017).

출을 통한 클러스터의 회복력을 강화하는 데 큰 장애요소가 되고 있다. 클러스터 회복력은 "충격의 극복을 위해 구성 주체들의 네트워크, 기술혁신 역량 등에서의 변화를 통해 기능이나 구조 전환으로 기존과 유사한 성장률을 나타내는 발전 경로로 회복할 수 있는, 혹은 보다 나은 성장률을 보이는 새로운 경로를 창출할 수 있도록 하는 클러스터의 역량"으로 정의된다(Martin and Sunley, 2015; 전지혜·이철우, 2018: 72). 클러스터의 회복력 강화를 위해서는 먼저 구체적인 실태 분석이 전제된다. 클러스터 회복력 분석은, 외부충격과 위기 그리고 회복력의 실태와 성격에 대한 분석뿐만 아니라 이에 기초한 회복력 강화를 위한 대안이 제시되어야 할 것이다.

지금까지 회복력 연구는 국내외적으로 제한적이다.[2] 특히 특정 클러스터 혹은 지역을 대상으로 한 사례 연구는 극소수에 지나지 않는다. 국내의 경우 2010년대부터 회복력 개념이 소개되기 시작하였다. 김원배·신혜원(2013)은 회복력 개념을 적용하여 1997년 아시아 경제위기와 2008년 세계 금융위기가 우리나라의 지역경제에 미친 영향을 분석하였다. 하수정 외(2014)는 1997년 경제위기를 극복하는 데 걸린 기간을 기준으로 회복력 수준을 측정하였다. 이원호(2016)는 수도권과 동남권을 사례로 GRDP 및 실업률을 통해 경제위기 이후 지역회복력 패턴과 변이할당분석을 통해 회복력 결정요인을 분석하였다. 이들 연구와는 달리, 클러스터의 회복력을 분석한 대표적인 해외 연구로는 외스테르가르드와 박은경(Østergaard and Park, 2015)과 베렌스 외(Behrens et al., 2016)를, 국내 연구로는 전지혜(2018)를 들 수 있다. 이들 연구는 특정 지표를 중심으로 연구자 시각에서의 회복력 수준, 즉 회복력 실태 분석에 초점을 두었다. 클러스터 회복력 실태 혹은 평가는 클러스터 차원의 '생산영역', '기술혁신영역', '제도영역' 그리고 기업 차원의 '자기평가'의 4개 영역으로 구분하여 분석되어야 한다(Martin and Sunley, 2015; 전지혜·이철우, 2018). 왜냐하면 산업집적지를 포함한 다양한 스케일의 경제공간은 산업, 제도 등 다양한 부문으로 구성되어 있기 때문이다(전지혜, 2019).

이에 본 장에서는 기업 차원의 자기평가와 클러스터 차원의 생산영역, 기술혁신영역, 제도영역을 중심으로 구미 IT산업 클러스터의 회복력 실태와 그 대안을 분석하고자 한다. 구미 IT산업 클러스터를 연구대상으로 선정한 것은 1973년 제1단지가 완공된 이후 크고 작은 외부충격에도 불구하고 현재 제5단지를 조성할 정도로 꾸준히 성장해 왔으나, 최근 매출액 및 가동률 저하 등으로 조성 이래 최악의 위기에 처해 있기 때문이다.

본 연구의 핵심 자료는 2016년 12월 기준 구미국가산업단지 및 그 인접 지역의 1,866개 업체를 대상으로 한 설문 및 심층면담 조사의 결과이다. 조사는 2017년 1월 20일~4월 21일에 걸쳐 실시하였

2 회복력에 관한 이론 및 종래의 연구동향에 관한 자세한 내용은 전지혜·이철우(2018)를 참조하라.

고, 전체 조사대상 업체의 약 8.5%에 해당하는 158부를 분석에 이용하였다.[3] 또한 동기간에 실시된 구미국가산업단지의 기업, 지원기관, 연구기관의 관계자 및 연구자와의 심층 면담조사 결과를 연구의 분석 자료로 활용하였다.

2. 구미 IT산업 클러스터의 현황과 경영위기

1) 구미 IT산업 클러스터의 현황

구미 IT산업 클러스터는 제1~5단지의 5개 단지로 구성된 구미국가산업단지를 중심으로 그 인접 지역에 입지한 IT산업 관련 산·관·학·연 주체들을 포함하는 산업집적지이다(이철우 외, 2016). 구미국가산업단지는 전자산업의 육성과 수출 신장을 위해 1969년부터 정부주도적으로 조성되어 온 우리나라의 대표적인 IT산업 집적지로서, 전형적인 위성형 산업집적지가 명실상부한 클러스터로 진화하는 토대가 되었다. 이에 본 연구에서는 구미 IT산업 클러스터의 현황을 구미국가산업단지를 중심으로 살펴보고자 한다.

〈표 15-1〉에서와 같이, 2017년 말 기준 구미국가산업단지의 가동업체는 1,909개, 종사자 수는 95,153명으로 전국 산업단지 대비 각각 2.2%와 4.4%를 차지하고 있다. 또한 생산액은 444,507억 원, 수출액은 28,819백만 달러로 각각 전국 산업단지 생산 및 수출의 4.2%, 6.8%를 차지하고 있다. 그리고 업체당 종사자 수, 생산액, 수출액은 각각 50여 명, 233억 원과 15백만 달러이다. 특히 수출액은 전국 산업단지 평균(500만 달러)보다 3배 정도 높게 나타나 전형적인 수출 중심 산업단지의 성격을 보여 주고 있다.

다음으로 구미국가산업단지의 업종별 현황의 경우, 사업체 수에서는 기계업종이 전체의 43.4%

3 분석 대상 기업의 설립 시기의 경우 미국발 글로벌 금융위기(2008년) 이후에 설립된 업체(70개사, 44.3%), IMF 경제위기 이후(1998년)부터 글로벌 금융위기 전에 설립된 업체(60개사, 38.0%), IMF 경제위기 이전에 설립된 업체(28개사, 7.7%)의 순이다. 즉 IMF 경제위기와 글로벌 금융위기 같은 국가 수준의 경제위기 이후에 설립된 기업체가 절대다수를 차지하기 때문에 현재까지 경영위기를 경험하지 않은 기업의 비율(48.7%)이 예상외로 높게 나타난 것으로 판단된다. 업종별 비중을 보면 전기전자업종이 46.8%(74개사), 기계업종이 30.4%(48개사)로, 이들 두 업종의 비율이 약 80% 정도를 차지할 정도로 IT산업에 특화되어 있음을 보여 주고 있다. 규모 면에서는 종사자 '50명 미만'과 '50명 이상 300명 미만' 종사자의 중소기업이 약 96%를 차지한다. 마지막으로 기업의 성장단계를 보면, 현재까지 경영위기를 겪지 않은 '시장진입기'(20개사)와 '성장기'(56개사)의 업체 비율은 48.2%를 차지하였고, 경영위기를 겪은 81개 업체의 비중은 '성숙기'(24.1%), '쇠퇴기'(20.9%), 재도약기'(7.0%) 업체의 순이었다. 특히 성숙기의 경우에도 기술혁신이 창출되지 않을 경우 쇠퇴기로 쉽게 전환될 가능성이 매우 크다. 따라서 이들 기업은 경영에 악영향을 미칠 수 있는 외부충격에 대한 신속한 대응력, 즉 회복력이 취약할 가능성을 배제할 수 없다.

표 15-1. 구미국가산업단지의 업종별 현황(2017년 12월 기준)

(단위: 개사, 명, 억 원, 백만 달러, %)

구분	음식료	섬유 의복	목재 종이	석유 화학	비금속	철강	기계	전기 전자	운송 장비	기타	비 제조	계
사업체 수	6 (0.3)	89 (4.7)	44 (2.3)	210 (11.0)	36 (1.9)	23 (1.2)	834 (43.7)	585 (30.6)	25 (1.3)	12 (0.6)	45 (2.4)	1,909 (100.0)
종사자 수	567 (0.6)	3,211 (3.4)	762 (0.8)	6,508 (6.8)	2,950 (3.1)	740 (0.8)	22,265 (23.4)	55,405 (58.2)	1,286 (1.4)	50 (0.1)	1,409 (1.5)	95,153 (100.0)
생산액	5,833 (1.3)	10,484 (2.4)	2,855 (0.6)	50,696 (11.4)	8,318 (1.9)	4,935 (1.1)	73,273 (16.5)	283,233 (63.7)	4,659 (1.0)	221 (0.0)		444,507 (100.0)
수출액	–	284 (1.0)	20 (0.1)	1,742 (6.0)	143 (0.5)	92 (0.3)	1,126 (3.9)	25,318 (87.9)	73 (0.3)	16 (0.1)		28,819 (100.0)

출처: 한국산업단지공단, 국가산업단지동향.

(834개사)로 가장 큰 비중을 차지하였고, 이어 전기전자(30.6%), 석유화학(11.0%), 섬유의복(4.7%) 업종의 순이다. 그러나 설문 및 심층면담 조사에 의하면, 기계업종은 실제로 3D프린터, 자동화 설비, 금형가공 등과 같이 IT산업 관련 제품을 생산하는 업체로 구성되어 있다. 종사자 수에서는 전기전자(58.2%), 기계(23.4%), 석유화학(6.8%), 섬유의복(3.4%), 비금속(3.1%) 업종 등의 순이다. 특히 연간 생산액과 수출액의 경우 전기전자업종이 각각 전체의 63.7%(283,233억 원), 87.9% (25,318백만 달러)로 절대적인 비중을 차지하고 있다(표 15-1).

또한 구미국가산업단지의 기업 규모에서는 2012년 12월 기준 1,757개의 입주업체 중 대기업은 54개사로 약 3%에 불과하고 중소기업은 무려 70%에 달하였다(한국산업단지공단 대경권본부, 2012). 특히 전체 가동업체 중 59.6%는 대기업의 하청업체인 것으로 나타났다(이철우 외, 2016). 이는 지역경제에서 소수 대기업의 영향력이 막대함을 반영하고 있다.

한편 〈그림 15-1〉과 같이, 구미국가산업단지의 가장 결정적인 입지 요인은 '동종 및 관련 업체와 협력관계 형성'(18.5%)이었다. 이는 삼성전자, LG디스플레이 등 대기업을 중심으로 IT산업 관련 중소업체들이 다수 집적하고 있기 때문이다. 그다음은 '연구개발을 위한 양호한 시설 및 지원'(16.5%), '생산인력의 확보'(14.1%), '대학 및 연구소와 활발한 교류·협력'(12.5%), '대기업과 거래 네트워크 구축'(12.3%), '시장 및 경영정보의 구득 용이'(11.7%) 등의 순이다. 반면에 '금융, 법률, 회계 등 접근성'(4.3%)과 '고숙련·고학력 인재의 확보'(2.7%)는 매우 불리한 것으로 나타났다.

이상에서 살펴본 바와 같이, 구미 IT산업 클러스터는 ① 수출 중심의 IT 특화산업단지의 성격이 매우 강한 모노컬처(mono-culture)적 산업집적지, ② 소수 대기업을 중심으로 다수의 중소기업이 수직적·계층적으로 연계된 선도기업과 연계기업(hub-spoke)형 산업집적지, ③ 생산자서비스산업과

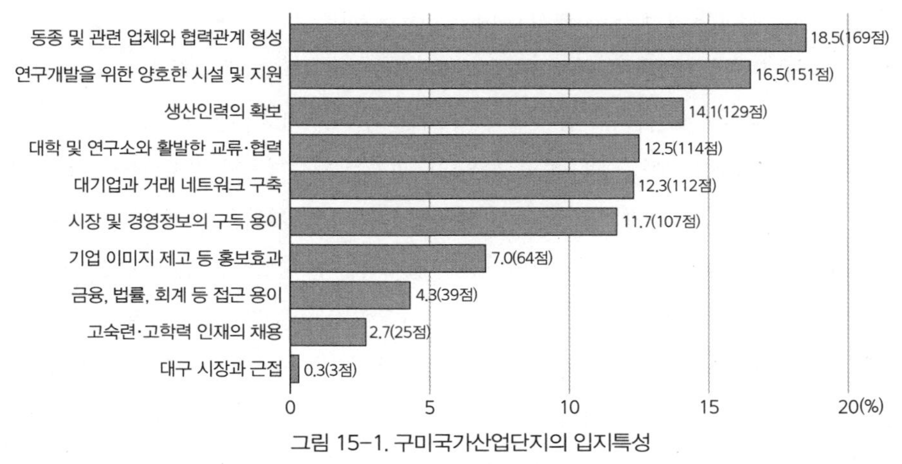

그림 15-1. 구미국가산업단지의 입지특성

출처: 설문조사에 의함(무응답 제외, 중복응답 포함).
주: 순위별로 1순위는 3점, 2순위는 2점, 3순위는 1점의 가중치를 부여함.

고숙련·고학력 인재의 수급에 한계가 있는 위성형 산업집적지의 특성을 지닌다. 하지만 이러한 특성은 2010년대 들어 삼성전자와 LG디스플레이의 베트남, 평택, 파주 등으로의 이전이 본격화되면서, 이는 구미 IT산업 클러스터의 극심한 침체를 유발하는 요인으로 작용하였다. 예를 들면, 구미국가산업단지의 가동률은 2016년 말 77.6%에서 2018년 말 64.8%로 감소하여 전국의 30여 개 산업단지 중에서 25위를 차지할 정도로 낮게 나타났다(매일신문, 2019). 따라서 구미 IT산업 클러스터는 현재의 위기에 대응·적응할 수 있는 역량이 절실한 상황이다.

2) 구미 IT산업 클러스터의 외부충격과 경영위기

구미국가산업단지의 발전과정에서 실제로 입주 기업 경영에 심각한 영향을 미친 환경 변화로는 국내외 구조적인 경기변동, 주력산업 및 제품의 전환과 그 생애주기의 변화, 그리고 중핵기업의 투자 및 생산 물량의 역외유출 등을 꼽을 수 있다(이철우·전지혜, 2018). 이러한 환경 변화에 따른 경영위기의 속성을 파악하기 위해 본 연구에서는 158개의 분석 대상 기업 중에서 경영위기를 경험한 81개 기업의 경영위기 ① 시기, ② 내·외부 요인, ③ 피해 상황, ④ 극복 방안, ⑤ 회복 유형을 중심으로 살펴보고자 한다.

먼저 전체 분석 대상 81개 기업의 80%에 달하는 63개사(77.8%)는 '2010년대 이후'의 핵심 기업의 역외유출을 가장 심각한 위기로 인식하고 있다. 이어 '2000년대 중후반'의 핵심 기업의 역외유출을 가장 심각한 위기로 인식한 기업은 16.0%(13개사)로, 전체 응답 업체의 약 94%가 원청기업의 역외 유출을 가장 심각한 위기로 인식하는 것으로 나타났다(그림 15-2). 이러한 결과는 이 클러스터의 허브(hub) 기업이 석유파동, 선진국의 수입규제 및 시장개방 압력, IMF 및 글로벌 금융위기와 같은 국제적·국가적 수준의 경제위기에도 불구하고 2000년대까지는 기술혁신과 입지전략을 통해 지속적으로 경쟁력을 강화하였기 때문에 스포크(spoke)에 해당하는 중소기업은 이러한 국민경제 수준의 위기를 심각하게 인식하지 않는 구미국가산업단지의 정체성을 잘 반영하는 것으로 평가할 수 있다. 그러나 2010년대에 접어들면서 주력산업 대기업의 대규모 역외유출과 중소기업의 혁신역량 및 자생력 부족의 공진화(co-evolution)로 역내 중소기업들은 유례없는 경영위기를 맞이하게 되었다.

다음은 중소기업의 심각한 경영위기의 외부/내부 요인을 구체적으로 살펴보고자 한다(그림 15-3, 15-4). 첫째, 가장 주된 외부 요인은 삼성과 LG계열사를 중심으로 한 '대기업의 역외 이전에 의한 하청 축소'로 전체의 50.1%를 차지하였다. 이는 모기업과 중소기업 간의 수직계열화라는 구조적 특성에서 기인한다. '대기업의 역외 이전에 의한 하청 축소'는 1990년대 후반 IMF 외환위기에 따른 인원 감축, 한계부진 사업 철수 등의 대규모 구조조정과 2000년대 중후반에 걸친 삼성과 LG계열사의 우수한 인력 확보를 위한 연구개발[4]뿐만 아니라 핵심 생산기능의 수도권 이전과 2010년대 이후의 해외 이전의 결과이다. 이는 소수의 특정 대기업에 하청계열화로 특화되어 있는 구미 IT산업 클러스터의 중소기업들에게는 가장 위협적인 위기요소로 작용할 수밖에 없다고 하겠다. 두 번째는 전체

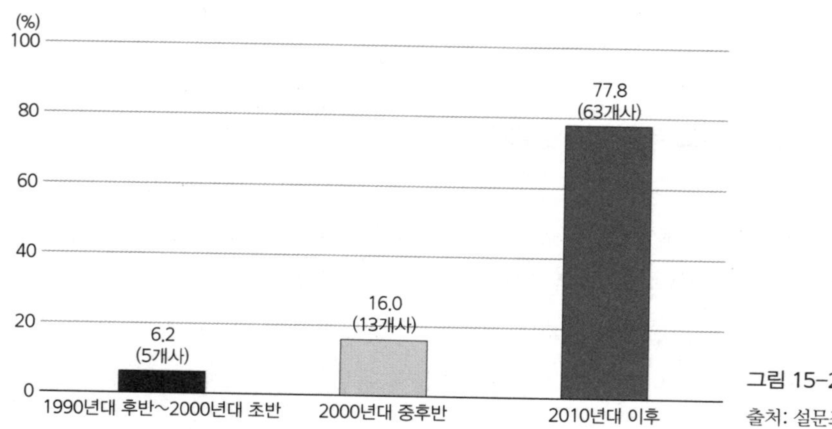

그림 15-2. 경영위기의 시기

출처: 설문조사에 의함.

4 삼성전자는 분산되어 있던 연구개발 기능을 통합하고 각종 기술 간 시너지효과를 극대화하여 R&D 경쟁력을 확보하기 위해 2005년 경기도 수원에 디지털연구소를 건립하였다(삼성전자, 2010). LG필립스LCD의 경우에도 2000년대 중반에 안양에 있던 중앙연구소를 대규모 생산기능이 집적한 구미 IT산업 클러스터가 아닌 당시 LCD 생산단지의 조성 초기단계에 있는 경기도 파주로 이전하기로 결정하였다.

의 34.7%를 차지하는 '구조적 경기 침체'이다. 이는 1997년 IMF 외환위기, 미국을 시작으로 한 2000년 닷컴 버블의 붕괴와 2008년 글로벌 금융위기 그리고 2010년 유럽 재정위기 등이 국내외 IT시장 침체와 수출 부진이라는 불안정한 경기 상황으로 이어지면서 국제적·국가적 차원뿐만 아니라 구미 지역 중소기업의 경영에도 심각한 영향을 미친 것으로 이해된다. 그 외 요인으로는 '국내외 정치적 불안정'(7.5%), '국내외 시장규제'(5.1%), '안전사고'(1.0%) 등의 순으로 나타났다.

둘째, 내부 요인의 경우, '경영자의 과실'(34.7%)이 가장 주된 요인으로 인식되고 있다. 왜냐하면 경영자가 시장변동에 대한 대응 미흡, 영업역량의 부족, 투자 예측 실패로 인한 자금 고갈, 관리 부재 등과 같이 급변하는 국내외 경기 동향의 파악이나 모기업 유출에 대한 대안적 전략 부재로 환경 변화에 적절히 대응하지 못할 경우 심각한 경영위기를 겪을 수밖에 없기 때문이다. 특히 2000년대 중후반 이후에는 '제품의 결정적 하자'(17.5%), '정보 및 기술 유출'(12.0%) 그리고 '기술혁신 미흡 및 전문인력 부족'(7.6%)과 같은 생산공정상의 혁신 및 인력의 문제가 경영위기를 유발하는 요인으로 부각되는 특징이 나타나기 시작하였다. G사 이○○ 대표와의 인터뷰에 의하면, 이는 원천기술을 비롯한 기술혁신의 기반을 소수의 대기업이 보유하고 다수의 중소기업들이 대기업으로부터 직간접적인 기술이전을 통해 제품을 생산·납품하는 수직적 계열화의 고착으로 기술혁신 역량이 매우 열악하기 때문이라고 한다. 이상의 하청계열화 구조가 해체되지 않는 한 영세한 중소기업들이 자체적으로 기술혁신 역량을 획기적으로 제고한다는 것을 기대할 수 없다. 따라서 이러한 문제는 개별 기업 및 클러스터 차원이 아니라 국가, 즉 중앙정부 차원의 지배·종속적 하청계열화 문제를 구조적으로 개선

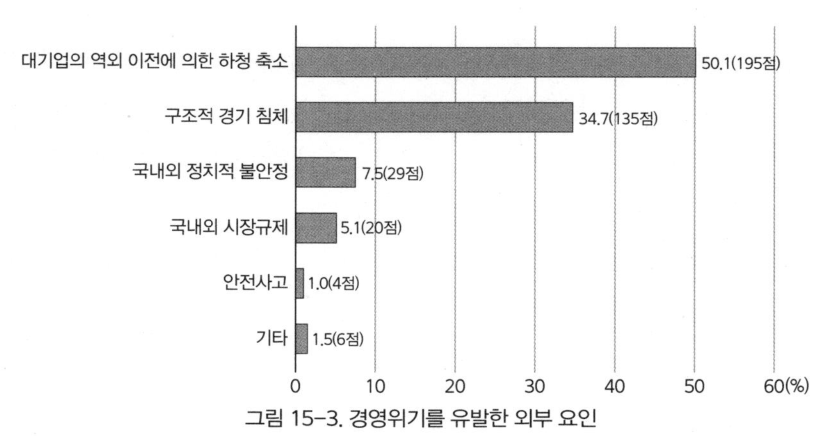

그림 15-3. 경영위기를 유발한 외부 요인

주: 1) 점수는 순위별로 1순위 3점, 2순위 2점, 3순위 1점의 가중치를 부여하여 합한 결과임.
2) 기타에는 '협력업체의 부도'가 포함됨.
출처: 설문조사에 의함(무응답 제외).

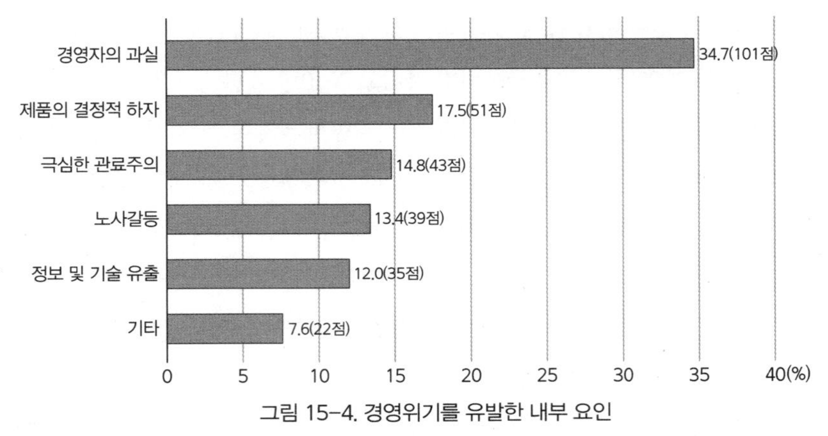

그림 15-4. 경영위기를 유발한 내부 요인

주: 1) 점수는 순위별로 1순위 3점, 2순위 2점, 3순위 1점의 가중치를 부여하여 합한 결과임.
2) 기타에는 '기술혁신 미흡'과 '전문인력 부족'이 포함됨.
출처: 설문조사에 의함(무응답 제외).

할 제도가 마련되어야 해결될 수 있을 것이다. 그 밖의 내부 요인으로 '극심한 관료주의'가 14.8%, '노사갈등'이 13.4%를 차지하였다.[5]

이상의 요인들에 의한 경영위기에 따른 가장 큰 피해로는 전체의 40.7%의 기업들이 '시장 축소'를 지적하였다(그림 15-5). 이는 본 산업단지 중소기업의 최대 경영위기 원인이 중핵 대기업인 삼성과 LG 계열사의 해외 및 수도권으로의 이전으로 이들 기업의 1~3차 협력업체들의 연쇄적인 주문량 감소를 겪게 되었다. 예를 들면, 2006년부터 8000만 대의 휴대폰을 구미국가산업단지에서 생산하였던 삼성전자가 2010년을 전후로 휴대폰 생산기지를 베트남으로 대폭 이전시키면서 구미사업장에서의 생산물량은 2016년 기준 2600만 대 수준으로 크게 감소하였다(조선비즈, 2016). 이에 휴대폰 부품을 생산하는 2차 협력업체인 M사는 1차 협력업체인 T사와의 거래량이 급격히 감소하였다고 한다(M사의 김○○ 대표와의 면담). 다음은 주문물량의 감소에 따른 과열경쟁으로 단가가 인하되고, 결과적으로 생산액 감소(28.4%)로 이어졌다. 그 외 피해로는 경쟁력 약화(12.3%)와 자금 부족(9.9%) 그리고 생산성 저하(8.6%) 등의 피해를 겪은 것으로 나타났다.

이와 같은 위기를 극복하기 위해 기업들은 주로 '새롭거나 고부가가치의 제품 및 시장으로 사업 전환이나 다각화 모색'(23.2%), '시장경쟁력 강화를 위한 품질개선'(12.1%), '생산·서비스 공급사슬의

5 '극심한 관료주의'와 '노사갈등'은 기업들이 국내외 경기 침체에 대응하는 과정에서 경직적인 의사결정 구조를 기반으로 구조조정을 추진하였기 때문에 2000년대 초반까지는 경영위기를 유발하는 주된 요인이었다. 하지만 기업들이 더 나은 이익창출과 시너지효과를 위해 구성원 간에 수평적인 의사결정 체계와 사회적 자본을 구축하고자 노력하면서 최근에는 그 비중이 줄어들게 되었다(I사 김○○ 대표와 Y사 오○○ 대표 인터뷰).

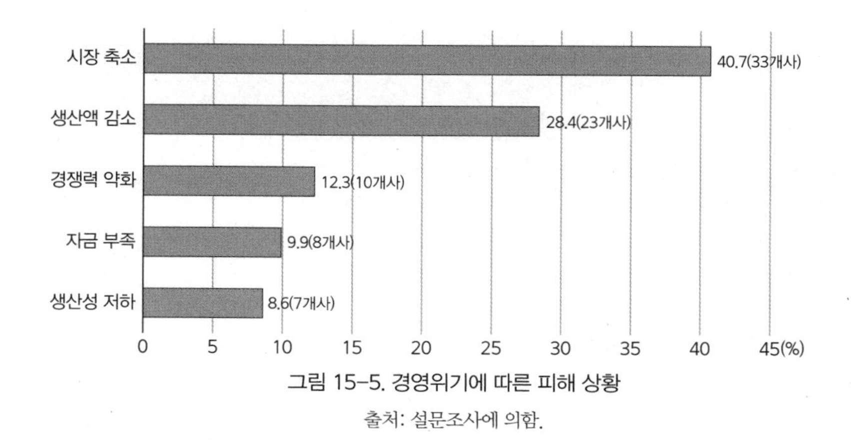

그림 15-5. 경영위기에 따른 피해 상황

출처: 설문조사에 의함.

합리화 혹은 재편'(11.4%)과 같은 중장기 전략을 추진하고 있음을 확인할 수 있었다(그림 15-6). 특히 이러한 전략을 통해 유망 업종이나 제품으로의 전환에 성공한 일부 기업들에게는 위기상황이 오히려 생산 및 조직 체계를 재정비하고 경쟁력을 강화하는 계기가 되었다.[6] 물론 이러한 전략을 채택하되 궁극적으로는 기존의 대기업 혹은 1차 협력업체와의 거래관계를 개선하려는 기업도 적지 않았다.[7] 반면에 전체 응답자의 거의 절반(48.4%)에 가까운 기업들은 '임금 및 기타 비용 절감'(18.2%), '고용자 감원 및 근로시간 단축'(9.4%) 및 '제품의 가격 인하'(8.1%), '정부 및 기업 지원기관의 정책적 지원'(7.2%)과 '구제금융'(5.5%)과 같은 단기적 전략 혹은 외부 지원에 의존하는 것으로 나타났다. 특히 정책적 지원과 구제금융의 경우는 그 기준과 절차가 까다롭기 때문에 대부분의 기업들은 위기극복 방안으로 큰 의미를 부여하지 않고 있다.[8] 이러한 전략 외에 소수(4.1%)의 기업들은 '대기업 이전 지역으로 생산시설 일부 이전' 혹은 '생산성 낮은 지사(부문) 폐업' 그리고 '인수합병'을 통해 위기에 대처하고 있는 것으로 밝혀졌다.

이상과 같이 경영위기를 극복하려는 다양한 노력에도 불구하고, 전체 응답자의 38.3%가 '경영위기를 극복하지 못하고 쇠퇴하는' 기업이며, '위기 이전보다 성장률이 낮다'는 기업이 17.4%로 여전히

6 I사는 종전까지 디지털기기 및 자동차 관련 제품의 시험장비를 생산했지만 대기업의 해외 이전, 핵심 인력 유출 등으로 인해 위기를 겪은 이후 의료기기 관련 시험장비 완제품 개발에 주력하기 시작하였다. 진입장벽이 높았지만 지속적으로 투자한 결과 외국계 의료기기 기업으로부터 기술과 제품을 인정받고 직접 수출까지 하면서 의료기기 관련 산업에서의 입지를 다지고 있다.

7 전자부품 제조업체인 C사는 주 거래업체인 삼성과 LG 계열사가 저임금 노동력 활용을 이유로 베트남으로 진출하면서 주문량을 줄인 이후로 부품조립 로봇을 개발 중에 있다. 즉 부품조립 과정을 자동화하여 자체 생산한 부품과 로봇을 함께 대기업에 납품할 계획을 가지고 있다. 대기업의 2차 협력업체인 G사는 역내 주문량이 감소한 이후 경기도를 비롯한 수도권에 위치한 1차 협력업체와 거래를 하고 있다.

8 M사 김○○ 대표에 따르면, 정부지원 사업의 선정은 매출액을 기준으로 하기 때문에 영세한 중소기업의 경우 매출액이 일정 금액 이상에 이르지 않으면 사업을 수주할 가능성이 극히 낮다. 이뿐만 아니라 금융기관으로부터의 지원에서도 매출액이 작은 영세 중소기업은 대체로 제외된다고 한다.

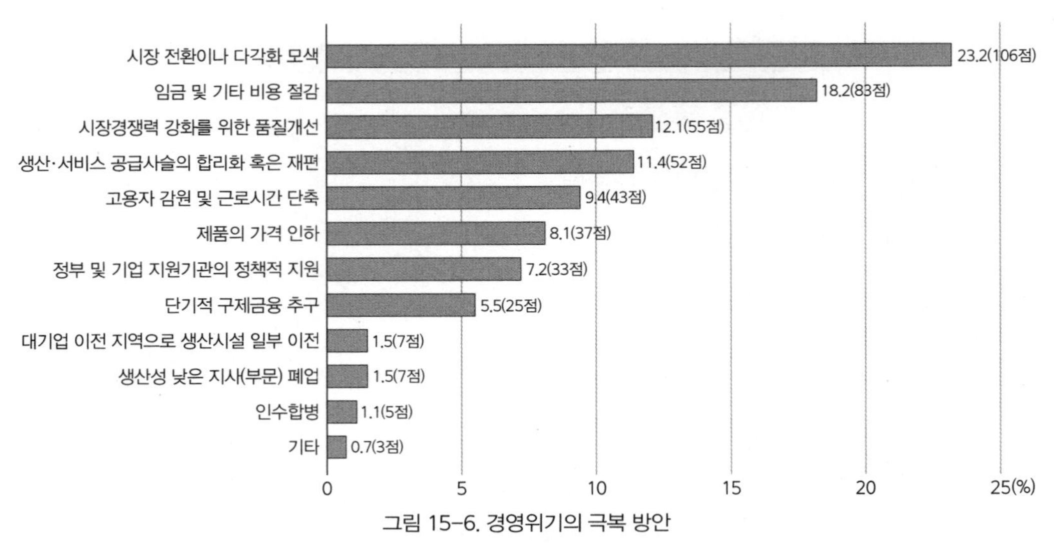

그림 15-6. 경영위기의 극복 방안

주: 1) 점수는 순위별로 1순위 3점, 2순위 2점, 3순위 1점의 가중치를 부여하여 합한 값임.
2) 기타에는 '대기업의 주문물량 증가'가 포함됨.
출처: 설문조사에 의함(무응답 제외).

경영위기를 벗어나지 못하는 기업이 절반 이상(55.6%)을 차지하였다. 반면에 '이전보다 성장률이 증가'한 기업은 24.7%, '경영위기 이전의 성장률을 되찾은' 기업은 19.8%이다(그림 15-7). 그러나 이들 기업의 절반 이상은 성장단계상 성숙기에 해당하기 때문에 지속적인 기술혁신이 전제되지 않는다면 회복력이 약화될 수 있는 가능성이 크다. 결과적으로 구미 IT산업 클러스터의 대부분 중소기업들은 중핵기업의 역외유출을 비롯한 다차원적인 경영위기에 대응할 수 있는 능력, 즉 회복력이 취약한 것으로 판단된다.

이처럼 구미 IT산업 클러스터의 기업들은 전 지구적·국가적 수준의 경제위기보다는 국지적 수준의 충격, 즉 2010년대 들어서 본격화된 대기업을 비롯한 중핵기업의 역외유출을 가장 심각한 경영위기로 인식하고 있음을 확인할 수 있다. 이러한 위기를 극복하기 위해 주로 기술 및 제품의 다각화, 품질개선, 제반 비용 절감 등의 전략으로 대응해 왔다. 그러나 대다수의 기업들은 중핵기업과의 위계적인 수직적 하청구조라는 구조적인 한계점을 극복하고 작금의 경영위기를 탈피할 수 있는 역량을 갖추고 있지 못한다. 따라서 구미 IT산업 클러스터의 경쟁력을 제고하기 위해서는 중앙 및 지방정부 차원의 경직된 하청구조 문제의 해결을 포함한 정부, 클러스터 그리고 기업 등 다차원의 포괄적인 회복력을 강화하기 위한 정책대안이 마련되어야 할 것이다. 이러한 정책수립을 위해서는 기업 차원에서의 회복력에 대한 철저한 평가가 전제된다.

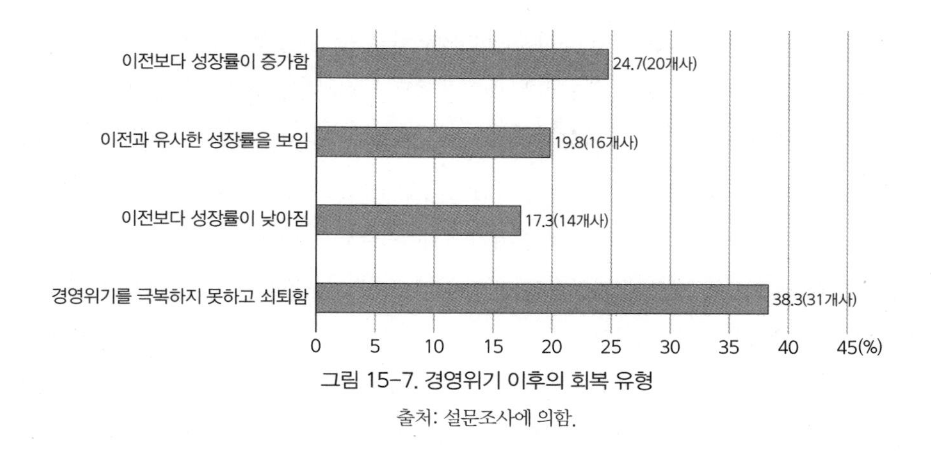

그림 15-7. 경영위기 이후의 회복 유형

출처: 설문조사에 의함.

3. 기업 차원의 회복력 평가[9]

회복력을 갖춘 시스템은 위기 상황에 따라 유연하게 대체할 수 있어야 하고, 동원 가능한 자원이 풍부하며 신속하게 대응할 수 있는 특성을 가진다(O'Rourke, 2007). 따라서 회복력은 대체성(redundancy), 자원동원성(resourcefulness), 신속성(rapidity)의 3가지 요소에 기초하여 평가할 수 있다(Bruneau et al., 2003; O'Rourke, 2007; Palekiene et al., 2015). 이에 본 연구에서는 회복력 시스템의 3가지 구성요소별로 기업의 자체평가에 기초하여 개별 기업의 회복력을 평가하고자 한다.

1) 대체성

대체성은 시스템이 충격에 의해 타격을 입더라도 그 구조나 기능이 유지될 수 있도록 타격 입은 부분을 대체할 수 있는 속성이다(Bruneau et al., 2003; O'Rourke, 2007). 기업들의 대체성은 일반적으로 '다양한 업무 경험을 갖춘 인재의 보유', '기술 및 제품의 다각화', '대체 가능한 기술 및 제품의 개발 가능성', '대체자금원의 확보'를 통해 평가된다.

〈표 15-2〉에서 보는 바와 같이, '다양한 업무 경험을 갖춘 인재의 보유'에 대해서는 절반 정도의 기업이 긍정적(높음과 매우 높음)으로 평가하였다. 하지만 이러한 결과는 분석 대상 기업 중 72.4%

9 기업 차원의 회복력 평가 항목은 브르누 외(Bruneau et al., 2003)와 폴록(Pollock, 2016)의 연구를 수정·보완하였다. 설문조사 방식에는 5점 척도 방식을 채택하였고, 대체성, 자원동원성, 신속성의 3개 영역별 4~5개 항목의 내적 일관성에 대한 크론바 알파 값은 대체성 0.71, 자원동원성 0.78, 신속성 0.89로 유의미한 수준이었다.

가 영세 및 소기업이기 때문에 소수의 종사자가 다양한 업무를 수행할 수밖에 없는 상황을 반영한 것으로 이해된다. 이는 위기 발생 시에 1인당 과중한 업무로 회복력을 저하시키는 요인으로 작용할 수 있는 가능성을 배재할 수 없다. 그리고 '대체 가능한 기술 및 제품의 개발 가능성'과 '기술 및 제품의 다각화'에 대해서도 각각 63.3%, 57.0%의 기업이 긍정적으로 평가하였다. 이러한 결과는 그동안의 핵심 기업의 역외유출을 비롯한 몇 차례의 위기에 대응하는 과정에서 대안적 기술이나 제품을 개발하는 역량을 어느 정도는 갖추게 되었음을 반영하는 것으로 이해할 수 있다. 그러나 실제로 고부가가치의 기술 및 제품을 개발한 기업은 극히 소수에 불과하다(I사 김○○ 대표와의 인터뷰). 반면, '대체자금원의 확보'에 대해서는 부정적인 평가 비중(25.9%)이 상대적으로 큰 것으로 나타났다. 이는 정부, 지원기관과 금융기관의 자금지원은 매우 제한적이고 위기 극복에 별로 도움이 되지 않는 한계점과도 깊은 관계가 있는 것으로 사료된다.

다음으로 회복력의 대체성을 보다 강화하기 위한 방안(그림 15-8)에 대해 살펴보면, '기술 및 제품의 다각화'가 필요하다는 기업이 37.6%로 가장 높았다. 이 대안을 채택한 구체적인 사례로는, 1차 협력업체인 S1사와 J사는 종래 휴대폰 부품 생산에 주력하였지만 원청업체 하청물량 감소에 대처하기

표 15-2. 대체성에 대한 평가

(단위: 개사, %)

구분	매우 낮음	낮음	보통	높음	매우 높음	계
다양한 업무 경험을 갖춘 인재의 보유	4 (2.5)	12 (7.6)	62 (39.2)	63 (39.9)	17 (10.8)	158 (100.0)
기술 및 제품의 다각화	3 (1.9)	11 (7.0)	54 (34.2)	70 (44.3)	20 (12.7)	158 (100.0)
대체 가능한 기술 및 제품의 개발 가능성	-	14 (8.9)	44 (27.8)	70 (44.3)	30 (19.0)	158 (100.0)
대체자금원의 확보	4 (2.5)	37 (23.4)	58 (36.7)	42 (26.6)	17 (10.8)	158 (100.0)

출처: 설문조사에 의함.

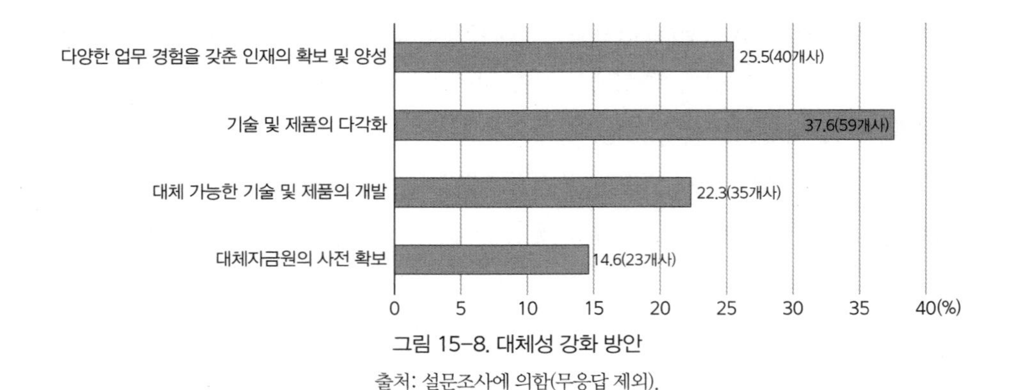

그림 15-8. 대체성 강화 방안

출처: 설문조사에 의함(무응답 제외).

위해 각각 자동차 부품과 안경이라는 제품의 다각화로 회복력을 강화할 수 있었다. 이러한 저부가가치 단순조립 제품 중심의 다각화 전략은 단기적으로는 효과적일 수 있다. 그러나 장기적으로는 '다양한 업무 경험을 갖춘 인재의 확보 및 양성'(25.5%)과 '대체 가능한 기술 및 제품의 개발'(22.3%) 외에 '고급인력의 확보·양성'을 통한 '고부가가치의 기술 및 제품 개발'로 회복력을 강화하여야 할 것이다. 이를 위해서는 현재 대체성 평가에서 그 비율(14.6%)이 가장 낮은 '대체자금원 확보'의 보완을 포함한 정책적 지원이 요구된다.

2) 자원동원성

자원동원성은 시스템이 충격에 대처할 수 있는 대안을 마련하는 데 충분한 물적·인적 자원 등을 원활하게 동원할 수 있는 역량이다(Bruneau et al., 2003; O'Rourke, 2007). 기업의 자원동원성은 '사내 원활한 인적·기술자원 동원 체계 구축', '의사결정 체계의 개방성', '사내 구성원들 간 연계 및 협력', '타 기업과 대학이 보유한 자원의 파악 및 교류'를 중심으로 평가될 수 있다.

구미 IT산업 클러스터 기업들은 자원동원성의 4개 평가지표 가운데 '사내 구성원들 간 연계 및 협력'에 대한 긍정적 평가 비율이 67.1%로 가장 높고, 그다음은 '의사결정 체계의 개방성'(62.0%), '사내 원활한 인적·기술자원 동원체계 구축'(43.0%) 그리고 '타 기업과 대학이 보유한 자원의 파악 및 교류'(39.3%)의 순으로 나타났다. 반면에 부정적인 평가에 있어서는 '사내 구성원들 간 연계 및 협력'이 3.8%로 가장 낮고, '타 기업과 대학이 보유한 자원의 파악 및 교류'의 경우가 20.3%로 가장 높았다(표 15-3). 이러한 결과를 통해 구미 IT산업 클러스터의 중소기업은 소수의 종사자들이 다양한 분야의 업무를 수행함으로써 업무상의 유연성과 구성원 간의 강한 신뢰에 기반한 사회적 자본의 축적으로 기업 내부의 자원동원성에 대해서는 긍정적으로 평가하는 경향이 강하다고 할 수 있다. 그러나 참여정부 이후 미니클러스터 정책을 중심으로 한 지속적인 국지적 네트워크 구축사업에도 불구하고 기업 외부의 타 주체와의 자원 교류는 매우 미흡한 수준을 벗어나지 못하고 있음을 알 수 있다.

그럼에도 불구하고 자원동원성을 강화하기 위한 방안에 대해서도 '사내 원활한 인적·기술자원 동원체계 구축'의 비율이 전체의 49.0%로 가장 높았다. 그다음은 '사내 구성원들 간 연계 및 협력의 장려'(19.7%), '타 기업과 대학이 보유한 자원의 파악 및 교류 강화'(17.2%), '개방형 의사결정 체계의 구축'(14.0%)의 순이다(그림 15-9). 이는 구미 IT산업 클러스터 기업들은 위기 극복을 위한 회복력 강화는 여전히 개별 기업 차원의 문제로 인식하는 경향이 강함을 보여 주고 있다. 바꾸어 말하면 기존의 위기를 극복하는 과정에서 중소기업이라는 속성을 최대한 활용하여 자원동원성을 강화하려는

표 15-3. 자원동원성에 대한 평가

(단위: 개사, %)

구분	매우 낮음	낮음	보통	높음	매우 높음	계
사내 원활한 인적·기술자원 동원 체계 구축	1 (0.6)	16 (10.1)	73 (46.2)	58 (36.7)	10 (6.3)	158 (100.0)
의사결정 체계의 개방성	3 (1.9)	9 (5.7)	48 (30.4)	77 (48.7)	21 (13.3)	158 (100.0)
사내 구성원들 간 연계 및 협력	2 (1.3)	4 (2.5)	46 (29.1)	87 (55.1)	19 (12.0)	158 (100.0)
타 기업과 대학이 보유한 자원의 파악 및 교류	6 (3.8)	26 (16.5)	64 (40.5)	51 (32.3)	11 (7.0)	158 (100.0)

자료: 설문조사에 의함(무응답 제외).

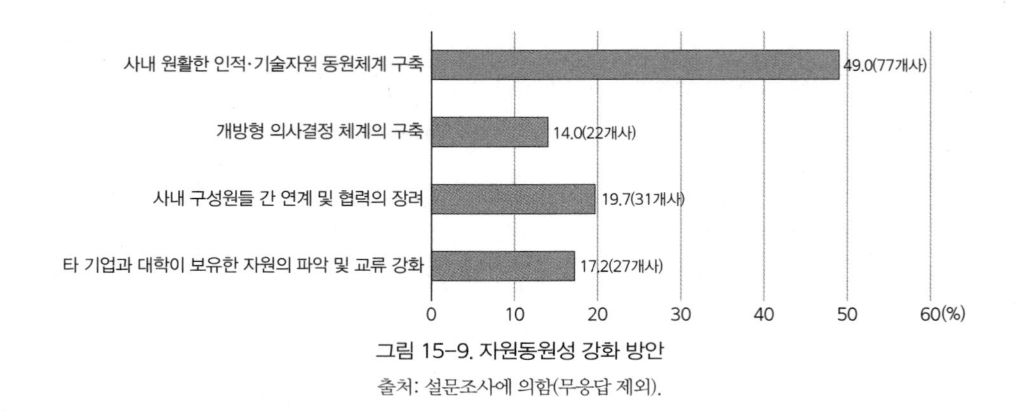

그림 15-9. 자원동원성 강화 방안

출처: 설문조사에 의함(무응답 제외).

기존 전략에 대한 경로의존성이 매우 강하다는 문제점에 대한 인식이 약하다고 할 수 있다. 특히 회복력이란 시스템적 성격이 강하기 때문에 강점을 강화하기보다는 약점을 보완하는 방안이 더욱 효과적이라는 점에서 정책이라는 의도적이고 체계적인 간섭을 통해 연계기업을 비롯한 타 기업, 공공연구기관 및 지원기관 그리고 특히 대학과의 네트워크를 통해 자원동원성을 강화하여야 할 것이다.

3) 신속성

신속성은 시스템이 충격으로부터 받는 타격을 최소화하고 최단시간에 즉각적 대응을 할 수 있는 속성이다(Bruneau et al., 2003; O'Rourke, 2007). 신속성의 경우 '위기의 예측·측정·관리 전담부서의 마련', '체계적인 위기대응 절차 및 매뉴얼의 마련', '기업 구성원의 위기대응 절차 및 매뉴얼의 인지', '위기의 예측·측정·관리를 위한 외부 전문가의 확보' 그리고 '국내외 경제위기 트렌드 파악'을 통해서 살펴본다.

전체적으로 '국내외 경제위기 트렌드 파악'을 제외하고는 상대적으로 부정적 평가의 비중이 긍정적 평가보다 크다는 점에서 이전의 대체성 및 자원동원성과는 차별성을 가진다. 특히 '위기의 예측·측정·관리를 위한 외부 전문가의 확보'에 대해서는 분석 대상 기업의 절반에 가까운 42.1%가 부정적으로 평가하였다. 그뿐만 아니라 '위기의 예측·측정·관리 전담부서의 마련', '체계적인 위기대응 절차 및 매뉴얼의 마련', '기업 구성원의 위기대응 절차 및 매뉴얼의 인지'의 경우에도 부정적으로 평가한 비율이 각각 38.1%, 35.4%, 32.3%로 긍정적으로 평가한 비율보다 약 15% 정도로 높았다. 단지 '국내외 경제위기 트렌드 파악'에서는 긍정적인 평가(38.2%)가 부정적 평가보다 그 비율이 20% 이상 높았다(표 15-4). 즉 구미 IT산업 클러스터의 중소기업들은 대부분 클러스터를 비롯한 외부 경제위기 트렌드는 상대적으로 잘 파악하고 있지만, 이러한 위기를 신속하게 극복하기 위한 인재, 시스템과 그 운용 매뉴얼 등 구체적인 수단에 대해서는 대처가 미흡하다는 것을 기업 스스로도 인정하였다.

회복력이란 '충격에 의해 평형상태에서 일탈한 시스템이 신속하게 이전의 평형상태로 돌아갈 수 있는 역량'(Martin and Sunley, 2015)이라는 점에서, 회복력의 3대 구성요소 중에서도 신속성은 특별한 의미를 가진다고 하겠다. 그럼에도 불구하고 앞에서 고찰한 바와 같이 기업의 자체평가에서 상대적으로 부정적 평가의 비중이 크기 때문에 이에 대해서는 보다 적극적인 대안이 절실하다. 기업 차원의 대처 방안을 구체적으로 살펴보면, '체계적인 위기대응 절차 및 매뉴얼의 마련'(26.6%)의 비중이 가장 크고, 그다음은 '기업 구성원의 위기대응 절차 및 매뉴얼의 인지도 향상'(22.1%), '위기의 예측·측정·관리를 위한 외부 전문가의 확보'(20.8%), '위기의 예측·측정·관리를 위한 전담부서의 마련'(18.2%)의 순이었다. 반면에 가장 비중이 낮은 것은 신속성 평가에서 유일하게 부정적 비율에 비해 긍정적 비율이 높았던 '국내외 경제위기 트렌드 파악'(12.3%)이었다(그림 15-10). 이러한 결과는 전체적으로 기업 차원의 신속성 평가에서 부정적 비중이 큰 사항에 대한 대응을 보다 강화하려

표 15-4. 신속성에 대한 평가

(단위: 개사, %)

구분	매우 낮음	낮음	보통	높음	매우 높음	계
위기의 예측·측정·관리 전담부서의 마련	14 (8.9)	46 (29.1)	58 (36.7)	36 (22.8)	4 (2.5)	158 (100.0)
체계적인 위기대응 절차 및 매뉴얼의 마련	10 (6.3)	46 (29.1)	70 (44.3)	30 (19.0)	2 (1.3)	158 (100.0)
기업 구성원의 위기대응 절차 및 매뉴얼의 인지	8 (5.1)	43 (27.2)	67 (42.4)	36 (22.8)	4 (2.5)	158 (100.0)
위기의 예측·측정·관리를 위한 외부 전문가의 확보	18 (11.5)	48 (30.6)	50 (31.8)	35 (22.3)	6 (3.8)	158 (100.0)
국내외 경제위기 트렌드 파악	4 (2.5)	23 (14.6)	70 (44.6)	50 (31.8)	10 (6.4)	158 (100.0)

출처: 설문조사에 의함.

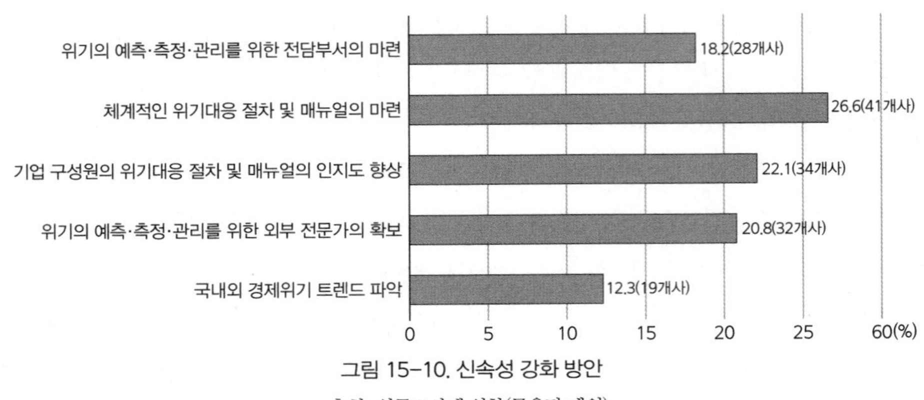

그림 15-10. 신속성 강화 방안

출처: 설문조사에 의함(무응답 제외).

는 경향이 강하다는 점에서 의의를 가진다고 하겠다. 그럼에도 불구하고 전담부서 및 전문인력의 확보보다는 '체계적인 위기대응 절차 및 매뉴얼의 마련'과 이에 대한 '기업 구성원의 위기대응 절차 및 매뉴얼의 인지도 향상'의 비율이 높았다. 이는 인력과 자본이 상대적으로 열악한 중소기업의 일반적 특성을 반영하는 동시에 장기적이고 예방적 차원의 대안으로서는 한계가 있을 수밖에 없다는 점에서 이를 보완할 클러스터 차원의 정책적 지원이 마련되어야 할 것이다.

4. 클러스터 차원의 회복력 실태

1) 생산영역

생산영역에 있어서 회복력은 ① 산업구조의 특성, ② 공급사슬의 특성, ③ 자본력의 수준을 중심으로 분석하고자 한다.

첫째, 산업구조 특성은 산업구조의 다각화 혹은 전문화를 판별할 수 있는 '특화계수'[10]를 통해 살펴보았다. 〈표 15-5〉와 같이 구미 IT산업 클러스터에서는 '전기·전자' 업종의 특화계수(2.56)가 전

10 특화계수 혹은 입지계수(Location Quotient, LQ)는 전체 지역에 대한 특정 지역, 특정 업종의 상대적 비중이다. 계수가 '1' 이상이면 특정 산업이 전국에 비해 상대적으로 특화됨을 의미하고, 그 절대치가 클수록 특화 정도가 큰 것을 의미한다(박원석·이철우, 2005). 특화계수의 산정 공식은 다음과 같다.

$$LQ = \frac{i\text{지역의 } k\text{업종 종사자 수}}{i\text{지역의 총 종사자 수}} \Big/ \frac{\text{전국 } k\text{업종 종사자 수}}{\text{전국의 제조업 총 종사자 수}}$$

체 10개 업종 중에서 상대적으로 가장 높을 뿐만 아니라 그 절대치도 3에 가까울 정도로 크다. 이 밖에도 특화계수가 '1' 이상인 업종은 '비금속소재'(1.79)와 '기계'(1.08) 업종이다. 이는 구미 IT산업 클러스터가 전국에 비해 상대적으로 전기·전자 업종을 중심으로 하는 IT산업과 직간접적으로 연관된 산업에 전문화된 산지임을 확연히 보여 주고 있다. 이러한 산업구조의 전문화는 2000년대 중반까지 전자산업 중점육성 장기진흥계획, 혁신클러스터 사업 등과 같은 제도적 기반을 집중적으로 마련하고, 삼성전자와 LG디스플레이 등을 비롯한 핵심 기업을 역내에 유치하도록 하였다. 이에 1970년대의 석유파동, IMF 외환위기 등의 외부충격에도 불구하고 구미 IT산업 클러스터가 성장할 수 있는 추동력으로 작용하였다. 하지만 동시에 모바일과 디스플레이 산업 중심의 대기업에 대한 중소기업들의 의존도를 보다 높이는 계기가 되기도 하였다. 이에 2010년대 들어 주력산업의 성장을 이끌어 오던 대기업의 수도권 및 해외로의 유출이 활발해지자, 대기업을 중심으로 IT산업에 전문화된 산업구조는 융·복합 및 신산업의 출현과 정착 가능성을 낮추면서 다원성이 보장되는 산업구조로의 재편을 방해하는 회복력의 저해 요인으로 작용하고 있다. 구체적으로 자생력이 취약한 다수의 중소기업들이 자체적으로 새로운 IT 기술이나 제품을 개발하기에 어려움이 크다 보니 2000년대 후반부터 육성되어 온 신재생에너지산업, 의료기기산업, 탄소소재산업 등이 클러스터에 제대로 자리 잡지 못하고 산업구조의 다각화에 기여하지 못하고 있다.

표 15-5. 구미 IT산업 클러스터 산업 업종별 특화계수(2014년 기준)

업종	특화계수
음식료	0.08
섬유·의복	0.55
목재·종이·출판	0.28
석유화학	0.65
비금속소재	1.79
철강	0.16
기계	1.08
전기·전자	2.56
운송장비	0.07
기타	0.10

출처: 통계청, 광업·제조업조사; 한국산업단지공단, 국가산업단지동향.
주: 특화계수는 종사자 수를 사용하여 산정하였음.

"저희는 2010년부터 의료기기 관련 검사기를 만들기 시작해서 지금 7~8년 접어들었지만, 다른 대부분 업체들은 2~3년을 못 버티고 포기했어요. 의료기기 관련 기술을 습득하는 데 상당한 시간과 자금이 들기 때문에, 사실 중소기업이 버티기 쉽지 않죠. 저희도 카메라 모듈이나 자동차 부품을 하청 받아 생산해 가면서 힘들게 투자해 가던 와중에, 정말 운이 좋게도 다국적기업과 거래를 맺게 돼서 지금까지 유지할 수 있었습니다"(I사 김○○ 대표와의 인터뷰).

둘째, 공급사슬의 특성은 기업들이 클러스터 내에서 '물적 전후방 연계를 맺는 업체의 비중'을 통해 살펴보았다. 먼저 구미 IT산업 클러스터 기업들의 53.7%가 3/4 이상을 클러스터 내의 업체들과

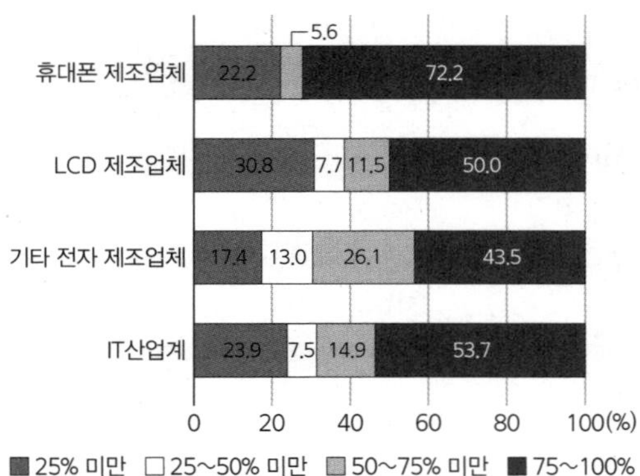

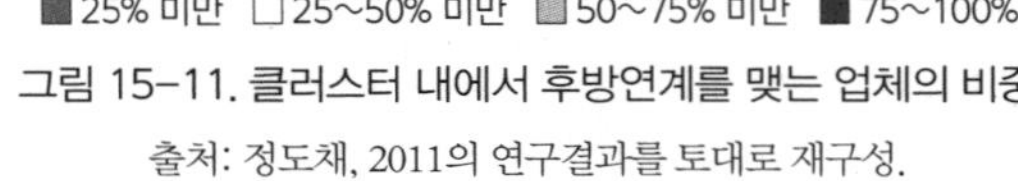

그림 15-11. 클러스터 내에서 후방연계를 맺는 업체의 비중

출처: 정도채, 2011의 연구결과를 토대로 재구성.

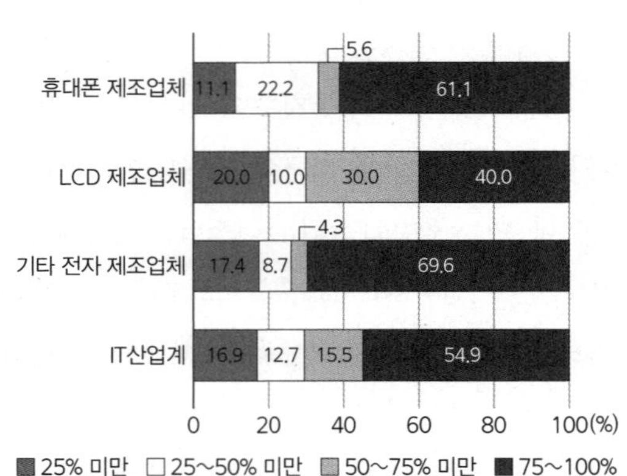

그림 15-12. 클러스터 내에서 전방연계를 맺는 업체의 비중

출처: 정도채, 2011의 연구결과를 토대로 재구성.

후방연계를 맺고 있었고, 그 비중이 1/2 이상인 기업의 비율은 약 70%에 달하였다(그림 15-11). 전방연계에서도, 클러스터 내 업체들과 전방연계를 맺는 비중이 3/4 이상인 기업은 전체의 절반 이상(54.9%)을 차지하였고, 그 비중이 1/2 이상인 기업의 비율은 70.4%로 나타났다(그림 15-12). 즉 구미 IT산업 클러스터에서는 기업들이 국지적·폐쇄적 공급사슬을 구축하고 있다. 이는 구미 IT산업 클러스터 중소기업의 절대다수가 삼성전자, LG디스플레이 등을 비롯한 역내 소수 허브기업의 스포크에 해당하는 1~3차 하청업체이기 때문이다. 현재 허브기업의 역외유출로 하청물량이 크게 감소하는 상황에서 이러한 공급사슬은 중소기업들 간에 과열경쟁을 유발하면서 그들의 생존을 위협하는 요인이 되고 있다.

> "우리에게 외주를 줄 수 있는 기업들이 구미에서 다 빠져나가면서 지금은 종전에 비해 아주 적은 물량으로 경쟁을 해야 하는데 얼마나 힘들겠어요"(M사 김○○ 대표와의 인터뷰).

> "제품 판매는 대기업을 통해서 가능한데, 그런 대기업이 베트남, 파주로 이전하면서 매출의 50%가 날아가 버렸어요. 그래도 아직까지 우리한테는 대기업이 제일 중요해요. 고객이니까요. 대기업의 하청물량 확보가 지금의 경영위기에서 벗어날 수 있는 가장 좋은 방법입니다"(C사 김○○ 대표와의 인터뷰).

허브기업이 안정적으로 지역에 뿌리내리면서 고부가가치 제품이 역내에서 생산되는 경우, 국지적 공급사슬은 클러스터 회복력 강화에 긍정적 영향을 미칠 수 있다. 하지만 현재 허브기업 중심의 생산체계가 해체되는 상황에서는 클러스터 전반에 충격의 영향을 확산시켜 회복력을 약화시키는 결정적 요인으로 작용할 수밖에 없다.

셋째, 자본력의 수준은 중소기업들의 '부채비율[11]과 신용등급[12]'을 중심으로 살펴보았다.[13] 먼저 2015년 기준 구미 IT산업 클러스터 중소기업들의 평균 부채비율은 327.4%로, 양호한 부채비율의 최대값(200%)을 크게 상회할 뿐만 아니라 전국 중소기업들의 평균 부채비율(135.3%)보다 2.4배 정도 높게 나타났다. 다음으로 중소기업들의 부채상환 능력을 〈그림 15-13〉과 같이 신용등급을 통해 살펴본 결과, 2015년 기준 구미 IT산업 클러스터 중소기업 중에서 '신용부실'(7~8등급)과 '신용위험'(9~10등급) 업체의 비율은 80%에 달하였다. 이는 전국의 비율(42.2%)보다 2배 정도 높은 수준이다. 반면에 '신용우수'(1~3등급) 및 '신용양호'(4~6등급) 업체의 비율은 21.3%로 전국 비율(57.8%)의 약 1/3 수준에 불과하다. 즉 구미 IT산업 클러스터 중소기업들의 경우 타인자본에 대한 의존도가 상당히 높고 차입금 상환 능력이 매우 미흡하다. 이처럼 자본력이 취약한 중소기업들에게는 현재 당면한 위기 극복에 있어 정부 및 지원기관과 금융기관의 자금지원이 절실하다. 하지만 이들은 선정조건을 충족시키지 못하면서 지원으로부터 배제되는 경향이 크다. 예를 들면, 영세기업인 M사는 '매출액 100억~200억 이상'이라는 사업 선정 기준에 부합하지 않아 지원기관으로부터도 자금지원을 받을

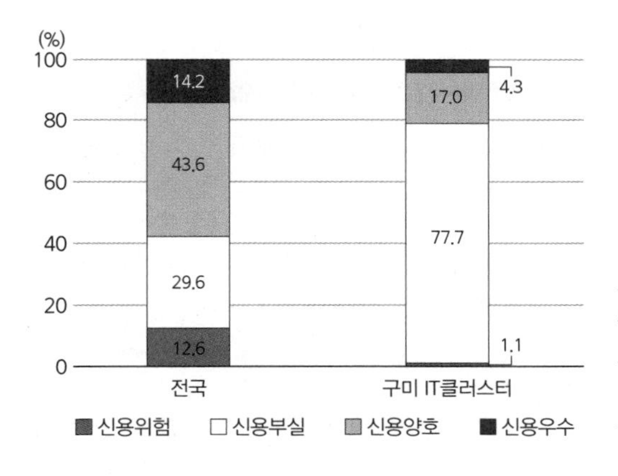

그림 15-13. 전국 및 구미 IT산업 클러스터의 신용등급 수준의 실태

주: 전국 신용등급은 2013년, 구미 IT산업 클러스터의 신용등급은 2015년을 기준으로 함.

출처: 이미주(2014); 한국기업데이터 홈페이지.

11 부채비율은 기업에 내재된 재무적 위험을 평가할 수 있는 지표로, '(부채총액/자본총액)*100'의 식을 통해 산정된다(한국은행, 2016). 부채비율은 일반적으로 100% 이하가 표준비율이며, 200% 이상은 과다한 것으로 평가된다(통계청 홈페이지).

12 신용등급은 신용평가기관이 기업의 재무적·비재무적 요소를 토대로 채무상환능력을 측정·등급화한 것으로(전성일·이기세, 2015), 원리금상환능력의 우열에 따라 'A', 'B', 'C', 'D'로 구분하고 '+', '0', '−'를 붙여 약 20개의 등급으로 세분화된다. 본 연구에서는 한국신용평가(KIS) 및 한국기업데이터의 신용등급에 준거하였다.

13 본 연구에서는 통계자료 구득상의 문제로 부채비율 및 신용등급을 대기업을 제외한 중소기업에 한정하여 살펴보았다. 이에 전국 중소기업의 자료는 중소벤처기업부 홈페이지에서, 구미 IT산업 클러스터의 경우 설문조사업체 158개사 중 97개사의 부채비율, 94개사의 신용등급 자료를 한국기업데이터 홈페이지를 통해 구득하였다.

수 없었다. 또한 G사는 대출금으로 공장을 설립한 이후 이를 담보로 운영자금을 추가적으로 대출받으려 했지만 매출이 없다는 이유로 은행으로부터 대출을 거부당하면서 경영위기를 겪었다. 원자재 값 상승, 하청물량 감소, 매출 감소 등으로 중소기업의 자금사정이 그 어느 때보다 열악한 상황에서 원활하지 못한 자금지원은 이들의 자본력을 보다 악화시키며, 이는 결국 클러스터 회복력의 저하로 이어지고 있다고 하겠다.

따라서 생산영역 측면에서 구미 IT산업 클러스터의 회복력을 강화시키기 위해서는 첫째, 산업구조의 다원성을 보장할 수 있도록 연관다양성(related variety)이 실현되어야 한다. 즉 탄소소재산업, 의료기기산업, 신재생에너지산업 등이 클러스터에 잘 뿌리내릴 수 있게 기존의 모바일 및 디스플레이 중심의 IT산업과 조화롭게 융·복합되어야 한다. 하지만 이 과정에서 대부분의 중소기업들은 자금, 인력 등에 있어 사업 전환 및 다각화 여건이 열악하기 때문에, 산업이 정착하기까지 광범위하고 장기적인 제도적 지원을 통해 아이디어의 순환, 혁신·숙련의 형성 등을 고취시키는 구조가 마련될 수 있도록 해야 할 것이다.

둘째, 충격의 영향을 상쇄하기 위해 중소기업들은 폐쇄적 영역 내에서의 상호관계에 얽매여서는 안 되며, 역외 개방적 생산 네트워크를 구축하는 것도 매우 중요하다. 따라서 전방연계의 경우에는 비국지적 공급사슬을 보다 강화하되, 국지적 전후방 연계에서는 고부가가치의 지역 내 순환을 강화해야 한다. 이를 위해서는 중소기업들이 대기업의 그늘에서 벗어나 나름의 기술개발로 새로운 판로를 개척하려는 적극적·공격적인 태도를 갖추는 것이 필요하다. 또한 정부 및 지원기관은 종래의 허브기업을 대체할 수 있는 역내 중견기업의 발굴·육성과 중소기업들의 판로개척에 보다 적극적으로 나서야 한다.

셋째, 구미 IT산업 클러스터의 영세한 중소기업들은 취약한 자본력을 자체적으로 강화하기에 한계가 있다. 이에 정부 및 지원기관이 자금조달에 어려움을 겪는 중소기업들에게 필요자금을 다각적으로 지원함으로써 부채상환능력이나 재무적 유연성을 향상시킬 수 있도록 해야 한다. 구체적으로는 지역경제에 기여도가 높은 업종을 전략지원 부문으로 지정하는 '우대 지원', 경기 부진 및 민감 업종의 '특별 지원', 그리고 보다 '현실적인 심사기준'의 도입 등을 들 수 있다. 아울러 금융기관은 경영환경 변화 및 여건에 맞추어 한시적으로라도 대출 심사기준을 완화하여 중소기업들이 현재의 위기상황에 대응·적응할 수 있도록 해야 할 것이다.

2) 기술혁신영역

기술혁신영역에서의 회복력은 ① R&D에 대한 투자 수준, ② 노동력의 성격, ③ R&D 네트워크 특성을 중심으로 분석하고자 한다.

첫째, R&D에 대한 투자 수준은 기업들의 'R&D 연구소 및 전담부서의 보유'와 '매출액 중 연구개발비 비중'을 중심으로 살펴보았다. 먼저, 구미 IT산업 클러스터 기업들의 R&D 연구소 및 전담부서는 지난 8년간 각각 10.8%, 20.9%씩 증가하여, 2016년 현재 각각 408개소와 215개소가 마련되어 있다(그림 15-14). 이는 2016년 기준 구미국가산업단지 전체 입주 기업(2,152개)의 28.9%에 해당한다. 또한 설문조사 결과, 구미 IT산업 클러스터 기업들의 매출액 대비 연구개발비 비중의 평균(12.9%)은 2015년 기준 전국 제조업 부문의 평균(3.7%)보다 3.5배 정도 높게 나타났다. 이러한 결과는 중소기업들이 급변하는 기술환경뿐만 아니라 연이은 대기업의 역외유출 등으로 인해 극도로 경쟁적이고 불확실해진 시장에 대응하기 위해 자생력을 강화하려는 노력으로 해석된다. R&D에 대한 관심과 투자가 늘어날수록 기업이 양질의 혁신을 창출할 가능성이 높아지며, 동시에 위기에 대한 대응·적응 역량이 커진다는 점에서 클러스터 회복력이 제고될 여지가 있다고 하겠다. 그럼에도 불구하고 일부[14]를 제외한 대다수의 중소기업들의 노력은 고부가가치를 창출할 수 있는 획기적인 혁신성과로 이어지지 않고 있어, 클러스터의 회복력을 제고하기에는 한계가 있다고 판단된다.

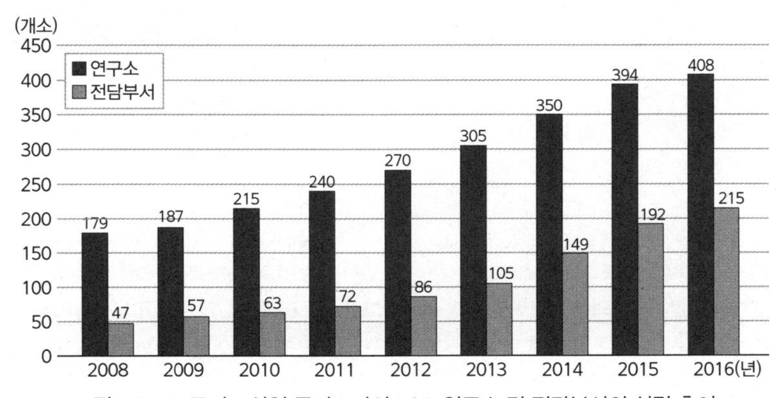

그림 15-14. 구미 IT산업 클러스터의 R&D 연구소 및 전담부서의 설립 추이

출처: 영남일보, 2016; 한국산업기술진흥협회 홈페이지.

14 P사는 2006년에 기업부설연구소를 설립하여 'PROTEM'이라는 브랜드를 개발하고 자체적으로 생산한 기계장비 등을 해외 30개국에 직수출하고 있다. Y사도 2007년 기업부설연구소의 설립을 통해 2013년 최소형 진동모터를 자체적으로 개발함으로써 연매출을 크게 증대시켰다(매일신문, 2016).

"중소기업들이 대기업의 역내 하청물량 축소와 주력제품 전환에 대한 자구책으로 기존의 휴대폰 관련 제품 외에도 자동차 금형 부품을 생산했지만, 이는 고부가가치 제품이라기보다는 저부가가치 단순조립제품 생산에 불과하였습니다"(한국산업단지공단 최○○차장과의 인터뷰).

둘째, 노동력의 성격은 기업들의 '고숙련 및 고학력 노동력[15]의 보유 정도'를 통해 살펴보았다. 먼저, 구미 IT산업 클러스터 중소기업의 고숙련 노동력 비중의 평균은 36.3%로 절반 수준에도 못 미쳤으며, 평균 이하의 고숙련 노동력을 보유한 업체는 전체의 61.6%를 차지하였다(그림 15-15). 고학력 노동력의 경우에도 그 비중의 평균이 21.9%에 불과하였고, 평균 이하로 고학력 노동력을 보유한 기업은 전체의 약 60%에 달하였다(그림 15-16). 기술 및 제품 생애주기가 급변하는 IT산업의 특성상 고숙련·고학력 인재의 확보가 절실한 상황에서, 이상의 단순생산 노동력이 중심이 되는 노동력 구조는 지속적인 기술혁신 창출에 걸림돌이 되는 동시에 회복력 저하 요인이 되고 있음을 분명히 보여 준다. 특히 고숙련·고학력 노동력은 안정적인 근무환경과 확실한 장래성 및 경쟁력을 갖춘 대기업 및 중견·중소 기업을 선호하지만(한국산업단지공단 산업입지연구소, 2014b), 다수의 영세한 중소기업으로 구성된 구미 IT산업 클러스터는 이들이 기피하는 조건을 갖추고 있기 때문에 역내·역외로부터 확보할 수 있는 인재가 극히 제한적이다. 그러나 한편으로는 자체적인 고숙련·고학력 인재

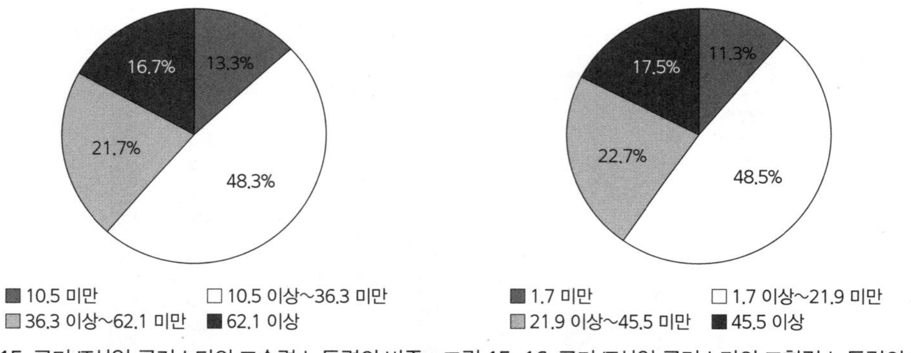

그림 15-15. 구미 IT산업 클러스터의 고숙련 노동력의 비중

주: 급간은 평균(36.3)과 표준편차(25.8)를 토대로 'M−σ(10.5) 미만, M−σ(10.5) 이상~M(36.3) 미만, M(36.3) 이상~M+σ(62.1) 미만, M+σ(62.1) 이상'으로 구분하였음.

출처: 설문조사에 의함(무응답 제외).

그림 15-16. 구미 IT산업 클러스터의 고학력 노동력의 비중

주: 급간은 평균(21.9)과 표준편차(23.6)를 토대로 'M−σ(1.7) 미만, M−σ(1.7) 이상~M(21.9) 미만, M(21.9) 이상~M+σ(45.5) 미만, M+σ(45.5) 이상'으로 구분하였음.

출처: 설문조사에 의함(무응답 제외).

15 본 연구에서는 '해당 분야의 숙련을 보유하고 10년 이상 생산업무에 종사하면서 국가기술자격 보유, 기능경기대회 입상, 기술개발(특허, 실용신안, ISO인증, 디자인등록, 사내 제안 등), 서적 및 논문 저술, 매뉴얼 개발, 각종 포상기록 등 공적이 있는 근로자나 기업 대표자'(박동열 외, 2011)를 고숙련 노동력으로, '석·박사 학위 이상의 소지자'를 고학력 노동력으로 간주하였다.

를 유치·양성하고 이들을 중심으로 구성원들 간 학습을 유도하여 조직 전체의 혁신역량을 배양함으로써 내·외적 환경 변화에 따른 대응·적응 역량을 강화하려는 기업도 소수이지만 증가하고 있다.

"우리는 유망한 직원에게 대학원 석사과정 학비를 지원해 주고 있어요. IT산업과 관련해서 더 전문적으로 배워 올 수 있도록 말이죠. 본인에게나 우리 회사에게나 시너지효과가 있을 것이라고 항상 강조하고 있습니다"(I사 김○○ 대표와의 인터뷰).

"부실하거나 부족한 인력이나 기술을 보충해야 되겠다 싶으면 직원들을 대학원에 보내 줍니다. 결국 배우면 이익이 되니까요"(S1사 이○○ 대표와의 인터뷰).

셋째, R&D 네트워크 특성은 기업들의 '현재 R&D 방식'과 '앞으로 R&D 네트워크를 강화해야 할 주체'를 중심으로 살펴보았다. 먼저 정도채(2011)의 연구결과에 의하면, 구미 IT산업 클러스터 기업들의 현재의 주된 R&D 방식은 '거래 기업과의 기술협력'(71.6%, 68개사)과 '자체적인 역량에 의한 기술혁신'(64.2%, 61개사)이었다. 이 밖에도 '대학 및 연구소와의 협력'(18.9%, 18개사)과 '외부로부터 공식적인 기술 구매'(10.5%, 10개사)가 있다. 〈그림 15-17〉에서와 같이 앞으로 R&D 네트워크를 보다 강화해야 할 주체의 경우에도 '제품 판매업체'(35.2%)와 '원료 구매업체'(15.4%)를 비롯한 공급사슬상 밀접하게 연관된 업체들이 주된 대상이었다. 다음은 한국산업단지공단 및 구미전자정보기술원 등을 포함하는 '기업 지원기관'(15.2%), '동종기업'(13.6%)의 순이었고, '지역 대학 및 연구기관'과 '미니클러스터 협의회'는 각각 7.2%와 6.8%에 불과하였다. 이처럼 공급사슬상 업체들과의 R&D 네트워크가 중요시되는 것은 원청-하청기업 간 거래 네트워크의 연장선상에서 기술협력[16]이 이루어질 뿐만 아니라, IT 관련 산업 부문 업체들의 집적으로 기술의 이전 및 융·복합이 수월[17]하기 때문이다. 하지만 이 과정에서 원청업체의 지식축적을 따라 R&D 분야가 편중되고 기술유출을 이유로 대기업이 타 업체와의 거래를 제한(정도채, 2011)하는 점은 기업들의 유연성을 저하시키기 때문에 클러스터 회복력에 부정적으로 영향을 미친다고 하겠다. 또한 기업 외 주체, 특히 금오공과대학교,

16 구미 IT산업 클러스터 중소기업들은 직간접적으로 대기업과 거래 네트워크를 맺게 되는데, 이때 대기업이 요구하는 제품의 지식과 기술을 확보하기 위해 그들과 R&D 네트워크를 구축하게 된다. 또한 대기업들은 자사 제품의 품질과 경쟁력을 높이기 위해 하청업체와 R&D 네트워크를 맺음으로써 이들의 혁신역량을 향상시키고자 한다(정도채, 2011).

17 예를 들면, 전기자동차, 탄소섬유, 인쇄회로기판 등을 IT산업 관련 제품을 생산하는 5개의 중소기업들은 2016년 8월에 공동으로 법인을 설립하여 각자 부족한 R&D 자원을 보완함으로써 다양한 모듈 제품을 개발, 생산 및 판매하고자 하였다(한국경제, 2017).

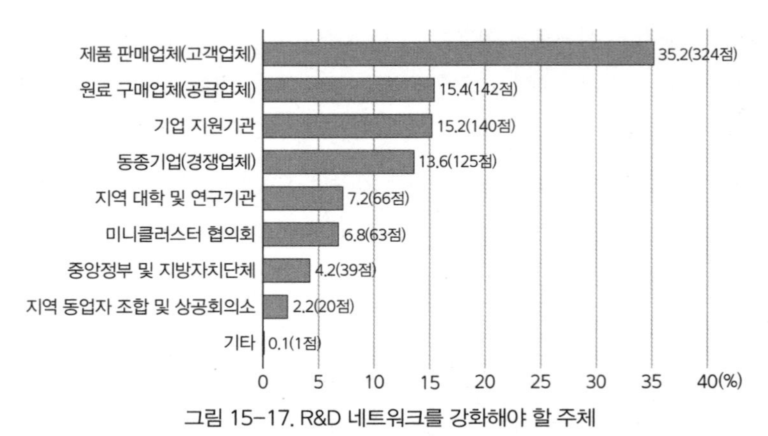

그림 15-17. R&D 네트워크를 강화해야 할 주체

주: 순위별로 1순위는 3점, 2순위는 2점, 3순위는 1점의 가중치를 부여함.
출처: 설문조사에 의함(무응답 제외, 중복응답 포함).

경운대학교 등을 비롯한 대학은 기업과의 기술수준의 차이, 소규모 사업에 대한 소극적인 참여 등으로 인해 기업과 신뢰를 바탕으로 한 협력관계를 맺고 있지 않아서, 클러스터 내에서 R&D 네트워크뿐만 아니라 회복력 제고에서도 제 기능을 다하지 못하고 있는 실정이다.

"대학에서 창출된 기술수준은 기업이 현장에서 활용할 수 있는 기술수준과 간극이 큽니다. 또한 대학은 우수한 연구성과를 내기 위해 소규모 과제 참여에 대한 열의가 높지 않아요. 따라서 기업과 대학 간 R&D 네트워크는 사업비 확보의 목적으로 제한적으로나마 이루어지고 있는 실정이죠"(S2사 윤○○ 대표와의 인터뷰).

이상의 실태 분석을 토대로 한 기술혁신영역 측면에서의 회복력 강화 방안으로는 첫째, R&D에 대한 중소기업들의 증가하는 관심과 투자가 고부가가치의 기술 및 제품의 개발로 이어질 수 있도록 해야 한다. 이를 위해서는 혁신적인 지식이나 기술을 충분히 이해·활용·변형할 수 있는 기업의 흡수능력(absorptive capacity)을 증진시켜야 한다. 기업 차원에서는 구심점 역할을 할 수 있는 고급인재를 보다 적극적으로 양성·확보할 필요가 있다. 또한 '구미기업부설연구소협의회'[18]와 같은 자생

18 구미기업부설연구소협의회는 2016년 7월 기업부설연구소 혹은 전담부서를 보유한 업체들을 중심으로 창립되었다. 협의회의 효율적인 운영과 지원을 위해 구미시는 중소기업 연구개발 역량강화 사업이라는 제도적 기반을 마련하였고, 구미전자정보기술원 정책연구센터가 사무국으로 지정되었다. 2017년 현재 '기술역량강화를 통한 지속가능한 지역 특성화 신성장동력의 창출과 지역 주력산업의 고부가가치화 및 연구개발 중심 산업생태계 조성'을 목표로 R&D 지원과제 참여, 공동 프로젝트 발굴, 아이템 발굴 및 사업화 등과 관련한 세부 사업들이 추진되고 있다.

적 조직이 주도적으로 '기술개발–제품화–상용화'의 과정을 하나의 모델로 개발·정착시키고, 중소기업들은 이를 활용해 안정적으로 혁신창출에 임할 수 있도록 클러스터 차원에서의 제도적 장치가 적극적으로 마련되어야 한다.

둘째, 구미 IT산업 클러스터 기업들의 대다수는 영세한 중소기업들로서, 자체적으로 고급인재를 양성하거나 유치하기에 어려움이 크기 때문에 정책적 지원에 의존할 수밖에 없다. 이와 관련된 대표적인 사업으로는 '신진 석·박사 연구인력 채용사업'을 들 수 있다. 이 사업은 이공계 분야의 석·박사 인재의 신규 채용을 지원한다는 점에서 유용성이 크다. 하지만 기업부설연구소나 연구 전담부서를 보유해야 한다거나 전국 단위의 중소기업들과 경쟁해야 하기 때문에 영세한 중소기업이 수혜하기 어렵다(D사 김○○ 대표와의 인터뷰). 따라서 사업의 실효성을 높이기 위해서는 클러스터를 사업의 공간 단위로 설정하고, 지역 실정을 반영하여 선정기준을 수정할 필요가 있다. 이 밖에도 고급인재를 유치하고 정착시킬 수 있는 정주 여건의 획기적 개선이 이루어져야 한다.

셋째, 중소기업들은 연구개발 분야가 편중되지 않도록 융·복합이 가능한 분야로 연구개발의 스펙트럼을 넓힐 필요가 있다. 이를 위해서는 미니클러스터, 구미기업부설연구소협의회 등과 같이 다양한 주체들이 집결될 수 있는 혁신의 장(場)을 적극 활용하여 개방형 네트워크를 확대해야 한다. 특히 연구개발 기능이 극히 취약한 구미 IT산업 클러스터에서는 기술 및 산업의 융·복합화에 있어 대학의 역할을 간과할 수 없다. 이에 지식집약적인 고급인재의 공급뿐만 아니라 실용적인 기술특허 및 기술이전, 기업에 대한 자문 등을 통해 창업을 활성화시켜 기업가적 분위기를 조성하고 역외로부터 우수한 기업을 유인할 수 있는 기업가적인 대학으로의 전환이 요구된다. 이처럼 다양한 혁신 주체들과의 개방적인 R&D 네트워크를 통해 기업들은 더욱 신속하게 혁신을 창출할 것이며, 그 결과나 분위기가 클러스터 전체로 확산되면서 회복력이 제고될 수 있을 것이다.

3) 제도 영역

제도 영역에서의 회복력은 ① 제도적 리더십의 수준, ② 제도의 지역적 뿌리내림을 중심으로 분석하고자 한다.

첫째, 제도적 리더십의 수준은 '주요 사업의 유치·추진에 대한 지방정부 및 지원기관의 태도와 역량'을 중심으로 살펴보았다. 먼저, 구미시는 2016년 경상북도와 함께 주력산업의 위기, 대기업의 역외유출 등의 환경 변화에 대응하여 IT산업과 융·복합이 가능한 탄소산업을 육성하기 위해 탄소산업 클러스터 조성사업[19]을 유치하였다. 또한 2017년에는 경제통상국 과학경제과 내에 탄소산업담당부서를 신설하였을 뿐만 아니라 전국 지방자치단체 중 최초로 탄소산업 육성 및 지원에 관한 조례를 제정하면서 탄소산업의 육성 및 발전을 위한 제도적 기반을 강화하였다. 이처럼 구미시의 적극적인 리더십으로 마련된 제도적 기반은 ㈜도레이첨단소재를 중심으로 점차 성장하고 있는 탄소산업이 한 단계 더 도약할 수 있는 계기를 마련함으로써 산업구조의 다각화를 달성할 수 있는 가능성을 높였다고 판단된다.

이 밖에도 구미 IT산업 클러스터에는 한국산업단지공단 대구경북지역본부, (재)구미전자정보기술원, 경북중소기업 종합지원센터, 구미상공회의소 등을 비롯한 10여 개의 지원기관 및 협회가 중소기업들을 위해 사업·자금·연구개발 지원 등을 수행하고 있다. 특히 한국산업단지공단은 구미국가산업단지의 조성에서부터 혁신클러스터 사업과 구조고도화 사업을 비롯한 국가적 사업의 추진까지 도맡아 오면서, 구미 IT산업 클러스터가 국내외 경제위기, 핵심 산업 및 제품의 전환 등 위기를 극복하는 데 중요한 역할을 하였다. 하지만 1971년 한국전자공업공단으로 시작되어 중부산업단지관리공단(1971년)-구미수출산업공단(1974년)-한국산업단지공단 중부지역본부(1997년)-한국산업단지공단 대경권본부(2010년)-한국산업단지공단 대구경북지역본부(2015년)로 변화되면서 관할 범위가 확장된 동시에 클러스터에서 그 위상이 약화되었다(S2사 윤○○ 대표와의 인터뷰). 또한 선정기준, 심사과정 등에서 비롯된 문제들로 인해 정책이나 사업에 대한 기업의 신뢰가 높지 않은 실정이다.

> "현장에서 직접 기계를 다루는 우리 같은 영세기업 대표들이 R&D 사업 선정심사를 위해 자료를 준비하여 교수들 앞에서 발표하는 것은 부담이 큽니다. 그래서 심사결과도 좋지 않아요"(M사 김○○ 대표와의 인터뷰).

> "2016년에 국책과제에 선정되었지만, 대학교수의 추천으로 참여시킨 업체의 부도로 두 달 만에 과제를 종료하면서 지원금도 반환하고 다른 사업의 참여까지 제한받아 정부, 지원기관, 대학에 대한 신뢰를 잃게 되었습니다"(C사 김○○ 대표와의 인터뷰).

그럼에도 불구하고 구미시와 한국산업단지공단을 비롯한 지원기관들은 클러스터가 환경 변화에 따라 산업구조를 재편하고 자생력을 갖출 수 있도록 적극적으로 정책이나 사업을 유치·추진하고자

19 탄소산업 클러스터 조성사업은 2017년부터 2021년까지 총 1201억 원의 예산을 기반으로 탄소소재 및 부품 분야의 연구개발과 인프라 구축을 통해 탄소산업을 대안적 주력 산업으로 육성하는 것을 목적으로 한다.

한다는 점에서 회복력 강화에 일정 부분 기여하고 있다고 판단된다.

둘째, 제도의 지역적 뿌리내림은 지금까지 추진된 사업 중에서 대표적인 성공사례로 평가되는 '미니클러스터 사업'을 통해 살펴보고자 한다. 한국산업단지공단은 2004년부터 산업단지 혁신클러스터 사업(현 산업집적지 경쟁력강화 사업)을 추진해 왔는데, 특히 이 사업의 핵심이 바로 미니클러스터 사업이다. 미니클러스터 사업은 유사한 업종별로 구성된 미니클러스터가 다양한 네트워크 활동을 통해 과제를 모색·해결하는 것을 목적으로 한다. 구미 IT산업 클러스터의 경우 2005년 10개의 미니클러스터로 구성되었지만, 변화하는 산업구조적 특성을 반영하여 2017년 현재에는 '스마트기기, 고효율에너지, 국방·IT장비, 전자의료기기, 3D프린팅, 탄소·부품소재, 농공단지'의 총 7개의 미니클러스터가 운영되고 있다. 특히 이 중에서 전자부품금형 미니클러스터(현 탄소·부품소재 미니클러스터)는 관 주도의 외생적 조직에서 소규모 자율적인 워킹그룹 중심의 내생적 조직으로 진화한 성공적 사례로 평가된다(이철우 외, 2016).[20] 하지만 제도의 지역적 뿌리내림의 성과는 클러스터 전체로 파급되지 않고 특정 업종 및 기업에 국한되었기 때문에 현재 당면한 위기에 대한 클러스터의 대응·적응 역량을 제고시켰다고 보기에는 무리가 있다. 그럼에도 불구하고 미니클러스터 사업은 기업주도적으로 클러스터 회복력 제고를 견인할 수 있는 자생적 조직의 출현 가능성을 보여 주었다는 점에서 의의가 있다.

이상의 실태 분석 결과를 토대로 한 제도 영역 측면에서의 회복력 제고 방안으로는 첫째, 정책 및 사업 추진에 대한 지방정부와 지원기관의 자율성과 권한을 확충하여 클러스터 내에서 그 위상은 높이되 엄격한 통제 메커니즘을 통한 관리체제는 지양할 필요가 있다. 경직적인 관리체제는 오히려 클러스터를 분열시켜 회복력을 약화시키기 때문이다(Folke et al., 2002). 그러나 지나친 방관적인 자세는 구성원들 간의 결속력을 약화시켜 회복력 강화에 부정적인 영향을 미칠 것이다. 따라서 지방정부와 지원기관은 현재 침체 상황의 극복을 위해 무엇을 가장 우선순위에 두어야 할 것인지를 철저히 파악하여 정책 및 사업을 적극적으로 유치하여야 한다. 또한 그 실효성을 높이기 위해 클러스터 맞춤식 '수립-시행-평가'의 모델을 구축하고, 이에 대한 기업, 대학 등 주체들의 피드백을 차후 정책 및 사업의 수립에 적극 반영해야 한다.

둘째, 미니클러스터 사업이 구미 IT산업 클러스터에 뿌리내림할 수 있었던 가장 주된 요인은 기업

20 구체적으로 미니클러스터 운영의 효율화를 위해 결성된 워킹그룹 가운데 금형워킹그룹은 2008년 11개 업체의 주도로 금형협업협의회를 창립하였고, 2010년 이를 법적 기구인 (사)구미금형사업발전협의회로 발전시켰다. 또한 2013년에는 금형 관련 기업들의 협업을 위한 구미협동화단지의 운영·관리 기구로서 구미테크노밸리협동조합을 설립하였다. 이를 기반으로 기업들은 자율적인 사업을 발굴·추진하여 공동 기술개발 및 상용화, 공동 브랜드 개발 및 시장개척 그리고 공동 프로젝트 개발 등의 성과를 거두게 되었다(이철우 외, 2016).

간 신뢰를 바탕으로 한 협력이라고 할 수 있다. 즉 사회적 자본은 제도의 지역적 뿌리내림의 토대가 될 뿐만 아니라 혁신창출만큼이나 외부충격에 대한 회복력을 높여 주는 중요한 요소가 된다(Maskell and Malmberg, 2007). 왜냐하면 클러스터가 위기에 직면한 상황에서 주체들은 이를 모면하기보다는 함께 대응하고 극복하고자 노력하기 때문이다. 따라서 기업지원 정책 및 사업은 주체들 간 상호 호혜적인 네트워크 강화를 통해 사회적 자본 구축을 최우선적인 목표로 삼을 필요가 있다. 아울러 내생적 지역발전 사업의 지속적인 창출을 위해 자생적 조직의 출현과 기존 제도와의 공진화를 유도함으로써 클러스터의 회복력이 제고될 수 있도록 해야 할 것이다.

5. 맺음말

구미 IT산업 클러스터 기업들이 핵심 기업의 역외유출에 따른 위기를 극복하기 어렵게 만드는 가장 핵심적 요인은 대다수가 ① 아직까지도 제1차, 제2차 밴드 기업을 매개로 하는 수직적 하청구조를 통한 대기업 의존도가 높다는 점과, 그 결과 ② 기술혁신, 제품 및 시장 다각화의 필요성을 절감하지 않은 영세·중소 기업이라는 점을 들 수 있다. 왜냐하면 지금까지는 중핵기업이 외부충격에 대해 적극적으로 대처하면서 지속적으로 성장하였고, 중소기업은 그 핵심 기업의 수직적 하청구조라는 보호막 속에서 스스로가 위기에 대응하기 위한 준비성이 낮았다. 그러나 중핵기업이 지속적으로 역외 이전이 이루어지고 있는 상황에서 중소기업들의 대처 방안으로는 중핵기업을 따라 타 지역으로 이전하거나 아니면 국지적 혹은 비국지적 경제위기를 스스로 극복할 수 있는 획기적인 역량을 갖추는 것이다. 그러나 중핵기업이 이전한 곳은 수도권의 경우 우수한 인재와 생산자 서비스 인프라, 해외의 경우 저렴한 인건비와 세제혜택 등의 면에서 구미 지역에 비해 우위성을 가지는 지역이다. 따라서 현재 구미 IT산업 클러스터 중소기업들은 수도권 혹은 해외 개발도상국의 기업들에 비해 우위성을 담보하기 어려울 뿐만 아니라 매몰비용을 부담하면서 타 지역으로 이전한다는 것도 현실적으로 매우 어려운 상황이다.

무엇보다 지역경제의 정점에 위치하던 대기업의 역외유출로 클러스터 전반이 흔들리는 상황에서 오롯이 기업들의 힘으로 당면한 위기를 극복하는 것은 역부족이라는 점을 분명히 인지할 필요가 있다. 생산영역, 기술혁신영역, 제도영역을 기능하도록 하는 클러스터 전 주체들의 노력이 함께 이루어져야만 현재의 위기 상황을 신속하게 헤쳐 나갈 수 있을 것이다. 따라서 최우선적으로 다루어야 할 사안은 구미 IT산업 클러스터의 '산업위기대응특별지역'의 지정이라고 하겠다. 2017년 6월 국가균형발전특별법 개정을 통해 도입된 산업위기대응특별지역은 주력산업의 위기가 지역경제 전반에 걸쳐 악영향을 미칠 우려가 있어 정부의 지원이 필요한 지역에게 최대 2년까지 행정적·재정적으로 지원하는 것을 내용으로 한다(나중규·임규채, 2017). 구미 IT산업 클러스터가 산업위기대응특별지역으로 지정될 경우, 자금난을 겪는 기업들에게 기술보증기금과 신용보증기금을 통한 특별보증의 지원, 창업기업의 법인세 및 소득세 면제 등의 금융·세제 지원을 통해 클러스터 회복력 약화에 주된 요인으로 작용하였던 중소기업들의 취약한 자본력을 향상시킬 것으로 기대된다.

결론적으로 구미 IT산업 클러스터가 지속적인 위기를 극복할 수 있는 역량, 즉 회복력을 갖추기 위해서는, 첫째 기존의 대기업과 중소기업 간의 강한 수직적 하청 네트워크를 개방적인 수평적 하청 네트워크로의 전환을 유도하기 위한 중앙정부 차원의 관련법 개정, 둘째, 최근 구미 IT산업 클러스터의 기존 하청계열화의 해체에 따른 역내 중소기업 하청물량의 급격한 축소를 극복하기 위한 중소기업 토털 솔루션 지원사업의 확충, 셋째, 플랫폼 경제환경에 부합하는 시장수요 기반의 지역산업 플랫폼 운영, 넷째, 중소기업, 지방정부, 대학 및 연구기관, 각종 지원기관 그리고 시민단체를 포함하는 쿼드러플 힐릭스형의 신거버넌스 구축, 다섯째, 기업가적 발견 프로세스(EDP)에 기초한 스마트 지역혁신을 위한 개방형 혁신생태계 구축 등을 통해 우수 중소기업이 지역에서 성장하여 다시 지역을 발전시키는 선순환구조가 뿌리내릴 수 있는 대안적 정책이 적극적으로 추진되어야 할 것이다.

• 참고문헌 •

김원배·신혜원, 2013, "한국의 경제위기와 지역 탄력성", 국토연구, 79, 3-21.

나중규·임규채, 2017, "포항·구미를 '산업위기대응특별지역'으로", 대경 CEO BRIEFING, 510, 1-12.

노성민·정장훈·이창길, 2015, "한국 중소기업 위기관리시스템의 정책혼선에 관한 비교 연구", 한국위기관리논집, 11(12), 55-82.

박동열·조은상·윤형한·이용길, 2011, 고숙련사회에서의 숙련기술인 육성 방안, 한국직업능력개발원.

박원석·이철우, 2005, "영남지역의 특화산업 분석과 정책적 시사점", 한국지역지리학회지, 11(4), 463-475.

삼성전자, 2010, 삼성전자 40년: 1969-2009.

이미주, 2014, 경기도 중소기업의 재무건전성 평가 및 시사점, 한국은행 경기본부.

이원호, 2016, "지속가능한 성장을 위한 지역회복력과 장소성: 지역경쟁력의 대안 모색", 한국지역지리학회지, 22(4), 483-498.

이철우·전지혜, 2018, "구미IT산업 클러스터의 경영위기와 회복력에 대한 평가-기업 차원의 자체평가를 중심으로", 한국지역지리학회지, 24(4), 604-619.

이철우·최요섭·이종호, 2016, "국가주도형 산업집적지의 내생적 발전 가능성-구미 IT 클러스터를 사례로-", 한국지역지리학회지, 22(2), 397-410.

전성일·이기세, 2015, "부채 구성요소와 회사채 신용등급의 결정에 관한 연구", 회계정보연구, 33(1), 1-24.

전지혜, 2018, 구미 IT산업 클러스터의 진화와 회복력, 경북대학교 박사학위논문.

전지혜, 2019, "구미 IT산업 클러스터의 회복력 실태와 제고방안", 대한지리학회지, 54(1), 71-88.

전지혜·이철우, 2018, "클러스터 진화에 있어서 회복력의 의의와 과제, 클러스터 진화에 있어서 회복력의 의의와 과제", 한국지역지리학회지, 24(1), 66-82.

정도채, 2011, 분공장형 생산집적지의 고착효과 극복을 통한 진화: 구미지역을 중심으로, 서울대학교 박사학위논문.

하수정·남기찬·민성희·전성제·박종순, 2014, 지속가능한 발전을 위한 지역 회복력 진단과 활용방안 연구, 국토연구원.

한국산업단지공단 대경권본부, 2012, 산업집적지 경쟁력 강화사업 2012년도(8차) 연차보고서.

한국산업단지공단 산업입지연구소, 2014a, 노후 산업단지 경쟁력 제고 방안, 산업입지, 55.

한국산업단지공단 산업입지연구소, 2014b, 산업단지 50년의 성과와 발전과제-산업화의 주역에서 창조경제의 거점으로.

한국산업단지공단 산업입지연구소, 2017, 제4차 산업혁명과 산업단지의 대응, 산업입지, 66.

한국산업단지공단, 2017, 산업단지 입주기업의 4차 산업혁명 관련기술 도입 및 활용 실태조사 결과보고서.

한국은행, 2016, 2015년 기업경영분석.

Behrens, K., Boualam, B., and Martin, J., 2016, The resilience of the Canadian textile industries and clusters to shocks, 2001-2013, CIRANO.

Bruneau, M., Chang, S. E., Eguchi, R. T., Lee, G. C., O'Rourke, T. D., Reinhorn, A. M., Shinozuka, M., Tierney, K., Wallace, W. A. and Von Winterfeldt, D., 2003, A framework to quantitatively assess and enhance the seismic resilience of communities, *Earthquake Spectra*, 19(4), 733-752.

Folke, C., Carpenter, S., Elmqvist, T., Gunderson, L., Holling, C. S. and Walker, B., 2002, Resilience and sustainable development: building adaptive capacity in a world of transformations, *A Journal of the Human Environment*, 31(5), 437-440.

Lee, A. V., Vargo. J. and Seville, E., 2013, Developing a tool to measure and compare organizations' resilience, *Natural hazards review*, 14(1), 29-41.

Martin, R. and Sunley, P., 2015, On the notion of regional economic resilience: conceptualization and explanation, *Journal of Economic Geography*, 15(1), 1-42.

Maskell, P. and Malmberg, A., 2007, Myopia, knowledge development and cluster evolution, *Journal of Economic Geography*, 7(5), 603-618.

O'Rourke, T. D., 2007, Critical infrastructure, interdependencies, and resilience, *Bridge-Washington-National Academy of Engineering*, 37(1), 22.

Østergaard, C. R., and Park, E., 2015, What makes clusters decline? A study on disruption and evolution of a high-tech cluster in Denmark, *Regional Studies*, 49(5), 834-849.

Palekiene, O., Simanaviciene, Z. and Bruneckiene, J., 2015, The application of resilience concept in the regional development context, *Procedia-Social and Behavioral Sciences*, 213, 179-184.

Pollock, K., 2016, Resilient organisation or mock bureaucracy: is your organisation "crisis-prepared" or "crisis-prone"?, Emergency Planning College Occasional Papers New Series.

매일신문, 2016, 구미산단 업종 다각화…中企 연구소 '봄바람', 2016년 1월 10일자.

매일신문, 2019, 구미산단 가동률 하락세 심각, 전국 산단 중 하위 수준, 2019년 1월 21일자.

영남일보, 2016, "기술로 불황극복" 구미 中企 연구소 급증, 2016년 5월 25일자.

조선비즈, 2016, [르포] 꽁꽁 얼어붙은 한국 'IT산업의 수도' 구미산업단지…수출부진으로 지역경제 치명타, 2016년 2월 3일자.

한국경제, 2017, '하청(下請)에서 횡청'(橫請)으로-기업 수평적 협력의 시대, 2017년 5월 14일자.

중소벤처기업부, https://www.mss.go.kr/

통계청, http://kostat.go.kr/

한국기업데이터, http://www.cretop.com/

한국산업기술진흥협회, https://www.koita.or.kr/

한국산업단지공단, http://www.kicox.or.kr/

한국신용평가, http://www.kisrating.com/

• 제16장 •

이탈리아 에밀리아로마냐 지역개발기구의 역할

1. 머리말

1990년대 중반 이후 대안적 지역발전론으로서 논의되기 시작한 지역혁신체계론은 지역경제를 구성하고 있는 주체들이 상호작용적이고 연대적인 관계성을 통해 지역산업 전반의 혁신능력의 제고를 추구한다는 측면에서 기존의 이론들과 차별성을 가진다. 이러한 지역혁신체계론에 기초한 지역정책은 지역특수성에 기반한 내생적 지역발전을 이념적 목표로 하여, 수평적 지역 거버넌스 체제를 확립하고 지역의 다양한 경제주체들의 참여를 통한 사회적 자본의 창출을 도모하기 위한 정책수단들을 개발하는 데 초점을 둔다(이철우·이종호, 2002).

지역혁신체계의 논의에서 무엇보다 중요한 것은 지역경제의 주체인 기업, 지방정부, 대학, 연구기관 등을 포함한 산·학·연·관 파트너십의 형성을 통해 지식의 흐름을 촉진하기 위한 혁신 네트워크를 구축하는 것이다. 이러한 지역혁신체계를 구축하는 데 지방정부를 중심으로 한 지역 단위 주체들의 역할은 매우 중요하다. 그러나 현실적으로 지방정부라는 행정조직은 지역의 다양한 이해당사자들의 수요를 적실하게 반영하여 정책을 수립·추진하는 데뿐만 아니라 경제환경의 변화에 유연하고 신속하게 대처하여 정책을 수립·추진하기에는 관료주의적이고 경직적이며 중앙정부 및 정치적인 압력으로부터 자유롭지 못한 조직이다.

따라서 지역 간 경쟁이 가속화되고 있고 지식기반사회로의 이행이 급격하게 진행되고 있는 시대적 흐름에 비추어 보았을 때, 정치적 측면에서 행위의 자율성을 담보할 수 있고, 지역 기업들의 수요를 효과적으로 수렴할 수 있으며, 환경 변화에 유연하게 대처하면도 중장기적 관점에서 정책을 기획·수립·추진할 수 있는 매개기구의 필요성과 역할은 매우 중요한 과제로서 대두되고 있다. 이러한 매개기구는 지역개발기구(Regional Development Agency, RDA)로 통칭되며, 최근 들어 지역혁신체계의 구축과 개선에 지역개발기구의 역할이 강조되면서 학자들과 정책 실무자들의 주목을 받게 되었다. 지역개발기구는 특정 산업부문 혹은 지역발전과 관련된 과업을 취급하는 매개기관으로 정의할 수 있다(EURADA, 1999). 지역개발기구는 국가별 및 지역별 정치적·사회적·경제적 조건에 따라 그 설립목적이 조금씩 상이하지만, 보편적으로 해당 지역의 내생적 발전능력의 제고라는 점에서는 일치하며, 주로 광역자치단체 단위별로 운영되고 있다. 지역개발기구는 전통적으로 지방분권화가 일찍부터 정착되어 온 유럽의 이탈리아, 오스트리아, 독일 등의 국가에서 지역혁신체계의 중추적 매개기관으로서 자리매김하고 있다. 물론 정치·경제·사회 시스템의 특성에 따라 국가와 지역마다 지역개발기구의 역할과 운영체계는 상이하다. 예를 들어, 영국의 지역개발기구[1]는 산업·환경·노동·도시 재활성화 등 포괄적인 지역개발 사업에 초점을 두고 있는 반면, 이탈리아의 에밀리아로마냐(Emilia-Romagna) 지역의 지역개발기구인 ERVET은 지역 중소기업들의 기술혁신 역량을 제고함으로써 지역산업 재구조화와 경쟁력 향상을 가장 주된 목적으로 하고 있다.

이에 본 장에서는 최근 우리나라에서 지역, 특히 지방의 산업경쟁력을 제고하기 위한 정책으로서 많은 관심을 불러일으키고 있는 지역혁신체계를 구축함에 있어 핵심적 매개 주체의 육성과 역할이라는 이슈에 초점을 두고, 정책적 측면에서 벤치마킹을 할 수 있는 선진 사례로서 이탈리아 에밀리아로마냐의 지역개발기구인 ERVET의 사례 연구를 통해 우리나라 지역혁신체계 구축에서의 정책적 함의를 도출하고자 한다. 본 연구의 주된 자료는 주로 에밀리아로마냐 산업지구 및 ERVET에 대한 기존의 연구결과와 ERVET SpA 및 리얼 서비스센터들의 홈페이지 및 내부자료 그리고 이들 기관의 담당자와의 이메일을 통한 설문조사 결과이다.

1 영국의 잉글랜드는 의사결정 권한 이양을 요구하는 지역주민들의 수요를 반영하고 지역의 내생적 발전능력을 향상시키고자 1999년부터 9개 광역자치단체별로 지역개발기구를 설립·운영하고 있다(Webb and Collis, 2000).

2. 에밀리아로마냐 산업지구의 특성

1) 에밀리아로마냐 산업지구의 현황

에밀리아로마냐는 이탈리아반도 북동부 포강 유역 평야의 중심에 위치하고 있으며, 면적은 전국의 약 11%에 해당하는 22,000㎢이고, 인구는 국가 총인구의 약 7%를 조금 상회하는 400만 명 정도이다. 이 지역은 유럽에서 경제적으로 급속하게 성장하였을 뿐 아니라 경제환경 변화에 역동적으로 대응해 온 대표적인 지역 중 하나이다. 제2차 세계대전이 끝날 무렵만 하더라도 이 지역의 주된 산업은 농업이었다. 그러나 현재는 섬유, 의류, 신발 등을 중심으로 한 수출지향 산업이 지역 산업구조의 중심을 이루고 있다. 고용 규모 면에서 볼 때 에밀리아로마냐는 이탈리아 전체 고용의 8.3%를 차지하고 있고, 산업별 인구의 비율은 농업 8.6%, 제조업 35.1%, 서비스업 53.3%로 구성되어 있다(DelNet and ASTER, 2002). 그리고 지난 10년 동안 유럽연합(EU)의 어느 지역보다도 지역내총생산(GRDP)의 성장률이 높았으며, 실업률은 EU 회원국 15개국 평균의 절반 수준을 유지하였다.

에밀리아로마냐 지역은 1인당 GDP가 약 25,000유로 정도로서 이탈리아 국내총생산액의 10%와 총수출의 12%를 담당하고 있다. 지난 5년 동안의 지역 공산품 수출 성장률은 45%, 서비스 수출 성장률은 52.4%였다. 이 기간의 수출 증가는 기존의 유럽 시장 외에 미국과 동남아시아 및 기타 개발도상국 시장에서의 수출 성장률 증가에 힘입은 바 크다.[2] 그리고 지역생산 시스템의 세계화는 훨씬 더 빨리 진행되어 지난 5년 동안에 해외직접투자가 296.7% 증가하였다. 이 수치는 같은 기간의 이탈리아 전체 평균 154.5%의 2배에 해당한다(http://www.regione.emilia-romagna.it). 이러한 지역의 경제성장은 산업구조의 다양성에 기초하고 있다. 13개 지역에 분포하고 있는 각기 다른 산업에 특화된 산업지구들은 에밀리아로마냐 지역 경제성장의 근간이 되었다. 〈표 16-1〉에서 볼 수 있다시피, 에밀리아로마냐 지역은 카르피(Carpi)를 중심으로 한 섬유 및 의류 산업지구와 모데나(Modena)와 레지오에밀리아(Reggio Emilia)를 중심으로 한 세라믹 제품 산업지구 및 농기계 산업지구를 비롯하여 신발산업, 목재생산기계산업, 실내장식가구산업, 식료품산업, 그리고 바이오메디컬산업을 중심으로 한 다양한 산업지구로 구성되어 있다.

이 지역의 제조업 노동자(78,108명)의 64%는 50인 이하의 소규모 기업에 종사하고 있고, 70% 이

2 에밀리아로마냐 지역 수출의 지역별 비율은 EU 57.8%, 기타 유럽 지역 12.4%, 북아메리카 10.0%, 동아시아 6.5%, 기타 지역 13.3%이다. 그러나 세계화의 진전으로 동유럽, 남아메리카, 극동지방의 비율이 높아지고 있다(ICE-Istat, Italian Exchanges Office).

상이 100인 이하의 중소기업에 종사하고 있다. 그리고 제조업 고용 인력의 단지 7%만이 500인 이상의 대기업에 종사하고 있다. 여기에 비제조업 고용 인력을 가산한다면 99% 이상의 고용 인력이 50인 이하의 소규모 기업에 종사한다고 볼 수 있다(Pyke, 1994). 산업지구별로 50인 이하의 소기업이 차지하는 비중을 살펴보면, 소기업의 비중이 90% 이상인 산업지구가 전체 13개 산업지구 중에서 5개이고, 소기업의 비중이 80% 이상인 산업지구는 10개이다. 이 가운데 의류산업지구인 카르피, 신발산업지구인 푸시냐노(Fusignano)와 산마우로 파스콜리(S. Mauro Pascoli), 세라믹과 농기계 산업지구를 형성하고 있는 레지오에밀리아 등은 50인 이하의 소기업에 대한 지역생산 시스템의 의존도가 높아, 소기업들이 지역경제의 중추적 견인차 노릇을 하고 있음을 알 수 있다.

이처럼 에밀리아로마냐 지역경제의 중추는 중소기업들이다(Amin, 1999). 이 지역 중소기업들의 대부분은 특정한 분야에 전문화된 산업지구 내에 집적하고 있고, 해당 산업의 특정 부분만을 전문으로 한 생산활동에 주력하고 있으며, 이러한 전문화는 이들 기업이 성장하고 세계시장에서 경쟁력을 갖출 수 있었던 핵심적인 요소였다(Pyke, 1994). 그리고 지역의 중소기업들은 높은 기술 수준을 유지하고 있으며, 풍부한 장인적 기술 노동력의 풀을 보유하고 있다(http://www.regione.emilia-romagna.it). 또한 이 지역의 중소기업들은 지역사회의 전통인 경쟁과 협력에 기반한 분업적 생산활동을 하고 있으며, 생산활동이 일상생활에 통합되는 사회구조와 지역사회의 문화를 가지고 있다.

표 16-1. 에밀리아로마냐의 산업지구

산업 부문	지역	고용자 수	중소기업 밀도(%)*	지역 의존도**
섬유의류	Carpi(MO)	12,692	99.30	높음
신발	Fusignano(RA)	666	92.90	높음
신발	S. Mauro Pascoli(FO)	3,000	93.70	높음
모터사이클	Bologna	2,378	82.90	낮음
세라믹 제품	Modena-ReggioEmilia	22,000	55.70	높음
포장기계	Bologna	7,140	80.00	낮음
농기계	Modena-ReggioEmilia	17,965	85.20	높음
바이오메디컬 제품	Mirandola(MO)	2,300	85.00	보통
목재생산기계	Rimini	1,345	87.20	낮음
목재생산기계	Carpi(MO)	1,155	77.20	낮음
실내장식가구	Forli	900	97.00	낮음
기계장비	Piacenza	800	20.00	낮음
식료품 제조	Parma	9,239	98.10	보통

주: * 지역생산 시스템을 구성하는 전체 기업들 가운데 50인 이하 소기업의 비중.
** 50인 이하 지역생산 시스템의 의존도.
출처: DelNet and ASTER, 2002.

에밀리아로마냐 지역 경제 시스템의 성공을 설명해 주는 가장 중요한 요인은 바로 산업지구를 구성하는 기업들의 협의회(industry associations)를 설립·지원하고자 하는 경향과 기업 간의 협력 의지이다. 이미 잘 알려져 있듯이, 에밀리아로마냐 지역 제조업의 경제성장력은 유연적으로 전문화된 지역 중소기업 간의 독특하고 발전된 네트워크 관계에서 발현되었다(Amin, 1999). 이처럼 에밀리아로마냐를 특징지을 수 있는 가장 중요한 측면은 이 지역의 기업들이 상호 간에 협력(특히 다양한 생산단계에 있는 기업들 간의 수직적 협력)하고, 집단 서비스 조직에 참여하고, 개인 간 혹은 기업 간에 정보를 공유하고자 하는 의지를 가지고 있다는 것이다(Brusco, 1982).

또한 에밀리아로마냐는 리얼 서비스센터(real service center)와 같은 기업지원을 위한 제도적 환경을 정착시킴으로써 지역의 소규모 기업들이 현대화되고 경제적 성과를 높일 수 있도록 도움을 주는 지방정부의 개입주의 정책으로 잘 알려져 있다(Pyke, 1994). 다시 말해서 에밀리아로마냐 지역 전체의 균형적 경제성장은 이 지역의 강한 조직적 전통과 적극적인 공공기관의 노력의 결과라고 볼 수 있다.

2) 에밀리아로마냐 지역산업정책의 추진과정

오늘날 에밀리아로마냐 지역이 이탈리아에서 롬바르디아(Lombardia) 및 라치오(Lazio)와 더불어 경제적으로 가장 성장한 지역으로 발전하게 된 배경에는 에밀리아로마냐 지방정부의 지속적이고 효과적인 산업정책이 중요한 역할을 하였음을 부정할 수 없다(Bellini and Pasquini, 1998). 따라서 이 지역의 특성을 이해하기 위해서는 산업정책을 살펴보아야 할 것이다. 에밀리아로마냐 지역의 산업정책은 3단계로 나누어 설명하고자 한다.

제1단계는 물적 기반 구축기로, 제2차 세계대전 후 신생기업뿐만 아니라 기존의 중소기업에 매력적인 산업활동 기반을 제공하기 위해 산업단지를 조성하는 등 산업발전에 필요한 물적 인프라를 구축한 시기이다. 그 배경에는 지역경제 활성화라는 취지와 더불어 에밀리아로마냐 지역 내 산업화가 진전된 지역과 그렇지 못한 낙후된 지역 간의 발전 격차를 완화시키기 위해 주로 낙후지역을 중심으로 산업단지를 조성하는 전략을 추진하였다.

제2단계는 제조업에 기업 서비스를 제공하기 위한 기능별·산업별 서비스센터를 설립한 시기이다. 1972년에 에밀리아로마냐를 비롯한 이탈리아의 개별 지역들은 중앙정부로부터 지역산업정책에 대한 권한을 이양받았다. 이에 에밀리아로마냐 지방정부는 1974년에 지역의 산업발전을 촉진하기 위한 지역개발기구로서 ERVET SpA를 설립하였다. 지방정부와 지역의 민간 경제주체들의 공동출자를 통해 설립된 ERVET SpA는 지역경제의 경쟁력을 높이고 이를 지원하고자 하는 통합적인 성격의 프로젝트를 실행하는 기구이다. 지방정부를 대신하여 지역개발 전반에 대한 총괄적인 계획 및 실행 업무를 담당하는 ERVET SpA가 설립된 이후 산업별 리얼 서비스센터들이 잇달아 설립되기 시작하였다. 산업별 서비스센터 가운데 가장 먼저(1976년) 설립된 세라믹산업의 서비스 공급을 위한 세라믹산업연구·시험센터(Centro Ceramico)를 필두로, 1980년에 카르피의 특화 산업인 의류·섬유제조업 관련 서비스센터인 섬유산업정보센터(CITER)가 카르피에 설립되었다. 그 이후 농기계기술센터(CESMA), 신발·가죽산업지원센터(CERCAL) 등과 같은 기능별·산업별 서비스센터들이 해당 산업이 특화된 지역들에 설립되기 시작하였다. 이러한 서비스센터들이 설립된 주요 목적은 각 산업지구의 특화된 산업 부문에서 활동하는 기업들의 성장을 위한 서비스를 제공하는 데 있었다(Bellini and Pasquini, 1998). 이로 인해 각 지역의 서비스센터들이 제공하는 서비스의 혜택을 받지 못하는 다른 산업들은 지역을 떠나거나 지역산업 시스템에서 주변부의 범주에 위치하게 되는 위험을 내포하고 있었다. 이러한 위험을 개선하기 위해 새로운 산업정책을 수립하게 되었다.

제3단계의 산업정책은 전 산업에 걸쳐 기업 서비스를 제공하는 범산업적(수평적) 서비스센터를 설립한 시기이다. 1980년대에 들어서면서 기업들의 신기술 도입을 장려하기 위해 전 산업에 서비스를 제공하는 서비스센터가 필요하다는 요구는 제조업 지원에서의 지역산업정책의 변화를 가져오게 되는 계기가 되었다. 이 시기에 에밀리아로마냐의 지역기술이전센터(ASTER)가 설립되었다. ASTER가 대외적으로 명시한 설립목적은 중소규모 기업들의 혁신과 연구에 관련된 지원 서비스를 제공하는 데 있었다. 이외에 품질연구·인증센터(CERMET)와 산업자동화서비스센터(DEMOCENTER) 등도 수평적·범산업적 서비스센터로서의 기능을 담당하기 위해 설립되었다. 특정 산업을 구분하지 않고 기업들에 필요한 서비스를 제공한다는 사고는 기술혁신, 새로운 기업의 창출, 품질관리와 제품인증 시스템의 질적 향상, 기업들의 세계화, 제품의 수출을 촉진하고자 시행된 지역의 법률적 수단을 뒷받침하는 것이다.

범산업적 서비스센터들이 설립되기 시작한 이후에도 산업별 서비스센터인 건설산업연구·인증센터(QUASCO)가 1986년에 설립되었기 때문에 1985년과 1986년은 서비스센터들의 유형에 따른 정책의 단계가 중복되는 전환기의 양상을 보이고 있다. 따라서 이 시기를 기점으로 하여 1970년대 후반부터 1980년대 초반까지는 산업특수적인 서비스센터들이 주로 설립된 시기이며, 1980년대 중반 이후에는 범산업적 서비스센터들의 설립을 통해 지역 전체의 산업수요를 반영하여 지역 전반의 혁신체계 잠재력을 제고하는 데 정책의 초점을 둔 시기라고 구분할 수 있다.

이러한 과정을 통해 설립된 '리얼 서비스센터'들은 국제적으로 큰 관심을 끌고 있을 뿐 아니라 많은 학문적 논의의 대상이 되고 있다(Cooke and Morgan, 1998; Amin, 1999; Farrell and Lauridsen, 2001 등). 그 이유는 이들이 제공하는 기업 서비스들은 시장, 패션, 규격, 법규와 같은 것들에 대한 정보의 보급을 비롯하여 기술이전과 기술개선에 필요한 서비스를 제공할 뿐만 아니라, 에밀리아로마냐 지역 중소기업들의 경쟁력을 제고하고 지역혁신체계 잠재성을 견인하는 중추적 매개조직의 역할을 하고 있기 때문이다.

3. ERVET SpA의 역할 및 운영체계

에밀리아로마냐의 지역개발기구인 ERVET SpA(Ente Regionale per la Valorizzazione Economica del Territorio)[3]의 설립은 1970년대 이탈리아의 독특한 정치·경제적 상황을 반영하는 것이다. 먼저, 경제적 측면에서 피아트(Fiat)와 같은 이탈리아 경제를 주도하던 대기업들이 관료주의적 경영관행과 수직적 통합 생산체제 등의 조직적 경직성을 야기하면서 급격한 경제환경변화에 적절하게 적응하지 못하고 위기에 직면한 반면, 제3이탈리아 지역을 중심으로 유연적으로 전문화된 형태의 장인적 소기업들이 이탈리아 경제의 새로운 대안으로 급속하게 부상하게 되었다(Harrison, 1994). 또한 정치·제도적 측면에서 중앙정부가 지역산업정책과 관련된 권한을 지방정부 단위로 이양하게 되었다. 그리고 지역개발정책 수립과정에서 산업협회를 비롯한 민간 경제주체들의 역할이 증대되었다는 점이다.

이러한 배경에서 설립된 ERVET SpA는 민·관 파트너십의 합작품이다. 이는 ERVET SpA의 소유권 구조를 통해 알 수 있다. ERVET SpA의 소유권 구조를 살펴보면, 에밀리아로마냐 지방정부가 지분의 80.04%를 보유한 최대 주주이며, 나머지는 지역 금융기관(18.51%), 지역 상공회의소들과 에밀리아로마냐 지역의 하위 지방자치단체(0.92%) 및 지역의 산업협회(0.53%)가 보유하고 있다. 따라서 ERVET SpA는 준공공기관의 성격을 띠는 법인체라고 할 수 있다(ERVET SpA, 2001, 내부자료).

ERVET SpA는 지방정부에서 입안된 각종 지역경제발전 계획을 추진하고 사업화하는 실무 주체일 뿐만 아니라 지역개발과 관련된 이슈들을 찾아내고, 응용연구 프로젝트를 만들고 이를 실행하며, 기술이나 시장에 대한 정보를 수집·가공·확산하는 데 중요한 역할을 하고 있다(Ginger and Maria, 1997). 에밀리아로마냐의 지방정부법 No. 25[4]에서는 ERVET SpA의 역할을 다음과 같이 규정하고

3 1993년에 개정된 지방정부법 NO. 25에서 ERVET은 'ERVET-Politiche per le impress SpA'로 개명되었다. 그러나 일반적으로 ERVET SpA로 표기되고 있다.

있다. ① 지역기술이전센터(ASTER) 등 지역의 각종 리얼 서비스센터들을 통괄하는 조정자로서 특정 산업부문과 사업 영역을 초월한 통합적인 프로젝트를 구상하고 실행한다, ② 지역경제발전을 위한 정책을 연구한다, ③ 지역 기업들을 위한 정보제공 및 기술지원 활동을 담당한다(DeLNet and ASTER, 2002).

다시 말해서 ERVET SpA의 주요 기능은 지방정부 및 지역행정기관이 정책을 구상하고 입안하는 데 대한 지원 서비스를 제공하고, 지역의 혁신과 발전 그리고 인프라 구축에 필요한 지원을 제공하는 정책들을 구체화하는 것이다. 이를 위해 ERVET SpA가 담당하는 주요 업무는 기술 및 시장동향 파악, 제품 및 공정 테스트 서비스, 계획의 입안과 실행, 공공정책의 평가 등이 포함된다. 또한 ERVET SpA는 산업인력의 교육·훈련, 토지이용, 환경, 관광, 농업, 사회 서비스, 도시 개발 및 재활성화, 교통체계 등과 같은 지역발전과 관련된 전반적인 분야에서의 프로젝트들을 계획하고 입안하는 역할도 담당하고 있다(ERVET SpA, 2001).

ERVET SpA가 실행하는 프로젝트의 대부분은 유럽공동체(European Commission, EC)나 이탈리아 정부의 연구·개발 프로그램을 통해 공동으로 자금조달을 받고 있고, 다른 지역의 조직(기구)들과 협력관계를 통해 실행되고 있다. EC와 다른 국제기구뿐 아니라 ERVET SpA는 전 세계의 기술지원과 기술개발 프로젝트들과 협력관계를 맺고 공동으로 업무를 추진해 나가고 있다(ERVET SpA, 2001).

ERVET SpA의 운영 시스템은 에밀리아로마냐 지방정부와 밀접한 관계를 가지고 있다. 에밀리아로마냐 지방정부는 거시적 수준에서 지역 개발 및 혁신과 관련된 사업의 입안자(planner) 역할을 수행하고, ERVET SpA는 지방정부가 지역에 필요한 사업을 입안하는 과정에 필요한 정보를 제공함으로서 에밀리아로마냐의 지역산업정책 결정에 주요한 보조자 역할뿐 아니라 미시적 차원에서 이를 직접 실행하는 실무자(excutor)로서의 역할을 수행한다(Bellini and Pasquini, 1998). 그러나 양자의 관계는 수직적이라기보다는 피드백을 통한 업무 추진 절차를 가진다는 점에서 상호보완적이라고 할 수 있다.

무엇보다도 에밀리아로마냐 지방정부법 No. 25[5]에 명시된 에밀리아로마냐 지방정부와 지역개발기구인 ERVET 간의 분업관계는 지역개발사업과 관련된 의사결정 과정의 투명성을 제고하기 위

4 에밀리아로마냐 지방정부법 NO. 25가 통과되면서 ERVET은 내부의 조직변화뿐 아니라 자금조달 방식에서 실질적이고 혁신적인 변화를 경험하게 되었다. 지방정부에 의해 주어지던 운영자금이 급격히 줄어들고, 시장에서 기업들이 필요로 하는 '리얼 서비스'를 판매함으로써 자금을 조달하게 되었다(Ginger and Maria, 1997).

5 1993년에 개정된 지방정부법 No. 6에 따르면, 지역경제정책 가이드라인을 실행하기 위한 활동들은 ERVET의 서비스센터들 및 여타 민·관 경제주체들과 협력적 관계를 통해 실현되어야 한다고 규정하고 있다(Bellini and Pasquini, 1998).

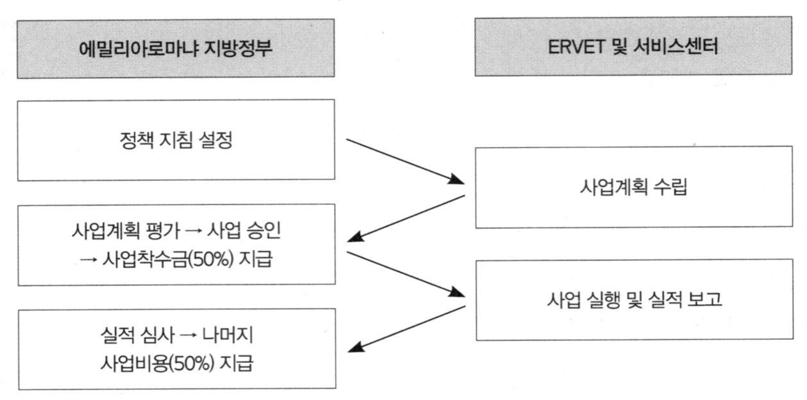

그림 16-1. 지방정부와 ERVET 시스템 간의 지역개발사업의 추진 절차

출처: Bellini and Pasquini, 1998.

한 것이라는 점에서 시사하는 바가 크다(Bellini and Pasquini, 1998). 지역개발 및 기술혁신과 관련된 사업의 추진 절차는 다음과 같다. 먼저 에밀리아로마냐 지방정부는 매년 지역개발 및 기술혁신과 관련된 거시적인 정책 가이드라인을 설정하고 이를 ERVET에 통고하면, ERVET SpA와 각 서비스센터들은 이러한 가이드라인을 바탕으로 세부적이며 실천적인 사업계획을 수립한다. 지방정부는 ERVET의 각 센터들이 수립한 구체적인 사업계획을 취합·검토하여 시의성과 타당성을 가진다고 판단되는 사업을 승인한 후 ERVET SpA를 비롯한 해당 사업 주체에 사업착수금조로 총사업비의 50%를 우선 지급한다. 나아가 지방정부는 사업 중간평가 작업을 통해 실적에 따라 나머지 사업비의 지급 여부를 결정하는 지역개발 및 혁신 관련 사업의 추진 절차를 운영하고 있다(그림 16-1). 이러한 지방정부의 거시 정책 가이드라인을 실행하는 것과 관련된 사업의 비중은 ERVET의 연간 총 사업비의 70~80%를 넘지 않는 수준이다.

이와 함께 ERVET SpA와 서비스센터들은 그들만의 독자적인 사업을 계획·추진하기도 하는데, 이와 관련된 사업비용은 지방정부로부터 지원을 받기도 하고 때로는 EU의 지역발전 프로그램에 따른 재정지원을 받기도 한다. 이와 관련된 사업 내용은 산업발전과 기술혁신의 영역뿐만 아니라 하부구조, 복지, 공공행정 등의 분야를 포괄한다(Bellini and Pasquini, 1998).

4. ERVET의 조직 및 서비스센터의 역할

1) ERVET의 조직

1970년대 후반에 에밀리아로마냐의 각 산업지구에 집적된 중소기업들이 네트워크에 기초한 유연적이고 전문화된 생산체제를 추구하면서 국지적인 사회적 분업체계가 활성화되기 시작하였고, 자신들의 유연한 생산력과 수요변화에 대한 적극적 대응력을 바탕으로 경제현상의 변화과정에 성공적인 적응력을 보였다(Amin, 1999; DelNet and ASTER, 2002). 이것이 지역의 경쟁우위 요소로 작용하면서 지역경제 성장이 가속화되었던 것이다. 이러한 시점에 ERVET SpA는 지역의 중소기업들의 수요를 반영하여 각 산업지구별 특성(예를 들어, 카르피의 의류산업, 모데나의 농기계 등)에 맞는 리얼 서비스를 제공하는 정책을 실시하기 시작하였다(Brusco, 1982; 1992). 이에 따라 카르피의 섬유·패션 산업을 지원하기 위한 섬유산업정보센터(CITER), 모데나의 농기계산업 지원을 위한 농기계기술센터(CESMA), 그리고 산마우리 파스콜리의 신발·가죽 산업을 지원하기 위한 CERCAL(신발·가죽산업지원센터) 등과 같이 업종별 '리얼 서비스센터'들이 산업지구별로 잇따라 설립되었다.

1980년대 중반부터는 특정 산업을 초월하여 에밀리아로마냐 지역 전체의 기업을 지원하기 위한 서비스센터들이 설립됨으로써 지역 전체의 기술혁신 능력을 제고하기 위한 서비스 공급 정책이 본격적으로 실시되기 시작하였다. 이러한 범산업적 서비스센터로는 지역 기술이전의 촉진을 통해 지역 기업의 기술혁신 능력을 제고하고자 설립된 지역기술이전센터(ASTER)와 제품 및 생산 공정에서의 품질 연구 및 인증 서비스를 통해 지역 기업의 경쟁력을 강화하고자 하는 목적으로 설립된 품질 연구·인증센터(CERMET) 등이 대표적이다(Cooke and Morgan, 1998; DelNet and ASTER, 2002). 그 후 1990년도에 산업자동화서비스센터(DEMOCENTER)가 모데나(MODENA)에 설립되면서 ERVET SpA와 9개의 서비스센터를 중심으로 한 ERVET이 완성되었다(그림 16-2). ERVET에서 ERVET SpA는 모조직의 역할을 담당하지만, 개별 서비스센터들은 운영의 자율성을 가지고 특정 분야에 특화된 서비스를 제공하면서 상호수평적인 관계구조를 지니고 있다.

ERVET SpA는 개별 서비스센터들의 활동목적과 활동방향을 정하고 혁신적인 기업 서비스를 개발하도록 장려하는 역할뿐만 아니라 하위 서비스센터들을 조정하고 금융지원을 하는 역할을 맡고 있다(ERVET SpA, 2001; DelNet and ASTER, 2002). 그러나 서비스센터 간의 기업 지원 서비스 성과의 차이는 서비스의 성격, 산업 부문, 리더십, 운영 시스템 등의 변수에 따라 다르게 나타나고 있다. 그로 인해 자신만의 역량으로 기업들에게 시장 및 기술에 관련된 서비스를 제공하는 서비스센터

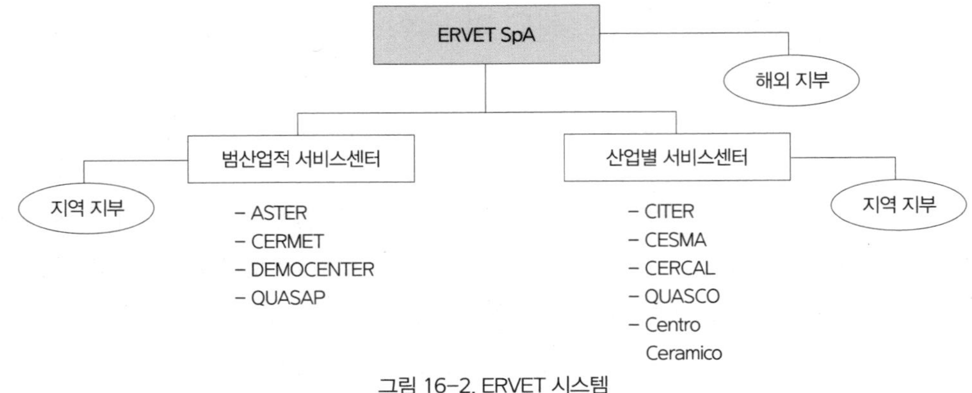

그림 16-2. ERVET 시스템

가 있는 반면, 여전히 공공의 지원을 필요로 하는 서비스센터들도 있다(DelNet and ASTER, 2002).[6]

서비스센터에 대한 금융지원의 정도는 각 서비스센터의 재정자립도에 따라 차이가 있다(ERVET SpA, 2001). 그리고 이들 서비스센터는 ERVET SpA뿐만 아니라 다른 법적 기구들을 매개로 에밀리아로마냐 지방정부에 의해 일정한 재정적 지원을 받고 있다.[7] 그러나 에밀리아로마냐 지방정부와 ERVET SpA는 지방정부법 No. 25에 따라 이들 서비스센터가 회비와 서비스 판매 수익을 통해 재정자립도를 높여 궁극적으로는 보조금 지급을 종결시킨다는 방침을 가지고 있다. 그러나 리얼 서비스센터들의 시장지향화 정책이 바람직한 방향인지에 대해서는 여전히 논란의 대상으로 남아 있다(Cooke and Morgan, 1998; Amin, 1999).

서비스센터를 운영하는 이사회는 주로 업체 대표 및 산업협회의 대표로 구성되어 있으며, 모든 서비스센터의 대표는 지역 산업협회의 대표가 겸직하고 있다. 서비스센터의 운영과 경영을 보면 이들은 분명히 민간조직이다. 그러나 이들 서비스센터에서 실행하는 활동 중 일부는 지역경제정책의 실행항목에서 비롯된 것이다(Bellini and Pasquini, 1998; ERVET SpA, 2001).

ERVET 시스템의 서비스센터들은 크게 산업별 서비스센터와 범산업적 서비스센터로 구분된다

6 에밀리아로마냐 지역에 소재한 1,000여 개의 회원업체를 가지고 있는 ERVET의 리얼 서비스센터들은 그 성격과 운영체계상 모조직인 ERVET SpA의 영향을 받고 있긴 하지만, 이 지역의 산업협회들을 중심으로 한 지역 중소기업들과의 협력 속에서 만들어진 것이다. 서비스센터들은 유한책임회사로서 법적으로 독립된 조직체의 성격을 가지며, ERVET SpA가 지배주주로서 지분의 25~47%를 보유하고 있고 나머지는 산업협회, 개별 기업들, 지방정부, 상공회의소 등이 골고루 지분을 보유하고 있다(DelNet and ASTER, 2002).

7 ERVET의 재원은 공공부문과 민간부문으로 나뉜다. 민간부문의 재원은 ERVET으로부터 기업 서비스를 구입하는 개별 기업들, 기업협의회들, 지역의 상공회의소가 대표적이라 볼 수 있다. 공공부문의 재원은 ERVET에서 실행하는 프로젝트에 자금을 제공하는 에밀리아로마냐 지방정부가 가장 중요하다. 게다가 ERVET은 EU의 지원하에 실시되는 교육, 연구·개발, 혁신 프로그램에 적극적으로 참여하고 있다(Ginger and Maria, 1997)

(표 16-2). 전자는 산업지구별로 특화된 산업들에 필요한 서비스를 제공하고, 후자는 혁신, 기술이전, 생산자동화 등과 같은 전 산업을 포괄하는 관심 분야를 다루며, 이와 관련된 각종 기업지원 서비스를 전 산업 분야에 제공한다(Cooke and Morgan, 1998; Williams, 2002).

업종별로 전문화된 서비스를 제공하는 서비스센터들은 일반적으로 해당 서비스 수요가 가장 많은 산업지구에 입지하고 있다. 섬유산업정보센터(CITER)는 니트웨어 산업지구로 유명한 카르피에, 신발·가죽산업지원센터(CERCAL)는 신발산업의 중심지인 산마우로 파스콜리에, 농기계기술센터(CESMA)는 농기계 산업지구를 형성하고 있는 레지오에밀리아에, 그리고 세라믹산업 연구·시험센터(Centro Ceramico)는 세라믹 산업지구인 볼로냐에 각각 입지하고 있다.

그러나 지역 전체에 있는 모든 기업들에 서비스를 제공하는 범산업적 서비스센터들은 모두 에밀리아로마냐 지역의 중심에 위치한 볼로냐와 모데나에 입지하고 있다. 지역기술이전센터(ASTER)와 품질연구·인증센터(CERMET)가 볼로냐에, 그리고 산업자동화서비스센터(DEMOCENTER)가 모데나에 입지하고 있다.

1990년대 초반 이탈리아 경제는 침체기에 접어들고 설상가상으로 정치적 위기에 직면하게 되었다. 이 시기에 ERVET SpA와 리얼 서비스센터들의 전반적인 성과에 대한 평가조사가 시행되었다. 평가 결과 기업지원 성과가 미진하고 자생력이 떨어지는 몇몇 서비스센터들은 그 필요성에 따라 폐쇄하거나 민영화하는 방향으로 유도하는 한편, 성과가 양호한 서비스센터들의 기능은 더욱 고도화시키는 것을 골자로 한 ERVET 전체의 기능을 재편하는 계획을 수립하였다. 그 일환으로 1993년 4월에 개정된 지방정부법 No. 25가 통과되고, 이 법률을 기반으로 ERVET의 재구조화가 실질적으로 진행되기 시작하였다(Bellini and Pasquini, 1998). 그러나 ERVET은 에밀리아로마냐의 지역혁신체계를 향상시키는 데 크게 기여해 왔고 앞으로도 지역의 경쟁력을 향상시키는 데 중심적 역할을 해야 한다는 인식을 이끌어 냈다(Cooke and Morgan, 1998).

따라서 1990년대 중반 이후 ERVET이 실시하는 정책들은 더 이상 지역생산체제의 양적 성장을 목적으로 하지 않고, 시장에서 제공해 줄 수 없는 기업의 혁신에 필요한 실질적인 서비스를 제공함으로써 지역기업의 경쟁력을 향상시키고, 이를 통해 지역 전체의 경제적 성과와 대외경쟁력을 확보하는 데 초점을 두게 되었다(DelNet and ASTER, 2002). 따라서 정책 수립도 기업이 필요로 하는 사업서비스를 사전에 확인한 후 이를 토대로 새로운 정책이 구상되고 실행되는 방향으로 이동하게 되었다. 즉 정책과제 발굴을 위해 지역의 산업 시스템 전반에 대한 심도 있는 연구를 수행할 뿐만 아니라, 수요자인 지역 기업들 및 협회와 긴밀한 공조체제를 확립하여 지역산업이 나아갈 비전을 명확히 설정한 다음 구체적인 정책을 기획·시행하게 되었다.

표 16-2. ERVET 시스템의 서비스센터

센터명	활동 분야	입지	설립연도	ERVET 지분	고용
산업별 서비스센터					
CITER	섬유산업정보센터	Carpi	1980	25.0%	19
CESMA	농기계기술센터	Reggio Emilia	1983	40.0%	7
CERCAL	신발·가죽산업지원센터	San Mauro Pascoli	1983	47.0%	6
QUASCO	건설산업 연구·인증센터	Bologna	1986	44.1%	11
Centro Ceramico	세라믹산업 연구·시험센터	Bologna/Sassuolo	1976	-	40
범산업적 서비스센터					
ASTER	지역기술이전센터	Bologna	1985	72.9%	31
CERMET	품질연구·인증센터	Bologna	1985	32.0%	40
DEMOCENTER	산업자동화서비스센터	Modena	1990	29.2%	-
QUASAP	공공사업 수·발주 관리센터	Bologna	-	-	-

출처: 자체 조사에 의함.

2) 리얼 서비스센터의 역할

'리얼 서비스센터'의 주요 활동영역은 제품혁신, 공정혁신, 조직혁신, 기술이전, 제품 테스트 및 시연, 제품 및 생산 공정에 대한 품질 인증, 기술 및 시장 동향 등 각종 사업정보 제공, 교육·훈련 등 매우 다양한 영역에 걸쳐 있다. 그러나 ERVET을 구성하는 각 리얼 서비스센터 가운데 지역 중소기업들의 기술혁신 및 기술이전 제고를 목적으로 하는 범산업적 서비스센터인 ASTER(지역기술이전센터)와 산업별 서비스센터 가운데 가장 성공적이라고 평가받는(Cooke and Morgan, 1998) CITER(섬유산업서비스센터)를 대상으로 각각의 기능과 역할에 대해 고찰하고자 한다.

(1) ASTER(지역기술이전센터)

ASTER(Technological Development Agency Emilia-Romagna)는 에밀리아로마냐 지역의 범산업적 기술이전센터로서, 1985년 에밀리아로마냐 지방정부와 ERVET SpA에 의해 설립된 비영리기구이다. ASTER의 운영이사회는 국립에너지환경기술연구소(ENEA), 지역 상공회의소, 지역 산업협회, 중소기업연합회 등의 대표자들로 구성된다(DelNet and ASTER, 2002). 그리고 ASTER가 보유한 총 자본의 규모는 52만 유로이며, 지분 소유구조를 살펴보면 모조직인 ERVET SpA가 37%, ENEA(10%)와 국립과학기술연구원(CNR: 20%) 등 국책 연구기관들이 30%, 볼로냐 대학교 등을 포함한 지역 대학들이 20%, 지역상공회의소와 기업협회들이 8%를 각각 보유하고 있다(www.aster.it).

에밀리아로마냐 지역경제는 중소기업 중심의 산업구조 특성을 가지고 있기 때문에 중소기업의 기술혁신 능력 향상은 에밀리아로마냐의 지속적인 경제발전을 달성하기 위해 매우 중요한 과제라고 할 수 있다. 따라서 에밀리아로마냐 지방정부는 지역 중소기업의 기술혁신을 촉진하기 위한 가장 효과적인 수단으로서 대학이나 연구소(ENEA, CNR)에서 개발된 신기술을 지역 중소기업들에 이전하는 것이라는 점을 인식하고 1985년에 ASTER를 설립하였다(ASTER, 2001). 보다 구체적으로 ASTER는 기술이전과 혁신 프로젝트 추진, 기술혁신과 경영에 관한 기술적 지원, 국내외의 기술이전 파트너 탐색, 기술정보 제공, 자금조달, 그리고 EU와 같은 기관들과의 대외관계 중계 등의 측면에서 매개기능을 수행한다(Bellini and Pasquini, 1998). 이와 더불어 ASTER는 기술이전 프로젝트의 결과를 확산시키기 위해 워크숍과 세미나를 개최하고 매뉴얼, 가이드, 신문 및 기타 출판물 등과 같은 명시적 형태의 지식화 작업을 통해 지역 중소기업들에 다양한 학습채널(Gertler, 2001)을 제공함으로써 지식의 흐름과 확산을 도모하고 있다.

ASTER는 지역 내 중소기업들을 위한 기술이전 사업을 추진함과 동시에 에밀리아로마냐 지역의 혁신능력을 제고하고 집단학습 문화를 고취시키기 위해 많은 노력을 기울이고 있다. 이를 위해 에밀리아로마냐 지역에서 혁신을 주도하는 경제주체들을 중심으로 협력 네트워크(Bellini and Pasquini, 1998; DelNet and ASTER, 2002)를 구축하고, 이들을 통해 다양한 혁신 프로젝트를 추진하고 있다. ASTER는 지역 중소기업들과 지역 대학 및 연구소를 포괄하는 산·학·연 네트워크의 활성화를 위해 주도적인 역할을 담당한다. 이 산·학·연 네트워크의 주요 참여기관으로는 ASTER를 비롯해 지역의 주요 대학인 볼로냐 대학교, 모데나 대학교, 페라라 대학교와 에밀리아로마냐 지방정부, 산업협회, 그리고 중앙정부 산하 연구기관인 CNR 및 ENEA등이 포함된다(ASTER, 2001). 이러한 지역 내 경제주체들 간의 네트워크 활성화 사업뿐만 아니라 지역 전반에 걸쳐 혁신 노하우와 기술을 확산시키기 위해 세계적인 혁신 선도자들과 긴밀한 협력 네트워크를 구축하고 있다. 예를 들어, ASTER는 유럽공동체(EC), 유럽의회(EP), 국제연합무역개발회의(UNCTAD), WDA(Wales Development Agency), Kitakyshu Lodan(일본) 등을 포함하여 24개 이상의 국제기구 혹은 지역개발기구들과 협력관계를 맺고 있다(ASTER, 2001).

(2) CITER(섬유산업정보센터)

카르피(Carpi)에 소재한 섬유산업정보센터인 CITER(Centro Informazzione Tessile Emilia-Romagna)는 카르피 니트웨어 산업지구의 중소기업들이 저부가가치 제품 중심의 생산구조를 가진 결과 세계시장에서 경쟁력을 상실하고 있다는 데 위기감을 느끼고 1980년에 지역 중소기업들과 ERVET SpA가 공동출자하여 설립한 서비스센터이다(Bellini and Pasquini, 1998; Cooke and Morgan, 1998). CITER의 자본 규모는 20만 유로이며, 이 가운데 ERVET SpA가 25.0%의 지분을 보유하고 있지만, 민간기업들이 출자한 지분이 57.7%, 의류·패션 산업 관련 협회들이 11.5%를 보유해 민간기업 및 협회 보유지분이 약 70%에 달한다. 이러한 소유권 구조는 대학 및 공공연구기관 중심의 소유권 구조를 가진 ASTER와는 대조적이라고 할 수 있다. 이러한 소유권 구조의 차이는 서비스센터의 성격과도 무관하지 않은 것으로 보인다. ASTER의 경우 서비스의 성격이 CITER와 같은 특정 산업수요에 국한되지 않을 뿐만 아니라 사업의 내용이 수익성보다는 공익성의 성격이 강하기 때문일 것이다.

CITER는 다른 서비스센터에 비해 탁월한 서비스 성과로 인해 에밀리아로마냐의 리얼 서비스센터들 중에서 가장 잘 알려져 있다. 1990년에 이미 CITER는 운영자금의 70% 이상을 독자적으로 조달할 수 있는 여력을 갖추게 되었다. CITER가 이렇게 성공적으로 발전해 나갈 수 있었던 이유는 시장에서 기업들이 요구하는 서비스를 적절하게 제공하였기 때문이다(Cooke and Morgan, 1998).

CITER의 주된 역할은 패션 동향(컬러, 재료, 주제), 시장, 기술에 관련된 정보 서비스 제공, 시장개척, 소비 동향 분석, 기술혁신과 정보 시스템에 대한 정보제공 등 에밀리아로마냐 지역의 중소규모 의류 제조업체들이 자체 역량을 강화할 수 있도록 각종 서비스를 제공하는 것이다(Bellini and Pasquini, 1998; DelNet and ASTER, 2002). CITER는 새로운 시장, 장비, 혁신에 대한 정보의 지속적 흐름을 촉진할 뿐 아니라 지역에서 생산활동을 하는 섬유업체들의 일상적 기술문제를 해결하는 데 필요한 지원을 즉각적으로 제공하고 있다. CITER가 제공하는 모든 서비스들은 지역의 섬유·의류 업체가 자신들만의 경쟁력을 구축하고 개선해 나가는 데 필요한 패션 흐름의 방향을 읽고 이를 이해할 수 있는 도구들이 되고 있다(ERVET SpA, 2001).

센터의 역할을 효율적으로 실행하기 위해 CITER는 패션산업 R&D와 관련된 국내외의 기관들과 협력관계를 맺고 있으며, 이탈리아 및 EU의 여러 기관과 네트워크를 구축하여 섬유·의류 산업 분야의 발전을 위한 프로젝트를 구상하는 데 상호협력하고 있다. 이와 더불어 CITER는 의류·패션 업체들과 지역의 경제주체들 간의 네트워크를 구축하기 위해 정기적으로 세미나를 조직하고 있으며, 정보보급을 위해 섬유·의류 산업 관련 정기간행물을 출간하고 있다(DelNet and ASTER, 2002).

그러나 CITER의 활동이 지역의 모든 관련 기업들로부터 긍정적인 평가를 받고 있지는 못한 것으로 평가받고 있다. 지역 중소기업들은 특히 다음의 두 가지 측면에서 CITER의 활동을 비판하고 있다(Cooke and Morgan, 1998). 첫째, CITER 또한 본질적으로 공공기관의 성격을 가지고 있기 때문에 정치적인 영향을 많이 받는 경향이 있다. 이로 인해 정권이 바뀔 때마다 운영자금, 활동내용, 활동

범위 등이 조정되면서 중장기적 비전을 가지고 사업을 추진해 나가는 데 어려움이 있다. 이러한 문제점은 CITER뿐 아니라 ERVET을 구성하고 있는 모든 서비스센터들이 직면한 공동의 문제점이다.

둘째, CITER는 지역 기업들 간 노하우의 공유에 별다른 관심이 없는 선도적 대기업들을 지원하는 데 많은 노력을 투입하고 있다는 것이다. 이로 인해 서비스센터의 지원을 실질적으로 필요로 하는 영세기업들이 소외되는 문제점이 야기된다. 이러한 문제점들은 ERVET을 구성하고 있는 리얼 서비스센터들이 풀어야 할 중요한 숙제라고 할 수 있다.

5. ERVET의 도전과 전망

1990년대 중반부터 에밀리아로마냐 지방정부는 ERVET을 보다 시장지향적인 조직으로 개편하기 위한 일련의 정책을 도입하였다. 이에 따라 ERVET SpA 이사회 조직의 규모가 축소되었고, 상근 직원의 수도 3분의 1가량 줄었다(Bellini and Pasquini, 1998). 그리고 공공부문의 자금지원이 대폭 축소됨으로 인해 CITER와 같은 특정 산업에 서비스를 제공하는 센터나 ASTER와 같은 지역산업 전반에 걸쳐 서비스를 제공하는 센터들에 대한 ERVET SpA의 조정기능이 약화되었다(Cooke and Morgan, 1998). 또한 서비스센터의 지리적 영향권을 에밀리아로마냐 전체를 포괄하도록 함에 따라 각 서비스센터의 지역 사무소들이 폐쇄되거나 합리화되었다. 그리고 재정자립화의 압력이 커지면서 ERVET SpA와 서비스센터들은 EU를 비롯한 다양한 기관으로부터 프로젝트를 수주하고 지역 기업들에게 필요한 서비스 판매를 통해 재원을 마련해 나가야 하는 상황에 처하게 되었다. ERVET을 시장지향적 조직으로, 프로젝트기반 조직으로 재편함으로써 통합적 정책기조하에서 개별 사업들을 시행하기 어렵게 될 뿐만 아니라 중장기적 차원에서 전략적인 정책 결정을 하기도 어렵게 되었다. 이러한 결과는 지역발전을 위한 전략구상 능력이나 정책적 대응능력의 약화를 초래하게 될 가능성이 있다(Amin, 1999). 이러한 경향은 또한 ERVET의 지역 싱크탱크로서의 역할뿐만 아니라 지역의 제도들을 매개하는 매개자로서의 역할을 상실하게 만들고 있다(Bellini and Pasquini, 1998).

세계시장에서의 경쟁이 점점 치열해지고 있는 상황에서 지역의 기업들은 새로운 수요에 적응하고 지속적으로 혁신하기 위해 더욱더 유연해질 필요가 있다. 이러한 경제·사회 현상과 더불어 기업들은 공적 지원에 대한 요구 내용을 응용연구와 기술이전으로 변화시키고 있다. 이러한 측면에서 지역 혁신체계의 지원기관으로서, 다양한 제도적 주체들의 이해와 역할을 조정하는 조정자로서, 정부 정책의 공급과 기업의 수요를 조절하고 매개하는 매개자로서, 정치권력으로부터 상대적 자율성을 가지고 정치경제적 여건 변화에 대한 유연적 대처조직으로서 지역개발기구의 역할은 그 어느 때 보다 중요하다.

현재의 경제상황에서 ERVET은 기업의 여러 가지 요구조건을 만족시키고 이를 통해 기업들이 세계시장에서 경쟁력을 갖출 수 있는 역량을 길러 주는 방향으로 전략을 구축하여야 한다. 이상의 분석 결과를 토대로 ERVET이 나아가야 할 방향은 다음과 같이 제시하고자 한다.

첫째, ERVET SpA는 지역의 상공회의소, 기업협의회 등 다양한 민·관 기구들과 보다 긴밀한 협의 과정 속에서 산업정책이나 지역개발정책을 실행하는 거버넌스 체제를 확립할 필요가 있다.

둘째, 기업을 개별 단위가 아닌 하나의 시스템으로 보아야 한다. 이를 통해 ERVET SpA는 하위에 있는 서비스센터들의 업무를 조율해 나가면서 산업정책이나 지역개발정책을 효율적으로 실행해 나갈 수 있다.

셋째, ERVET의 기업 서비스는 다양한 형태의 기업 서비스를 제공하는 지역 네트워크와 통합해 가는 것이 타당해 보인다. 이는 ERVET이 제공하는 기업 서비스의 효용성뿐 아니라 상공회의소나 대학과 같은 공공 주체와 개별 기업들, 산업협회, 그리고 협동조합과 같은 민간 주체들이 제공하는 다양한 활동의 효율성을 높이는 데 유용하기 때문이다.

넷째, 경제 시스템뿐 아니라 지역 전체의 시스템이 효율적으로 운영될 수 있도록 하는 통합적 계획을 수립해야 한다.

다섯째, 지역 기업들이 EU의 각종 기술혁신 및 지역개발 프로젝트에 참여할 수 있도록 조력함으로써, 그리고 지역에 투자하기 좋은 여건을 만들기 위한 여러 가지 정책들을 개발함으로써 지역으로 자원을 유치하는 노력을 강화할 필요가 있다.

이러한 방향에서 ERVET SpA와 서비스센터들은 새로운 역할을 모색함으로써 지역개발기구로서의 자리매김을 더욱 확고히 할 수 있을 것이다. 격화되고 있는 세계경쟁 속에서 소규모 기업들의 생산력을 세계적 기준에 적응시키기 위해서는 그들의 요구를 지속적으로 조사해 갈 필요가 있을 뿐 아니라, 기업가들에게 지속적인 혁신의 필요를 인식시킬 필요가 있다. 소규모 기업들은 그 내부적 역량의 한계로 인해 장기적인 전략이나 서비스를 계획할 수 있는 상황에 있지 못한 실정이다. 그들은 단지 임시방편적으로 문제를 해결하려고 하는 경향을 가지고 있는 것이다(DelNet and ASTER, 2002). 그래서 누가 기업이 처한 외부환경을 이해시키고 그들의 요구조건을 조사하고 만족시키면서 지역의 기업 시스템을 아우르는 적절하고 혁신적인 전략을 마련하는 데 책임을 맡을 것인가 하는 문제는 중요하다. 여기에 대해 ERVET SpA와 서비스센터들은 민간 기업이나 기구들이 스스로 해낼 수 없는 여러 가지 정책적 임무나 책임을 담당하고 이를 효율적으로 운영할 수 있는 기구이며, 지역의 산업 시스템이 성공적이고 효율적으로 발전해 나가는 데 필요한 기관으로의 역할을 계속해 나갈 수 있을 것이다.

6. 우리나라 지역혁신정책에서의 함의

최근 들어 우리나라에서도 지역산업정책에 있어 지역혁신체계 구축이나 산업클러스터 구축이라는 주제가 많은 정책적 관심과 학문적 관심을 불러일으키고 있다. 지역혁신정책이라는 측면에서 지역혁신체계가 효율적으로 기능하기 위해서는 상호연관된 부문 간 네트워킹을 촉진하는 환경의 조성과 가치사슬에서 연계된 산업 부문 간의 조정 메커니즘을 확립하는 것이 매우 중요한 과제라고 할 수 있다. 현재 우리나라에서 이러한 역할은 산업자원부, 중소기업청, 과학기술부 등 중앙정부기관과 지방자치단체의 산하기관이 담당하고자 하는 의지를 보이고 있다. 그러나 이러한 정부 하위조직은 지역의 개별 주체들과 선형적인 연계관계를 초월하여 지역혁신체계와 산업클러스터를 구성하는 주체들 간의 상호작용적인 관계성과 학습 네트워크로 묶어 주는 네트워크 허브로 기능하지 못하는 문제점을 내재하고 있다. 이와 더불어 이러한 거버넌스하에서는 정책의 투명성, 일관성, 효율성, 그리고 계획의 지속성 측면에서 효과적으로 산업클러스터의 혁신체계를 구축하는 데 한계가 있다. 그러므로 지역의 경제주체들을 네트워크로 한데 묶어 줄 수 있는 준공공적 성격의 매개자가 필요하다. 그러한 매개자 기능을 가장 적절하게 해낼 수 있는 기구가 바로 지역개발기구이다.

지금까지 세계적으로 성공적이라 평가받고 있는 이탈리아 에밀리아로마냐의 지역개발기구인 ERVET SpA와 리얼 서비스센터 조직의 특성에 대해 고찰하였다. 준공공조직으로서 ERVET SpA와 리얼 서비스센터들은 지역경제발전을 위한 정책을 입안하고 시행할 뿐 아니라, 해당 지역의 기업들이 필요로 하는 리얼 서비스를 직접 제공하는 수요자 중심적 활동을 하고 있다. 그리고 ERVET은 대학, 연구기관과 기업들을 네트워크 관계로 묶어 냄으로써 이들 간에 필요로 하는 지식과 정보가 원활히 이전될 수 있도록 하는 소프트웨어 중심의 지역혁신체계를 구축해 왔다. 이뿐만 아니라 해외 여러 나라의 기관들과 네트워크 관계를 구축하고, 이들을 통해 지역 기업들에 필요한 선진지식을 학습하고 이를 지역에 전파하는 세계로 열린 네트워크 매개자 기능도 담당하고 있다. 이러한 활동들을 통해 ERVET은 지난 30여 년 가까이 에밀리아로마냐 지역혁신체계의 중추적 매개조직이자 기업지원 서비스 조직으로 발전해 왔다.

우리나라의 경우 성공적인 지역혁신체계 구축에 몇 가지 심각한 구조적 취약점이 있다. 첫째, 지역산업정책 및 지역혁신정책의 수단은 여전히 하드웨어 중심이며, 지역의 고유한 성격을 반영하지 못하고 있고, 공급 중심적인 성격을 가지고 있다. 둘째, 지역혁신체계를 구성하는 주요 주체인 산·학·연·관 제도들이 유기적인 협력관계 속에서 시너지를 창출하기보다는 원자화된 개별 행위자로 파편화되어 있다는 점에서 혁신체계의 잠재성이 매우 낮다. 셋째, 정책의 기획→수립→실행→평가 단계가 수직적이거나 투명하지 못한 의사결정 구조를 가짐으로써 정책결정 자체가 태생적으로 문제점을 가지고 있다는 점이다. 중앙정부의 권력에 타율적일 뿐만 아니라 위계적 관료주의적 성향이 여전히 지배적인 현재의 지방정부 운영 시스템으로는 지역혁신정책을 효과적으로 수행하기 어렵다고 판단된다.

이러한 문제점을 해결하는 방안으로 우리나라의 각 광역자치단체별로 ERVET을 비롯한 선진 지역개발기구의 운영 사례를 벤치마킹하여 우리의 실정에 맞는 지역개발기구를 설립하는 것이 필요하다고 본다. 지역별 지역개발기구는 매개기관으로서 지역혁신체계를 구성하는 다양한 주체들을 조정·통합할 뿐만 아니라, 통합적이고 중장기적인 차원에서 지역혁신 능력을 제고할 수 있는 정책을 수립·평가·실행하는 것을 주요한 운영목표로 삼을 필요가 있다. 이와 함께 지역의 산·학·연 네트워크가 효과적으로 구축되어 있지 않기 때문에 지역 기업들의 수요를 적절히 충족시켜 줄 뿐만 아니라 경쟁력 제고를 도모하는 리얼 서비스센터들을 통합 지역개발기구의 하위조직으로 설정하고 운영하는 방안도 동시에 검토할 필요성이 있다.

· 참고문헌 ·

이철우·이종호, 2002, "EU의 지역정책 변화와 지역 혁신정책의 함의", 국토연구, 34, 15−28.

Amin, A., 1999, The Emilian Model: Institutional challenges, *European Planning Studies,* 7(4), 389-405.

ASTER, 2001, 내부자료.

Bellini, N. and Pasquini, F., 1998, "The case of ERVET in Emilia-Romagna: towards a second generation regional development agency", in Halkier, H., Danson, M. and Damborg, C.(eds.), *Regional Development Agencies in Europe*, 253-270, Jessica Kingsley, London.

Brusco, S., 1982, Small firms and the provision of real services, in Pyke, F. and Sengenberger, W.(eds.), *Industrial Districts and Local Economic Regeneration*, Geneva, ILO.

Brusco, S., 1992, The emilian Model: productive decentralization and social integration, *Cambridge Journal of Economics,* 6, 167-184.

Cooke, P. and Morgan, K., 1998, *The Associational Economy: Firms, Regions, and Innovation*, Oxford University

Press, Oxford.

DelNet and ASTER, 2002, Emilia-Romagna Region and the ERVET System(Italy) Integrated Regional Development, Working paper, 12, ILO.

ERVET SpA, 2001, 내부자료.

EURADA, 1999, *Creation, Development and Management of RDAs: Does it have to be so difficult?*, EURADA, Brussels.

Gertler, M., 2001, Best Practices? Geography, learning and the institutional limits to strong convergence, *Journal of Economic Geography*, 1(1), 5-26.

Ginger, J. and Maria, M., 1997, Technological and service centers policy: the Valencian Emilian experience, Paper presented at the International Conference Technology Policy and Less Developed Research and Development Systems in Europe, Seville.

Harrison, B., 1994, *Lean and Mean: the Changing Landscape of Corporate B Power in the age of Flexibility*, Basic Books, New York.

Farrell, H. and Lauridsen, A., 2001, Collective Goods in the Local Economy: The Packaging Machinery Cluster in Bologna, mimeo, Max-Planck-Projektgruppe, Bonn.

Pyke, F., 1994, Small firms, technical services and inter-firm cooperation, ILO, Geneva.

Webb, D. and Collis, C., 2000, Regional development agencies and the new Regionalism in England, *Regional Studies*, 34(9), 857-863.

Williams, R., 2002, Bologna and Emilia Romagna-A Model of Economic Democracy, Paper presented to the annual meeting of the Canadian Economics Association, University of Calgary.

http://www.regione.emilia-romagna.it

http://www.aster.it

http://istat.it/it/archivio/annuario+Ista-Ice/

제17장

지역혁신체계와 클러스터 정책에서 지방정부의 역할과 과제

1. 머리말

현대사회는 세계화와 지식기반경제로의 이행이라는 두 가지 특징적 모습을 보이고 있다. 경제의 세계화는 기술혁신 및 고도정보화를 수반하면서 기업 간·지역 간·국가 간 경쟁을 가속화시키고 있다. 특히 세계화 과정에서 중앙정부의 역할은 축소된 반면, 지역은 그 역할이 새롭게 부각됨과 동시에 경제활동의 핵심 단위가 되고 있다(이철우, 2003). 또한 특정 지역 내에서 이전되는 암묵적인 지식의 중요성이 강조되고 다국적기업들의 지역지향성이 가시화되면서 이제 지역은 직접 세계경제의 경쟁질서에 맞서야 하는 시대를 맞이하였다(Hotz-Hart, 2000; Lee, 2003). 따라서 개별 지역들은 이러한 경제의 세계화에 따른 기회와 위험에 적극적으로 대처하지 않을 수 없게 되었다. 이러한 상황에서 지역경제의 역할과 발전 메커니즘은 1980년대 이후 정책입안자와 학자들의 핵심적 주제의 하나였다(Saxenian, 1994; 이철우 외, 2000; 이철우·이종호, 2000). 그뿐만 아니라 산업환경도 유연적 생산체제 및 지식기반경제로 변화하였다. 그 결과 지역의 역할과 의미도 변화하게 되었다.

먼저 유연적 생산체제의 성공적 정착을 위해서는 기업뿐만 아니라 지방정부를 포함한 지역 내의 공식·비공식 조직과 제도들 간의 긴밀한 협조적 관계와 문화적 동질성 역시 요구된다. 그리고 지식기반경제에서 지역경쟁력은 얼마나 신속하고 안정적으로 혁신을 창출하느냐에 달려 있다. 이를 위해서는 지속적으로 연구·개발할 수 있는 학습경제가 중요해진다. 최근의 혁신이론에서는 경제주체를 조정하고 학습시킬 수 있는 관습과 비공식적 규칙, 다시 말해 '시장에서는 거래될 수 없는 상호의존성' 요소들의 중요성이 강조되고 있다(이철우, 2003). 또한 기업과 그 기업이 입지한 지역이 오랫동안 자신의 경쟁력을 유지하기 위해, 학습과정을 통해 그들의 지식기반을 끊임없이 개선해야 하며, 이를 통해 혁신역량을 제고하여야 한다(Arndt and Sternberg, 2000). 지역의 경쟁력 유지와 경제발전에 혁신이 중요한 역할을 한다는 인식은 오래전부터 있어 왔다(박경 외, 2000). 그러나 혁신과정의 성격에 대한 견해는 지난 수년간 상당히 변화하였다. 즉 기존의 기술혁신을 단순히 R&D 활동의 결과로 보는 단선적 혁신 모델과 달리, 이제 혁신은 새로운 기술(상품)개발의 다양한 단계 간에 피드백이 발생하고 기업 내의 여러 부서 간 연계뿐 아니라 기업 외부의 다양한 경제주체와의 연계를 통해 발생한 비단선적이고 복잡한 과정으로 인식되고 있다(Kaufmann and Todlting, 2000). 따라서 혁신은 기업들이 활동하고 있는 혁신환경에 의해 좌우될 뿐 아니라, 이들이 다양한 제도와 가지는 연계 혹은 네트워크에 많은 영향을 받는다는 것이다. 특히 소기업에 있어 중요한 것은 그들이 외부 정보원으로부터 지식과 정보를 얼마나 끌어낼 수 있는가 하는 것과, 그 지식과 정보를 얼마나 잘 응용할 수 있는가 하는 것이다(Schuetze. 1998).

룬드발(Lundvall, 1992)은 국가혁신체계의 틀 속에서 기술변화의 특성과 공간적 상호작용 간의 관계에 대해 연구한 결과, 암묵적 지식의 이전과 이를 통한 혁신에서 지리적 집중, 즉 지역적 특성의 중요성을 강조하였다.

> "기술혁신의 과정이 급진적이면 급진적일수록 지식의 중요성은 점점 증가하고, 상호작용을 통해 교환되는 지식이 암묵적이면 암묵적일수록 생산자와 사용자 간의 공간적 근접성은 점점 더 중요해진다. 상호교환되는 지식의 암묵성의 정도와 공간적 근접성의 중요성 간에는 정의관계가 있다."

한편 파텔과 파빗(Patel and Pavitt, 1994)은 성공적인 혁신창출을 위해 지역에 주목하는 또 한 가지 이유는 혁신이 수반하는 불확실성과 위험성 때문이라고 하였다. 불확실성이나 위험의 정도는 혁신의 형태나 지식기반의 정도에 따라 달리 나타나지만, 이러한 장벽(불확실성이나 위험성)들을 제거하고자 하는 노력으로 혁신행위자들은 지식이나 정보 네트워크의 통합을 추진해 왔다. 이러한 네트워크 구축을 통한 성공적인 혁신의 창출에 있어 공간적·문화적 근접성이 불확실성을 줄여 주는 데 결정적인 역할을 할 뿐만 아니라 중요한 투입요소에 대한 접근성을 개선시켜 준다. 그리고 비공식적 관계 네트워크의 경우에서는 관계 주체들의 기회주의적인 행동이 많아질 가능성이 높다. 지식이전에서는 비공식적 관계가 도움이 되지만 이러한 기회주의적인 행동은 막아야 한다. 이는 지역적 연계를 통해 보다 쉽게 실행할 수 있다. 왜냐하면 공간적으로 근접한 외부 파트너의 행위를 감독할 가능성이 더 크기 때문이다. 이와 같이 지역의 지리적·문화적·제도적 근접성은 혁신에 유리한 환경을 제공하는 사회적 기반이 된다고 할 수 있다.

한편 최근 우리 사회의 환경적 변화를 표현하는 세계화와 지방화의 두 흐름은 국가발전을 위해 지방분권과 지역혁신이 무엇보다 중요함을 일깨워 준다(윤대식·박종화, 2003). 이러한 일련의 경제·사회적 변화들은 지역경제 현상을 연구하고 실천하는 여러 학자들과 정책실무자들에게 새로운 발전 패러다임의 모색을 촉구하는 계기를 마련해 주고 있다.

우리나라에서도 참여정부의 출범과 함께 지역경제 및 지역산업 진흥에 대한 관심이 급증하고 있다. 이와 함께 산업자원부는 현실성 있는 지역산업 진흥정책의 미비로 지역경제의 구조적 침체가 초래되고 있다고 보고, 지역산업의 자생력을 확보하기 위해 지역혁신체계의 구축을 통한 지역의 산업클러스터를 활성화하고자 산업클러스터 활성화 추진 정책과 산업집적화기본계획, 지역산업진흥계획을 발표하였다(산업자원부, 2002). 또한 참여정부는 전국의 각 지역이 각각의 특성과 비교우위를 바탕으로 특성화 발전전략을 수립해 나가기 위한 주요 추진과제로서 지역의 경제주체를 네트워크 관계구조로 묶는 지역혁신체계의 구축, 지역 전략산업의 육성, 그리고 지방분권 특별법과 같은 법 제정과 제도개선을 추진하고 있다. 여기서 특성화 발전전략이란, 지역별 산업특화를 통해 고유의 경쟁력을 함양함으로써 지역의 역량을 극대화해 나가는 발전전략을 의미한다. 특히 국가균형발전위원회의 지역혁신팀은 지역혁신체계를 구축하기 위한 구체적인 방안을 제시하고 지역별 혁신체계 구축에 힘을 쏟고 있다(국가균형발전위원회, 2003a).

이에 본 장에서는 지역경제발전을 위한 지역혁신체계 구축과 클러스터 정책을 추진함에 있어 지방정부의 역할과 과제를 제시하고자 한다.

2. 지역혁신체계론에 대한 비판적 논의

1) 지역혁신체계론의 개념 및 구성요소

1990년대 중반 이후 유럽의 학계 및 정책당국자들을 중심으로 지역혁신체계 논의가 등장하게 된 배경은 세계화 시대에 지역 간 경쟁이 심화되면서 지역이 경쟁력을 확보하기 위해서는 그 지역이 혁신을 낳기 위한 좋은 환경, 즉 좋은 지역혁신체계를 갖추는 것이 중요하다는 점이 강조되었기 때문이다(이철우 외, 2000).

이러한 혁신체계에 대한 연구는 국가혁신체계 연구에서 출발하였다고 볼 수 있다(Howells, 1999). 그러나 혁신체계에 대한 연구의 유효성은 국가의 영역에서만 인정되는 것은 아니다. 국가의 하위 공간단위인 지역혁신체계의 개념으로 활용될 수 있다. 왜냐하면 혁신은 상호작용이고 누적되는 성격을 지니고 있어서 혁신체계가 형성되기 위해서는 어느 정도의 사회문화적·공간적 근접성을 요구하기 때문이다.

행정적·정치적·법적·제도적·재정적 측면에서 국가 전체적 통일성이 아무리 높더라도 여전히 지식과 정보에서, 그리고 제도적 지원이나 혁신성과에서 지역별로 근본적인 차이가 있다. 이는 지역혁신체계가 실제 존재할 뿐 아니라 지역혁신체계 각각의 특성이 다르다는 것을 설명해 주는 것이다. 캐나다의 국가연구위원회(National Research Council)는 국가 내의 지역들은 점점 혁신이 발생할 수 있는 중요한 환경으로 인식되고 있으며, 따라서 정부의 혁신정책의 대상이 되고 있음을 지적하였다(김명엽, 2000). 브라치크 외(Braczyk et al., 1998)에 의하면, 1980년대 후반에서부터 1990년대 초에 걸쳐 지역(region)과 혁신(innovation)의 두 용어가 들어가는 여러 정책에 대한 연구들이 늘어나고 있으며, 이러한 여러 개념들을 지역혁신체계라는 용어로 사용하기 시작한 시기는 1992년 이후이다. 그들은, 국가혁신체계와 거의 동시에 지역경제학자들은 지방의 테크노폴리스 등을 연구하면서 기존에 분리해서 연구하던 각 요소들을 결합시켜 연구하기 시작하였다고 주장한다. 예를 들어, 기업 간 네트워킹, 지역 지원기관들의 지원체제, 대학이나 연구기관의 지식창출과 이전, 지역 내 혁신 주체들 간 상호작용적 관계구조 등이 특정 지역 차원에서 상호연결되어 지역혁신체계라는 집(systems house)의 핵심 기둥이 되었다고 보고 있다.

지역혁신체계론의 핵심은 말 그대로 '지역(region)'과 '혁신(innovation)', '체계(system)'이다(그림 17-1). 다시 말해서 지역경쟁력 확보의 가장 중요한 요소인 혁신은 체계적 성격을 띠고 있는데, 이러한 혁신의 체계를 지역에서 어떻게 뿌리내리게 할 것인지를 고민하는 논의가 바로 지역혁신체계

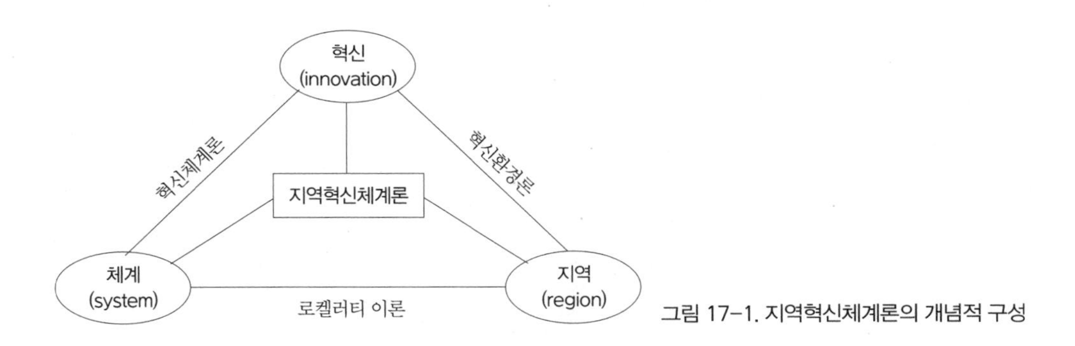

그림 17-1. 지역혁신체계론의 개념적 구성

론인 것이다. 그리고 아민과 스리프트(Amin and Thrift, 1994)는 지역 차원에서의 효율적인 제도적 장치나 제도적 밀집 및 심화의 차별성은 지역산업의 성과에 중요한 영향을 끼칠 수 있음을 주장하고 있다. 여기서 그러한 제도적 장치의 효율성은 단지 제도의 다양성이나 그 수에 관한 것이 아니라, 그 제도적 장치들 간의 조화의 정도나 효율성에 달려 있다고 주장되고 있다. 이러한 주장으로 볼 때, 과거 지역개발학자들 사이에는 이미 존재하던 지역기술혁신을 위한 정책들이 국가혁신체계라는 개념의 태동을 계기로 영향을 받아 다듬어져 지역 혁신체계로 재정립된 개념이 아닌가 생각된다(김정홍, 2001). 이는 쿡(Cooke)의 주장처럼 지역혁신체계라는 개념이 본격적으로 사용되기 시작한 시점이 1992년으로, 룬드발(Lundvall, 1992)에 의해 국가혁신체계가 대중화되기 시작한 시점과 일치하는 데다 그 내용도 거의 비슷하기 때문이다.

현재 지역발전에서 지역혁신체계론적 접근을 추구하고 있는 참여정부의 국가균형발전위원회는 지역혁신체계를 '지방정부, 지방대학, 기업, NGO, 지방언론 및 연구소 등 지역 내 혁신 주체들이 지역의 연구개발 및 생산과정이나 행정제도 개혁, 문화활동 등 다양한 분야에서 역동적으로 상호협력하고 공동학습을 통해 혁신을 창출하고 지역발전을 도모하는 유기적 체제'(국가균형발전위원회, 2003b)로 정의하고 있다.

지역혁신체계는 지역 차원에서 혁신과정에 영향을 미치는 복잡한 제도와 정책의 복합체를 가리키면서 지역 단위에서 이루어지는 혁신 주체의 상호작용과 학습, 제도적 능력 구축에 주된 관심을 두고 있다(이철우·이종호, 2002). 말하자면 지역혁신체계란 지역경제의 혁신능력을 증가시키기 위해 적절한 환경적 조건들, 특히 제도적 조건들을 창출하고 기업, 연구기관, 대학, 혁신 지원기관, 중앙

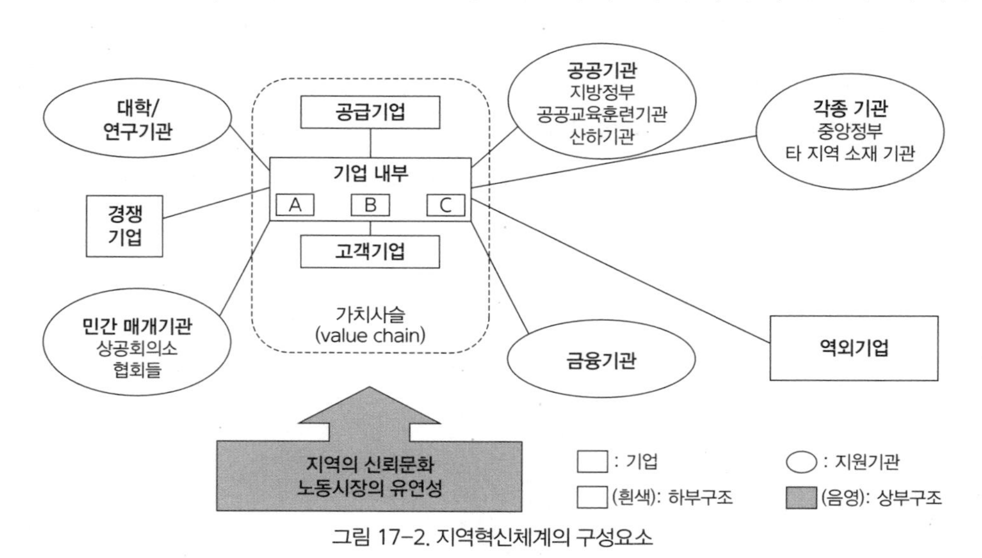

그림 17-2. 지역혁신체계의 구성요소

관련 부처, 은행 그리고 지방정부가 지역의 내재화된 제도적 환경을 통해 상호작용적인 학습에 참여하는 체제를 일컫는다.

이러한 지역혁신체계를 구성하는 구성요소는 크게 상부구조(superstructure)와 하부구조(infra-structure)로 구분된다(이철우, 2003). 여기서 하부구조란 기업의 혁신을 위한 구체적인 지원체제를 의미하는 것으로서 도로, 항만, 통신망과 같은 물리적 하부구조와 함께 관련 기업, 대학이나 연구소, 금융기관, 지방정부, 민간 매개기관 등과 같은 사회적 하부구조가 포함된다. 그러나 지역 내에 이러한 요소들이 갖추어져 있다고 해서 지역혁신체계가 발전하는 것은 아니다. 이러한 요소들이 갖추어져 있다는 것은 다만 지역 내 혁신의 실질적인 주체인 기업이 이들을 이용할 가능성이 제공되었을 뿐이지, 실제 이들이 지역 기업의 혁신활동에 이용되는 것과는 거리가 있기 때문이다(Oerlemans et al., 2001; Lee, 2003). 이때 중요한 것은 이들 사회적 하부구조가 지역에 뿌리내려야 한다는 것이다. 이들이 지역에 뿌리내리기 위해서는 지역에 사회문화적 환경이 있어야 한다. 상부구조란 이러한 사회문화적인 조직과 제도적 관행, 분위기, 규범 등을 의미한다. 이러한 상부구조의 요소들은 구성원들의 기회주의적인 행동을 배척하고 신뢰와 협력의 문화를 지속시킬 수 있는 통제와 조정력을 잘 발휘하게 함으로써 기업과 그 지원기관 간에 네트워크 형성을 강화하는 기능을 한다.

2) 발전된 지역혁신체계의 특성

혁신을 위한 체계가 잘 구축되어 있는 지역에서는 공식·비공식 네트워크를 통해 고객기업과 공급기업 혹은 경쟁기업 간에 긴밀한 접촉이 발생한다. 다시 말해, 지역 내 기업 간 학습관계가 강하다는 것이다. 그리고 대학이나 연구기관, 기술이전 기관과 같은 지식 하부구조와 기업협의회나 상공회의소와 같은 민간 매개기관, 적극적인 지방정부, 공공 경제개발기구나 훈련기관, 정부 산하 지원기관 등이 존재하고, 이들과 기업 간에 역시 긴밀한 상호작용이 발생한다. 또한 이러한 관계구조를 강화하는 신뢰문화 및 기회주의를 통제하는 문화가 갖추어져 있다(이철우 외, 2000). 즉 혁신체계가 잘 구축되어 있는 지역에서는 지역 내 혁신 주체들(사회적 하부구조) 간에 신뢰에 기반한 뿌리내림이 잘 구축되어 있다. 이러한 지역들은 매우 협력적이며, 그리고 이 지역들에는 기업의 경쟁력과 혁신에 중요한 영향을 미치는 것(정보, 지식, 기술과 그 외 기타)들이 규칙적이면서도 시스템적으로 상호교환되고 있음을 볼 수 있다. 이러한 지역을 학습 시스템으로 간주한다(Cooke et al., 1997).

그러나 지역의 혁신체계가 앞으로 더 발전된 방향으로 나아가기 위해서는 우물 안 개구리처럼 좁은 자기 영역 내에서 지식과 정보, 기술 교류 그리고 혁신 주체들 간의 상호작용 관계에 얽매여서는

표 17-1. 발전된 지역혁신체계의 특성

• 공공지출에 있어 지역정부의 자유재량 보유 • 지역정부가 세금을 부과할 수 있는 자유재량 보유 • 전략적으로 중요한 인프라에 대한 영향력과 통제력 보유 • 지역에 뿌리를 내리고 있는 대학 • 지역에 잘 통합된 R&D기관 • 지역에 뿌리를 둔 민간 금융 • 지역정부가 디자인하고 실행하는 산업·기술 정책 존재 • 지역 자체적인 교육·훈련 프로그램 존재	• 지역 자체적인 과학·기술 프로그램이 존재 • 지역적인 혁신전략의 존재 • 경제주체 상호 간에 신뢰에 기반한 협력의 분위기 • 변화 지향적이면서 학습을 지향하는 분위기 • 지방정부와 민간 경제주체 간의 활발한 상호교류 • 진취적인 기업가정신 • 더 넓은 공간적 차원에 개방된 시스템

출처: Cooke et al., 1997.

개방화와 치열한 경쟁을 강요하는 세계화 경제 속에서 살아남기 힘들다. 다시 말해서, 지역 외부와의 교류관계 또한 매우 중요하다. 지역혁신체계는 다른 지역에서 발생한 혁신을 수용하고, 적용하고, 이행하기 위한 능력을 발전시키는 학습역량을 길러야 한다. 그리고 새로운 혁신을 받아들이고 이를 이용하여 새로이 혁신할 수 있는 능력을 기르는 방향으로 한 걸음 더 나아가야 할 것이다. 스토퍼(Stoper)는 유연적 전문화의 특성을 보이면서 발전하는 지역들의 특성을 설명하면서, 이들 지역이 발전하는 데 작용하는 지역 내 힘(power)을 설명하는 것에 역점을 두었으나, 이러한 지역에서 나타날 수 있는 제도적·관습적 경화에 따른 위험성은 논의하지 않았다. 그리고 색스니언(Saxenian) 역시 실리콘밸리나 루트128(Route128) 지역의 산업문화를 설명하는 데 그쳤다. 다시 말해서, 이들은 지역의 발전을 설명하는 데 지역 외부(국가적-세계적 단위)에서 작용하는 힘들에 대해서는 거의 언급을 하지 않았다(MacLeod, 2000).

지역의 혁신체계가 발전하기 위해서는 지역 내부의 혁신 주체 간 긴밀한 상호작용적 교류관계를 구축하는 것뿐 아니라, 외부의 더 넓은 공간적 차원(국가적-세계적)과 상호교류하는 개방적 체계를 구축하는 것도 매우 중요하다. 반면에 구조적으로 취약한 지역혁신체계를 가진 지역은 제도적 틀과 정책전달 시스템의 낙후, 공공부문의 비효율성, 공적 자금 부족, 지역혁신 과정에 대한 정책결정자들의 이해 부족, 공공부문과 민간부문 간의 협력 부족, 대학과 기업의 협력 부족, 지역개발 사업의 중복과 조정력 부족, 지역혁신정책에 민간의 참여 부족, 적절한 혁신의 파트너 부족 등의 특징을 갖고 있다(국토연구원, 2000). 하지만 지역혁신체계는 진화하는 성질을 가지고 있고, 시간의 경과에 따른 지역의 발전 경로 및 타 지역과 비교해 지역의 혁신역량을 설명해 주기 때문에 지역이 어떤 방향으로 발전해 나가야 할지를 지역정책 결정자들에게 권고해 줄 수 있다(Cooke et al., 1997).

그렇다면 최근 들어 왜 이렇게 지역혁신이 지역정책 입안자와 지역경제학자, 경제지리학자들의 주목을 끌고 있는 것일까? 영국의 사회학자 앤서니 기든스(Anthony Giddens)는 가속되고 있는 세계화 과정 가운데 국가는 이제 생활의 큰 문제에 대해서는 너무 왜소해진 반면, 생활의 작은 문제들에 대해서는 너무 큰 것이 되어 버렸다고 지적하고 있다. 여기서 생활의 문제란 한 나라 혹은 지역의 경제적 과제들을 일컫는 것이다. 현재 세계화의 파고 속에서 개별 국가는 이러한 경제 문제에 대해 실효성 있는 대응능력을 상실하고 있으며, 반면에 소규모의 지역공동체들이 훨씬 더 기민하게 대응할 수 있고 또 근접적이고 미시적인 조절을 할 수 있게 되었다(국가균형발전위원회, 2003a). 이러한 의미에서 지역혁신체계론이 지역발전이라는 주제에 대해서 던져 주는 정책적 함의는 매우 크다고 할 수 있다.

지역혁신체계론에서는 각 지역이 가진 여건을 배경으로 각기 독자적인 발전의 경로가 있다고 보고 반드시 제3이탈리아나 실리콘밸리와 같은 모델을 그 지향점으로 보지 않는다. 각 지역이 가진 혁신체계의 특성과 지식·정보 유통의 경로를 파악하고, 이를 통해 선진지역이든 후진지역이든 각 지역의 혁신체계가 가진 혁신의 장애와 문제점을 파악하고 개선점을 모색하고자 하는 것이다. 또 각 지역이 가진 혁신의 장애와 문제점은 지역 내의 혁신 주체들이 상호집합적으로 노력함으로써, 특히 지방정부가 적극적으로 혁신 주체들 간의 네트워크를 구축함으로써 개선될 수 있다고 본다(이철우 외, 2000). 여기서 지역혁신체계론은 지방정부의 역할을 중요시하며 주목하고 있다는 것이 특징이다.

3. 지역혁신체계와 클러스터 정책에서 지방정부의 역할과 과제

1) 지역혁신체계 구축에서 지방정부의 역할

최근 학·관계를 막론하고 지방분권과 지역혁신이 논의의 화두가 되고 있다. 지방분권이 역사적으로 거스를 수 없는 시대적 흐름이라는 사실은 모두가 인정하고 있다. 일반적으로 지방분권은 지방의 요구에 의해 단순히 중앙정부의 권한을 지방정부로 이양하는 것으로 이해되고 있지만, 최근 일어나고 있는 지방분권운동은 행정권한의 이양뿐 아니라 인적 및 물적 자원의 지방분산을 동시에 이루고자 하는 것이 그 목적이다(윤대식·박종화, 2003). 그러나 지역혁신은 지방분권처럼 중앙에 요구하여 얻어 낼 수 있는 것이 아니다. 지역혁신은 지역 내부에서 민주적이고 분권적인 의사결정 시스템이 작동하여야 발전된다. 지역혁신은 지역에 기반을 둔 지방정부, 대학, 기업, 연구소, 민간 매개기관 등이 그들의 역량을 최대한 발휘할 수 있는 시스템을 만들어야 가능하다. 이러한 시스템을 구성하는 데 지방정부의 역할론은 지역에 따라 차별적으로 나타난다. 독일의 바덴뷔르템베르크 지역은 기존의 기계·전자·자동차 산업을 고부가가치화하고 수출 전략산업으로서 환경산업을 전략적으로 육성하고 이들을 중심으로 지역혁신체계를 구성하는 데 지방정부가 중요한 역할을 하였다고 평가되고 있다. 그러나 미국의 첨단산업 집적지구인 실리콘밸리의 지역혁신체계 성장에서 지방정부의 역할은 상대적으로 미약하였던 것으로 평가받고 있다. 이처럼 지방정부의 역할과 그 성공은 지역의 경제·사회·문화·산업적 특성에 따라 달리 나타날 수 있다고 생각된다.

따라서 지역의 문제를 해결하기 위해서는 주어진 지역사회 여건과 당면한 문제에 대해 지방적 시각을 가지고 접근하는 것이 필요하다. 지방적 해법을 갖추기 위해서는 리더십의 발휘가 중요하며, 그렇기 때문에 새로운 거버넌스 양식에서도 정부의 상대적 중요성은 감소되지 않았다(이정식 외, 2001).

〈그림 17-3〉에서 보는 바와 같이 참여정부는 지역경제발전을 위한 기본 추진과제로 지역의 전략산업 육성, 법 제정, 제도 정비, 지역혁신체계의 구축을 설정하고 이들을 실행하는 데 지방정부 주도적 기획과 추진을 기본 목표로 하고 있다.

여기서 지방분권과 지역혁신을 위한 체계를 구축하는 데 특히 지방정부의 기능에 주목하는 이유는 다음과 같다. 우선, 지방정부는 대학이나 민간 매개기관 등과 같은 지역혁신의 주체들이 갖지 못하는 권위적 권한과 인센티브 제공권한을 가질 수 있다는 것이다. 다시 말해서, 지방정부는 일정 정도의 법적 제재권한과 통제수단을 가질 수 있을 뿐 아니라 세제혜택·공공서비스 제공과 같은 인센티브를 제공할 수 있다. 그리고 지방정부는 스스로 지역혁신에 관한 계획을 수립하고 그에 관한 추

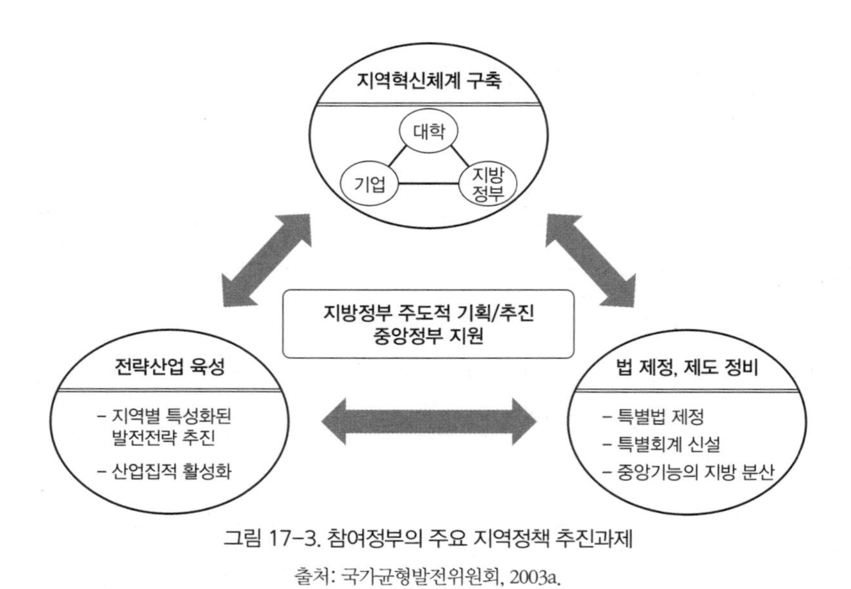

그림 17-3. 참여정부의 주요 지역정책 추진과제

출처: 국가균형발전위원회, 2003a.

진과제와 전략을 설정하며, 지역혁신 산업에 대한 우선순위를 조정하는 등 지역 단위의 균형발전 조정기제로서의 역할을 할 수 있다. 또한 지방정부는 지역혁신 주체 간에 네트워크 관계 구축을 촉진하고, 이를 통해 지역혁신체계를 형성하는 추진 주체로서의 역할을 담당할 수 있다. 지방정부는 중앙과 지방의 원활한 의사소통을 위한 가교역할을 수행할 수 있는 능력을 가진다. 마지막으로, 지방정부는 지역사회의 혁신분위기를 고취하고 확산시키며 지역 전체의 혁신역량을 강화하는 데 중요한 역할을 할 수 있다. 다시 말해서, 지역혁신체계의 문화적 요소뿐 아니라 제도적 요소를 개선하고 강화시키는 데 타 혁신 주체들이 해낼 수 없는 능력을 가지고 있다는 것이다.

지금까지 지방정부는 일반적으로 중앙정부로부터 예산 따오기 방식의 지역개발정책 수립, 기업유치와 외자도입 경쟁, 그리고 산업단지 조성과 같은 물리적 하부구조를 구축하거나, 연구소나 테크노파크 조성과 같은 사회적 하부구조 중심의 지역정책을 추진해 왔다(이철우·이종호, 2002). 결과적으로 참여정부가 내세우는 자립형 지방화를 위한 지역혁신체계의 외적 조건들, 다시 말해서 하드인프라스트럭처는 어느 정도 마련되었다고 볼 수 있다. 그러나 이제는 지방정부의 역할도 변해야 한다. 그렇다면 어떤 역할을 중심으로 어떻게 변해야 하는가?

첫째, 지방정부는 지역혁신체계 본래의 목적을 달성할 수 있도록 지역혁신 주체들 간에 신뢰에 기반한 상호작용의 관계구조가 활발하게 일어나는 제도적 조건과 사회문화적 환경을 조성하는 역할을 담당해야 한다. 사회문화적 환경이란 혁신 및 혁신지원 주체들의 존재뿐 아니라 그들 사이에 존재하는 협력하는 문화를 조성하는 것이다. 왜냐하면 혁신은 지속적·협력적 학습과정이기 때문에 지역혁신 주체들 상호간의 신뢰, 협력하려는 의지 및 자발성, 팀워크, 고객과 공급자들 간의 생산과 서비스 네트워크 등 소프트 인프라 네트워크가 잘 발달된 지역에서 빈번하게 나타나기 때문이다(국토연구원, 2000). 또한 지역에서 혁신이 활성화되기 위해서는 지식과 정보가 원활히 이전될 수 있도록 하는 지역혁신 주체들 간에 상호작용적 협력의 관계구조가 구축되어야 하기 때문이다.

둘째, 이러한 상호작용적 협력관계를 구축하기 위해 지방정부는 과거의 권위주의적이고 관료주의적인 행동양식을 버리고 중앙정부를 포함한 지역혁신의 주체들이 동등한 위치에서 관계구조를 형성할 수 있는 '수평적 거버넌스 체제' 구축의 중심적인 역할을 담당하여야 한다(이철우·이종호, 2002).

셋째, 앞으로 지방분권화가 진행되고 자립형 지방화가 추진되면, 지방정부는 지역혁신체계의 한 주체로서의 역할뿐만 아니라 조정자로서의 역할을 수행하는 것도 중요하다. 즉 지역혁신체계 구축의 선도자로서 지방정부는 대학, 유관기관 등 혁신 지원기관, 테크노파크와 같은 매개기관과 교육·훈련 기관, 산업별 동업자조합, 금융기관, 지역의 사업 서비스 기관 등의 대표자가 참여하는 지역혁신 지원기관 협의체 구성의 산파 역할을 담당하여야 한다.

이와 같은 취지로 국가균형발전위원회에서도 시·도별 지역혁신체계의 구축을 위해 지방정부를 구심점으로 산·학·연·관이 참여하는 '지역혁신협의회'를 구성하고 이를 통해 지역 단위에서 혁신 주체들 간의 공동학습, 혁신창출과 확산, 이의 활용을 촉진하는 방안을 제시하고 있다(국가균형발전위원회, 2003b). 그러나 문제는 국가균형발전위원회 또한 '지역혁신협의회'를 어떻게 구성하며, 그 역할과 권한은 무엇인지 그리고 그것은 어떻게 운영될 것인지 등 실질적인 운영과 권한에 대한 구체적인 방안을 제시하지는 않았다는 점이다. 단지 '지역혁신협의회'의 정책대상 영역을 지역 특성화 분야 선정 및 육성, 대학 등 지역혁신 주체의 혁신역량 강화 및 협력 네트워크 구축, 산·학·연·관의 협력을 촉진하고 지원 인프라의 확충, 혁신창출을 위한 기반의 창출 등으로 설정하고 있는 정도에 불과하다. 그러나 지역혁신체계가 효과적으로 구축되기 위해서는 단지 지역 내 주체들 간의 네트워크를 구축하는 것만으로는 불가능하다. 위에서 언급하였듯이, 지방정부는 지역 내 제도적 주체들과 국가혁신체계 주체들 간의 원활한 의사소통 채널의 브로커 역할을 담당하여야 한다. 그리고 참여정부는 지역 차원에서 산업과 과학기술정책을 마련하고 이를 실행하고자 하였다. 그러나 산업과 과학기술정책의 구상과 집행에서 그 주체가 종래의 중앙정부에서 지방정부로 바뀌는 것만으로는 앞으로 지향해야 할 개방형 지역혁신체계에 기초한 지역정책으로 보기는 어렵다. 개방적 지역혁신체계를 구축하기 위해 지방정부는 해당 지역의 지역혁신 주체들과 지역 외 지역혁신 주체들 간에 산업·기술적 상호작용 관계를 형성할 수 있는 기제를 마련하는 역할은 담당하되, 지방정부의 역할은 어디까지나 중앙정부를 포함한 혁신 주체들 간의 수평적 거버넌스 체제가 유지될 수 있는 범위를 초월하지 말아야 할 것이다.

2) 클러스터 정책에서의 지방정부의 과제

다음은 지역혁신체계를 전제로 한 지역산업 및 과학기술정책의 구체적 사례인 산업클러스터 육성 정책을 중심으로 지방정부의 역할을 구체적으로 살펴보고자 한다. 왜냐하면 발전된 지역혁신체계는 산업클러스터를 통해 구체화된 모습으로 발현될 수 있기 때문이다. 또한 참여정부는 지역별로 특화된 산업클러스터 육성을 중심으로 한 지역혁신체계 구축 전략을 추진하고자 하였다. 구체적으로 산업자원부는 '산업집적활성화 및 공장설립에 관한 법률'과 클러스터 활성화 정책 추진 방안을 마련하고 본격적으로 지역의 여건을 고려한 클러스터 활성화 시책을 추진하였다(산업자원부, 2002).

이를 중심으로 포터(Porter, 2000)의 다이아몬드 모델에 입각하여, 경쟁력을 갖춘 산업클러스터를 육성함에 있어 정부의 역할을 비판적 견지에서 재검토하고, 나아가 지역산업 및 과학기술정책에서 지방정부의 역할을 다음과 같이 제안하고자 한다(그림 17-4).

첫째, 요소조건에는 인적 자원, 금융자원, 관리 하부구조와 과학기술 하부구조가 있다. 대부분의 지역은 인력양성 과정이나 교육훈련에서 유연성이 부족하고 획일화되어 기업의 인력수요를 지원하고 있지 못한 실정이다. 정부는 인적 자원의 육성과 확보를 위해 지역 대학과 연계하여 전문적인 교육·연수 제도를 마련하고 이들을 중심으로 산·학·연 네트워크를 촉진하는 정책을 마련하여야 한다. 그리고 지역발전 사업 및 투자유치 확대를 주도적으로 추진해 나갈 일련의 투자유치, 인프라 설비 지원, 전문화된 교육 등을 패키지형으로 추진할 전문화된 전담기구가 없는 실정이다. 따라서 지방정부는 지역의 산업클러스터를 관리하고 지원하는 관리 하부구조를 마련하여 클러스터 관리 업무를 위임하여 효율적이고 체계적인 운영 시스템을 마련하여야 한다.

둘째, 기업전략 및 경쟁관계에서 중요한 것은 지역에 입지하고 있는 기업들이 지역 내에서 지속적으로 투자하고 혁신활동을 실행할 수 있도록 하는 지역적 여건이다. 구체적으로 투자 여건을 마련하기 위해 정부는 기업들에 대한 금융지원, 세제지원, 기술지원, 경영지원, 산·학·연 협력지원, 인프라 개선 등과 같은 지방정부 차원에서 할 수 있는 지원정책을 수립하여 다른 지역과 차별화하여야 한다. 또한 학습을 통한 혁신창출에서는 진취적인 기업가정신을 배양하는 역할을 담당하여야 한다. 지금까지의 많은 연구들에서 지역 기업의 혁신정보 원천은 공급기업을 비롯한 관련 기업들이라는 사실이 밝혀지고 있다. 따라서 지방정부는 지역의 기업들 간에 지식과 정보의 원활한 소통이 이루어질 수 있도록 지역 내에서 경쟁과 협력을 저해하는 장애요인을 밝혀내고 이를 제거하는 정책을 추진

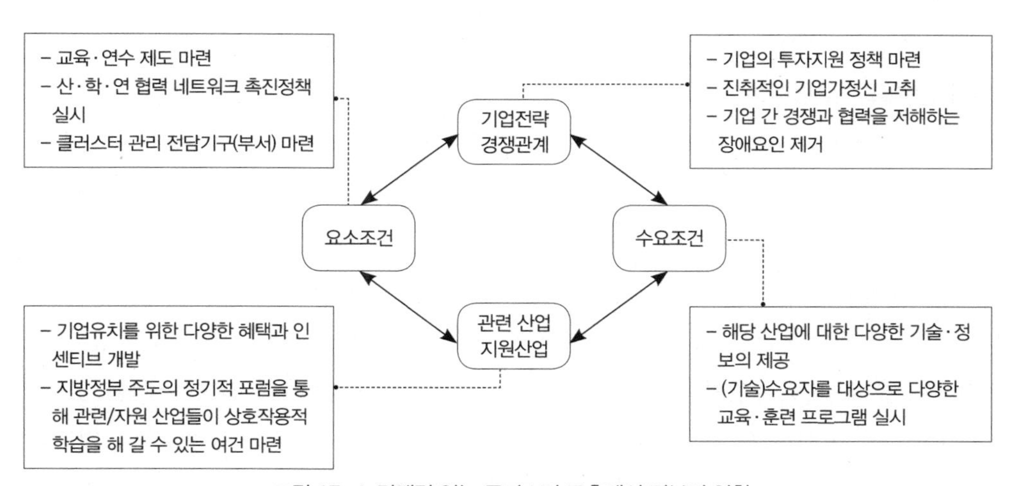

그림 17-4. 경쟁력 있는 클러스터 구축에서 정부의 역할

해 나가야 할 것이다.

셋째, 기술혁신을 공급이 주도하는가 아니면 수요가 주도하는가에 대한 논의는 오래전부터 있어왔으나 결론은 뚜렷하지 않다. 왜냐하면 이는 산업의 특수성이나 기술의 성격, 그리고 지역적 환경에 따라 달리 나타날 수 있기 때문이다. 포터(Porter, 2000)는 지역 내의 수요조건이 공급기업의 기술혁신에 영향을 미칠 수 있고, 그로 인해 클러스터 경쟁우위의 영향요소가 될 수 있음을 주장하고 있다. 이러한 수요조건을 형성하고 그의 질적 수준을 높이기 위한 지방정부의 역할은 해당 산업에 대한 다양한 기술정보를 제공하고 지역의 대학이나 연구소로부터 창출되는 기술요소들을 적극적으로 홍보함으로써 지역 내 고객(기업)의 눈높이를 향상시킬 수 있을 것이다. 그리고 기술수요자들에 대한 교육과 훈련 프로그램을 마련하고 이의 활성화를 위한 산·학·연 네트워크 관계구조의 구축도 수요조건을 형성할 수 있는 중요한 요건이라 생각된다.

넷째, 클러스터가 형성되고 발전하는 데 가장 기본적이고 중요한 요소는 관련 산업과 지원 산업이다. 그러나 단지 관련 산업이 존재한다고 해서 클러스터가 발전하는 것은 아니다. 따라서 발전조건을 갖추기 위해서 정부는 타 지역의 기업이나 다국적기업을 유치하기 위한 전략을 마련하고 지역만의 다양한 혜택과 인센티브를 개발하여 기업의 경제활동에 매력적이 요인들을 만들어 나가야 할 것으로 생각된다. 그리고 유치된 기업들이 지역 내에 뿌리내릴 수 있도록 유도하는 다양한 정책의 마련도 뒤따라야 한다. 왜냐하면 유치된 기업들이 지역에 뿌리내리지 않을 경우 지역은 분공장 경제지역으로 전락할 수 있는 위험이 있기 때문이다. 산업클러스터를 구축한 후에 지방정부는 유치기업들이 지역 내에 뿌리내릴 수 있도록 정기적인 포럼을 개최하고, 이를 통해 클러스터 내의 혁신체계를 구성하는 혁신 주체들이 대면적 상호작용을 통해 지식·정보를 교환하고 학습할 수 있는 여건을 마련하여야 한다. 이는 또한 지역 내에서의 사회통합을 높이고 신뢰수준을 제고할 수 있는 중요한 계기가 될 수도 있을 것으로 생각된다.

이상의 논의를 통해, 포터(Porter, 2000)가 제안한 정부의 역할은 지역혁신체계를 전제로 한 혁신클러스터 육성에서의 지방정부의 역할과는 일치하지 않는다는 것을 확인할 수 있다. 그 이유는 지방정부는 지역혁신체계를 구성하는 한 구성 주체이지 클러스터 육성을 전적으로 책임지는 주체는 될 수 없기 때문이다. 따라서 혁신클러스터 육성에서의 지방정부의 과제를 다음과 같이 제시하고자 한다.

먼저 혁신클러스터의 존립기반은 상호작용적 학습에 기초한 지식창출 및 지속적 혁신에 있다. 따라서 지역 내의 지식흐름을 촉진하기 위한 혁신 주체들 간에 학습 네트워크 정비를 통한 파트너십을 구축하는 것이 중요하다. 그리고 대학과 지방정부, 지역개발기구가 중심이 되어 기업들에게 현장에서 필요한 리얼 서비스를 제공하여야 한다. 또한 해외의 선진기술국이나 시장과의 개방형 네트워크를 구축하여 신시장을 개척하고 새로운 기술은 적극적으로 수용하여야 할 것이다(Braczyk et al., 1998; 이철우, 2003). 나아가 지역혁신체계 구축과 클러스터 정책을 추진함에 있어 핵심적 과제는 '수평적 거버넌스 체계'의 구축과 작동이라고 할 수 있다(이철우 · 이종호, 2002; 이철우, 2003).

현재 우리나라에서는 각 지역의 클러스터를 구성하는 주요 주체인 산 · 학 · 연 · 관 제도들이 유기적인 협력관계 속에서 시너지를 창출하기보다는 원자화된 개별 행위자로 파편화되어 있다는 점에서 혁신체계의 잠재성이 매우 낮다. 또한 지역산업 및 과학기술정책의 기획 → 수립 → 실행 → 평가 단계가 수직적이거나 투명하지 못한 의사결정 구조를 가짐으로써 정책결정 자체가 태생적으로 문제점을 가지고 있다. 중앙정부의 권력에 타율적일 뿐만 아니라 위계적 관료주의적 성향이 여전히 지배적인 현재의 지방정부 운영 시스템으로는 지역혁신정책을 효과적으로 수행하기 어렵다.

이러한 문제점을 해결하는 방안으로 경제권을 단위로 서구의 선진적 지역개발기구, 이른바 RDA (Regional Development Agency)의 운영 사례를 벤치마킹하여 우리의 실정에 맞는 지역혁신추진기구(Regional Innovation Promoting Agency, RIPA)를 설립하는 것이 필요하다. RIPA는 매개기관으로서 지역혁신체계를 구성하는 다양한 주체들을 조정 · 통합할 뿐만 아니라, 통합적이고 중장기적인 차원에서 지역혁신 능력을 제고할 수 있는 정책을 수립 · 평가 · 실행하는 것을 주요한 운영목표로 삼아야 할 것이다. 이와 함께 지역의 산 · 학 · 연 네트워크가 효과적으로 구축되어 있지 않기 때문에 지역 기업들의 수요를 적절히 충족시켜 줄 뿐만 아니라, 경쟁력 제고를 도모하는 리얼 서비스센터들

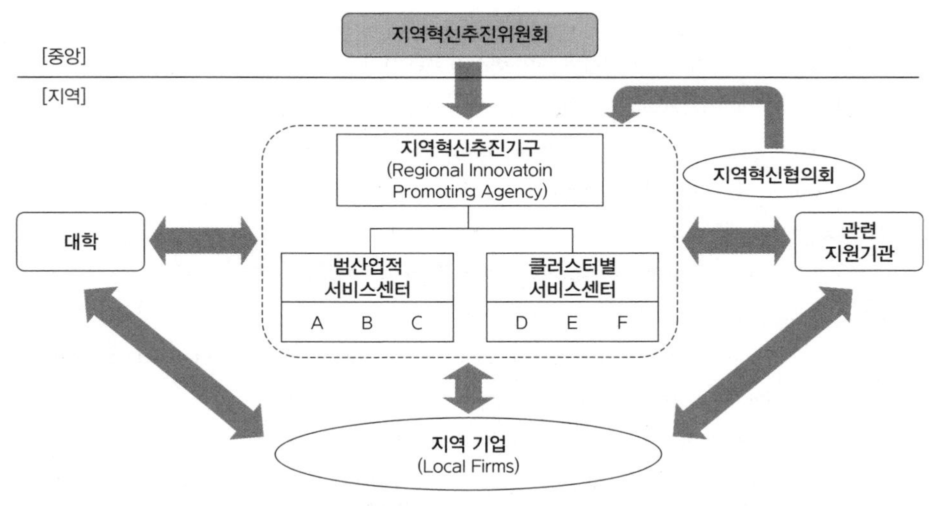

그림 17-5. 경쟁력 있는 클러스터 구축에서 정부의 역할

을 통합 지역개발기구의 하위조직으로 설정하고 운영하는 방안도 동시에 검토할 필요성이 있다(그림 17-5). 이러한 RIPA를 설립하는 단계에서는 지방정부가 주도적인 역할을 담당하여야 할 것이다. 그러나 RIPA가 지역 산업 및 과학기술정책의 기획·수립·실행·평가 등의 역할을 수행함에 있어 지방정부의 간섭 혹은 통제는 반드시 배제되어야 할 것이다.

· 참고문헌 ·

국가균형발전위원회, 2003a, 국가균형발전의 비전과 과제.

국가균형발전위원회, 2003b, 지역혁신체제(RIS) 구축 방안.

국토연구원, 2000, 지역 지식기반산업 육성을 위한 잠재력 제고방안 연구: 대구·구미 지역의 전략 산업 혁신체제 구축을 중심으로, 국토연구원.

김명엽, 2000, 울산기계산업의 지역혁신시스템 실태와 개선방안, 경북대학교 석사학위 논문.

김정홍, 2001, "국가혁신시스템과 지역경제", 산업연구원, 월간 KIET산업경제, 1월호, 63-72.

박경·박진도·강용찬, 2000, "지역혁신능력과 지역혁신체제: 지역혁신체제론의 의의, 과제 그리고 정책적 함의", 공간과 사회, 13, 13-43.

산업자원부, 2002, 산업클러스터 활성화 정책 추진, 산업자원부.

윤대식·박종화, 2003, "지역발전과 지역혁신", 윤대식 외, 지역발전과 지역혁신, 영남대학교 출판부, 13-27.

이정식·김용웅 외, 2001, 세계화와 지역발전, 한울.

이철우, 2003, "신산업환경과 지역혁신체제", 윤대식 외, 지역발전과 지역혁신, 영남대학교 출판부, 186-199.

이철우·강현수·박경, 2000, "우리나라 지역혁신체제에 대한 시론적 분석", 공간과 사회, 13, 46-93.

이철우·이종호, 2000, "창원 산업지구의 비즈니스 네트워크와 뿌리내림", 지리학논구, 20, 84-112.

이철우·이종호, 2002, "EU의 지역정책 변화와 지역 혁신정책의 함의", 국토연구, 34, 15-28.

Amin, A. and Thrift, N., 1994, Living in the global, in Amin, A., and Thrift, N. (eds.), *Globalization, Institutons and Regional Development in Europe*, 1-22, Oxford University Press, Oxford.

Arndt, O. and Stemberg, R., 2000, Do Manufacturing firms profit from intraregional innovation linkages?, An emipirical based answer, *European Planning Studies*, 8, 466-491.

Braczyk, H., Cooke, P., and Heidenreich, M. (eds.), 1998, *Regional Innovation System: The Role of Governances in a Globalized World*, University College London Press, London.

Cooke, P., Uranga, M., and Etxebarria, G., 1997, "Regional innovation systems: Institutional and organisational dimensions", *European Planning Studies*, 8, 466-483.

Hotz-Hart, B., 2000, Innovation, networks, regions, and globalization, in Clark, G., Feldman, M. and Gertler, M. (eds.), *The Oxford Handbook of Economic Geography*, 432-450, Oxford University Press, Oxford.

Howells, J., 1999, Regional system of innovation?, in Archibugi, D., Howells, J. and Michie, J. (eds.), *Innovation Policy in a Global Economy*, 67-96, Cambridge University Press, Cambridge.

Kaufmann, A. and Todtling, F., 2000, Systems of innovation in traditional industrial regions: the case of Styria in comparative Perspective, *Regional Studies*, 34(1), 29-40.

Lee, J. H., 2003, "Enhancing regional innovation system potential: the dimension of firm practices", *Journal of the Economic Geographical Society of Korea*, 6(1), 61-78

Lundvall, B.-A. (ed.), 1992, *National Innovation Systems: Towards a Theory of Innovation and Interactive Learning*, Pinter, London.

MacLeod, G., 2000, New regionalism reconsidered: Globalization, regulation, and the recasting of political economic space, *International Journal of Urban and Regional Research*, 25(4), 1-33.

Oerlemans, L., Meeus, T. and Boekema, F., 2001, On the spatial embeddedness of innovation networks: An exploration of the proximity effect, *Tifdschrift voor Econonishe en Sociale Geografie*, 92(1), 61-75.

Patel, P. and Pavitt, K, 1994, National innovation systems: why they are important, and how they might be measeured and compared, *Economics of Innovation and New Technology*, 3, 77-95.

Porter, M., 2000, Locations, Clusters, and Company Strategy, in Clark, G., Feldman, M. and Gertler, M. (eds.), *The Oxford Handbook of Economic Geography*, 253-274, Oxford University press, Oxford.

Saxenian, A., 1994, *Regional Advantage: Culture and Competition in Silicon Valley and Route 128*, MA: Harvard University Press, Cambridg.

Schuetze, H., 1998, How do Small Firms Innovate in British Columbia?, in Morthe, J. and Paquet, G. (eds.), *Local and Regional System of Innovation*, 192-210, Amsterdam: Kluwer Academic Publishers.

제18장

참여정부 지역혁신 및 클러스터 정책 추진의 평가와 과제

1. 머리말

참여정부는 '국가균형발전'을 최고의 국정과제로 설정하고, 역대 어느 정부보다도 이를 적극적으로 추진하였다. 그것은 1960년대 이후 정부 주도의 거점중심 불균형성장 전략이 낳은 극심한 수도권 일극(一極) 집중구조를 바로잡기 위한 국가적 대응이었으며, 세계화의 가속화와 지식기반경제로의 이행이라는 시대적 흐름에 부응하는 것이었다(국가균형발전위원회, 2005). 참여정부가 의욕적으로 추진하고 있는 국가균형발전은 '지역혁신을 통한 자립형 지방화 실현'에 역점을 두고 있으며, 그 중에서 가장 핵심이 되는 것은 지역의 내생적 산업발전을 촉진하기 위한 '지역혁신체계 구축 및 클러스터 육성' 정책이다(강현수, 2004). 선진국은 물론 개발도상국가에서도 지역혁신체계나 클러스터 정책은 중요한 경제발전 전략으로 검토되는 등 이제 지역혁신정책은 세계적 보편화가 진행되고 있는 것으로 파악된다(Richard, 2003). 이러한 보편화의 배경에는 클러스터 및 지역혁신정책들이 지역혁신을 지원하고, 기술 파급효과를 촉진하며, 지역의 지속적인 자생적 발전을 강화함으로써 성공적인 경제발전의 기초를 확립할 수 있다는 믿음이 확산되었기 때문이다(Raines, 2002).

학자들 사이에는 지역혁신체계와 클러스터론이 내재한 개념적 모호성이나 혼동성에 대한 비판적 견해가 여전히 제시되고 있으며(Martin and Sunley, 2002; Markusen, 2003), 이 이론들을 만병통치약처럼 적용하는 것에 대한 비판론도 제기된 바 있다(Lovering, 1999). 이러한 가운데 지역혁신체계와 클러스터 정책이 지역정책 혹은 국가균형발전정책의 전면적 기조로 채택된 사례는 아마도 우리나라가 처음일 것이다. 2005년도 현재 국가균형발전 5개년계획에 근거한 각 중앙부처 주관의 지역혁신 사업으로 11개 부처·청의 35개 사업이 추진되고 있다(박형진, 2005).

하지만 참여정부의 국가균형발전정책의 기조하에 추진해 온 지역혁신 및 혁신클러스터 정책에 대한 회의적 시각 또는 적지 않다. 더욱이 최근에는 참여정부의 정책에 우호적인 사람이나 연구자 혹은 지역 문제와 별 관련이 없던 환경단체까지 나서서 이들 정책을 비판하고 있는 실정이다. 이러한 비판들은 크게 이론적 한계에 대한 비판과, 참여정부의 균형정책 방향은 바람직하더라도 정책화 과정에서의 혼선과 정책수단 선택의 오류 때문에 실효성이 의심스럽다는 비판으로 대별할 수 있다(김용웅 외, 2003; 강현수 외, 2004; 김형기, 2004; 이재은, 2004; 이종호, 2006). 아울러 참여정부에서 추진 중인 다양한 지역혁신정책들이 본래의 목표를 달성할 수 있을지에 대해서도 비판적인 의견들이 제기되고 있다(과학기술정책연구원, 2006).

이러한 많은 비판에도 불구하고 지난 4년 동안 참여정부의 지역혁신정책은 숨 가쁘게 진행되어 왔다. 이제는 숨을 가다듬고 정책의 수립과 실행이 제대로 이루어지고 있는지를 돌아보아야 할 때이다. 혁신클러스터 육성과 지역혁신정책의 평가는 정책의 성과에 대한 실증분석을 토대로 정책의 타당성을 검토하는 것이 가장 바람직할 것이다(김성배, 2006). 그러나 현시점에서 가시적인 성과를 평가하는 것은 시기상조이며, 현실적으로 실증분석이 가능하지 않은 부분도 상당하다. 따라서 본 연구에서는 지역혁신 및 혁신클러스터에 대한 이론적·경험적 연구성과에 근거하여 정책의 논리적 타당성 그리고 정책 추진과정상의 문제점과 과제를 중심으로 고찰하고자 한다.

2. 우리나라의 지역혁신 및 혁신클러스터 정책 추진현황

1) 지역혁신정책 추진현황

그동안 참여정부가 시행 중인 지역혁신정책은 국가균형발전 5개년계획에 의거하여 지역의 비전 설정, 전략·지연 산업 선정, 혁신역량 파악 및 이에 맞는 사업 발굴 등의 과정을 거쳐 시행하게 되어 있다(박형진, 2005).

참여정부가 추진하고 있는 지역혁신정책은, ① 지역 내 네트워크 강화 및 민주적 협치(Governance) 정착을 위한 지역혁신체계 구축(지역별 지역혁신협의회 구성 및 지역혁신 포럼 지원, 지역혁신연구회 지원 등), ② 지역별 혁신클러스터 육성(대덕연구단지 및 7대 국가산업단지의 혁신클러스터화), ③ 지역인재 양성 및 산학협력 활성화 추진(지방대학 혁신역량강화사업(NURI) 및 산학협력중심대학 사업 등), ④ 지역별 특성화 발전을 위한 전략산업 진흥, ⑤ 낙후지역 자립기반 조성(신활력지역 및 지역특화발전특구 등), ⑥ 혁신도시 건설 및 공공기관 지방 이전으로 요약된다. 즉 지역혁신체계 구축을 핵심 축으로 하여 지역산업전략, 혁신클러스터 육성, 공공기관 지방 이전 등이 연계되어 있다.

이를 추진하기 위해 정부는 국가균형발전특별법을 제정하여 '제1차 국가균형발전 5개년계획(2004~2008)'을 수립하고, 약 5.5조 원(2005년)의 균형발전특별회계를 조성하여 균형발전에 필요한 재원을 뒷받침하고 있다. 2005년 현재 각 중앙부처 주관의 지역혁신 사업은 11개 부처·청의 35개 사업이 추진되고 있으며, 그 현황은 〈표 18-1〉과 같다. 그리고 〈표 18-2〉는 총 35개의 지역혁신 사업을 정책 성격별로 (기존의) 지역전략산업 구조고도화, 산업협력 및 R&D 역량강화, 지역 신산업 집적 기반 조성의 3가지 유형으로 분류하여 제시한 것이다. 이 중 지역전략산업의 구조고도화를 목표로 추진되는 사업은 산업자원부, 농업진흥청, 농립부에서 주관하고 있다. 산업자원부 주관 사업은 주관의 대구(섬유산업), 부산(신발산업), 광주(광산업), 경남(기계산업)의 4개 지역 산업진흥사업 2단계 사업 및 9개 지역산업진흥사업, 2005년부터 추진 중인 7개 산업단지 혁신클러스터화 사업이 있다. 한편 농업진흥청과 농림부에서는 2005년부터 지역 특화농산업의 경쟁력 강화를 목적으로 지역 농업클러스터 사업을 추진하고 있다. 지역전략산업의 구조고도화 사업들은 모두 지역특화 전략산업의 경쟁력 강화를 위한 패키지형 사업으로서 혁신 인프라 구축, 기술개발, 인력 양성, 지원 서비스, 네트워킹 등 지역전략산업 클러스터화를 위한 하드웨어 사업과 소프트웨어 사업을 포괄하는 사업이다.

산학협력 및 연구개발 역량강화 사업은 산업자원부, 교육부, 문화관광부 등 8개 정부 부처에서 각기 독자적인 사업을 추진하고 있어서, 3가지 지역혁신사업 분류 가운데 사업의 종류 및 사업 금액이 가장 많다. 8개 정부부처 가운데 산학협력 및 R&D 역량강화 사업에는 산업자원부와 교육부의 사업 비중이 가장 큰데, 산업자원부 주관 사업으로는 지역기술혁신센터(TIC)와 지역협력연구센터(RRC),[1] 지역혁신특성화시범사업(RIS사업), 산학협력 중심대학 지원사업이 대표적인 사업이며, 교

1 1995년부터 운영되어 온 지역기술혁신센터(TIC)와 지역협력연구센터(RRC)는 2006년부터 지역혁신센터(RIC)로 일원화되어 사업이 추진되고 있다. TIC 사업은 산업자원부의 주관하에 장비 구축·활용(H/W)을 위주로 하는 사업이며, RRC는 과학기술부의 주관하에 연구개발(S/W)을 중심으로 하는 사업이다. 하지만 양 사업의 시너지 창출을 위해 양 사업은 산업자원부의 주관하에 연계·통합되어 추진되고 있다.

표 18-1. 소관 부처별 지역혁신사업 추진현황(2005)

소관	사업명	2005년 예산(백만 원)	비고
산업자원부	• 4개 시도 전략산업육성 2단계	180,000	
	• 9개 지역 산업진흥	180,000	
	• 지역혁신특성화(RIS) 시범사업	65,000	
	• 테크노파크(TP) 조성	20,000	
	• 지역기술혁신센터(TIC)	22,000	
	• 기업 지방이전 촉진	30,000	
	• 지역혁신 인력 양성	27,000	
	• 산업단지 혁신클러스터 추진	30,000	신규
	• 산학협력 중심대학 지원	12,000	교육부 공동
	• 지역협력연구센터 육성(RRC)	26,000	과학기술부에서 이관
	• 지방산업기술 혁신	30,500	과학기술부에서 이관
	• 지역혁신 산업기반 구축	30,000	신규
교육부	• 지방대학혁신역량 강화(NURI)	240,000	
	• 산·학·연 협력체제 활성화 지원	45,000	
	• 전문대 다양화·특성화	168,000	
	• 지역대학 우수과학자 지원	10,600	과학기술부에서 이관
	• 지방 연구중심대학 육성	10,000	과학기술부에서 이관
과학기술부	• 지방 과학연구단지 육성	8,000	
	• 대덕R&D특구 육성	10,000	신규
문화관광부	• 지방 문화산업기반 조성	15,000	
	• 대구 디자인패션산업 육성	500	
	• 지역대학 문화산업연구센터(CRC)	2,500	신규
	• 지방대학 활용 지역문화컨설팅 지원	500	신규
	• 지역영상미디어센터	2,000	신규
해양수산부	• 해양생물연구센터 설립	3,500	
환경부	• 지역환경기술센터 운영	6,400	
정보통신부	• 소프트타운 활성화 지원	15,160	
	• 지역 S/W 지원센터 활성화	4,494	
농업진흥청	• 지역 연구기반 조성	6,963	
	• 지역농업 클러스터 육성	5,000	신규
중소기업청	• 창업보육센터	15,000	
	• 산·학·연 공동기술 개발	42,100	
	• 벤처기업육성촉진지구	10,000	
건설교통부	• 지역특성화연구개발	2,000	신규
농림부	• 지역농업 클러스터	12,000	신규
계		1,287,217	

주: 최근 일부 사업이 통폐합된 사례가 있으나 당초의 취지를 보이기 위해 미반영함.
출처: 박형진, 2005.

표 18-2. 지역혁신사업의 정책 성격별 분류

소관	지역전략산업 구조고도화	산학협력 및 R&D 역량강화	지역 신산업집적 기반 조성
산업자원부	• 4개 지역산업진흥사업 • 9개 지역산업진흥사업 • 산업단지 혁신클러스터 추진 • 기업 지방이전 촉진	• 지역기술혁신센터(TIC) • 지역협력연구센터(RRC) • 지역혁신특성화육성시범사업 • 지역혁신 인력 양성 • 산학협력 중심대학 지원 • 지방기술혁신사업 • 지역혁신 산업기반 구축	• 테크노파크(TP) 조성
교육부		• 지방대학혁신역량강화(NURI) • 전문대 다양화·특성화 • 지역대학 우수과학자 지원 • 지방 연구중심대학 육성 • 산·학·연 협력체제 활성화 지원	
과학기술부			• 지방 과학연구단지 육성 • 대덕 R&D 특구 육성
문화관광부		• 지역대학 문화산업연구센터(CRC) • 지방대학 활용 지역문화컨설팅 지원 • 대구 디자인패션산업 육성	• 대구 디자인패션산업 육성 • 지역영상미디어센터 • 지방 문화산업기반 조성
해양수산부		• 해양생물연구센터 설립	
환경부		• 지역환경기술센터 운영	
정보통신부			• 지역 S/W 지원센터 활성화 • 소프트타운 활성화 지원
농업진흥청		• 지역연구기반 조성	
중소기업청		• 산학연 공동기술개발	• 창업보육센터 • 벤처기업육성촉진지구 조성
건설교통부		• 지역특성화 연구개발	
농림부	• 지역농업 클러스터		

출처: 박형진, 2005을 참고로 재구성.

육부 주관 사업으로는 지방대학혁신역량강화사업(NURI)과 전문대 다양화·특성화 사업이 대표적인 사업이다. 산업자원부 주관 사업들은 주로 특정 지역산업 지원을 위해 대학에 연구장비, 기술개발(산업화 분야), 인력 양성에 대해 일괄적으로 지원하는 것에 초점을 두고 있다. 반면에 교육부 주관 사업들은 주로 대학의 인력 양성 및 연구개발 역량의 확충을 통해 지역의 혁신여건을 조성하는 데 주안점을 두고 있다. 이외에도 문화관광부, 해양수산부, 건설교통부 주관 사업들은 특정 산업 육성을 지원하는 사업들로서 주관 부처의 성격과 관계 깊은 문화산업, 해양생물산업, 건설산업 등의 육성을 목적으로 하고 있다. 이러한 사업들은 중앙의 기획·공모, 지방의 사업계획서 신청, 중앙의 선정 등의 절차를 거친다는 점에서 기본적으로는 하향식 정책(Top-Down Approach)의 형태를 취하고 있다.

마지막으로 지역 신산업집적 기반 조성사업은 주로 지역에 새로운 활력을 도모할 수 있는 신산업의 집적기반을 조성하는 것을 목표로 한 것이지만, 지역전략산업 육성이나 R&D 역량강화 사업과도 상당 부분 중첩되는 사업의 형태를 띠고 있다.

테크노파크 조성사업은 지역기술혁신 촉진을 위해 연구개발·창업보육·시험생산·기업 지원 서비스 기능 등을 집적하는 거점단지를 조성하고, 지역혁신 주체 간의 연계·조성을 통해 지역혁신사업의 효율화를 도모하기 위해 1997년부터 시작된 사업이다. 2007년 현재 전국에는 각 시도별로 1개 이상씩 총 16개의 테크노파크(이 중 2개는 민간주도형으로 설립)가 운영 중이다. 정부는 현재 테크노파크를 지역혁신사업을 총괄하는 거점기관으로 육성하여 다양한 혁신 주체 간 연계 및 조정기능 수행을 통해 지역혁신사업의 효율성을 제고할 방침이다. 그것은 아직까지 지역혁신사업을 총괄하는 추진기구가 없어 지역혁신사업의 효율적 추진에 한계가 있다는 지적이 제기되고 있기 때문이다(이종호 외, 2003; 이종호, 2006).

한편 과학기술부는 산업단지를 연구개발 중심의 사이언스파크(과학연구단지)로 육성한다는 목표 아래 기존의 국가(또는 지방)산업단지 중에서 연구개발 거점으로서 지원할 필요성과 발전 잠재력이 있는 지역을 지정하여, 5년간 150억 원 범위에서 '지방과학연구단지 육성사업'을 지원하는 사업으로 2010년까지 총 10개의 지방과학연구단지를 육성한다는 계획을 수립하였다.

이외에도 문화관광부는 대구 패션디자인산업, 지역 영상산업, 지역 문화산업 등 지역의 문화콘텐츠산업 육성사업을 추진하고 있으며, 중소기업청은 벤처기업육성촉진지구 조성사업과 청업보육센터 지원사업을 통해 신기술 벤처기업과 기술집약형 유망 중소기업의 육성을 중점적으로 추진하고 있다.

2) 혁신클러스터 정책 추진현황

앞에서 언급된 지역혁신사업들은 지방대학 육성사업을 비롯한 일부 사업을 제외하고 사실상 사업 대부분이 지역산업의 혁신클러스터화 사업과 직간접적으로 연계되어 있다고 보아도 무방한 사업들이다. 예를 들어 4+9 지역산업진흥사업은 지역의 기존 특화 산업의 재구조화 및 구조고도화를 통해 클러스터로의 전환을 지원하는 사업이며, 지역농업 클러스터 사업 또한 농촌지역 농산업을 생산 중심에서 2차산업과 3차산업이 융복합되고 산·학·연 네트워크 체계가 확립된 진정한 의미의 농산업 클러스터로 육성하는 것을 목적으로 한 사업이다. 또한 과학기술부의 연구단지 육성사업, 문화관광부의 문화산업 및 영상산업 육성사업, 정보통신부의 소프트웨어산업 육성사업 등도 잠재적 클러스터(Latent Cluster) 혹은 발생 초기 클러스터(Emergent Cluster)를 활성적 클러스터(Vibrant Cluster)로 육성하기 위한 클러스터 사업에 해당한다.

그러나 가장 명시적인 클러스터 정책으로 추진되고 있는 산업단지 혁신클러스터화 사업을 중심으로 한 혁신클러스터 정책의 내용은 다음과 같다. 혁신클러스터 정책은 기존의 산업단지와 연구단지를 혁신클러스터화하여 경제성장의 축으로 육성하고자 하는 것이다. 이를 위해 구 공업배치법을 산업집적활성화법으로 개정(2002년 말)하였고, 국가균형발전특별법(2004년 1월) 및 국가균형발전 5개년계획에 의거하여 국가균형발전(권역 간 형평)과 지역의 혁신역량(권역 내 효율)을 고려하여 6개 시범단지, 즉 주력산업의 대표적인 집적지인 구미(전자), 창원(기계), 울산(자동차), 반월시화(부품소재)와 혁신기반이 비교적 양호한 초기 집적지인 광주(광산업), 원주(의료기기)를 선정하였고, 그 외 대덕연구단지는 R&D 특구로 별도로 추진하고 있다. 시범단지의 현황과 단지별 비전과 혁신과제는 〈표 18-3〉과 〈표 18-4〉에서 제시한 바와 같다.

이러한 산업단지에 대한 혁신클러스터화 전략은 R&D 인프라, 산학 협력 네트워크 등 취약 분야를 우선적으로 추진하되, 중장기 과제로는 고급인력 양성, 원천기술 개발 등으로 정하였다. 이 전략은 단지특성과 기업의 혁신역량 수준을 고려하여 단계적으로 차별화하는 방향으로, 그리고 공공기관(연구소) 이전, 지방대학 육성 등 지역 차원에서 시행되는 사업과 연계하여 시너지를 제고하되 시범단지의 성과를 전국단지로 확산하고자 한다.

혁신클러스터 6대 추진과제는 다음과 같다. 첫째, 시범단지별로 지역 내 혁신 주체 간의 산·학·연 연계 활성화를 통한 핵심 기술개발로, 과제의 선정에서 개발까지 지역수요를 최대한 반영하여 대학·연구소를 중심으로 컨소시움을 구성하여 클러스터 추진단과 협약체결 후 기술개발을 수행하도

표 18-3. 시범단지 활용

주력	업종	기업 수(개)	생산(조 원)	수출(억 달러)	고용(천 명)
창원	기계(58%)	1,294	24	79	73
구미	전기전자(33%)	714	36	254	68
울산	자동차(33%)	780	69	308	97
반월시화	기계(43%)	6,066	25	65	119
광주	전기전자(53%)	156	2	15	5
원주	의료기기	32	0.0382	0.15	0.48
국가산업단지 내 비중(%)		9,042(54)	156(73)	721(76)	362(63)

출처: 국가균형발전위원회·산업자원부, 2004.

표 18-4. 단지별 비전과 혁신과제

	발전 비전	혁신과제
창원	첨단기계 클러스터	차세대 핵심 기계기술 개발
구미	디지털 전자산업 선도	디지털 전자정보기술집적지 조성
울산	자동차부품 글로벌 공급기지	오토밸리(모듈화·전문화·대형화)
반월시화	첨단 부품소재 공급기지	업종별 소규모 클러스터 조성
광주	광산업 클러스터	광기술원 중심의 산학연계 활성화
원주	첨단 의료기기 산업거점	의료기기 선도기업 유치

출처: 국가균형발전위원회·산업자원부, 2004.

록하였다. 시범단지별 핵심선도기술개발과제는 〈표 18-5〉에 제시한 바와 같다.

둘째, 전략산업과 연계한 공공연구센터의 유치로 시범단지별로 연구개발 역량을 제고하기 위해 해당 산업 분야의 취약한 연구 인프라를 보완하되 공공연구소의 분원 설치 등은 지역 내 대학, 연구소의 혁신역량을 보완하는 수단으로 활용하기로 하였다.

표 18-5. 시범단지별 핵심 선도기술개발 과제

	기술개발 대상
창원	로봇기술, 차세대전지, 기계
구미	디지털TV/방송, TFT-LCD
울산	미래형 자동차(지능형 섀시 시스템)
반월시화	초정밀 광학, 나노소재, 부품소재 제조장비
광주	반도체 광원(LED), 광통신 핵심부품
원주	전자의료기기, 실버의료기기, 양·한방 의료기기

출처: 국가균형발전위원회·산업자원부, 2004.

셋째, 혁신교육 및 전문인력 양성으로, 산업단지 인근 대학과 연계하여 '테크노혁신아카데미'와 '지역혁신사랑방(Inno-cafe)'을 운용하여 지역 내 기업, 대학, 연구소 등 지역 전문가의 대면적인 접촉·교류를 확산하고 산학협동 프로그램, 이업종 교류의 활성화를 도모하여 중소부품업체 CEO/직원에 대한 혁신교육을 실시함으로써 혁신마인드를 확산하고 나아가서 해당 지역의 기업수요에 맞게 현장 특화된 전문인력을 양성하고자 하였다.

넷째, 우수 기술인력 정주여건 개선이다. 산업단지를 혁신클러스터로 전환하기 위해서는 기업연구소 이전, 출연연구소 분원 설치 등 국내외 우수 연구인력의 유치가 관건이 된다. 이를 위해 산업단지 인근 지역(배후도시)을 지식기반산업집적지구(산업집적활성화법 제22조)로 지정하여 지방자치단체의 정주여건 확충을 재정적으로 지원하고 지방이전 연구소 직원에 대한 주택, 교육 및 세제지원과 지방이전 연구소에 대해 부지의 장기임대 등을 추진하고자 한다.

다섯째, 혁신클러스터 촉진을 위한 입지 공급 확대이다. 산업단지의 연구개발 기능 확충을 위해 첨단 외국기업·R&D 센터의 유치 및 신기술 창업기업의 입지 공간이 마련되어야 한다. 왜냐하면 기존 산업단지는 분양률이 95%대를 유지하여 입지 공간의 창출 없이는 단지의 혁신적 변화를 기대하기 곤란하기 때문이다. 이를 위해 유휴 산업용지 및 이전 공장을 산단공이 매입한 후, R&D 센터 등 혁신클러스터화에 긴요한 산업입지로 활용하려는 것이다.

여섯째, 산업단지 구조고도화와 절차 간소화이다. 1960~1980년대 조성된 산업단지의 경우, 산업구조의 변화 및 시설의 노후화로 IT 등 미래산업을 선도하는 혁신클러스터로 발전할 수 있도록 혁신환경을 정비하는 것이 필요하다. 그러나 산업단지구조고도화계획(산업집적활성화법 제45조의2)을 수립하더라도 재정비 관련 인허가 의제처리 조항이 미비해 별도의 산업단지 재정비계획(산업입지 및 개발에 관한 법률 제38조의3)의 수립·승인이 필요하다. 따라서 산업집적활성화 및 공장설립에 관한 법률을 개정하여 인허가 의제 조항(산업집적활성화 및 공장설립에 관한 법률 제45의2)을 신설하였다.

그리고 6개 시범단지 혁신클러스터화 정책추진의 핵심 주체는 클러스터 추진단이다. 이 추진단의 구성 및 기능을 살펴보면, 단장은 혁신전문가를 공모한 후 추진위원회에서 선정하고, 직원은 한국산업단지공단의 조직 및 인력을 활용하되, 네트워크 브로커 조직으로 개편하였다. 이 클러스터 추진단은 시범단지별 네트워크 구축, 기존의 H/W 사업의 연계활동, 지역에 입지하고 있는 중앙정부의 기업지원 서비스기관과의 협력체제 구축 등의 기능을 수행하는 동시에 지방자치단체, 중소벤처기업진흥공단, KOTRA, TP 등과의 별도의 지원기관협의회 운영의 허브 역할을 수행하고 있다.

3. 지역혁신정책의 문제점 및 정책과제

1) 하향식 정책과 비효율적 예산집행

참여정부의 지역혁신정책은 상향식 추진을 내세우면서도 여전히 중앙정부 중심으로 추진되어 온 한계성이 있다. 국가균형발전특별법(2003)을 바탕으로 국가균형발전 5개년계획과 지역혁신발전 5개년계획에 의거한 국가균형발전 시책들은 여전히 중앙집권적인 하향식 추진체계의 성격이 강하다. 물론 지역혁신사업은 해당 자치단체에서 개발계획을 수립하고 주무 부처에서 평가위원회 또는 심의위원회를 통해 사업을 선정하고 있다. 그러나 그 사업계획의 승인과 예산의 지원, 그 사업성과에 대한 평가는 중앙정부를 중심으로 이루어지고 있어 과거의 정책집행 방식과 다를 바 없다. 이러한 하향적인 정책추진 방식은 자치단체로 하여금 정부의 예산을 따기 위해 사업을 남발하며 인력과 예산을 낭비하는 결과를 초래하였다. 또는 대부분의 중앙부처 사업이 지역의 기획 및 전략·지연산업 등과 연계되어 추진되고 있다고 하지만 사업 간 연계의 정도가 매우 약하고 중앙정부의 결정에 강하게 의존하는 경우가 대부분이다. 그러므로 상향식 추진방식과 지방자치단체의 선택이나 자율적 결정을 더욱 강화해야만 할 것이다(박형진, 2005).

이와 더불어 공공부문의 비효율적 예산계획 수립과 집행 또한 큰 문제점이다. 사업별 우선순위에 따른 예산배분보다는 예산에 맞추어 사업계획을 수립하여 불필요한 예산이 늘어났으며, 상호연계된 사업들이 별도로 예산심의를 받음으로써 연계효과도 약하다. 클러스터 구축의 경우 종합계획에 대한 평가가 필요하지만, 개별 사업 위주로 평가가 이루어지고 있어 상호연계성이 큰 사업 중 어느 것은 시행되고 어느 것은 시행되지 않게 되어 기형적 형태로 사업이 진행되고 있는 경우도 많다(삼성경제연구원, 2005).

2) 정책의 중복과 정책 간 연계 미흡

현재 추진되고 있는 대부분의 지역혁신정책은 유사한 사업들이 소관부처에 따라 별도의 정책으로 실시되고 있다. 따라서 내용이 유사하거나 중복되는 부분이 많다. 다른 한편으로는 소관부처의 영역에 따라 타 부처 소관 사업은 지원 대상에서 제외함으로써 부처 간 상호연계가 전혀 이루어지지 못하고 있다(삼성경제연구원, 2005).

이러한 부처 중심의 정책수립 및 집행으로 인해 지역혁신정책 간에 연계성이 부족하여 시너지효과가 낮고 중복투자에 따른 예산 낭비의 문제점이 발생하고 있다. 또한 중앙부처 간 연계뿐만 아니라 정책수립을 담당하는 중앙부처와 실제 사업을 집행하는 자치단체 부서 간의 연계도 미흡하여 유사한 사업에 대해 다수의 부처로부터 중복 지원을 받는 등 문제점도 발생하고 있다.

3) 지역 특성을 무시한 정책

'지역혁신체계' 구축의 핵심 기반은 지역은 각기 다른 사회문화적 특성을 지니고 있기 때문에 지역특수적인 맥락을 고려하여 지역혁신정책이 수립·집행되어야 한다는 점이다. 그러나 지역혁신정책은 여전히 16개 시·도, 혹은 각 시·군·구에 일률적으로 시행하려는 경향을 벗어나지 못하고 있다.

이는 그 부처 사업이나 부처 예산 확대에는 기여할 수 있으나, 지역의 특수성을 고려하지 못한 획일적·표준적 정책을 지역에 강요하는 것이 되기 때문에 지역의 정책수용능력(Absorptive Capacity)을 고려하지 않은 일방적인 공급자 중심의 정책으로 이어져 정책을 수용할 수 없는 역량이 낮은 지역에서는 정책의 실패로 이어질 수밖에 없다(강현수, 2004). 이러한 획일적인 지역혁신정책은 지역의 성장기반인 전략산업과 지역혁신정책 간의 괴리현상을 야기하였다.

4) 다양한 사업추진 주체의 참여 부족과 하드웨어 중심의 정책

우리나라 지역혁신정책은 공공부문과 대학이 중심이 되어 추진되어 왔으며, 지역혁신체계 구축에서 핵심적인 역할을 담당할 지역 기업과 소비자, 연구소의 참여비중은 매우 낮은 것으로 평가된다(이성근 외, 2006). 특히 사업의 틀을 마련할 당시부터 공공부문 위주로 이루어져 지역혁신의 주체인 민간부문의 참여가 이루어지지 않고, 민간투자를 유인할 수 있는 메리트도 적어 민간의 활력을 흡수하지 못하고 있다(삼성경제연구소, 2005). 지방자치단체가 개발계획을 직접 수립하는 것은 지역 특성 및 의지를 반영하기는 쉬우나, 계획수립 능력이 부족한 경우 합리적 수립이 곤란하게 된다. 즉 사업타당성이 크지 않은 사업을 시행함으로써 재원이 낭비되고 있다(강현수·정준호, 2004). 따라서 향후 지역혁신정책의 추진은 공공부문을 중심으로 민간부문의 참여 확대 방안이 마련되어야 할 것이다.

또한 기존의 지역혁신정책은 종전의 지역개발정책과 같이 하드웨어 중심으로 추진되어 왔다. 지역혁신정책에서는 네트워크 구축, 인력 양성과 같은 소프트웨어형 사업이 강조되고 있지만, 여전히 지역혁신기반 구축이 취약한 지역 단위에서는 하드웨어형 확보가 우선시 되고 있다. 지역혁신정책은 임무지향적(Mission-Oriented) 정책에서 체제지향적(System-oriented) 정책으로 전환함으로써 지역 내에서 다양한 혁신이 창출, 이전 및 확산되는 데 그 초점을 두어야 한다는 점에서 소프트웨어형 사업 중심이 되어야 할 것이다(이성근 외, 2006).

4. 클러스터 정책의 문제점 및 정책과제

1) 지역 특성이 반영되지 못한 획일적 접근

클러스터 정책은 기존의 경제발전정책과는 근본적으로 상이한 관점에서 출발한다. 무엇보다도 클러스터 정책은 지역개발정책, 과학기술정책, 산업정책(특히 중소기업정책)을 포괄하는 종합적인 정책수단이라는 점이다(Boekholt and Thuriaux, 1999). 그러므로 클러스터 정책이 획일적 모델로서 추진되어서는 안 되며, 개별 클러스터의 형태와 존립기반, 국가 경제체제의 발전궤적 및 국가혁신체제, 산업의 특성 및 비즈니스 환경, 거버넌스 체제, 문화적 및 제도적 기반, 지역 및 산업정책의 추진방식 등 다양한 측면들을 복합적으로 고려한 정책이 집행되어야 한다(이종호·이철우, 2003). 그러나 현재 우리나라의 클러스터 정책은 지역 특성에 맞는 지역 맞춤형 정책이라기보다 현실과 동떨어진 채 정책 수립 및 집행이 되고 있다. 많은 경우 지역 특성에 맞는 개별적인 클러스터 발전프로그램을 제공하기 힘들어 동일한 클러스터 발전 프로그램을 여러 지역에 똑같이 제공하고 있으며, 이러한 동일한 시책은 클러스터 정책 실패로 연결될 가능성이 높다(남기범, 2004).

그러므로 클러스터 정책이 실효성을 가지기 위해서는 중앙정부의 산업 및 과학기술 정책과 지방정부의 산업 및 과학기술 정책을 효과적으로 결합·조정한 클러스터 육성 정책이 수립되어야 할 것이다.

2) 첨단산업 물신주의

클러스터 육성 정책의 수립에서 지역의 새로운 성장동력을 발굴하는 것은 지역경제의 제도적 고착을 탈피하고 혁신능력을 향상시키기 위해 중요하지만, 그렇다고 개별 지역이 가지고 있는 혁신체계의 잠재성과 현실을 간과한 맹목적인 첨단산업 물신주의는 극복되어야 한다. 영국의 경우 중앙정부 주도하에 전국의 클러스터 현황 분석 작업을 수행하여 지역별로 형성되어 있는 클러스터들의 정책 가이드를 제공한 바 있으나, 우리나라의 경우 클러스터 정책은 그 적용 가능성에 대한 엄밀한 검토 없이 무비판적으로 선호되고 있다(이종호·이철우, 2003).

개별 지역이 지니고 있는 혁신체계의 잠재성과 현실을 간과한 첨단산업 물신주의 클러스터 정책은 실패로 이어질 수밖에 없다. 모든 지역이 첨단 클러스터 형성기반을 갖추고 있지 않으며, 전 세계에서 실리콘밸리와 같이 성공적인 첨단 클러스터는 단지 몇몇 지역에 불과한 것이 현실이다. 참여정부에서도 우리나라 각 지역이 모두 IT, BT 등 첨단산업을 전력산업으로 육성하는 계획을 세우고 있고, 이로 인해 중복·과잉 투자나 비효율적 투자가 우려되고 있다. 그러나 첨단산업이 아닌 재래산업에서도 첨단기업은 존재한다. 따라서 지역에 뿌리내린 전통산업의 구조고도화(High-road) 전략이 더 현실적인 경우가 많다는 점을 고려해야 할 것이다(강현수·정준호, 2004).

3) 클러스터의 발전단계를 고려한 정책수립의 필요

특정 산업클러스터의 진흥 정책을 수립할 시 클러스터의 발전단계 특성을 고려한 정책이 수립되어야 한다(이종호 · 이철우, 2003). 예를 들어, 잠재적 클러스터 혹은 초기 형성단계의 클러스터 육성을 위해서는 물리적 인프라 구축 등과 같은 전통적 집적기능 강화에 우선순위를 두고 정책을 수립할 필요가 있으며, 성장단계의 클러스터는 성장엔진을 더욱 강하게 만드는 소프트 인프라(사회적 자본 혹은 협력의 네트워크)의 강화에 초점을 둘 필요가 있다. 반면에 성숙산업 클러스터는 제도적 고착을 탈피하고 새로운 성장의 다이너미즘을 창출하기 위해 재구조화 전략과 혁신체계 구축 전략을 동시에 추진하는 것이 정책의 초점이 되어야 한다.

그러나 우리나라의 클러스터 육성 정책은 초기발생기, 성장기, 성숙기, 구조전환기 등의 클러스터의 발전단계에 적합한 전략을 고려하지 않고, 물리적 · 사회적 하부구조에 우선을 둔 정책집행이 이루어지고 있다. 앞에서도 거듭 강조한 바와 같이 특정 지역에 기능들이 물리적으로 집적되어 있다고 해서, 그들 사이에 연계나 형식의 확산이 저절로 이루어지는 것은 결코 아니다(강현수 · 정준호, 2004). 이에 대한 보완적인 정책 방안으로서 클러스터 정책은 대상 클러스터에 대한 정교한 SWOT 분석 결과를 바탕으로 강점은 더욱 강화하고 취약점은 치유하는 시스템적 처방전이 병행될 필요성이 있다.

4) 혁신 주체 간의 파트너십 구축 미흡

혁신클러스터 정책수립에서는 벤처정신, 기업가정신, 상호작용적 학습문화의 제고를 위한 정책은 필수적이다. 클러스터는 기업활동을 둘러싸고 상호작용 관계에 있는 주체들이 유기적으로 기능하는 생태계이며, 혁신클러스터의 존립기반은 상호작용적 학습에 기초한 지식창출 및 지속적 혁신에 있다(이종호 · 이철우, 2003). 생태계로서 클러스터는 적자생존을 위한 클러스터 경계 내부에 있는 기업들 간에 치열한 경쟁 메커니즘이 존재하며, 클러스터라는 유기체는 더 큰 외부환경과의 경쟁에서 생존해야 한다. 따라서 클러스터 정책은 경쟁과 협력이 공존하는 공진화적(co-evolutionary) 생태계 환경, 생태계 부분들이 전체 최적화를 달성할 수 있도록 제도적 환경을 조성하고, 지역 내의 지식흐름을 촉진하기 위해 혁신 주체들 간에 학습 네트워크 정비를 통한 파트너십을 구축하는 것이 매우 중요한 실천과제이다.

그러나 우리나라의 클러스터 정책은 공공을 중심으로 이루어지고 있어 다양한 혁신 주체들 간의 파트너십 구축이 미약한 상황이다. 공공부문의 경우 외부의 시장여건이나 기술변화에 대체로 둔감하기 때문에 공공의 능력만 가지고는 신속하고도 올바른 정책수립이 곤란할 수밖에 없다. 또한 혁신의 핵심 주체인 민간이 배제되고, 공공이 지나치게 구체적인 부분까지 관여할 경우 이러한 정책은 공급지향적 정책이 될 가능성이 높을 뿐만 아니라 민간 주체에 과도한 의존심을 키워 주어 장기적으로 혁신클러스터 발전을 저해하게 된다(강현수·정준호, 2004).

그러므로 지역혁신 추진기구, 지방정부, 대학 등이 중심이 되어 다양한 혁신 주체들 간의 파트너십 구축이 선행되도록 정책의 수립 및 집행이 이루어져야 한다. 또한 지역 내 혁신 주체들 간의 협력을 바탕으로 산업현장에서 필요한 리얼 서비스를 지역 내 제공하고 해외의 선진기술국이나 시장과의 개방형 네트워크를 구축하여 신시장을 개척하고 새로운 기술이 적극적으로 수용해야 할 것이다.

5. 맺음말

참여정부의 지역혁신 및 클러스터 정책은 역대 정권에서 추진된 지역정책 패러다임에 비해 혁신적인 정도로 진일보한 패러다임을 수용하고 있다. 그런데도 본문에서 지적된 바와 같이 정책추진상에 여러 가지 문제점이 노출되면서 정책의 실효성과 효율성을 충분히 담보하지 못하고 있는 것으로 드러나고 있다.

본질적으로 지역혁신정책은 저마다 개성적 성격을 가지고 있는 지역들이 ① 지역 스스로 지역 특성에 맞는 사업을, ② 중장기적 관점에서 일관되게, ③ 산·학·연·관을 포함한 다양한 지역의 혁신 주체들의 참여를 통해, ④ 최대한 자율적으로 추진할 때 비로소 내발적 지역혁신 역량을 갖출 수 있다는 정책 철학과 이론적 근거를 바탕으로 한다. 더불어 지역혁신정책은 혁신 주체의 역량(인적 자본)과 혁신 주체 간의 네트워크 강화를 통한 시너지 창출(사회적 자본)을 거양하기 위한 소프트웨어 중심의 정책이다. 그럼에도 불구하고 참여정부의 지역혁신 및 클러스터 정책은 기존의 정책적 관성을 완전히 탈피하지 못한 채 추진됨으로써 효과적 정책추진에 한계점을 노정할 수밖에 없었다. 즉 새 술을 새 부대에 담아야 하는데 새 술을 낡은 부대에 담은 것이다.

지역혁신정책이 효과적으로 추진되기 위해서는 무엇보다도 지역혁신 거버넌스 체계를 구축하는 것이 선결과제이다(이철우, 2005; 이종호, 2006). 지역혁신 거버넌스 체계는 지역혁신 시책의 효율적 추진을 위해 집행 및 결정 과정에서 중앙·지방 정부뿐만 아니라 다양한 이해당사자들이 직접 참여하여 협력하는 대안적 통치관리 체계로 정의된다. 지역혁신 거버넌스 체계는 참여정부 지역혁신

정책과 같이 하향식 정책과정, 정책의 중복과 단절, 획일적 접근방식, 파트너십 미흡 등에 따른 제반 문제점을 극복하기 위해 필요할 뿐만 아니라, 광역경제권 단위에서 자율성을 바탕으로 집중적이고 일관성 있는 정책수행을 위한 대안적 정책추진 체계라고 판단된다.

지역혁신정책은 그 추진정책이 사회적으로 정당성(Legitimacy)을 확보해야 하며, 이해당사자로부터 신뢰성(Reliability)을 확립해야 하는데, 이를 위해서는 정책추진 주체가 정책의 전문성(Speciality)을 가지고 투명성(Transparency) 있게 사업을 추진해야만 할 것이다. 마지막으로 참여정부의 지역혁신정책은 지역이 저마다 보유한 잠재역량을 극대화하여 지역경쟁력을 제고할 수 있도록 현 정부의 임기가 끝난 이후에도 사회적 정당성과 필요성을 가진 사업들이 지속적으로 추진되어야 할 것이다.

• 참고문헌 •

강현수, 2004, 네트워크를 통한 지역 혁신클러스터 활성화 방안, 산업단지 선도그룹 워크숍 자료.

강현수·정준호, 2004, "세계의 지역혁신 사례 분석-관련 이론, 성공요인 및 실패 사례", 응용경제, 6(2), 27-61.

과학기술정책연구원, 2006, 한국형 지역혁신체제의 모델과 전략 2: 유형화와 유형별 발전 경로, 과학기술정책연구원.

국가균형발전위원회, 2005, 국가균형발전의 비전과 과제, 국가균형발전위원회.

국가균형발전위원회·산업자원부, 2004, 산업단지의 혁신클러스터화 추진방안, 제45회 국정과제 보고회의 자료, 국가균형발전위원회·산업자원부.

김성배, 2006, "참여정부 국가균형발전정책의 논리적 타당성 분석에 관한 연구", 사회과학논총, 8, 77-106.

김용웅·강현수·차미숙, 2003, 지역발전론, 한울.

김형기, 2004, 국가균형발전정책에 대한 평가와 과제, 지방분권운동 심포지엄 발표논문집, 지역혁신박람회.

남기범, 2004, "클러스터 정책실패의 교훈", 한국경제지리학회지 7(3), 407-432.

박형진, 2005, "혁신주도형 지역발전정책과 개선방향", 국토 290, 14-23.

삼성경제연구원, 2005, 지역경제활성화 정책의 현황과 발전 방안, 삼성경제연구원.

이성근·박상철·이관률, 2006, "지역전략산업의 육성과 지역혁신체제의 구축", 한국행정논집, 18(1), 205-231.

이재은, 2004, 국가균형발전정책에 대한 평가와 개선방향, 지방분권운동 심포지엄 발표논문집, 지역혁신박람회.

이종호, 2006, "지역혁신정책 추진체계의 평가와 대안모색", 사회과학연구 25(2), 193-211.

이종호·이철우, 2003, "혁신클러스터 발전의 사회·제도적 조건", 기술혁신연구, 11(2), 195-217.

이철우, 2005, "대구경북 지역혁신 거버넌스의 실태와 과제: 지역혁신 협의회를 사례로", 지리학논구, 24, 102-112.

Boekholt, P. and Thuriaux, B., 1999, Public Policies to Facilitate Cluster: Back-ground, Rationale and Policy Practices in International Perspective, in OECD(ed.), Boosting Innovation: The cluster Approach, OECD, Paris.

Lovering, J., 1999, *Theory led by policy: the inadequacies of the New Regionalism*, IJURR23.

Markusen, A., 2003, Fuzzy concepts, scanty evidence, policy distance: the case for rigour and policy relevance in critical regional studies, *Regional Studies,* 37(6,7), 701-717.

Martin, R. and Sunley, P., 2002, Deconstructing cluster: chaotic concept or policy panacea?, *Journal of Economic Geography*, 3(1), 5-35.

Raines, P., 2002, Cluster and Prisms, in Raines, P.(ed), *Cluster Development and Policy*, 159-177.

Richard, F., 2003, Cluster-based industrial development strategies in developing countries, presentation material in European Seminar on Cluster, 9-10 June 23, Copenhagen.

에필로그

필자는 소위 한국의 산업수도, 울산광역시의 언저리 시골에서 베이비부머로 태어나 초등학교를 마치고, 시내로 나와 중고등학교를 다니면서 당시 공업화로 일그러진 삶터의 민낯을 경험하며 청소년기를 보낸 탓에 대학에서 지리학을 전공하게 되었다.

지리학은 우리의 삶의 터전인 지역을 탐구하는 학문이다. 그런데 삶터는 자연환경적 요소와 인간의 집합적 창작물인 인문적 요소로 구성되고, 그 속성이 다원적일 뿐만 아니라 다중적이기도 하다. 따라서 지리학의 정체성은 모호할 수밖에 없다. 특히 20세기 이후 학문의 전문화, 세분화로 지리학의 정체성은 더욱 혼란스러워졌다. 이러한 지리학 정체성에 대한 지속적인 자기비판적 논쟁과 노력에도 불구하고 지리학에 대한 사회적 인식과 수요는 크게 개선되지 않았다. 물론 이에 관심이 없거나 동의하지 않는 지리학자도 있다. 그러나 신호등도 없는 도로를 질주하듯이 급속하게 추진되었던 공업화로 파헤쳐진 우리의 삶터를 제대로 가꾸는 데 지리학이 기여할 수 있으리라 기대했던 학부 시절에 이 문제는 극복하기 어려운 장애물이었고, 지리학과를 선택한 것을 후회하기도 하였다. 3학년을 마치고 심각하게 진로를 고민하던 시기, "학문이란 변화하는 실체를 이해하려는 노력이다. 따라서 특정 학문의 정체성과 그 사회적 수요는 소여(所與)가 아니라 전공자들의 과제이다."라는 박양춘 은사님의 충고와 격려로 군 입대도 미루고 대학원에 진학하여 경제지리학을 공부하기 시작한 지 40년이 되었다. 당시 한국에서 지리학 연구는 계량분석에 기초한 공간분석적 계통지리학이 주류를 이루고 있었다. 한편 국가주도형 대기업 중심의 급격한 산업화·도시화에 따른 고도의 경제성장이라는 긍정적 효과와 계층 간, 지역 간 격차의 확대라는 부정적 영향이 사회적 문제로 부각되기 시작한 시기이기도 하다. 필자도 자연스럽게 석사과정에서 지역격차와 후진지역 문제에 주로 관심을 가졌다. 그리고 석사학위 논문도 요인분석 모델을 이용한 『한국 낙후지역의 유형분석과 개발전략』으로, 당시의 사회적 이슈와 지리학 연구 패러다임을 벗어나지 못하였다. 그 후 1980년대 중반에 접어들면서 기존의 학문 패러다임에 대한 비판과 새로운 패러다임의 모색이라는 흐름 속에서 한국학중앙연구원의 연구원으로 근무하는 동안 한국 사회의 사회·공간적 문제의 원인과 해결 방안에 천착하면서 중소기업의 산업집적에 관심을 가지게 되었다. 왜냐하면 당시 우리나라를 비롯한 대부분의 후발 자본주의 국가들에서 총량적 경제성장을 추구하는 대기업 중심의 포디즘 생산체제의 문제점, 특히 하청계열화, 심각한 환경오염, 계층 및 지역 간 불균형의 심화 등 심각한 사회경제적 문제에 대한 원인 규명과 이에 관한 실천적 정책대안이 절실하게 요구되었기 때문이다.

그러한 과정에서 개발도상국의 저발전 문제와 정책개발의 역할을 수행하던 유엔지역개발센터(UNCRD)에 관심을 가지게 되었고, 운 좋게도 일본 중소기업 집적지의 원형이라고 할 수 있는 지장산업(地場産業)을 연구할 기회를 얻었다. 그 후 나고야 대학 박사과정에 진학하면서 본격적으로 산업집적지를 연구하기 시작하였다. 전문학술지에 게재된 필자의 산업집적지에 관한 최초의 논문은 일본의 지장산업론에 기초한 1990년의 「한국강화지역완초공예품산지의 생산유통체계(韓國江華地域莞草工藝品産地の生産流通體系)」(經濟地理學年報, 36卷 4號)이다. 이어서 1991년에는 기존의 지장산업에 대한 비판적 이론연구라고 할 수 있는 「지장산업연구의 의의와 과제(地場産業研究の意義と課題)」(人文地理, 43卷 2號)를 학술지에 게재하였다. 또한 같은 해에 『농촌지장산업에 관한 경제지리학적 연구(農村地場産業に關する經濟地理學的研究)』로 박사학위를 취득하였다. 약 5년 동안 유엔지역개발센터의 요고 도시히로(余語 トシヒロ) 선생님과 나고야 대학의 지도교수인 이시하라 히로시(石原潤) 박사는 산업집적지를 비롯한 경제지역 분석에 있어서의 제도주의 접근과 새로운 분석 틀 정립 그리고 현지 조사에 대해 새롭게 눈을 뜰 수 있게 해 주었다. 그들의 야속할 정도의 질책과 세심한 지도가 지금까지의 산업집적지 연구뿐만 아니라 대학교수 생활의 초석이 되었다. 정말 진심으로 감사드린다. 또한 박사과정 당시 연구뿐만 아니라 일상생활에서도 많은 도움을 준 나고야 대학 지리학 연구실 교수와 동료 대학원생들, 특히 고(故) 가미야 히로우(神谷浩夫), 이토 다츠야(伊滕達也) 그리고 나카가와 슈이치(中川秀一) 교수에게 감사의 말을 전하고 싶다.

1992년 3월 경북대학교 사회과학대학 지리학과 교수로 부임하면서 전통적인 산업집적지에 관한 연구에서 지평을 확대하여, 신경제공간으로서의 산업집적지를 본격적으로 연구하기 시작하였다. 당시 다양한 분야에 걸쳐 새로운 관점에서 발표되기 시작한 서구의 산업집적지 연구결과와 이들의 이론에 기초한 지역경제정책의 적극적인 추진이 계기가 되었다. 그 후 대학원 강의와 논문지도를 통해 다양한 이론 및 경험적 연구에 대한 논의와 국내 산업집적지의 경험적 사례 분석을 중심으로 연구결과를 발표하였다. 특히 2002~2003년에는 영국 더럼 대학교 지리학과 방문교수로 1980년대 유럽 경제위기 이후의 지역산업정책을 연구할 수 있는 기회를 얻어 영국을 비롯한 유럽의 산업집적지를 직접 답사할 수 있었다. 이를 계기로 국내뿐만 아니라 유럽과 미국의 해외 사례 연구로 그 범위를 확대하게 되었다.

이 책은 지난 30여 년에 걸쳐 주위 사람들의 많은 도움으로 단독 혹은 공동으로 학술지에 게재된 산업집적 관련 70여 편의 논문 가운데 나름대로 의미 있는 것으로 판단되는 18편을 추려, 이를 수정·보완하여 단행본으로 묶은 것이다.

각 장의 내용의 근간이 된 논문은 다음과 같다.

[제1부. 이론적 논의]

제1장. 이철우, 2001, "신산업환경과 지역혁신시스템", 영남지역발전연구, 27, 205-2016.

제2장. 이종호·이철우, 2008, "집적과 클러스터: 개념과 유형 그리고 관련 이론에 대한 비판적 검토", 한국경제지리학회지, 11(3), 302-318.

제3장. 이철우·이종호·박경숙, 2010, "새로운 지역혁신 모형으로서 트리플힐릭스에 대한 이론적 고찰", 한국경제지리학회지, 13(3), 335-353.

제4장. 전지혜·이철우, 2017, "클러스터 적응주기 모델에 대한 비판적 검토", 한국경제지리학회지, 20(2), 189-213.

제5장. 전지혜·이철우, 2018, "클러스터 진화에 있어서 회복력의 의의와 과제", 한국지역지리학회지, 24(1), 66-82.

제6장. 이종호·이철우, 2003, "혁신클러스터 발전의 사회·제도적 조건", 기술혁신연구, 11(2), 195-217.

제7장. 이철우, 1991, "地場産業研究の意義と課題", 人文地理, 43(2), 39-61.

제8장. 이철우, 2013, "산업집적에 대한 연구동향과 과제: 한국지리학 연구를 중심으로", 대한지리학회지, 48(5), 629-650.

[제2부. 경험적 사례 연구]

제9장. 전지혜·이철우, 2018, "구미국가산업단지의 진화 과정의 특성과 그 동인", 한국경제지리학회지, 21(4), 303-320.

제10장. 이종호·이철우, 2014, "클러스터 진화와 트리플 힐릭스 주체의 역할 : 미국 리서치트라이앵글 파크 사례", 한국경제지리학회지, 17(2), 249-263.

제11장. 이철우·김태연·이종호, 2009, "네덜란드 라흐닝언 식품산업 클러스터(푸드밸리)의 트리플 힐릭스 혁신체계", 한국지역지리학회지, 15(5), 554-571.

제12장. 이종호·이철우, 2015, "클러스터의 동태적 진화와 대학의 역할: 케임브리지 클러스터를 사례로", 한국지역지리학회, 21(3), 489-502.

제13장. 이종호·김태연·이철우, 2009, "외레순 식품 클러스터의 트리플 힐릭스 혁신체계", 한국경제지리학회지, 12(4), 388-405.

제14장. 詹軍·이철우, 2012, "중관촌(中關村) 클러스터 연구개발 네트워크의 특성", 한국경제지리학회지, 15(4), 550-569.

제15장. 이철우·전지혜, 2018, "구미IT산업 클러스터의 경영위기와 회복력에 대한 평가-기업 차원의 자체 평가를 중심으로", 한국지역지리학회지, 24(4), 604-619.

제16장. 이철우·이종호·김명엽, 2003, "지역혁신체제에 있어 지역개발기구의 역할: 이탈리아 에밀리아 로마냐 지역개발기구(ERVET시스템)를 사례로", 한국경제지리학회지, 6(1), 1-20.

제17장. 이철우, 2004, "지역혁신체제 구축과 지방정부의 과제", 한국지역지리학회지, 10(1), 9-22.

제18장. 이철우, 2007, "참여정부 지역혁신 및 혁신클러스터 정책추진의 평가와 과제", 한국경제지리학회지, 10(4), 377-393.

이상의 논문 외 다른 연구결과는 한 권의 책으로 묶어 내는 데 지면의 제약과 내용의 중복 등으로 인해 제외하였다. 그중에서 집적지의 성격에 있어 차별성을 가지는 재래공업 산지에 관한 연구들은 별도의 책으로 간행하고자 의도적으로 제외하였다.

이 책이 출판되기까지 많은 분들의 도움이 컸다. 우선 경북대학교 경제지리학과 연구실의 석·박사과정의 제자와 필자의 연구에 전념할 수 있도록 배려해 준 경북대학교 지리학과 선배 교수님들과 경제지리학회 회원들에게 감사드린다. 그리고 이 책에서 많은 부분을 차지하는 이론과 해외 사례 연구는 때로는 공동연구자로, 때로는 냉철한 비판자로서 역할을 다해 준 경상대학교 이종호 교수의 헌신적인 도움과 한국연구재단의 연구비 지원이 있었기에 가능하였다. 이 기회를 빌려 특별히 감사드린다. 이종호 교수를 비롯한 제자들로부터는 논문지도와 공동연구 등을 통해 필자가 제자들에게 해 줄 수 있었던 것 이상으로 많은 것을 배울 수 있어서 행복하였다. 그뿐만 아니라 이 책을 마무리하는 과정까지 세심하게 도와준 권경희 박사, 유하나 박사 그리고 전지혜 박사께 고마움을 전하고자 한다.

막상 출판을 목전에 두고 보니, 이 책의 출판을 독려하셨던 은사이신 박양춘 교수님께 죄송하다는 말씀을 드리지 않을 수 없다. 학부 시절부터 정년을 눈앞에 둔 지금까지 굳건한 버팀목이 되어 주셨던 은사님의 생전에 책을 출판하지 못한 것은 지울 수 없는 회한이 되고 말았다. 늦게나마 곧 1주기를 맞이하는 교수님의 영전에 이 책을 바친다.

끝으로 연구자의 삶을 가능하게 해 준 필자의 부모님과 형제자매 그리고 남편과 아버지의 역할에 소홀하였던 점을 이해하고 반듯하게 자라 준 사랑하는 상민이와 상호, 착한 아내 박순호 교수에게 감사의 마음을 전하고 싶다.

찾아보기

ㅊ

ㅋ

ㅌ

ㅍ

인명

산업집적의 **경제지리학**

초판 1쇄 발행 2020년 7월 7일
지은이 이철우
펴낸이 김선기
펴낸곳 (주)푸른길
출판등록 1996년 4월 12일 제16-1292호
주소 (08377) 서울특별시 구로구 디지털로 33길 48 대륭포스트타워 7차 1008호
전화 02-523-2907, 6942-9570~2
팩스 02-523-2951
이메일 purungilbook@naver.com
홈페이지 www.purungil.co.kr

ISBN 978-89-6291-873-1 93980

■이 도서의 국립중앙도서관 출판예정도서목록(CIP)은 서지정보유통지원시스템 홈페이지(http://seoji.nl.go.kr)와 국가자료공동목록시스템(http://www.nl.go.kr/kolisnet)에서 이용하실 수 있습니다.(CIP제어번호: CIP2020025946)